Die neuesten Fortschritte
in der Anwendung der Farbstoffe

DR. LOUIS DISERENS

Ing.-Chem. E. P. Z., Generaldirektor der Manufacture d'Impression
Scheurer, Lauth & Co., Thann im Elsass

Neueste Fortschritte und Verfahren in der chemischen Technologie der Textilfasern

In zwei Teilen

Erster Teil:
Die neuesten Fortschritte in der Anwendung der Farbstoffe
in drei Bänden

Zweiter Teil:
Neue Verfahren in der Technik der chemischen Veredlung
der Textilfasern
in zwei Bänden

Springer Basel AG

Neueste Fortschritte und Verfahren
in der chemischen Technologie der Textilfasern

ERSTER TEIL:

Die neuesten Fortschritte in der Anwendung der Farbstoffe

Hilfsmittel in der Textilindustrie

Dritter Band

Von

DR. LOUIS DISERENS

Ing.-Chem. E. P. Z., Generaldirektor der Manufacture d'Impression
Scheurer, Lauth & Co., Thann im Elsass

Neubearbeitete und vermehrte 2. Auflage

Springer Basel AG

1949

ISBN 978-3-0348-4093-4   ISBN 978-3-0348-4168-9 (eBook)
DOI 10.1007/978-3-0348-4168-9

INHALTSVERZEICHNIS

VORWORT ZUM 3. BAND

Das Buch, das wir hiermit unsern Lesern vorlegen, stellt den dritten Band des Werkes

Die neuesten Fortschritte in der Anwendung der Farbstoffe
2. Auflage

dar.

Mit Rücksicht auf den ausgedehnten Literaturnachweis, der in diesen drei Bänden enthalten ist (es handelt sich um etwa 4000 Patente verschiedener Länder und um mehr als zweitausend Handelsnamen von Hilfsprodukten), schien es mir im Interesse der Leser und im Sinne der Erleichterung ihrer Arbeit als unumgänglich notwendig, sowohl ein Patentverzeichnis als auch ein Sachregister anzuschliessen, in welchem nunmehr summarisch die Patentnummern ebenso wie auch die in den drei Bänden aufgeführten Hilfsprodukte zu finden sind. Hierbei sind die Nummern des betreffenden Bandes mit römischen Zahlen und in Fettdruck, die Seiten mit gewöhnlichem Druck angegeben.

Andernteils habe ich — einem oftmals vonseiten meiner Kollegen geäusserten Wunsche entsprechend — ein Verzeichnis der wichtigsten Druckereibetriebe aller Länder besorgt. Dies ist ein erster Versuch, und er muss notwendigerweise unvollkommen sein, da sich derzeit grosse Schwierigkeiten einer vollkommenen Durchführung dieser Arbeit entgegenstellen. Doch darf ich die Hoffnung aussprechen, dass dieser erste Versuch das Interesse meiner Leser wecken wird, und dass eine künftige Ausgabe eine Vervollständigung und eingehende Verbesserung möglich machen wird. Ich sprach schon in der Einleitung zum zweiten Band die Ansicht aus, dass es wünschenswert wäre, in diesem Verzeichnis auch die Namen der massgebenden Chemiker-Koloristen erscheinen zu lassen, die eine wichtige Rolle in der Entwicklung der Textilindustrie im allgemeinen und der Druckerei-Industrie im besondern spielten. Es erscheint mir wichtig, dass die Namen dieser Pioniere unserer Wissenschaft der jungen Generation ins Gedächtnis gerufen werden, und ich halte es geradezu für meine Pflicht festzuhalten, dass sie es waren, deren Tätigkeit, Energie und Erfindungsgabe wir die Entwicklung und Vervollkommnung der heutigen Druckerei- und Färberei-Industrie zu danken haben.

Um nur einige typische Beispiele aufzuzählen, will ich die Namen von Camille Koechlin, Industrieller in Mülhausen und Schöpfer des

Chromatätzverfahrens auf Indigo, von Maurice Prud'homme (Reserveartikel unter Anilinschwarz), Jeanmaire (Chloratätze), Reinking (Leukotropverfahren), Schützenberger, G. Thesmar (Natriumformaldehydsulfoxylat), Marcel Bader, der geniale Erfinder der Indigosole, Haller der unermüdliche Forscher, dem wir so viele glänzende Arbeiten auf dem Textilgebiet verdanken, nennen und auch Bertsch, den Pionier auf dem Gebiet der Textilhilfsmittel, nicht vergessen. So viele andere wie Daniel Koechlin, Albert Scheurer, Walter Crum, Calvert, W. H. Perkin (Manvein, 1856), P. Griess (Kongorot, 1884), Bayer (synth. Indigo, 1880) R. Bohn (Indanthrenblau, 1901), K. Duisberg (Gründer der I. G. Farbenindustrie), Engi (Ciba-Farbstoffe), Friedländer (Thioindigo, 1905), Thomas (Caledon Jade Green, 1920), de Gallois, F. Erban, Felmayer, Green, Kägi (Sapamine), Edm. Knecht, Ranshaw, Fothergill, Runge, Tagliani gehören der Geschichte der Kolorie an. Ihre Namen sind für immer in den Annalen unserer Wissenschaft verewigt.

Ein gleiches gilt für bestimmte bedeutende Betriebe, deren Namen mit den Koloristen, die dort wirkten und besondere Artikel schufen, verbunden sind. Es sei mir gestattet, die folgenden Firmen herauszugreifen, und zwar:

In Frankreich: Manufacture Koechlin Frères in Mülhausen (Jeanmairesches Chloratätzverfahren), Manufacture d'Impression Scheurer, Lauth & Cie. in Thann (Albert Scheurer), Etablissements Schaeffer & Cie. in Pfastatt (ätzalkalische Reserven unter Tanninpräparation), Manufacture Heilmann in Mülhausen (Natronlaugeverfahren);

In Österreich: Felmayer & Co. in Alt-Kettenhof (Reserven unter Indanthrenfärbungen), Enderlin in Traun bei Wien (Hallersche Indigoätze);

In Russland (1900—1914): Kattunmanufaktur E. Zundel in Moskau (Sulfoxylatätze und Naphtylaminbordeauxätze, F. Binder, G. Thesmar, L. Baumann, J. Frossard), Manufaktur Prochoroff (Prud'hommesche Anilinschwarzreserven, Reserven unter Schwefelfärbungen, A. Scheunert und N. Wosnessensky), Manufaktur Konschin in Serpoukoff (Naphtylaminbordeauxätzen), Manufaktur Huebner (Reserven unter Schwefelfärbungen, Ch. Schwarz);

In Deutschland: Elbers, Kattunmanufaktur in Heidenheim, Schliepper & Baum (Adolf Schliepper, Indigodruckglukoseverfahren), Koechlin-Baumgartner in Lörrach (Camille Favre);

In England: Calico Printers Assoc., The Thornliebank Co. usw.

Sie gaben alle ihren Koloristen die Gelegenheit, die mannigfaltigen Verfahren auszuarbeiten, die noch heute den Grundstein der koloristischen Wirksamkeit darstellen.

Die ausserordentlich einflussreiche Rolle der Farbenfabriken möge hier nicht vergessen werden. Über den ihnen gesteckten Rahmen der Farbstofferzeugung hinaus wirkten sie als Erfinder, Anreger und Förderer unserer Industrie und machten, besonders in der jüngsten Zeit, so manchen Fortschritt möglich, der mit den beschränkten Mitteln einzelner Druckereibetriebe nicht denkbar gewesen wäre. Ein Verzeichnis dieser Firmen ist am Ende dieses Bandes zu finden.

Diese Aufzählung bringt nur in grossen Zügen, was ich gerne mit allen Details meinen Lesern geboten hätte, doch rechne ich auf die Mitarbeit aller Koloristen, die mir — für künftige Ausgaben — so wie ich hoffe, die Informationen geben werden, welche endlich eine lückenlose Darstellung des Materials möglich machen werden.

Noch einmal will ich all denjenigen, die mich in meinem mühevollen Werke unterstützt haben, Dank sagen. Mein bester Dank gebührt besonders Herrn Dr. Paul Wengraf, der das XV. Kapitel in die deutsche Sprache übersetzt hat und dazu noch seine kostbare Zeit der Ausarbeitung der englischen Ausgabe widmet, ebenso Herrn Dr. Krähenbühl in Basel, welcher mir wertvolle Anregungen für die Korrektur des Textes gegeben hat.

Es ist mir endlich eine angenehme Pflicht, dem Verlag Birkhäuser für die ausgezeichnete Ausführung, sowohl in äusserer Form als in Qualität des Druckes, die allseits vollberechtigte uneingeschränkte Anerkennung gefunden haben, aufs herzlichste zu danken.

Thann im Elsass, Oktober 1949.

L. Diserens.

XII. KAPITEL.

Druckverfahren für Metallpulver und Pigmente.

Im Gegensatz zu den üblichen Druckverfahren, die auf der Affinität der Farbstoffe zur Faser beruhen, ist die Fixierung der Metallpulver und der Pigmente auf dem Gewebe rein mechanischer Art.

Diese mechanische Fixierung geschieht durch Einhüllen des Farbträgers mit Produkten, welche entweder beim Dämpfen koagulieren oder die durch Verdampfen des Lösungsmittels, in welchem sie gelöst oder dispergiert wurden, einen unlöslichen Film bilden, oder auch bei höherer Temperatur durch fortschreitende Kondensation oder Polymerisation unlöslich werden.

Zur besseren Übersicht teilt man diese Verfahren am besten folgendermassen ein:

1. Druckverfahren für Metallpulver oder sogenannter Bronzedruck.

2. Druckverfahren für Pigmentfarben und Farbstoffe:
   a) Damasteffekte, Mattweisseffekte;
   b) Lackeffekte, die in den Jahren 1935/38 in Mode standen;
   c) Pigmentdruck mittels Phenol/Formaldehyd-, Harnstoff/Formaldehyd-Kondensationsprodukte oder ähnlichen Fixierungsmittel (Oremafarben der Ciba, Aridyeverfahren der Interchemical Corp., Impralacfarben von Francolor, Verfahren der Firma Scheurer, Lauth & Cie-L. Diserens).

3. Prägeeffekte (Verfahren von Calico Printers Ass.; Raduner & Co. und von Scheurer, Lauth & Cie-L. Diserens, Buntprägeeffekte).

1. Bronzedruck.

Die Herstellung von Verzierungen auf Textilien mittels Metallpulver und Pigmente ist seit langem bekannt. Diese Fabrikation zeigte, ohne dass der Artikel je zu einer ganz grossen Produktion gelangte, doch Zeiten bedeutender Nachfrage[1]).

---

[1]) L. Diserens, Druck von Metallpulvern, Tiba 1923, S. 509; Mattern, Matt-, Lack- und Bronzedrucke, Mell. 1938, S. 373. Siehe auch Mell. 1938, Januarheft, Antwort auf Frage Nr. 906.

Anfänglich bediente man sich des Blattgoldes; die Indier imprägnierten beispielsweise die Gewebe mit Gummiwasser oder Leim und applizierten dann das echte Blattgold durch leichtes Aufpressen des Handdruckmodels.

J. H. Edler von Schüle verwendete schon gegen 1760 in seinem Betriebe Gold- und Silberpulver, welche er mit Pinseln auf das Gewebe auftrug. (Siehe Oskar Gaumnitz in Augsburg, Mell. 1925, S. 919.) Diese Arbeitsmethode wurde von W. H. von Kurrer in der Kattundruckerei Schoeppler und Hartmann in Augsburg (heute Neue Augsburger Kattunfabrik) mit grossem Erfolg angewendet. (Siehe von Kurrer: Die Druck- und Färbekunst in ihrem ganzen Umfange, II. Bd., S. 99, Wien 1849; Dr. Kieser: Skizzen zur Geschichte der Textilindustrie, Mell. 1922, S. 417; Oskar Gaumnitz: Geschichte und Entwicklung des Bronzedruckes, Mell. 1925, S. 923.)

Man hat auch Gelatine aufgedruckt, die man in noch feuchtem Zustande mit Goldstaub bestäubte, wobei man sich eines speziellen, über der Druckmaschine angebrachten Behälters bediente, aus welchem der Goldstaub durch Bürsten verstäubt wurde; dann wurde getrocknet und kalandriert.

Man verwendete ferner Fischleim, mit welchem das Metallpulver angeteigt wurde. Diese mit Bienenwachs vermengte Paste druckte man mit Handmodeln auf das Gewebe. Nach dem Drucken wurde getrocknet und während 5—6 Minuten in einer Alaunlösung behandelt.

Das Yates-Verfahren (Dinglers polytechn. Journal, Bd. 31) beruhte auf der Verwendung von Metallpulvern auf Basis von Zinn, welche mit Leim oder Firnis fixiert wurden.

Albumin wurde gegen 1844 in Frankreich als Fixierungsmittel für Metallpulver und Pigmente gebraucht.

Man arbeitete ebenfalls mit Firnissen, Harzen und Lacken sowie mit Kautschuklösungen. Dank diesen Verfahren, die unter dem Namen Ölfarbenpappdruckverfahren bekannt sind, konnten sehr reibechte Drucke erzielt werden. (Gaumnitz, Öst. W. und L. Ind. 1919, S. 234 und 243.)

Ein anderes Verfahren bestand darin, dass man das Gewebe im Handdruck mit einem Lack, bestehend aus in Terpentinöl gelöstem Kopal, bemusterte. Die bedruckte Ware wurde dann durch Schlitze in einen Rahmen geführt, dessen Ober- und Unterseite mit Wachstuch bespannt war, wobei man die Unterseite mit einem Stäbchen klopfte und dadurch das dort befindliche Metallpulver zum Anhaften an den Klebstoff brachte. Dieses Verfahren war in England noch in den Jahren 1880—1885 allgemein in Anwendung.

Man hat auch versucht, echtes Gold oder Silber durch Niederschlag aus ihren Salzlösungen auf der Faser zu fixieren, sei es durch chemische Umsetzung oder durch Elektrolyse; die ersten Versuche dazu scheinen bis auf die Zeit der Französischen Revolution zurückzugehen (Bull. Mulh. II, S. 1).

Es ist hier noch ein Verfahren zu erwähnen, welches am Anfang des 20. Jahrhunderts in Lyon (Frankreich) für spezielle Artikel angewendet wurde. Dabei wird das Metall durch Erhitzen verdampft und auf dem Gewebe wiederum in fester Form niedergeschlagen. Das Prinzip ist folgendes: Das Metall in Drahtform wird mit regelbarer Geschwindigkeit in einen speziell gebauten Schweissbrenner in Pistolenform eingeführt, wobei im Brenner eingebaute, durch einen kleinen Elektromotor angetriebene Zahnräder für den regelmässigen Nachschub des Drahtes sorgen. Der Draht verlässt den Apparat durch die Mischdüse der beiden Gase Wasserstoff (Azetylen, Leuchtgas) und Sauerstoff und gleitet durch die Stichflamme des brennenden Gasgemisches. Hierbei wird das Metall bis auf seine Verdampfungstemperatur erhitzt. Die Metalldämpfe werden auf den Stoff gerichtet. Dieser ist mit einer Schablone bedeckt, auf welcher das Muster ausgeschnitten ist. Die Dämpfe kondensieren sich sofort beim Auftreffen und das Metall fixiert sich in fest anhaftender Form auf den freiliegenden Stellen des Stoffes. Ein nachträgliches Kalandern verleiht dem auf diese Weise erhaltenen Metalldruck seinen vollen Glanz. Für Golddruck wird Kupferdraht, für Silberdruck Zinndraht verwendet.

Diese primitiven Fixiermethoden für Metalle in Blatt- oder Pulverform, sei es durch Reduktion von Gold- oder Silbersalzen, sei es durch direkte Fixierung, haben in den Jahren um 1880 einfacheren, wirtschaftlicheren und ausgiebigeren Verfahren Platz machen müssen. Man erstrebte nämlich, diese Drucke ebenso reib- und waschecht zu erhalten wie die gewöhnlichen Dampffarben, um sie denselben gleichzustellen.

Praktische Resultate wurden aber erst gegen 1910, dank der Verwendung von Azetylzellulose, Nitrozellulose und Phenol-Formaldehyd-Kondensationsprodukten, erzielt. In den letzten Jahren kamen weitere neuartige Fixierungsmittel zur Anwendung, speziell Chlorkautschuk, Vinylharze (Mowilith, Vinnapas, Rhodopas), Akrylharze (Plextole) und Harnstoff-Formaldehyd-Kondensationsprodukte.

Der Druck von Metallpulvern kann im Rouleaudruck (unter Verwendung von tiefen Gravuren) im Handdruck, im Filmdruck wie auch im Spritzdruck ausgeführt werden.

Man kann folgende Fixiermethoden unterscheiden:

1. Fixierung von Metallpulvern mit Kopallack oder Dammarharz in Terpentinöl gelöst.

2. Fixierung mit Kautschuklösungen.

3. Fixierung mit Albumin, Kasein oder Gelatine.

4. Fixierung mit Lösungen von:
   a) Azetylzellulose;
   b) Nitrozellulose;
   c) Zellulosexanthogenat;
   d) Kupferoxydammoniakzellulose.

5. Fixierung mit Chlorkautschuk.

6. Fixierung mit Polymerisationsprodukten (Vinylharzen, Akrylharzen).

7. Fixierung mit Polykondensationsprodukten (Phenol-Formaldehyd-, Harnstoff-Formaldehyd-, Melamin-Formol-Kondensationsprodukte) (**Printor** der I. G., **Acrisin** von Röhm und Haas, **Ureol AC** und **Lyofix A** der Ciba).

1) und 2) Fixierung mit Harzen und mit Kautschuklösungen.

Was die beiden erstgenannten Methoden betrifft, so hat man gelegentlich Kautschuk[1]) gelöst in: Leichtbenzin, Naphta, Terpentinöl, Kampferöl, chlorierten Kohlenwasserstoffen, z. B. Trichloräthylen, Tetrachloräthan, angewendet, um die Metallpulver zu fixieren (Druck mit Kautschuk, Kampferöl und Lack, R. G. M. C. 1900, S. 386).

Die Kautschuklösung wird mit Kopalfirnis (Auflösung von geschmolzenem Kopalharz in einer Mischung von Terpentinöl und Leinöl) verdünnt.

Pigmentdruckpasten auf Basis von Kopallacken und Dammarharz sind eine Zeitlang ebenfalls im Gebrauch gewesen, und die auf diese Weise erzielten Drucke waren relativ reibecht. (Dr. Supf, Frb.-Ztg. 1894, S. 295.) An dieser Stelle soll auch das seinerzeit von der Firma Sharps & Sons in Kingersheim, Elsass, durchgeführte Verfahren erwähnt werden, das auf der Verwendung von gekochtem Leinöl und Firnis beruhte.

Der Hauptfehler dieser Verfahren lag im Verstopfen der Gravuren und in der Schwierigkeit ihrer Ausführung.

Als Beispiel sei das Rezept einer Bronzedruckpaste angeführt, das aus einer Manufaktur der Moskauer Gegend (Manufaktur Moro-

---

[1]) Abfälle von vulkanisiertem Kautschuk.

koff in Twer) stammt und nach welcher zufriedenstellende praktische
Resultate erzielt worden sind:

300 g Bronzepulver
280 g Dammarharz
220 g Terpentinöl
100 g Kopallack
 75 g gekochtes Leinöl
 25 g Sikkativ flüssig
———————
1000 g

Hier ist noch das im Bull. Rouen 1907, S. 288, beschriebene
Verfahren von Caux zu erwähnen, nach welchem Metallpulver-
druckfarben gleichzeitig neben Dampffarben gedruckt werden konnten.

Caux[1]) druckte zunächst nur das aus Kautschuk, Guttapercha
und Leim bestehende, anhaftende Klebemittel neben den Dampffarben.

Die wie üblich gedämpfte, gewaschene und getrocknete Ware
wurde dann über eine erhitzte Trommel und unmittelbar darauf durch
einen Behälter geführt, in welchem eine rotierende Bürste Metallpulver auf das Gewebe aufstäubte. Das Pulver blieb nur an den
Stellen haften, die durch das Erhitzen klebrig geworden waren.

3) Fixierung mit Albumin, Kasein oder Gelatine.

Im allgemeinen ist zweifellos Albumin als hauptsächlichstes
Fixiermittel gebraucht worden, und diese Verwendung ist heute noch
üblich.

Rustenholz hat ein Direktdruckverfahren für Metallpulver beschrieben, wonach er Bronzepulver, eine Legierung von Kupfer, Zinn
und Zink verwendete, was zur damaligen Zeit eine Spezialität von
Nürnberg war. Man hat seinerzeit auch Argentan oder Argentin
verwendet, welches angeblich aus gefälltem Zinn bestand. Dieses
Verfahren gab jedoch zu gewissen Schwierigkeiten Anlass (Angriff
der Druckwalzen), was zum Ersatz dieser Metallpulver durch Aluminiumpulver führte.

Heute kommen Pulver aus Aluminium oder Bronze zur An-
wendung, die in Deutschland von folgenden Firmen geliefert werden:
Firma J. Schopflocher, Frankfurt a. Main (Reichsbleichgold Druck-
bronze), Firma Auerbach & Co., Fürth in Bayern (Bleichgold Venus
TT 55), Firma Gebr. Rosenbaum, in Fürth, Eiermann & Tabor, in
Fürth, G. Benda in Nürnberg.

Supf in Nürnberg stellte gefärbte Metallpulver her durch Zusatz von basischen Farbstoffen (Viktoriagrün, Auramin, Eosin),
wobei diese Pulver neben der Farbe noch einen ausgesprochenen
Metallglanz aufwiesen.

———————

[1]) Bull. Soc. Ind., Rouen 1907, S. 288.

Rustenholz und Supf (*D. R. P. 74.452, 79.453;* Frb. Ztg. 1892/93, S. 371, 1893/94, S. 294) stellten Druckfarben auf folgende Weise her:

A) 100 g Metallpulver, angeteigt mit
    100 g Glyzerin oder Terpentinöl
      5 g Phenol
     10 g Gummilösung
    100 g Albuminlösung, 50%ig
B) 1500 g Dammarharz
    100 g gekochtes Leinöl

Zum Druck verwendete man 300 g Farbe B und 700 g Farbe A.

Der Druck dieser Farben bedurfte gewisser Vorsichtsmassnahmen, weil dieselben sonst leicht die Gravuren verstopften. Da die gewöhnliche Gravur auf keinen Fall gute Resultate ergibt, ist es notwendig, dass man Walzen mit sehr tiefen Gravuren und gegebenenfalls ohne Haschüren verwendet (vgl. Frb. Ztg. 1898, S. 124: Druck mit Albumin, Glyzerin und Brechweinstein; R. G. M. C. 1900, S. 386: Druck mit Albumin + Tragant).

J. Frossard und Rebert (Bull. Mulh. 1921, S. 284) haben eine Albumindruckfarbe ausgearbeitet, die sie mit Erfolg in Russland anwendeten. Das Eialbumin muss sehr rein und sehr konzentriert sein; nur so lässt sich das Verstopfen der Gravur, der grösste Nachteil des Albumindrucks, vermeiden. Nach diesem Verfahren erhält man sehr widerstandsfähige Drucke und kann die so bedruckten Stücke sämtlichen Appreturverfahren unterziehen.

Folgendes Rezept wird von den beiden Forschern angegeben:

Eialbuminverdickung 55%

275 g Eialbumin
450 g kaltes Wasser, 24 Stunden stehen lassen, umrühren und
275 g Eialbumin zugeben
——————
1000 g

Druckfarbe

200 g Metallpulver
800 g Eialbuminverdickung 55%
——————
1000 g

Man hat auch tierische Leime (Gelatine) verwendet, die unter dem Einfluss gewisser Mittel, beispielsweise Formaldehyd, koagulieren (Gross-Geyner 1893). Es gibt zwei Anwendungsmöglichkeiten:

a) Man setzt eine Druckfarbe an, die das Metallpulver und den tierischen Leimstoff enthält, und gibt den Formaldehyd in Form seiner Verbindung mit Ammoniak (Hexamethylentetramin) zu. Durch die Wirkung des Dämpfens wird der Formaldehyd frei und bewirkt die Koagulation der Gelatine, wodurch das Metallpulver fixiert wird.

b) Druck mit einer Farbe, die das Metallpulver und die Gelatine enthält, und Dämpfen in Gegenwart von Formaldehyd (Verfahren von Thornliebank von Manchester; vgl. auch Kay, R.G.M.C. 1899, S. 261; Dosne, Bull. Mulh. 1898, S. 93.)

Albert Scheurer (Bull. Mulh. 1925, S. 469) verwendete unter Druck gekochte Gelatine, die beim Erkalten nicht mehr erstarrt, sehr zügig ist und sich dabei ausgezeichnet konservieren lässt. Es ist notwendig, dass man warm auflöst, um die richtige Viskosität zu erhalten. Nach dem Drucken wird in Gegenwart von Formaldehyd gedämpft.

A. Scheurer gibt folgende Methode an:

Man kocht während 8 Stunden unter 2 kg Druck:

600 g Gelatine
400 g Wasser

die man zuvor ca. 12 Stunden zusammen hat aufquellen lassen. Diese Masse wird bei 27—35° C flüssig. Die Verdickung besitzt eine gute Zügigkeit und bleibt in der Kälte flüssig.

Die Druckfarbe wird warm gedruckt. Nach dem Drucken wird in formaldehydhaltigem Dampf gedämpft.

Stephan (Frb. Ztg. 1913, S. 330; Bull. Mulh. 1913, S. 56, 234) hat beobachtet, dass eine Gelatinelösung flüssig bleibt, wenn man ein Phenol, z. B. Resorzin, zusetzt. Die Fixierung des Pulvers ist nicht nur eine Folge des Unlöslichwerdens und Erstarrens der Gelatine, sondern auch bedingt durch die Bildung von Kondensationsprodukten zwischen Formaldehyd und Resorzin (Goldschmidt, Bakeland, Blumer, Favre; vgl. Kap. VII, S. 126). Die Druckfarbe von Stephan enthält:

Resorzin + Formaldehyd + Leim + Metallpulver.

Wir geben hier noch ein Druckrezept aus der Praxis an (russische Fabrikation):

400 g Leimlösung 50%
100 g Albumin in Pulver
 50 g Resorzinlösung 1:1
 50 g Terpentin
100 g Dammarharz 1:1 mit Terpentin
170 g Tragantverdickung 6%
130 g Hexamethylentetraminlösung
————————
1000 g

Hexamethylentetraminlösung

620 g Formol 35%
380 g Ammoniak 20%

Eine neuartige Arbeitsweise ist jüngst durch die Harvel Corp. im *amer. P.2.087.700* beschrieben worden, wobei zum Fixieren von Druckpigmenten eine Mischung von Phenol-Formaldehyd-Vorkondensaten mit einem leimartigen Verdicker vorgeschlagen wurde. Es ist aber notwendig, dass man einen Überschuss von Formaldehyd vermeidet, da derselbe die Gelatine bzw. den Leim koagulieren würde, wozu man mit Säure behandelt oder in einem luftverdünnten Raum erhitzt. Nach dem Druck findet die Fixierung des Pigmentes durch Dämpfen im Schnelldämpfer statt.

4) Fixierung mit Lösungen von Zellulosederivaten.

a) Azetylzellulose:

Dieses Produkt findet sich im Handel unter dem Namen Serikose LC und LC extra der I. G. Farbenindustrie oder als Acétol der Firma Rhône-Poulenc, in Form eines weissen Granulates, unlöslich in Wasser, aber löslich in einer grossen Anzahl organischer Lösungsmittel. Die Löslichkeit der Azetylzellulose wird weitgehend durch den Azetylierungsgrad bedingt.

Azetylzellulosen mit 62,5 % Essigsäure sind löslich in Chloroform,
    „   „   59–50 %   „   „   „   „ Azeton,
    „   „   56   %   „   „   „   „ Äthylazetat,
    „   „   55–50 %   „   „   „   „ einem Gemisch von Benzol-Alkohol-Azeton 1:1:1,
    „   unter 50   % Essigsäure sind löslich in Azeton-Wassergemischen, ausserdem in Azeton-Methylalkohol oder Azeton-Äthylalkohol (Herzog).

Man unterscheidet:

1. Echte Lösungsmittel, welche zuerst eine Quellung der Zellulosederivate verursachen und dieselbe dann in eine homogene, kolloidale Lösung überführen.

2. Semi-Lösungsmittel, die aus zwei an und für sich die Azetylzellulose nicht lösende Lösungsmittel bestehen, die aber zu einem Lösungsmittel werden, wenn man sie zusammengemischt verwendet, wie z. B. Alkohol + Benzol.

3. Verdünner, die dazu dienen, die Konzentration der Zelluloselösung herabzusetzen und zugleich die Gestehungskosten zu vermindern.

Die echten Lösungsmittel für die allgemein verwendete Azetylzellulose, welche 50—59% Essigsäure enthält, sind in der nachstehenden Tabelle aufgeführt (vgl. S. 9).

Lösungsmittel	Sdp. in ^{0} C	Verdunstungszeit	Flammpunkt	Lieferant
Methylalkohol (Spritol)	65	6,3	+ 6,5	I. G. Lambiotte Rhône-Poulenc C.C.C.C.
Azeton	55	2,1	unter 0	do.
Methylformiat	32			
Äthylformiat (Formosol)	54			
Propylformiat	81			
Butylformiat	107			
Methylazetat (Lösungsmittel 13, enthält noch Äthylazetat)	64–55	2,2	– 13	I. G. Lambiotte
Methyllaktat	144			
Milchsäureäthylester	155	80	+ 47	I. G. (Solactol) Rhône-Poulenc (Normanol)
(Solactol, Normanol)				
Glykolmonoformiat	175			I. G.
(Serikosol)				
Glykolmonoazetat	182	606	+102	I. G. Rhône-Poulenc
(Lösungsmittel GC)				
Glykolmonochlorhydrin	175			
Glykoldiformiat	169			
Diazetylglykol	186	600		Rhône-Poulenc
Methylglykol	115–130	34,5	+ 35	I. G.
(Lösungsmittel SM)				
Methylglykolazetat	138–152	35	+ 44	I. G. C.C.C.C.
Äthylglykolazetat	149–160	52	+ 47	do.
Diazetonalkohol (Pyranton A)	150–165	147	+ 45	I. G. Lambiotte
Dioxan (Diäthylenoxyd)	94–110	7,3	+ 5	I. G. C.C.C.C.
Zyklohexanon	156	40,4	+ 44	I. G.
(Anon 94%, Sexton)				
Diäthylenglykolmonoäthyläther (Carbitol)	180			C.C.C.C.
Ameisensäure				I. G. Rhône-Poulenc
Eisessig				
Benzylalkohol (Plastoform I) .	203	1750	+ 96	I. G. Rhône-Poulenc
Azetessigester	184	140	+ 85	Rhône-Poulenc
Triazetin (in der Wärme)	258	2850	+145	I. G.
Anon	153–156	40		I. G.
Butyrolakton (Serikosol NK) .				I. G.

Folgende Produkte sind an und für sich keine Löser für Azetylzellulose:

Äthylazetat	wird zum Löser durch Zusatz von 20% Methylalkohol
Methylpropionat . . .	durch Zusatz von 20% Methylalkohol
Äthylpropionat	durch Zusatz von 20% Methylalkohol
Isobutylazetat	durch Zusatz von Methylalkohol

Ebenso verhalten sich Propylpropionat, Amylazetat, Isobutylpropionat und Amylpropionat, ferner auch Mesityloxyd, von der Formel $CH_3—CO—CH=C=(CH_3)_2$, das durch Wasserabspaltung aus Diazetonalkohol entsteht.

Die Lösungsmittel teilt man ferner noch in leichte Lösungsmittel, schwere Lösungsmittel und Plastifizierer ein, die sich nach ihren Siedepunkten wie folgt unterscheiden:

Leichte Lösungsmittel	Sdp. 35—130° C
Schwere Lösungsmittel . . .	Sdp. 130—208° C
Plastifizierungsmittel	Sdp. 250—350° C

Die Plastifizierungsmittel sind nichtflüchtige Lösungsmittel, bei welchen der Verlust durch Verdunsten unbedeutend ist.

Die am meisten für Azetylzellulose verwendeten Lösungsmittel sind: Azeton, Äthylazetat, Mischungen dieser beiden, Äthylazetat oder Butylazetat in Mischung mit Methylalkohol, Äthyllaktat (Normanol der Firma Rhône-Poulenc), dann auch Dioxan und Benzylalkohol.

Die Glykoläther (Äthyl- oder Methylglykoläther) wurden als Lösungsmittel für die Zelluloseester im *brit. P. 255.406* von Davidson vorgeschlagen[1]).

Von den Lösungsmitteln, die speziell für die Herstellung von Druckfarben geeignet sind, sollen genannt werden: Normanol von Rhône-Poulenc, Débécélane A und B der Laboratoires Zundel, Joliet & Co. in Gennevilliers (vorzügliches Lösungsmittel für Zelluloseazetat und Nitrozellulose, welches besonders weiche und geschmeidige Drucke ergibt).

Serikosol A[2]) von der I. G. Farbenindustrie; Sigmasol F von Etabl. Lambiotte, diese Produkte erlauben einen bedeutenden Zusatz von Verdünnern, insbesondere gechlorten Kohlenwasserstoffen usw.

---

[1]) Anhaltspunkte hierüber geben die Broschüren: Lösungs- und Plastifizierungsmittel, 1932, I. G. Farbenindustrie; Solvants, 1934, Etabl. Lambiotte Frères; L'Acétate de cellulose et solvants, Paris 1933, Rhône-Poulenc; Synthetic organic Chemicals, New-York 1946, 12. Aufl. C.C.C.C.

[2]) Serikosol A der I. G. Farbenindustrie ist das Glykolmonoformiat.

$$CH_2—OH$$
$$CH_2—O—C{\overset{\displaystyle O}{\underset{\displaystyle H}{}}}$$

Neutrale, klare, farblose Flüssigkeit. Sdp. 174° C.

Neue, sehr interessante Lösungsmittel für Serikose sind laut *D.R.P. 716.432* (30. 9. 1938) Laktone der niedrigen Fettsäuren wie Butyrolakton, Caprolakton oder Valerolakton der allgemeinen Formel

$$R—CH—CH_2—CO$$
$$|\underline{\hspace{1.5cm}O\hspace{1.5cm}}|$$

Die Verwendung dieser Laktone gestattet gleichzeitig, die Druckpasten mit viel mehr Alkohol oder sogar Wasser zu verschneiden, als dies sonst möglich ist, ohne dass die Azetylzellulose ausfällt.

Das im Handel befindliche **Serikosol NK** entspricht dem γ-Butyrolakton:

$$CH_3—CH—CH_2—CO$$
$$|\underline{\hspace{1.5cm}O\hspace{1.5cm}}|$$

Folgendes Rezept wird für ein Ätzmattweiss vorgeschlagen:

$$
\begin{array}{r l}
120 \text{ g} & \text{Rongalit C} \\
180 \text{ g} & \text{Wasser} \\
100 \text{ g} & \text{Serikose} \\
900 \text{ g} & \text{Serikosol NK} \\
\underline{150 \text{ g}} & \underline{\text{TiO}_2} \\
1450 \text{ g} &
\end{array}
$$

Man hat früher als Lösungsmittel für die im Handel vorhandene hochazetylierte Zellulose (Serikose), hauptsächlich Phenol, Resorzin, Eisessig, Alkohol, Formaldehyd- und Ameisensäure verwendet.

Als **Semi-Lösungsmittel** verwendete man Mischungen von Alkohol-Benzol, Alkohol-Äthylazetat.

Als **Verdünner** kommen zur Anwendung Benzol, Toluol, Äthylazetat, Propylazetat, Butylalkohol, Benzylalkohol, Methylbutylenglykolazetat (**Butoxyl** der I.G.).

Plastifizierungsmittel: Äthylphtalat, Äthyltartrat, Diäthylphtalat (**Palatinol A** der I.G.), Triphenylphosphat, Trikresylphosphat, Eugenol.

$$O=P{\Large\langle}{\,}^{OC_6H_5}_{\,OC_6H_5}{-}OC_6H_5 \quad \text{Triphenylphosphat,} \quad C_6H_3{\Large\langle}{\,}^{CH_2—CH=CH_2}_{\,OH}{-}OCH_3 \quad \text{Eugenol}$$
$$\text{Sdp. } 260^0 \text{ C}$$

Bei den Plastifizierungs- bzw. Weichmachungsmitteln unterscheidet man zwei Gruppen, nämlich: Löser für Zelluloseester (gelatinierende) und Nichtlöser für Zelluloseester (nicht gelatinierende).

Niederschlagende, koagulierende Lösungsmittel: Xylol, Propylalkohol (98⁰ C), Amylalkohol (130⁰ C), Amyl- und Butylazetate (135—140⁰ C).

Die Verfahren zur Anwendung von Azetylzellulose im Pigment-druck kann man in zwei Klassen einteilen:

1. Die Azetylzellulose spielt in der Druckfarbe nur die Rolle des Verdickers und des Trägers eines Produktes, das durch Dämpfen oder Hitzeeinwirkung eine fixierende Substanz bildet. Hierzu sind zu nennen:

Verfahren von Stephan[1]). Druckfarbe enthaltend Ver-dickung + Resorzin + Formaldehyd.

Verfahren von Battegay und Wagner der Firma Heil-mann[2]). Druckfarbe enthaltend Azetylzellulose + Phenol + Formal-dehyd + Kondensationsmittel (Katalysator).

Dieses Verfahren ist von dem Stephan'schen nur dadurch zu unterscheiden, dass an Stelle des Leimes Azetylzellulose als Ver-dickungsmittel Verwendung findet, während das Fixiermittel das gleiche bleibt, nämlich ein Phenol-Formaldehydkondensationsprodukt. Die Druckfarbe ist wie folgt zusammengesetzt:

100–150 g Azetylzellulose (Serikose)
500–450 g Phenol
500 g Formaldehyd 40%
50 g Natriumazetat

Lilienfeld hat im *D. R. P. 182.778* vorgeschlagen, eine Mischung von Azetylzellulose und Gelatine zu verwenden, z. B.

180 g Azetylzellulose
2200 g Eisessig
500 g Gelatine
1400 g Alkohol
430 g Aluminiumpulver

2. Druckfarben, in welchen Azetylzellulose sowohl als Fixier-mittel, wie auch als Verdickung dient:

Verfahren der Farbenfabrik Fr. Bayer, Leverkusen und von J. Frossard[3]).

In diesem Falle besteht die Druckfarbe aus einer sehr konzen-trierten Lösung von Azetylzellulose, zu welcher man, sei es ein Pigment, z. B. Zinkweiss, Titandioxyd oder Lithopon, sei es Metall-pulver, zusetzt. Durch gewöhnliches Trocknen, besser aber noch durch ein kurzes Dämpfen, werden die Pigmente ziemlich echt

[1]) Bull. Mulh. 1913, S. 56; Frb. Ztg. 1913, S. 330; Günther, Frb. Ztg. 1913, S. 537.
[2]) Bull. Mulh. 1913, S. 234; Frb. Ztg. 1913, S. 402; Frb. Ztg. 1914, S. 54.
[3]) Bull. Mulh. 1913, S. 648; Bayer, *D.R.P. 256.922, 268.627, 281.374, 347.276.*

fixiert. Man erzielt dadurch auch ausgesprochene Matteffekte. Dieses Vorgehen wird durch folgendes Beispiel erläutert:

Serikose-Lösung.

125 g Serikose L, gelöst in
350 g Phenol
300 g Alkohol
225 g Azeton oder Formol
—————
1000 g

Für Druck nimmt man:

200 g Metallpulver
800 g Serikoselösung
—————
1000 g

Dieses Verfahren wird heute noch angewendet; doch zeigen die Druckfarben mit Serikose den Nachteil, dass sie die Mitläufer verhärten, woraus schwere Fabrikationsfehler entstehen können, wenn man diese Mitläufer auch für andere Artikel verwendet.

Dieser Fehler kann nach *D. R. P. 635.047* durch invertierten Zucker ausgeschaltet werden, da die Druckfarbe durch diesen Zusatz eine wesentlich grössere Geschmeidigkeit erhält, wodurch einerseits das Abrakeln und andererseits das Hartwerden der Ware und der Mitläufer vermieden wird.

W. Kielbasinski und S. von Jakubowski (Mell. 1921, S. 132) haben festgestellt, dass die Lösungen von Serikose L in Anilin oder Xylidin, sowie in Nitrobenzol, gemischt mit Alkohol den., sich sehr gut für den Bronzedruck eignen. Nach -dem Drucken wird 3—5 Minuten gedämpft.

Beispiele aus der Praxis:

100 g Serikose LC extra in
900 g Serikosol A gelöst
—————
1000 g

150 g Aluminiumpulver
780 g Sericose LC Lösung
70 g Alkohol den.
—————
1000 g

b) Nitrozellulose.

Nitrozellulose wird in gleicher Weise im Rouleaudruck, im Handdruck und im Filmdruck verwendet, um Pigment-Metallpulver- und auch Lackdruckeffekte zu erzielen. Sie zeigt den Vorteil, dass sie auf dem Gewebe einen viel weicheren und elastischeren Film bildet als die Azetylzellulose. Im Prinzip verwendet man Kollodiumwollen der verschiedensten Viskositätsgrade, welche man im geeigneten Lösungsmittel in Gegenwart von Verdünnern und Weichmachern auflöst. Die hauptsächlichsten Löser für Nitrozellulose sind:

Ester: Äthyl- und Methylazetat, Butyl- und Amylazetat, Benzylazetat, Äthyllaktat, Äthylbutyrat, Äthylkarbonat, Zyklohexanolazetat (Adronolazetat).

Alkohole: Methylalkohol, Zyklohexanol, Methylzyklohexanol, Butylglykol.

Ketone: Azeton, Zyklohexanon und Methylzyklohexanon.

Oxy-Äther: Glykoloxyäther (Cellosolve), Monoäthyl- und Butylglykol (Sdp. 125—138⁰ C und 164—182⁰ C) wie auch die entsprechenden Azetylderivate (Glykolmonoazetat, Methyl- und Äthylglykolazetat) und Diazetonalkohol (Pyranton A).

$$\text{Pyranton A:} \quad CH_3\!-\!CO\!-\!CH_2\!-\!\underset{OH}{C}\!\!\diagup^{CH_3}_{\diagdown CH_3} \qquad \text{Sdp. } 150\text{—}165^0 \text{ C}$$

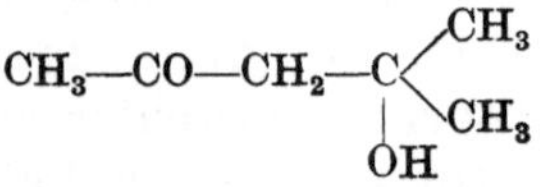

$$\text{Dioxan:} \qquad O\diagup^{CH_2-CH_2}_{\diagdown CH_2-CH_2}\diagdown_{\diagup} O \quad \text{(I. G. Farbenindustrie und C.C.C.C.)}$$

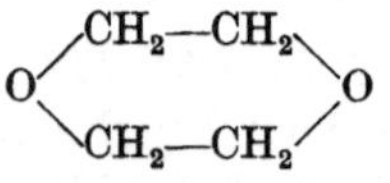

Dioxan ist eine neutrale, mit Wasser gut mischbare Flüssigkeit und löst unter Beimischung von Alkohol oder Butylazetat nicht nur sehr gut Nitrozellulose, sondern auch Azetylzellulose.

Eines der besten Lösungsmittel für Nitrozellulose ist Zyklohexylazetat (**Adronolazetat der I. G.**).

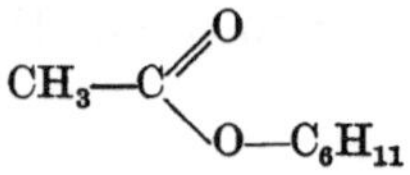

$$CH_3\!-\!\underset{\diagdown O-C_6H_{11}}{\overset{\diagup O}{C}} \qquad \text{Sdp. } 170\text{—}177^0 \text{ C}$$

Als Plastifizierungsmittel verwendet man mit Vorteil Dimethyl-, Diäthyl- oder Dibutylphtalat (**Palatinol M, A** und **C** der I. G.), Äthylstearat, Butylstearat, Trikresylphosphat.

Als Verdünner eignen sich: Benzol, Toluol, Xylol, Tetrachlorkohlenstoff, ebenso Sprit.

Der **Kasarakofferglanz NN konz.** der I. G. Farbenindustrie, welcher einer mit Plastifizierungs- und Verdünnungsmitteln vermischten Nitrozelluloselösung entspricht, eignet sich für den Bronzedruck.

Die mit Kararakofferglanz NN konz. hergestellten Bronzedruckfarben haben aber den Nachteil, beim Stehen schon nach einigen Stunden stark einzudicken und schliesslich zu einer schwärzlichen Masse zu erstarren, eine Eigenschaft, die das Arbeiten, sowohl im Schablonen- als auch im Handdruck, ausserordentlich erschwerte. Durch einen Zusatz von Stabilisol A 30% wird das Eindicken vollständig verhindert. Die damit hergestellten Drucke sind weich, geschmeidig und springen nicht nach längerer Lagerung.

Lösungsmittel für Nitrozellulose (Kollodiumwolle)

Lösungsmittel	Sdp. in °C	Verdunstungszeit	Flammpunkt	Lieferant
Azeton chem. rein . . .	55–56	2,1		I. G. Farbenindustrie und C.C.C.C.
Methylazetat 98–100% .	56–52	2,2		id.
Äthylazetat 98–100% . .	74–78	2,9		id.
Lösungsmittel T 13, 14 und 33 (Gemisch versch. Ester)	52–65	2,3–2,5		id.
Methanol rein	64–65	6,3		id.
Dioxan (Diäthylenoxyd)	95–105	7,8		id.
Tamasol J (Ester der Essigsäure)	110–117	8,5		id.
Polysolvan E	108–134	10		id. Polysolvan ist Essigsäureester eines Gemisches aliphatischer Alkohole.
Butylazetat 85%	110–117	11,8		I. G. Farbenindustrie und C.C.C.C.
Methylglykol	120–130	34,5		id.
Methylglykolazetat . . .	138–152	35		id.
Anon	113–156	40		id.
Äthylglykol	130–138	43		id.
Methylanon 94%	165–171	47		id.
Äthylglykolazetat	149–160	52		id.
Polysolvan HS	160–170	68		id.
Butoxyl	167–171	75		id.
	170–177	77		id.
Pyranton A	155–165	147		id.
Butylglykol	164–176	160		id.
Polysolvan O.	150–200	46		id.
Glykolmonoazetat Lösungsmittel GC . . .	178–195	606		id.
Äthylpolyglykol	190–200	970		id.

Die Vorschrift für eine mit Stabilisol A angesetzte Bronzedruckfarbe lautet wie folgt:

100 g Bronzepulver
 50 g Äthylazetat
 30 g Stabilisol A
500 g Kasarakofferglanz NN konz.
300 g Alkydallösung
 20 g Palatinol C
——————
1000 g

Alkydallösung:

600 g Alkydal W[1]) werden auf dem Wasserbade erwärmt,
  bis die zähe Masse erweicht ist. Dann werden
370 g Äthylazetat und
 30 g Palatinol zugefügt
____
1000 g

Dann rührt man bis zur völligen Lösung und lässt schliesslich erkalten.

Die unter dem Namen Zaponlack bekannte Lösung von Zelluloid in Amylazetat wurde ebenfalls zum Drucken von Metallpulvern verwendet.

Gute Resultate liessen sich auch mit Kollodion als Fixierungsmittel erzielen.

Jeanmaire von der Firma Koechlin Frères in Mülhausen hat eine verdickte Lösung von Kupferoxydammoniakzellulose, der Metallpulver beigegeben war, angewendet und so eine Druckfarbe erhalten, die sich sehr leicht drucken lässt. Beim Dämpfen verflüchtigt sich das Ammoniak, und das Metallpulver wird auf der Faser fixiert. (H. Schmid, *D.R.P. 198.463*). Um das Kupferoxyd, welches dem Gewebe eine grünliche Tönung gibt, zu entfernen, geht man mit der bedruckten und entwickelten Ware durch verdünnte Schwefelsäure; durch Kalandrieren wird der Metallglanz regeneriert. Dieses Verfahren gibt Metalldrucke von grosser Reib- und Waschechtheit.

5) Fixierung mit Chlorkautschuk.

Chlorkautschuk[2]) ist ein neuartiges Produkt, das durch Chlorierung von Kautschuk in Tetrachlorkohlenstofflösungen gewonnen wird. Es entsteht dabei eine Addition des Chlors an die Äthylenbindungen des Isoprens, wobei durch Abspaltung von HCl neue Doppelbindungen entstehen, die ihrerseits wieder fähig sind, Chlor zu fixieren. Nach Entfernen des Lösungsmittels fällt man mit Alkohol, wodurch man ein 60—68% chlorhaltiges Produkt erhält.

Die Produkte, die unter den Namen Tornesit von der New-York-Hamburg Gummiwaren Comp., Protex-Pechiney (Alais, Froges et Camargue), Pergut N, H, HH von der I.G. Farbenindustrie, Allaprene (I.C.I.), Duraprene (Peackey, England), Electrogum (Ugine, Frankreich) in den Handel kommen, werden mit niederer, mittlerer und hoher Viskosität geliefert. Sie sind löslich

---

[1]) Alkydal W: 26% Glyzerin + 40% Phtalsäure + 34% Rizinusöl; Alkydal T: 17,5% Glyzerin + 31,5% Phtalsäure + 51% Leinöl.

[2]) Siehe A. Nielsen, Chlorkautschuk und die übrigen Halogenverbindungen des Kautschuks, Verlag S. Hirzel, Leipzig 1937.

in Estern, z. B. Methyl- oder Äthylazetat, in Kohlenwasserstoffen, Toluol, Xylol, in chlorierten Kohlenwasserstoffen, z. B. Tetrachloräthan, Trichloräthylen, Perchloräthylen. Unlöslich sind sie in Wasser, Alkohol, Glyzerin, in den Glykolen, ferner in Äthyllaktat.

Die Lösungen von Chlorkautschuk können, ähnlich denjenigen von Azetylzellulosen für die Fixierung von Pigmenten und Metallpulvern, wie auch zur Erzielung von Matteffekten im Druck verwendet werden.

Aus den Chlorkautschuklösungen entsteht nach Verdunstung der Lösungsmittel ein gut widerstandsfähiger Film, der durch Wasser, Säuren und Alkali nicht angegriffen wird. Der Film ist vollkommen durchsichtig, sehr hart, aber spröde und zu wenig schmiegsam. Deshalb muss man diese Nachteile durch Zusätze von Weichmachungs- und Plastifizierungsmitteln beheben.

Druckfarbe:

351	g	Débécélane A (Lab. Zundel, Joliet & Cie., Gennevilliers)
73	g	Butylazetat
115	g	Chlorkautschuk
66	g	Trikresylphosphat
10	g	Zinkweiss
11	g	Débécélane A
293	g	Bleichgold
30	g	Butylazetat
51	g	Débécélane A (Lab. Zundel, Joliet & Cie., Gennevilliers)
1000	g	

6) Fixierung mit Vinyl- oder Akrylharzen.

Obwohl das Vinylazetat ein Isomer des Akrylsäuremethylesters ist und sich von diesem nur wenig unterscheidet:

$$CH_2{=}CH{-}O{-}CO{-}CH_3$$

$$CH_2{=}CH{-}C{\Big\langle}{\overset{O}{\underset{O-CH_3}{}}}$$

sind die Polyakrylsäuremethylester bedeutend elastischer als die Polyvinylazetatharze[1]).

In alkoholischer Lösung wurden die Vinylharze durch die I.G. Farbenindustrie als Fixiermittel für Metallpulver im *brit. P. 462.805* vorgeschlagen.

---

[1]) Siehe R. Houwink, Chemie und Technologie der Kunststoffe, Bd. II, S. 159 u. ff. Dieses Werk, Bd. III, Kap. XV; ferner Chatard, Les Polymères vinyliques, Annuaire des Anciens Elèves de l'Ecole sup. de Chimie de Mulhouse, 1938.

Diese Harze befinden sich im Handel unter den Bezeichnungen:

Mowilith . . . . von der I. G. Farbenindustrie
Vinoflex PC und PCU . . . von der I. G. Farbenindustrie
Vinnapas . . . . von der Gesellschaft für elektrochemische
Industrie Dr. A. Wacker in München.
Rhodopas . . . . von der Firma Rhône-Poulenc
Celva . . . . (USA)
Vibatex E . . . . Ciba

Als Basis dieser Kunstharzdispersionen kann das **Mowilith D** (alte Benennung **Emulsion MVI**) angesehen werden, welches durch Polymerisation von Vinylazetat gewonnen wird.

Diese absolut durchsichtigen und farblosen Vinylharze werden durch Polymerisation von Vinylazetat, Vinylchlorid oder der beiden zusammen, erhalten und sind allgemein in verschiedenen Qualitäten lieferbar, welche dem ansteigenden Polymerisationsgrad entsprechen. Sie unterscheiden sich durch ihre Viskosität und ihre Löslichkeit.

Mowilith NN   sehr niedrigviskos   entspricht dem Polyvinylazetat
Mowilith N   niedrigviskos
Mowilith H   hochviskos
Mowilith G   hochviskos   entspricht dem Polyvinylchlorazetat
Vibatex E (Ciba)
Igelit PCU (Igelit MPSO, Mipolam)   entspricht dem Polyvinylchlorid
(55% Chlorgehalt)

Sehr beständig gegen chemische Einwirkung. In Kohlenwasserstoffen unlöslich, löslich in Anon, quellbar in Azeton und Methylenchlorid.

Die Produkte französischer Fabrikation werden von der Firma Rhône-Poulenc hergestellt, und zwar:

Rhodopas X entspricht dem reinen Polyvinylchlorid von hoher Viskosität Spez. Gew. 1,38, unlöslich in Wasser, widersteht der Einwirkung von Säuren bis zu Konzentrationen von 20%; in Zyklohexanon und Methylzyklohexanon löslich. Kann in Lösung mit chlorierten Lösungsmitteln verdünnt werden.

Rhodopas AX entspricht einem Mischpolymerisat von Vinylazetat (85%) und Vinylchlorid. Ist in den organischen Lösungsmitteln mehr löslich, insbesondere in Äthylazetat, Dioxan usw.

Rhodopas B, H, HH, HVL, HV2 entsprechen durchsichtigen Kunstharzen, die durch Polymerisieren von Vinylazetat erhalten werden. Sie sind in Alkoholen, Benzolkohlenwasserstoffen, Azeton, Estern (Äthyl- und Butylazetat) sowie in chlorierten Lösungsmitteln (Trichloräthylen) löslich.

Emulsion Rhodopas 6000 enthält 60% trockenes Kunstharz.

Das Polyvinylazetat ist eine farblose, geruchfreie und durchsichtige Masse. Die Eigenschaften variieren mit dem Polymerisationsgrad, was übrigens für sämtliche hochmolekulare Substanzen der Fall ist.

Das technische Produkt hat ein Molekulargewicht von 3000—100 000. Eine der wichtigsten Eigenschaften dieses polymeren Produktes ist die Thermoplastizität. Bei 40° C wird es weich wie Kautschuk.

Die Polyvinylharze sind in einer ganzen Reihe von Lösungsmitteln löslich:

Alkohole: Äthylalkohol (Sprit 95%) ist bei Zimmertemperatur ein gutes Lösungsmittel, doch trüben sich die Lösungen beim weiteren Abkühlen. Die höheren Alkohole, wie z. B. Butylalkohol, Amylalkohol, lösen die Vinylharze nicht.

Benzolkohlenwasserstoffe: Benzol, Toluol. Ein Zusatz von 10% Äthylazetat ist vorteilhaft. Xylol ist kein Lösungsmittel für Vinylharze, jedoch als Verdünner zu gebrauchen.

Ketone: Azeton ist ein vorzügliches Lösungsmittel für Rhodopas und gibt hochviskose Lösungen.

Ester: Äthyl- und Butylazetat sind vorzügliche Lösungsmittel für Vinylharze und geben auch in der Kälte sehr stabile Lösungen.

Chlorierte Kohlenwasserstoffe: Dichloräthylen, Trichloräthylen und Dichlormethylen sind ebenfalls sehr gute Lösungsmittel für Vinylharze, während Tetrachlorkohlenstoff und Perchloräthylen kein Lösungsvermögen besitzen.

Plastifizierungsmittel: Triphenylphosphat, Trikresylphosphat, Methyl- und Butylphtalat, ferner Methylglykolphtalat.

Die Polyvinylazetate sind in jedem Verhältnis mit Nitrozellulose mischbar. Die Nitrozellulose verbessert einerseits die Härte und die Wasserbeständigkeit des Polyvinylazetats und vermindert andererseits dessen Tendenz zum Kleben.

Das nachfolgende Beispiel eines Golddruckes auf Basis dieser Vinylharze gibt Drucke von bermerkenswerter Reibechtheit und Geschmeidigkeit:

I.

200 g	Bronzepulver
150 g	Rhodopas (Rhône-Poulenc)
200 g	Butylazetat
100 g	Pyranton A
150 g	Toluol
200 g	Alkohol
1000 g	

II.

220 g	Mowilith H werden mit
250 g	Pyranton A
280 g	Spiritus übergossen und bis zur Lösung, die durch schwaches Erwärmen auf dem Wasserbade begünstigt werden kann, stehen gelassen, schliesslich fügt man
220 g	Bleichgold (Venus T 55) und
30 g	Palatinol C (Dibutylphtalat) der I.G. zu
1000 g	

Drucken, trocknen bei nicht zu hoher Temperatur und kalandern.

Ausser den Polyvinylazetatlösungen in organischen Lösungsmitteln wurden auch wässerige Dispersionen durch Emulsionspolymerisation hergestellt. Diese Dispersionen haben eine ganze Reihe Anwendungsmöglichkeiten gefunden. Sie sind von der I. G. Farbenindustrie unter dem Namen **Emulsion MVI** (50% Trockengehalt) in den Handel gebracht worden. Nachträglich ist die Bezeichnung **Emulsion MVI** in **Mowilith D** (auch **Appretan EM**) umgeändert worden.

Zum Fixieren von Metallpulvern und insbesondere zur Erzeugung von Matteffekten mittels Pigmente, kommt die Vinnapasemulsion von A. Wacker in Betracht. Das Produkt hat folgende Zusammensetzung:

      48% Polyvinylazetat (H bis N)
       2% Polyvinylalkohol (als Emulgator)
      ─────
      50% Trockengehalt.

Mowilith D gibt durch Eintrocknen harte, wenig elastische Filme, deren Wasserfestigkeit und Sprungelastizität relativ gering sind.

Zur Fixierung von Metallbronzen auf Azetatseidengeweben kann man 40%ige Mowilithlösungen mit Lösungsmittel, die die Azetatseide nicht zu lösen vermögen, anwenden, z. B. Butylazetat, Butoxyl, Äthylglykol bzw. Reintoluol.

      40% Mowilith H
      40% Sprit 95%
      20% Butylazetat (Butoxyl, Äthylglykol oder Reintoluol)
      ─────
      100%

In diese Mowilithlösung wird Goldbronze eingerührt und mit den entsprechenden Lösungsmitteln etwas verdünnt.

Beispiel:

      60% Mowilithlösung 40%ig
      10% Butylazetat, Butoxyl, Äthylglykol oder Reintoluol
      30% Goldbronze
      ─────
      100%

Mit **Kasarakofferglanz NN** wurde folgendermassen gearbeitet:

      In 70% Kasarakofferglanz NN wurden
         30% Goldbronze eingerührt
         ─────
         100%

Diese Ansätze können sowohl in Hand- als auch im Maschinendruck angewandt werden.

Akryl- und Methakrylpolymerisate[1]).

Die Entwicklungsgeschichte der Akryl- und Methakrylpolymerisate reicht weit zurück. Bereits 1901 bearbeitete O. Röhm die Akrylverbindungen in seiner Doktordissertation „Über die Polymerisationsprodukte der Akrylsäure".

Nach jahrelanger Forschungsarbeit entwickelte die Firma Röhm & Haas A. G. in Darmstadt hochmolekulare, brauchbare Produkte, die unter dem Namen Plextol auf den Markt gebracht wurden.

Diesen Produkten von Röhm & Haas entsprechen die Acronale und gewisse Marken von Appretanen der I. G. Farbenindustrie. Die Acronale werden entweder in Form von Lösungen (Acronal L) oder als wässerige Dispersionen (Acronal D) geliefert.

Acronal L. 100 = Appretan A, entspricht 25% Polyakrylsäure.

Acronal L. spez. (Lucrylan L. 100; Corialgrund) entspricht einem Polyakrylsäuremethylester.

Acronal L. 100 konz. spez. entspricht 40% Polyakrylmethylester.

Acronal 1200 (Lucrylan L. 200, Appretan Z, Corialgrund A konz.) entspricht 25% Polyakrylsäureäthylester.

Acronal L. 200 konz. entspricht 40% Polyakrylsäureäthylester.

Die Plexigum der Firma Röhm & Haas (K. Walter: Plextol in der Textilindustrie, Mell. 1937, Nr. 8) sind Polymerisationsprodukte der Akrylsäure oder der Methakrylsäure oder deren Derivate, besonders deren Ester. Diese Produkte sind als wässerige Emulsionen oder als Lösungen in organischen Lösungsmitteln im Handel. Der Name Plextol (Röhm & Haas) wird nur noch für wässerige Dispersionen angewendet. Organische Lösungen haben die Bezeichnung Plexigum KP.

Die Herstellung der Akrylharze ist von E. Trommsdorff in seiner Publikation, Die Akrylharze (Kunststoffe 1937, März), beschrieben worden[2]). Sie erfolgt in zwei, durch ganz verschiedene Arbeitsweisen ausgezeichnete, getrennte Arbeitsgänge.

Der erste Arbeitsgang umfasst die Herstellung der monomeren Verbindungen, der zweite den der Polymerisation der Monomere zu den eigentlichen Kunstharzen.

Das Ausgangsmaterial ist Äthylen, aus welchem man das Äthylenoxyd darstellt, das dann zu Äthylencyanhydrin umgesetzt wird,

---

[1]) Literatur: Walter, Die Verwendung von Kunststoffen in der Textilindustrie, Z. K. S. 1941, S. 514; Walter, Plextol in der Textilindustrie, Mell. 1937, S. 652; Schwen, Kunststoffe in der Textilindustrie, Mell. 1942, S. 25.

[2]) Siehe auch Amer. Dyest. Rep. 1938, Nr. 20, S. 688; Wengraf's Ber. 1939, I, S. 31; Allgemeine Studie, die die Anwendung der Akrylharze behandelt; Würth, Chem. Ztg. Cöthen, 1936, 59. Jg. 99. S. 1001; Wengraf's Ber. 1936, I, S. 31.

aus welchem durch Wasserabspaltung die Akrylsäure entsteht, die dann verestert wird:

$$CH_2{=}CH_2 \longrightarrow CH_2{<}{\small O}{>}CH_2 \longrightarrow \begin{matrix}CH_2{-}OH\\CH_2{-}CN\end{matrix} \longrightarrow CH_2{=}CH{-}C\!\!\begin{matrix}{\nearrow}O\\{\searrow}OH\end{matrix} \longrightarrow \begin{matrix}CH_2\\CH\end{matrix}{-}C\!\!\begin{matrix}{\nearrow}O\\{\searrow}OCH_3\end{matrix}$$

Diese monomeren Derivate sind wasserlösliche Flüssigkeiten von charakteristischem Geruch, aus welchen durch Polymerisation Harze von sehr hohem Molekulargewicht entstehen.

Ein bekanntes Verfahren zur Herstellung der Methakrylsäurederivate geht von Azeton aus, das durch Blausäureanlagerung, Wasserabspaltung, Verseifung, Versterung, in Methakrylsäure bzw. Methakrylsäureester übergeführt wird.

$$\begin{matrix}CH_3\\C{=}O\\CH_3\end{matrix} \longrightarrow \begin{matrix}CH_3\\C{<}\!\!\begin{matrix}OH\\CN\end{matrix}\\CH_3\end{matrix} \longrightarrow \begin{matrix}CH_2\\C{-}CH_3\\CN\end{matrix} \longrightarrow \begin{matrix}CH_2\\C{-}CH_3\\COOH\end{matrix}$$

Durch Polymerisation des Methakrylsäuremethylesters erhält man folgendes, nicht vulkanisierbares Linearmolekül:

$$\begin{matrix}{-}CH_2{-}CH{-}CH_2{-}CH{-}CH_2{-}CH{-}\\ \qquad\quad|\qquad\qquad\quad|\qquad\qquad\quad|\\ \qquad COOCH_3\quad\ COOCH_3\quad\ COOCH_3\end{matrix}$$

Folgende Tabellen geben eine Übersicht über die Polymerisate der Akryl- und Methakrylsäure (Firma Röhm & Haas G. m. b. H.) sowie über deren Löslichkeit in den verschiedensten organischen Lösungsmitteln[1]).

Plexigum.

Produkt	Plexigum-Grundsorte	Lösungsmittel	Plexigum-gehalt
Plexigum KP 592	Plexigum D	Ligroin	60%
Plexigum KP 89	Plexigum B	Essigester	30%
Plexigum KP 20	Plexigum A	Essigester	20%
Plexigum KP 550	Plexigum P	Lösungsbenzin	40%
Plexigum KP 421	Plexigum N	Xylol	40%
Plexigum KP 430	Plexigum M	Lösungsmittelgemisch hauptsächlich Xylol	40%
Plexigum KP 601	Sondereinstellung	Lösungsmittelgemisch	27%
Plexigum KP 701	Mischpolymerisat	Spiritus	40%

---

[1]) Diese Tabellen sind dem Heft von Röhm & Haas, Plexigum und Plextol, Die Kunststoffe für die Textil- und Kunstlederindustrie, entnommen.

	D	B	A	P	N	M
Aceton	+ s	+	+	+	+	+
Adronolazetat	−	+	+	+	+	+
Äthylazetat	+	+.	+	+	+	+
Äthyläther	+	+	−	+	+	q
Äthylalkohol	−	±	−	q	±	−
Äthylenchlorid	+	+	+	+	+	+
Äthylglykol	+	+	−	+	+ s	+ s
Amylazetat	+	+	+	+	+	+
Anon	+	+ s	±	+	+	+
Benzin	+	−	−	+	−	−
Benzol	+ s	+	+	+	+	+
Butanol	+	±	−	+	q	−
Butoxyl	+	+	+	+	+	+ s
Butylazetat	+	+	+	+	+	+
Butylglykol	+	+	−	+	+ s	−
Byketol B und S	+	+	−	+	+	−
Dekalin	+	−	−	+	−	−
Diazetonalkohol	+	+	+	+	+	+
Dioxan	+	+	+	+	+	+
Dipenten	+	−	−	+	±	−
G. B. Ester	+	+	+	+	+	+
Hydroterpin	+	−	−	+	q	−
Lösungsbenzol I und II .	+ s	+	q	+	+	±
Lösungsmittel M 4 . . .	+	+	−	+	+	−
Lösungsmittel O	+	+	+	+	+	+
Methanol	−	+	−	−	q	−
Methylazetat	+	+	+	+	+	+
Methyläthylketon	+	+	+	+	+	+
Methylanon	+	+ s	±	+	+	+ s
Methylenchlorid	+	+	+	+	+	+
Methylglykol	+	+	+ s	±	+ s	+ s
Milchsäureäthylester . . .	−	+ s	+	+	+ s	+ s
Mineralöle	q	−	−	q	−	−
Monochlorbenzol	+	+	+	+	+	+
Polysolvan O	+	+	+	+	+	+
Schwefelkohlenstoff . . .	+	q	−	+	q	−
Sangajol	+ s	−	−	+	−	−
Terpentinöl	+	−	−	+	−	−
Tetrachlorkohlenstoff . . .	+ s	+	−	+	+	+
Tetralin	+	+	−	+	+	−
Toluol	+	+	+ s	+	+	+
Xylol	+	+	q	+	+	±

+ = löslich, s = schwer löslich, ± = teilw. löslich, q = quillt, − = unlöslich.

Plextol.

Produkt	Grundsorte	Trocken-substanz	Lösungs-mittel
Plextol D 40%	Plexigum D	40%	Wasser
Plextol B 40%	Plexigum B	40%	Wasser
Plextol BV 40%	Plexigum B	40%	Wasser
Plextol A 25%	Plexigum A	25%	Wasser
Plextol A 40%	Plexigum A	40%	Wasser
Plextol M 25%	Plexigum M	25%	Wasser
Plextol 189	Polymerisatmischung	ca. 48%	Wasser
Plextol 190	Polymerisatmischung	ca. 48%	Wasser
Plextol 191	Polymerisatmischung	ca. 48%	Wasser

Der Vorteil, den die Polymerisate der Akrylsäureester gegenüber den Polyvinylazetaten aufweisen, liegt in der Tatsache, dass die Härte der Polyakrylsäureester von der Natur des Alkohols, der zur Veresterung diente, abhängt. Infolgedessen ist ein Zusatz von Plastifizierungsmittel für die Herstellung verschieden weicher Filme überflüssig, da man über eine genügend grosse Auswahl an Polyakrylsäureestern verfügt (Acronal 250—600 der I. G. Farbenindustrie Plexigum D, B, A, P, N, M von Röhm & Haas).

Bei Mowilith kann die Härte nur durch Zusatz von Plastifizierungsmitteln variiert werden.

In der Reihe der Akryl- und Methakrylverbindungen spielen die Ester des Methyl- und Äthylalkohols sowie der Butylalkohole die wichtigste Rolle; ferner die Nitrile in Form von Mischpolymerisaten.

Alle diese Produkte sind in reinem Zustande vollkommen glasklar durchsichtig. Die Polymerisate des Methakrylsäuremethylesters erlauben die Herstellung von organischem Glas, welches unter den Namen Plexiglas (Röhm & Haas), Lucite (U.S.A.), Perspex (England) und Diakon (England) in den Handel kommt.

Die Polymere der Akryl- und Methakrylsäuren geben zum Teil sehr elastische Filme von ausgesprochener Säure- und Alkalibeständigkeit. Auch eignen sie sich vorzüglich für permanente Appreturen, als Verdickungsmittel im Druck, speziell aber als Fixierer für Pigmente und Metallpulver. Man setzt beispielsweise eine derartige Druckfarbe wie folgt an:

    I.   200 g Plexileim (Röhm & Haas)
          550 g Plextol D 89
           50 g Peregal O
          200 g Bronzepulver (Bleichgold Venus TT 55 der Firma Auerbach & Co.,
                Fürth in Bayern)
        1000 g

II.   55 g Goldbronze (Bleichgold Venus TT 55) werden mit
          15 g sulfoniertem Öl gemischt und in
      360 g Wasser zugerührt, dann
      450 g Plextol AS 25% zugegeben und das ganze zu
      120 g Plexileim zugefügt
   ——
  1000 g

Ein Zusatz von 100·cm³ Essigsäure ist zweckmässig. Nach dem Drucken trocknet man ohne weitere Nachbehandlung; der Druck ist wasch und reibecht.

Eine Verbesserung der Waschechtheit der Gold- und Pigmentdrucke lässt sich durch die Mitverwendung von **Acrisin FS 214** und **Katalysator AN** in der Druckpaste erreichen.

Auf 100 Teile Plextol AS 25% kommen 7—8 Teile Acrisin FS 214 und 0,5—0,8 Teile Katalysator AN.

Ein anderes, ähnliches Produkt, das **Appretan A (Acronal L 100 spz.)** wird von der I.G. Farbenindustrie empfohlen, um Metallpulver zu fixieren; die Druckfarbe setzt sich wie folgt zusammen:

  250 g Colloresin DK 40:1000 werden zunächst mit
    10 g Setamol WS [1])von der I.G. Farbenindustrie, verrührt, dann
  220 g Bleichgold Venus TT 55 (Titandioxydzusatz wenn Matteffekt erwünscht) hinzugefügt und unter Zusatz von
    20 g Peregal O 1:1 sorgfältig angeteigt und zum Schluss mit
  470 g Appretan A und
    30 g Monopolbrillantöl verrührt.
  ——
 1000 g

Man druckt, trocknet und dämpft während einigen Minuten. **Appretan A** ist eine Emulsion des Polyakrylsäuremethylesters, welches durch Trocknen bei erhöhter Temperatur einen Film gibt, der Pigmente und Metallpulver gut fixiert.

Dem *brit. P. 497.151* der I.G. Farbenindustrie zufolge, verwendet man für den Pigmentdruck Farben, welche das Pigment als Suspension in polymerisierten Kohlenwasserstoffen enthalten. Diese Produkte werden durch Polymerisation ungesättigter Kohlenwasserstoffe, wie z. B. Propylen, Butylen, Isobutylen, in Gegenwart von Borfluorid oder von Aluminiumchlorid erhalten (siehe *brit. P. 472.553*). Das Molekulargewicht dieser Derivate soll 30.000 übersteigen.

Nach dem Verdampfen des Lösungsmittels (Benzol) ist das Pigment durch den Film des Polymerisationsproduktes fest auf den Stoff fixiert.

Erwähnenswert scheint noch eine in der D. F. Z. 1939, S. 93 erschienene Arbeit zu sein. Der Verfasser ist der Ansicht, dass von

---

[1]) Natriumsalz des Kondensationsproduktes aus β-Naphtalinsulfosäure und Formaldehyd.

allen beschriebenen Arbeitsweisen nur zwei von praktischem Interesse sind. Es sind dies einerseits das Colloresin-Appretanverfahren, andererseits das Mowilithverfahren, welche beide auf der Verwendung von Kunstharzen beruhen.

7) Phenol- und Harnstoff-Formaldehyd-Kondensationsprodukte.

Phenol-Formaldehyd-Kondensationsprodukte[1]) sind seit 1900 bekannt: Goldschmidt (Chem. Ztg. 1900, S. 317, 327, 347, 358, 857), Camille Favre (Bull. Mulh. 1901, S. 124 und 128), Stephan (Versiegeltes Schreiben 1901, Bull. Mulh. 1913, S. 56.)

Es ist das Verdienst Stephans, als Erster Metallpulver durch eine Kondensationsreaktion fixiert zu haben. Seine Druckfarbe enthielt, wie schon früher erwähnt, Resorzin und an Ammoniak gebundenen Formaldehyd.

Auch das Verfahren der Firma Heilmann in Mülhausen stützt sich auf die Bildung von Kunstharzen; aber das Kondensationsprodukt wird nicht allein, sondern in Gegenwart eines Verdickungsmittels, das ebenfalls als Fixiermittel dient (Azetylzellulose) angewendet.

Die Verwendung von Phenol-Formaldehydharzen für sich allein, ohne andere Verdickungsmittel, verdankt man der Manufaktur E. Zündel in Moskau. Dieses Verfahren beruht einzig auf der Eigenschaft der Kondensationsprodukte aus Phenol und Formaldehyd, Metallpulver und Pigmente zu fixieren. Man verwendet ein Vorkondensat, das gleichzeitig als Verdickungsmittel für die Druckfarbe dient. Es ist dies zweifellos die beste Methode zum Fixieren von Pigmenten und Metallpulvern, und obwohl die dafür genommenen Patente zu Polemiken und müssigen Diskussionen Anlass gaben, muss man anerkennen, dass sowohl in Bezug auf die Wasch- und Reibechtheit der damit erzielten Drucke wie auch in Bezug auf die sehr einfache Druckmethode, dem Verfahren der Firma Zündel das Verdienst zu-

---

[1]) Phenolaldehydharze: (Phenoplaste)

Novolacke (sauer kondensierte Phenol (Kresol)harze):

Alnovole . . : .	Chem. Fabrik Albert, Wiesbaden-Biebrich.
Albertol	Chem. Fabrik Albert, Wiesbaden-Biebrich.
Laccain	Louis Blumer in Zwickau (Sachsen)
Bakelite	Bakelite-Gesellschaft
Beckolan . . .	Beckacit Kunstharzfabrik, Hamburg

Resole (basisch kondensierte Phenolharze):

Bakelite Harz .	Bakelite Gesellschaft
Phenodur . . .	Chem. Fabrik Dr. Kurt Albert
Luplema . . .	I. G. Farbenindustrie
Duroplene . . .	Chem. Fabrik Dr. Kurt Albert
Beckophen . . .	Beckacit Kunstharzfabrik

kommt, das so lange unbefriedigend gelöste Problem des Pigment-
und Metalldruckes auf Textilien praktisch gelöst zu haben[1]).

Man stellt die Verdickung her, indem man Phenol und Formaldehyd in Gegenwart eines Kondensationsmittels (Kaliumsulfit)
erwärmt. Diese Verdickung ist eine braune, transparente, sirup-
artige Masse von bemerkenswerter Zähigkeit, unlöslich in Wasser,
löslich in Alkalilauge und löslich in gewissen Lösungsmitteln wie
Azetin, Phenol, Glyzerin, Terpentinöl und Diäthylenglykol.

Nach den Angaben der Firma E. Zündel in Moskau erhitzt man
z. B.

$$4500 \text{ g Phenol } 90\% \text{ mit}$$
$$5500 \text{ g Formol } 40\%$$
$$500 \text{ g } K_2SO_3 \; 45^0 \text{ Bé}$$

bis 85^0 C während 3 Stunden mit indirektem Dampf in einem kupfernen Kessel. Man setzt dann noch

$$2000 \text{ g Phenol } 90\% \text{ und}$$
$$\underline{250 \text{ g Eisessig zu.}}$$
$$\text{Ausbeute } 10000 \text{ g Bakelitverdickung}$$

$$\textbf{Druckfarbe:}$$
$$300 \text{ g Metallpulver}$$
$$\underline{700 \text{ g Bakelitverdickung}}$$
$$1000 \text{ g}$$

Auch die Harnstoff-Formaldehydkondensationsprodukte[2]) wurden zum Fixieren von Metallpulvern und Pigmenten vorgeschlagen.
Das erste Patent stammt von der I. G. Farbenindustrie A.G. (*D. R. P.
433.152*), welches verdickte Farben aus: Harnstoff + Formaldehyd +
Kondensationsmittel + Metallpulver beansprucht. Da diese Druckfarben nicht beständig sind, ist es nach *D. R. P. 652.796* (ebenfalls I. G.)
vorteilhaft, Methylol- oder Dimethylolharnstoff zu verwenden, welche
beide wohldefinierte und ziemlich gut haltbare Produkte sind. Diese
Substanzen können ohne Anwendung von Katalysatoren, im Gegensatz zu früheren Verfahren, beim blossen Trocknen und Dämpfen in
unlösliche Harze übergehen. Der Hauptwert ist hier auf die einheit-
liche Beschaffenheit der harzbildenden Körper zu legen. Das Handelsprodukt Printor L von der I. G. erlaubt die Herstellung ziemlich
echter Golddrucke, doch werden die Gravuren leicht verstopft.

---

[1]) *D.R.P. 264.137*; *franz. P. 452.677*; *brit. P. 714*/1913 Kattunmanufaktur E.
Zündel und *7284*/1915 (Bakelite Gesellschaft), R.G.M.C. 1913, S. 182, Frb. Ztg. 1914,
S. 63; Bull. Mulh. 1914, Januar, S. 52; Revue Textile 1921, S. 465 und 1922, S. 925.

[2]) Plastopal 1 der I.G. Farbenindustrie ist eine 50%ige Lösung mit viel Butanol,
löslich in Alkoholen, Glykoläthern, Anon, Pyranton und Estergemischen.
Resamin der Chem. Werke Albert.
Acrisin (verschiedene Marken) von Röhm & Haas.
Stephanit von Schubert.

Die Ciba schlägt in ihrem *brit. P. 480.316* Fixiermittel für Metall-
pulver- und Pigmentdrucke vor, die durch Kondensation von Aminotriazinen (Melamin) mit Formaldehyd entstehen[1]). Der Hauptvorteil
in der Verwendung dieser Produkte liegt darin, dass die Endkondensation bei Temperaturen unter 100^0 C vorgenommen werden kann.

2. Druckverfahren für Pigmentfarben und Pigmente.

a) Damasteffekte durch Pigmentdruck (Mattweisseffekte).

Es fällt schwer, die Mattweisseffekte oder Opalinartikel, wie
man solche Ware geläufig in der Kattundruckerei bezeichnet, vom
gewöhnlichen Druck mit Metallpulver abzugrenzen. Diese beiden
Artikel sind in Bezug auf die Fixiermittel verwandt; hingegen existieren,
namentlich was die Mattierung anbetrifft, spezifische, chemische
Methoden, die auf dem Prinzip der Fällung von unlöslichen
Niederschlägen auf der Faser, oder wie z. B. bei der Azetatseide, auf
einer Verseifung oder anderweitigen chemischen Umsetzung der Faser
selbst beruhen.

Der sogenannte Broché- oder Damast-Artikel ist sehr alt. Schon
Persoz beschreibt in seiner Abhandlung diese Druckart: Le blanc au
sulfate plombique (Bleisulfat), welche im Jahre 1820 eine wichtige
Rolle spielte. Um dieses Verfahren auszuführen, druckte man Blei-
azetat auf und pflatschte in einem Alaun enthaltenden Bade (Persoz
IV, S. 180). Im Jahre 1855 trat dann das Zinkweiss an die Stelle
des Bleisulfates. Das Zinkweiss wird heute noch angewendet, obwohl
es nachweisbar, sowohl in Bezug auf den Mattierungseffekt wie auch
in der Ausgiebigkeit, vom Titanweiss weit übertroffen wird. Dieses
Titanweiss (Titandioxyd) wird von den Fabriques de Produits
Chimiques in Thann (Elsass), von der Titanium Pigment Corporation,
New-York (Titanox)[2]), und von der I. G. Farbenindustrie (Kronos
Titandioxyd) hergestellt. Eine sehr eingehende Studie von F. Jacobs:
La coloration du caoutchouc, les colorants minéraux, Revue Générale
du Caoutchouc, 1930, Paris, gibt über Titandioxyd erschöpfend Aus-
kunft.

Die Verfahren zur Herstellung von Damasteffekten durch Pigmentdruck, stimmen im allgemeinen mit den Fixierungsverfahren
für Metallpulver überein und können, wie folgt, in drei Gruppen
geordnet werden:

---

[1]) Lyofix A und CH der Ciba.

[2]) Titanox A, AA (TiO_2), Titanox B-30 $(TiO_2 + BaSO_4)$, Titanox RA (TiO_2).
Wyteray der Fulton Dye and Import Co., New-York ist eine kolloidale Mischung von
TiO_2, ZnO, $ZnSO_3$, $BaWO_4$, Glyzerin, vegetabilisches Öl und Karayagummi, speziell für
Mattätzweisseffekte vorgeschlagen.

Gruppe I: Fixierung von Weisspigmenten (Titanoxyd und Zinkoxyd) mit Bindemitteln in wässeriger Lösung.

a) **Albumindruck**, Albumin, Kasein, Gelatine unlöslich gemacht durch Formaldehyd.
   1. Albumin allein (bzw. Kasein oder Gelatine),
   2. Albumin + Hexamethylentetramin,
   3. Albumin + Hexamethylentetramin in Mischung mit Appretanmarken (**Appretan A, EMC, EM, N** usw.).
   4. Desatinol von Durand-Huguenin.

b) **Drucke mit Polymerisatemulsionen.**

c) **Drucke mit Phenol-, Melamin- oder Harnstoff-Formaldehydkondensationsprodukten.**
   1. Kauritleim W.
   2. Fixappret B.
   3. Lyofix A und CH (Ciba); Mattweiss W (I. G. Farbenindustrie) (Melaminharze).

d) **Drucke mit wasserlöslichen Zellulosederivaten.**
   1. Zellulosexanthogenat.
   2. Zelluloseäther. **Tylose 4 N,** Ceglin, Hortol.
   3. AT.-Zellulose.
   4. Oxyzellulose.

Gruppe II: Fixierung von Pigmenten mit in organischen Lösungsmitteln gelösten Bindemitteln bzw. mit Emulsionen von solchen.

a) Zelluloseester oder -äther.
   1. Serikose.
   2. Kasarakofferfarben, Kasarakofferweiss G L konz.
   3. Corialfarben ERL, Glanzlack ER.

b) Chlorkautschuk (**Schablonenlack PN**).

c) Polyvinylharze, Polymere der Akryl- und Methakrylsäure (**Mowilith N, Acronale, Plexigum, Vibatex K und E** (Ciba).

Gruppe III: Erzeugung eines Niederschlages auf der Faser.

a) Anorganische Niederschläge:
   1. Natriumwolframat/Bariumchlorid.
   2. Bariumazetat/Natriumsulfat
   3. Zinkazetat/Kaliumferrocyanid.
   4. Zinnsalze, Strontiumnitrat/KOH usw.

b) Organische Niederschläge:
   1) Dullit W.
   2) Dullit D.
   3) Appretan N/Harnstoff.
   4) Diverse Verfahren.

Gruppe I: Fixierung von Pigmenten mit Bindemitteln in wässeriger Lösung[1]).

a) Albumindruck.

Mattweiss-Druckfarben mit Zinkoxyd oder Titanoxyd als Mattierungspigment und Albumin als Fixierungsmittel werden für baumwollene Futterstoffe, Kunstseide- und Naturseidegewebe auch heute noch sehr stark verwendet, obwohl die Ausführung der Drucke infolge des Verstopfens der Gravuren gewisse Schwierigkeiten bietet.

Beispiel einer Druckfarbe für Weiss auf Satin für Futterstoffe:

350 g Zinkweiss oder Titanweiss
30 g reines Glyzerin
300 g Eialbumin 50%ig
320 g Tragantschleim 6%ig
———————
1000 g

Es ist selbstverständlich, dass man das Zinkweiss mit basischen Farbstoffen oder mit Direktfarbstoffen anfärben kann.

Nach dem Drucken und Trocknen wird 5 Minuten im Schnelldämpfer gedämpft, durch ein kaltes Bad mit 150 cm³ Salzsäure 20°Bé im Liter passiert, 3 Minuten abgelegt, gespült, mit 0,3 g Igepal CM im Liter bei 40° C behandelt, gespült und getrocknet.

Die Albuminfarben zeigen den Nachteil, dass sie die Faser ausgesprochen verhärten, insbesondere die Kunstseide.

Die I. G. Farbenindustrie (Mell. 1936, Bd. 17, März, S. 249) hat im Jahre 1935 eine Druckvorschrift ausgearbeitet, die diesen Nachteil vermeiden soll. Dieselbe enthält als Verdickungsmittel Britishgum + Albumin + Hexamethylentetramin + Olivenöl + ein Weichmachungsmittel (Soromin, Sapamin KW und WL der Ciba).

120 g Titanweiss	5 g Ammoniak 25%ig
60 g Wasser	75 g Wasser, ferner kalt zusetzen
10 g Peregal O	30 g Olivenöl, und erst am Schluss
60 g Glyzerin	30 g Soromin AF
10 g Indanthrenblau BZ-Teig	50 g Hexamethylentetramin
400 g Britishgum 1:1	50 g Wasser beigeben.
100 g Eialbumin 1:1	———————
	1000 g

Durch den Zusatz von Hexamethylentetramin wird beim Dämpfen Formaldehyd abgespalten, und es entsteht gleichzeitig ein Kondensationsprodukt aus Albumin und Formaldehyd, welches waschechtere und elastischere Effekte gibt als Albumin allein. Die

---

[1]) A. W. H. Barton, J. Soc. D. and Col. 1941, 61, S. 85; C. Hobday, Fixation of Pigments from aqueous Media, J. Soc. D. and Col. 1945, 61, S. 871. R. J. Hannay, Some Problems, J. Soc. D. and Col. 1945, 61, S. 88.

Weichheit der Mattdruckeffekte wird durch Soromin AF[1]) günstig beeinflusst. Die Verwendung von Peregal O bewirkt eine feinere Verteilung des Pigments in der Druckfarbe. Durch Zusatz von Rongalit C allein oder Rongalit C + Pottasche + Küpenfarbstoff erhält man Weiss- oder Buntätzmattdrucke.

Die Pigmentdrucke mit Albumin allein sind, 15 Minuten bei 100⁰ C behandelt, gut waschecht. Bei einer längeren Behandlung (½ Stunde bei 100⁰ C) ist die Waschechtheit jedoch ungenügend. Ein Unterschied in den Ergebnissen mit Eialbumin und Blutalbumin ist nicht feststellbar. Im Vergleich mit Albumin ergibt Kasein weniger echte Mattdruckeffekte.

Das folgende Rezept, nach welchem plastische Drucke, die mit Hilfe von Kasein fixiert sind, erhalten werden, dürfte von Interesse sein (R.G.M.C. 1912, S. 35 ebenso Kay R.G.M.C. 1899, S. 261):

$$
\begin{array}{rl}
800 \text{ g} & \text{Kaolin} \\
1400 \text{ g} & \text{Zinkweiss, verdünnt mit} \\
2200 \text{ g} & \text{Wasser und angeteigt mit} \\
\underline{5600 \text{ g}} & \underline{\text{Kaseinlösung}} \\
10000 \text{ g} &
\end{array}
$$

Die Kaseinlösung wird wie folgt hergestellt:

$$
\begin{array}{rl}
10 \text{ kg} & \text{Kasein, das vorher zweimal mit kochendem und einmal} \\
& \text{mit kaltem Wasser gewaschen worden ist} \\
4 \text{ l} & \text{Alkohol} \\
600 \text{ g} & \text{Borax} \\
700 \text{ g} & \text{Ammoniak}
\end{array}
$$

auf 50 kg mit Wasser einstellen.

Die Gelatine, insbesondere die nach dem Verfahren von Albert Scheurer (Bull. Mulh. 1925, S. 470) unter Druck vorgekochte Gelatine, eignet sich vorzüglich zum Pigmentdruck. Leider verlieren Gewebe aus Kunstseiden, die auf diese Weise bedruckt sind, an den bedruckten Stellen ihre Weichheit und Geschmeidigkeit (Kopps 1899, Depierre, V, S. 409, ebenso *franz. P. 799.671*, Justin Mueller, der ein Gemisch von Proteinen (Albuminen) mit Lösungen von Substanzen, die Kunstharze bilden, verwendet).

Die Drucke mit Albumin + Hexamethylentetramin haben eine Waschechtheit (½ Stunde bei 100⁰ C), die als sehr gut bezeichnet werden kann; sie sind aber gelbstichiger als mit Albumin allein. Zinkoxyd ist als Pigment dem Titanoxyd gleichwertig. Albumin, in Mischung mit den verschiedenen Appretanmarken, mit Ausnahme von Appretan B, ergibt waschechtere Mattdrucke.

---

¹) Soromin AF der I.G. Farbenindustrie (Prestofen A der Gen. Dyest. Corp., New-York) entspricht dem Trioxyäthylamid der Stearinsäure, erhalten durch Einwirkung von Stearinsäurechlorid auf Triäthanolamin.

Die besten Ergebnisse werden mit Albumin + Appretan EM + Hexamethylentetramin als Bindemittel erzielt. Hiermit werden hervorragend echte (½ Stunde bei 100° C) Mattdruckeffekte erhalten[1]).

Durand & Huguenin A.-G. bemerken jedoch im *franz. P. 878.761* und *schweiz. P. 222.229* (beantragt am 31. Januar 1940, erteilt am 15. Juli 1942), dass die so erzeugten Matteffekte nur ungenügend waschecht sind und ausserdem dem Gewebe an den bedruckten Stellen einen harten Griff verleihen. Das in diesen Patenten vorgeschlagene Mattierungsmittel besteht aus einer Mischung, enthaltend ein weisses Pigment in sehr feiner Suspension, ein Fixierungsmittel (Eialbumin) und eine mittels eines Emulgators (Nekal AEM der I. G. oder Emulgator J der Ciba) hergestellte Dispersion einer in Wasser nur sehr wenig löslichen Substanz (Petroleum). Die so erhaltene und mit einem Verdickungsmittel versetzte Paste druckt man auf das Gewebe. Die bedruckte Ware wird während 8 Minuten gedämpft, hierauf gewaschen, geseift, gespült und getrocknet.

Man erzielt damit sehr echte, nicht stäubende Matteffekte, die die Geschmeidigkeit der Faser in keiner Weise nachteilig beeinflussen.

Dieses Verfahren kann ebenfalls für die Erzeugung von Unimattierungseffekten verwendet werden, indem man die Stückware mit einer Flotte von nachstehender Zusammensetzung pflatscht.

Die Flotte hat beispielsweise folgende Zusammensetzung:

   1 T. Titanoxyd
   1 T. Eialbumin
 36 T. Wasser
         werden einer Emulsion, enthaltend
 46 T. Wasser
   1 T. Marseillerseife
 14 T. Petroleum hochsiedend
   1 T. Rizinusöl einverleibt.
———
100 Teile

Nach dem an obiges Patent anknüpfenden *schweiz. P. 228.131* (beantragt am 31. Januar 1940, ert. am 31. August 1943) derselben Firma ist es möglich, dem Mattweiss Pigmente oder lösliche Farbstoffe einzuverleiben und somit Buntmatteffekte zu erhalten.

Dieses Verfahren wird durch nachstehendes Beispiel illustriert. Man stellt folgende Lösungen her:

  0,6 g Indigosolfarbstoff
 36,4 g Wasser
  1,1 g Ammoniumsulfocyanid 1:1
  2   g Natriumchloratlösung 10%
———
40,1 g

———

[1]) Mell. 1936, Bd. 17, S. 249.

Diese Lösung wird mit einer Emulsion, die zusammengesetzt wird aus

33,5 T. Wasser
1 T. Seife
10 T. Petroleum
1 T. Rizinusöl
2,5 T. Eialbumin
6 T. Titanoxyd
____
54,0 Teile

gut vermischt; dem Gesamten werden noch 2 Teile Ammonium-vanadatlösung 1% zugegeben.

Glanzviskose wird damit bedruckt oder geklotzt, getrocknet, 8 Minuten gedämpft, gewaschen, geseift und gespült.

Es ist wahrscheinlich, dass das von Durand und Huguenin in den Handel gebrachte Desatinol den Gegenstand dieser Patente bildet.

Verfahren mit Desatinol DH.

Druckvorschrift:

400 g Desatinol DH
200 g Blandolaverdickung 50%
400 g kaltes Wasser
____
1000 g

Die Blandolaverdickung wird zuerst sorgfältig mit dem Desatinol DH vermengt, worauf man dem Gemisch unter ständigem Rühren das Wasser portionsweise zusetzt. Vor Gebrauch wird die Druckpaste gesiebt.

Man druckt, trocknet, dämpft während 8 Minuten, wäscht und seift bei 50° C.

Druckpasten, welche Desatinol DH enthalten, sollen keinesfalls erwärmt werden. Für den guten Ausfall der Druckeffekte ist es wichtig, dass die Verdickung entweder neutral oder leicht alkalisch ist. Ein kleiner Alkaliüberschuss ist nicht schädlich.

Es ist ebenfalls möglich, Halbtoneffekte herzustellen. Desatinol DH kann Rongalit C extra enthaltenden Druckpasten ohne weiteres zugesetzt werden. Die hierbei erhaltenen Weisseffekte sind durch ihre hervorragende Reinheit gekennzeichnet.

Desatinol DH-Druckpasten, welchen man Farbstoffe zugibt, erlauben Buntmatteffekte auf glänzenden Geweben zu erhalten.

Die I. G. Farbenindustrie stellte fest (*franz. P. 834.967*), dass Albumin in Gegenwart von Formaldehyd und alkylierter Zellulose oder Plextolen dem Stoff einen unangenehmen harten Griff verleiht.

Diesem Übelstande lässt sich abhelfen, wenn man obengenannte Substanzen durch polymerisierte Kohlenwasserstoffe, wie Zyklohexen, Isobutylen, oder hydrogenierten Kautschuk ersetzt.

b) Drucke mit Polymerisatemulsionen.

Hierfür werden die verschiedenen Appretanmarken (EMC, A, B, G I, GII) der I.G. Farbenindustrie oder Vibatex K der Ciba verwendet. Die Drucke halten jedoch ein halbstündiges Seifen nicht aus. Appretan B verhält sich hierbei am besten, Appretan EMC am schlechtesten. Die Appretandrucke, infolge der thermoplastischen Eigenschaften dieser Bindemittel, kleben beim Seifen, Schleudern und Trocknen der Kunstseidenware.

Mit Appretan N lässt sich eine gute Kunstseidenmattierung erzielen, die durch Aufdruck einer alkalischen Rongalitdruckfarbe reserviert werden kann. Es entstehen somit Glanzeffekte auf mattiertem Grund. Diese Arbeitsweise kann sowohl für weisse als auch für mit Indanthren-, Indigosol- oder substantiven Farbstoffen vorgefärbte Waren herangezogen werden.

Durch Zusätze von Indanthrenfarbstoffen zur Reservefarbe lassen sich bunte Glanzeffekte herstellen.

Ausführung: Die weisse oder vorgefärbte Ware wird mit folgender Klotzlösung behandelt:

$$
\begin{array}{rl}
150 \text{ g} & \text{Appretan N} \\
150 \text{ g} & \text{Harnstoff} \\
590 \text{ g} & \text{heisses Wasser} \\
80 \text{ g} & \text{Monopolbrillantöl} \\
30 \text{ g} & \text{Soromin AF-Paste} \\
\hline
1000 \text{ g} &
\end{array}
$$

Nach dem Trocknen wird folgende Glanzreserve aufgedruckt:

$$
\begin{array}{rl}
600 \text{ g} & \text{Tragant 6\%} \\
80 \text{ g} & \text{Rongalit C} \\
60 \text{ g} & \text{Soda kalz.} \\
255 \text{ g} & \text{Wasser} \\
5 \text{ g} & \text{Etingal A} \\
\hline
1000 \text{ g} &
\end{array}
$$

c) Weissmattdrucke mit Phenol- oder Harnstoff-Formaldehyd-Kondensationsprodukten.

Die Einwirkung von Formol auf Harnstoff[1]) führt zuerst zu niedermolekularen Semikolloiden, die dann durch weitere Konden-

---

[1]) R. Houwink, Chemie und Technologie der Kunststoffe, Bd. II, S. 80 und ff.; 2. Auflage, Leipzig.

sation hochmolekulare, technisch verwertbare Produkte ergeben. Der Kondensationsprozess ist komplex und hängt von einer Anzahl von Faktoren (Aziditätsverhältnis, Mengenverhältnis der Reaktionskomponenten, Reaktionstemperatur) ab.

Die primäre Reaktion des Formols mit Harnstoff führt bei Zimmertemperatur und in leicht alkalischem oder neutralem Medium zu Methylolderivaten. Je nach dem Mengenverhältnis der Reaktionskomponenten erhält man den Monomethylolharnstoff:

$$CO\begin{cases} NH_2 \\ NH-CH_2OH \end{cases}$$

oder den Dimethylolharnstoff:

$$CO\begin{cases} NH-CH_2OH \\ NH-CH_2OH \end{cases}$$

Bei höherer Temperatur geht die Reaktion über dieses Stadium hinaus und es bilden sich, bei gleichzeitiger Wasser- und Formolabspaltung und Verbindung von mehreren Methylolharnstoffmolekülen miteinander, hochmolekulare Methyl-Methylenharnstoffe. Bei fortschreitender Kondensation nimmt die Viskosität der Reaktionsprodukte zu, während ihre Löslichkeit abnimmt. In saurem Medium unter sonst gleichen Bedingungen, bilden sich Methylenharnstoffe:

$$CO\begin{cases} NH_2 \\ N=CH_2 \end{cases} \qquad CO\begin{cases} N=CH_2 \\ N=CH_2 \end{cases}$$

Monomethylenharnstoff　　　　Dimethylenharnstoff

Durch weitere Kondensation treten die Methylolgruppen mit den Iminogruppen in Reaktion, unter Bildung von Makromolekülen.

Durch Verwendung von Methylol- oder Dimethylolharnstoff oder -thioharnstoff, den man durch Dämpfen, Erhitzen oder Verhängen ohne oder mit geeigneten Katalysatoren in unlösliche Harze verwandelt, kann man mannigfache Effekte erzielen. Die Verwendung dieser Karbamidharze geht weit zurück auf Verfahren, die mit Phenol-Formaldehydharzen durchgeführt worden sind:

C. Favre, R. G. M. C. 1901, S. 180; Blumer, *D. R. P. 140.552*; Friedländer 1905/07, S. 804; Stephan: Gelatine + Resorzin + Formaldehyd, Bull. Mulh. 1913, S. 56; Battegay, Bull. Mulh. 1913, S. 234; Frb. Ztg. 1913, S. 330; Manufaktur Zündel in Moskau, *D. R. P. 264.137; franz. P. 452.677*, R. G. M. C. 1913, S. 182; Frb. Ztg. 1914, S. 63; Bull. Mulh. 1914, S. 52, während für Harnstoff-Formaldehydharze folgende Erstlingsliteratur zu nennen wäre: *Öst. P. 98.545*, F. Pollack; *D. R. P. 392.183*, Hannes John und *brit. P. 473.304.*

Harnstoff-Formaldehydharze schlägt das *amer. P. 1.871.087* der I. G. Farbenindustrie-Schneevoigt (1932) als Fixierungsmittel im allgemeinen vor.

Nach dem *franz. P. 804.988* und *brit. P. 473.304* (I. G. Farbenindustrie) erhält man Damast-Mattdrucke mit Ausgangsprodukten, die durch Kondensation unlösliche Kunstharze ergeben, z. B.:

250 g	Harnstoff
25 g	Zitronensäure
3 g	Kupfersulfat
272 g	Wasser
50 g	Weichmacher (Soromin F)
400 g	Kaolin
1000 g	

Nach dem Druck trocknet man, behandelt dann mit Formaldehyddämpfen bei 80° C und wäscht aus. Der so erhaltene Damasteffekt ist waschbeständig.

Für den Pigmentdruck wird im *amer. P. 2.087.700* (Harvel Corp.) eine Mischung von halbkondensierten Phenol-Formaldehydlösungen mit Leimverdickungen empfohlen, wobei der Formaldehydüberschuss vor der Zumischung des Leims, um ein vorzeitiges Gerinnen zu verhindern, erst durch Säure- oder Vakuumbehandlung entfernt werden muss.

An Stelle von Phenol hat man auch K a r d a n o l ($C_{14}H_{27}$—C_6H_4OH) vorgeschlagen. Kardanol ist ein Produkt, das aus Katechuharz durch Destillation gewonnen wird.

Im *brit. P. 431.168*, Ciba-Widmer, wird eine verdickte Lösung eines Thioharnstoff-Formaldehydvorkondensates vom p_H 7 beschrieben, wobei das resultierende Kunstharz als Fixierer für das Pigment dienen soll.

Im *amer. P. 2.093.651* (Ciba-Widmer) wird vorgeschrieben, dass man fein gepulverten Thioharnstoff in Vorkondensate von Harnstoff + Formaldehyd einrührt bis die Verbindung eine firnisartige Beschaffenheit annimmt. Pigmente, wie Lampenrußschwarz, werden mit dieser Paste fixiert.

Laut dem *amer. P. 2.326.265* (Sherwin Williams, 10. August 1943) benützt man Harnstoff-Formaldehydkondensate, hergestellt in einem alkalischen Medium in Gegenwart von reichlichen Mengen von Alkohol wie Butanol.

Die Druckfarben, die auf Basis von Harnstoff-Formaldehydvorkondensaten hergestellt werden, sind nicht beständig und verändern sich rasch infolge Kondensation. Dieser Nachteil wird nach *D.R.P. 652.796* der I. G. Farbenindustrie-Schneevoigt-Novack, dadurch behoben, dass man Methylolharnstoff oder Dimethylolharnstoff verwendet, welche beides wohldefinierte und beständige Substanzen sind.

Es ist möglich, dass das durch die I. G. Farbenindustrie unter dem Namen Printor[1]) auf den Markt gebrachte Produkt auf dem Prinzip dieses Patentes beruht.

Weiter sind als Fixierungsmittel für Pigmente geeignet: Kokosfettsäurepolyglyzeride (*D.R.P. 651.231*, Stockhausen), Lezithin und niedere Alkohole (*D.R.P. 654.593*, Stockhausen), Seife, Alkalialuminat und säureabspaltende Stoffe (*D.R.P. 679.465*, Stockhausen).

Hier sind auch waschfeste Drucke mit Eropal SZ von Röhm & Haas zu erwähnen. Als Beispiel für Pigmentdrucke wird folgendes Rezept angeführt:

500 g	Stärkeverdickung
100 g	Titanweiss
30 g	Eropal SZ
2 cm³	Essigsäure 30%
318 g	Wasser
25 g	Glyzerin
25 g	Soromin
1000 g	

Kauritleim W von der I. G. Farbenindustrie gibt sehr waschechte, Mattdrucke auf Kunstseide. Sie halten eine Seifprobe von 5 Minuten bei 80° C sehr gut aus. Als Verdickungsmittel für Kauritleim W eignet sich sowohl Colloresin DK, wie Tragant und Senegalgummi.

Vorschrift:

200 g	Titandioxyd
20 g	Peregal O 1:1
40 g	Glyzerin
150 g	Wasser
250 g	Colloresin DK 40/000
150 g	Kauritleim W
30 g	Monopolbrillantöl
40 g	Soromin AF Paste
120 g	Wasser
1000 g	

Nach dem Drucken und Trocknen wird 10 Minuten im Kessel gedämpft, dann gespült und getrocknet.

Auch Fixapret B, das ein Dimethylolharnstoffprodukt ist und von der I. G. Farbenindustrie zur Herstellung von permanenten Appreturen empfohlen wird, kann ebenfalls zum Fixieren von Pigmenten verwendet werden, z. B. nach folgendem Rezept:

450 g	Johannisbrotkernmehlverdickung
100 g	Titanweiss
30 g	Glyzerin
20 g	Soromin AF Teig, gelöst in
50 g	Wasser
10 g	Fixapret B, gelöst in
200 g	Wasser von 40° C
140 g	Wasser oder Verdickung
1000 g	

---

[1]) Ureol AC der Ciba.

Nach dem Drucken und Trocknen bewirkt man die endgültige Fixierung durch eine Passage über einen auf 100—120° C geheizten Zylinder. Man erhält andererseits auch Matteffekte, indem man das ganze Gewebe mit Fixappretlösung und Titanweiss imprägniert und dann an den nicht zu mattierenden Stellen eine alkalische Druckfarbe aufdruckt (z. B. auch Küpenfarben)[1].

Die Kondensationsprodukte aus Dicyandiamid oder aus einem Gemisch von Thioharnstoff und Dicyandiamid mit Formol wurden schon seit geraumer Zeit als Appreturmittel vorgeschlagen. Die Kondensation findet in alkalischem Mittel statt, ohne dass ein Erwärmen notwendig ist. Die Vorkondensation vollzieht sich bei einem p_H-Wert von 7, die vollständige Kondensation bei p_H 6,5.

In den *brit. P. 503.670* und *503.750* von Ripper wird als besondere Verwendungsart dieser Kondensationsprodukte die Herstellung von Verdickungsmitteln für Pigment- und Metalldrucke angegeben, und zwar wird das viskose Vorkondensationsprodukt in alkalischer Lösung mit Schutzkolloiden (Proteinkörper), Farbstoffen oder Metallpulver gemischt, ausserdem kann man noch andere Verdickungsmittel zufügen.

In früheren Jahren wurde das unter dem Namen Tootextil bekannt gewordene Verfahren der Firma Tootal beschrieben, nach welchem auf mattiertes Kunstfasergewebe ein Aufdruck mit Zusätzen erfolgte, welche die Mattierung aufheben, so dass leuchtende Drucke auf mattem Grund entstehen. Der Artikel hat sich sehr gut eingeführt, und zwar nicht nur für Dekorations- und Möbelstoffe, für die er anfangs bestimmt war.

Die Calico Printers Ass. Ltd. in Manchester hat ein ähnliches Verfahren herausgebracht, das in einigen Ländern, z. B. auch in Österreich, durch das *öst. P. 150.937* geschützt wurde. Es besteht im Imprägnieren der Textilien mit Kunstharzkomponenten der Amidoformaldehydgruppe. Vor der zum Unlöslichmachen des Kunstharzes vorgenommenen Erhitzung wird die Ware mit einer Reserve bedruckt, welche die Bildung des Kunstharzes und damit den Mattierungseffekt verhindert, wodurch ornamentale Musterungseffekte entstehen.

Die Patentschrift nennt eine ganze Reihe von Körpern, die als Reserven geeignet sind, wie z. B. Piperazin, Hexamethylentetramin, Ammoniumsalze usw. Die Ware wurde von der Calico Printers Ass. unter der Marke Prinlusta auf den Markt gebracht.

Ornamentale, matte und pigmentierte Musterungseffekte können nach dem *brit. P. 518.743* von Z. Sochor erhalten werden, wenn man auf glänzenden Stoff eine Druckpaste aufdruckt, welche wasser-

---

[1] Plastopal ist auch ein Harnstoff-Kondensationsprodukt, siehe S. 52.

lösliche Harnstoff-Formaldehydvorkondensate, ein Pigment oder eine Mischung von Pigmenten und einen sauren Kondensationskatalysator enthält, trocknet und in einer Trockenkammer bei einer Temperatur von 100° C kondensiert. Dieses Verfahren kann selbstverständlich auch auf vorgefärbter oder vorbedruckter Ware ausgeführt werden. Die auf diese Weise hergestellten Matteffekte sind wasser- und reibecht.

Matteffekte auf transparentem Baumwollgewebe können nach *brit. P. 512.721* der Calico Printers Ass. Lantz-Morrisson und Schofield auf solche Weise erhalten werden, dass man eine wässerige und verdickte Dimethylolharnstofflösung, der man ein Pigment oder einen Farbstoff zusetzt, aufdruckt, dann trocknet und durch ein Pergamentierungsbad nimmt.

Die Druckfarbe wird beispielsweise wie folgt hergestellt:

$$
\begin{aligned}
20\ \ &\text{T. Titanweiss} \\
14\ \ &\text{T. Dimethylolharnstoff} \\
1{,}5\ \ &\text{T. Natriumnitrit} \\
3\ \ &\text{T. Indigosol O4B} \\
\underline{61{,}5\ \ } &\text{T. Stärkeverdickung } 15\% \\
100\ \ &\text{Teile}
\end{aligned}
$$

Man druckt diese Farbe auf ein mercerisiertes Baumwollgewebe, trocknet und nimmt während 30 Sekunden bei 50° C durch eine 88%ige Phosphorsäurelösung. Dann wird bis zur vollständigen Entfernung der Säure gespült und zuletzt getrocknet.

Man erhält auf diese Weise ein Gewebe von gleichmässigem Griff, das an den bedruckten Stellen matt, an den unbedruckten Stellen durchsichtig ist.

Im *D. R. P. 737.569* beschreibt die I. G. Farbenindustrie ein Verfahren zur Herstellung von Glanzeffekten auf mit Harnstoff-, Thioharnstoff- oder mit Aminotriazin-Aldehyd-Derivaten mattierten Geweben. Hierfür wird das Stückgut vor dem Mattieren mit alkalischen Mitteln, wie z. B. mit kaustischen Alkalien, mit Alkalikarbonaten, -phosphaten oder mit Diäthylentriamin, Triäthanolamin usw. bedruckt.

Im *franz. P. 896.088* der I. G. Farbenindustrie (eing. am 1. Juli 1943, veröffentlicht am 12. Februar 1945) wird ein ganz neues Verfahren zum Herstellen von Matteffekten angegeben (siehe ebenfalls *franz. P. 878.029*, Kap. XIII). Dieses Verfahren beruht auf der Verwendung von Harnstoffderivaten oder anderen dem Harnstoff analogen Körpern, welche folgenden Formeln entsprechen:

$$
\mathrm{R_1{-}NH{-}CO{-}N}\!\!\begin{array}{c} \diagup\ \mathrm{CH_2} \\ \ \ | \\ \diagdown\ \mathrm{CH_2} \end{array}
$$

$$\begin{array}{c} CH_2 \\ | \\ CH_2 \end{array} \!\!\! \bigg\rangle N\!-\!CO\!-\!HN\!-\!R_2\!-\!NH\!-\!CO\!-\!N \!\!\! \bigg\langle \begin{array}{c} CH_2 \\ | \\ CH_2 \end{array}$$

$$C_{18}H_{37}\!-\!NH\!-\!CO\!-\!N \!\!\! \bigg\langle \begin{array}{c} CH_2 \\ | \\ CH_2 \end{array}$$

wo R_1 und R_2 aliphatischen oder isozyklischen Resten entsprechen. Der Vorteil dieses Verfahrens beruht auf der Herstellung von Matteffekten ohne Verwendung von Pigmenten. Man bedruckt beispielsweise ein Gewebe aus Viskosekunstseide oder aus Azetatzellulose mit einer Druckpaste folgender Zusammensetzung:

```
 500 g  Colloresin DK (Hydroxyäthylmethylzellulose)
  20 g  Fettalkoholsulfat
  20 g  Dibutylphtalat
 108 g  Wasser
 300 g  Oktodezyläthylenharnstoff in wässeriger 25%iger Suspension
  50 g  Harnstoff
   2 g  Natriumkarbonat
 ─────
1000 g
```

Man trocknet, behandelt während 5 Minuten bei 120—140° C, spült und seift.

Die so erhaltenen Matteffekte sind waschecht. Durch ähnliche Zusätze zu Küpenfarben können farbige Mattdrucke erzielt werden.

Nach *franz.* *P. 889.800* (eing. am 12. Januar 1943, veröff. am 19. Januar 1944) der I. G. Farbenindustrie kann ein Gewebe, welches mit einem durch Reduktion zerstörbaren Pigmentfarbstoff und einem fixierenden Bindemittel gefärbt wurde, mit einer neutralen oder alkalischen, Natriumsulfoxylatformaldehyd enthaltenden Druckpaste weiss geätzt werden. Buntätzen können erhalten werden, indem man der Ätzweissdruckfarbe einen gegenüber Reduktionsmitteln beständigen Farbstoff zusetzt. Nach dem Drucken wird gedämpft und wie üblich fertiggestellt. Als Bindemittel können Polymerisationsprodukte in Form von Lösungen in organische Lösungsmittel oder von wässerigen Dispersionen mit oder ohne organischen Lösungsmitteln und, unter Umständen, mit Dispergiermitteln angewendet werden.

Nach *franz.* *P. 889.709* (eing. am 7. Januar 1943, veröff. am 18. Januar 1944) der I. G. Farbenindustrie, kann man auf Geweben aus Baumwolle oder regenerierte Zellulose Pigmente mittels anhaftenden Bindemittel fixieren, wenn man vor oder nach dem Aufbringen dieser Produkte das Textilgut mit Formaldehyd unter eventuellem Zusatz von Säuren oder säureabspaltenden Produkten behandelt.

Beispiel: Ein viskosekunstseidenes Gewebe wird mit einer Paste folgender Zusammensetzung bedruckt:

100 g Pigmentgrün in Paste 20%
350 g Tragantschleim
100 g Dimethylolharnstoff
410 g Wasser
 40 g Formaldehyd 30%ig
———————
1000 g

Nach dem Drucken wird bei 110° C getrocknet. Man erzielt hierbei einen grünen Druckeffekt, der bedeutend waschechter ist als ohne Formaldehydzusatz.

Das Anhaften der Pigmente, die mittels Polyvinylalkohol enthaltenden Harnstoffformaldehydkondensationsprodukte fixiert wurden, kann laut *franz. P. 889.726* der I. G. Farbenindustrie verbessert werden, wenn man der Mischung eine genügende Menge Formaldehyd zugibt, um auch den Polyvinylalkohol in ein Kondensationsprodukt mit diesem Aldehyd umzusetzen. Als Katalysatoren können Säuren oder säureabgebende Mittel zugegeben werden. Die verbesserte Fixierung wirkt sich in einer höheren Waschechtheit aus.

Laut *franz. P. 903.500* (beantragt 17. April 1944, ausgelegt 22. Mai 1945, veröffentlicht 5. Oktober 1945) ist es möglich, mit Farbpigmenten mattierte Buntätzen auf mit ätzbaren Farbstoffen gefärbtem Stoff zu erhalten, wenn man die Pigmentfarben mittels Bindemittel fixiert. Patentgemäss können als Bindemittel Formaldehyd und Harnstoff als solcher, oder in Form ihrer Vorkondensationsprodukte in Betracht kommen.

Weiter kommen hierfür in Betracht wässerige oder organische Lösungen bzw. Dispersionen von Polymerisationsprodukten, wie die Ester oder Äther des Polyvinylalkohols, des Polystyrols usw. Ausser diesen Substanzen enthalten die Druckfarben noch die üblichen zum Ätzen nötigen Ingredienzen.

Beispiel einer Ätzpaste.

 40 g des Farbstoffes, welcher nach Beispiel 19 des *franz. P. 815.088* hergestellt ist
350 g Johannisbrotkernmehlverdickung
150 g Zinkformaldehydsulfoxylat löslich
400 g 50%ige wässerige Lösung von Methylpolyakrylat
 50 g Thiodiäthylenglykol (Glyecin A)
 10 g Formaldehyd 35%ig
———————
1000 g

Nach dem Aufdruck auf das gefärbte Gewebe, wird getrocknet, 5 Minuten gedämpft und gewaschen. Man erhält hierbei einen waschechten, grünen Ätzeffekt.

Kondensationsprodukte auf Grundlage von Aminotriazinen.

Laut *brit. P. 480.316, amer. P. 2.002.200* der Ciba-Haller-Widmer finden die durch Kondensation von Aminotriazinen (Melamin) mit Formaldehyd gebildeten Harze interessante Anwendungen (siehe hierzu das *brit. P. 431.168)*[1]).

Das Melamin ist ein Polymer des Cyanamides.

Das technisch interessanteste Aminotriazin, nämlich das Melamin (2, 4, 6-Triamino — 1, 3, 5 - Triazin), war bis vor einigen Jahren ein wissenschaftliches Präparat, das nur in kleinen Mengen erhältlich war. Seitdem hat die Ciba in Basel verschiedene Verfahren für die Herstellung dieses Produktes im grossen ausgearbeitet, die die Fabrikation von Melaminkunstharzen aufzunehmen erlaubten.

Als Ausgangsprodukt dient der Kalkstickstoff oder das Dicyandiamid, welches sich in wasserfreiem Mittel in Gegenwart von Ammoniak in Melamin umlagert:

Dicyandiamid   Melamin

Melamin ist ein in Wasser lösliches, kristallinisches weisses Pulver vom Schmelzpunkt 350° C.

Durch Einwirkung von Formaldehyd bilden sich, wie bei Harnstoff, Methylolderivate, die sich dann unter Wasserabspaltung zu hochmolekularen Polymeren kondensieren (Köhler, Kunststofftechnik 1941, Bd. 11, S. 3).

Das *brit. P. 504.666* der Ciba beschreibt ebenfalls ein Verfahren, welches auf der Verwendung von Kondensationsprodukten des Melamins mit Formol als Fixierer von Pigmenten beruht. Diese Produkte besitzen die Fähigkeit, unter gewissen Bedingungen die Faser zu mattieren. Diese Eigenschaft wird benützt, um Matteffekte

---

[1]) Siehe weiter unten die Patentanmeldung *G. 94.263* IV d/8m, 30. Februar 1936 (Ciba).

auf Stoffen zu erzeugen, welche durch Pergamentierung durchsichtig gemacht werden.

Nach dem im Patent angeführten Beispiel löst man das Melamin in der Wärme in einer neutralisierten wässerigen Formollösung; beim Erkalten scheidet sich das entsprechende Methylolmelamin aus. Der Niederschlag wird bei mässiger Temperatur getrocknet, gepulvert, wieder in Wasser aufgelöst (im Verhältnis 1:2) und mit Tragant-schleim, dem ein Weisspigment (Zink- oder Titanweiss) und ein säureabspaltendes Kondensationsmittel (Äthyllaktat) zugesetzt sind, verdickt. Man druckt diese Farbe auf, dämpft 5—8 Minuten, zieht das Gewebe durch ein Pergamentierungsbad (Schwefelsäure 50° Bé), neutralisiert, wäscht und trocknet.

Ciba - Widmer - Haller - Schurch veröffentlichen im *amer. P. 2.169.546* (August 1939) ein interessantes Verfahren, welches gestattet, auf Zellulosefaser (Viskose) eine ganze Reihe saurer Farbstoffe und Pigmente mittels Kunstharze, welche durch Kondensation von 2,4,6-Triamino-1,3,5-Triazin (Melamin) entstehen, zu fixieren. Die auf diese Weise fixierten Farbstoffe zeichnen sich durch ihre grosse Lebhaftigkeit aus; ihre Waschbeständigkeit ist befriedigend, leider ist aber ihre Lichtechtheit sehr schlecht.

Es handelt sich also um das gleiche Polymer des Cyanamids, welches weiter oben beschrieben wurde (siehe *brit. P. 480.316* und *482.345* von Ciba). Diese Derivate bilden ebenfalls die Basis mehrerer handelsüblicher Mattierungsprodukte.

Ciba in Basel einerseits und Tootal Broadhurst & Lee Co. andererseits haben eine sehr interessante Anwendung dieser Carbamidharze auf dem Gebiete der Kunstseidemattierung gefunden. Die Verfahren zum Mattieren der Kunstseide im Vollbad fallen jedoch ausserhalb des Rahmens dieses Kapitels und werden in einem speziellen Teil des Werkes „Neue Verfahren in der Technik der chemischen Veredlung der Textilfasern" (Teil II, Bd. II) behandelt.

Diese Produkte wurden auch zur Erzeugung von waschechten Matteffekten im Zeugdruck aufgenommen und unter dem Namen

> Lyofix A und CH von der Ciba, und
> Mattweiss W von der I. G. Farbenindustrie

in den Handel gebracht.

Im Prinzip beruht diese Mattierung auf der Tatsache, dass sich auf dem Gewebe sehr kleine, wasserunlösliche Partikeln des Melamins- oder Harnstoff-Formaldehyd-Kondensationsproduktes ablagern, die das reflektierte Licht zerstreuen und so den Eindruck eines Matteffektes hervorrufen. Für den Druck muss jedoch der so erhaltene Matteffekt erheblich verstärkt werden. Dies wird erreicht, indem man der Druckfarbe Pigmente, beispielsweise Titanweiss, einverleibt, die auf der Faser durch das Melamin oder das Harnstoff-Formaldehyd-Kondensationsprodukt fixiert werden.

Zur Herstellung waschbeständiger, örtlicher Matteffekte dienen folgende Rezepte:

Weiss auf Basis von Lyofix A.

     50 g Titanweiss
     50 g Glyzerin
    130 g neutrale Tragantverdickung
          gut anteigen und sieben, dann
    400 g neutrale Tragantverdickung und
    100 g Lyofix A in
    250 g kochendem Wasser gelöst, zusetzen, abkühlen und
     20 g Ammoniumphosphat 10% zugeben.
    ______
   1000 g

oder

    150 g Titanweiss
     50 g Alkohol
     30 g Türkischrotöl
    150 g Lyofix A mit
    320 g Wasser gelöst
    300 g Tragantverdickung 6%
    ______
   1000 g

Es wird gedruckt, 5 Minuten gedämpft, bei 40—50⁰ C geseift.

d) Drucke mit wasserlöslichen Zellulosederivaten.

Viskose als Verdickungsmittel für Weisspigmente, wie Kaolin, Zinkoxyd, Titandioxyd, gibt ausgezeichnete Damastdruckeffekte von ausgesprochener Reinheit und von guter Echtheit. Die Druckfarbe wird wie folgt angesetzt:

    30 kg Viskose (Zellulosexanthogenat)
     9 kg Kaolin, anteigen mit
     4 kg Wasser

Man druckt die Farbe, nachdem sie mehrmals passiert wurde, verhängt die Stücke dann während 1—2 Tagen, dämpft während 1 Stunde und fällt in einem Säurebad (Schwefelsäure 3⁰ Bé).

Nach Battegay (Bull. Mulh. 1911, S. 137, R. G. M. C. 1911, S. 286, *D. R. P. 231.643*, 1910), kann man den Mattdruckeffekt, der mit Viskoselösungen erzeugt ist, dadurch verbessern, dass man der Druckfarbe Lösungen von Aluminaten zugibt, die kalt mit Lösungen von Silikaten, Boraten, Phosphaten oder Alkaliseifen versetzt worden sind und darum nicht ausfallen. Durch kurzes Dämpfen oder durch scharfes Trocknen bewirkt man die Fällung des Zellulosexanthogenats und die Bildung von unlöslichen Aluminiumsalzen auf der Faser.

Es sei noch auf die Reserven unter Anilinschwarz hingewiesen, die Puaux mit Hilfe von Viskose fixierte[1]).

Die alkylierten Zellulosen (Tylose, Ceglin, Hortol usw.) können ebenfalls zur Herstellung von Matteffekten herangezogen werden. Dazu mögen folgende Beispiele dienen:

500 g Ceglin MV 6% in Wasser
100 g Titanweiss
400 g Natronlauge 40⁰ Bé
———————
1000 g

Mattweiss auf Basis von schwach alkylierter Zellulose, die in Wasser unlöslich, aber in alkalischem Mittel löslich ist.

Herstellung einer 6%igen Lösung von Ceglin.

60 g Ceglin werden mit
500—600 g Wasser gut vermischt, und nach vollständiger Quellung
(1—2 Stunden) gibt man
140—240 g Natronlauge 38⁰ Bé zu
Hierauf lässt man 4 Stunden stehen und bringt mit
300—100 g Wasser auf
———————
1000 g

Druckvorschrift:

80—100 g Titanweiss
100 g Natronlauge 4⁰ Bé, anteigen und sieben
430 g Ceglin 6%ig
315—295 g Natronlauge 4⁰ Bé
75 g Natronlauge 38⁰ Bé
———————
1000 g

Nach dem Drucken und Trocknen nimmt man die Ware in breitem Zustande während einiger Sekunden durch ein kaltes Bad, das mit 50 g Schwefelsäure 66⁰ Bé und 50 g Natriumsulfat pro Liter beschickt ist[2]).

Mattweisseffekte als Vordruckreserven unter Indigosolfärbungen können nach folgendem Rezept erhalten werden:

Nr. 1. AT-Zelluloseweiss.
285 g Phenol krist. (bei 80⁰ C schmelzen)
285 g Sprit auf 55⁰ C abkühlen
55 g AT-Zellulose B 900 einstreuen
240 g Titanweiss
90 g Rongalit C
45 g Rizinusöl
———————
1000 g

Nr. 2. Serikoseweiss.
300 g Titanweiss
30 g Sprit
150 g Serikosol-Sprit-Gemisch
450 g Serikoselösung
70 g Rongalit C
———————
1000 g

---

[1]) Bull. Mulh. 1910, S. 281; siehe Bd. II, Kap. VIII, S. 197.
[2]) Ähnliche Produkte wie Ceglin sind:

Rhodapret S — von Rhône-Poulenc
Cellofas A F — von I.C.I.
Tylose 4S und SW — von I.G.
Pallostan C und B — von I.G. (Kalle)
Hortol SL — von Böhme-Fettchemie

Serikoselösung.

100 g Serikose LC extra
900 g Serikosol-Spritgemisch

1000 g

Serikosol-Spritgemisch.

400 g Serikosol A
300 g Sprit
----
700 g

Weisseffekte mit Oxyzellulose: C. Kurz[1]) hat gefunden, dass man unter Mithilfe von Oxyzellulose sehr schöne Damasteffekte erhält. (Fischer's Ber. 1902, S. 263, 562.) Man geht dabei wie folgt vor:

a) Auflösen von

> 12 T. Kaliumpermanganat in
> 65 T. NaOH 7⁰ Bé und
> 1750 T. Wasser, hierzu beifügen
> 85 T. Baumwolle oder Watte

b) Erhitzen bis zur Entfärbung des Permanganats.

c) Filtrieren und Auswaschen des Rückstandes mit kochendem Wasser.

d) Behandeln mit Natronlauge 25⁰ Bé. Es bildet sich eine Paste, die man auf 50⁰ C während längerer Zeit erwärmt und dann einige Tage stehen lässt.

e) Verdünnen, Filtrieren und Auswaschen.

Durch Behandeln mit Salzsäure kann man die Oxyzellulose in sehr reinem Zustande ausfällen. Die Druckfarbe wird dann wie folgt hergestellt:

> 1 l Tragantschleim
> 125 cm³ Albuminwasser
> 125–250 cm³ Oxyzellulose i. Teig, dazu
> 100 g Zinkoxyd beimengen

Nach dem Drucken dämpft man 3 Minuten.

Gruppe II: Fixierung von Pigmenten mit in organischen Lösungsmitteln gelösten Bindemitteln bzw. mit Emulsionen von solchen.

a) Zellulose-Ester oder -Äther.

1. Azetylzellulose (Serikose) als Fixiermittel:

Man verwendet Serikose LC extra der I. G. Farbenindustrie oder die Azetylzellulose der Firma Rhône-Poulenc, die in Lösungsmitteln wie Serikosol A und N der I. G., Débécélane A, B und C der Laboratoires Zundel, Joliet & Co., Normanol der Soc. Normande de Produits Chimiques (Rhône-Poulenc), Enodrin der I. G. gelöst werden.

Das Vorgehen ist das gleiche wie das bereits bei den Metallpulvervordrucken beschriebene, wobei die folgenden Rezepte Ausführungsformen älteren und neueren Datums zeigen:

----

[1]) Z. f. Farbenind. 1902, S. 46.

A: Rezept Bayer & Co. (*D.R.P. 256.922, 268.627, 281.374, 347.276*).

400 g	Bariumsulfat
40 g	Eisessig
20 g	Essigsäure 30%ig
540 g	Azetylzelluloselösung, hergestellt durch Lösen von 80 g Serikose in 920 g Essigsäure 60% und Stehenlassen während 24 Stunden
1000 g	

B:

200 g	Azeton
200 g	Phenol 90%ig
300 g	denaturierter Alkohol
100 g	Azetylzellulose, stehen lassen und dann
200 g	Zinkweiss beifügen
1000 g	

C: Verfahren Heilmann-Battegay-Wagner.

140 g	Serikose
230 g	Alkohol
100 g	Azeton
180 g	Phenol
150 g	Formaldehyd 40%ig
200 g	Zinkweiss
1000 g	

Verfahren: Azetylzellulose + Bakelit, vgl. Bull.Mulh. 1913, S.234, Frb. Ztg. 1914, S. 54.

Günther: Frb. Ztg. 1913, S. 537.

Frossard, Azetylzellulose allein, Bull. Mulh. 1913, S. 648.

Weiss-Mattdrucke mit Azetylzellulose in speziellen Lösungsmitteln gelöst:

A:

100 g	Serikose LC extra (I.G.)
450 g	Serikosol A (I.G.)
50 g	denaturierter Alkohol
150 g	Serikosol A
250 g	Kronos-Titandioxyd
1000 g	

B:

85 g	Azetylzellulose (Rhône-Poulenc)
600 g	Débécélane B (Lab. Zundel, Joliet & Cie.)
65 g	Azeton
150 g	Titanweiss
100 g	Débécélane B
1000 g	

C:

200 g	Kronos-Titandioxyd
100 g	Spiritus denaturiert
200 g	Serikosol N-Spiritus denaturiert-Gemisch 4:3
60 g	Serikose LC in
440 g	Serikosol N-Spiritus-Gemisch 4:3 gelöst
1000 g	

Die Waschechtheit bei halbstündiger Behandlung bei 100⁰ C ist gut.

Die Farbe B lässt sich sehr rasch ansetzen, zeigt den Vorteil, dass sie die Gravuren nicht verstopft und eignet sich speziell zum Drucken auf Kunstseidengeweben, da die bedruckten Stellen ihre ursprüngliche Weichheit und Geschmeidigkeit beibehalten.

Im *D. R. P. 633.047* (Stockhausen) ist eine Lösung von Invertzucker als Weichmacher vorgeschlagen worden.

Für die Herstellung von bunten Matteffekten mittels Serikose verwendet man mit Erfolg Cellitonechtfarbstoffe, Cibacet- und Acetochinonfarbstoffe, ferner basische, Küpen- und Indigosolfarbstoffe, sowie Helioecht- und Chromfarbstoffe.

Nachstehend die Rezepte von zwei Druckfarben, die bei der Firma Scheurer-Lauth & Cie, in Thann. angewendet wurden:

$$\begin{array}{rl}
15 \text{ g} & \text{Acetochinonblau (Francolor) angeteigt mit} \\
10 \text{ g} & \text{Débécélane (Zundel, Joliet \& Cie.) und in} \\
\underline{975 \text{ g}} & \text{Farbe B (siehe oben) eingerührt} \\
1000 \text{ g} &
\end{array}$$

$$\begin{array}{rl}
1\text{—}3 \text{ g} & \text{Indigosolbrillantrosa I 3 B werden mit} \\
10 \text{ g} & \text{Débécélane B angeteigt und in} \\
\underline{989\text{—}987 \text{ g}} & \text{Farbe B eingerührt} \\
1000 \text{ g} &
\end{array}$$

Wenn die Färbung der Druckpaste mit Indigosolfarbstoffen erfolgt, so wird die Entwicklung nach dem Drucken in einem Bad, welches 5 g Natriumnitrit und 20 g Schwefelsäure pro Liter enthält, bei 60⁰ C vorgenommen.

Durch Zusatz von kleinen Mengen eines basischen Farbstoffes zur Druckfarbe, die Titanweiss enthält, erhält man besonders lebhafte Effekte:

$$\begin{array}{rl}
200 \text{ g} & \text{Titanweiss} \\
1 \text{ g} & \text{Astraphloxin FF extra (I. G.)} \\
199 \text{ g} & \text{Serikosol A} \\
\underline{600 \text{ g}} & \text{Serikoselösung} \\
1000 \text{ g} &
\end{array}$$

Zur Herstellung von reliefartigen Stickereiimitationen druckten J. Frossard, Rebert und Lothareff Azetylzellulose, gelöst in Essigsäure, auf. Um den Reliefeffekt zu erzielen, muss man die Azetylzellulose bereits auf der Druckwalze fällen, was mit Hilfe einer speziell dazu konstruierten Vorrichtung geschieht (*franz. P. 469.371*, 1914; Manufaktur Konschin, Russland, Bull. Mulh. 1926, S. 167).

Ratignier stellte durch Druck von Lösungen aus Nitrozellulose oder Viskose direkt Gewebeimitationen in der Art von Tüll oder Gaze her (Buntrocks Z. f. Farbenindustrie 1911, S. 125).

Gewisse Lösungen von Azetylzellulose vertragen den Zusatz von 20% Wasser, ohne dass sich der Ester ausscheidet. Es ist deshalb möglich, durch Zusatz von Natriumsulfoxylatformaldehyd in Wasser gelöst, geätzte Mattweisseffekte auf ätzbaren Färbungen zu erzielen, wodurch man z. B. auf hellem oder dunklem Fond sehr schöne, plastisch hervortretende Effekte erzielen kann.

Weiss auf Basis von Nitrozellulose:

```
400 g Nitrozellulose (Kollodiumwolle hochviskos der Soc. Nobel in Paris)
600 g Débécélane B (Lab. Zundel, Joliet & Cie.)
200 g Titanweiss (F.P.C. Thann)
200 g Débécélane B
100 g Butyltartrat oder Butylstearat
─────
1500 g
```

Diese Farbe eignet sich zum Walzendruck und auch für Zinkschablonendruck.

2. Kasarakofferfarben.

Diese Gruppe eignet sich wegen ihrer guten Deckkraft und Lebhaftigkeit ganz besonders gut zum Spritzen von dunkel vorgefärbter Ware, insbesondere, wenn Kasarakofferweiss GL konz. vorgespritzt wird:

```
Weiss:     70% Kasarakofferweiss GL konz.
           30% Butylazetat
           ──────
           100%
```

aufgespritzt, getrocknet und bunt überspritzt:

```
Bunt:     60% Kasarakofferfarbe GL konz.
          40% Butylazetat
          ──────
          100%
```

Solche Drucke sind nicht zu hart und haben ein gutes Aussehen. Anfangs wurden auch Kasaraspaltfarben verwendet, die jedoch schwer trocknen und stets etwas klebrig bleiben. Diesen Übelstand zeigen die Kasarakofferfarben GL konz. nicht.

Als Verdünnungsmittel kann auch hier Lösungsmittel E 13 benützt werden. Da dessen Geruch jedoch bei längerem Arbeiten lästig sein soll, wird an seiner Stelle das angenehmer riechende, etwas langsamer trocknende Butylazetat empfohlen.

Die Lichtechtheit ist wie bei den Echtdeckfarben gut, und die Wasserechtheit genügt normalen Ansprüchen. Die Reibechtheit der Kasarakofferfarben GL konz. ist etwas schlechter als jene der Echtdeckfarben.

Eine weitere Verwendungsmöglichkeit der Kasarakofferfarben bietet der sogenannte Porzellandruck[1]). Dabei werden kleine, weisse

───────────
[1]) Siehe S. 69.

Pünktchen auf dunkelgefärbte bzw. schwarze Seide oder Kunstseide im Handdruck aufgetragen. Eine Vorschrift, die sich in der Praxis bewährt hat, lautet:

> 15% Lithopone Rotsiegel 30%
> 5% Palatinol C
> 15% Anon
> 65% Kasarakofferweiss GL konz.
> ――――――
> 100%

Die Drucke zeichnen sich durch ein blendendes Weiss und — nach genügend langer Trocknung — durch eine gute Reibechtheit aus.

Kasarakofferglanz NN konz. mit **Kasarakofferweiss** der I. G. Farbenindustrie gibt gute Matteffekte, deren Waschechtheit bei einer halbstündigen Behandlung als gut zu bezeichnen ist.

3. Die Corialfarben.

Die **Corialfarben ER** und besonders **ERL** ergeben gegenüber den Kasarakofferfarben reinere und lebhaftere Nuancen, die Spritzfärbungen sind im Griff etwas weicher. Kleine Unterschiede zugunsten der Corialfarben bestehen auch in der Waschechtheit, während die Trockenreibechtheit ungefähr gleich der der Kasarakofferfarben ist. Die Corialfarben ERL kommen vor allen Dingen für weisses, ungefärbtes Material in Frage. Für vorgefärbte Stoffe, wie Beige, Rose, Apfelgrün, Blau usw., ist eine etwas stärkere Deckung notwendig und sollen hier entweder die stärker deckenden Corialfarben ER allein oder eine Mischung der Corialfarben ER mit den lebhafteren Corialfarben ERL Verwendung finden.

Corialfarben ER	100 T.	Corialfarben ER
	70 T.	Glanzlack ER
	100 T.	Lösungsmittel E 33
	230 T.	Methanol
	500 Teile	
Corialfarben ERL	100 T.	Corialfarben ERL
	70 T.	Glanzlack ER
	100 T.	Lösungsmittel E 33
	130 T.	Methanol
	400 Teile	

Ein Zusatz von Palatinol C ist nicht erforderlich, da Glanzlack ER genügend weich eingestellt ist. Die Verdünnung muss bei Corialfarben ERL etwas geringer gehalten werden, als bei den Corialfarben ER, weil die Farben sonst leicht nach dem Aufspritzen etwas ausbluten, was wohl auf die feinere Verteilung der Pigmente in den Corialfarben ERL zurückzuführen ist.

b) Fixierung von Pigmenten mit Chlorkautschuk.

Weiss auf Basis von Chlorkautschuk:

```
120 g  Chlorkautschuk (mittelviskos oder Schablonenlack PN)
600 g  Lösungsmittel (Toluol, Butylazetat)
 16 g  Kollodiumwolle (mittelviskos)
190 g  Titanweiss (F.P.C. Thann)
 74 g  Azeton
──────
1000 g
```

Die Waschechtheit bei einer halbstündigen Behandlung bei 100⁰ C ist gut.

c) Fixierung von Weisspigmenten mit Polyvinylharzen.

Weiss auf Basis von Polyvinylharzen:

```
200 g  Titanweiss
150 g  Vinylharz (Rhodopas, Mowilith, Vinnapas, Vibatex, Ciba)
450 g  Lösungsmittel (Pyranton A)
200 g  Alkohol
──────
1000 g
```

Die Waschechtheit bei 5 minutiger Behandlung bei 100⁰ C ist mässig:

```
200 g  Titanweiss
450 g  Plextol D 289 (Röhm & Haas)
 20 g  Glyzerin
180 g  Wasser
150 g  Colloresin DK 40/1000
──────
1000 g
```

Die Emulsion MVI der I. G. Farbenindustrie eignet sich speziell für den Filmdruck; man erhält auf diese Weise sehr gute Mattdrucke. Die I. G. empfiehlt folgendes Rezept:

```
200 g  Titanweiss
400 g  Emulsion MV
 60 g  Palatinol C (I.G.)
 50 g  Glyzerin
 40 g  Soromin AF
100 g  Wasser
150 g  Colloresin DK 40/1000
──────
1000 g
```

Die Emulsion MVI, die nachträglich den Namen Mowilith D[1]) erhielt, ist eine durch Emulsionspolymerisation dargestellte wässerige Dispersion von Polyvinylazetat. Die gebräuchlichsten Sorten dieser Emulsion enthalten 50 % Trockensubstanz; besondere Typen werden sogar mit 60—70 % hergestellt. Weichmacherhaltige Emulsionen werden unter den Namen Emulsionen MVW geliefert.

Die Polyvinylazetatemulsionen finden Verwendung als Klebemittel, als Appreturmittel für Textilien, als Verdunkelungsstoffe auf Textilgrundlage in Form von Streichmassen usw.

____

[1]) Ähnlich ist Vibatex K der Ciba.

Nach dem Druck trocknet man und dämpft eventuell 5 Minuten.

Sehr interessant als Bindemittel sind ebenfalls die **Alkydal-** oder **Plastopalemulsionen**, die durch Kondensation entweder in alkalischen oder in saurem Mittel zur Herstellung von Mattdruckeffekten dienen können. Die Waschechtheit bei einer halbstündigen Behandlung ist sehr gut.

Alkydal W entspricht einem Produkt von

> 26 T. Glyzerin
> 42 T. Phtalsäure
> 44 T. Rizinusöl

Alkydal T entspricht einem Produkt von

> 31 T. Phtalsäure
> 18 T. Glyzerin
> 56 T. Leinöl

Plastopal ist ein Harnstoff-Formaldehyd-Kondensationsprodukt[1]).

Nach dem Druck trocknet man und dämpft eventuell 5 Minuten.

Während die Albumin- und Kaseindrucke, obwohl sie die Pigmente sehr gut fixieren, auf Kunstseide an den bedruckten Stellen eine unliebsame Verhärtung und Versteifung verursachen, geben die Drucke mit Nitro- und Azetylzellulose und mit Polyvinylharzen beachtenswert weiche Drucke bei sehr guter Geschmeidigkeit und relativ guter Fixierung des Pigmentes. Die Drucke mit Chlorkautschuk ergeben einen sehr fest anhaftenden und widerstandsfähigen Film, der aber leicht bricht; doch lässt sich dieser Nachteil durch sorgfältige Auswahl von Weichmachungsmitteln beheben[2]).

Gruppe III. Druckmatteffekte durch Erzeugung eines Niederschlages auf der Faser.

Die Verfahren zum Mattieren durch Pigmentierung, d. h. durch Ausfällen von unlöslichen Salzen auf der Faser, werden weitgehend praktisch angewendet. Kurz zusammengefasst seien hier folgende Verfahren angeführt:

a) **Anorganische Niederschläge:**

1. Wolframsaures Barium (Bariumchlorid/wolframsaures Natrium)
2. Bariumsulfat (Bariumazetat/Natriumsulfat)
3. Zinkferrocyanid (Zinkazetat/$K_4Fe\,(CN)_6$)
4. Verschiedene andere Verfahren: Zinnsalze, Strontiumnitrat/KOH usw.

---

[1]) Siehe Fussnote 1, S. 38.

[2]) In der Praxis wäre es interessant festzustellen, wie sich Chlorkautschuk mit dem Gewebe verträgt, da es allgemein bekannt ist, dass Chlorkautschuk selbst bei ziemlich niedriger Temperatur Säure abgibt und somit die Faser unter Umständen angreifen könnte.

b) Organische Niederschläge:

1. Dullit W-Verfahren
2. Dullit D
3. Appretan N / Harnstoff
4. Diverse Verfahren

a) Anorganische Niederschläge.

1. Bariumwolframat (Wolframsaures Natrium-Bariumchlorid). Albert Scheurer verwendete Bariumwolframat, welches auf der Faser dadurch gebildet wurde, dass er verdicktes Natriumwolframat aufdruckte und dann durch ein Bad mit Bariumchlorid passierte. Dieses Verfahren ist von Sandoz in den *franz. P. 752.337* und *brit. P. 415.822* im Jahre 1933 wieder aufgenommen und auf Kunstseidengewebe angewendet worden (Bull. Mulh. 1899, S. 220; 1921, S. 69).

Das Bariumwolframat-Mattverfahren wurde in sehr grossem Maßstabe von der Firma Scheurer, Lauth & Cie. in Thann ausgeführt. Die Arbeitsweise ist folgende:

Die Druckpaste für Mattweiss wird neben anderen üblichen Farben (Küpen-, basische-, Beizenfarben) gedruckt.

Zusammensetzung der Mattweissdruckfarbe:

225 g Natriumwolframat
700 g Tragantschleim 6%
25 g Glyzerin
50 g Eialbuminlösung 50%
———
1000 g

Nach dem Drucken wird getrocknet, in üblicher Weise gedämpft und durch ein Bad passiert, welches pro Liter 50 g Bariumchlorid enthält.

Der schöne Opalinartikel, welcher in den Jahren 1900—1912 von der Firma Scheurer, Lauth & Cie. hergestellt wurde, wurde durch Aufdruck einer Rongalit-Natriumwolframatätzfarbe auf mit Diaminfarbstoffen vorgefärbtem Stoff erhalten.

Die Ätzfarbe hat folgende Zusammensetzung:

250 g Natriumwolframat
70 g Rongalit C extra konz.
680 g Tragantschleim 6%
———
1000 g

Die bedruckte und getrocknete Ware wird gedämpft, durch eine Lösung von 50 g Bariumchlorid pro Liter genommen, gespült und wie üblich fertiggestellt (siehe van Caulaert, Bull. Mulh. 1921, S. 69).

Eine neuere Arbeit von L. Diserens und C. Baur von der Firma Scheurer, Lauth & Cie. in Thann (Elsass), die zwecks Erhöhung des Matteffektes und Herabsetzung des Gestehungspreises des Mattweiss mit Natriumwolframat vorgenommen wurde, führte zu einem Verfahren, welches auf der Verwendung einer Druckfarbe beruht, die ausser Natriumwolframat noch tangsaures Natrium und Titanweiss enthält.

Durch nachträgliche Behandlung der bedruckten Ware in einer Lösung von Bariumchlorid, erzielt man Mattweisseffekte, die durch hervorragende Reinheit und Reibechtheit gekennzeichnet sind. Ausserdem ist das neue Weiss bedeutend billiger als dasjenige mit Natriumwolframat allein.

Auf der Faser bildet sich Bariumwolframat und ein unlöslicher Film von tangsaurem Barium, welcher das Titandioxyd umhüllt und festhält. Die tangsauren Aluminium-, Kalzium-, Barium-, Zink-, Blei- und Kupfersalze sind in Wasser unlöslich.

Zusammensetzung des Mattweiss mit Natriumwolframat und tangsaurem Natrium.

<pre>
100 g Natriumwolframat
250 g Tragantschleim
 50 g Hydrosulfit NF konz.
450 g tangsaures Natrium 30–40%
150 g Titanweiss 1:2
─────
1000 g
</pre>

Auf diese Weise verwendet man viel kleinere Mengen Natriumwolframat (100 g anstatt 225 g pro kg).

Gefärbte Matteffekte können mit Küpenfarbstoffen erhalten werden. Man druckt den Küpenfarbstoff + Kaliumkarbonat + Natriumsulfoxylatformaldehyd + Natriumwolframat, dämpft wie gewöhnlich und passiert dann durch eine Lösung von Bariumchlorid (Seide und Kunstseide 1933, Augustheft; R. G. M. C. 1934, S. 35).

L. Diserens hat mit gutem Erfolg das Weiss auf Basis von Natriumwolframat und tangsaurem Natrium, in Verbindung mit Küpenfarben, angewendet und erzielte auf Viskosekunstseide sehr schöne Buntmatteffekte.

Beispiel einer Orangemattdruckfarbe.

<pre>
 30 g Küpenfarbe (250 g Indanthrenbillantorange GR
        suprafix pro kg)
970 g Mattweiss
─────
1000 g
</pre>

Mattweiss.

<pre>
100 g Natriumwolframat
180 g Tragantschleim 6%
120 g Hydrosulfit NF Pulver
450 g tangsaures Natrium 30–40%
150 g Titanweiss 1:1
─────
1000 g
</pre>

Man hat andererseits auch glänzende Reserven auf mattem Fond aus Bariumwolframat vorgeschlagen, indem man das ganze Gewebe vor dem Druck mit einer Lösung von Natriumwolframat foulardiert, ausquetscht und trocknet. Dann druckt man eine Farbe mit gewöhnlichen Küpenfarbstoffen, dämpft und passiert zwischen den bombierten Walzen eines Foulards, welcher Bariumchloridlösung enthält, worauf man dann sofort spült und trocknet. Es ist selbstverständlich, dass dieses Verfahren auf einer einfachen mechanischen Reserve der bedruckten Stellen gegen die Einwirkung des Bariumchlorids beruht, weshalb man auch sofort nach der Passage durch das Bariumchloridbad kalt spülen muss, um eine Veränderung der glänzenden Stellen zu vermeiden.

Versuche von L. Diserens und W. Hess führten zu einem Verfahren, welches ungefärbte glänzende Effekte auf mattiertem Fond zu erzeugen erlaubt. Dies wird durch Aufdruck einer chemischen Reserve auf mit Natriumwolframat präparierten Kunstseidenstoff erreicht. Dank dieser Reserve lässt sich der vollkommene Glanz der Kunstseide an den bedruckten Stellen erhalten. Dieses Verfahren stützt sich auf die Beobachtung, dass der Bariumwolframatniederschlag vollständig durch die Gegenwart von Zitronensäure oder jeder anderen organischen Oxysäure (Milch-, Weinsäure usw.), welche mit den Wolframsalzen lösliche, komplexe Verbindungen bilden, verhindert wird. Die Tendenz der Wolframsalze, mit organischer Oxysäure lösliche Komplexe zu geben, ist so ausgesprochen, dass das Bariumwolframat, welches doch bekanntlich in Mineralsäuren sehr wenig löslich ist, in den organischen Oxysäuren sehr leicht löslich ist. Die Arbeitsweise ist folgende:. der weisse oder gefärbte Stoff wird in Natriumwolframatlösung präpariert und getrocknet; hierauf druckt man eine verdickte Zitronensäurelösung auf, trocknet und zieht durch eine Bariumchloridlösung (die Dauer dieser Operation ist von keiner Bedeutung); zuletzt wird gespült, geseift, gewaschen und getrocknet.

Für echte Buntreserven wurde gefunden, dass man die Zitronensäure durch Natriumhexametaphosphat ersetzen kann, da letzteres das Fixieren der Küpenfarbstoffe keineswegs verhindert. Die Arbeitsweise ist folgende: Die Viskoseseide wird mit einer Natriumwolframatlösung gepflatscht und hierauf durch eine wässerige Lösung eines wasserlöslichen Erdalkalisalzes gezogen; nach dem Trocknen druckt man eine gewöhnliche Küpenfarbe + Hexametaphosphatlösung auf, dämpft und wäscht. Man erhält auf diese Weise bunte, glänzende Reserveeffekte auf mattiertem Grunde.

2. Bariumsulfat (Bariumazetat-Natriumsulfat). Im *franz. P. 657.007*, 1928 beschreibt Dietschy ein Verfahren, das auf dem gleichen Prinzip beruht, worin aber das Natriumwolframat durch

Natriumsulfat ersetzt wird (R.G.M.C. 1929, Juli und August; Tiba 1926, S. 105).

3. Zinkferrocyanid (Zinkazetat/gelbes Blutlaugensalz). An Stelle der Bariumsalze schlägt Ciba in den *franz. P. 760.995*, 1933 und *brit. P. 421.360* die Verwendung von Schwermetallsalzen der Ferrocyanwasserstoffsäure vor. Man druckt Zinksulfat oder Zinkrhodanat von 10^0 Bé auf und passiert durch eine Lösung von 25 g/Liter gelbem Blutlaugensalz. Dieses Verfahren erlaubt auch Matteffekte in Verbindung mit Ätzen. In diesem Falle verwendet man ein Zinksalz (Azetat), setzt als Ätzmittel Natriumsulfoxylatformaldehyd zu und passiert nach Entwicklung der Ätze durch eine Lösung von Natriumferrocyanid. Eine Vereinfachung dieses Verfahrens wird dadurch erreicht, dass man als Ätzmittel und Pigmentbildner zugleich Zinksulfoxylatformaldehyd aufdruckt, dämpft und dann eine Passage in einer Lösung von gelbem Blutlaugensalz folgen lässt (*Zusatz-Anm.* Nr. 45684 zu *franz. P. 760.995;* R.G.M.C 1936, S. 387; *D.R.P. 642.194* (1933); Wengraf's Berichte 1937, März, S.28).

Verschiedene andere Verfahren. — Im *D.R.P. 716.881* von Stockhausen wird ein Verfahren beschrieben, welches eine örtliche Behandlung mit Druckpasten vorsieht, die wasserlösliche Erdalkalisalze enthalten, worauf eine ganzflächige Behandlung mit wässerigen Alkalihydroxyd enthaltenden Lösungen erfolgt.

Druckvorschrift:

200 g Strontiumnitrat
800 g Tragantschleim 6%
―――――――――――
1000 g

Nach dem Trocknen Behandlung mit

20 g   Natriumkarbonat und
200 cm³ Kalilauge 40^0 Bé
――――――――――――
im Liter

In einem anderen Beispiel druckt man einerseits Bariumchlorid und andererseits Glaubersalz und Natronlauge.

Die so erhaltenen Mattierungen stäuben nicht ab und sind wasserbeständig.

Nach dem *amer. P. 2.139.686* werden als Pigmente für die Mattierung Zink- und Magnesiumtitanat, dessen Darstellungsverfahren in den *amer. P. 2.140.235/236* beschrieben ist, empfohlen.

Auch Zinnsalze sind zur Erzielung von Mattdruckeffekten vorgeschlagen worden. So wird nach *brit. P. 408.240*, Calico Printers Ass., eine Zweibadmattierung erzielt, indem man das Gewebe zuerst in einem Bade mit Kalkwasser oder Barytwasser behandelt und dann durch eine 0,5%ige Lösung von Natriumstannat zieht.

Wenn man Natriumstannat mit einer Küpenfarbe zusammen druckt, kann man gut gefärbte Matteffekte erzielen oder umgekehrt, durch Aufdruck von Zitronensäure auf ein bereits mattiertes Gewebe lässt sich örtlich der Glanz wieder hervorbringen; gemäss *brit. P. 486.334* der Calico Printers Ass. ist es möglich, glänzende Reserven durch Aufdrucken einer verdickten Weinsäurelösung zu erhalten. In diesen Reserven können selbstverständlich Küpenfarbstoffe nicht verwendet werden.

Die Mattierung mit Natriumstannat soll sogar im Einbadverfahren möglich sein, wenn man der Lösung Zucker oder Glykose zusetzt (vgl. weiter unten *brit. P. 455.209, 478.327*).

Im *brit. P. 455.209* derselben Firma. ist dieses Verfahren durch Anwendung einer Natriumwolframatlösung, welcher Zinkoxyd zugefügt ist, vereinfacht; nach dem Imprägnieren mit dieser Lösung wird die Kunstseide in gewöhnlichem Wasser gespült.

b) Organische Niederschläge.

1. **Dullit W-Verfahren.** Die I. G. Farbenindustrie hat im *franz. P. 760.964*, 1933; *D. R. P. 593.562*, 1932; R. G. M. C. 1934, S. 416; 1935, S. 462 ein interessantes Verfahren beschrieben, welches auf der Verwendung der Aluminiumsalze der o-Dikarbonsäuren beruht, insbesondere des sauren Aluminiumphtalats. Wenn man die Lösung dieses sauren Salzes erhitzt, bildet sich das unlösliche Aluminiumphtalat, das sich auf der Faser mattierend niederschlägt.

Dieses Verfahren zur Erzeugung von Matteffekten beruht in der Anwendung von Dullit W und eignet sich besonders für die Stückmattierung. Matteffekte im Druck können nach der folgenden Vorschrift hergestellt werden:

Druckvorschrift:

180 g Dullit W
370 g kaltes Wasser
450 g Tragantschleim
―――――――――
1000 g

Ein Zusatz von Soromin DM begünstigt den Griff der Ware. Die Resultate sind jedoch nicht sehr befriedigend, und die Waschechtheit der Mattdrucke ist ungenügend.

Es sind ferner noch folgende Spezialmattierungsverfahren zu nennen:

2. **Dullit D-Verfahren:** Die I. G. Farbenindustrie hat ein Mattierungsmittel unter der Bezeichnung Dullit D auf den Markt ge

bracht, welches für Mattierung in Stück oder im Druck verwendet werden kann. Für Druck sei folgendes Rezept als Beispiel genannt:

250 g	Dullit D
210 g	Wasser
20 g	Ammoniak 25%
40 g	Glyzerin
400 g	Tragantschleim
20 g	Soromin AF Teig
50 g	heisses Wasser
10 g	Monopolbrillantöl M
1000 g	

Sehr gute Waschechtheit bei einer Behandlung von ½ Stunde bei 100° C.

Nach dem Drucken und Trocknen dämpft man während 5 Minuten, passiert durch ein 40 g Oxalsäure + 1 g Igepal C/im Liter enthaltendes Bad, quetscht ab, lässt das Gewebe während ¼ Stunde feucht liegen und spült. Glanzeffekte auf mit Dullit vormattierten Geweben werden durch alkalische Aufdruckfarben erzielt.

3. Appretanverfahren. Appretan A und N sowie Kauritleim W können für den Mattweissdruck in Betracht kommen.

Mattweiss mit	Appretan A	Kauritleim W
Kronos Titandioxyd 1:1 .	100 g	100 g
Peregal O 1:1	10 g	10 g
Wasser	75 g	140 g
Soromin AF Paste . . .	50 g	30 g
Palatinol E	30 g	50 g
Colloresin OK 40/1000 . .	450 g	400 g
Harnstoff	50 g	50 g
Ammoniak 25%	10 g	10 g
Ammoniumrhodanat . . .	20 g	10 g
Etingal A	5 g	—
Kauritleim W	—	200 g
Appretan N	200 g	—
	1000 g	1000 g

In beiden Fällen wird 5—10 Minuten gedämpft, mit 0,3 g Igepal C im Liter bei 40° C behandelt, gespült und getrocknet.

4. Diverse Verfahren. Die I.G. Farbenindustrie hat in den *D.R.P. 510.983* und *512.399* ein Verfahren zum Mattieren von Azetatseide beschrieben, das auf der Verwendung von Harnstoff

beruht. Diese Patente schützen ein Verfahren bzw. ein Produkt, das unter dem Namen Opalogen im Handel ist. Der Harnstoff besitzt nämlich die Eigenschaft, sich in der Azetylzellulose beim Dämpfen zu lösen, wobei eine erhebliche Glanzverminderung eintritt. Man druckt eine verdickte, 200—300 g Harnstoff pro kg enthaltende Druckfarbe, trocknet, dämpft während 5 Minuten und spült (vgl. auch *amer. P. 2.070.467* von Du Pont; Wengraf's Berichte 1937, Märzheft, S. 17).

Glanzreserven auf mit Opalogen mattierten Geweben kann man dadurch erzielen, dass man das mit einer 10%igen Lösung von Harnstoff behandelte Gewebe nach dem Trocknen mit basischen Farbstoffen und Essigsäure bedruckt. An den bedruckten Stellen ist nach dem Dämpfen und Auswaschen keine Mattierung eingetreten. Durch Zusatz von Indigosolen oder basischen Farbstoffen zum Harnstoff erhält man gefärbte Matteffekte (R.G.M.C. 1934, S. 35).

Die Imp. Chem. Ind. verwenden Lösungen von quaternären Ammoniumsalzen, z. B. Cetylpyridiniumbromid. Dieses Produkt ist bereits weiter oben als Abziehmittel für Küpen- und Azofärbungen erwähnt worden. (Dieses Werk, Kap. I und IV; R.G.M.C. 1936, März, Juli, Sept.)

Du Pont beschreibt im *amer. P. 2.070.467* ein neues Mattierungsverfahren: Man bedruckt ein Gewebe aus Azetylzellulose mit einer Druckfarbe, welche Äthylenglykol-di-β-Naphtyläther:

$$\text{—O—CH}_2\text{—CH}_2\text{—O—}$$

oder analoge Körper enthält.

Das Verfahren wird durch folgendes Beispiel erläutert:

<pre>
250 g Äthylenglykol-di-β-Naphtyläther oder Derivate desselben
  7 g Natriumkasein
200 g Diäthylenglykol
460 g Tragantschleim 6%
 83 g Wasser
─────
1000 g
</pre>

Diese Druckfarbe wird für sich allein oder auch unter Zusatz von Farbstoffen auf weisse oder gefärbte Gewebe gedruckt.

Mattweissätzeffekte.

Mattweissätzeffekte auf mit Direkt- oder Naphtolfarbstoffen gefärbter Ware, und insbesondere auf viskosekunstseidenen Geweben, können sowohl im Maschinendruck als auch im Filmdruck ohne besondere Schwierigkeiten hergestellt werden. Für deren Erzeugung verwendet man Ätzdruckpasten auf Basis von Albumin, Natriumwolframat, Harnstoff-Formaldehydvorkondensationsprodukten oder von polymeren Vinylderivaten. Nachstehend einige in der Praxis bewährte Druckformeln solcher Mattweissätzdruckpasten:

Weiss auf Basis von Albumin:

150 g Titanweiss 1:1
 20 g Peregal O
 30 g Glyzerin
 50 g Palatinol C
 30 g Soromin AF Paste
400 g Tragantschleim 6%
 10 g Ammoniak 25%
 50 g Eialbumin 1:1
 80 g Appretan EM
 10 g Hexamethylentetramin
 80 g Rongalit C
 80 g Wasser
 10 g Humectol CX
―――――
1000 g

Weiss auf Basis vom Natriumwolframat:

250 g Natriumwolframat
630 g Tragantschleim
120 g Rongalit C extra
―――――
1000 g

Nach dem Drucken und Dämpfen wird die Ware durch eine Lösung von Bariumchlorid genommen.

Weiss auf Basis von Mattweiss W:

250 g Mattweiss W
350 g Colloresin DKL 4%
 60 g Rongalit C extra
240 g Wasser
100 g Ammoniumoxalat 10%
―――――
1000 g

Das Natriumalginat (oder tangsaures Natrium) wird durch die löslichen Aluminium-, Barium-, Kalzium-, Zink-, Blei- und Kupfersalze ausgefällt. Durch Niederschlagen solcher unlöslicher Alginate auf der Faser ist es möglich, Pigmente zu fixieren und sehr schöne Mattätzeffekte herzustellen.

L. Diserens und C. Baur (Firma Scheurer, Lauth & Cie. in Thann) haben ein Verfahren ausgearbeitet, nach welchem sehr interessante Mattweissätzeffekte mit ausserordentlich guter Ausbeute erzielt werden können, indem man eine Mattweissätzdruckpaste aufdruckt, die ausser den nur relativ kleinen Mengen von Natriumwolframat (80―100 g/kg anstatt 250 g/kg wie üblich) noch Natriumalginat und Titandioxyd enthält.

Weiss auf Basis von Natriumwolframat-Alginat.

100 g Natriumwolframat krist.
180 g Tragantschleim
120 g Rongalit C
450 g Natriumalginat
150 g Titandioxyd
____
1000 g

Nach dem Drucken wird wie üblich 5—6 Minuten im Schnelldämpfer gedämpft. Durch nachträgliches Passieren in einer Lösung von Bariumchlorid, bildet sich einerseits weisses pigmentförmiges Bariumwolframat und anderseits unlösliches Bariumalginat, welches das Titanweiss umhüllt und auf der Faser fixiert. Man erzielt hierbei schönere, ausgiebigere und viel billigere Matteffekte als mit Natriumwolframat allein.

Buntmatteffekte erhält man, indem man diesem Mattätzweiss Küpenfarben zusetzt.

Eine andere Möglichkeit zur Herstellung von Mattätzeffekten beruht auf der Tatsache, dass man einer Lösung von Serikose LK in einem Lösungsmittel wie Normanol (Äthyllaktat), Débécélane B der L.Z.J. in Gennevilliers, Sericosol der I.G. usw. anstandslos ca. 10—13% Wasser zusetzen kann, ohne dass eine Ausfällung des Zelluloseesters eintritt. Dieser Wasserzusatz erlaubt es, in der so zubereiteten Paste eine ausreichende Menge Rongalit C aufzulösen, um normale Ätzeffekte auf sogar dunkelgefärbten Geweben zu erzielen. Ein solches Ätzmattweiss kann beispielsweise folgende Zusammensetzung haben:

60 g Rongalit C extra
100 g Wasser
140 g Titanweiss
700 g Serikose LK (8%ige Lösung in Débécélane B und Normanol)
____
1000 g

Ein anderes interessantes Resultat wurde mit dem neuen, von der I.G. Farbenindustrie unter dem Namen Serikosol NK in den Handel gebrachten Lösungsmittel erzielt. Serikosol ist wasserlöslich und entspricht dem γ-Butyrolakton.

Nach Angaben der I.G. Farbenindustrie soll eine Lösung von Serikose in diesem Lösungsmittel einen Zusatz bis zu 25% Wasser vertragen, ohne dass eine Ausfällung der Serikose stattfindet.

Durch Zusatz von fertig angesetzten Küpendruckfarben zu einer Serikose-Mattweiss-Ätze kann man echte Mattdruckätzeffekte erzielen. Diese Farbe hat sich jedoch in der Praxis nicht bewährt, da das Rongalit leicht schon in der Druckpaste selbst auskristallisiert.

Folgende Zusammensetzung wird von der I. G. Farbenindustrie vorgeschlagen:

200 g Titanweiss
75 g Wasser
5 g Peregal O
100 g Rongalit C 1:1 in Wasser
100 g Serikosol NK: Alkohol 1:1
500 g Serikosolverdickung
20 g Palatinol O
——————
1000 g

Serikosolverdickung:

110 g Serikose LCK extra
890 g Serikosol NK: Alkohol 1:1
——————
1000 g

Zum Zwecke einer Verbesserung der Ausbeute und einer grösseren Haltbarkeit der Druckpaste hat man versucht, anstatt Rongalit C das Zinksalz der Sulfoxylsäure (also das Dekrolin löslich) zu verwenden.

Dekrolin löslich wird in Triäthanolamin und konzentriertem Ammoniak aufgelöst. Durch Einrühren dieser Mischung in eine 10%ige Serikose-Lösung in Normanol, erhält man eine feinverteilte und haltbare Emulsion.

Diese Ätzfarbe wurde in einem elsässischen Betrieb im Grossen ohne besondere Schwierigkeit gedruckt. Im Gegensatz zu den Druckpasten, wie sie in verschiedenen Vorschriften der Farbenfabriken empfohlen werden, wurde kein Auskristallisieren beobachtet. Man erhält schöne Mattätzeffekte, deren Reibechtheit jedoch zu wünschen übrig lässt.

Halbtoneffekte mittels vorgedruckter Halbreserven unter Überdruckfarben.

In neuerer Zeit hat sich zuerst im Filmdruck, dann auch im Rouleaudruck eine Arbeitsweise eingeführt, bei der zur Herstellung von Halbtoneffekten chemisch und mechanisch wirkende Vordruckreserven benützt werden.

Im Filmdruck wird z. B. mit der ersten Schablone eine Reservepaste derart vorgedruckt, dass die mit den folgenden, beispielsweise 4 weiteren Schablonen aufgedruckten Hauptfarben zum Teil auf die mit Reservepaste bedruckten Stellen fallen. An den Überfallstellen werden die Hauptfarben teilweise abgeworfen, wodurch Halbtöne entstehen.

Die Bezeichnung „Halbton" stellt im Textildruck keinen festumgrenzten Begriff dar, im Gegenteil versteht man darunter eine

Reihe sehr verschiedener Druckeffekte, es handelt sich aber fast immer um den Druck einer oder mehrerer tongleicher Farben neben dem Vollton mit scharf abgegrenztem oder allmählichem Übergang zu diesem.

Die Herstellung eines Halbtoneffektes hat zum Zweck, einerseits ein gegebenes Muster farbenreicher auszuführen, und andererseits die Herstellungszeit und die Gestehungskosten im allgemeinen herabzusetzen, da es auf diese Weise möglich ist, Effekte zu erzielen, die bei einfacher Arbeitsweise für die dunkeln sowohl wie für die hellen Farben je eine separate Druckfarbe erfordern würden.

Der Halbtoneffekt kann auf zweierlei Arten hergestellt werden:

1. durch spezielle Gravuren.

2. durch Aufdrucken einer Druckpaste mittels eines Vordruckes, die eine lokale Degradation der Buntdrucke eines Musters bewirkt.

Diese Reserve kann entweder chemisch oder mechanisch wirken. In letzterem Falle kann der Effekt noch erhöht werden, wenn man der Reservedruckpaste ein in einem weiteren Arbeitsgang fixierbares Pigment zugibt, welches durch Überlagerung auf den ansonst erzielten Farbton einen Halbtoneffekt hervorruft. Im allgemeinen jedoch werden Halbtöne durch Kombination dieser verschiedenen Effekte erzielt.

Die Reservehalbtöne sind wegen der Einfachheit in der Ausführung im Walzen- wie auch im Filmdruck recht beliebt; die Halbtonreserve hat die Aufgabe, die volle Fixierung des Farbstoffes an den mit der Volldruckfarbe gemeinsamen Stellen zu verhindern.

Als mechanischwirkende Reservierungsmittel sind in erster Linie Pigmente (TiO_2, ZnO, Kaolin) und Verdickungsmittel (Albumin, Britishgum, Appretan, Serikose LC extra) zu nennen.

Chemische halbtonbildende Reservierungsmittel sind solche, welche den Farbstoff teilweise zerstören oder die volle Fixierung verhindern, z. B. Rongalit C extra, Anthrachinon, Ludigol für Küpenfarbstoffe, Wein-, Oxal-, Zitronen- oder auch Milchsäure, sowie Pyrophosphate für Chromfarbstoffe, Sulfit, Brechweinstein für basische Farbstoffe.

Folgende Verfahren kommen für diese Fabrikation in Betracht:

1. Überdrucken mit einer Druckpaste, die ausser Albumin noch Peregal O und Hexamethylentetramin enthält.

2. Drucken einer Natriumwolframat enthaltenden Druckpaste und nachträgliche Ausfertigung in einer Bariumchloridlösung.

3. Verwendung einer Druckpaste auf Basis von Ätherzellulosen, Mattweiss oder Polyvinylderivaten.

Nachstehend einige Rezepte für Halbtonreserven.

Unter allen Farben.

Wolframat-Matthalbtonreserve.

 80 g Natriumwolframat
320 g Tragantschleim 6%
450 g Natriumalginat 30—40%
150 g Titanweiss angeteigt 1:1 mit Wasser
____
1000 g

Nach dem Drucken der üblichen Farben (Rapidogene, Indigosole, Küpenfarben) und der Halbtonreserve, wird die Ware gedämpft und durch ein Bariumchlorid enthaltendes Bad genommen, gewaschen und getrocknet.

Albumin-Matthalbtonreserve I.

150 g Titanweiss 1:1 mit Wasser angeteigt
640 g Senegalgummi 1:1
100 g Blutalbuminlösung 1:1
  2 g Ultramarin
108 g Wasser
____
1000 g

Albumin-Matthalbtonreserve II.

150 g Titanweiss 1:1 mit Wasser angeteigt
700 g Tragantschleim 6%
100 g Eialbuminlösung 1:1
 20 g Peregal O
 30 g Hexamethylentetramin
____
1000 g

Nach dem Drucken wird die Ware gedämpft und gewaschen.

Alkylzellulose-Halbtonreserve.

500 g Ceglin MV 6%
100 g Titanweissgemisch und das Zelluloseäther in
400 g Natronlauge 4⁰ Bé gelöst
____
1000 g

Nach dem Drucken wird die Ware durch ein säureenthaltendes Bad genommen, um das Alkali zu neutralisieren, warm geseift, gewaschen und getrocknet.

Halbtonreserve mit Mattweiss W.

100 g Mattweiss W
500 g Tragantschleim 6%
360 g Wasser
 20 g Glykolsäure 70%
 20 g Etingal A
____
1000 g

Mattweiss mit Appretan N.

```
 100 g  Kronos Titandioxyd 1:1
  10 g  Peregal O 1:1
  85 g  Wasser
  50 g  Soromin AF Paste
  30 g  Palatinol C
 450 g  Colloresin DK 4%
  50 g  Harnstoff
  10 g  Ammoniak 25%
  10 g  Rhodanammonium 1:1
   5 g  Etingal A
 200 g  Appretan N
─────────
1000 g
```

Mattweiss mit Kauritleim W.

```
 100 g  Kronos Titandioxyd 1:1
  10 g  Peregal O 1:1
 140 g  Wasser
  30 g  Soromin AF Paste
  50 g  Palatinol C
 400 g  Colloresin DK 4%
  50 g  Harnstoff
  10 g  Ammoniak
  10 g  Rhodanammonium 1:1
 200 g  Kauritleim W
─────────
1000 g
```

Eine andere Halbtonreserve wird nach den Angaben der I. G. Farbenindustrie (siehe Seite 30) mit Pigment + Albumin + Hexamethylentetramin + Peregal O bereitet. Wie schon früher erwähnt, dient Hexamethylentetramin zur Bildung eines Kondensationsproduktes zwischen Albumin und Formol, welches elastischer ist als Albumin allein; Peregal dient als Pigmentverteiler.

Es ist weiterhin möglich, mit mechanisch reservierenden Substanzen, z. B. den Appretanmarken allein oder in Verbindung mit Kronos-Titanoxyd zu arbeiten. Solche Appretanreserven werden im allgemeinen noch mit Peregal O verstärkt. Beim Gebrauch höherer Pigmentmengen empfiehlt sich dabei die Mitverwendung von Weichmachungsmitteln, wie S o r o m i n AF, P a l a t i n o l C, H u m e c t o l C X in der Reservepaste.

Durch Heranziehung von Eialbumin neben Appretan wird die Waschechtheit des vorgedruckten Mattweiss mit TiO_2 deutlich verbessert. Nachstehend einige von der I. G. Farbenindustrie empfohlene Rezepte für Halbtonreservedruckpasten.

Bei Küpenfarbendrucken werden die Marken P e r e g a l O bzw. O K, die bekanntlich die Affinität des Küpenfarbstoffes zur Faser bemerkenswert herabsetzen, herangezogen.

		I	II
Tragantverdickung		450 g	500 g
Glyzerin		30 g	—
Titanweiss 1:1		150 g	100 g
Wasser		200 g	—
Peregal O 1:1		20 g	10 g
Soromin AF Paste		25 g	25 g
Palatinol C		25 g	50 g
Eialbumin 1:1		40 g	50 g
Ammoniak 25%		10 g	10 g
Hexamethylentetramin		—	30 g
Wasser		—	125 g
Appretan N		—	100 g
Appretan A		40 g	—
Humectol CX		10 g	—
		1000 g	

Zur Verstärkung der Wirkung von Peregal O kann das für Weissreserven unter Küpenfarbendrucken gebräuchliche Ludigol mit-
benützt werden.

Peregal-Halbtonreservedruckpasten für Indanthren –, Rapidogen – und
Indigosolfarbstoffe.

50— 80 g Peregal O
350—320 g Wasser
600 g Colloresin V extra
———————
1000 g

oder

100—150 g Peregal O
150 g Wasser
750—700 g Tragantschleim 6%
———————
1000 g

Für Chromdruckfarbstoffe.

70 g Ammoniumzitrat
330 g Wasser
600 g Tragantschleim 6%
———————
1000 g

Pyrophosphatreserve.

80 g Natriumpyrophosphat
920 g Schirazgummiverdickung
———————
1000 g

Peinture-Druck.

Der sogenannte Peinture-Druck wird ausgeführt durch Drucken
einer Mattweissdruckfarbe auf glänzenden weissen Grund und nachträgliches Überdrucken gewöhnlicher Druckfarben. Man hat es hier also
praktisch mit nichts anderem als mit einer Halbtonreserve zu tun.

Man kann auch auf matte vorgedruckte Flächen wieder eine bunte Farbe fallen lassen und kommt durch weiteres Darüberfallenlassen bunter Druckfarben zu ungeahnten Wirkungen und einem überreichen Farbenspiel buntgedruckter Stoffe.

Der Peinture-Druck unter Verwendung von Mattweiss als Reserve ist heute bereits in vielen Kollektionen zu finden.

Anschliessend werden einige Rezepturen von Mattweissreserven unter basischen Druckfarben angegeben.

I.

400 g Tragantschleim 6%
150 g Appretan EM
250 g Titanweiss $^1/_1$ mit Wasser
20 g Laventin HW
180 g Wasser
——————
1000 g

II.

100—150 g Titanweiss $^1/_2$ mit Wasser
30— 50 g Eialbumin $^1/_1$
500—500 g Senegalgummi $^1/_1$
20— 50 g Peregal O
350—250 g Wasser
——————
1000 g

Literatur: Siehe Aufsatz von Dr. Metzl, Mell. 1939, S. 287.

Glanzlackdruck. Lackeffekte[1]) (1935/1938).

Die Druckfarben auf Basis von Nitrozellulose haben in den Jahren 1935—1938 eine interessante Anwendung gefunden zur Herstellung von Lackeffekten, deren besonderes Merkmal war, dass sie erhöht waren und einen starken Oberflächenglanz besassen. Dieser Lackdruck wurde mit Zinkschablonen ausgeführt.

Die Viskosität der Druckfarbe spielt eine erhebliche Rolle, sie lässt sich mittels Plastifizierungsmittel, wie Rizinusöl, nach Wunsch einstellen. Die Trockengeschwindigkeit hängt von der Dicke der Zinkschablone ab, sie lässt sich durch Zugabe von hochmolekularen Estern, z. B. Oktylazetat, verlangsamen, während sie durch Zugabe von niedrig siedenden Lösungsmitteln beschleunigt wird.

Nilson veröffentlichte in Amer. Dyest. Rep. 1938, S. 344, eine interessante, den Lackdruck betreffende Arbeit. Die Druckfarben bestehen im allgemeinen aus Nitrozelluloselacken. Die Nitrozellulose wird in organischen Lösungsmitteln, gewöhnlich Äthyl- und Butylazetat, gelöst, als Verdünnungsmittel verwendet man Toluol.

---

[1]) Über Technik der Lackdrucke vgl. Dorian, Rayon and Textile Monthly, New-York, 1938, S. 57, ferner Frey, Amer. Dyest. Rep. 1938, S. 103.

Für diese Artikel eignen sich wegen ihrer Deckkraft und Lebhaftigkeit besonders gut die Kasarakofferfarben der I. G., die man unter Zusatz von Kasarakofferglanz NN konz. oder Alkydal W ansetzt.

Auf gleiche Weise können auch Metallpulver fixiert werden, z. B.

       250 g Bleichgold Venus TT 55
       500 g Kasarakofferglanz NN konz.
        70 g Trikresylphosphat
       180 g Methylzyklohexanon
      ____
      1000 g

Es sei hier erwähnt, dass die Kasarakofferfarben aus Filmabfällen hergestellt werden, es sind also Kollodiumfarben, stark weichgemacht und langsam eintrocknend. Kasarakofferglanz ist der Kollodiumlack selbst.

Die Corialfarben der I. G. Farbenindustrie bestehen im Prinzip aus Lösungen von Nitrozellulose in Äthylglykol und Sprit, die als Farbstoffe anorganische Pigmente und ausserdem einen Weichmacher enthalten. Da sie in ihrer Zusammensetzung den Kasarakofferfarben sehr ähnlich sind, können sie im Pigmentdruck wie die letzteren verwendet werden.

Die Zaponechtfarben werden ebenfalls mit Kasarakofferweiss GL konz. und Kasarakofferglanz NN konz. hergestellt, so z. B. nach folgendem Rezept:

        15 g Zaponechtscharlach GG
        50 g Azeton
       175 g Kasarakofferweiss GL konz.
       700 g Kasarakofferglanz NN konz.
        60 g Palatinol C
      ____
      1000 g

Lackdrucke mit Alkydal W (75%ige Lösung) in Verbindung mit Kasarakofferfarben werden nach folgenden Vorschriften erhalten:

     500 g Kasarakofferweiss GL konz. (bzw. gelb, orange, brillantrot usw.)
     150 g Kasarakofferglanz NN konz.
      50 g Anon
     300 g Alkydallösung, dargestellt durch Zusammenmischen von:
    ____
    1000 g

       800 g Alkydal W (75%ige Lösung)
       170 g Äthylazetat
        30 g Palatinol C
      ____
      1000 g

Man druckt in üblicher Weise mit einer Blechschablone und lässt trocknen.

Man hat beobachtet, dass man sehr stark glänzende Lacke erzielen kann, wenn man trocknenden Ölen, d. h. Firnissen, Derivate von aliphatischen Azetylenkarbonsäuren zusetzt, z. B. den Methylazetylenkarbonsäureglykolsäureester

$$CH_3-C\equiv C-\overset{\displaystyle O}{\overset{\|}{C}}-O-CH_2-\overset{\displaystyle O}{\overset{\|}{C}}-OH$$

Porzellandruck.

Eine weitere Verwendungsmöglichkeit der Kasarakofferfarben bietet der sogenannte Porzellandruck. Dabei werden kleine, weisse Pünktchen auf dunkelgefärbte, meistens schwarze Seide im Handdruck aufgetragen.

Eine Vorschrift, die sich in der Praxis bewährt hat, lautet:

150 g Lithopon Rotsiegel 30%
50 g Palatinol C
150 g Anon
650 g Kasarakofferweiss GN konz.
―――――――
1000 g

Eine weitere von der I. G. Farbenindustrie ausgearbeitete Formel ist folgende:

180 g Kasarakofferglanz NN konz.
500 g Kasarakofferweiss GL konz.
20 g Anon
300 g Glanzlackstammfarbe
―――――――
1000 g

Glanzlackstammfarbe.

255 g Alkydal W 70%ige Lösung in Äthylazetat
30 g Palatinol C
9 g Lösungsmittel E 13
6 g Schnelltrockenlösung
―――――――
300 g

Leuchtfarbendruck.

Hierher gehören nun auch die Drucke mit Leuchtfarben. In diesem Falle werden die Leuchtfarben von Höchst oder von St. Denis (Frankreich), z. B. Zinksulfidgelb mit Kasarakofferglanz NN konz. und Trikresylphosphat C.I.I.S. angeteigt und mittels Schablone und Rakel auf den Stoff aufgestrichen.

Die Leuchtfarben dürfen in diesem Falle nicht fein gemahlen werden, da die Phosphoreszenz an eine gewisse Korngrösse gebunden ist. Am stärksten und ununterbrochen leuchten die Drucke bei ultraviolettem Licht.

Plastische Druckeffekte mit Kunstseidenstaub (Flock Printing).

Ein sehr interessanter Artikel, dessen Erfolg allerdings von der Mode abhängt, ist der sogenannte Flockdruck. Als Druckfarben werden eigentliche Klebemittel, z. B. Lösungen von Nitrozellulose (Kasarakofferglanz NN konz. der I. G. Farbenindustrie oder Cohesan LT) aufgedruckt.

Cohesan LT wird als langsam trocknendes Klebemittel für Klebecloqués (ebenfalls mit Blechschablonen erzeugt) verwendet. Ferner kommt, insbesondere für Maschinendruck, auch das Klebemittel TN, gelöst in Pyranton A oder Polysolvan HS oder O, eventuell unter teilweiser Mitverwendung von Sprit, in Betracht. Wesentlich ist in allen Fällen, dass das zu verwendende Klebemittel nicht nur eine gute Klebekraft besitzt, sondern auch verhältnismässig langsam trocknet.

Druckfarbe.

900 g Kasarakofferfarben
50 g Anon
50 g Methylanon
——————
1000 g

Weiss-Stammpaste.

580 g Kasarakofferglanz NN konz.
300 g Kasarakofferweiss GL konz.
120 g Palatinol C
——————
1000 g

Druckfarbe.

300 g Kasarakofferfarbe GL
600 g Weiss-Stammpaste
100 g Palatinol C
——————
1000 g

Die Druckfarbe wird mittels Holz- oder Metallrakel auf einer Zinkblechschablone von ca. 0,2—0,3 mm Dicke einmal gestrichen, hierauf die Schablone abgenommen und unmittelbar darauf der Kunstseidenstaub darübergesiebt und trocknen gelassen.

Plastische Druckeffekte unter Verwendung von Kunstseidenstaub werden in verschiedenen Ländern je nach dem Umfang des Artikels entweder im Maschinen-(Rouleaux-)Druck mit tiefgravierten Walzen oder mit Blechschablonen auf Filmdrucktischen erzeugt. Bei der ersteren Ausführungsform wird das Klebemittel mittels tief gravierter Walzen auf die Ware aufgedruckt, die Ware dann in drei losen Hängeschleifen durch einen sogenannten Velourkasten geführt, in dem sie mit Kunstseidenstaub mittels eines Umwälzesystems beladen wird. Darauf geht sie in einen Rüttel- oder Absaugekasten, indem die Ware durch Schlägerwalzen von der Rückseite her geschüttelt und der noch oberflächlich haftende Kunstseidenstaub zum Schluss abgesaugt wird. Bei der Erzeugung der Drucke auf Drucktischen wird das Klebemittel mit Blechschablonen im intermittierenden Rapport, darauf der Kunstseidenstaub unmittelbar dahinter mit einem zweckmässig auf Rollen über die Rapportschienen laufenden zweiten Blechschablonenrahmen folgender Konstruktion aufgetragen:

Der Rahmen, der auf der Unterseite die Blechschablone trägt, ist durch einen in der Längs- oder Querrichtung des Tisches hin und her beweglichen Rolladen oben verschlossen. Auf diesem Rolladen ist ein geschlossener Kasten mit einem Siebboden angebracht, durch den der leicht zusammenballende Kunstseidenstaub bei der Hin- und Herbewegung des Rolladens durchgesiebt wird. Der Staub wird danach mit einer mit Plüsch bezogenen Rolle eingebürstet, die nach Weiterbewegung des Rolladenrahmens über die mit Staub belegten Drucke gerollt wird, und zwar entweder ganz frei oder, um Staubentwicklung zu verhindern bzw. stark herabzumindern, innerhalb eines zweiten Rolladenrahmens mit der gleichen Blechschablone, aber ohne Staubkasten. Nach dem Auftragen und Einbürsten des Staubes muss der Überschuss abgesaugt werden, was am besten und einfachsten durch einen ebenfalls auf Rollen über die Rapportschienen laufenden Absaugewagen mit einem über die ganze Waren- oder Tischbreite reichenden Saugschlitz (nach dem Prinzip der hausüblichen Staubsauger) geschieht. Gegebenenfalls kann vor der eigentlichen Saugvorrichtung noch eine härtere Bürstwalze eingebaut werden, welche die nur oberflächlich anhaftenden Staubteilchen ablöst. Es ist erforderlich, dass die Arbeiter, die den Kunstseidenstaubdruck ausführen, mit Atemschutzgeräten versehen werden, da sonst Gesundheitsschädigungen durch eingeatmeten feinen Staub eintreten können.

Im *franz. P. 864.099* beschreibt die Firma Heberlein & Co. ein Verfahren zur Herstellung von Drucken, mittels einer flockenartigen, nicht quellbaren Substanz, die zweckmässig mit Formaldehyd behandelt wird, oder einer oberflächlichen Ätherifizierung oder Esterifizierung unterworfen wurde.

Man bedruckt beispielsweise einen mercerisierten Baumwollmusslin mit einem Lack oder Firniss und appliziert alsdann eine flockenartige, nicht quellbare Substanz. Nach dem Trocknen wird während 10 Sekunden bei 15° C in Schwefesläure von 54° Bé pergamentiert, gewaschen und getrocknet, worauf man die auf diese Weise behandelte Ware abermals unter Spannung teilweise mercerisiert. Schliesslich wird die Mercerisierlauge durch Waschen entfernt, gespült und das Gewebe auf dem Spannrahmen getrocknet.

In dem *franz. P. 864.100* der gleichen Firma findet man interessante Einzelheiten über ein Verfahren, das die Fixierung von Substanzen bezweckt, die auf ein mit Lack vorgedrucktes Gewebe durch Zerstäuben oder durch Blasen aufgetragen werden, bevor der Lack trocken ist. Die nicht anhaftenden Teile der aufgetragenen Substanz werden mechanisch, durch Bürsten oder Schlagen, entfernt.

Der Flockdruck kann ebenfalls buntfarbig und ein- oder zweiseitig ausgeführt werden und schliesslich auch mit anderen durch Druck erzeugten Dekorationseffekten kombiniert werden.

Das Patent erwähnt dazu folgendes Beispiel:

Man bedruckt einen mercerisierten Baumwollmusslin gleichzeitig mit einer Küpendruckfarbe, mit einer Reservedruckfarbe auf Basis von Gummi-Arabicum mit einem pigmentierten Firnis und einem Fixierlack für die flockenartige Substanz. Man stäubt auf, trocknet, pergamentiert während 10 Sekunden bei 15° C in Schwefelsäure von 54° Bé, spült mit Natronlauge von 30° Bé, wäscht, säuert ab, spült und trocknet.

Ein Apparat, der die Ausführung dieser Flockdruckeffekte im Kontinueverfahren erlaubt, wird im *amer. P. 2.084.827* von Schwartz und Tenny beschrieben. Diese Maschine (im Patent findet man den Ausdruck „Flock-Printing-Machine") besteht aus einem „presseur", aus tiefgravierten Walzen, aus einer Reliefwalze, aus einer Verteilervorrichtung für die flockenartige Substanz und einer Ventilation. Das Gewebe tritt mit dem Mitläufer in die Maschine mit 2, 3 oder 4 tiefgravierten Walzen und einer Reliefwalze, ein, welch letztere das Klebemittel örtlich aufträgt. Die Ware passiert dann einen Apparat, in welchem sie mit dem Flaum oder Pigment bestreut wird, das sich dann an den noch feuchten, mit dem Klebemittel bedruckten Stellen fixiert. An beiden Seiten des Apparates befindet sich eine Ventilationsvorrichtung (Luftblas- oder Saugvorrichtung), durch welche der nicht fixierte Flaum entfernt wird.

Klebecloqué.

Dieser Artikel hat nur während kurzer Zeit beim Publikum Interesse gefunden. Er bezweckt, auf einem glatten Gewebe (z. B. Taffetas) Cloqué- oder Kreppeffekte herzustellen, indem man das Gewebe auf ein ungebleichtes, kreppartiges Gewebe (stark gezwirnter Faden) aufklebt.

Man verwendet gewöhnlich einen Taffetas, der auf einem Drucktisch aufgespannt wird und auf welchen dann ein ungebleichter Crêpe Georgette mit Stecknadeln aufgeheftet wird. Hierauf druckt man mittels einer 0,3 mm dicken Zinkschablone eine Klebemasse auf, z. B.

95 T. Schablonenlack PN langsam in
5 T. Latekoll eingerührt.

Die Schablone wird dann einmal mit einer scharfen Stahlrakel überstrichen. Man nimmt alsdann die Ware vom Tisch und lässt trocknen. Der Cloquéeffekt wird durch Eintauchen in 70° C warmes Wasser erzielt. Schliesslich wird geschleudert und getrocknet.

Zum Kleben grösserer Flächen hat sich Kohäsan LT gut bewährt, während bei kleineren Flächen das Haftvermögen von Kohäsan LT nicht ganz ausreicht. In solchen Fällen hat sich eine Mischung aus Schablonenlack PN und Latekoll (Emulsionsverdicker L) bewährt. Durch Zusatz von Latekoll wird der verhältnismässig dünne Schablonenlack PN verdickt. Hierdurch wird einerseits das Durchschlagen des Klebestoffes verhütet, und andererseits bleiben die Klebestellen weicher.

C. Pigmentdruck[1]).

Wasser-in-Öl-System: Aridye-, Sherdye- und Impralacfarben.
Öl-in-Wasser-System: Oremafarben.

Das Prinzip des Pigmentdruckes besteht wie bekannt darin, dass Farbstoffpigmente mit Hilfe eines Bindemittels auf Textilien befestigt werden. Dieses Druckverfahren ist insofern als ideal zu betrachten, als die Ware nach dem Aufdruck der Pigmente und einem anschliessenden Trockenprozess ohne weitere Nachbehandlung verkaufsfertig ist, d. h. eine Ware, die gesengt, gebleicht, gechlort und je nach dem Anwendungszweck eventuell auch appretiert ist, mit Druckfarbe so bedruckt wird, dass die Vorgänge des Dämpfens, des Oxydierens und des Spülens ausfallen können.

Es ist schon seit Aufkommen der Druckmaschine immer das Bemühen des Druckers gewesen, Pigmentdrucke herzustellen. In der Frühzeit des Stoffdruckes hat man häufig Pigmente auf der Faser selbst erzeugt. Diese Arbeitsweise trug z. B. in der englischen Druckereiindustrie die Bezeichnung raised styles. Heute ist diese Arbeitsweise nur noch vereinzelt anzutreffen, z. B. Mattweisseffekte mit Natriumwolframat und Bariumchlorid[2]).

Eines der ältesten Druckverfahren ist der Ölfarbendruck (siehe v. Georgiewicz und Haller, Handbuch des Zeugdruckes, Leipzig 1930, S. 811) bei dem das Pigment mit Leinölfirnis und verdickenden Naturharzen an das Gewebe gebunden wird.

Der Pigmentdruck wurde in früheren Jahren mit Eialbumin für helle Farbstoffe, mit Blutalbumin für dunkle Farbstoffe und bei billi-

---

[1]) Dr. Hasse, Mell. 1943, S. 277, Wandlungen im Pigmentdruck; Dr. P. Wengraf, New-York, Sammelbericht über Pigmentdruck in den Kriegsjahren, Textil Rundschau 1947, Nr. 4, S. 125.
[2]) Siehe dieses Kap. S. 53—55.

geren Artikeln mit Kasein durchgeführt, z. B. im Ärmelfutterstoff-artikel, bei dem keine Wasch- und keine Lichtechtheit,. sondern nur die Schweissechtheit in Frage kommt.

Vor dem Erscheinen der sehr reichen Farbstoffpalette, über welche die heutige Technik verfügt, wurden die hauptsächlichsten Farbtöne mit Mineralpigmenten, wie z. B. mit Chromgelb, Eisenoxyd, Berlinerblau, Guignetgrün, Ultramarin, Noir de fumée usw., erzielt, welche man, wie weiter oben erwähnt, mittels Albumin auf die Gewebe fixierte.

Zur Erzielung eines guten Pigmentdruckes müssen nachstehende Bedingungen erfüllt sein: gutes Haftvermögen, gute Reibechtheit, weicher Griff, gute Waschechtheit, gute Lichtechtheit.

Albumin blieb nicht das einzige Klebemittel. Schon im Jahre 1882 machten sich Reid und Eastwood (*amer. P. 256.596*) die Löslichkeit des Zelluloids (Nitrozellulose + Kampfer) in Alkohol zu Nutze und beschreiben ein Druckverfahren von Farbstoffen, die mittels Zelluloidlösung in Alkohol befestigt wurden.

Justin Müller versuchte seinerseits, gemäss dem *franz. P. 799.671* Pigmente (bzw. Metallpulver) mit unlöslich gemachten Proteinverbindung auf der Faser zu befestigen.

Es ist nicht ausgeschlossen, dass man auf diesem Gebiete neue Fixierungsmittel findet, wenn man von den Arbeiten Ferretti's, Signer's usw. über die für die Lanitalherstellung so wichtige Proteinhärtung ausgeht.

Das Erscheinen von neuen Pigmenten, die sowohl durch grosse Lebhaftigkeit als auch durch hohe Echtheitseigenschaften gekennzeichnet sind, insbesondere die Hansa- und Monastralfarben, die Phtalocyanine usw., hat die Chemiker veranlasst, die Studie über die Druckverfahren von Pigmenten wieder aufzunehmen. Die früheren Druckverfahren hatten sich auf die Verwendung einiger anorganischer Pigmente beschränkt und sich nur in dem Masse weiterentwickelt, als neue Produkte auf dem Markt erschienen (Zellulosederivate, Vinyl- und Akrylpolymere, Harnstoff-Formaldehyd und Melamin-Formaldehyd-Kondensationsprodukte usw.), die sich als Fixationsmittel für Pigmente eigneten. Das zu bearbeitende Gebiet war von grossem Ausmass, handelte es sich doch darum, für diese echteren Pigmente bessere Fixierungsverfahren zu finden, um zu Druckartikeln zu gelangen, die auch hinsichtlich der Waschechtheit einen Fortschritt bedeuteten.

Im Laufe der letzten 10 Jahre wurden von verschiedenen Farbstoffabriken unter grossem Arbeitsaufwand Verfahren ausgearbeitet, um Pigmente, Lacke, unlösliche Farbstoffe (z. B. Küpenfarbstoffe) oder lösliche Farbstoffe (saure Farbstoffe usw.) mittels geeigneter

Bindemittel auf direktem Wege, ohne zu dämpfen, echt auf dem Gewebe zu fixieren. Diese Versuche führten zu äusserst interessanten Verfahren, von welchen das Aridye-Verfahren der Interchemical Corp. das erste ist, das praktisch ausgearbeitet wurde. Das Verdienst dieser ausgezeichneten Arbeit ist der Interchemical Corporation (Aridye Corporation) zuzuschreiben.

Kuhlmann-Francolor einerseits, und insbesondere Ciba in Basel anderseits, suchten die Lösung der Aufgabe in der Verwendung von Harzen oder Kondensationsprodukten. Die erste Firma brachte unter der Bezeichnung Impralacfarben eine Reihe von Produkten auf den Markt, die auf Basis von Glyzerophtalharzen zusammengesetzt sind, Ciba ihrerseits lancierte die wichtige Gruppe der Oremafarben.

Die für den Pigmentdruck gebrauchten klassischen Bindemittel sind, wie Eialbumin, Colloresin, Gelatine, wasserlöslich, bzw. in wässerigen Druckpasten anzuwenden, oder solche Bindemittel, die unter Zuhilfenahme von organischen Lösungsmitteln gedruckt werden. Hierher gehören Leinöl, Nitrozellulose, Serikose, Chlorkautschuk und die höheren Zelluloseäther sowie Viskose in Form von Zellulosexanthogenatlösungen.

Die in wässerigem Medium verwendbaren Bindemittel haben gegenüber denen, die organische Lösungsmittel gebrauchen, den grossen praktischen Vorteil, dass alle mit der Druckfarbe in Berührung kommenden Geräte leichter und billiger zu reinigen sind (Wasser).

Sie haben aber bisher meistens gegenüber den mit organischen Lösungsmitteln zu druckenden Bindemitteln den Nachteil, weniger waschechte Drucke zu liefern.

Ein grosser Fortschritt wurde aber in der Anwendung von in Wasser dispergierten, wasserunlöslichen Bindemitteln, die nach dem Verdunsten des Wassers auf dem Textilgut gut waschecht sind und ohne harten Griff zu erzeugen auftrocknen, gemacht.

Die Vorteile der wässerigen Bindemittel (leichte Reinigungsmöglichkeit, geruchlos) wären dann mit den Vorteilen der aus organischen Lösungsmitteln zu druckender Bindemittel (gute Waschechtheit) in gleicher Weise vereinigt.

Die neuen Bindemittel, die für den Pigmentdruck in Betracht kommen (also alle ausser Albumin, Kasein, Gelatine sowie diejenigen die die Mitverwendung von organischen Lösungsmitteln benötigen, Ester- oder Ätherzellulosen) sind folgende:

Die Kunstharze: zuerst wurden diese Produkte nur für vereinzelte Druckeffekte eingesetzt. Es kommen in Frage:

I. Polymerisationsharze:

    a) Polyvinylderivate (*D. R. P. 615.219* (26. 9. 1935) der I. G.)
    Polyvinylazetat (Mowilith H H, N N, G; Vinnapas (Wacker)

Rhodopas (Rhône-Poulenc) und dasselbe Produkt in wässeriger Emulsion Emulsion MVI, Appretan EM, Rhodopas 6000.

b) 1. Polyakrylsäureester: Acronale der I. G., Lutonal M, Plexigum von Röhm und Haas.
in Emulsionsform: Acronal L 100 konz. 40 % = Appretan A = Corialgrund E. konz.

2. Polyakrylsäuremethylester: Diese Produkte ergeben, mit organischen Lösungsmitteln gedruckt, Pigmentdrucke von guter Waschechtheit.

3. Polyakryläthylssäureester: Acronal II und in wässeriger Emulsion: Acronal L 200 konz. 40 %.

II. Kondensationsharze:

a) Phenolformaldehydharze (Bakelite);

b) Harnstofformaldehydharze;

c) Melaminformaldehydharze (Ciba);

d) Vorkondensate (Dullit D, Fixappret B).

Weiter sind als Fixierungsmittel für Pigmente geeignet: Kokosfettsäurepolyglyzeride (*D.R.P. 651.231*, Stockhausen), Lezithin und niedere Alkohole (*D.R.P. 654.593*, Stockhausen), Seife, Alkalialuminat und säureabspaltende Stoffe (*D.R.P. 679.465*, Stockhausen).

Alle Pigmentdruckverfahren, die bis zum Jahre 1938 vorgeschlagen wurden, haben nur einen begrenzten Eingang gefunden.

Der Leinöldruck ist für primitive Kleiderstoffe verwendet worden, Albumin- und Zelluloseesterdruckfarben sind besonders für die Futterstoffartikel verbreitet.

Der Lackdruck ist nur als kurzlebige Spielart des Modedruckes aufgetreten.

Es ist klar, dass geeignete echte Pigmente früher dagewesen waren und dass gleichwertige Bindemittel befunden wurden. An diesem Punkt der Entwicklung des Pigmentdruckes sind nun die Aridye-Druckfarben eingetreten.

Aber wie Dr. Wengraf in seiner Studie, die in Textil Rundschau 1947, S. 125 erschienen ist, bemerkte, ging der grosse Fortschritt im Pigmentdruck von einer Firma aus, die vorerst Farben für den Farbdruck erzeugt hat.

Man kann die Pigmentdruckverfahren in folgende drei Kategorien einteilen:

1. Harzlösungen als Befestigungsmittel (siehe dieses Band, Der Bronzedruck, Kap. XII, S. 1—28 und der Mattdruck, S. 28—50).

2. Pigmentdruckfarben vom Wasser-in-Öl-Typus.

3. Pigmentdruckfarben vom Öl-in-Wasser-Typus.

Pigmentdruckfarben vom Wasser-in-Öl-Typus.

Aridye-Verfahren (Interchemical Corp.-U. S. A.)[1].

Dieses Verfahren ist das erste, welches erlaubte, den Pigmentdruck allgemein für alle Fasergattungen und für die verschiedensten Artikel anzuwenden.

Die ersten, in die Praxis eingeführten Aridye-Farben, die als Vorstufen auf diesem Gebiete anzusehen sind, bestanden aus einer Mischung von Leinöl, Nitrozellulose und organischen Lösungsmitteln mit Farbstoffen und Pigmenten.

Das Prinzip des Verfahrens, das den Gegenstand der *amer. P. 2.157.385*, Interchemical Corp.-Gessler, Guiteras, Clarkson und *amer. P. 2.157.387/88* (McArthur), bildet, besteht im Drucken eines Gemisches von einem Pigment mit einem Lösungsmittel (Cellosolve) und Nitrozellulose. Das Lösungsmittel (Cellosolve) wird mit einem anderen flüchtigen Lösungsmittel entfernt, was zur Folge hat, dass das Bindemittel (Nitrozellulose) mit dem Pigment auf die Faser niedergeschlagen wird. Es scheint jedoch, dass dieses Verfahren für den Zeugdruck nicht in Betracht gezogen wurde.

Auch natürliche Harze und Pigmentträger können, wie aus dem *amer. P. 2.245.100*, Interchem. Corp.-Bernstein (10. Juni 1941) hervorgeht, verwendet werden. Ein Beispiel ist ein Reaktionsprodukt von Schellack mit Ammoniak das mit Miloriblau verrieben wird. Auf diese Weise gelang es, Pigmente in der wässerigen Phase unterzubringen.

Die für den Druck bestimmten Aridyefarben wurden auf Basis von Bindemittelemulsionen vom Wasser-in-Öl-Typus zusammengestellt. Das Kunststoffbindemittel ist dabei in einem organischen Lösungsmittel gelöst und in diese Lösung ist Wasser hineinemulgiert.

Das grosse Interesse, das diese neuartigen Farben in der Praxis ausgelöst haben, ist darauf zurückzuführen, dass sie nach dem Drucken und Trocknen keiner Nachbehandlung bedürfen. Das Trocknen nach dem Drucken beruht auf einem mehrminutigem Erwärmen auf 130—170° C.

Die Nachteile der Aridyefarben liegen beim grossen Verschleiss der Mitläufer, bei den notwendigen Apparaturen für das Verdampfen der Lösungsmittel, das Gebundensein an schwache Gravuren.

Die Vorteile sind: Die Möglichkeiten zur Herstellung neuartiger Musterungen, die Erzeugung feiner Schattierungen und vor allem die Ausschaltung weiterer Behandlungen nach dem Trocknen bei höherer Temperatur.

Infolge des Wegfallens jeglicher Nachbehandlung, wie Dämpfen, Auswaschen usw., ist es leicht zu verstehen, dass solche Druckmethoden,

---

[1] Teintex 1946, Jahrg. 11, S. 279.

die auf der Verwendung von Pigmenten mit lackartigen, durch blosses
Trocknen fixierenden Bindemitteln beruhen, grosses Interesse gefunden haben.

Es sei in diesem Zusammenhang zuerst auf die Patente der Aridyeverfahren hingewiesen.

Die *amer. P. 2.118.431* und *2.118.432* und das parallele *franz. P.
800.715* (Interchemical Corp.-Gessler), welche Eigentum der Aridye
Corporation in Fair Lawn sind, beschreiben neue Pigmentdruckverfahren. Man verwendet hierfür Farbstoffe ohne Affinität zur Faser,
welche aber in Form ihrer Lacke aufgedruckt auf dieser fest anhaften.
Als Farbstoffe verwendet man im allgemeinen basische Farben, welche
man in einem mit Wasser mischbaren, bei gewöhnlicher Temperatur
nicht flüchtigen Lösungsmittel (Diäthylenglykol oder sein Äthyläther)
löst; ausserdem enthält die Druckfarbe eine Substanz, welche den
Farbstoff verlackt (Phosphorwolframsäure) und Nitrozellulose als
Verdickungsmittel. Die Fixation des Farbstoffes wird bewirkt durch
Anfeuchten des bedruckten Gewebes und darauffolgendes starkes
Erhitzen, um die Lösungmittel zu verflüchtigen. Die so erhaltenen
Drucke sind waschecht und zeichnen sich durch ihre hervorragende
Lebhaftigkeit aus.

Das *franz. P. 800.715*, dem *amer. P. 2.118.431* (Interchemical
Corp.-Gessler) entsprechend, hat zuerst ein anderes Prinzip veröffentlicht, das aber in der letzten Zeit nicht mehr verfolgt wurde. Der
Farbstoff wird in einem Lösungsmittel gelöst, aufgedruckt und dann
mit Wasser ausgefällt, z. B. Aufdruck einer alkoholischen Lösung von
Rhodamin, der man Phosphorwolframsäure zugibt; durch Wasser erfolgt auf der Faser die Fällung des lichtechten Lackes.

Die *amer. P. 2.129.277, franz. P. 846.493* (18. 9. 1939), *845.628,
845.629* (29. 8. 1939) der Interchemical Corp.-New York enthalten
einige interessante Einzelheiten über neue Pigmentfixiermethoden
sowie über die Erzeugung von Druckeffekten, welche sich durch ihre
gute Reibechtheit auszeichnen. Zwei Arbeitsweisen sind hierfür
möglich:

a) Bedrucken des angefeuchteten Stoffes mit einer Paste, die
aus einem Pigment oder einem Farbstoff, einem Fixiermittel (z. B.
ein Harnstoff-Formaldehyd-Kunstharz oder ein Zellulosederivat) und
einem organischen Lösungsmittel zusammengesetzt ist. Das anzuwendende Lösungsmittel muss die Fähigkeit besitzen, das Kunstharz zu
lösen, darf aber mit Wasser nicht mischbar sein, d. h. mit der Flüssigkeit, welche zum Anfeuchten der Ware dient; Xylol, Toluol, Butanol,
u. a. m. werden als hierfür geeignet angegeben. Nach dem Drucken
wird der Stoff getrocknet und das Pigment durch 5—10 minutiges
Erwärmen auf 115° C fixiert.

b) Bedrucken der Ware mit einer wässerigen Emulsion, welche das Pigment, das Fixiermittel (Kunstharze aus Harnstoff und Formaldehyd) und ein organisches Lösungsmittel für das Harz enthält.

Das *franz. P. 852.619* (28. 2. 1940), ebenfalls von der Interchemical Corp.-USA., beschreibt ein interessantes Verfahren zum Fixieren von Pigmenten auf Textilwaren, und zwar durch Aufdrucken von Pigmenten, welche in einer Mischung von Äthylzellulose- und Nitrozelluloselösungen dispergiert sind. Es ist dabei zu beachten, dass das Verhältnis der Nitrozelluloselösung zur Äthylzelluloselösung 1:1 sein soll. Um den bedruckten Stellen einen weichen Griff zu erhalten, ist es notwendig, der Druckfarbe Weichmachungsmittel zuzusetzen; als solche eignen sich das Dibutylphtalat, das Trikresylphosphat, bersteinsaures Glykol, Methylabietat, Vinylharze sowie solche Mittel, welche als Grundlage Paratoluolsulfamid haben.

Das Patent führt als Beispiel folgende Zusammensetzung einer solchen Druckfarbe an:

  6 T. Pigment werden dispergiert in
  5 T. Nitrozellulose (Viskosität 15—20 Sekunden) mit
    30% Alkohol angefeuchtet
  5 T. Äthylzellulose von niederer Viskosität
  2 T. Rizinusöl
  10 T. Dibutylphtalat
  10 T. Butylazetat
  5 T. Butylalkohol
  42 T. Toluol
  15 T. Äthylazetat

Das *franz. P. 856.732* (23. 3. 1940) derselben Firma, welches das vorhergehende ergänzt, beschreibt ein Verfahren zur Herstellung einer von wasserlöslichen Verdickungsmitteln freien Druckpaste. Hierbei soll das Abfallen des Farbstoffes beim Waschen verhütet werden.

Die Paste besteht aus einer wässerigen Emulsion eines Farbstoffes und einem mit Wasser nicht mischbaren Verdickungsmittel. Bei dieser Emulsion bildet das mit Wasser nicht mischbare Verdickungsmittel die äussere, die wässerige Lösung des Farbstoffes die innere Phase.

Die Emulsion wird auf das Gewebe mittels einer tiefgravierten Walze aufgetragen. Durch Kontakt mit der Faser scheidet die Emulsion, und die wässerige Lösung des Farbstoffes dringt in die Faser ein. Die Fixierung des Farbstoffes wird hierauf durch einfaches Trocknen bewerkstelligt.

Da sich die wässerige Phase und das Verdickungsmittel gegenseitig abstossen, verhütet die wasserfreie Phase das Fliessen der Farbe, bzw. der wässerigen Phase. Da anderseits das Gewebe das Wasser absorbiert, verbleibt die wasserfreie Phase (Verdickungsmittel) an der Oberfläche und hält nur unbedeutende Mengen Farbstoff zurück. Ein anderer Vorteil dieses Verfahrens liegt darin, dass die wässerige

Phase kein Verdickungsmittel enthält und also tiefer in das Gewebe eindringt, wobei doppelseitiger Druck erreicht wird.

Am Anfang bestand das mit Wasser nicht mischbare Verdickungsmittel aus Nitrozellulose. Später wurden bessere Ergebnisse mit Mischungen von Nitrozellulose mit Alkylzellulosen erzielt (*franz. P. 845.628, 846.493* (18. 9. 1939) und *852.619* (28. 2. 1940). Schliesslich verwendet das im *franz. P. 856.732* und *schweiz. P. 217.455* (20. 6. 39) beschriebene Verfahren Alkydharze, die hergestellt werden, indem man

    420 T. Glyzerin mit
    600 T. Phtalsäureanhydrid und
    688 T. Leinölsäure bei 230° C miteinander reagieren lässt.

Weiter unten wird man sehen, dass die Firma Kuhlmann sich ebenfalls das Glyzerin-Phtalsäure-Harz für die Herstellung der Impralacfarben dienstbar machte.

Die Druckpaste wird auf folgende Weise zubereitet:

Man löst:

    4   Gewichtsteile Variaminblausalz RT in
    82,4 Gewichtsteilen Wasser. Diese Lösung wird mit einer anderen Lösung gemischt, die erhalten wird durch Mischen von
    0,95 T. Xylol
    0,90 T. Naphta entsprechend einem hydrierten Petroleum (Sdp. 190°—215°) (Solvesso Nr. 3, Standard Oil Comp. of New-Jersey)
    8,90 T. Oktylazetat.

Diese Mischung wird durch eine Kolloidmühle genommen, und man erhält auf diese Weise eine Emulsion, in welcher die Farbstofflösung die interne Phase bildet.

Die Farbe wird auf ein baumwollenes Gewebe gedruckt, welches mit einer wässerigen, 1%igen Naphtazol NA-Lösung (Kuhlmann) vorbehandelt wurde. Nach dem Drucken wird getrocknet, kochend geseift, gespült und getrocknet.

Die wichtigsten Patente der Aridye Corp. sind die *amer. P. 2.222. 581/582* (*brit. P. 523.090*) der Interchemical Corp.-Jennett, die folgende Arbeitsweise beschreiben:

Die Druckfarbe besteht aus einer Emulsion, die eine äussere organische Lösungsmittelphase hat, die ein härtbares Harz enthält, während die innere disperse Phase einen wesentlichen Teil der gesamten Emulsion ausmacht und aus einer wässerigen Lösung besteht.

Beispiel:

    A. Lackphase:
      10 T. Harnstoff-Formaldehydlösung in Butanol
      15 T. eines mit Sojabohnenöl modifizierten Alkydharzes und
      17 T. Petroleumkohlenwasserstoff
    B. Wässerige Phase:
      48 T. Wasser
      10 T. Kupferphtalocyanin 2090-Paste

Die Emulsion hat die Konsistenz einer gewöhnlichen Druckpaste, doch enthält sie nur etwa 20% feste Bestandteile.

Eine vollkommene Fixierung wird durch eine Trocknung bei einer Temperatur von 120—150⁰ C erreicht.

Das *amer. P. 2.248.696* (Interchem. Corp.-Cassel, 1941) schützt das Färben mit Emulsionen nach demselben Verfahren.

Nach *amer. P. 2.267.620* der Interchem. Corp. (beantr. am 19. Januar 1940, erteilt am 23. Dezember 1941), ist es möglich, auf mit ätzbaren Farbstoffen gefärbten Geweben Weiss- oder Buntätzdrucke zu erhalten, wenn man der Druckpaste ein Ätzmittel bzw. ein Ätzmittel und einen nicht ätzbaren Farbstoff einverleibt. Die Druckpaste wird erhalten, indem man die wässerige Lösung des Ätzmittels beispielsweise in einer organischen Lösung eines Glyzerophtalharzes emulgiert. Patentgemäss verwendet man eine Druckpaste, deren wässerige Phase mindestens 20%, vorteilhaft aber 40—60% des Gesamtgewichtes ausmacht.

Beispiel: Eine Dispersion von

    5 T. Monastralblau in
   15 T. Glyzerophtalharz werden mit
   30 T. Xylol verdünnt. In diesem Gemisch emulgiert man
   50 T. einer 20%igen Lösung von Rongalit.

Das Glyzerophtalharz wird erhalten, indem man 148 Teile Phtalsäureanhydrid mit 110 Teilen Glyzerin und 125 Teilen Rizinusölsäure bei 230⁰ C in Gegenwart von Kohlenoxydgas reagieren lässt, bis die Säurezahl einem Wert von 8 entspricht. Der nicht flüchtige Anteil wird mit der gleichen Menge Xylol verdünnt.

Nach dem Drucken wird wie üblich gedämpft und unter Umständen gewaschen, um den Überschuss des Reduktionsmittels von der Ware zu entfernen.

Amer. Cyanamid Corp. lässt sich im *schweiz. P. 237.175* folgendes Verfahren zur Bereitung einer gefärbten Harzemulsion schützen:

  915 T. Äthylzellulose mit
2466 T. Pine-oil und
  458 T. Dibutylphtalat mischen; auf 80⁰ C erwärmen, rühren bis zur homogenen Masse. Dann
4580 T. eines Alkydharzes zugeben; nachher stark schütteln bis zur homogenen Masse. Durch eine gewöhnliche 3-Walzen-Mühle passieren, anfärben mit
1079 T. eines grünen Pigmentes, hergestellt durch gleichzeitiges Fällen einer Kupfer-Phtalocyanin-Lösung in Schwefelsäure und von Küpengelb (I.G. 1095) bei Gegenwart von Blanc fixe.
         Man streut das Pigment in die harzige Phase und passiert es durch die Mühle bis zur homogenen Anfärbung der Masse. Dann
2290 T. eines wasserunlöslichen Harnstoffharzes (erzeugt durch Behandeln von Dimethylolharnstoff mit Butanol) und
2290 T. eines wasserunlöslichen Harzes (hergestellt durch Einwirkung von Dimethylolharnstoff auf Oktanol) beigeben und durch Walzen mit der gefärbten harzigen Masse sehr gut mischen.
         Hierauf mit
14100 T. Ammoniak-alkalischer Kaseinlösung, durch starkes Umrühren bis zur stabilen Emulsion emulgieren.

Die Emulsion gibt reine, scharfe, klare Drucke, sei es als Alleinfarbe oder in mehrfarbigen Mustern in Mischung mit ähnlichen Emulsionen oder mit stabilisierten Eisfarbenpräparaten (Rapidogene der Gen. Dyest. Corp. oder Calconylfarben der CCC.).

Diese Drucke, sorgfältig ausgeführt, besitzen gute, trockene oder nasse Knitterechtheit (Faltenechtheit) und gute Waschechtheit.

Nach dem *amer. P. 2.323.871* der Amer. Cyanamid Comp. können Textilgeweben mit folgenden Wasser-in-Öl Emulsionen bedruckt werden: Man löst ein Harz oder ein organisches Pigment oder deren Mischung in einem geeigneten organischen Lösungsmittel und verteilt darin gleichmässig den Farbstoff oder Pigmentfarbstoff; dann emulgiert man mit Wasser vorteilhaft unter Zusatz eines Emulgators derart, dass die Tröpfchen der wässerigen dispergierten Phase einen Durchmesser unter 5 Mikron aufweisen. Einen in Wasser löslichen Farbstoff kann man direkt in die wässerige Phase einführen anstatt ihn in der Harzlösung zu dispergieren. Diese sehr feinen Emulsionen geben egale Färbungen oder lebhafte Drucke. Die Fixation des Farbstoffs auf der Faser wird durch eine einfache Trocknung bei mässigen Temperaturen erreicht. Man verwendet als Harze Alkydharze, Harnstoff-Formaldehydharz usw.

Den Gedanken, das Pigment in der wässerigen Phase zu halten, findet man im *amer. P. 2.338.252*, 1944 (Aridye Corp.). Das Pigment, z. B. Monastralgrün (ein Kupfer-Chlorophtalocyanin) wird in der Polyvinylalkohol enthaltenden wässerigen Phase dispergiert; die kontinuierliche Lackphase enthält ein in organischem Lösungsmittel gelöstes Harnstoff-Formaldehydvorkondensat, ein Alkydharz und ein Lösungsmittel (Morpholin).

Eine weitere Verbesserung bringt das *amer. P. 2.361.454*, 1944 der Aridye Corp. wonach die innere wässerige Phase mit Stärke verdickt wird, während die äussere das Pigment enthält (siehe auch *amer. P. 2.202.283* (28. 5. 1940).

Andere Abänderungen des Grundverfahrens sind im *amer. P. 2.396.430*, 1946 zu finden nach welchem in der wässerigen Phase feine Pigmentdispersionen, gemischt mit Harnstoff und Tallöl, eingeführt werden.

Im *amer. P. 2.323.591* der Interchemical Corp. werden Bindemittel aus Kautschuk erwähnt, der durch Hitze oder Mahlen depolymerisiert ist. Mit solchen Pasten erzielt man Drucke auf Textilien, die waschecht, reibecht und echt gegen chemische Wäsche sind; sie besitzen jedoch einen klebrigen Griff. Dieser Übelstand kann behoben werden durch einen kleinen Zusatz von chloriertem Kautschuk oder von Pliolite, nach *amer. P. 2.069.829*, vorzugsweise

20—30% des in der Paste enthaltenen Kautschuks, jedoch immer unter 50%. Die Druckfarbe enthält ausserdem ein Pigment, z. B. Monastralgrün, Zinkoxyd, Stearinsäure, Vulkanisationsmittel, Xylol und Wasser. Die Masse wird durch eine Kolloidmühle passiert und die aufgedruckten Drucke zum Schlusse vulkanisiert.

Gemäss *amer. P. 2.394.542*, 1946 werden in der kontinuierlichen Phase Lösungen von synthetischen Gummis verarbeitet, die man durch Mischpolymerisation von Butadien und Akrylonitril oder durch Polymerisation von Chloropren erhält. (Siehe *amer. P. 2.376.319*, 1945 der Aridye Corp.; Zugabe von Rubber Latex zur Ölphase.)

Das *amer. P. 2.383.937*, 1945 der Amer. Cyanamid Co.-Kienle schlägt ebenfalls eine Druckfarbe vor, die eine organische Lösung von Chloropren enthält.

Die wässerige Phase besteht aus Pigmenten, die mittels Seifenlösungen dispergiert werden. Nach dem Aufdruck, der bei niedriger Temperatur zu erfolgen hat, wird bei 120° C fixiert, so dass man annehmen kann, dass hier eine vollkommene Polymerisation zu einem kautschukartigen Film vor sich geht.

In den *amer. P. 2.394.542/543* beschreibt D. M. Gans die Erfindung, die sich auf die Herstellung und Anwendung von neuen Textildruckfarben bezieht, welche synthetischen Kautschuk aus Mischpolymerisaten von Butadienen mit Akrylonitrilen enthalten; derartige Drucke sind im Gegensatz zu Pigmentdrucken im Griff weich und reibecht.

Beispiel:

<pre>
 800 T. Perbunan
  40 T. Zinkoxyd
  16 T. Schwefel
   8 T. Captax
   2 T. Tuads
6434 T. Solvesso
1198 T. Gelbtoner Teig (16,7% Pigment)
1502 T. Wasser
</pre>

Drucken und trocknen bei 105—138° C während 2—6 Stunden zwecks Vulkanisation. Es resultiert ein ungewöhnlich widerstandsfähiger, waschechter Film.

Das *amer. P. 2.394.543* unterscheidet sich vom *amer. P. 2.394.542* nur durch Bekanntgabe von 2 neuen Beispielen:

Beispiel 1:

<pre>
 20   T. Neopren E
  2   T. Magnesiumoxyd
  3   T. Heliogen Green G
  0,2 T. Di-β-naphtyl-p.-phenylendiamin
  2   T. Zinkoxyd
 72,8 T. Xylol
</pre>

Beispiel 2:

    10 T. Neopren E
     1 T. Magnesiumoxyd
     1 T. Zinkoxyd
    51 T. Solvesso
    13 T. Indanthrenblau GGSL dopp. Teig (15,4%ig)
    24 T. Wasser

Die *amer. P. 2.381.868* und *2.381.878*, 1945 der Interchem. Corp. erwähnen die Verwendung von Emulsionen, die natürliche Harze enthalten, z.B. Mischungen von Kunstharzemulsionen und Methylabietat, gemischt mit Alkylzellulosen, die in organischen Mitteln gelöst sind.

Im *amer. P. 2.288.261*, 1942 stellen die Interchemical Corporation-Abrams fest, dass im Aridyedruck bei der Aufbringung von Küpenfarbstoffen Schwierigkeiten beobachtet werden, sofern man den Farbstoff als solchen unverküpt, an Stelle des Pigments verwenden will. Es scheint, dass der wasserunlösliche Farbstoff die Tendenz hat, aus der dispersen wässerigen Phase in die äussere Phase zu wandern. Durch Zusatz einer gewissen Menge von Lezithin zur Ölphase wird diesem Übelstand abgeholfen.

Beispiel: Die Druckfarbe besteht aus einer wässerigen Mischung, die

    10 T. Indanthrenblau RSA dopp. Tg.
     5 T. Glyzerin
     5 T. Glyecin A
     9 T. Pottasche
     9 T. Rongalit C extra und
    37 T. Wasser enthält.

Diese Mischung wird mit einer organischen öligen Phase emulgiert, bestehend aus:

 0,275 T. Äthylzellulose gelöst in
 0,150 T. Pine-oil
12,075 T. eines Petroleumkohlenwasserstoffes (Solvesso, Petroleum Fraktion Sdp. 182—
         210° C) und
 0,500 T. Lezithin von Soja.

Mit dieser Emulsion erhält man einen scharfen, ausgiebigen, wasch- und reibechten Druck.

Die I. C. I. haben im *brit. P. 573.558* (27. 11. 1945) ein Druckverfahren vorgeschlagen, das in der Applikation einer Pigmentemulsion von Wasser-in-Öl-Typus beruht. Die äussere Ölphase besteht aus einem in der Wärme härtenden Melamin-Formaldehyd-Harz, in Xylol gelöst, die disperse Phase enthält das Pigment mit Wasser und Formaldehyd angeteigt und wird mit der Harzlösung homogenisiert. Durch eine Hitzebehandlung um ca. 120° C in einem Dampfkessel werden die Pigmentdrucke gehärtet.

Im *amer. P. 2.238.855* (Interchemical Corp.-Cassel) wird festgestellt, dass Emulsionsdruckfarben vom Wasser-in-Öl-Typus, welche Diazokomponenten enthalten, in der Praxis dadurch grosse Schwierigkeiten verursachen, dass namentlich die Diazoverbindungen (Echtsalze) in Gegenwart von Wasser nicht stabil sind, so dass beim Lagern der Druckfarben die Farbstärke rasch zurückgeht. Es wurde nun gefunden, dass derartige Farbstoffe und Farbstoffkomponente vom bekannten Rapidecht-Typus haltbar gemacht werden können, wenn sie in nicht wässerigen Flüssigkeiten emulgiert werden, sofern diese keine wesentliche lösende Wirkung auf den Farbstoff ausüben und beim Zufügen von Wasser oder wässerigen Alkalien den Farbstoff nicht an das Wasser abgeben. Vorzugsweise besteht die emulgierbare Flüssigkeit aus der Lösung einer filmbildenden Substanz in einem flüchtigen, organischen Lösungsmittel.

Beispiel:

31 T. Echtrotsalz B werden in einer 3-Walzenmühle dispergiert mit einer Lösung von
 5 T. Äthylzellulose (250 centipoise) in
64 T. Xylol.
> Diese Dispersion ist haltbar beim Lagern; das Salz in Wasser verliert rasch an Farbstärke, besonders wenn es nicht kalt gehalten wird. Diese Dispersion kann in eine annehmbare Druckfarbe umgewandelt werden durch Zufügen von

 3 T. Pine-Oil
15 T. Solvesso H 3 (Sdp. 175 bis 210⁰ C)
14 T. obige Dispersion und dann in
68 T. Wasser emulgieren

Es resultiert eine Wasser-in-Lack-Emulsion von ausgezeichneten Druckeigenschaften. Durch Aufdruck dieser Farbe auf ein beispielsweise mit β-Oxynaphtoesäureanilid präpariertes Gewebe erhält man einen ausgezeichneten Druck.

Wichtig ist die Verwendung der in organischen Lösungsmitteln gelösten Alkylzellulosen (*amer. P. 2.288.992* (7.7.1942), Interchemical Corp.-Cassel).

Beispiel:

Lackphase:	0,45 T.	Äthylzellulose
	0,68 T.	Pine-oil
	13,85 T.	Xylol
	14,27 T.	hydrierter Petroleumkohlenwasserstoff (Solvesso)
Disperse Phase:	13,50 T.	Rapidogenrot R-Lösung
	1,00 T.	Natronlauge 50%
	56,52 T.	Wasser

Die Emulsion bricht, wenn sie auf das Gewebe aufgebracht wird, die Farbstofflösung dringt in das Gewebe ein, die Ölphase trennt sich und verhindert eine Ausbreitung der Farblösung über die feinen Konturen hinaus. Die Eigenschaft der Äthylzellulose, bedeutende Mengen von Wasser in der Paste stabil zu halten, ist eine wertvolle Beobachtung auf dem Gebiet der Wasser-in-Öl-Pigmentfarben. (Siehe hierzu *brit. P. 526.853*, 1940).

Im *amer. P. 2.288.992* (beantr. 13. Juli 1939, erteilt am 7. Juli 1942) empfiehlt die Interchemical Corporation eine Druckpaste, bestehend aus einer wässerigen Phase, welche den wasserlöslichen Farbstoff enthält, und aus einer öligen Phase, bestehend aus der Lösung eines in Wasser unlöslichen Zelluloseäthers in einer mit Wasser nicht mischbaren organischen Flüssigkeit (Kohlenwasserstoff).

Der Zelluloseäthergehalt soll 2% des Gewichtes der Druckpaste nicht übersteigen.

Druckvorschrift:

     2   T. hochviskoser Benzylzelluloseäther
    41,4 T. Toluol
     1,6 T. Äthanol
    15   T. Pine-oil
    30   T. Wasser
    10   T. Rapidogenrot GS *(amer. P. 1.888.561)*
   ─────────
   100 Teile

Im Patent wird hervorgehoben, dass solche Zelluloseätherlösungen grosse Mengen Wasser, Salz-, Säure- oder Alkalilösungen vertragen und sehr beständige Emulsionen bilden.

Nach diesem Verfahren wird es möglich, auch solche Farbstoffe zu drucken, die zum Lösen Säure, Alkali oder Reduktionsmittel benötigen.

Gemäss dem *amer. P. 2.317.359* der Interchemical Corporation können Textilgewebe in einer Operation gefärbt und bedruckt werden, indem das Gewebe mit einer pigmentierten Wasser-in-Öl-Emulsion bedruckt und mit einer pigmenthaltigen Öl-in-Wasser-Emulsion überfärbt wird.

Die ersten Patente (*amer. P. 2.222.581*, 1940), welche die nachmaligen Aridyepräparate schützen, empfehlen Druckpasten, in denen die wasserunlösliche externe Phase mittels einer wässerigen, internen Phase (20% der gesamten Emulsion) verdickt wird. Die Interchem. Corp. hat nun laut *amer. P. 2.416.620* (eing. am 28. Mai 1941, ausg. am 25. Februar 1947; Amer. Dyest. Rep. 1947, S. 366) gefunden, dass man solche Pigmentdruckpasten wesentlich verbessern kann, wenn die verwendeten Harzlösungen, teilweise in gallertigen Zustand gebracht werden. Unter diesen Bedingungen sind diese Harzlösungen dickflüssige Massen, in denen gelartige Partikeln gleichmässig verteilt sind. Die gelartige Form der Lösung wird beispielsweise erhalten, indem man in der Paste ein Aluminiumhydrat-Aerogel dispergiert, welches infolge seiner grossen Oberfläche diese Wirkung hervorruft.

Nach *amer. P. 2.309.982* der Interchemical Corporation erhält man reine und egale Drucke durch Verwendung einer Druckfarbe, bestehend aus einer Wasser-in-Öl-Emulsion, deren äussere Phase durch einen mit Wasser nicht mischbaren Lack gebildet wird und in deren innerer wässeriger Phase ein diazotierbares Amin fein dispergiert ist und die ausserdem Nitrit und eine Kupplungskomponente enthält. Diazotierung und Kupplung erfolgen durch saures Dämpfen.

Laut *amer. P. 2.310.012* der Interchemical Corporation stellt man Emulsionen her aus in Wasser löslichen Farbstoffen (Rapidogenfarbstoffen), indem man dieselben in einer in Wasser unlöslichen Komponente emulgiert, die ihrerseits in einer organischen Flüssigkeit dispergiert ist.

Das *amer. P. 2.292.200*, 1942 (Interchemical Corporation - Cassel) beschreibt ein Verfahren, wonach die Pigmentierung mit organischen Komponenten dadurch erfolgt, dass man die eine Komponente des Pigmentes in der Ölphase, die andere in der wässerigen Phase unterbringt.

Die Anwendung von löslichen Eisfarbenpräparaten (Rapidogenen, Rapidechtfarben) im Emulsiondruckverfahren hat den Nachteil, dass diese Farbstoffe durch den unvermeidlichen Kontakt mit Säuredämpfen rasch verderben.

Nach dem oben genannten Patent stellt man eine Druckpaste her, welche diesen Nachteil nicht zeigt, indem man jede der beiden Reaktionskomponenten getrennt löst und mindestens eine davon in einer organischen Flüssigkeit (am besten einem Lack) emulgiert, hierauf die beiden Emulsionen, bzw. die Lösung und die Emulsion miteinander gründlich mischt und durch eine Kugelmühle nimmt. Unter dem Mikroskop kann dann festgestellt werden, dass das Azopigment, welches sich dabei gebildet hat, sich in der öligen Phase befindet. Dieses Verfahren hat den Vorteil, dass man ein fertiges Pigment applizieren kann, ohne dasselbe zuerst rein darstellen und auswaschen zu müssen. Die Pigmentbildung vollzieht sich in einer Trägersubstanz.

Als Beispiel diene folgende Vorschrift einer blauen Pigmentpaste:

a) Lösung 1: bestehend aus einer wässerigen Lösung des Natriumsalzes von o-Toluidin-β-oxynaphtoesäure (Naphtol AS-D);

b) Lösung 2: bestehend aus einer wässerigen Lösung des Diazoniumsalzes von 4-Benzoylamino-2,5-Diäthoxyanilin (Echtblaubase 2B);

c) Lösung 3: sie stellt die organische Phase dar und setzt sich wie folgt zusammen:

    100 g Lösung von Harnstoffharz in Xylol und Butanol
    300 g Lösung von Alkydharz (50% in Toluol)
    80 g hydrolysiertes Petroleum (175—210⁰ C)
    20 g Pine-oil

Die Lösungen 1 und 3 werden unter raschem Rühren zusammen emulgiert, dann wird, unter stetigem raschem Rühren Lösung 2 langsam zugegeben und weitergerührt, bis die Kupplung beendigt ist. Hierauf wird gemahlen.

Diese Methode eignet sich speziell für Azopigmente.

Auch für den Basenaufdruck auf Naphtolgrundierungen sind Emulsionsfarben herangezogen worden, wie z. B. im *amer. P. 2.309.982* (Interchemical Corporation-Reynolds-Scully), 1943. Hier enthält die wässerige Phase eine Mischung von Naphtoesäureanisidid, Formaldehyd, Wasser, in welchem Ätznatron und Nitrit aufgelöst werden, während die Ölphase aus einer Lösung von Äthylzellulose in Xylol-Butanol besteht. Begreiflicherweise hat auch hier die Entwicklung im Säuredämpfer zu erfolgen. Ein Patent, das speziell die Anwendung von Variaminblau im Emulsionsdruck hervorhebt, sonst aber prinzipiell dem vorigen ähnlich ist, ist das *brit. P. 524.803* (Interchemical Corporation), 1940 (vermutlich parallel mit *amer. P. 2.202.283*). In der wässerigen Phase findet man hier:

>   4   T. Variaminblausalz RT und
>   82,4 T. Wasser

In der Lackphase:

>   1,75 T. Alkydharz
>   0,95 T. Xylol und
>   2,90 T. des schon erwähnten Petroleum-Kohlenwasserstoffs Solvesso.

Es wird angenommen, dass die Emulsion bei der Berührung mit dem Stoff bricht und dass damit augenblicklich die Farbe am Ausbreiten und Verrinnen gehindert ist. Feinste Gravuren sind durch diese oberflächliche, momentane Fixation möglich. Es ist endlich noch zu erwähnen, dass ein Patent von Du Pont *amer. P. 2.335.905* vorschlägt, Schwefelfarbstoffe als Pigmente in der wässerigen Phase zu verarbeiten.

Eine interessante Lösung des Problems der Erzeugung von unlöslichen Azofarbstoffen auf der Faser wird im *amer. P. 2.309.946*, 1943 (Interchemical Corporation-Gessler-Pizzarello) vorgeschlagen. Das stabilisierte Diazoprodukt wird mit der Ölphase vermischt, während die wässerige Phase Alkali und eine Kupplungskomponente enthält.

Die Emulsion, die aus der Vermischung beider Komponenten besteht, wird aufgedruckt und im Säuredämpfer entwickelt.

Die Herstellung einer Druckemulsion wird im folgenden Beispiel illustriert:

Zusammensetzung der organischen Phase: 1 g Äthylzellulose (Äthoxygehalt 47%, Viskosität 500 CP), 0,01 Mol des Diazoaminoderivates des 4-Chloro-2-Aminoanisol auf Dimethylanilin und 0,3 g Fichtenöl werden mit einem Gemische von 2 Gewichtsteilen Solvesso 2 und 1 Gewichtsteil Toluol, auf ein Gesamtgewicht von 40 g gebracht.

Zusammensetzung der wässerigen Phase: Die der Diazoaminoverbindung entsprechenden Kupplungskomponente + 2 g Natriumhydroxyd in Form von 40%iger, wässeriger Lösung + 0,1 g Natriumsulforizinat. Diese Mischung wird mit Wasser auf 60 g eingestellt.

Diese zwei Phasen werden zusammengegossen und die Emulsion durch eine Kolloidmühle genommen. Nach dem Drucken dämpft man die Ware sofort in saurem Dampf. Hierbei erzielt man rote Druckeffekte.

In einem, am 31. März 1941 eingereichten Patente, welches unter der Nummer *schweiz. P. 213.890* eingetragen wurde, wird betont, dass bei der Herstellung des Bindemittels es vorteilhaft ist, Wasser als flüchtige Flüssigkeit anzuwenden, doch in diesem Falle kann nur ein Lack Verwendung finden, dessen Lösungsmittel im wesentlichen mit Wasser nicht mischbar ist: eine solche Emulsion wird als Wasser-in-Lack-Emulsion bezeichnet. Die Vorteile solcher Emulsionen bestehen in den geringen Kosten derselben sowie in der Leichtigkeit, mit welcher die Viskosität überwacht werden kann.

Als Bindemittel des Lackes können irgendwelche wasserabstossende Harze verwendet werden; sie können mit fetten Ölen, mit Plastifizierungsmitteln und mit Alkydharzen plastisch gemacht werden.

Obwohl mit den Aridyefarben hervorragend echte und scharfe Drucke erzielt werden können, sind sie nicht als die idealsten Farben für den Pigmentdruck aufzufassen, da sie grössere Mengen flüchtiger organsicher und feuergefährlicher Lösungsmittel enthalten.

Die Wasser-in-Lack-Farben vertragen ferner nur einen ganz bestimmten Wasserzusatz. Wird die zulässige Wassermenge überschritten, so bricht die Emulsion auseinander. Zu weiteren Nachteilen des Pigmentdruckes nach dem eigentlichen Aridyeverfahren gehört, nach dem *amer. P. 2.251.914* (Interchemical Corporation-Cassel 1942) der Umstand, dass der Pigmentdruck an Lebhaftigkeit dem normalen Druck nachsteht.

Das Sherdye-Pigmentfärbeverfahren.

Dieses Verfahren, dessen Anwendungspatente noch nicht veröffentlicht wurden, ist in Amerika wohlbekannt.

Bis jetzt wurden Verfahren der Behandlung der Pigmente[1]) publiziert. Es wurde gefunden, dass man wasserfreie Pigmente in organische Lösungsmittel mit Hilfe von Zyklohexanderivaten, z. B. N-Methylzyklohexylamin

---

[1]) *Amer. P. 2.271.232/234* (27. 1. 1942)

$$CH_2\underset{CH_2-CH_2}{\overset{CH_2-CH_2}{<\quad>}}CH-NH-CH_3$$

oder mittels Benzylamin, Dibenzylamin übertragen kann.

Für Phtalocyanine hat sich laut *amer. P. 2.367.519* (Sherwin-Williams Co., (16. 1. 1945)) eine Auflösung in Schwefelsäure und Ausfüllung mit kaltem Wasser am besten bewährt.

Sherwin-Williams Co. geben weiter im *amer. P. 2.386.885*, 1945 an, dass eine Zugabe von harzsaurem Zink zum Pigment (TiO$_2$) die Bildung von Klumpen verhindert.

Die im *brit. P. 561.641* (Interchemical Corporation) vorgeschlagenen, zum Bedrucken und Färben von Textilgeweben geeigneten Präparate stellen ebenfalls Emulsionen dar, welche aber anstatt 2 Phasen deren 3 enthalten, nämlich eine kontinuierliche, äussere Phase, bestehend aus einem dünnen Kunstharz- oder Zelluloselack und 2 inneren, dispersen Phasen. Die eine derselben besteht aus Wasser, bzw. einer wässerigen Lösung, die andere vorzugsweise aus einem pigmentierten, härtbaren Karbamidharzlack, welcher aber mit dem die äussere Phase bildenden Lack nicht mischbar ist. Die Herstellung dieser 3-phasigen Emulsionen erfolgt in der Weise, dass zunächst zwei 2-phasige Emulsionen gebildet werden, von denen jede als innere Phase Wasser enthält. Vermischt man nun diese beiden Systéme, so erhält man, weil die beiden, den Emulsionen zugrunde liegenden Lacke nicht völlig mischbar sind, 3-phasige Systeme. Diese haben gegenüber entsprechenden 2-phasigen den Vorteil der besseren Stabilität, da die wässerige Phase in Suspension bleibt. Die Tatsache ermöglicht speziell die Herstellung stabiler Präparate mit einem geringeren Gehalt an Trockensubstanz unter Verwendung billiger Lösungsmittel.

Kurz nach den Erfindungen der Interchemical Corporation erschienen die Verfahren der Hercules Powder Co.-Anderson, welche, wie aus dem *amer. P. 2.307.097* hervorgeht, ebenfalls auf dem System Wasser-in-Öl beruhen.

Die kontinuierliche Phase enthält hier einen wasserunlöslichen Zelluloseäther, dem ein Pigment beigemischt ist und gegebenenfalls einen Weichmacher und ein Harz, das sich mit dem Zelluloseäther verträgt. Nach dem Aufdruck dieser Farben wird nur getrocknet, um das Wasser und die flüchtigen Bestandteile zu entfernen. Eine weitere Behandlung ist zur Fixierung nicht erforderlich; auch das Waschen und Seifen fällt weg.

Beispiel:

Man stellt eine Lösung aus 22 Teilen Äthylzellulose in 150 Teilen Xylol und 28 Teilen Butanol, die man mit 100 Teilen Wasser, enthaltend 1,5 Teile Kaliumoleat, emulgiert. Zu der entstandenen Emulsion fügt man 20 Teile Pine-oil und 0,74 Teile Essigsäure und rührt, bis eine homogene Masse entstanden ist. Diese wird nun mit 130 Teilen Stoddard-Solvent verdünnt. Diese Wasser-in-Öl-Emulsion hat einen Trockensubstanzgehalt von 5,25 Gewichtsprozenten. Zur Herstellung einer Druckfarbe mischt man 30 Teile der obenerwähnten Emulsion mit 4 Teilen Monastralblau, 20 Teilen Stoddard-Solvent und rührt bis die Mischung homogen geworden ist. Mit dieser Farbe bedruckt man ein Gewebe, trocknet auf Trockenzylindern bei 127° C und erhält so einen waschechten Druck.

Das *amer. P. 2.136.911* der Hercules Powder Co. beschreibt andererseits die Anwendung von Verbindungen ungesättigter Terpene mit Alkoholen (Terpenäther), welche in die Pigmentdispersionen eingearbeitet werden.

Ein solcher Terpenäther ist das Reaktionsprodukt von Äthylenglykol und α-Pinen, welches unter dem Handelsnamen Terpesol bekannt ist.

Die Hercules Powder Company bemerkt im *amer. P. 2.308.763*, dass pigmentierte Druckpasten, auf Basis von Lackemulsionen als Bindemittel besser in das Gewebe eindringen, wenn man ihnen Terpenderivate einverleibt. Die besten Resultate erzielt man mit Druckpasten, deren Terpenderivatgehalt 2—30% des Gesamtgewichtes ausmacht. Hiermit erzielt man gleichmässige und glatte Druckeffekte.

Beispiel einer Druckpaste:

Mit 100 Gewichtsteilen Wasser, welches 1,5 Teile Kaliumoleat enthält, emulgiert man eine Lösung folgender Zusammensetzung:

    32 T. Äthylzellulose (hochviskos)
    10 T. Triphenylphosphat
    16 T. Glyzerinester von hydriertem Kolophonium
  106 T. Xylol
    16 T. Butanol
    20 T. Naphta HI flash

Die Öl-in-Wasser-Emulsion wird in eine Emulsion von umgekehrtem Typus übergeführt, indem man ihr unter ständigem Rühren 120 Gewichtsteile einer 6%igen Aluminiumstearatlösung in Fichtenöl und 1,5 Teile Essigsäure zusetzt.

Man verwendet diese Emulsion für die Zubereitung einer Druckpaste nach folgender Vorschrift:

  20 T. Emulsion
  14 T. Solvesso Nr. 2
  12 T. Terpinylglykoläther
   3 T. Monastralechtblau GS Pulver
  51 T. Wasser

Die so erhaltene Paste wird schliesslich durch eine Kolloidmühle genommen. Sie enthält 12 Gewichtsprozente Terpenäther.

Diese Paste ergibt glatte Drucke und dringt selbst an den Kreuzungsstellen von Schuss und Kette vollständig in das Gewebe ein.

Laut *amer. P. 2.332.121* (Hercules Powder Co.) enthält die Druckpaste einen wasserlöslichen Farbstoff, suspendiert in einer wässerigen Emulsion von einem wasserunlöslichen Zelluloseäther. Diese wässerige Emulsion kann dem Typus Öl-in-Wasser oder Wasser-in-Öl angehören. Die wasserunlöslichen Zelluloseäther, welche angewendet werden können, sind Äthylzellulose, Propylzellulose, Butylzellulose, Benzylzellulose, Äthylbutylzellulose usw.

Beispiel:

12 Teile Äthylzellulose werden in einem Gemisch aus

> 59 Teilen Xylol
> 14 Teilen Naphta und
> 15 Teilen Butanol

und 200 Teile dieser Lösung mit 100 Teilen Wasser, enthaltend 1,5 Teile Kaliumoleat emulgiert, dann fügt man 200 Teile von der Öl-in-Wasser-Emulsion zu, bereitet aus 100 Teilen Pine-oil und 0,5 Teilen Eisessig:

Die Druckfarbe besteht z. B. aus:

> 30 T. Äthylzelluloseemulsion vom Typ Wasser-in-Öl
> 4 T. Farbstoff (Pontamingelb CH)
> 22 T. Stoddard Solvent
> 44 T. Wasser

Nach dem Drucken wird getrocknet und 1 Stunde gedämpft.

Ferner nach dem *amer. P. 2.345.879* (Hercules Powder Co.) wird eine Druckpaste vorgeschlagen, die ein wasserunlösliches Pigment dispergiert in einer wässerigen Emulsion vom Typ Öl-in-Wasser und einem in Wasser unlöslichen Zelluloseäther, gelöst in einem flüchtigen organischen Lösungsmittel, enthält.

Ähnlich ist das Verfahren von Arnold Hoffmann, welches dem *amer. P. 2.346.041* (eing. 21. Juni 1941, ert. 4. April 1944) zugrunde liegt. Hier emulgiert man Lack oder organische Lösungsmittel, welche als Bindemittel Harze oder Ester- bzw. Ätherzellulose enthalten, mittels einer mit Seife verdickten Paste, in der feste, wasserunlösliche Fettsubstanzen suspendiert sind. Mit solchen pigmentierten Druckpasten kann man auf Geweben waschechte und reibechte Drucke erzielen, ohne dass an den bedruckten Stellen die Geschmeidigkeit des Gewebes wesentlich beeinträchtigt wird.

Beispiel: In einer Mischung von 20 Teilen Fichtenöl und 13,3 Teilen Ölsäure löst man 3 Teile Äthylzellulose. Diese Lacklösung wird unter ständigem Rühren einer Lösung von 1,9 Teilen Natriumhydroxyd in 61,8 Teilen Wasser zugesetzt. Auf diese Weise erhält man eine Lackdispersion in der wässerigen Phase in Form einer schweren Emulsion, die sich für den Pigmentdruck eignet.

Impralacfarben von Francolor.

Durch das Aridye-Verfahren angeregt, hat Kuhlmann-Francolor seinerseits eine Farbklasse ausgearbeitet, die unter den Namen Impralac bzw. Pigma-Farben im Handel ist (*brit. P. 570.742; kanad. P. 430.612*, 1945). Diese Farben bestehen aus pigmentierten und emulgierten Glyzerin-Phtalsäureharzen. Die Emulsion wird durch Kontakt mit dem Gewebe ausgeschieden. Das Wasser imprägniert die inneren Teile der Faser, welche durch das auf deren Oberfläche niedergeschlagene Glyzerin-Phtalsäureharz umhüllt wird. Die Fixierung wird durch Wärmeeinwirkung herbeigeführt, wobei das Wasser verdampft, das Harz polymerisiert wird und der Harzfilm sich oxydiert[1].

Die Serie der Impralacfarben besteht gegenwärtig aus etwa 20 verschiedenen Produkten, inbegriffen ein Weiss und ein ungefärbter Verschnitt. Die Fixierung wird durch eine 15—20minutige Behandlung bei 120° C oder ein 5—6minutiges elektrisches Erhitzen bei 150—160° C bewirkt. Jedoch kann die Fixierung, wenigstens teilweise, auf den üblichen, in den Druckereien befindlichen Trockenapparaten, wie beispielsweise Spannrahmen, Trockentrommeln usw., vorgenommen werden. Nach dem Drucken wird die Ware in der Mansarde getrocknet, 5 Minuten bei 105—115° C durch den Spannrahmen genommen und anschliessend während einigen Tagen liegengelassen.

Es ist zu erwähnen, dass interessante Resultate durch infrarote Bestrahlung der Impralacfarbendrucke mittels spezieller Lampen erzielt wurden[2]. Versuche haben gezeigt, dass Drucke mit Impralacfarben während mehreren Minuten bei kleiner Entfernung von den Lampen, den infraroten Strahlen ausgesetzt, ebenso gut fixiert sind als bei gleichdauernder Behandlung in einer Wärmekammer bei 160° C[3].

Das *franz. P. 860.151* und die *Zusatzanm. 50.916* (siehe Teintex 1942, S. 236), welche das Impralacverfahren schützen, geben einige Einzelheiten betreffs Herrstellung der Glyzerin-Phtalsäureharze bekannt.

Das *schweiz. P. 227.782* (eing. am 21. Mai 1940, ert. den 15. Juli 1943) schützt die Herstellung von Druckfarben auf Basis von trock-

---

[1] Siehe E. Sack, Impression sur tissus de couleurs pigmentaires à base de résines synthétiques, R.G.M.C. 1940, Aprilheft, S. 115; L. Bonnet, Actualités sur l'impression, Teintex, Juin 1940; M. Hubler, Progrès réalisés dans l'impression des couleurs pigmentaires sur tissu, Teintex 1943, Märzheft; Rusta 1939, Oktoberheft, S. 467.

[2] Compagnie des Lampes, 29, rue de Lisbonne, Paris.

[3] Siehe Notice Technique Nr. 9 und 26 von Kuhlmann.

nenden Glyzerin-Phtalsäure-Harzen, welche ein feinverteiltes Pigment enthalten und die in einer wässerigen Lösung emulgiert werden. Nach dem Patent wird das trocknende Glyzerin-Phtalsäureharz, eventuell unter Beigabe eines Lösungsmittels für dasselbe, mit dem Pigment vermahlen, worauf das pigmentierte Harz in einer wässerigen Lösung emulgiert wird.

Als Harze kommen trocknende Glyzerin-Phtalsäureprodukte auf Basis von entwässertem Rizinusöl in Betracht.

Endlich bringt das *schweiz. P. 234.104* (eingetragen am 30. September 1944) eine interessante Verbesserung, die darin besteht, dass das trocknende Glyzerin-Phtalsäureharz unter Ausschluss des Lösungsmittels, mit dem Pigment bei intensiver mechanischer Bearbeitung bis zur vollständigen Dispergierung vermahlen wird.

Diese Pasten eignen sich anstandslos für den Walzendruck auf Baumwolle, Wolle, Naturseide, Viskose und Azetatzellulose. Nach dem Drucken erfolgt das Fixieren durch 15—20minutiges Erwärmen (z. B. auf der Trockentrommel) auf 100—120⁰ C; falls Temperaturen von 150—160⁰ C angewendet werden, genügen schon 5—10 Minuten, um die Pigmente vollkommen zu fixieren.

Ein ähnliches Verfahren, welches die gleichzeitige Fixierung von sauren Farbstoffen oder Pigmenten (Lutetia-Farbstoffen von Kuhlmann) und von Kalandereffekten (glänzende Bandendruckeffekte usw.) bezweckte, wurde von L. Diserens der Firma Scheurer, Lauth & Cie. in Thann (Elsass) ausgearbeitet. Das Verfahren wird durch *franz. P. 860.698* (Teintex 1941, S. 292) geschützt[1]).

Man bedruckt das Gewebe mit einer Druckpaste, bestehend aus einem Harnstoff-Formaldehyd-Vorkondensationsprodukt (Dimethylolharnstoff), einem Katalysator (Ammoniumsalz) und einem Küpenfarbstoff in Pulverform, oder einem sauren Farbstoff bzw. einem Pigment.

Beispiel einer Druckfarbe:

150 g Dimethylolharnstoff 53%
530 g heisses Wasser. Nach dem Abkühlen giesst man langsam, unter beständigem Rühren, in
300 g Colloresin DK 10% ein und setzt
 20 g Ammoniumsulfocyanid 50% zu.

1000 g

Nach dem Drucken wird sehr vorsichtig bei niederer Temperatur getrocknet, um eine vorzeitige Bildung des Harzes zu verhüten, dann heiss kalandert und anschliessend auf der Trockentrommel erhitzt,

---

[1]) Dieses Verfahren gehört zu den Methoden, die auf den S. 35—40 beschrieben sind, d. h. Fixierung von Pigmenten oder wasserlöslichen Farbstoffen mittels Fixierungsmittel (Harnstoff-Formel-Kondensaten) in wässerigem Medium.

wobei an den bedruckten Stellen permanente, glänzende Drucke erhalten werden. Schliesslich wird durch Wasser genommen, auf der Trockentrommel getrocknet, und die Ware wie üblich fertiggestellt.

Pigmentdruckfarben vom Öl-in-Wasser-Typus[1]).

Die Öl-in-Wasser-Emulsionen als Vehikel für Pigmentfarben sind als eine Ergänzung der oben angeführten Verfahren anzusehen. Offenbar richtet sich die Auswahl des Emulsionstypus nach der Beschaffenheit der Druckmuster, der Stoffe usw. Der Weg von der Wasser-in-Öl-Emulsion zur Umkehrung ist bekanntlich in der Technik kein schwieriger, und mit guten Homogenisierungseinrichtungen ist eine Umwandlung der einen in die andere Type ohne weiteres möglich.

Eine frühere Veröffentlichung der Interchemical Corporation (12. 7. 1940) (*brit. P. 522.941*) weist schon auf die Möglichkeit der Anwendung von Öl-in-Wasser-Emulsionen hin. Es wird auf ein allenfalls vorbefeuchtetes Gewebe gedruckt, wodurch die Emulsion bricht und die organische gefärbte Lacklösung nicht ins Garn eindringen kann. Die Adhäsion der Lackphase soll durch organische Harzlösungen (hydrophobe Bindemittel) gesichert werden. Das Pigment ist hier in der Lackphase verteilt. Im Jahre 1942 erhielten Röhm & Haas das *amer. P. 2.275.991*[2]), welches die Herstellung von Druckpasten mit verschiedenen Farbstoffen ohne Verwendung von organischen Lösungsmitteln betrifft. Es wurde in der Lackphase Harz-Akrylat-Methakrylat und ein mit trocknenden Ölen modifiziertes Alkydharz, dagegen in der wässerigen Phase nebst dem Pigment eine der üblichen wasserlöslichen Verdickungen (Alkylzellulose, Natriumalginat, Johannisbrotkernmehl) verwendet. Die Druckfarben bestehen aus einer wässerigen viskosen Lösung von ca. 1,5—5 % einer in Wasser löslichen Verdickung (Natriumpolyakrylat) in welcher dispergiert sind 1—10 % des fein verteilten in Wasser unlöslichen Farbstoffes und ungefähr 2,5—15 % eines in Wasser unlöslichen Harzes, der Lacke bildet, wie Harnstoff-Formaldehydharze, Zelluloseester und -äther, Alkydharze, Akrylate und polymerisierte Methakrylate. Die Farbe hat somit den Öl-in-Wasser-Typus.

Eine besonders charakteristische Ausführung in dieser Gruppe ist im *amer. P. 2.317.359* (Interchemical Corporation-Cassel), 1943 patentiert. Auch hier wird auf eine Öl-in-Wasser-Emulsion gegriffen, die ausserordentlich geringe Mengen nichtflüchtiger Substanzen (nicht über 2 ½ %) enthält, und zwar mit Rücksicht auf den weichen Griff. Ein Beispiel ist hier eine Lösung von Damarharz in Xylol in der Lackphase (etwa 27 %) und eine wässerige Phase, bestehend aus

---

[1]) Wengraf, Text.-Rundschau 1947, S. 125 u. ff.
[2]) Eing. am 28. Mai 1938, ert. am 10. März 1942.

einer 20%igen Bariumpigmentemulsion und Wasser, wobei die wässerige Phase etwa 72% der gesamten Paste ausmacht.

In demselben Patent (*amer. P. 2.317.359*, beantragt am 6. April 1940, erteilt am 27. April 1943) hebt die Interchemical Corporation hervor, dass man das Färben und Bedrucken der Textilstoffe in einem einzigen kontinuierlichen Arbeitsgang, ohne Zwischentrocknung, ausführen kann, wenn man das Gewebe mit einem pigmentierten Lack bedruckt und anschliessend mit einer pigmentierten Emulsion vom Typus Lack-in-Wasser färbt.

Beispiel: In einer schnellaufenden Mischmaschine vermengt man

6,5 Gewichtsteile einer 20%igen wässerigen Paste eines gelben Pigmentes, welches durch Diazotieren von Dichlorbenzidin und Kuppeln mit Azetoazetanilid erhalten wird, mit

0,25 Gewichtsteilen einer 35%igen wässerigen Lösung von sulfoniertem Tannin.

Hierzu gibt man alsdann ein Gemisch von 8,5 Teilen einer 50%igen Alkydharzlösung in Fichtenöl und 10 Teilen Fichtenöl zu.

Die hierbei entstehende Wasser-in-Lack-Emulsion wird mit 48 Teilen Solvesso 2 verdünnt und schliesslich langsam mit einer Lösung von 2 Teilen Natriumlaurylsulfat in 24,75 Teilen Wasser versetzt.

Auf diese Weise erhält man eine beständige Lack-in-Wasser-Emulsion von 1,3% Pigment- und 5,5% Harzgehalt.

Weitere Einzelheiten über den Druck mit Pigmentfarben sind im *schweiz. P. 213.888* und *brit. P. 524.803* der Interchemical Corporation-New York (eingereicht 5. November 1938, eingetragen am 30. April 1941) zu finden.

Als Bindemittel verwendet man eine Emulsion, deren äussere, kontinuierliche Phase aus einer flüchtigen, zum Imprägnieren des Gewebes geeigneten Flüssigkeit besteht (beispielsweise Wasser) und deren interne Phase aus einem Lack gebildet ist, welcher seinerseits aus einem plastifizierten, filmbildenden Harnstoffformaldehydharz und einem mit Pigment durchsetzten Lösungsmittel zusammengesetzt ist.

Nachstehend ein Beispiel (Bindemittel in Form von Lack-in-Wasser-Emulsionen):

```
 200 g  Harnstoff-Formaldehydharz-Lack (50% Lack, 30% Butanol, 20% Xylol)
 100 g  Farbstoff
 100 g  bleiches, geblasenes Sojabohnenöl, das als Plastifizierungsmittel dient
 300 g  Toluol
 300 g  Butanol
─────────
1000 g
```

Das Harnstofformaldehydharz wird wie folgt dargestellt:

1842 g 40%ige Formaldehydlösung.

168 g 85%ige Phosphorsäure werden in einem geschlossenen, mit einem Rührwerk und einem Kondensator ausgerüstetem Gefäss auf 60° C erhitzt.

492 g Harnstoff werden in 8 gleichen Portionen in Zeitabständen von 5 Minuten hinzugefügt, während die Temperatur bei 60° C gehalten wird. Die Temperatur wird dann auf 85° C erhöht und während 2 Stunden gehalten.

1000 g Butanol werden dann hinzugefügt, und die Masse wird wieder 2 Stunden auf 95° C am Rückflusskühler erhitzt.

Dann werden Wasser und Butanol über ca. 8 Stunden abdestilliert. Die Lösung wird mit Xylol auf 50% geregelt, um einen Lack mit 50% Harz, 30% Butanol und 20% Xylol zu erzielen.

Durch Mischen der erwähnten Bestandteile und Emulgieren der Mischung mit destilliertem Wasser und Duponol ME von Du Pont de Nemours, ein Hilfsmittel, welches einem Fettalkoholsulfat entspricht, erhält man eine Emulsion, die auf ein vorher angefeuchtetes Gewebe aufgedruckt wird, welches dann bei einer Temperatur von 150° C getrocknet wird, um das Harz unlöslich zu machen.

Ein weiterer Fortschritt auf diesem Weg ist im *amer. P. 2.338.252* (Interchemical Corporation-Marberg-Abrams) zu sehen. Hier wird die wässerige Phase aus Polyvinylalkohol (10%) Pigment (Monastralgrün) und einer flüchtigen Stickstoffbase (Ammoniak, Morpholin, Pyridin) zusammengestellt. Der Polyvinylalkohol·ist ein wichtiges Merkmal des Verfahrens. Eine Mischung von öllöslichen Harzen und Pine-oil in Solvesso wird in der wässerigen Lösung emulgiert, und nach dem Aufdruck werden die enthaltenen Harze durch Erhitzen auf 150° C unlöslich gemacht. *Amer. P. 2.356.794* (Am. Cyanamid-Peiker), 1944 schlägt ebenfalls Öl-in-Wasser-Emulsionen vor, die in der Ölphase bestimmte Gemische von Alkyd-, Harnstoff-Formaldehydharzen und Ätherzellulosen enthalten. Auch wäre als eine der neuesten Erfindungen auf diesem Gebiete das *schweiz. P. 238.988* der Ciba vom 3. Dezember 1945 zu erwähnen: hier werden Melamin-Aldehydharze durch alkoholische Lösungen von Ölen modifiziert und als Wasser-in-Öl-Emulsionen vorerst durch Erhitzen und Vakuumkonzentration polymerisiert. Nach Zusatz von Pigmenten erhält man öllösliche Konzentrate, die wahrscheinlich nach Verteilung in Wasser zum Pigmentdruck dienen. Es ist allerdings auch hier die Möglichkeit gegeben, dass Wasser in die Lackphase so lange eingearbeitet wird, bis eine druckfähige Wasser-in-Öl-Emulsion entsteht; die Grenzen sind nicht leicht zu ziehen.

Laut dem *amer. P. 2.322.837* (eing. am 14. August 1940, ert. am 29. Juni 1943) von Du Pont verwendet man Lack-Emulsionen vom Typ Wasser-in-Öl oder Öl-in-Wasser, die als filmbildenden Hauptbestandteil das Mischpolymerisat eines trocknenden Öles mit gewissen Vinylderivaten wie Vinylazetat und Estern der Methakrylsäure enthalten.

Beispiel:

5 Teile eines wässerigen Kupferphtalocyanin enthaltenden Breis werden mittels eines raschlaufenden Rührers in einer Mischung von 150 Teilen Xylol mit 50 Teilen der Lösung des Mischpolymerisates, aus Äthylmethakrylat und chinesischem Holzöl verteilt. Dann stellt man eine Öl-in-Wasser-Emulsion her, indem man 51,5 Teile dieser Dispersion und 8,5 Teile Oktylalkohol mit 140 Teilen Wasser, das zusätzlich 0,25 g Natriumlaurylsulfat enthält, emulgiert. Man druckt diese Emulsion auf Baumwollgewebe und trocknet bei 100° C. Man erhält einen hellbraunen reib- und waschechten Druck.

Nach dem *amer. P. 2.259.225*[1]) der American Cyanamid Company (eing. am 8. September 1940, ert. am 14. Oktober 1944) wird der Farbstoff nicht in dem aufzudruckenden Lack dispergiert, sondern mit einer Lösung von in Wasser löslichen Alkydharzen aus Polyglykol mit Maleaten, Itaconaten usw. emulgiert. Diese Dispersion gibt scharfstehende Drucke mit weichem Griff an den bedruckten Stellen. Durch eine nachträgliche Hitzebehandlung erhält man Drucke von erhöhter Waschechtheit. Diese widerstehen auch einer Appretur auf Basis von Azetatzelluloselösungen.

Beispiel:

3,5   T. 6,6'-Dichloro-4,4'-Dimethyl-bis-Thionaphtalenindigo
20   T. Harz aus Hexaäthylenglykolmaleat
        Nach gleichmässiger Verteilung fügt man
20—80 T. Wasser unter Rühren hinzu.

Man druckt diese wässerige Pigmentlösung auf, härtet während 2 Stunden bei 120° C und erhält seifenechte Rotdrucke.

Die I. G. Farbenindustrie hat in einer ganzen Reihe von äusserst interessanten Arbeiten im Gebiet des Pigmentdruckes versucht, wässerige Dispersionen mit wässeriger äusserer Phase in Anwendung zu bringen, um so die Nachteile, welche den Wasser-in-Lack-Emulsionen anhaften, zu umgehen.

Als eines der ersten Ergebnisse dieser Arbeiten erschien das schon weiter oben erwähnte Mattweiss W.

Auf dieser Basis wurden im Jahre 1939 von der I. G. Farbenindustrie die W. A. L.-Produkte auf den Markt gebracht, welche folgendermassen zusammengesetzt sind:

15% Alkydal T extra in 75% Xylol { 31 T. Phtalsäure
                                      19 T. Glyzerin
                                      50 T. Leinöl
                                     —————————
                                      100 Teile

[1]) Teintex 1941, Märzheft, Jahrg. 12, s. 93.

20% Xylol
 5% Plastopal CB (50% Festharz aus 11% Alkydal und 89% Harnstoffharz)
 5% Plastopal MB (50% Lösungsmittelgemisch aus 10—11% Toluol und 90—89%
     Butanol)
 2% Ammoniak 25%
 5% Vinarol H X 10% (hochpolymerisierter Polyvinylalkohol)
48% Wasser
——————
100%

Die in Betracht kommenden Farbstoffe sind:

> Hansagelb GC Plv.
> Permanentorange G
> Heliogenblau Plv.
> Indanthrenblau GSL Plv.

Die I. G. Farbenindustrie erhielt ebenfalls sehr interessante Resultate mit der **Emulsion LJ 450** als Bindemittel, welcher man Pigmente, Indanthrenfarbstoffe usw. zusetzt.

Die Emulsion LJ 450 hat folgende Zusammensetzung:

> 66% Akrylsäureester
> 12% Styrol
> 20% Vinylisobutylester
> 2% freie Akrylsäure
> ——————
> 100%

Die Druckfarbe ist folgende:

> 400 g Emulsion LJ 450
> 250 g Colloresin DK 40/000
> 10 g Setamol WS
> 100 g Peregal O 1:1
> 50 g Trikresylphosphat C II J
>   mit Farbstoff und Wasser auf
> ——————
> 1000 g eingestellt.

In einem der letzten Patente der I. G. Farbenindustrie, das *D.R.P. 749.390* (11. 1. 1945), ist eine Methode, Pigment im Textildruck zu fixieren, beschrieben.

Das Verfahren beruht auf der Anwendung eines Kondensates von Polyvinylalkohol mit Aldehyd. Als Katalysator dient Salzsäure, und ein Kondensat aus β-Naphtalinsulfosäure + Formol (also **Setamol WS**) wird mitverarbeitet, wodurch eine bessere Dispergierfähigkeit erzielt wird.

Patentgemäss besteht der Vorteil dieses Verfahrens darin, dass die Fixierung schon durch einfaches Trocknen in der Mansarde stattfindet, so dass eine nachträgliche Behandlung der bedruckten Ware nicht mehr nötig ist.

Die gleiche Patentschrift gibt einige Angaben über einige ältere Verfahren, die auf der Verwendung von gewissen Polymeren Substanzen beruhen. Das *amer. P. 1.979.679* der I. G. Farbenindustrie beschreibt Verdickungsmittel auf Basis von amorphen wasserlöslichen Polymeren der Akrylsäure. Die Paste, welche nur 5—7% Festsubstanz (Verdickungsmittel) enthält, soll sich besonders gut zum Drukken von Pigmenten eignen. Nach *brit. P. 426.805* der I. G. Farbenindustrie fixiert man Metallpulver mittels alkohollöslicher Polyvinylderivate. Der Druck erfolgt hier auf einer Reliefmaschine. Diese beiden Patente erwähnen jedoch nicht die Verwendung von Polyvinyl-Formaldehyd-Kondensationsprodukten.

Ein spezieller Fall in dieser Kategorie ist derjenige der Benützung der Öl-in-Wasser-Emulsion zum Färben. Das Problem liegt, wie im *amer. P. 2.342.641* (Interchemical Corporation-Cassel), 1944, besonders hervorgehoben wird, darin, dass die Konzentration an Pigment und Bindemittel besonders sorgfältig eingestellt werden muss, soll die Ware nicht zu steif werden. Der Zusatz von Harzen mit hoher Fixierungstemperatur zur Emulsion soll tunlichst vermieden werden. Eine solche Färbeemulsion ist beispielsweise wie folgt zusammengesetzt:

5 T. Lampenschwarz
10 T. Aldehydharzlösung in Xylol
10 T. Xylol

Hierzu kommen noch Öl und öllösliche Harze im Gesamtquantum von 50% und mehr der Gesamtemulsion. Die wässerige Phase ist zum Beispiel 46% Wasser mit nur wenig Emulgator (Laurylsulfat) und kolloidalem Ton (Bentonit). Einen weiteren Beitrag zu derartigen Verfahren liefert *amer. P. 2.345.879*, 1944 (Hercules Powder Co.) mit einer Öl-in-Wasser-Dispersion, in der der wasserunlösliche Teil aus einer organischen Äthylzelluloselösung und einem wasserunlöslichen Pigment besteht.

Diesen verschiedenen Druckmethoden reiht sich das von der Ciba ausgearbeitete Verfahren an, welches auf der Verwendung der sogenannten Oremafarben beruht.

Oremafarbstoffe der Ciba[1])

Diese neue, für den Druck und für das Färben bestimmte Farbstoffklasse, die dem Typus Öl-in-Wasser angehört, beruht auf der Verwendung von synthetischen Harzen, wahrscheinlich von Melamin-Formaldehydharzen. Diese Farben sind sehr fein dispergiert und enthalten sehr echte Pigmente.

Die Fixierung erfolgt mittels des Oremafixierers, eine gelblich grüne Flüssigkeit, die mit Wasser verdünnbar ist und leicht sauer reagiert.

---

[1]) *Schweiz. P. 213.035,* 1939 *und 238.988; franz. P. 865.752; brit. P. 524.803, 544.157, D.R.P. 748.833; amer. P. 2.361.277.*

Dr. Krähenbühl, Oremafarben, Mell. 1943, S. 315.

Die mit dem Oremafixierer erzielten Pigmentdrucke sind durch eine bemerkenswerte Echtheit ausgezeichnet.

In den Oremafarben ist die bei den früher beschriebenen Pigmentdruckfarben, den Pasten die Konsistenz erteilende Bindemittellösung auf Basis von Äther- oder Esterzellulosen ersetzt durch eine Wasser-in-Öl-Emulsion, die für sich allein eine salbenartige Konsistenz aufweist.

Die Oremafarben sind mit Wasser in jedem Verhältnis mischbar, und man kann sogar Klotzlösungen herstellen, die bis 80 % Wasser enthalten.

Die Fixierung erfolgt schon teilweise bei Zimmertemperatur beim Lagern der bedruckten Ware. Um jedoch eine rasche Fixierung zu erhalten, wird die Ware vorteilhaft bei höherer Temperatur behandelt, indem man sie über Trockentrommeln, Spannrahmen oder durch einen speziellen Apparat, so wie er beim Knitterfestmachen verwendet wird, nimmt.

Um eine vollständige Fixierung zu bewerkstelligen, ist es unumgänglich notwendig, die Ware während einer kurzen Zeitspanne bei 120—160° C zu behandeln.

Ein grosser technischer Vorteil der Oremafarben besteht darin, dass die bedruckte Ware zum Fertigmachen keinerlei Nassbehandlung benötigt. In diesem Fall bleibt selbstverständlich das Verdickungsmittel auf dem Gewebe. Um nun einen harten Griff der Ware zu verhüten, verwendet man ein spezielles Verdickungsmittel in Form von einer stabilen Öl-in-Wasser-Emulsion, externen, wässerigen Phase, welches sich im Handel unter dem Namen Oremaverdickung befindet und die ganz neue und spezielle Eigenschaft besitzt, sich beim Trocknen fast ganz zu verflüchtigen und bei der Heissbehandlung spurlos zu verschwinden.

Der an den bedruckten Stellen entstandene harte Griff wird durch nachträgliche Polymerisation gänzlich aufgehoben.

Die Oremafarben bestehen aus:

  dem Oremafarbstoff
  dem Oremafixierer und
  dem Oremaverdickungsmittel[1])

Rezept für Maschinen- und Filmdruck.

5—150 g Oremafarbstoff-Teig werden in kleinen Portionen und unter ständigem Umrühren
500 g Oremafixierer zugegeben. Diese Mischung wird in
495—350 g Oremaverdickungsmittel gegossen.

---

[1]) Oremafixierer entspricht einer Mischung von Melamin-Formaldehyd-Vorkondensat und Alkalikaseinatlösung. Oremaverdickungsmittel ist eine 70%ige Emulsion von Chlorbenzol.

Das Ausgangsverfahren[1]), das zur Verwirklichung der Orema-farben führte, ist in der Patentanmeldung, G. 94.263 IV d/8 m. 30. Februar 1936, ausgeg. den 25. Februar 1943, beschrieben. Nach diesem Verfahren werden zur Fixierung der Farbstoffe Kondensa-tionsprodukte aus Aldehyden und Aminotriazinen, insbesondere 2,4,6-Triamino-1,3,5-Triazin (Melamin), und Melam (Imid des Melamins) verwendet.

Die Kondensationsverbindungen der Aminotriazine haben die Eigenschaft, lösliche Farbstoffe oder Farbstoffverbindungen auf dem Färbegut zu fixieren.

Eine wasserlösliche Formaldehydkondensationsverbindung des 2,4,6-Triamins-1,3,5-Triazins wird wie folgt hergestellt:

  630 T. 2,4,6-Triamino-1,3,5-Triazin werden mit
1700 T. neutraler Formaldehydlösung 32% unter Umrühren auf dem kochenden Wasser-
        bade gelöst

Sobald völlige Lösung eingetreten ist, lässt man die Lösung ab-kühlen und stehen (Lösung 2).

Nach 1—2 Tagen ist das Ganze fest geworden. Die weissliche Masse wird in kleine Stücke zerkleinert. Dieses Pulver (Pulver B), das die Methylolverbindung des verwendeten Triazins darstellt, löst sich in lauwarmem Wasser klar auf.

Die Druckpaste wird folgendermassen hergestellt:

  150 g Pulver B werden in
  150 g warmem Wasser gelöst, abgekühlt; dann werden
  300 g Tragantverdickung 6%
  250 g Wasser
   30 g Ammoniaklösung 25% hinzugefügt

Ferner löst man

   20 g Farbstoff (Orange R) in
   50 g Alkohol warm auf.

und die Lösung wird in die obige Mischung unter Rühren eingetragen. An Stelle des in Alkohol gelösten Farbstoffs können auch 100—150 g eines Pigmentfarbstoffs angewendet werden.

Die Paste wird wie üblich aufgedruckt, dann 5 Minuten im Schnelldämpfer gedämpft, gewaschen und geseift.

Das *franz. P. 865.752* der Ciba empfiehlt als wässerige Phase eine formaldehydhaltige Lösung eines Alkalikaseinats, und als ölige Phase eine organische mit Wasser nicht vermischbare Flüssigkeit, deren Kochpunkt über 100° C liegt.

Beispiel:

    3 T. Titandioxyd gibt man
   20 T. einer 20%igen Lösung von Kasein und Borax sowie
    1 T. Harnstoff zu.

---

[1]) Dieses Verfahren gehört zu den Pigmentdruckmethoden, welche auf den S. 42/44 beschrieben sind.

Zu dieser Mischung gibt man portionsweise

45 T. Xylol zu, das sich durch ständiges Umrühren langsam emulgiert, worauf das Ganze mit
14 T. Wasser verdünnt wird. Zuletzt gibt man noch
14 T. 26%ige Formaldehydlösung zu.

Man erhält auf diese Weise eine flüssige Paste. Das mit dieser Paste bedruckte Gewebe wird während 3 Minuten bei 60° C getrocknet und dann über Trockentrommeln genommen, so dass die Ware 5 Sekunden lang auf 150° C gehalten bleibt.

Laut *franz. P. 930.402* (niedergelegt am 9. Juli 1946, erteilt am 4. August 1947, veröffentlicht am 26. Januar 1948) der Ciba bedruckt man Textilien mit Emulsionen, deren wässerige Phase aus einer formaldehydhaltigen Alkalikaseinatlösung besteht, und deren Ölphase eine mit Wasser nicht mischbare, indifferente und bei mittlerer Temperatur siedende Flüssigkeit ist. Diesen Emulsionen kann man noch vorteilhaft andere mit Formaldehyd härtbaren Substanzen und Farbstoffe zusetzen. Nach dem Drucken und Trocknen behandelt man die Ware mit einer wässerigen Lösung, welche Formaldehyd, eine Metallbeize (Kalialaun) und eventuell noch eine Säure (Essigsäure) enthält. Zum Schluss wird getrocknet.

Im *D.R.P. 745.220* (eingegangen am 21. Juli 1940, ausgegeben am 1. März 1944) wird ein Verfahren[1]) beschrieben, nach welchem wasserlösliche Farbstoffe in einer Druckpaste, welche mindestens 180 g Harnstoff/kg enthält, verwendet werden. Die Fixierung erfolgt durch Dämpfen in formaldehydhaltigem Dampf.

Es ist dabei erforderlich, in Gegenwart von Säuren oder eines sauren bzw. beim Dämpfen Säure abspaltenden Katalysator, z. B. Ameisensäure, Milchsäure, Ammoniumsulfocyanid, Ammoniumphosphat, zu arbeiten.

Als Farbstoffe kommen sowohl direktziehende Farbstoffe als auch saure Woll- und basische Farbstoffe in Betracht.

Beispiel:

30 g saurer Wollfarbstoff
260 g Wasser
10 g Milchsäure
200 g Harnstoff
500 g 2½%ige Johannisbrotkernmehlverdickung
─────
1000 g

Bedruckt, getrocknet und 2mal 7 Minuten durch einen Schnelldämpfer hindurchgeführt, in welchen Formaldehydlösung mittels einer Dampfzerstäuberdüse eingespritzt wird. Hiernach wird gespült und geseift.

─────────

[1]) Dieses Verfahren gehört zu den Pigmentdruckmethoden, siehe Kap. XII, S. 34 u. ff.

Eine interessante Idee verfolgt das *schweiz. P. 224.615* (beantragt am 23. Dezember 1939, eingetragen am 15. Dezember 1942), welches als Fixierungsmittel Produkte erwähnt, die durch Reaktion von Polyalkoholen mit höheren, gesättigten oder ungesättigten einbasischen Karbonsäuren erhalten werden. Hierfür können auch Kondensationsprodukte von Triaminen mit Formol verwendet werden. Das Patent erwähnt als Polyalkohol das Glyzerin und als Karbonsäure die Ölsäure, die Abietinsäure sowie die Säuren, die aus Leinöl, aus Sojabohnenöl oder aus chinesischem Holzöl usw. gewonnen werden. Die Reaktionsprodukte sind im *franz. P. 786.065* beschrieben.

Das *schweiz. P. 224.615* bezieht sich auf ein Herstellungsverfahren von Druckfarben vom Typus Öl-in-Wasser, die in obigem Patent beschriebenen Ester oder Äther enthalten.

Folgendes Beispiel wird im Patent angeführt:

     880 T. chinesisches Holzöl
     300 T. Glyzerin
       2 T. Natronlauge auf 300^0 C erhitzen und dann mit
     300 T. Phtalsäureanhydrid bei 200^0 C verestert.

Man lässt hierauf 500 Teile Hexamethylentetramin und 1500 Butanol solange auf das Gemisch reagieren, bis man ein Harz mit 86% Trockensubstanz erhält.

Man löst

     25   T. dieses Harzes in
     14,7 T. Xylol und
      9,7 T. Benzin auf.

Mit dieser Lösung werden:

     5 T. Cibarot R angerührt und die erhaltene Paste mit
   43 T. Wasser emulgiert. Man setzt noch
     2 T. Sikkativgemisch (auf der Basis Kobalt-Blei)
     5 T. Phtalsäureisobutylester (Weichmacher) zu.

Das Gewebe wird mit dieser Emulsion bedruckt, dann bei 60^0 C getrocknet, während ½ Minute in einem speziellen Apparat bei 150^0 C erhitzt, und schliesslich gewaschen und geseift.

Eine andere Methode, um fein verteilte Pigmente zu erhalten, besteht nach *amer. P. 2.377.709* (du Pont) darin, die Pigmente mit dem Trinatriumsalz der Ligninsulfosäure anzuteigen. Die Paste lässt sich in Stärkeverdickung fein verrühren (modifizierte Shopal-Stärke).

Durand-Huguenin S. A. beschreibt im *franz. P. 833.295* (eingetragen am 20. November 1941, veröffentlicht am 29. Juni 1943) ein Druckverfahren mit Indigosolen, nach welchem die Ester der Leukoküpenfarbstoffe in geeigneten organischen Lösungsmitteln oder in einem Gemisch mit Wasser mischbarer Lösungsmittel, eventuell unter Zusatz von Wasser, gelöst werden. In diesem Gemisch dispergiert man die organische Lösung eines Zellulosederivates und gibt ein Oxydationsmittel (Bichromat und Natriumnitrit), sowie eine Säure zu. Es bildet sich auf diese Weise in der Druckfarbe selbst das feinverteilte Pigment des aus dem Leukoester zurückverwandelten Küpenfarbstoffs.

Nachstehend ein Beispiel, das dieses Verfahren illustriert:

Man löst ein Gemisch von:

12 T. eines Indigosolfarbstoffes
12 T. ω, ω'-Dioxydiäthylensulfid
12 T. heisses Wasser
30 T. Monoäthylglykol

Diese Lösung wird durch ein Sieb in ein Gemisch folgender Zusammensetzung eingegossen:

150 T. Nitrozelluloselack 15—20% (hergestellt durch Auflösen von Kollodiumwolle in Butylazetat, Äthyllaktat und Butylalkohol)
 12 T. Harnstoff
 10 T. Butylalkohol
     Man setzt alsdann, unter ständigem Rühren
  3 T. Natriumnitrit, in 6 T. Wasser gelöst, hinzu,
     worauf die entstehende und immer in Bewegung gehaltene Lösung mit
 12 T. Oxalsäure krist. gelöst in
 36 T. einer Mischung von 1 T. Monoäthylglykol und
             1 T. Dioxan
versetzt wird.

Schliesslich wird die Paste unter ständigem Rühren während 4—5 Stunden bei einer Temperatur von 30° C gehalten und dann mit Butylalkohol auf 300 Teile eingestellt.

Die Ware wird mit dieser Paste bedruckt und wie üblich getrocknet. Man erhält hierbei wasch- und reibechte Drucke.

Das *franz. P. 866.085* beschreibt ein Verfahren zur Herstellung von Druckpasten, welche folgende Besonderheiten aufweisen:

Man stellt eine Emulsion vom Typus Wasser-in-Öl her, indem man in einem flüchtigen, nicht wässerigen Mittel eine wässerige Lösung einer Zubereitung emulgiert, die durch nachträgliche Behandlung einen Farbstoff ergibt.

Die ölige Phase ist eine Lösung eines Zelluloseäthers (beispielsweise Äthylzellulose), in einem flüchtigen, wasserunlöslichen Lösungsmittel.

Der wässerige Teil besteht aus einer wässerigen Indigosolfarbstofflösung, welche ausserdem noch die üblichen Ingredienzen zur Entwicklung des Farbstoffes enthält.

Das *amer. P. 2.275.991* von Röhm und Haas (eingegangen am 28. Mai 1938, ausgegeben am 10. März 1942) bezieht sich auf die Herstellung, ohne organische Lösungsmittel, von Druckpasten auf Basis verschiedenster Farbstoffe. Die Druckpasten bestehen aus einer viskosen wässerigen Lösung von ca. 1,5—5% eines wasserlöslichen Verdickungsmittels (Methylzellulose, Äthylzellulose, Natriumpolyakrylat, Natriumalginat usw.), in welcher man 1—10% eines wasserunlöslichen, fein verteilten Farbstoffs und ungefähr 2,5—15% eines wasserunlöslichen, lackbildenden Harzes dispergiert. Als Harze kommen sowohl Harnstoff-Formaldehydkunstharze, Zelluloseäther oder -ester als auch polymerisierte Akrylate und Methakrylate in Betracht.

Ch. Bener beschreibt im *franz. P. 883.987* (niedergelegt 7. August 1940, erteilt 5. April 1943, veröffentlicht 28. Juli 1943, schweiz. Prior. 7. August 1939) ein Druckverfahren für Textilien, nach welchem man das Gewebe mit einer Druckpaste bedruckt, die einen organischen Farbstoff (Direktfarbstoff, Küpenfarbstoff usw.) und eine unlösliche Trägersubstanz, wie beispielsweise Nitrozellulose, enthält. Man behandelt nachträglich mit einer geeigneten Lösung, welche das Eindringen des Binders erleichtert. Die Fixierung erfolgt durch Dämpfen.

Beispiel: Auf ein Gewebe, welches mit substantiven Farbstoffen unter Zuhilfenahme einer Trägersubstanz (Nitrozellulose, Azetatzellulose, Kunstharze usw.) gefärbt wurde, appliziert man eine Lösung folgender Zusammensetzung: 90 g Glaubersalz, 40 g Kaliumkarbonat, 15 g Glyzerin, 50 g Triäthanolamin, 20 g Peregal, 1000 g Wasser. Die Ware wird auf 80—100% des Wassergewichtes ausgequetscht, leicht angetrocknet und während 15 Minuten im Kontinuedämpfer gedämpft. Durch diese Behandlung wird der Farbstoff, welcher mit der wasserunlöslichen Trägersubstanz appliziert wurde, fest auf die Faser fixiert.

Nach dem im *brit. P. 567.493* (Olpin, Gibson & Mc. Knight)[1] beschriebenen Pigmentdruckverfahren verwendet man eine Druckpaste, bestehend aus dem Pigment, einem Aminotriazin-Formaldehydkondensationsprodukt und einer als Kondensationskatalysator wirkenden organischen Säure (Weinsäure). Man erhitzt die bedruckte Ware, um die Kondensation zu vervollständigen.

Ein Pigmentdruckverfahren auf der Basis von unlöslich gemachter Stärke wird von Stein, Hall & Cie. im *amer. P. 2.401.755*[1] beschrieben.

Die Druckmethode ist auf der Tatsache basiert, dass Stärke oder andere stärkehaltige Stoffe durch Antimonsalze unlöslich gemacht werden und ermöglicht die Unterdrückung des Dämpfprozesses oder anderer Entwicklungsoperationen mit Ausnahme des normalen Trocknungsprozesses (100—170° C). Unter den Antimonsalzen, die zur Fixation der Stärke gebraucht werden, eignen sich am besten die

---

[1] Die in den *brit. P. 567.493* (Olpin) und *amer. P. 2.401.755* und *2.413.320*, angegebene Verfahren gehören zu den Methoden, die im ersten Teil dieses Kapitels erwähnt werden (S. 42—44). Es handelt sich um Pigmentdruck mittels verschiedener Fixierungsmittel (Melamin-Formol-Kondensate) in wässerigem Medium.

Kaliumpyroantimoniate, sei es das saure oder das neutrale Salz. Das Handelsprodukt ist zum grössten Teil ein saures Salz ($K_2H_2Sb_2O_7$). Das Verhältnis dieser Komponenten in der Verdickung ist beispielsweise folgendes:

170,1 T. Stärke (vorbehandelt)
5,1 T. Kaliumpyroantimoniat
3,882 T. Wasser

Das Gewicht des Salzes, das in der Pigmentpaste enthalten ist, kann bis auf ca. 13 % des Pigmentfarbstoffes ansteigen. Das bedruckte Gewebe braucht nach dem Trocknen nicht gewaschen zu werden, und die fixierte Druckfarbe kann gleichzeitig als permanente Appretur dienen.

Weitere Einzelheiten über dieses Verfahren sind im *amer. P. 2.413.320* (eingetragen am 14. Mai 1942, ausgegeben am 31. Dezember 1946) (Amer. Dyest. Rep. 1947, 36, S. 367) von Stein, Hall & Cie. zu finden[1]).

Die gewöhnliche Anwendung von Stärke als Verdickungsmittel basiert auf ihrer leichten Quellbarkeit in Wasser, auf die Bildung eines Gels beim Erhitzen der wässerigen Suspension und auf ihrer relativ leichten Auswaschbarkeit am Schluss des Druckprozesses. Bei der vorliegenden Erfindung wird die Stärke in einem anderen Sinne verwendet. Die Stärke ist hier ein Bestandteil von Emulsionen für Pigmentdrucke. Zwei Emulsionsarten sind nach diesem Verfahren möglich. Bei dem einen Emulsionstyp ist der Binder (stärkehaltige Verbindungen) in der wässerigen Phase enthalten, zusammen mit einem Mittel, das Stärke beim Erhitzen unlöslich macht, wie z. B. Kaliumpyroantimoniat, während das Pigment in der Lackphase verteilt ist. Der andere Typ enthält den Binder in der wässerigen Phase wie oben; aber ein anderer öllöslicher Binder wird der Lackphase zugefügt z. B. ein wasserunlöslicher Zelluloseäther oder ein öllösliches Harz).

Das *amer. P. 2.377.709*, 1945 (Du Pont) empfiehlt eine Methode[2]) zum Dispergieren von Pigmenten in Stärkeverdickern mit Hilfe von Trinatriumsalzen von Ligninsulfosäure. Stärke wird angewandt in einer modifizierten Form. Eine spezielle Modifikation, Shopalstärke genannt, hergestellt von Stein, Hall & Cie., wird in diesem Patent empfohlen[3]).

Die Deutsche Hydrierwerke AG. beschreiben im *franz. P. 903.972* (niedergelegt am 4. Mai 1944, erteilt am 12. Februar 1945, veröffentlicht am 23. Oktober 1945, deutsche Priorität am 17. August 1939) ein Pigmentdruckverfahren[1]) auf Viskosekunstseide, nach wel-

---

[1]) Text.-Rundschau 1948, S. 142.
[2]) Siehe Fussnote 1, S. 106.
[3]) Amer. Dyest. Rep. 1943, S. 96.

chem man Druckpasten, auf Basis von salzartigen Gruppen enthaltenden Kunstharzen, aufdruckt, und das bedruckte Gewebe nachträglich einem Dämpfen, Fixieren und Seifen unterwirft.

So, zum Beispiel, teigt man Zinksulfid mit einer wässerigen Lösung von Natriumfettalkoholsulfat an. Diese Paste lässt man auf eine wässerige Lösung des Chlormethylats des Dimethylaminododezylazetat einwirken, worauf man die entstehende Flüssigkeit in eine heisse Lösung eines Harzes, auf Basis von Diacyandiamid, Guanylharnstoffchlorid und Formaldehyd eingiesst. Dann setzt man Tetrahydrofurfuralkohol oder Äthylenglykol zu. Die mit dieser Paste bedruckte Ware wird unter Druck gedämpft, mit einer verdünnten Lösung von Natriumsulfat und Soda fixiert und schliesslich geseift.

Zu erwähnen wäre noch das *franz. P. 917.719* von Kormann, nach welchem die für das Drucken von Geweben in Frage kommenden Lacke hergestellt werden, indem man als Ausgangsprodukte Polyvinylazetate verwendet, die 5—20% der freien Hydroxylgruppen enthalten.

Diese Produkte sind in den üblichen Lösungsmitteln für Lacke unlöslich, sie werden mit Mischungen von organischen Lösungsmitteln behandelt, welchen man Wasser zusetzen kann.

Diese Mischungen enthalten mehrere aliphatische und aromatische Lösungsmittel (ohne OH-Gruppen), wie z. B. Benzol, Toluol, Chloroform oder Äthylazetat und ein oder mehrere hydroxylierte Lösungsmittel, z. B. Äthylalkohol oder Methylalkohol.

Orbisverfahren oder Tschekonin's sches Druckverfahren.

Drucken eines mehrfarbigen Musters mit einer einzigen Druckwalze:

Es sei hier noch kurz eine eigenartige Arbeitsmethode erwähnt, die zuerst nach dem Erfinder Tschekonin unter dem Namen Tschekonin's sches Verfahren bezeichnet, später aber als Orbisverfahren bekannt wurde.

Gemäss den *D.R.P. 614.786* und *amer. P. 1.999.150* besteht das Verfahren im Prinzip darin, dass das zu erzeugende Druckbild in Form einer einzigen aus zahlreichen mosaikartig zusammengefügten Farbträgern bestehenden Walze aufgebracht wird.

Die befeuchtete Ware passiert diesen Farbkörper und erhält den Abdruck des Musters in kontinuierlichem Gange so lange, bis der Farbkörper aufgebraucht ist.

Eine verbesserte Druckvorrichtung, die diesem Verfahren ganz ähnlich ist, wird im *D.R.P. 658.437* (S. A. Prisma-Sar) beschrieben. Es handelt sich ebenfalls um Abdrucken auf vorbefeuchteter Ware von festen Farbmassen, welche mosaikartig gelagert eine Clichéwalze bilden. Die so hergestellten Drucke zeichnen sich durch ihre Reinheit und hohen Brillanz aus. Da jedoch der Walzenumfang durch Farbabgabe nach und nach abnimmt, ändert sich ebenfalls allmählich das Aussehen des gedruckten Musters. Dieser Übelstand wird nun laut *D.R.P. 655.524* (Seidenstoffappretur Holding) dadurch aufgehoben, dass die Umdrehung der Walze durch die Stoffbahn selbst mittels besonderer Vorrichtung bewirkt wird. Der auf die Walze ausgeübte Druck wird dabei durch 2 endlose Mitläufer geregelt, um die Deformierung der Walze während des Druckens möglichst auszuschalten.

Offsetdruck.

In Europa kommt die Bearbeitung dieses Themas im sogenannten Spectraldruckverfahren der Spectraldruck GmbH., Sankt Gallen (Schweiz), zum Ausdruck. Dieses Verfahren erlaubt es, mit wasserfreien Druckfarben und ohne Anwendung einer Rackel zu arbeiten. Es bietet neben anderen Vorteilen auch diejenigen der Anwendung von unbeschränkten Überfall-Farbennuancen und erlaubt zugleich, durch die besondere Art der Druckweise feinste Schattierungen aller Grade zu erhalten.

Durch Druckmethoden erzeugte Oberflächeneffekte, (Gaufrier-, Präge- und Kalander-Effekte).

Gaufrieren, Prägen, Lüstrieren usw. von Geweben sind seit langer Zeit ausgeübte Veredlungsarten von Textilien, insbesondere auf Samt, Plüsch, Möbel- und Dekorationsstoffen, Bandartikeln, Buchbinderleinen usw. Diese Ausrüstung hat aber den Nachteil eines vollständigen Mangels an jeglicher Echtheit und Beständigkeit Feuchtigkeitseinflüssen gegenüber, so dass die erzielten Effekte vollständig beim Waschen verschwinden.

Im Laufe der letzten Jahre ist es durch Spezialverfahren gelungen, nicht nur Formgebungseffekte auf Textilien zu erhalten, die gegen die Einwirkung von Feuchtigkeit beständig sind, sondern auch solche, die waschbeständig sind und sogar ein angepasstes Bügeln aushalten.

Auf rein mechanischer Grundlage beruht das Verfahren der sog. „Rohkrepp-Prägung", bei welchem man Rohkreppgewebe aus regenerierter Zellulose einer heissen Formgebungsbehandlung unterwirft, worauf dann beim nachherigen Ausrüsten der Ware diese Formgebung wasch- und sogar färbecht erhalten bleibt, z. B. sog. Flamisol-Krepp.

Ebenfalls auf physikalischem Vorgange beruht die permanente Gaufrierung bzw. Formgebung auf Azetatseidengeweben. Da die Azetatseide in der Hitze plastisch wird, genügt es, die Azetatseidenfaser örtlich bis zur Plastifizierungstemperatur zu erwärmen, um den Kalandereffekt waschecht zu fixieren.

Für Gewebe aus Baumwolle oder aus Kunstseide (ausser Azetatseide) musste man Spezialverfahren chemischer Natur anwenden, die Gegenstand folgender Patente sind:

Raduner & Co. AG., — Ch. Bener in Horn (Schweiz) haben ein Verfahren zur waschechten Formgebung verwirklicht, das in folgenden Patenten (Prior. Oktober 1933) niedergelegt ist:

D.R.P. 641.040; öst. P. 146.476; franz. P. 779.607; brit. P. 445.774; amer. P. 2.121.005; amer. P. 2.161.223. Die Erfindung besteht im Prinzip darin, dass man das Gewebe (im gesamten oder örtlich bemustert) mit einer Lösung von härtbaren Kunstharz-Vorkondensaten oder deren Komponenten (Harnstoff + Formaldehyd) versieht, dann trocknet oder feucht einer Formgebung unterwirft und schlussendlich durch eine Hitzbehandlung die endgültige Auskondensation der Kunstharzprodukte bewirkt. Durch das so entstandene Kunstharz wird der Formgebungseffekt permanent fixiert. (Es mag hier beigefügt werden, dass das *Non-Shrink*-Verfahren der gleichen Firma und vom gleichen Erfinder auch auf diesem Prinzip beruht, indem durch Kunstharz an Stelle einer Formgebung, die Liefermasse fixiert wird, so dass dann bei der Wäsche diese Masse erhalten bleibt und kein Stoffeingang entsteht.) (Vgl. *amer. P. 2.121.006; öst. P. 148.338; franz. P. 780.050; brit. P. 445.891.*)

Ein analoges Vorgehen zur Erzielung von permanenten Prägungen, Gaufragen usw. ist im *brit. P. 437.642* und im *öst. P. 146.475* von der Calico Printers Ass. beschrieben worden.

Scheurer-Lauth & Co.-L. Diserens benutzen ebenfalls Kunstharze zur Fixierung permanenter Formgebungen, indem sie das Gewebe mit einer Lösung imprägnieren, welche die zur Kunstharzbildung notwendigen Komponenten aufweist, worauf das Gewebe abgequetscht und durch einen auf 200° C erhitzten Kalander geführt wird (*franz. P. 809.823, 1935*).

Das Verfahren der Firma Scheurer-Lauth & Co.-L. Diserens, welches Gegenstand des *franz. P. 860.698* ist, erlaubt interessante Buntprägeeffekte zu erhalten[1]).

Während nach den oben angeführten Patenten von Raduner-Bener auch gemusterte Prägungen durch örtlichen Aufdruck von Kunstharzen erzielt werden können, beschreibt die Calico Printers Ass. Ltd. im *brit. P. 452.435, 1935* und den Parallelpatenten *D.R.P. 659.826; amer. P. 2.103.587; franz. P. 800.367* ein Reserveverfahren zur Erzielung gemusterter Formgebungseffekte, indem das mit Kunstharzbildern vorimprägnierte Gewebe mit einer Reserve aus organischen Basen, wie aliphatische oder aromatische Amine, heterozyklische

---

[1]) Siehe dieses Werk, Kap. XII, S. 94 und Bd. II, Kap. XI, S. 479.

Basen (Piperidin) usw. bedruckt wird, wodurch an dieser Gewebestelle keine Kunstharzbildung und somit keine Fixierung der Formgebung eintritt. In Verbindung mit Farbstoffapplikationen lassen sich auf der Ware interessante Bunteffekte herstellen, z. B. mit Prägemuster im Relief auf glattem, andersfarbigem Grund.

Die Verwendung von Kunstharzen zur Fixierung von Formgebungen für Spezialzwecke findet sich auch in folgenden Patenten beschrieben:

Nach *brit. P. 501.442; franz. P. 824.647*, Arnold Print Works und *amer. P. 2.148.316*, Bancroft & Sons erhält man vermittels Kunstharzkomponenten + Appreturmittel permanente Chintzappreturen. Im *D.R.P. 672.654* ist die Herstellung von permanenten Musterungen auf Florgeweben durch Bürstenauftrag von Kunstharzlösungen niedergelegt.

Das *brit. P. 573.250* (Kenyon) behandelt die Herstellung dauerhafter, wasserfester Prägeeffekte auf Textilien aller Art. Zu diesem Zweck wird die Ware mit einer Wachsemulsion imprägniert, abgequetscht, getrocknet und hierauf gaufriert. In einem angegebenen Beispiel sind ca. 7 L. Wachsemulsion pro 100 Liter Flotte erwähnt.

Beständige Formgebungseffekte durch Beeteln, Prägen, Gaufrieren usw. werden nach den *brit. P. 452.149/50*, Bradford Dyers Ass. (Bowen, Majerus, Kellet) auch durch blosse Einwirkung von Aldehyden in Gegenwart von Katalysatoren auf die Faser (sog. Stenosage) erzeugt, also ohne Kunstharzbildung.

Derartige Formalisierungsverfahren haben bei der Hochveredlung von Zellwolle und Kunstseide in der letzten Zeit besondere Bedeutung gewonnen, da sie, wie z. B. das Waschtreuverfahren von Stockhausen, in der Waschechtheit ihrer Effekte den Kunstharzeinlagerungen wesentlich überlegen sein sollen.

Einen anderen Weg schlägt die Ciba in *brit. P. 467.361* ein, nach welchem die permanente Fixierung von Kalandereffekten durch Azetylierung erhalten wird. Man imprägniert das Viskosegewebe mit Kaliumazetat, kalandert nach dem Trocknen und behandelt in einer Lösung von Essigsäureanhydrid, wobei bei 90° eine oberflächliche Azetylierung entsteht, durch welche der Kalandereffekt wasserbeständig wird (vgl. auch *franz. P. 805.386; amer. P. 2.103.018* Ciba-Ruperti).

Zum Schluss sei noch ein bereits 1910 im *franz. P. 413.007* durch Eck und Söhne vorgeschlagenes Verfahren angeführt, das den Zweck hatte, durch Pressung (Cirés) erhaltene Ausrüstungseffekte vermittels einer auf dem Gewebe gebildeten, dünnen transparenten Schutzschicht wasch- und bügelecht zu machen. (Vgl. Mell. XVII, 12, S. 943 (1936) R.G.M.C., 1937, p. 299. Günther, Herstellung dauerhafter Gaufrageeffekte.)

Name	Erzeugerfirma	Zusammensetzung
Solactol Normanol Eusolvan Lactonal Äthyllaktat Actilol Estisol	I.G. Farbenindustrie Soc. Norm. de Prod. Chim. Degussa	Äthyllaktat. CH_3 — $C(H)(OH)$ — CO—OC_2H_5 Sdp. 146—155° C D. 1,030
Serikosol N	I.G. Farbenindustrie	Glykolmonoformiat CH_2OH CH_2—O—$C(=O)(H)$ Sdp. 175° C Nach anderen Angaben entspricht einem Kondensationsprodukt aus 1 Mol. Glyzerin und 1 Mol. Formaldehyd.
Débécélane A, B, C	L. Z. J.	Lösungsmittel und Plastifizierer von mittlerem und hohem Siedepunkt.
Dioxan Dioxane	I.G. Farbenindustrie C. C. C. C.	1,4-Diäthylenoxyd $O(CH_2$—$CH_2)_2 O$
Pyranton A Diazetonalkohol Diol Lösungsmittel DA	I.G. Farbenindustrie Lambiotte Degussa Wacker I.G. Farbenindustrie	Diazetonalkohol $(H_3C)_2 C(OH)$—CH_2—CO—CH_3
Enodrin Serikosol A	I.G. Farbenindustrie I.G. Farbenindustrie	Äthylenchlorhydrin auch andere Glykolderivate.
Sigmasol	Lambiotte	Äthylformiat Sdp. 52—55° C D = 0,90
Butoxyl	I.G. Farbenindustrie	Azetat des 1,3-Butylenglykol-monomethyläthers Methoxybutylazetat (CH_3O)-C_4H_8—O—CO—CH_3

Literatur-Eigenschaften	Verwendungsgebiete
Molnar, Z. f. ges. Text. Ind. 1935, Bd. 38, S. 130.	Vorzügliches Lösungsmittel für Azetat- und Nitrozellulose, löst Chlorkautschuk nicht. Speziell für Mattdruckeffekte mittels Nitro- und Azetatzellulose.
Molnar, Z. f. ges. Text. Ind. 1935, Bd. 38, S. 130. Mell. 1936, Bd. 17, S. 249. Hasse, Mell. 1937; Bd.18, S.518. Dieses Produkt wurde während der Kriegszeit wegen seines Glyzeringehaltes nicht mehr hergestellt.	Lösungsmittel für Azetatzellulose für Mattdruckeffekte, hat den Nachteil, dass es noch viel weniger Wasser aufnehmen kann als Äthylenchlorhydrin.
	Vorzügliches Lösungsmittel und Weichmacher für Nitro- und Azetatzellulose. Gibt sehr weiche Matt- und Bronzedrucke.
Farblose Flüssigkeit, in Wasser löslich. Amer. P. 1.681.861. R.G.M.C. 1927, S. 233; 1935, S. 144.	Sehr gutes Lösungsmittel für Nitrozellulose in Gegenwart von Sprit oder Äthylazetat. Löst Azetatzellulose; Weichmacher und Netzmittel für schwere Gewebe.
Wasserfreie, mit Wasser mischbare Flüssigkeit von schwachem Geruch.	Sehr gutes Lösungsmittel für Nitro- und Azetatzellulose, für Zelluloseäther, Chlorkautschuk, Harze. Als Lösungsmittel zur Herstellung von Lacken verwendet.
Das Produkt wurde wegen seiner Giftigkeit verboten und durch Serikosol N ersetzt.	Lösungsmittel für Azetat- und Nitrozellulose.
	Lösungsmittel für Nitro- und Azetatzellulose. Erlaubt grossen Zusatz von chlorierten Kohlenwasserstoffen.
Hasse, Mell. 1937, S. 518. Nowac, Deutscher Färbkalender, 1938, S. 67. Neutrale, farblose Flüssigkeit von schwachem Geruch, in Wasser nur wenig löslich.	Lösungsmittel für Kollodiumwolle, Zelluloid, Zelluloseäther und Chlorkautschuk. Verwendung zur Herstellung von Glanzlacken. Drucken von Zaponechtfarbstoffen.

Name	Erzeugerfirma	Zusammensetzung
Lösungsmittel GC „ „	I.G. Farbenindustrie	Glykolmonoazetat. CH_2OH—CH_2O—CO—CH_3 Sdp. 178—195⁰ C.
Lösungsmittel E 13 Lösungsmittel E 14 Lösungsmittel E 15	I.G. Farbenindustrie I.G. Farbenindustrie I.G. Farbenindustrie	Gemischte, verschiedene leicht-flüchtige Produkte (Äthylazetat, Butylazetat usw.) Sdp. 52–65⁰ C.
Serikosol NK	I.G. Farbenindustrie 1940	γ-Butyrolakton.
Delustran D, DWN Matedunol 2 R Delustran ST	Sandoz Sandoz	**Mattierungsmittel** Natriumwolframat + Reduktions-mittel.
Delustran FL Delustran OBW Delustran WE	Sandoz Sandoz Sandoz	
Débémat A	L. Z. J.	Auf Basis von Natriumwolfra-mat und von sauren Komplex-salzen.
Dullit W	I.G. Farbenindustrie	Saures Aluminiumphtalat oder Mischung von Natriumphtalat und Aluminiumsalz.
Desatinol DH	Durand-Huguenin	Eine auf Basis von Albumin und Petroleum hergestellte Emulsion, die Titanweiss enthält.
Opalogen	I.G. Farbenindustrie	Harnstoff.

Literatur-Eigenschaften	Verwendungsgebiete
Neutrale, farblose, mit Wasser mischbare Flüssigkeit.	Herstellung von Lacken. Verhinderung von Schäumen von Farbstofflösungen.
Neutrale, farblose, wasserfreie, mit Wasser wenig mischbare Flüssigkeit.	Lösungsmittel für Zelluloid, Filmabfälle, Kollodiumwolle, Azetatzellulose, Zelluloseäther. Mowilith. Verwendung zur Darstellung von Klebemitteln, Lacken auch für Mattdruck.
D.R.P. 716.432. Das Produkt lässt einen weitaus grösseren Wasserzusatz (bis zu 25% Wasser) zu.	Lösungsmittel für Azetatzellulose, Verwendung zur Erzeugung von Mattätzweisseffekten.
für Mattdruckeffekte Weisses Pulver. *Brit. P. 451.822,* Sandoz; *franz. P. 752.337,* 1933.	Zweibadmattierungsmittel für Kunstseide; gibt beim Dämpfen nicht gilbende Mattierungseffekte. Nach dem Drucken Behandlung in einer Bariumchloridlösung.
Das Mattierungsmittel bildet sich nur bei Behandlung in kalter Lösung.	Halbmattierungsmittel nur für dunklere Nuancen.
	Zweibadmattierungsmittel, nach dem Drukken Behandlung in einer Bariumchloridlösung. Die Mattdrucke besitzen bei 60° C eine ausreichende Waschechtheit.
Franz. P. 760.964, 1933. *D.R.P. 593.562,* 1932. R.G.M.C. 1934, S. 416; 1935, S. 462.	Mattierungsmittel für Kunstseide.
Franz. P. 878.761; schweiz. P. 222.229, 228.131, 1943.	Mattierungsmittel, gibt waschechte, nicht stäubende Matteffekte, die die Geschmeidigkeit der Faser nicht nachteilig beeinflussen.
D.R.P. 510.983, 512.399.	Für Azetatseidenmattierung.

Name	Erzeugerfirma	Zusammensetzung
Mattweiss M	I.G. Farbenindustrie 1940	Harnstoff-Formaldehydvor- kondensate (Dimethylolharnstoff), die noch wasserlöslich sind.
Plastopal I	I.G. Farbenindustrie	
Dullit D	I.G. Farbenindustrie	
Kauritleim W	I.G. Farbenindustrie	
Printor L	I.G. Farbenindustrie	
Ureol AC	Ciba	
Acrisin (versch. Marken)	Röhm u. Haas	Wässerige Dispersion eines
Fixappret B	I.G. Farbenindustrie	Harnstoff-Formaldehydkonden-
Eropal SZ	Röhm u. Haas	sates.
Lyofix A und CH	Ciba	Melamin-Formaldehydkonden- sationsprodukte.
Mattweiss W	I.G. Farbenindustrie	
Präparation E 492, E 278	Ciba (1938)	Lyofix A = Trimethylolmelamin. Lyofix CH = Hexamethylolme- lamin.
Serikose LC extra	I.G. Farbenindustrie	**Bindemittel für** Azetatzellulose bzw. mit Sulfo- azetatzellulose gemischt.
Acetol	Rhône-Poulenc	
Cellit	I.G. Farbenindustrie (Bayer)	
Acétate de Cellulose	Rhône-Poulenc	
Nitrozellulose	I.G. Farbenindustrie	Zellulosenitrat.
Kollodiumwolle	Soc. Nobel	
Pergut	I.G. Farbenindustrie	Chlorkautschuk.
Electrogum	Ugine	
Protex	Péchiney	
Tornesit	I.G. Farbenindustrie	
Caoutchouc chloré	F.P.C. Thann	
Alloprene	I.C.I.	
Tegofan	Chem. Fabr. Buckau	
Duroprene	Peackey (England)	
Emulsion MVI	I.G. Farbenindustrie	Polyvinylazetat in wässeriger Dispersion.
Mowilith D		
Appretan EM		
Mowilith NN, N, H	I.G. Farbenindustrie	Polyvinylazetat.
Vinnapas	Wacker	
Rhodopas (versch. Marken)	Rhône-Poulenc	
Mowilith G	I.G. Farbenindustrie	48% Polyvinylazetat + 2%
Celva	USA.	Polyvinylalkohol als Emulgator.
Vibatex E	Ciba	

Literatur-Eigenschaften	Verwendungsgebiete
Amer. P. 1.871.087, I. G. Schnee-voigt; *Franz. P. 804.988; brit. P. 473.304*, I. G. *D.R.P. 652.796* der I. G. Farben-industrie; *brit. P. 431.168*, Ciba-Widmer; *amer. P. 2.093.651*, Ciba-Widmer.	Fixiermittel für Metallpulver und Pigmente. Druckmattierungsmittel, gibt sehr echte Drucke. Appretiermittel für permanente Appreturen. Knitter- und quellfeste Ausrüstung von Gewe-ben. Fixierungsmittel für Stärkeverdickung. Mittel für Herstellung waschfester Stärkeappre-turen.
Brit. P. 480.316; amer. P. 2.002.200, 2.169.546 der Ciba; *Brit. P. 504.666, 468.519, 486.577* der Ciba.	Mattierungsmittel und Pigmentfixiermittel. Appreturmittel zur Verbesserung der Schrumpf-fähigkeit und Nassreissfestigkeit sowie zur Ver-minderung des Quellvermögens von Kunstseide und Zellwolle.
Pigmentdruck In organischen Lösungsmitteln löslich, Azeton, Äthyllaktol usw.	Verdickungsmittel für Druckfarben. Fixier-mittel für Pigmente (Mattweissdruck) und Me-tallpulver (Bronzedruck).
	Verdickungsmittel. Fixierungsmittel für Me-tallpulver und Pigmente (Lackdruck- und Matt-druckeffekte. Im Rouleau-, Schablonen- und Bürstendruck angewendet.
Siehe Nielsen, Chlorkautschuk, S. Hirzel, Leipzig 1937. Körner oder Pulver, verschiedene Visko-sitäten. Löslich in Kohlenwasserstoffen, Estern, unlöslich in Alkoholen und in Äthyllaktat.	Verdickungs- und Fixiermittel für Pigmente und Metallpulver. Gibt einen unelastischen, harten, dagegen sehr widerstandsfähigen Film.
Houwink, Chemie und Techno-logie der Kunststoffe, Bd. II, S. 159 u. ff.	Verdickungs- und Fixiermittel für Pigmente und Metallpulver.

Name	Erzeugerfirma	Zusammensetzung
Appretan A Acronal L 100	I.G.Farbenindustrie	25%ige Lösung von Polyakryl-säure.
Lucrylan L 100 u. E konz. Corialgrund u. Acronal L spez		25%ige Lösung von Polyakryl-säuremethylester.
Acronal L. 100 spez.		25%ige Lösung von Polyakryl-säureäthylester.
Lucrylan L 200 Appretan Z oder Corialgrund A		Wässerige Dispersion.
Acronal D Acronal I und II Plexigum A.B.D.P.M.N. Plexileim	I.G. Farbenindustrie Röhm u. Haas	Polymerisationsprodukte der Akryl- und Methakrylsäure oder deren Derivate (Ester).
Plextol D Plextol L		Wässerige Dispersion. Lösung in org. Lösungsmitteln.
Rhotex A 20	Röhm u. Haas	
Tylose 4S und SW (versch. Marken)	I.G. Farbenindustrie	Alkalilösliche Alkylzellulose von niederem Alkylierungsgrad.
Ceglin MV Hortol SL Cellofas AF Rhodapret Pallostan C und D	Sylvania Corp. Böhme-Fettchemie I.C.I. Rhône-Poulenc I.G.-Kalle	Zelluloseäthyläther.
Bakelit		Phenol-Formaldehydkondensa-tionsprodukte.
Bedafin	I.C.I.	Alkydal-Plastopallösung in Äthylglykol.
Fraktol		Soll angeblich aus Krabben ge-wonnen werden.
Aridex	Du Pont	Alkydal-Emulsion.
Alkydal W	I.G. Farbenindustrie	26% Glyzerin + 40% Phtalsäure + 34% Rizinusöl.
Alkydal T	I.G. Farbenindustrie	35 T. Phtalsäure + 18 T. Glyze-rin + 47 T. Leinöl.
Onyx Seal White	Onyx Oil. and Chem. Co.	Druckfertige Weisspigmentpaste, die als Bindemittel mit Ammoniak stabilisierte Latexemulsion ent-hält. Pigmente: $TiO_2 + ZnO$.

Literatur-Eigenschaften	Verwendungsgebiete
K. Walter, Plextol in der Textil-industrie, Mell. 1937, Nr. 8, S. 652; Walter, Die Verwendung von Kunststoffen in der Textilindustrie Z.K.S. 1941, S. 574; Schwen, Kunststoffe in der Textilindustrie, Mell. 1942, S. 25. Trommsdorff, Die Akrylharze, Kunststoffe 1937, Märzheft. Amer. Dyest. Rep. 1938, Nr. 20, S. 688.	Fixierungsmittel für Pigmente und Metallpulver. In der Appretur für Streichappreturen (Chintz, Regenmantelstoff usw.). Herstellung von Verdunklungsstoffen, Kunstleder.
	Für Damasteffekte. Fixiermittel für Pigmente.
Stephan, Bull. Mulh. 1913, S. 56. Battegay, Bull. Mulh. 1913, S. 234. Manufaktur E. Zündel, *D.R.P. 264.137; franz. P. 452.677;* R.G. M.C. 1913, S. 182; Frb. Ztg. 1914, 63; Bull. Mulh. 1914, S. 52. *Brit. P. 714,* 1913. *Brit. P. 72.84,* 1915 der Bakelite Gesellsch.	Verdickung für Metallpulverdruckfarben. Dicke, gelbe, durchsichtige, in Wasser unlöslich, hingegen in kaustischen Alkalien und in mehreren organischen Lösungsmitteln, wie Azeton, Phenol, lösliche Masse.
	Bindemittel gibt Mattdrucke von sehr guter Waschechtheit.
	Drucke auf Kunstseide von ziemlich guter Waschechtheit.

Name	Erzeugerfirma	Zusammensetzung
Titanweiss		Titandioxyd TiO_2.
Blanc de Thann	F.P.C. Thann	Goldsiegel 99% TiO_2; Silber-
Titanox RA	Titanium. Pigm. Corp.	siegel 90% TiO_2; Weißsiegel 70% TiO_2; Grünsiegel 35% TiO_2.
Titanox A, AA	Titanium. Pigm. Corp.	
Kronos-Titandioxyd	I.G. Farbenindustrie	Mischung von $TiO_2 + BaSO_4$.
Titanox B 30	Titanium. Pigm. Corp.	Mischung von $TiO_2 + BaSO_4$.
Wyteray	Fulton Dye and Imp. Co.	Kolloidale Mischung von TiO_2, ZnO, $BaWO_4$ und $Zn SO_3 +$ Glyzerin, vegetabilisches Öl + Karayagummi.
Dullatone	Onyx	TiO_2-Dispersion in speziellem Medium.
Lithopon	Sachtleben AG. für Bergbau u. Chem. Ind., Homberg	Zinksulfidweiss, ZnS. Durch Umsetzung von Zinksulfat mit Bariumsulfit gewonnen.
Abalith		Lithopon (ZnS).
Cryptone ZS		Lithopon (ZnS).
Cryptone BA	The New-Jersey Zinc Co., New York	Zinksulfid + Bariumsulfidpigment.
Cryptone BT		Lithopon + TiO_2.
Zinkoxyd Florence Zinc oxydes Horse Head Zinc oxydes	The New-Jersey Zinc Co., New York	ZnO, hergestellt nach der franz. Methode durch Kammeroxydation.
Pigment White W. 900 B	J.W.C.	Kolloidales Zinkoxyd + TiO_2 in einer Verdickung.

Literatur-Eigenschaften	Verwendungsgebiete
Sehr hohes Deckvermögen, lichtecht, chemisch unveränderlich.	Wichtigstes Pigment für Mattdruckeffekte auf Kunstseide.
Schwache Deckkraft, ist säureempfindlich. ZnS-Gehalt von 15%, 50% und 60%.	Verwendung in Mattdruck.
Maxim. Pb-Gehalt 0,4%; in Salzsäure geruchlos löslich.	Gebräuchliches Pigment für die Mattierung der Kunstseide. Verwendung im Anilinschwarzreservedruck.

XIII. KAPITEL

Ätz- und Reserveverfahren[1]).

Man bezeichnet als Ätzdruckfarben oder kurzerhand Ätzen alle farbigen oder weissen Druckpasten, die entweder auf vorgefärbte oder auf vorgeklotzte Ware gedruckt werden (französische Gesamtbezeichnung „enlevages“), dagegen nennt man Reservedruckfarben oder kurzerhand Reserven alle Druckfarben, welche vor dem Färben oder Klotzen zum Erzeugen eines weissen oder bunten Effektes aufgetragen werden[2]).

Also zusammengefasst:

Druck der Farben auf vorgefärbte oder vorgeklotzte Ware: Ätzen.

Druck der Farben vor dem Klotzen oder Färben: Reserven.

Es wurde darüber gestritten, ob das Prud'homme-Anilinschwarz oder irgendeine Indigosolfärbung mit weissen oder bunten Effekten als Ätze oder Reserve anzusehen wäre. Die Frage kann wie folgt beantwortet werden: Sofern die Druckfarbe auf den (entwickelten oder nicht entwickelten) Indigosolboden oder den Anilinschwarzklotz gedruckt wird, ist das Verfahren als Ätzung anzusehen; man entfernt die Säure bzw. das Oxydationsmittel. Dieser anscheinend einfache Grundsatz erscheint weniger klar, wenn man die Reserveartikel auf naphtolierten Geweben ins Auge fasst. Man könnte hier geltend machen, dass sich die hauptsächlichste Wirkung der Mittel, z. B. des Sulfits, des Tannins, des Zinnsalzes oder des Tonerdesulfats (Variaminblau) nicht auf das vorgeklotzte Naphtol, sondern vielmehr auf die nachträglich aufgebrachte Diazoverbindung erstreckt. Hier kann man mit gutem Recht den Vorgang als Reservierung ansehen. Darum

---

[1]) Diserens, Rongeants et Réserves, 2. Bd., Paris 1923, Ed. Textile.

[2]) Der Verfasser hebt hervor, dass im französischen Sprachgebrauch das Wort „Rongeage“ (Ätzung) eigentlich nicht existiert, sondern nur dem Sprachschatz der Fabriken entnommen ist. Im Deutschen wird es sich empfehlen, anstatt des (unübersetzbaren) „enlevage“ am Wort Ätzung festzuhalten.

Ätze oder Reserve kann aber nicht nur die betreffende Druckpaste bedeuten, sondern auch die dadurch erzielten Druckeffekte, und schliessslich werden die beiden Worte noch im Sinne der Tätigkeit des Ätzens, bzw. Reservierens gebraucht, so dass sich jeweilen erst aus dem Zusammenhang ergibt, welche Bedeutung dem Ausdruck zukommt. Das dafür vorgeschlagene Wort Ätzung hat sich nicht eingebürgert. Will man es, speziell bei Bunteffekten, offen lassen, ob sie durch Ätzen oder durch Reservieren erzeugt sind, so spricht man etwa auch von Illuminationen (franz. enluminages).

ist es vielleicht richtiger, jede Farbe, die imstande ist, einen auf der Faser unfixierten Farbstoff zu zerstören, als Reserve anzusehen, die in diesem Falle die Fixation oder die Farbstoffbildung verhindert. Logischerweise sind dann die Weiss- und Bunteffekte unter Prud'-hommeschwarz (mittels alkalischer Mittel), bei Indigosol- und Naphtolfärbungen (Sulfitverfahren, Tanninverfahren, Zinnsalzverfahren) und bei Tanninfärbungen (alkalische Druckfarben) Reserven. In der deutschen Terminologie findet man diesen Gesichtspunkt als durchgehendes Prinzip. Ohne eine diesbezügliche Diskussion einleiten zu wollen, wie sie in der letzten Zeit so häufig geführt wurde, scheint es doch notwendig, hier auf diese genaue Definition hinzuweisen.

Die Ätzverfahren gliedern sich in solche ein, die sich oxydierender, reduzierender, alkalischer oder saurer Mittel bedienen.

Oxydationsätzmittel.

Ätzmittel auf Chlorgrundlage: Die Chlorätze ist das älteste bekannte Verfahren; es scheint in England um das Jahr 1810 (Persoz III, S. 232) seinen Ausgang genommen zu haben. Die Ätze auf der Chlorkalkküpe (cuve décolorante) in ihrer Anwendung auf Türkischrot stammt von Daniel Koechlin (1811); sie besteht im Aufdruck eines Weiss, das Weinsäure enthält, sodann in einer Passage durch Chlorkalklösung (Persoz III, S. 236—238; Depierre III, S. 439—446). Das Verfahren wurde auch zum Ätzen von Indigo verwendet.

Die Chlorate nehmen einen hervorragenden Platz ein. Man gebraucht das Aluminiumchlorat (Schlumberger, Bull. Mulh. 1872, S. 307), das Ceriumchlorat (M.L.B.), die Chlorate des Chroms und vor allem des Natriums. Jeanmaire kommt das grosse Verdienst zu, die Frage der Chloratätzen praktisch gelöst zu haben (Bull. Mulh. 1895, S. 134; 1899, S. 317). Die Jeanmaire'sche Arbeitsweise[1]), welche auf der Wirkung des Chlorats in Gegenwart von Ferricyankalium beruht, fand Anwendung zum Ätzen von Indigofärbungen, indigoiden Küpenfärbungen, Tannin- und Chromfärbungen und in vereinzelten Fällen auch von Schwefel- und Indanthrenfärbungen. Eine Ätzfarbe, bestehend aus Natriumchlorat und Ammoniumprussiat, zum Zwecke der Ätzung von Färbungen auf Azetatkunstseide wird im *franz. P. 666.463*, 1928[2]) erwähnt.

Chloritätzen werden im *franz. P. 916.709* (niedergelegt 31. Oktober 1945, veröffentlicht 13. Dezember 1946) von The Mathieson Alkali Works vorgeschlagen.

Man verwendet eine Ätzfarbe, bestehend aus einer wässerigen Paste vom p_H 5—6, die als aktiven Bestandteil Natriumchlorit enthält.

---

[1]) Literaturnachweis siehe dieses Werk, Bd. I, Kap. I, S. 137 u. ff.
[2]) R.G.M.C., 1931, S. 111.

Diese Paste wird wie üblich auf das Gewebe gedruckt, welches nachträglich einer höheren Temperatur ausgesetzt wird, indem man es beispielsweise dämpft oder über erhitzte Trockentrommeln nimmt.

Dieses Verfahren eignet sich zum Ätzen von Textilien, die mit Schwefelfarbstoffen oder mit Küpenfarbstoffen gefärbt sind. In letzterem Falle erzielt man jedoch nur eine Aufhellung der Färbung an den bedruckten Stellen.

Ätzen unter Verwendung von Bromverbindungen[1]): Albert Scheurer stellte als erster die Eigenschaft der Hypobromite, Indigo zu zerstören, fest.

Storck und Pfeiffer[2]) verwendeten das bromsaure Aluminium und F. Binder[3]) das Brom im naszierenden Zustand, welches er durch die Einwirkung einer Säure auf ein Gemisch von Natriumbromid und -bromat mit chlorsaurer Tonerde erhielt. Ch. Brandt[4]) arbeitete ein Buntätzverfahren auf Indigo mit Hilfe von Alizarin aus, wobei er chlorsaure Tonerde, gemischt mit Bromnatrium, aufdruckte; beim Dämpfen wird der Indigo zerstört, während sich die Tonerde auf dem Gewebe befestigt. Nach dem Auswaschen färbt man mit Alizarin aus. Endlich bewirkte auch Dydynsky (*franz. P. 378.373*, 1907) die Zerstörung des Indigo mittels eines Gemisches von Bromnatrium und Natriumbromat im sauren Bade.

Chromatätze: Sie gehört zu den ersten Ätzverfahren, stammt aus dem Jahre 1826 und ist der Arbeit von Thompson in Manchester (Klotzung eines indigogefärbten Gewebes mit Kaliumchromat, Aufdruck von Zitronen- oder Weinsäure) zu verdanken. Dieser Gedanke wurde durch die Verbesserung von Camille Kœchlin erst der fabriktechnischen Anwendung zugänglich gemacht. Die Camille Kœchlin'sche Chromatätze spielte eine ausserordentlich grosse Rolle in der Geschichte der Buntdrucke[5]). Dieses Verfahren, das noch heutzutage im

---

[1]) Erban, Verwendung von Bromsalzen für Ätzdruckartikel; Frb. Ztg. 1905, S. 337; siehe dieses Werk, Bd. I, S. 139 u. ff.

[2]) Frb. Ztg. 1891/92; Bull. Mulh. 1892, S. 387; Frb. Ztg. 1892/93, S. 60; Depierre, III, S. 423.

[3]) Bull. Mulh. 1892, S. 207; R.G.M.C. 1906, S. 236; Frb. Ztg. 1891/92, S. 226; 1902, S. 309.

[4]) Frb. Ztg. 1891/92, S. 191, 262; Bull. Mulh. 1892, S. 201; Frb. Ztg. 1892/93, S. 375, 1893/94, S. 10; 1895/96, S. 152.

[5]) Dieses Werk, Bd. I, Kap. I, S. 131/137. Siehe die zahlreichen auf diese Ätze bezughabenden Arbeiten: Funktionen der Oxalsäure, Buntätzen, Mittel um den Faserangriff zu verhüten usw. Moniteur Scient., Quesneville 1892, S. 80; Depierre, III, S. 381; Bull. Mulh., Sitz. v. 13. Dez. 1892; M. Prud'homme, Bull. Mulh. 1903, S. 128; Frb. Ztg. 1892/93. S. 375; 1894/95, S. 234; R.G.M.C. 1903, S. 65; Schaposchnikoff, Frb. Ztg. 1894/95, S. 164; 1895/96, S. 19; Z. f. F. I. 1902, S. 459, 482, 522; Alb. Scheurer, Frb. Ztg. 1891/92, S. 63; Frb. Ztg. 1891/92, S. 87, 255, 355, 365; Bull. Mulh. 1891, S. 487; Ch. Brandt, Bull. Mulh. 1891, S. 496; M. Prud'homme: Suppression de l'acide oxalique du bain de passage et introduction dans la couleur de l'oxalate neutre de potasse; R.G.M.C. 1903, S. 65; Rossel, 1904, S. 97; 1903, S. 100, 163; Bulard, R.G.M.C. 1904, S. 257 (Kalziumoxalat).

Gebrauch ist, beruht auf dem Aufdruck einer Farbe, die chromsaures Natrium enthält, auf ein indigogefärbtes Gewebe, worauf man durch ein Bad von Schwefelsäure und Oxalsäure passiert. Der schönste auf diese Weise erhältliche Bunteffekt liegt in der Verwendung einer Druckfarbe aus Bleichromat, das mit Albumin fixiert wird.

Ferricyanidätze[1]): Mercer schlug im Jahre 1845 die Ferricyanide als Ätzmittel für Indigo vor. Er klotzte das indigogefärbte Gewebe mit einer Lösung von rotem Blutlaugensalz und druckte Ätznatron verdickt auf. Das etwas verbesserte Verfahren hat zuweilen in der Praxis eine Anwendung gefunden: man druckt eine Ferricyanidlösung auf und nimmt nach dem Trocknen durch ein Laugenbad durch. Die hauptsächlichste Bedeutung lag in der Erzielung einer Rotätze (Paranitranilinrot) auf Indigogrund (de Gallois).

Nitratätzverfahren: Dieses stammt von Freiberger[2]) (1908); er verwendete die aus dem Gemisch von Nitrat und Nitrit entwickelte Salpeter- und salpetrige Säure. Das Salzgemisch wurde auf indigogefärbte Böden aufgedruckt und die Säure durch starke Säuren (Schwefelsäure von 45° Bé, 5—6 Sekunden bei 60° C) freigemacht.

Bezüglich anderer Oxydationsmittel, welche zum Ätzen von Indigo vorgeschlagen wurden, seien noch das Kaliumpermanganat (Bull. Rouen 1876, S. 62, J. Reber) und das Mangansuperoxyd (Scoupil, R. G. M. C. 1926, S. 100)[3]) erwähnt.

<h2 style="text-align:center">Reduktionsätzmittel.</h2>

Obwohl die Reduktionsmittel zeitlich erst nach den Oxydationsätzmitteln in Gebrauch kamen, hatten sie durch die Entdeckung des Formaldehydsulfoxylates, welches dank seiner Beständigkeit und seiner Schonung der pflanzlichen Faser das wichtigste, ja eigentlich das einzige Ätzmittel in der gegenwärtigen Fabrikation darstellt, einen ausserordentlichen Erfolg zu verzeichnen. Durch die Reduktionswirkung werden zahlreiche Farbstoffe in ungefärbte, lösliche Verbindungen umgewandelt. Nach der Art ihres Verhaltens gegenüber den Reduktionsmitteln kann man zwei Klassen von Farbstoffen unterscheiden:

a) Farbstoffe, die durch Reduktion vollständig zerstört werden, wobei die Spaltprodukte leicht durch den Waschprozess entfernt werden können, und

---

[1]) A. Scheurer, Bull. Mulh. 1878, S. 157; de Gallois, Frb. Ztg. 1890/91, S. 298; *D.R.P. 59.921.* Dieses Werk, Bd. I, S. 136/137.

[2]) *D.R.P. 228.694; franz. P. 391.829; brit. P. 13.896,* 1908; *ital. P. 96.946;* Bull. Mulh. 1913, S. 225 und Bull. Mulh. 1921; R.G.M.C. 1910, S. 169; 1913, S. 207; Frb. Ztg. 1910, S. 334 und 410; 1913, Nr. 1 und 2; 1912, S. 381; Haller, Z. f. ges. Text. Ind. 1926.

[3]) B.A.S.F., Indigo rein, 1908, S. 179.

b) Farbstoffe, deren Reduktionsprodukt sich an der Luft leicht wieder durch Oxydation zum ursprünglichen Farbstoff zurückbildet. Einzelne dieser Typen können dank ihrer Löslichkeit, insbesondere in alkalischer Lösung, vor dem Eintritt des Wiederoxydationsvorgangs von der Faser entfernt werden (Indigo, Küpenfarbstoffe), woraus sich ihre Anwendbarkeit für den Ätzdruck ergibt.

Zu der Gruppe a) gehören die Azofarbstoffe, welche die pflanzlichen Fasern direkt anfärben, die Stilben- und sauren Azofarbstoffe für Wolle, die Beizen-(Azo-)Farbstoffe und die unlöslichen Azofarbstoffe (aus Naphtolen).

Der Indigo, die indigoiden und anthrachinoiden Farbstoffe, die Abkömmlinge des Triphenylmethans und die Gallocyaninfarbstoffe gehören der Gruppe b) an.

Zinkstaubätze: Man verwendete diese Druckfarbe auf Baumwoll- und Seidengeweben, die mit direkten Farbstoffen vorgefärbt waren[1]). Das Verfahren ist schwierig durchzuführen, weil die Farben, welche Zinkstaub und Natriumbisulfit enthalten, wenig beständig sind und leicht in die Gravur einsetzen. Eine sehr wichtige Verbesserung, die man mit Recht als Vorläufer der Entdeckung der Formaldehyd-Sulfoxylatsätze ansehen kann, ist G. Pelizza und L. Zuber[2]) zu verdanken. An Stelle des Bisulfits schlugen die Erfinder eine Kombination desselben mit Formaldehyd oder Azeton vor und erreichten dadurch eine erhöhte Beständigkeit der Druckfarbe. In allerletzter Zeit hat man zur Steigerung der Beständigkeit der Formaldehyd-Sulfoxylat-Ätzen einen Zusatz von Zinkstaub empfohlen[3]). Das Verfahren hat seine Nutzanwendung für den Hand- oder Filmdruck, wo die Farben nicht so rasch gedämpft werden können. R. Weiss[4]) versuchte im Jahre 1891 Aluminium- und Magnesiumpulver als Ätzmittel für Wolle.

Zinnsalzätzen[5]): Vor der Entdeckung des Formaldehydsulfoxylats waren diese Ätzen stark im Gebrauch. Sie boten im Vergleich zu den Zinkstaubätzen den Vorteil, nicht in die Gravur einzusetzen und waren beständiger als die letzteren; doch waren sie nicht ganz ohne Gefahr für die Erhaltung der Festigkeit der Faser. Folgende Zinnsalze wurden verwendet: das Zinnchlorür, das Azetat, das Ferrocyanid und das Rhodanid des Zinnoxyduls. Milchsaures Zinn wurde

---

   [1]) B.A.S.F., *D.R.P. 97.593*: Indigoätzen mit Zink und Bisulfit. Siehe dieses Werk, Bd. I, Kap. I, S. 141.

   [2]) R.G.M.C., 1900, S. 137; 1904, S. 130, Bull. Mulh. 1900, S. 49. Siehe dieses Werk, Bd. I, S. 407.

   [3]) Tiba, Oktober 1934, S. 755.

   [4]) H. Alt, Bull. Mulh., Sitzungsberichte 1902, S. 22 und 34: *D.R.P. 123.138* (Kalle).

   [5]) Siehe dieses Werk, Bd. I, Kap. IV, S. 407; Kap. I, S. 141 und Bd. II, Kap. VI, S. 13. Caberti, R.G.M.C., 1901, S. 217; Elb, Öst. W. und L. Industrie 1898.

laut einer Veröffentlichung A. Scheurer's[1]) als Ätzmittel und zugleich als Metallbeize angewendet.

H. Schmid beschrieb eine Zinnsalzätze mit Zusatz von Ammoniumzitrat auf Pararot (PN-Ätzen der M.L.B.)[2]).

Laut *D.R.P. 213.471*[3]) kann man Thioindigorot B mit Zinnoxydul, welchem Natronlauge beigegeben wird (Natriumstannit) ätzen.

J. Brandt verwendete gleichfalls das Natriumstannit als Ätze für Pararot (R.G.M.C. 1902, S. 41). Die Zinnsalzätzen wurden bei Direktfärbungen, bei Färbungen unlöslicher Azofarbstoffe, bei Türkischrot, bei Tanninfärbungen und vor allem auf naphtolpräparierten Geweben gebraucht. Das letztere Verfahren, welches der Firma Kœchlin Frères in Mülhausen und F. Binder zu verdanken ist, gestattete die Herstellung schöner Ätzeffekte auf Pararot[4]).

Die Ätzfarbe enthält ausser dem Zinnchlorür organische Säuren und überdies Stoffe, die rein mechanisch wirken. Man bedruckt das naphtolierte Gewebe, dämpft kurz im Schnelldämpfer und kuppelt mit der Diazolösung.

Sulfitätze: Diese Ätzfarbe fand ebenfalls Verwendung auf mit Naphtol präparierten Geweben. Durch Einwirkung des Sulfits auf die Diazoverbindung bildet sich ein Diazosulfonat, das nicht mehr mit dem Naphtol kuppelt. Tigerstedt[5]), der Urheber dieses Verfahrens, bedruckte das mit β-Naphtol imprägnierte Gewebe mit Sulfit, dämpfte einige Minuten im Schnelldämpfer und nahm durch eine Diazolösung durch. Zu erwähnen wäre noch die von Edm. Knecht[6]) angegebene Verwendung von Titanchlorür oder -rhodanür zum Zwecke des Ätzens von Färbungen von Direkt- und unlöslichen Azofarbstoffen.

Die Hydrosulfite und die Salze der Formaldehyd-Sulfoxylsäure.

Die Hydrosulfite[7]) nehmen in der Druckerei und Färberei der Textilien einen um so hervorragenderen Platz ein, als dank diesen Produkten diese beiden Industriezweige in verhältnismässig kurzer Zeit so bedeutende Fortschritte aufzuweisen hatten.

---

[1]) A. Scheurer, Bull. Mulh. 1911, S. 228.

[2]) Frb. Ztg. 1897, S. 150, 373; *D.R.P. 95.827; franz. P. 255.997;* R.G.M.C., 1897, S. 44.

[3]) Frb. Ztg. 1910, S. 287.

[4]) Koechlin Frères 1888, Bull. Mulh. 1900, S. 44; R.G.M.C. 1900, S. 136; Binder, Bull. Mulh. 1900, S. 92; R.G.M.C. 1900, S. 171.

[5]) Tigerstedt, R.G.M.C. 1901, S. 176; Bull. Mulh. 1901, Sitz. S. 72 und 141.

[6]) J. Soc. D. and Col. 1902, S. 359; *brit. P. 9847,* 1901.

[7]) Auf die Hydrosulfite bezügliche Literatur: Jellineck, Das Hydrosulfit, Stuttgart 1912; Dubosc, Les Hydrosulfites, Rev. Prod. Chim. (1920), Bd. 23, S. 303ff.; E. Geay, Rev. Chim. Ind. 1925, S. 5, 85; G. Panizzon, Über Hydrosulfite, Mell. 1931, Januar und Februarhefte, S. 46, 119, 274 und 339; L'Industrie des Hydrosulfites, Tiba, 1924, Sept./Okt.

Die Entdeckung des Hydrosulfits stammt aus dem Jahre 1853; sie ist Ch. Schönbein zuzuschreiben; aber Paul Schutzenberger, gemeinsam mit Lalande, kommt das Verdienst zu, zuerst das Natriumhydrosulfit aus Bisulfit durch Reduktion mit Zink erzeugt und dessen Anwendung in der Indigofärberei unter Schutz gestellt zu haben (Comptes Rendus 1869, S. 69, 196). Schliesslich erhielt Bernthsen das Natriumsalz in reinem Zustande und stellte seine Konstitution genau fest (1881).

Die Hydrosulfite sind die Salze der hydroschwefligen Säure $H_2S_2O_4$[1]). Die von Schutzenberger aufgestellte Formel $NaHSO_2$, die sich aus der Reaktionsgleichung:

$$Zn + 3\,NaHSO_3 = Na_2SO_3 + ZnSO_3 + NaHSO_2 + H_2O$$

ergibt, wurde von Bernthsen bestritten, welcher eine Bildung des Hydrosulfits nach der Gleichung:

$$Zn + 4\,NaHSO_3 = ZnSO_3 + Na_2SO_3 + Na_2S_2O_4 + 2\,H_2O$$

annahm; die Formel des Natriumhydrosulfits wäre dann

$$Na_2S_2O_4 \cdot 2\,H_2O$$

Da man diese Formel auch wie folgt schreiben kann:

$$Na_2S_2O_4 \cdot 2\,H_2O = NaHSO_2 + NaHSO_3 + H_2O$$

kann man daraus den Schluss ziehen, dass die hydroschweflige Säure ein gemischtes Anhydrid der schwefligen und der Sulfoxylsäure ist, nämlich:

$$\underset{HO}{\overset{O}{\|}}\!S\!-\!O\!-\!\boxed{H\!-\!HO}\!-\!S\!-\!OH \longrightarrow HO\!-\!\overset{O}{\overset{\|}{S}}\!-\!O\!-\!S\!-\!OH + H_2O = H_2S_2O_4 + H_2O$$

Man kann sich nun drei Strukturformeln der hydroschwefligen Säure vorstellen: Eine symmetrische

$$\begin{array}{ccc} O & & O \\ \| & & \| \\ S & \!-\! & S \\ HO{\diagup} & & {\diagdown}OH \end{array}$$

eine asymmetrische

$$\underset{HO}{\overset{O}{\diagdown}}\!S\!-\!O\!-\!S\!-\!OH$$

<hr>

[1]) Über die Konstitution der Hydrosulfite siehe: Bernthsen, Ber. 1900, Bd. 33, S. 126; 1905, Bd. 38, S. 1048; Bazlen, Ber., 1905, Bd. 38, S. 1057; Reinking, Ber., 1905, Bd. 38, S. 1069; Binz, Zeitschr. f. angew. Chemie 1917, S. 363; Chem. Ztg. 1917, S. 636. Siehe dieses Werk, Bd. I, Kap. IV, S. 407—411.

und endlich die einer Disulfinsäure

$$\begin{array}{c}O\diagdown\ \ \ \ \ \diagup O\\ S\!-\!S\\ O\diagup\ \ |\ \ \ \ |\ \ \diagdown O\\ H\ \ \ \ H\end{array}$$

In analoger Weise hat man für die schweflige Säure die symmetrische:

$$O\!=\!S\diagup\!\!\begin{array}{c}OH\\[2pt]OH\end{array}$$

und die asymmetrische Form:

$$\begin{array}{c}O\diagdown\ \ \diagup H\\ S\\ O\diagup\ \ \diagdown OH\end{array}$$

Es scheint wohl, dass in der hydroschwefligen Säure der Schwefel direkt an den Wasserstoff gebunden ist, so dass man jetzt annimmt, dass das Hydrosulfit ein Salz einer Disulfinsäure ist.

$$\begin{array}{c}O\diagdown\ \ \ \ \ \diagup O\\ S\!-\!S\\ O\diagup\ \ |\ \ \ \ |\ \ \diagdown O\\ H\ \ \ \ H\end{array}$$

Die ersten in der Untersuchung der Hydrosulfite gemachten praktischen Fortschritte sind auf Versuche von J. Grossmann einerseits, von Bernthsen und Bazlen andererseits zurückzuführen.

Die im technischen Grossbetrieb üblichen Verfahren zur Herstellung des Natriumhydrosulfits beruhen auf der Reduktion des Bisulfits oder der schwefligen Säure mittels Zink[1]). Praktisch wird die Reaktion in der Weise durchgeführt, dass man Zink auf Bisulfit in Gegenwart von schwefliger Säure einwirken lässt; hierfür gilt die Gleichung:

$$2\,\mathrm{NaHSO_3} + \mathrm{H_2SO_3} + \mathrm{Zn} = \mathrm{ZnSO_3} + \mathrm{Na_2S_2O_4} + 2\,\mathrm{H_2O}$$

Das Zinksulfit bildet mit dem Natriumhydrosulfit ein in Wasser unlösliches Doppelsalz. Zum Zweck der Zersetzung dieses Doppelsalzes, zur Entfernung des Zinks und der schwefligen Säure muss das Reduktionsprodukt mit Kalkmilch behandelt werden. Das gereinigte

---

[1]) Die Hydrosulfiterzeugung betreffende Patente: B.A.S.F. und M.L.B., *D.R.P. 112.483, 119.676, 125.303, 133.040, 138.093, 138.315, 144.632, 160.529, 171.991, 191.594, 207.291, 207.760, 204.063, 223.260, 267.782, 280.555;* Griesheim, 1913; *D.R.P. 129.861, 221.614, 276.058, 276.059, 370.722, 1921, 342.796, 1920, 200.291, 1906, 207.593, 1907, franz. P. 293.192, 1899, 336.942, 304.735, 1900, 349.235, 354.273, 341.718,* B.A.S.F. 1910; Kinzlberger & Co. (Prag), *franz. P. 422.241,* 1910; *D.R.P. 343.791,* 1914: Reduktion der Sulfite durch Ameisensäure oder Formiate; *D.R.P. 427.657,* 1921: Reduktion der Sulfite durch Natriumamalgam; *D.R.P. 440.043,* 1925. ·

Hydrosulfit wird aus der Lösung mit Hilfe von Kochsalz in Form einer kristallisierten Verbindung, $Na_2S_2O_4 \cdot 2H_2O$, niedergeschlagen; auch das wasserfreie Salz $Na_2S_2O_4$ ist bekannt. Das erstere kristallisiert in glänzenden Prismen, die in Wasser löslich sind, und ist nur in vollständig trockenem Zustand lagerbeständig. Das wasserfreie Salz ist stabiler als das kristallwasserhaltige und bildet ein feines Pulver.

Unter dem Einfluss der Wärme oder von Säuren zersetzt sich die Natriumhydrosulfitlösung sehr rasch in Thiosulfat, aber in Gegenwart des Luftsauerstoffs wird Bisulfit und Bisulfat gebildet:

$$Na_2S_2O_4 + O_2 + H_2O = NaHSO_3 + NaHSO_4$$
$$2\,Na_2S_2O_4 + O_2 + 2\,H_2O = 4\,NaHSO_3$$

Das Natriumhydrosulfit, das durch Absättigung der wässerigen Lösungen mittels Kochsalz erhalten wird, ist nicht luftbeständig. Um ihm eine genügende Widerstandsfähigkeit zu verleihen, stellte sich die Notwendigkeit heraus, die Kristalle zu entwässern: es gibt hier verschiedene Verfahren, welchen die Anwendung von Wärme gemeinsam ist. Die wasserhaltigen Kristalle werden, sei es in der Flüssigkeit, in der sie entstehen, sei es nach dem Filtrieren mit oder ohne Zusatz eines deshydratisierenden Mittels, wie Natronlauge[1]) auf eine höhere oder geringere Temperatur gebracht. Trotzdem konnte die B.A.S.F., welche die wasserfreien Salze der hydroschwefligen Säure durch Niederschlagen mit Kochsalz[2]), gefolgt von einer Vakuumtrocknung in Gegenwart eines inerten Gases oder von Ammoniak darstellte, nicht das angestrebte Ziel erreichen, diese Verbindungen als Ätzmittel an Stelle der Zinnsalzätzen oder Zinkstaubätzen nutzbar zu machen, da sich das Natriumhydrosulfit in alkalischer Lösung ungemein rasch zersetzt. Zur Verbesserung der Stabilität schlug daher die B.A.S.F. ein Ätzmittel auf der Grundlage von Hydrosulfit vor, das mit Glyzerin und Natronlauge vermahlen war *(franz. P. 341.718; D.R.P. 186.443)*[3]), das unter dem Namen Eradit B oder Rongalit B verkauft wurde. Gemäss dem *D.R.P. 186.443* wurde ferner die Natronlauge durch eine konz. Kochsalzlösung ersetzt[4]).

Grossmann hob — im Jahre 1898 — die verhältnismässig grössere Beständigkeit der wenig löslichen und unlöslichen Hydrosulfite, wie derjenigen des Ca, des Ba, des Zn und des Pb hervor (*brit. P. 21.126*, 1898). Doch haben derartige Hydrosulfite, das Zinknatriumhydrosulfit[5]) (*D.R.P. 133.478*, 1900, B.A.S.F.), oder das Kalzium-

[1]) Waschen mit Alkohol laut *D.R.P. 133.040, 138.093.*

[2]) *D.R.P. 112.483, 125.303, 144.632.*

[3]) R.G.M.C. 1905, S. 60.

[4]) *D.R.P. 191.495, 192.431.* Ein ähnliches Verfahren wurde von der Manufaktur E. Zündel im Jahre 1903 veröffentlicht, Baumann und Frossard, Bull. Mulh. 1905, S. 117, 374, 421 und von Wilhelm, Bull. Mulh. 1906, S. 75; R.G.M.C. 1905, S. 242.

[5]) *Franz. P. 297.370,* R.G.M.C. 1905, S. 60; *D.R.P. 133.478, 135.725.*

hydrosulfit (*franz. P. 320.227* aus dem Jahre 1902)[1]) keine praktische Bedeutung erlangen können. Das Zinkhydrosulfit[2]) wurde von der Manufaktur E. Zündel in Moskau als Ätzmittel auf Paranitranilinrot und zum Indigodruck empfohlen. Juteau[3]) gab auf dem VI. Kongress der A.C.I.T. ein Ätzverfahren für Indigo ohne Zuhilfenahme des Dämpfprozesses an, welches auf der Verwendung des Zinkhydrosulfits, das man in Gegenwart eines Überschusses von Zinkoxychlorid niederschlägt, beruht; man druckt die beständige Paste auf, trocknet und nimmt, ohne zu dämpfen, durch eine Ätznatronlösung (10 g NaOH 38° Bé pro Liter), dann durch Wasserglas (5 g pro Liter bei 100° C).

Die Entdeckung der Verbindungen des Hydrosulfits mit Formaldehyd stammt aus dem Jahre 1902 und ist zugleich mehreren Chemikern, welche untereinander in keinerlei Verbindung standen, zuzuschreiben. Vorerst hat C. Kurz in Darnetal[4]) am 1. Dezember 1902 ein versiegeltes Schreiben hinterlegt, dessen Gegenstand ein Zusatz von Formaldehyd zu einer Druckfarbe bildete, welche festes Natriumhydrosulfit der B.A.S.F. enthielt; diese Druckfarbe wurde dadurch beständig und sollte gemäss den Angaben des Verfassers zum Ätzen von Pararot dienen. Ein von der Firma E. Zündel[5]) am 15. Dezember 1902 hinterlegtes Schreiben stellte gleichfalls fest, dass das Hydrosulfit mit Formaldehyd eine Verbindung von hervorragender Beständigkeit bildet.

In dritter Reihe wäre noch R. Russina der Kattunmanufaktur in Eilenburg zu nennen, welcher im Jahre unabhängig von den früheren dieselbe Feststellung gemacht hätte (vgl. den Bericht auf dem XI. Kongress der I.V.C.C., 1926 in Dresden; Mell. 1926, S. 604, ferner Prof. Haller, Handbuch des Zeugsdrucks, Bd. I, S. 584 (1930).

Jedoch nach privaten Mitteilungen, die mir von Herrn Dr. P. Wengraf gemacht wurden, geht hervor, dass wenn es einerseits richtig ist, dass R. Russina eine Medaille auf dem Kongress des I.V.C.C. in Dresden, 1926, für seine Erfindertätigkeit erhielt, andererseits aber kein Beweis für irgendeine Publikation von Russina über Natriumformaldehydsulfoxylat zu finden ist. (Das Zitat Haller Mell. 1925 ist also unrichtig.)

---

[1]) Rédo von Descamps in Lille; Grossmann, *D.R.P. 112.774, 113.940*, 1898, *113.949*: R.G.M.C. 1903, S. 35, 37, 85; B.A.S.F., *D.R.P. 117.991, 217.038*. Dieses Werk, Bd. I, S. 67 und 143.

[2]) *D.R.P. 218.192, franz. P. 374.673*; *D.R.P. 130.408, 137.474*, M.L.B.; *franz. P. 336.943*, 1902, *311.938*, 1901; Ch. Schwartz, Baumann, Thesmar. Bull. Mulh. 1904, S. 36 und 43. Dieses Werk, Bd. I, Kap. I, S. 67 und Kap. IV, S. 408/409.

[3]) R.G.M.C. 1914, S. 191.

[4]) Bull. Mulh. 1904, S. 46; R.G.M.C. 1904, S. 196, 200. Z. f. F. und Text. Ind. 1904, S. 54. Lefèvre, R.G.M.C. 1905, S. 125.

[5]) Schwartz, Baumann, Sunder, Thesmar, Bull. Mulh. 1903, S. 183; 1904, S. 48; R.G.M.C. 1904, S. 196, 203. Z. f. F. und Text. Ind. 1904, S. 55.

Herr Dr. Wengraf hatte Gelegenheit, auf Ersuchen von Prof. Haller[1]) die Priorität des Russina'schen Patents in USA. 1903 festzustellen. Dabei musste konstatiert werden, dass in keiner der zahlreichen damaligen Abhandlungen über Hydrosulfite der Name Russina auch nur erwähnt wurde. (Auch in der gründlichen Studie von Reinking, in Chem. Zent. 1900—1910 kommt der Name Russina nicht vor.)

Ein amerikanisches Patent wurde weder der Eilenburger Kattunmanufaktur noch Russina erteilt.

Es steht also zweifellos fest, dass Russina in keiner Weise an der Erfindung des Natriumformaldehydsulfoxylats beteiligt war.

Doch muss hierzu bemerkt werden, dass die Farbwerke Höchst schon im Jahre 1900 die Verbesserung der Stabilität der Druckfarben aus Bisulfit und Zinkstaub durch den Zusatz von Formaldehyd mitgeteilt hatten und dass andererseits Pelizza und Zuber[2]) am 6. bzw. 22. April 1899 der Soc. Industrielle de Mulhouse zwei versiegelte Schreiben überreicht hatten, in denen sie den Gedanken der Herstellung von Zink-Formaldehyd-Hydrosulfit durch Zusatz von Formaldehyd zu einer Ätzdruckfarbe aus Zink und Bisulfit ausgesprochen hatten.

Das Ergebnis dieser Arbeiten führte dazu, dass das Kurz'sche Verfahren an L. Descamps in Lille abgetreten wurde[3]), welche Firma ihrerseits wieder der Firma Cassella und deren Filialbetrieb in Lyon, der Manufacture Lyonnaise des Matières Colorantes, eine Lizenz einräumte (Hyraldit A).

Was die in der Manufaktur E. Zundel gemachte Entdeckung betrifft, ist hervorzuheben, dass nicht diese Firma ihre Erfindung zum Patent anmeldete, sondern, reichlich ein Jahr nach der Entnahme ihres versiegelten Schreibens bei der Société Industrielle de Mulhouse (15. Dezember 1902), die Farbwerke Höchst diese Erfindung zum Patent anmeldeten (*D.R.P. 165.280* vom 8. Dezember 1903, Z. f. Farb. Ind. 1909, S. 89).

Vom geschichtlichen Standpunkt aus, scheint es uns interessant, eine Richtigstellung in Bezug auf die Entdeckung des Natriumformaldehydsulfoxylats vorzunehmen.

Herr Prof. Dr. Haller, der sich mit dieser Frage eingehend befasste, hat in Textil Rundschau 1948, S. 116, einen Artikel veröffentlicht, nach welchem es möglich ist, den eigentlichen Autor dieser ganz hervorragenden Entdeckung zu identifizieren[4]).

---

[1]) Dr. Haller Text. Rundschau 1948, S. 116. Dieses Werk Bd. I, Kap. IV, S. 410; wo es angebracht ist, obige Berichtigung bezüglich Russina vorzunehmen.

[2]) R.G.M.C. 1900, S. 137; Bull. Mulh. 1900, S. 49; R.G.M.C. 1904, S. 130.

[3]) *Franz. P. 337.530,* 23. Februar 1903; R.G.M.C. 1904, S. 153; *brit. P. 19.446,* 1903; R.G.M.C. 1904, 153, 1905, S. 102.

[4]) P. J. Wood, Who was the Discoverer of Hydrosulfite NF, Amer. Dyest. Rep. 1949, 38, S. 105 ff.

Obwohl die von mir hier angeführte Dokumentation den Tatsachen entspricht, muss leider festgestellt werden, dass infolge mannigfaltiger Machenschaften um diese Erfindung der Name des eigentlichen Erfinders unerwähnt blieb.

Aus den verschiedenen veröffentlichten Arbeiten geht hervor, dass das Verdienst der Entdeckung Camille Kurz zugesprochen werden könnte, da sein versiegeltes Schreiben vom 1. Dezember 1902 datiert ist, während dasjenige der Manufaktur Zündel erst am 15. Dezember 1902 bei der Société Industrielle de Mulhouse hinterlegt wurde.

Die Wahrheit ist jedoch ganz anders. Nach Prof. Dr. Haller, der hierüber eine sehr sorgfältige Untersuchung vornahm, ist die Entdeckung des Natriumformaldehydsulfoxylats G. Thesmar, zu jener Zeit Chemiker der Manufaktur E. Zündel, zuzuschreiben, der durch L. Baumann, Hilfsdirektor derselben Firma, beauftragt wurde, die Anwendungsmöglichkeiten des von der B.A.S.F. hergestellten festen Natriumhydrosulfits zu untersuchen. Im Laufe dieser Arbeiten, die insbesondere auf eine Stabilisierung des Produktes hinzielten, stellte G. Thesmar die überraschende Wirkung eines Formaldehydzusatzes fest.

Es muss jedoch gesagt werden, dass die Idee, dem Natriumhydrosulfit Formaldehyd zuzusetzen, um die Beständigkeit zu erhöhen, nichts Aussergewöhnliches an sich hat, da die Arbeiten von L. Zuber und Pelizza bereits bekannt und veröffentlicht waren.

Durch eine bedauerliche Indiskretion eines Chemikers der Manufaktur E. Zündel, Namens Eckert (Mülhausen) bekam C. Kurz Kenntnis von dieser Arbeit, welch letzterer sich beeilte, ein versiegeltes Schreiben niederzulegen (1. Dezember 1902), während die Manufaktur E. Zundel, infolge einer unverständlichen Unentschlossenheit, das ihrige erst am 15. Dezember 1902 einschreiben liess.

Durch diese Säumnis und die oben erwähnte verwerfliche Indiskretion, verlor die Manufaktur E. Zündel und der wirkliche Erfinder, G. Thesmar, das Anrecht auf die Priorität der Erfindung.

Was das vom 8. Dezember 1903 datierte Patent der Farbwerke Höchst anbelangt, welches die Herstellung von beständigen Hydrosulfitverbindungen schützt, so ist es, das mindeste was man sagen kann, merkwürdig, dass dasselbe den gleichen Gegenstand behandelt wie das fast ein Jahr vorher von der Manufaktur E. Zundel niedergelegte versiegelte Schreiben.

Dieses Verfahren hat offenbar auch den Anlass zu verschiedenen Machenschaften gegeben, welche gewiss nicht zur Ehre der einzelnen Teilnehmer gereichen, und die zu wichtigen Änderungen in der Betriebsführung der Manufaktur E. Zündel führten (Abgang von Ch. Schwartz und Ernennung von L. Baumann zum Generaldirektor).

Aus Obigem geht also klar hervor, dass das Patent nicht von der Manufaktur E. Zündel niedergelegt wurde, und dass infolgedessen eine Lizenzabgabe an die Farbwerke Höchst nicht erfolgen konnte.

Einerseits haben Reinking, Dehnel und Labhardt, Chemiker der B.A.S.F., andererseits L. Baumann, Thesmar und Frossard den Aufbau der neuen Verbindungen untersucht[1]). Es konnte bewiesen werden, dass sich durch die Einwirkung des Formaldehyds auf das Natriumhydrosulfit eine äquimolekulare Mischung dieser beiden Körper bildet: das Natriumformaldehydbisulfit, welches als Salz der Oxymethansulfosäure anzusprechen ist:

$$CH_2\begin{cases}OH\\SO_3Na\end{cases}\qquad\text{(das keinerlei Ätzwirkung besitzt)}$$

und das Natriumformaldehydsulfoxylat, ein Salz der Oxymethan sulfinsäure.

$$CH_2\begin{cases}OH\\O\!-\!S\!-\!ONa\end{cases}\qquad\text{(ein hochwirksames Reduktionsmittel)}$$

Diese Reaktion kann durch die nachstehende Gleichung ausgedrückt werden[2]):

$$[Na_2S_2O_4\cdot 2\,H_2O]+2\,CH_2O+2\,H_2O=[NaHSO_2\cdot CH_2O\cdot 2\,H_2O]+]NaHSO_3\cdot CH_2O\cdot H_2O]$$

Da die hydroschweflige Säure ein gemischtes Anhydrid der schwefligen und der Sulfoxylsäure:

$$[H_2S_2O_4+H_2O]=[H_2SO_2+H_2SO_3]$$

darstellt, lässt sich die Bildung dieser beiden Derivate, der Oxymethansulfonsäure und der Oxymethansulfinsäure, sehr wohl erklären. Das Natriumsulfoxylat gibt mit dem Formaldehyd das Natriumformaldehydsulfoxylat.

$$S\begin{cases}ONa\\OH\end{cases}+CH_2O\longrightarrow S\begin{cases}ONa\\O\!-\!CH_2\!-\!OH\end{cases}$$

---

[1]) Ber. 1905, S. 1048, 1057, 1064, 1077; R.G.M.C., 1904, S. 353.

[2]) Literatur, welche sich auf das vorstehende Thema bezieht:

a) Entdeckung des Formaldehyd-Sulfoxylats: Lefèvre, R.G.M.C. 1903, S. 74; 1905, S. 102; H. Schmid, Chem. Ztg. 1905, S. 609; R.G.M.C. 1905, S. 256; L. Descamps, R.G.M.C. 1905, S. 286; Baumann und Thesmar, Note sur les hydrosulfites-formaldehydes, Bull. Mulh., Febr. 1910, S. 59; R.G.M.C. 1910, S. 273f.; Bazlen, Sur l'acide hydrosulfureux, R.G.M.C. 1905, S. 169.

b) Untersuchungen über die Hydrosulfite: Dr. Panizzon: Über die Hydrosulfite, Mell. 1931, Januar und Februar; Hackl, Mell. 1930, S. 267, 534; R.G.M.C. 1930, S. 267; L'industrie des hydrosulfites, Tiba, 1924, September und Oktober; Dubosc, Rev. Prod. Chim. 1920, 23, S. 303 u. 593.

c) Patente: B.A.S.F.: *D.R.P. 165.807, 202.242, 222.195, 256.460, 224.863, 248.253, 194.052, 214.041;* M.L.B.: *D.R.P. 165.280, 172.217, 187.494, 224.863;* Heyden, *D.R.P. 199.618, 202.825, 202.826;* Chem. Zentralblatt 1927, II, S. 1014.

Während die Oxymethansulfosäure einbasisch ist, ist die Oxymethansulfinsäure zweibasisch und gibt zwei Reihen von Salzen, von denen man ausser den Natriumverbindungen diejenigen des Zinks kennt:

$$CH_2\begin{cases} OH \\ O-S-O-Na \end{cases} \quad \text{und} \quad CH_2\begin{cases} ONa \\ O-S-O-Na \end{cases}$$

$$\left(CH_2\begin{cases} OH \\ O-S-O \end{cases}\right)_2 Zn \qquad CH_2\begin{cases} O \\ O-S-O \end{cases} Zn$$

Für die Sulfoxylsäure sind drei Konstitutionen möglich: die symmetrische:

$$S\begin{cases} OH \\ OH \end{cases}$$

die asymmetrische:

$$O{=}S\begin{cases} OH \\ H \end{cases}$$

die Sulfinsäure:

$$\begin{matrix} O \\ O \end{matrix}{>}S\begin{cases} H \\ H \end{cases}$$

Auf die Aldehydverbindungen scheint die symmetrische Formel nicht anwendbar zu sein, dagegen sind die Sulfinsäureformel und die asymmetrische Form leichter erklärbar. Hätte aber die Sulfoxylsäure die Sulfinsäurekonstitution, so müsste durch Oxydation eine Sulfosäure entstehen, doch wurde durch Oxydation mit Jod Schwefelsäure, aber nie eine Sulfogruppe erhalten. Doch soll es bei der Einwirkung von Permanganat in Gegenwart von Magnesiumchlorid bei 0⁰ C möglich gewesen sein, Oxymethansulfosäure zu erhalten.

Es bestehen heute zwei Auslegungen der Konstitution der Aldehydsulfoxylsäure-Verbindungen, und zwar jene, welche eine Esterbindung der Sulfoxylsäure annimmt[1]):

$$S\begin{cases} ONa \\ O-CH_2-OH \end{cases}$$

die von der symmetrischen Formel:

$$S\begin{cases} OH \\ OH \end{cases}$$

____

[1]) Siehe dieses Werk, Bd. I, S. 68.

hergeleitet ist, und diejenige nach Bazlen, der sich für ein Derivat der Sulfinsäure

$$Na-S-CH_2-OH$$
$$\overset{\displaystyle O}{} \quad \overset{\displaystyle O}{}$$

einsetzt, wobei als Stammkörper die Sulfinsäure

$$\begin{array}{c} O \diagdown \\ \quad S \\ O \diagup \end{array} \begin{array}{c} H \\ \\ H \end{array}$$

zu gelten hätte.

Mit Bisulfit gibt der Formaldehyd einen Schwefligsäureester der Formel:

$$CH_2 \diagup \begin{array}{c} OH \\ O-S-ONa \\ \| \\ O \end{array}$$

der von der symmetrisch gebauten schwefligen Säure:

$$O{=}S \diagup \begin{array}{c} OH \\ OH \end{array}$$

ableitbar ist.

Bevor diese Auffassung ausgesprochen wurde, glaubte man es mit einem Sulfonsäureester zu tun zu haben, weil bei der Reduktion ein merkaptanartiger Geruch auftrat, der ein unmittelbar an das Kohlenstoffatom gebundenes Schwefelatom vermuten liess:

$$CH_2 \diagup \begin{array}{c} OH \\ S-ONa \\ \end{array}$$
$$\overset{\displaystyle O}{} \quad \overset{\displaystyle O}{}$$

entsprechend der asymmetrischen Form:

$$\begin{array}{c} O \diagdown \\ \quad S \\ O \diagup \end{array} \begin{array}{c} H \\ \\ OH \end{array}$$

Die Auffassung eines Schwefligsäureesters dürfte, im Gegensatz zu derjenigen eines Sulfoxylsäurederivats, die richtigere sein; sie wird heute allgemein für die Verbindungen des Bisulfits mit Aldehyden als zutreffend angenommen.

Die ersten zum Verkauf gelangten Produkte waren aus äquimolekularen Mischungen der beiden Körper:

$$CH_2\!\!\begin{array}{l} \diagup OH \\ \diagdown SO_3Na \end{array} \qquad und \qquad CH_2\!\!\begin{array}{l} \diagup OH \\ \diagdown O\!-\!S\!-\!O\!-\!Na \end{array}$$

zusammengesetzt: **Hydrosulfit NF** von M.L.B., **Hyraldit A** von Cassella, **Rongalit C** einfach der B.A.S.F., die unter der Bezeichnung Natriumformaldehydhydrosulfit, $Na_2S_2O_4 \cdot 2\,CH_2O \cdot H_2O$ bekannt sind. Zu deren Darstellung gibt man entweder Formaldehyd zum Natriumhydrosulfit zu oder man reduziert in saurer Lösung den Aldehyd-Bisulfit mit Zinkstaub:

$$2\,CH_2O \cdot NaHSO_3 + Zn + H_2SO_4 = ZnSO_4 + Na_2S_2O_4 \cdot 2\,CH_2O + 2\,H_2O$$

Das Natriumformaldehydhydrosulfit wird in wässeriger Lösung in Formaldehydbisulfit und in Natriumformaldehydsulfoxylat gespalten:

$$Na_2S_2O_4 \cdot 2\,CH_2O + H_2O = NaHSO_3 \cdot CH_2O + NaHSO_2 \cdot CH_2O$$

Die B.A.S.F. hat als erste das Natriumformaldehydsulfoxylat in nahezu chemisch reinem Zustand erzeugt. Das im Jahre 1905 erzeugte Produkt führte den Namen **Eradit C** und nahm später die Bezeichnung **Rongalit C** extra an; ihm folgten im Jahre 1906 das **Hydrosulfit NF** konz. (M.L.B.) und das **Hyraldit C** extra von Cassella. Die Trennung der beiden Körper (nach obenstehender Gleichung) erfolgt durch fraktionierte Kristallisation in Wasser und verdünntem Alkohol[1]). Gemäss dem *D.R.P. 160.529*[2]) kann man das Natriumformaldehydsulfoxylat durch Behandlung von Natriumhydrosulfit mit Formaldehyd in Gegenwart von Natronlauge erhalten:

$$Na_2S_2O_4 + CH_2O + NaOH = NaHSO_2 \cdot CH_2O + Na_2SO_3$$

Endlich beruht noch ein technisch vorzüglich bewährtes Verfahren auf der Bildung von Zinkformaldehydhydrosulfit, wobei man von in Wasser suspendiertem Zinkstaub, Schwefligsäureanhydrid und Formaldehyd bei 80° C ausgeht. Nach eingetretener Reaktion gibt man noch eine kleine Menge Zinkstaub zu und bildet durch doppelte Umsetzung mit Solvaysoda das Natriumsalz, worauf man im Vakuum abdampfen lässt (*franz. P. 506.175*). Das Natriumformaldehydsulfoxylat existiert in zwei Formen: im wasserfreien Zustande sowie kristallisiert mit 2 Molekülen Kristallwasser. Es ist in Wasser im

---

[1]) Bayer, *D.R.P. 168.729*; Bull. Mulh. 1905, S. 348.
[2]) Bazlen, Ber. 1905, S. 1064; Ch. Sunder und Ch. Frossarelli, Bull. Mulh. 1925, S. 171.

Verhältnis 4 Teile Salz zu 6 Teilen Wasser löslich, unlöslich dagegen in organischen Lösungsmitteln, wie Alkohol, Äther, Schwefelkohlenstoff und Estern.

Das **Kalziumformaldehydsulfoxylat**[1]) wurde im Jahre 1903 von Descamps unter dem Namen **Hyraldit** in den Handel gebracht; es ist in wässeriger Lösung sehr beständig und wurde vorerst als Ätzmittel für Direktfärbungen und für solche mit unlöslichen Azofarbstoffen verwendet.

Da die Formaldehyd-Sulfoxylsäure zwei Reihen von Salzen bildet, kennt man das primäre Zinksalz[2]):

$$Zn(SO_2{-}CH_2{-}OH)_2 \quad \dots$$

Decrolin löslich konz. (I. G.)
Hydrosulfit BZ, wasserlöslich (Ciba)[2])
Sulfoxite S conc (Du Pont)
Décolorant NZ (Francolor)

und das sekundäre Salz

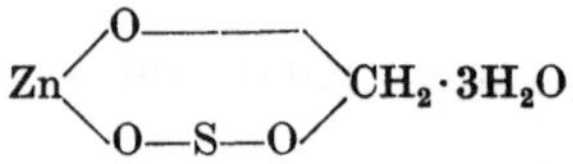

$$Zn\underset{O{-}S{-}O}{\overset{O{-}\rule{2cm}{0.4pt}}{\diagdown\diagup}}CH_2 \cdot 3H_2O$$

Decrolin (I. G)
Hydrosulfit BZ, säurelöslich (Ciba)
Décolorant N (Francolor)

Das **Azetaldehydderivat** wurde ebenfalls dargestellt; es entspricht der Formel:

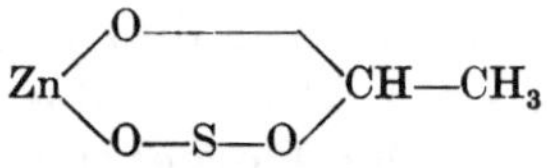

$$Zn\underset{O{-}S{-}O}{\overset{O{-}\rule{2cm}{0.4pt}}{\diagdown\diagup}}CH{-}CH_3$$

und hat den Namen Decrolin AZA.

Das **Natriumformaldehydsulfoxylat** leitete einen neuen Abschnitt in der Technik des Ätzartikels ein, der sich nunmehr leicht und betriebstechnisch praktisch ausführen liess. Derzeit ist das Produkt das ausschliessliche Mittel für Reduktionsätzverfahren. Wie schon bemerkt, kann man hier zwei Gruppen von Farbstoffen unterscheiden:

a) jene Farbstoffe, die bei der Reduktion Leukoderivate bilden, die durch Oxydation an der Luft wiederentstehen; sie müssen durch eine besondere Behandlung (alkalisches Bad von 80—90° C) von der Faser entfernt werden;

b) jene Farbstoffe, welche durch die Reduktion vollkommen gespalten und zerstört werden, wobei sich die Rückstände leicht durch Waschen ablösen lassen.

---

[1]) Vgl. auch *brit. P. 281.134; franz. P. 643.042*, 1927, I.G. Farbenindustrie.
[2]) B.A.S.F. und M.L.B., *D.R.P. 172.217, 187.494, 194.052, 214.041, 248.253;* Heyden, *D.R.P. 199.618, 202.825, 202.826.*

In Zusammenfassung der verschiedenen Anwendungen ist zu sagen:

a) Ätzen auf Indigo und Küpenfarbstoffen.

Der Indigo wird durch Reduktion in das lösliche Indigoweiss (Leukoindigo) umgewandelt, aus dem durch Wiederoxydation der Farbstoff zurückgebildet wird:

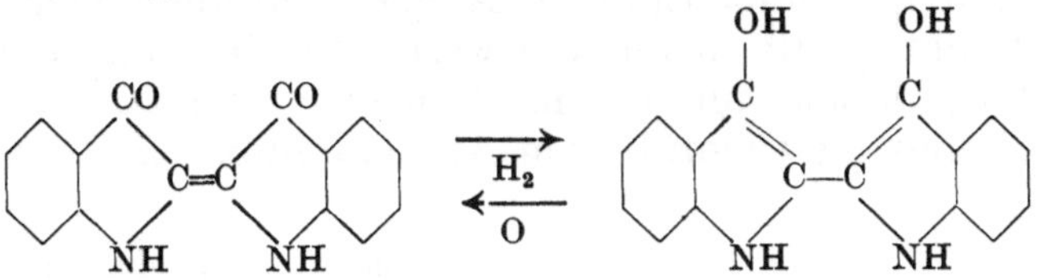

Um einen Ätzeffekt zu erhalten, muss man daher das Leukoderivat vor eingetretener Oxydation von der Faser entfernen, was gewisse praktische Schwierigkeiten mit sich bringt. R. Haller[1]) und Aubert[2]) versuchten es als erste, Indigo mit Natriumformaldehydsulfoxylat zu ätzen, aber die weissen Ätzstellen waren durch die rasche Wiederoxydation des Leukoindigos von ungenügender Reinheit und das Verfahren bedurfte besonderer Vorsichtsmassnahmen. 1905 fand Haller durch eine Behandlung im kochenden Seifenbad die Möglichkeit, den Leukoindigo von der Faser abzulösen; es gelang ihm durch Einführung von Seife in die Druckfarbe die Herstellung einer Weissätze (*D.R.P. 194.878*). Von M.L.B. wurde eine Beigabe von Anthrachinon als Reduktionskatalysator empfohlen[3]). Zusätze von alkalischen Mitteln bewirken bei erhöhter Beständigkeit der Druckfarbe eine Verlangsamung der Wiederoxydation des Leukoindigos (Haller: Seifenzusatz; Schwartz: Anilin[4]); B.A.S.F.: Sulfit). Cassella schlug für derartige Farben Zinkoxyd[5]) und Formaldehyd[6]) vor. Ein Ätzprozess für Thioindigorot von Kalle wurde von J. Frossard und H. Fleischer gefunden; man druckt das Natriumformaldehydsulfoxylat in Gegenwart von Lauge auf, nimmt durch den Schnelldämpfer und schliesslich durch kochendes Wasser[7]). Kalle[8]) nennt als

---

[1]) *D.R.P. 194.878*, 1905; Dr. Haller, Die Entwicklung des Zeugdrucks, Mell. 1932, S. 377, 433.

[2]) Bull. Mulh. 1907, S. 419; R.G.M.C. 1908, S. 146; siehe auch Lustig und Paulus, Frb. Ztg. 1907, S. 57; 1911, S. 460.

[3]) *D.R.P. 209.122, 213.583;* Pat. Anm. *23.637* und *23.643*, Zusätze zu *D.R.P. 200.927.* Siehe dieses Werk, Bd. I, Kap. IV, S. 415.

[4]) *D.R.P. 204.565.*

[5]) *D.R.P. 166.783.*

[6]) *D.R.P. 120.318.*

[7]) Bull. Mulh. 1907, S. 422.

[8]) Kalle, *D.R.P. 200.927*, 1907. Reinking, Frb. Ztg. 1910, S. 31.

Endbehandlung eine Passage durch verdünnte Säure, gefolgt von einem sehr verdünnten kochenden Laugenbad[1]).

Um die Ätzeffekte nach dem Dämpfen luftbeständiger zu machen, dachte Haller an eine Umwandlung des Leukoindigos in eine nicht-oxydierbare Verbindung, wobei er als erster einen Erfolg mit dem Zusatz von Resorzin und Zinkchlorid erzielte; leider war die derart erhaltene Verbindung schwer löslich. Die Lösung des Problems gelang jedoch den Chemikern der B. A. S. F. und die moderne Chemie verdankt Reinking die bemerkenswerte Entdeckung der Benzylierungsmittel[2]), welche unter dem Namen der Leukotrope bekannt sind. Es sind dies die Chloride von Ammoniumbasen wie z. B.

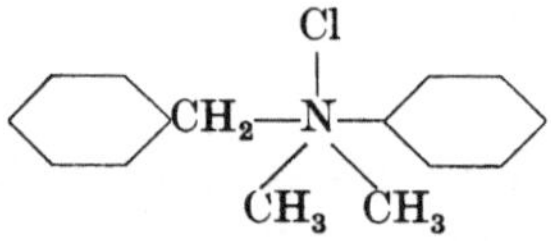

Chlorid des Dimethylphenylbenzyl-ammoniums oder Leukotrop O (Ätzsalz OS der Ciba).

und des

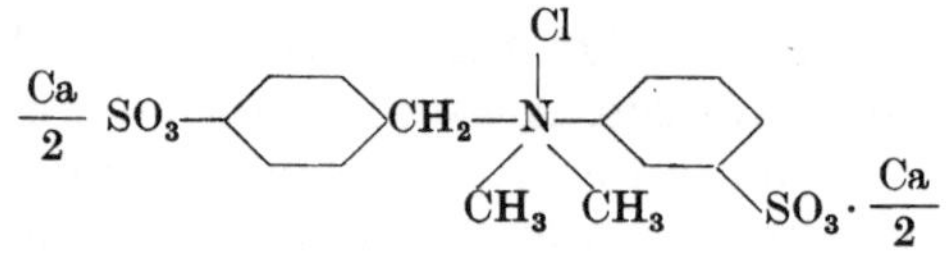

Kalzium- oder Natriumsalz der Disulfosäure der vorstehenden Verbindung: Leukotrop W oder Ätzsalz W der Ciba.

Diese Verbindungen erhält man[3]) durch die Einwirkung von Benzylchlorid auf Dimethylanilin oder auf die Sulfosäuren tertiärer Amine oder auch in der Weise, dass man von der Chlortoluolpara-sulfosäure ausgeht, die man mit der Dimethylmetanilsäure reagieren lässt. Die Ätherifizierungsmittel gibt man den rongalithaltigen Ätzfarben zum Zwecke der Benzylierung der Enolgruppen des Leuko-indigos und zur Bildung luftbeständiger Äther zu, die vermöge ihrer Alkalilöslichkeit (Leukotrop W) leicht von der Faser entfernbar sind[4]).

Einzelheiten dieses Problems sollen nicht erörtert werden, weil sie bereits im Kapitel I, S. 146 ff. — worauf hiermit Bezug genommen wird — mitgeteilt wurden. Immerhin soll festgestellt werden, dass gewisse Indanthrenfarbstoffe der Leukotropätze widerstehen und

---

[1]) *D.R.P. 212.792;* Frb. Ztg. 1910, S. 33, 82, 275; Fischers Ber. 1908, S. 396; 1907, S. 495. Siehe dieses Werk, Bd. I, Kap. I, S. 145.

[2]) Literatur, die sich auf die Ätzung von indigoiden und anthrachinoiden Küpen-farbstoffen bezieht: Bude, R.G.M.C. 1913, S. 54; Frb. Ztg. 1912, S. 470; 1913, S. 103; Reinking, Frb. Ztg. 1913, S. 45; *D.R.P. 231.543, 235.879, 235.880, 240.513, 246.252, 246.519, 247.099, 247.100, 247.101, 249.542, 249.543;* Frb. Ztg. 1912, S. 309 und 374. *Franz. P. 414.937,* 1910, *413.554* und *Zusatzp. 12.784, 13.487, 13.430,* 1910; *brit. P. 25.957* und *27.038,* A. D. 1910. Leipz. Mon. 1911, S. 262; Frb. Ztg. 1911, S. 102, 227 und 406.

[3]) Siehe Kap. I, S. 147ff.

[4]) Mit Leukotrop O entsteht ein alkaliunlöslicher Äther, welcher als Gelbätze auf Indigo benutzt wird.

dass gemäss dem *D. R. P. 568.426* der I. G.[1]) Verbindungen der Leukotropklasse, wie das Sulfonat des Phenyl-1-Naphtomethylammoniumhydroxyds bei einem Zusatz von 250 g im kg Druckfarbe die Eigenschaft haben sollen, die Ätzwirkung zu verstärken und z. B. Indanthren färbungen, wie das Indanthrendunkelblau BO, weiss zu ätzen.

b) Ätzen auf Färbungen, die durch Reduktion zerstört werden:

Diese Gruppe umfasst die meisten Azofarbstoffe, und zwar solche, die als unlösliche Farbstoffe auf der Faser selbst gebildet werden, ebenso wie solche, die die pflanzliche Faser direkt färben (substantive Farbstoffe), endlich auch bestimmte Beizenfarbstoffe, die sich von Azoverbindungen ableiten lassen. Diese Farbkörper sind durch die Anwesenheit der chromophoren Gruppe —N=N— gekennzeichnet, welche durch Reduktion zerstört wird. Die chromophore Gruppe wird durch Reduktion gespalten und es bilden sich ungefärbte Aminoverbindungen, die leicht lösbar sind, wie z. B. beim Pararot:

$$2\,NO_2\!-\!\langle\ \rangle\!-\!N\!=\!N\!-\!\langle\ \rangle\text{-OH} \quad\xrightarrow{5\,H_2}\quad \langle\ \rangle\!\begin{smallmatrix}NH_2\\[4pt]NH_2\end{smallmatrix} \;+\; \langle\ \rangle\begin{smallmatrix}NH_2\\[2pt]OH\end{smallmatrix} \;+\;2\,H_2O$$

Die Ätze auf Naphtolfärbungen erfuhr eine neue und weitgehende Verbesserung durch die Erfindung des Natriumformaldehydsulfoxylats. Sie ermöglichte eine besondere Vervollkommnung der Ausführung und liess die älteren Verfahren wie die Zinnsalzätze, die Tanninätze, die Sulfitätze und die Zinkstaubätze in Vergessenheit geraten. Unter der Einwirkung der neu auf dem Weltmarkt erschienenen Naphtol-AS-Kombinationen wurde die Bedeutung dieser Verfahren noch gesteigert mit Rücksicht auf die sehr ausgedehnte Möglichkeit der Erzeugung der mannigfaltigsten Farbtöne in ausserordentlicher Reinheit und der Tadellosigkeit der auf diese Weise erzielten Ätzdrucke.

Das Alphanaphtylaminbordeaux[2]) zählt ebenso wie die Farbstoffe, die durch Kupplung mit Naphtol-AS-Derivaten entstehen, zu den unlöslichen Körpern, welche der Ätze mit Natriumformaldehydsulfoxylat den grössten Widerstand entgegensetzen. Ein Eingehen auf die Einzelheiten der zahlreichen diesbezüglichen Arbeiten[3]),

---

[1]) Bull. Föd. I, S. 527.
[2]) Siehe Kap. IV, S. 412.
[3]) Siehe die auf die Natriumformaldehydsulfoxylatätzen zusammengestellte Literatur in Kap. IV, S. 413 und ff.

welche auf die Entdeckung geeigneter Katalysatoren abzielten, so
z. B. bestimmter Farbstoffe, wie Setopalin, Nitroalizarin[1]) (Wilhelm),
Patentblau[2]) (M. L. B.), Indulinscharlach[3]) (B. A. S. F.) und endlich
Anthrachinon[4]) (S. Slatonstoffsky und Ch. Sunder), ist hier nicht
möglich. Alle diese Produkte werden in der Weise angewendet,
dass man sie in einer bestimmten Menge der Ätzfarbe zumischt.
Indulinscharlach ist besonders wegen der geringen Quantität hervorzuheben, welche hinreicht, um das gewünschte Ergebnis zu erzielen.
So hat die B. A. S. F. eine Spezialmarke von Natriumsulfoxylatformaldehyd in den Handel gebracht, welcher Spuren von Indulinscharlach zugegeben waren; dieses Produkt führte den Namen
Rongalit spezial[5]).

Anthrachinon ist ein ausgezeichneter Wasserstoffüberträger.
Durch Reduktion bildet sich zuerst Anthrahydrochinon bzw. Oxanthron:

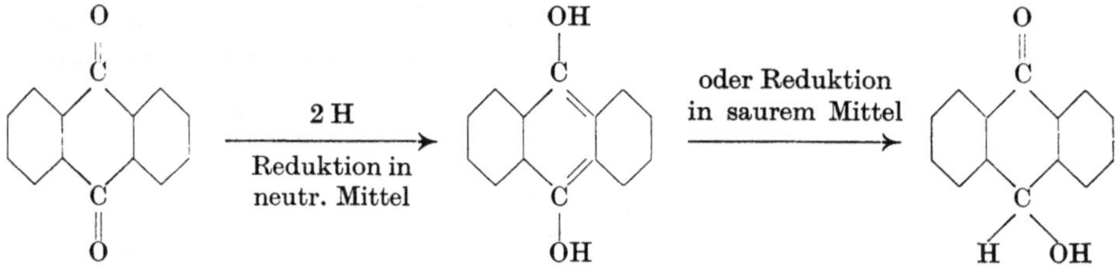

$$\text{Anthrachinon} \xrightarrow[\text{Reduktion in neutr. Mittel}]{2\,\text{H}} \text{Anthrahydrochinon} \xrightarrow[\text{in saurem Mittel}]{\text{oder Reduktion}} \text{Oxanthron}$$

Das Oxanthron und das Anthrahydrochinon sind desmotrope
Körper mit Keto-Enol-Charakter. (K. H. Meyer, Annalen 420, 1920,
S. 113.) Aus den Erfahrungen der Praxis ergibt es sich, dass nur
ein sehr fein verteiltes Anthrachinon als Katalysator wirken kann.
Zu diesem Zweck löst man entweder das Anthrachinon in konzentrierter Schwefelsäure auf und fällt es wieder mit Wasser aus oder
man reduziert das Anthrachinon in alkalischem Mittel zu Anthrahydrochinon und fällt es wieder durch Oxydation mittels eines Luft-
stroms aus. Battegay, Wagner und Lipp[6]) haben sich bemüht, die

<hr>

[1]) Wilhelm, R.G.M.C. 1906, S. 193, 362; Bull. Mulh. 1906, S. 75, 93; siehe auch
Justin-Mueller, R.G.M.C. 1907, S. 199, 403.

[2]) M.L.B., *D.R.P. 188.700;* Fischer's Ber. 1907, S. 456.

[3]) B.A.S.F., *franz.* P. 355.117, 1906; *D.R.P. 184.381;* R.G.M.C. 1907, S. 60.

[4]) Sunder, *D.R.P. 186.050*, 1906; Bull. Mulh. 1906, S. 365; 1907, S. 382.

[5]) Rongalit spez. = 10 kg Rongalit C extra + 26 g Indulinscharlach + 4 g Methylenblau + 10 g Leukotrop O.

[6]) Bull. Mulh., 1923, Juniheft, Nr. 6 und ebenso Bull. Mulh. 1921, S. 233; Pla-
nowsky, Untersuchung über die Wirkung des Anthrachinons, Z. f. F. I. 1907, S. 109;
R.G.M.C. 1907, S. 215; Dissertation von Philippe Brandt, Strassburg 1922. Siehe auch
M. Battegay, Etude sur l'anthraquinone, Rev. Gén. des Sciences, 1922, S. 502; Battegay,
Bull. Mulh. Sitzungsber. vom 7. März 1923; Battegay und Ph. Brandt, Bull. Mulh. 1923,
S. 365; Battegay und Hueber Bull. Soc. Chim. 1923, S. 1904; siehe auch K. H. Meyer,
Annalen, 1911, 379, S. 58 und 1918, 396, S. 141.

Schwierigkeiten, welche sich aus der Dispergierung des Anthrachinons ergeben, dadurch zu umgehen, dass sie es durch ein in Wasser lösliches sulfoniertes Derivat ersetzten, so z. B. durch α- oder β-Anthrachinonmonosulfonat; aber das Ergebnis war ein negatives. Dies soll darauf zurückzuführen sein, dass die Reduktion der Monosulfoderivate des Anthrachinons in schwach saurer oder neutraler Lösung nicht zum Anthrahydrochinonmonosulfosäure, sondern zu dessen tautomerer Ketoform führt, welche einer Selbstoxydation nicht zugänglich ist.

Sunder und Bader[1]) haben ebenfalls eine Reihe von Anthrachinonabkömmlingen auf ihre katalytische Wirkung untersucht. Sie konnten feststellen, dass die Sulfoderivate, ungeachtet ihrer Löslichkeit, keine Katalysatoren sind, dass dagegen das 2-Oxyanthrachinon dem Anthrachinon selbst, in dessen katalytischen Wirkung sogar ein wenig überlegen ist.

Die Ätze für Farbstoffe, welche sich von Naphtol-AS-Körpern herleiten lassen, enthält nebst dem Natriumformaldehydsulfoxylat Anthrachinon in fein verteilter Teigform sowie alkalische Substanzen (NaOH, K_2CO_3, ZnO). Da die Affinität gewisser Naphtole AS zur pflanzlichen Faser eine sehr grosse ist, ist eine Nachbehandlung mit kochender Seifenlösung und mit Sodalösung unumgänglich.

Beim Ätzen von substantiv gefärbten Geweben mittels Buntätzdruckpasten, welche ausser dem Küpenfarbstoff noch ein Alkali (Natriumhydroxyd, Kaliumhydroxyd, Soda oder Kaliumkarbonat) Natriumformaldehydsulfoxylat und ein Verdickungsmittel enthalten, erzielt man Buntätzeffekte, die in Bezug auf Gleichheit und Schärfe zu wünschen übrig lassen. Auch ist öfters ein unvollständiges Ätzen der bedruckten Stelle zu beobachten.

Diese Übelstände können laut *amer. P. 2.322.322* (niedergelegt 29. März 1941, erteilt 22. Juni 1943) der Celanese Corporation behoben werden, wenn man an Stelle der üblichen Alkalien alkalische Alkalisalze der phosphorigen oder Phosphorsäure verwendet, beispielsweise Trinatriumorthophosphat. Man erzielt hiermit lebhafte und glatte Druckeffekte.

Beispiel: Ein mit ätzbaren Farbstoffen braunschwarz gefärbtes Azetat-Viskose-Mischgewebe wird mit einer Ätzdruckpaste folgender Zusammensetzung bedruckt:

10 T. Natriumformaldehydsulfoxylat
20 T. Natriumsulfocyanid
35 T. Supertex-Gummi
 7 T. Wasser
 3 T. Natriumbenzylsulfanilat
 5 T. Trinatriumphosphat
10 T. Indanthrengoldgelb GK

---

[1]) Bull. Mulh. 1921, S. 187.

Nach dem Drucken und Trocknen dämpft man während 15 Minuten bei 99° C, dann wird gewaschen, oxydiert, geseift und getrocknet. Man erhält auf diese Weise helle, lebhafte, gelbe Druckeffekte mit scharfen, aureolfreien (halofreien) Konturen.

Durch Aufdrucken einer Ätzdruckpaste auf ein mit Azofarbstoffen gefärbtes Gewebe, entstehen infolge Spaltung der Azogruppe verschiedene Zersetzungsprodukte, die durch Waschen mit Wasser nicht immer von der Faser entfernbar sind und daher eine gewisse Trübung der Buntätzen verursachen. Laut *amer. P. 2.333.204* (niedergelegt 3. Februar 1940, erteilt 2. Februar 1943) der Celanese Corporation of America, können diese Zersetzungsprodukte restlos von der Faser abgezogen werden, wenn man die bedruckte und gedämpfte Ware mit einer alkalischen Flotte behandelt. Als alkalische Produkte, die der Waschflotte zugesetzt werden können, kommen folgende Substanzen in Betracht: Alkalihydroxyde, -karbonate und -bikarbonate, quaternäre Ammoniumhydroxyde, wie Trimethylbenzylammoniumhydroxyd, die Mono-, Di- und Trialkylolamine, Ammoniak und aliphatische wasserlösliche Amine, wie z. B. Methyl-, Äthyl-, Isopropylamin, Dimethyl-, Diäthyl- und Trimethylamin. Diese Produkte verwendet man in Lösungen, deren Konzentration so eingestellt werden muss, dass das Gewebe bei der alkalischen Behandlung keinerlei Schäden erleidet. Dieser Behandlung widerstehenden Buntätzen können selbstverständlich auch nach diesem Verfahren fertiggestellt werden.

Das *franz. P. 878.029* der I. G. Farbenindustrie bezieht sich auf ein Verfahren zur Herstellung von Reserven unter Drucken oder unter Färbungen auf Textilgeweben mit Hilfe von Pigmenten und unter Verwendung von Verdickungen dadurch gekennzeichnet, dass man Reservedruckpasten anwendet, die ausser der organischen Verdickung und eventuell Farbstoff, Metallsalze oder Füllmittel enthalten.

Patentgemäss druckt man ein Gewebe mit einer Farbe folgender Zusammensetzung:

        100 T. Bleiazetat
         50 T. Kaolin
        125 T. Senegalgummi
        125 T. Wasser

Das bedruckte und gedämpfte Gewebe wird dann mit einer Farbe überdruckt, die wie folgt zusammengesetzt ist:

         30 g Pigment (Schultz Nr. 1236)
        150 g eines Kondensationsproduktes auf Basis von Phtalsäureanhydrid, Glyzerin, Leinöl und Fettsäuren des Holzöls
         50 g eines Harnstoff-Formaldehydkondensationsproduktes
        260 g Xylol
         50 g Butanol
        520 g Polyvinylalkohol 1%ig
       ————
       1000 g

Dann wird getrocknet, während 5 Minuten bei 115⁰ C erhitzt und gespült. Auf diese Weise erhält man schöne Weissreserven unter Blaudrucken.

Die I. G. Farbenindustrie[1]) gibt im *franz. P. 903.500* (in Deutschland am 9. Oktober 1939 angefordert und am 22. Januar 1945 ausgelegt) bekannt, dass sich echte Weiss- und Buntreserven, letztere mit Pigmenten, herstellen lassen, indem man Druckfarben anwendet, welche Körper enthalten, die die Pigmente waschecht fixieren. Als hierfür geeignete Substanzen führt das Patent in organischen Lösungsmitteln gelöste Kondensationsprodukte aus Harnstoff und Aldehyden oder Polymerisationsderivate, wie die Polyvinylester organischer Säuren oder Polyvinyläther u. a. m. Auch die Kondensationsprodukte aus Polyvinylalkohol und Formaldehyd in Form ihrer Lösungen in organischen Lösungsmitteln sowie die Produkte, welche den folgenden allgemeinen Formeln entsprechen, sind hierzu anwendbar:

$$R_1\text{—NH—CO—N}\underset{\diagdown CH_2}{\overset{\diagup CH_2}{\big\langle}} \quad \text{oder} \quad \underset{H_2C\diagup}{\overset{H_2C\diagdown}{\big\rangle}}N\text{—CO—NH—}R_2\text{—NH—CO—N}\underset{\diagdown CH_2}{\overset{\diagup CH_2}{\big\langle}}$$

wo R_1 und R_2 aliphatische Reste bedeuten.

Beispiel einer Ätzdruckfarbe.

40 g	eines Farbstoffes, welcher nach Beispiel 19 des *franz. P. 815.088* hergestellt wird
350 g	Johannisbrotkernmehlverdickung 25/1000
150 g	Zinkformaldehydsulfoxylat
400 g	50%ige wässerige Emulsion von Methylpolyakrylat
50 g	Glycin A
10 g	Formaldehyd 35%
1000 g	

Man druckt diese Ätzfarbe auf in Paranitranilinrot gefärbte Kunstseide, dämpft 5 Minuten im Schnelldämpfer, wäscht und trocknet.

Im Ätzdruck auf substantiven Farbstoffen sind keine neueren Besonderheiten zu verzeichnen. Die verschiedenen Verfahren wurden eingehend in Bd. II, Kap. VI, S. 12 u. ff. behandelt. Hingegen sind Ätzverfahren auf kupferhaltigen substantiven Färbungen zu erwähnen. Es handelt sich hier um Farbstoffe, die vor einigen Jahren von der I. G. Farbenindustrie einerseits und von den Schweizer Firmen

---

[1]) Siehe Kap. XII, S. 39: *franz. P. 896.088, 889.800, 889.709* und *889.726* der I. G. Farbenindustrie.

andererseits (1940) unter folgenden Namen auf den Markt gebracht wurden:

> Benzoechtkupferfarbstoffe der I. G. Farbenindustrie,
> Coprantinfarbstoffe der Ciba
> Cuprofixfarbstoffe von Sandoz und
> Cuprophenylfarbstoffe von Geigy.

Diese kupferhaltigen Färbungen sind im allgemeinen nicht ätzbar, wohl werden sie im Dampf durch Sulfoxylate zerstört, aber das Weiss der geätzten Stellen ist nicht rein. Die Reinheit der Ätzeffekte kann, gemäss dem *franz. P. 915.639* der Ciba (eingetragen 9. Oktober 1945, ausgegeben 13. November 1946), recht verbessert werden, wenn man die geätzten Stücke nach dem Dämpfen im ammoniakhaltigen Bad behandelt.

Zu erwähnen ist hier auch das Cuprosolverfahren von Geigy (*franz. P. 933.885*) von Geigy[1]), das, um reine Weissätzdrucke auf Cuprophenylfarbstoffen zu erhalten empfohlen wird. Cuprosol B entspricht dem Zinkcyanid und verstärkt die Reduktionswirkung des Rongalit C extra.

I. G. Farbenindustrie hat die interessante Beobachtung gemacht, dass eine oxydative Nachbehandlung von Weissätzen auf Färbungen mit Benzoechtkupferfarbstoffen von besonders günstigem Einfluss ist. Als Oxydationsmittel verwendet man hauptsächlich Wasserstoffsuperoxyd in schwach saurer Lösung[2]).

Das Natriumformaldehydsulfoxylat ist derzeit das einzige Mittel, welches für das Ätzen direktgefärbter Böden in Anwendung kommt, und diese Fabrikation macht keinerlei Schwierigkeiten. Nach Haller[3]) verbessert ein Zusatz von Zinkformaldehydsulfoxylat (Hydrosulfit BZ der Ciba) den Weissätzeffekt ganz bedeutend. Analog wird empfohlen, die Ätzung durch einen Zusatz von Zinkstaub beständiger zu machen[4]), was insbesondere für den Handdruck wichtig ist. Gewisse basische Farbstoffe, die im übrigen rongalitbeständig sind, werden durch einen derartigen Zinkzusatz stark angegriffen. H. Ascher[5]) beschreibt eine Beigabe von Leukotrop W, doch konnte sich der Verfasser von der Wirkungslosigkeit dieses Zusatzes für die meisten Farbstoffe selbst überzeugen[6]).

---

[1]) Siehe Bd. II, Kap. VI, S. 20 und 102. *Amer. P. 2.446.992* (17. Aug. 1948).

[2]) Dr. O. Braun, Benzoechtkupferfarbstoffe in Ätzdruck, Mell. 1939, S. 585.

[3]) Dr. Haller, Mell. 1934, Nr. 4.

[4]) Tiba 1934, S. 755.

[5]) F. Ztg. 1913, S. 341.

[6]) Doch gibt es Farbstoffe, bei denen die Wirkung von Leukotrop W sehr günstig ist, z. B. Direktbraun 4 R, 3 BN   Carbidschwarz E

Cupranolbraun B	Chlorantinlichtorange G
Direktbraun B	Chlorantinlichtblau 10 GL
Benzopurpurin 4 B	Diazobraun 3 RWA
Direktechtviolet B 4	

Um die gefärbten Böden vor einem Überziehen mit Ätzmittel zu schützen, klotzt man dieselben vor dem Aufdruck der Ätze mit Körpern, welche das Hydrosulfit zerstören, so z. B. mit Weinsäure, mit Natriumchlorat und insbesondere mit dem Natriumsalz der m-Nitrobenzolsulfosäure sowie mit Wasserstoffsuperoxyd. Schliesslich soll noch die im Jahre 1906 von den Farbwerken Höchst angegebene Ätze auf Türkischrot, bestehend aus einer Natriumformaldehydsulfoxylatätze mit Zusatz von Natriumsilikat[1]) erwähnt werden.

c) Ätzen auf Wolle[2]).

Eine grosse Anzahl von Farbstoffen gibt Ätzen von nur ungenügender Beständigkeit auf Wolle; die tierische Faser hält mit grosser Zähigkeit die Leukoderivate der Farbstoffe oder deren Zersetzungsprodukte, welche im gewöhnlichen Waschprozess nicht entfernt werden können, zurück. Diese Zersetzungsprodukte, welche auf der Faser an den Ätzstellen haften, ergeben unter dem oxydierenden Einfluss der Luft gefärbte Substanzen. Man begnügte sich damit, den gelben Ton der Faser und die Anfärbung durch derartige Zersetzungsprodukte durch Zusätze von weissen Pigmenten, wie Zinkoxyd, Lithopon[3]) oder Titanweiss, zu verschleiern.

Die Ätze mit Natriumformaldehydsulfoxylat greift die Wolle im Dämpfprozess an; dieser Angriff ist auf die Wirkung von Zersetzungsprodukten des Reduktionsmittels — Sulfite oder Sulfide — zurückzuführen. Verschiedene Vorschläge zur Behebung dieses Übelstandes wurden gemacht: so empfahl Haller[4]) Zusätze von Salzen zweiwertiger Metalle, welche unlösliche und farblose Sulfite ($ZnSO_4$) entstehen lassen. Laut dem *schweiz. P. 167.489* der I. G. soll das Natriumaminoazetat in gewissem Maße imstande sein, den Faserangriff zu vermindern; das gleiche gilt von den Ammoniaksalzen[5]) und Estern, wie z. B. dem Weinsäureäthylester, welcher von der I. G. genannt wird.

Ciba veröffentlicht ein neues Verfahren, welches auf dem Zusatz von chloressigsauren oder bromessigsauren Salzen usw. zur Ätze beruht. Das Halogen soll während des Dämpfprozesses durch die Alkalisalze, wie Natriumsulfit oder Sulfid, ersetzt werden (bzw. mit diesen in Reaktion treten), welche sich bei dieser Reaktion bilden, wodurch für die Faser unschädliche Salze entstehen[6]).

---

[1]) *D.R.P. 179.454.*
[2]) Siehe Bd. II, Kap. XI, S. 466 ff.
[3]) *D.R.P. 166.717* (M.L.B.).
[4]) *D.R.P. 591.476.*
[5]) R.G.M.C. 1933, S. 21.
[6]) *Franz. P. 780.588,* 1934; *amer. P. 2.024.038; schweiz. P. 172.047; brit. P. 429.469;* Tiba 1935, S. 735; R.G.M.C. 1935, S. 437.

Die Abbauprodukte des Albumins werden laut des *D.R.P.623.739* von Landshoff-Meyer ebenfalls für diesen Zweck empfohlen. Überdies war schon Gelegenheit, im Kap. XI ein Verfahren der Lab. Zündel, Joliet & Co. (Débalane N) zu erwähnen, welches bestimmt ist, den Faserangriff durch Natriumformaldehydsulfoxylat vollständig zu umgehen.

d) Ätzen auf Azetatkunstseide.

Das Ätzen auf dieser Faser durch das übliche Natriumformaldehydsulfoxylatverfahren ist sehr schwierig. Selbst diejenigen Farbstoffe, die theoretisch leicht reduzierbar und bei Färbungen auf Baumwolle gut ätzbar sind, werden, wenn sie auf Azetatseide aufgebracht werden, kaum oder gar nicht durch das Reduktionsmittel angegriffen. Diese Erscheinung lässt sich dadurch erklären, dass die Farbstoffe in der Azetylzellulose, wie in einem organischen Lösungsmittel, gelöst sind, während das Natriumformaldehydsulfoxylat, das wohl in Wasser, aber nicht in organischen Lösungsmitteln löslich ist, wie z. B. in Alkoholen, Äthern und Estern, nicht in die Faser eindringen und die Farbstoffe, welche darin gelöst sind, angreifen kann.

Ein Verfahren[1]), welches der Imp. Chem. Ind. entstammt, besteht in der Anwendung einer Natriumformaldehydsulfoxylat-Farbe, welcher man ein Erdalkali-Rhodansalz, z. B. Ca(CNS)$_2$ zusetzt. Laut dem *brit. P. 401.350* von Du Pont de Nemours gebraucht man das Zinkrhodanat und Diäthylenglykol[2]). Ein anderes Verfahren, welches von der I. G. bekanntgemacht wurde[3]) beruht auf der Verwendung von löslichem Zinksulfoxylat (Decrolin), d. h. dem Primärsalz der Formaldehyd-Sulfoxylsäure. Ein analoges Ätzmittel besteht nach Kuhlmann in einem Beisatz von Dimethylphenylbenzylammoniumchlorid (Décolorant N + Leucofixe NB) und einem Lösungsmittel, nämlich dem Thiodiäthylenglykol[4]). Gemäss dem *am. P. 1.931.108* wird der Ätzeffekt durch einen Zusatz von Guanidin und Rhodanid merklich verbessert. Das *brit. P. 402.037* (Celanese) erwähnt den Ersatz von Zinkformaldehydsulfoxylat durch die entsprechenden Barium-, Magnesium- oder Kalziumsalze[5]).

Einem anderen Gedankengang folgend, konnte man Ätzungen auf Azetatseide durch gewöhnliche Ätzvorgänge — mit Natriumformaldehydsulofxylat — erzielen, indem man der Farbe Mittel, die

---

[1]) *Brit. P. 262.254; D.R.P. 461.753*, 1926; R.G.M.C. 1935, S. 54, 468; *franz. P. 622.394.* Siehe Bd. II, Kap. IX, S. 327; H. Yorke, The Dyer, 1935, S. 281.
[2]) Bull. Föd. I, S. 526; *amer. P. 1.981.907* (Du Pont de Nemours).
[3]) *D.R.P. 461.753*, 1926. Siehe *amer. P. 2.316.277*, Celanese Corp. of America.
[4]) *Amer. P. 1.944.372*, Celanese, R.G.M.C. 1934, S. 54.
[5]) *Amer. P. 1.957.491, 1.957.492* u. *1.957.494*, Celanese; Bull. Föd. II, S. 113.

einerseits die Faser zur Quellung brachten, andererseits eine vor-
übergehende Lösungswirkung ausübten, zusetzte. So empfahl L. Diserens[1]) Zugaben von Resorzin, Brenzkatechin und Anthrachinon. Die
Ätzung erfolgt in einem Dämpfprozess von 7 Minuten. Leider greift
das Resorzin die Faser an und es ist daher vorteilhafter, Brenzkatechin anzuwenden.

Unter anderen Lösungs- und Quellungsmitteln kann man das
Triazetin laut dem *brit. P. 373.653*[2]) — im Verhältnis von 5% angewendet —, die Polyalkylenglykole, wie z. B. das Diäthylenglykol,
oder die Äther des letzteren, z. B. das Carbitol[3]), erwähnen.

Laut *franz. P. 912.483* der Rhodiaceta (eingetragen am 19. Juli
1943, ausgegeben am 29. April 1946) verwendet man als Quellungs-
und Lösungsmittel Epoxy-2, 6-Hexanol-1.

Ausserdem soll noch auf das *franz. P. 625.481* der Ciba aufmerksam gemacht werden, das einen Ätzprozess mit einem Gemisch von
Zinkformaldehydsulfoxylat und Weinsäure zum Gegenstande hat,
welches Verfahren aber anscheinend zufolge der geringen Beständigkeit der Farbe nicht zur praktischen Anwendung kam.

Eine in ihrem Erfindungsgedanken ganz verschiedene Methode[4])
ist im *amer. P. 1.912.008* beschrieben. An Stelle des Natriumformaldehydsulfoxylats, welches, wie erwähnt, in der Azetylzellulose unlöslich
ist, treten Reduktionsmittel, welche gleichzeitig im Wasser und in
organischen Mitteln löslich sind, so vor allem in Butylessigsäureester,
Amylessigsäureester oder Azetylzellulose. Derartige Körper sind Kondensate des Natriumformaldehydsulfoxylats mit organischen Basen,
wie Anilin, Xylidin usw. Man erhält Anilinmethylen-ω-Sulfinsäuren
der allgemeinen Formel:

$$CH_2 \begin{cases} NH-R \\ O-S-O \cdot Na \end{cases}$$

Diese Körper sind kräftige Reduktionsmittel, welche sich für
das Ätzen von Färbungen auf Azetatseide eignen. Die Lösung des
Problems ist eine vorzügliche und logische: Verwendung eines un-
gefärbten und dabei reduzierenden Ionamins.

Eigene Untersuchungen haben anderseits bewiesen, dass auch Tri-
äthanolaminformaldehydsulfoxylat ein sehr gutes Ätzmittel für Färbungen auf Azetatfaser ist.

---

[1]) Bull. Mulh., 1929, Mai, S. 349—354.
[2]) Bull. Föd. I, S. 253.
[3]) *Brit. P. 400.643.*
[4]) *Amer. P. 1.912.008,* Powers- U. S. Fin Comp.; *franz. P. 805.937,* 1936; Bull. Föd.
I, S. 526—527.

e) Abziehen von Färbungen.

Die Salze der Formaldehydsulfoxylsäure sind, dank ihrer Eigenschaft, fast alle Färbungen zu zerstören, vorzügliche Entfärbungsmittel. Im allgemeinen arbeitet man wie folgt: Man taucht die gefärbte und gründlich gewaschene Ware während mehreren Stunden in eine 1%ige Sodalösung. Darauf löst man das Reduktionsmittel (5—10%) und gibt 2% Essigsäure zu, mit welcher Lösung man ½ Stunde kochend behandelt. Hierbei verwendet man die Natriumsalze (Rongalit C, Hydrosulfit NF konz.) oder die Kalziumsalze (Redo von Descamps) der Formaldehydsulfoxylsäure. Vor allem sind aber die Zinksalze von besonders guter entfärbender Wirkung. Wie schon oben erwähnt, bildet die Formaldehydsulfoxylsäure zwei Reihen von Salzen, das in Wasser ohne Säurezusatz lösliche Primärsalz:

$$Zn\ (O—S—O—CH_2—OH)_2$$

und das in Wasser unlösliche, aber in Gegenwart von Säuren lösliche, speziell zur Entfärbung von tierischen Fasern verwendbare Sekundärsalz:

$$Zn\underset{O—S—O}{\overset{O}{\big<}}CH_2$$

Überdies ist das Zinksalz der Azetaldehydsulfoxylsäure unter dem Namen Decrolin AZA erhältlich.

$$Zn\underset{O—S—O}{\overset{O}{\big<}}CH—CH_3$$

Durch die Wiederoxydation beim Spülen bereitet das Abziehen der Küpenfärbungen gewisse Schwierigkeiten[1]). Es wurde beobachtet, dass die Wirkung der Hydrosulfite verbessert und die Wiederoxydation verzögert wird, wenn man Magnesiumsalze zugibt ($MgSO_4$, $MgCl_2$, $Mg(OH)_2$; (*franz. P. 752.831*, 1933; *D.R.P. 636.305* und *amer. P. 2.042.194*) der I. G., Wengraf's Berichte, 1936, Juli, S. 7). Der Zusatz von Schutzkolloiden, wie z. B. von Sulfitablauge, Leim- und Gelatinelösungen, Eiweissabbauprodukten (Lysalbin- und Protalbinsäure), sowie Intrasol von Stockhausen (*D.R.P. 591.196*), wird ebenfalls empfohlen[2]). So behandelt man z. B. ein mit Küpenfarbstoffen gefärbtes Gewebe während ½ Stunde bei 100° C mit einer alkalischen Hydrosulfitlösung, der man Magnesiumsalz zugibt.

In einer Reihe sehr interessanter Arbeiten haben die I. G. Farbenindustrie, die Imp. Chem. Ind. und Ciba neue Mittel, welche das Ab-

---

[1]) Tiba, 1934, Januar, S. 11.
[2]) *Franz. P. 752.831*, 1933 der I.G.; R.G.M.C. 1934, S. 153. Siehe dieses Werk, Bd. I, Kap. I, S. 211.

ziehen fördern, gefunden. Die I. G. Farbenindustrie stellte Kondensationsprodukte aus Äthylenoxyd und Fettsäuren (Laurinsäure, Palmitinsäure, Ölsäure, Rizinusölsäure, Abietinsäure) her, wozu als Ausgangsprodukte die Alkyl- oder Oxyalkylester der Fettsäuren oder höhere Fettalkohole dienen. So nimmt man z. B. 20 Mol. Äthylenoxyd auf 1 Mol. Oktodezylalkohol; das Produkt ist unter dem Namen Peregal O[1]) bekannt.

Nach Ciba[2]) wird der Abziehprozess von Küpenfärbungen durch Zusatz von quaternären Ammoniumderivaten, die man den Hydrosulfiten zusetzt, erleichtert. Hier kommen vorerst das N-Methyl-Heptadezylbenzimidazol oder das N-Methyl-N-Benzylheptadezylbenzimidazol in Betracht, die im Handel als Ultravone (versch. Marken) bzw. Albatex PO und PON bekannt sind. Auch gebraucht man Basen, die durch die Einwirkung von Benzylchlorid auf tertiäre Amine, wie Leukotrop[3]) oder Polyvinylalkohole und deren Derivate[4]), gewonnen werden.

Schliesslich geben die Imp. Chem. Ind.[5]) als Förderungsmittel für die Entfärbung Amine oder quaternäre Basen, insbesondere die Derivate des Pyridiniums an: das Oktadezylpyridiniumbromid, das Cetyltrimethylammoniumbromid, das β-Hydroxyäthyl-N-Oktadezylmorpholiniumbromid. Das gefärbte Gewebe wird mit einer kochenden Lösung von 2 Teilen Hydrosulfit, 1 Teil Natriumkarbonat und 2½ Teilen Oktadezylpyridinium behandelt. Imp. Chem. Ind. brachten zuerst ein Produkt, Decamin A[6]), heraus, welches nur für die unlöslichen Azofarbstoffe angewendet werden konnte. Später wurden noch zwei andere Erzeugnisse in den Handel gebracht, nämlich das Lissolamin A für Azofarbstoffe und das Lissolamin V für Küpenfarbstoffe. Die entfärbende Wirkung wird noch durch Zugabe zum Abziehbad von Anthrachinon und Glykose erhöht.

Im vorhergehenden Abschnitt wurde bemerkt, dass man sich für das Abziehen der Wollfärbungen der Zinkformaldehydhydrosulfite, die in Säuren löslich sind, unter Beigabe von Schutzkolloiden wie Sulfitablauge oder auch, gemäss *D.R.P. 601.103* und *601.196*, von Metallsalzen (Magnesiumsulfat) bedient. Die Faser kann auch

---

[1]) Siehe dieses Werk, Bd. I, Kap. I, S. 212 und 220 sowie Bd. II, Kap. VI, S. 108. *Franz. P. 727.202, 713.426, 713.427*, 1931; *D.R.P. 548.201; brit. P. 409.336, 367.420, 346.550;* Tiba, Januar 1934, S. 11; Bull. Föd. I, S. 245. Andere Handelsnamen: Ekalin F von Sandoz; Unigal N der Sinnova; Cepegal D der S.P.C.S. (Bezons, Frankreich).

[2]) *Brit. P. 398.150* (Ciba); *franz. P. 778.476;* R.G.M.C. 1935, S. 349. Siehe Bd. I, Kap. I, S. 214.

[3]) *Franz. P. 727.213* (Ciba).

[4]) *Franz. P. 778.833* (Ciba), 1934; R.G.M.C. 1935, S. 349.

[5]) *Brit. P. 400.239; franz. P. 748.510, 752.728;* R.G.M.C. 1933, S. 465; 1934, S. 153; 1935, S. 138. Siehe Bd. I, Kap. I, S. 212 und 213.

[6]) *Franz. P. 752.728* und 1.*Add. 48.804* der I.C.I. Siehe Bd. I, Kap. I, S. 213.

durch Zusätze von aminoessigsauren Salzen, wie Natriumaminoazetat, zu den Abziehbädern geschont werden[1]). Freiberger lenkte die Aufmerksamkeit auf die interessante Wirkung der Abbauprodukte des Albumins, die man durch die Reaktion von Lauge auf Kasein (Perkolloid) bei erhöhter Temperatur darstellt[2]).

Die aliphatischen Amine, wie das Oktodezylamin, mit einem Zusatz von Magnesiumsalzen, namentlich von Magnesiumazetat oder Magnesiumnitrat, wurden ebenfalls als Abziehmittel empfohlen[3]).

Glukose.

Die Anwendung dieses Körpers als Reduktionsmittel für Indigo ist sehr alt (vgl. die Honigküpe, die im Kaukasus verwendet wurde, die Melasseküpe). Bei Raumtemperatur wirkt die Glukose allein nur wenig auf den Indigo ein, wogegen derselbe beim Zusatz von Ätznatronlauge schon in der Kälte reduziert wird. Man verwendete die Glukose zum Indigodruck und zum Ätzen von Küpenblau. Das erste derartige Druckverfahren ist William Jones Ward in Manchester zuzuschreiben (*brit. P. 3.038 A. D. 1857; franz. P. 37.373, 1858*). Das Verdienst, diese Fabrikation vollkommen ausgearbeitet zu haben, kommt Adolph Schlieper zu, welcher den glücklichen Gedanken hatte, das Reduktionsmittel vom Alkali zu trennen und die beiden Mittel in zwei Sondervorgängen auf die Faser aufzubringen. Das Verfahren wurde im Jahre 1870 in der Fabrik von Schlieper und Baum in Elberfeld in die Praxis übertragen[4]). Es errang sich einen lange Jahre dauernden Erfolg im Artikel „Indigo auf Türkischrot geätzt". Auf indigogefärbten Geweben konnte die B.A.S.F. einen Ätzeffekt durch Aufdruck von Glukose und Natronlauge erzielen. Nach *D.R.P. 168.288*[5]) kann die Glukose durch Maltose und nach Wilhelm[6]) durch Dextrin ersetzt werden. Ch. Sunder, Manufaktur M. Ribbert in Hohenlimburg[7]) bedruckte ein indigogefärbtes Gewebe mit einer Glukose-

---

[1]) *D.R.P. 583.533, 591.476* (I. G.) v. J. 1932; *schweiz. P. 167.489; franz. P. 753.141; brit. P. 394.632; amer. P. 1.990.852;* Bull. Föd. I, S. 514, 528; R.G.M.C. 1934, S. 361, 154, 227; Tiba 1933, S. 917. R.G.M.C. 1938, S. 25; Tiba 1934, S. 2 und 1935, S. 279; Teintex 1937, S. 490; Amer. Dyest. Rep. 1934, S. 527.

[2]) *D.R.P. 214.715, 213.974*, 1908; Frb. Ztg. 1911, S. 461; 1910, S. 287; Leipz. Mon. 1909, S. 332. Perkolloid B (Holtmann) ist ein aus Lederabfällen gewonnenes Abbauprodukt, welches dem Sirrix O von Sandoz entspricht.

[3]) *Franz. P. 752.831* der I. G. Farbenindustrie.

[4]) B.A.S.F., Indigo rein; Bull. Mulh. 1883, S. 585; 1884, S. 49; Monit. Quesneville 1883, S. 257; Depierre III, S. 359; de Gallois, Über die Fixierung indigoider Farbstoffe, Vortrag am III. Kongr. des I.V.C.C., Turin 1911; R.G.M.C. 1912, S. 106; Frb. Ztg. 1911, S. 301, 314. *D.R.P. 213.474, 214.715* (B.A.S.F.)

[5]) Fischers Ber. 1906, S. 423.

[6]) Wilhelm, Manuf. Serpoukhoff (Russland), *franz. P. 284.324;* R.G.M.C. 1902, S. 137 und B.A.S.F., *franz. P. 278.376*, 1898.

[7]) *D.R.P. 267.408*, 1913.

ätze, der Zinnoxydul hinzugefügt wurde. A. Scheunert und Wossnessensky hatten bereits[1]) eine analoge Farbe angewendet und dabei empfohlen, die beiden Mittel, Glukose und Alkali, zu trennen; ihr Verfahren beruhte darauf, eine verdickte Glukoselösung + Zinnsalz aufzudrucken und das Gewebe dann durch Lauge zu nehmen. Im *D. R. P. 240.513* der B. A. S. F.[2]) wird eine Ätzfarbe, bestehend aus Glukose und Natronlauge, der man Leukotrop W zugibt, erwähnt.

Züblin und Zingg[3]) der Firma Schlaepfer, Wenner & Co. in Italien verwendeten Glukose in einer Lösung von Natronlauge und Glyzerin oder Azetin, um Azofarbstoffe zu reduzieren. Das mit Pararot gefärbte Gewebe wurde zuerst mit Glukose geklotzt, worauf man Indigo und Natronlauge aufdruckte, dämpfte und wusch.

Dr. Haller und Solbach stellten eine stabilisierende Wirkung der Glukose auf die Hydrosulfitküpe fest. Sie schrieben diesen Effekt der Bildung einer beständigen Verbindung von Glukose und Hydrosulfit zu[4]). Haller sieht diese Verbindung als ein Additionsprodukt der Formel $C_6H_{12}O_6 \cdot NaHSO_2$ an, das durch äquivalente Mengen der beiden Stammkörper erhalten wird; doch ist nach der I. G. ein Überschuss von Alkali und Glukose nötig. Die Chem. Fabrik Pyrgos in Radebeul bei Dresden brachte diese Reduktionsmittel für die Indigoküpe unter dem Namen Candit V[5]) in den Handel. Es besitzt im Vergleich zum Natriumformaldehydsulfoxylat, ein erhöhtes Reduktionsvermögen und bietet dank seiner hervorragenden Beständigkeit den Vorteil einer besseren Ausnützung des Farbstoffs bei der Färberei in der Kontinueküpe oder auf dem Jigger bei einer Temperatur von 75—80° C. Nach Perndanner, Hackl und Bartl[6]) hat die Einwirkung der Lauge auf Glukose die Bildung aldehydartiger Produkte zur Folge, die in gesteigertem Maße die Eigenschaft besitzen, sich mit dem Hydrosulfit zu verbinden. Die Verfasser fanden, dass eine mit Lauge vorbehandelte Glukose stärker reduzierend wirkt als eine nicht behandelte Glukose, und sie nehmen die Bildung der nachstehenden Substanzen an:

$$C_6H_{12}O_6 \xrightarrow{\text{(NaOH)}} CH_2OH-CHOH-CHO + CH_3-CO-CHO + H_2O$$
$$C_6H_{12}O_6 \longrightarrow CH_2OH-CO-CH_2OH + CH_3-CO-CHO + H_2O$$

---

[1]) Bull. Mulh., 1920, S. 266.

[2]) *Brit. P. 21.052*, 1910; Frb. Ztg. 1911, S. 143, 465; Chem. Ztg. 1911, S. 216.

[3]) *Brit. P. 13.088* A. D. 1897; *D.R.P. 98.796; franz. P. 267.205;* Frb. Ztg. 1898, S. 110. Siehe dieses Werk Bd. I, Kap. I, S. 52, 71, 142 und Kap. IV, S. 407.

[4]) Mell. 1928, S. 41; 1929, S. 630, 717.

[5]) Hackl, Neuerungen in der Reduktionstechnik in Färberei und Zeugdruck, Mell. Mai 1930, Mai, S. 383, Juli, S. 530. Siehe dieses Werk Bd. I, S. 72.

[6]) Mell. Januar 1930, S. 42, Über den Chemismus der Hydrosulfit-Glukose-Küpe, Mell. 1930, Juli, S. 533; Tiba, 1930, August, S. 963; Pomeranz, Konstitution der beständigen Hydrosulfite, Mell. 1930, April, S. 286.

Perndanner und Hackl verwendeten an Stelle der Glukose diese aldehydartigen Produkte, nämlich Glyzerinaldehyd oder Glyzerose, welche ebenfalls die Hydrosulfitküpe stabilisieren. Die Glyzerose gibt bei der Behandlung mit Hydrosulfit das Sulfoxylat der Natrium-Glyzerose, ein Mittel von bedeutender Reduktionskraft.

Phenylhydrazin.

Oehler und Kallab[1]) haben für den Zweck des Ätzens auf naphtol-präparierter Ware die Verwendung von Hydrazin oder Hydroxylamin empfohlen. Insbesondere das sulfonierte Phenylhydrazin ergab gute Resultate und es wurde unter dem Namen Reserve H in den Handel gebracht.

Ein anderes Reduktionsmittel, das Natriumnitrosomethylen-sulfoxylat des Natriums wurde von Heyden im *D.R.P. 231.487*, 1911 beschrieben.

Neuere Reduktionsmittel.

Das *amer. P. 2.112.567* von Du Pont de Nemours nennt neue Reduktionsmittel, die aus Komplexsalzen von Zinkhydrosulfit und Äthylendiamin bestehen. Diese Verbindungen erhält man durch Ein-wirkung von Äthylendiamin auf eine Zinkhydrosulfitlösung, die man wie üblich durch Reaktion von Zinkstaub in wässeriger Suspension auf Schwefligsäureanhydrid herstellt. Es bildet sich folgende Kom-bination:

$$ZnS_2O_4 \cdot 3\,(C_2H_8N_2).$$

Man konzentriert die Lösung und erhält den Körper in Form einer kristallinischen Masse durch Zusatz von Alkohol. Diese Deri-vate sind säurebeständig und haben eine besondere Bedeutung für das Färben von Azetylzellulose mit Indigo. Der Indigo löst sich in neutralem oder saurem (essigsaurem) Mittel mit Hilfe dieses Reduk-tionsmittels. Man erhält eine farblose Küpe, die leicht auf die Azetyl-zellulose aufzieht. Bei der nachfolgenden Luftoxydation erzeugt man eine tiefblaue Färbung. Es wird ausdrücklich darauf aufmerksam gemacht, dass gewisse Amine, wie das Triäthanolamin, sich nicht für die Bildung dieser Komplexsalze eignen.

An dieser Stelle wäre das kürzlich erschienene *amer. P. 2.164.930* (Du Pont, Erfinder Lubs) zu nennen. Dieses soll ein neues Reduk-tionspräparat in die Textiltechnik einführen, nämlich das Thio-harnstoffdioxyd (andere Bezeichnungen sind: Iminoaminomethan-sulfinsäure oder Formamidinsulfinsäure). Der Körper wurde im

---

[1]) *D.R.P. 147.632; franz. P. 327.554;* Frb. Ztg. 1903, S. 226. Siehe auch *franz. P. 766.957* der I. G. Farbenindustrie. Dieses Werk Bd. I, Kap. IV, S. 394.

Jahre 1919 von Barnet (J. Chem. Soc. 1919, Bd. 97, S. 63—65) ent-deckt. Er hat die Formel:

$$O\diagdown_{S-C}\diagup^{NH}_{\diagdown NH_2}$$
$$HO\diagup\qquad$$

und entsteht durch Oxydation von Thioharnstoff mit Peroxyd in wässeriger, neutraler Lösung, nach folgendem Schema:

$$S=C\diagup^{NH_2}_{\diagdown NH_2} \longrightarrow HN=C\diagup^{SH}_{\diagdown NH_2} \xrightarrow{O_2} HN=C\diagup^{S\diagup^O_{\diagdown OH}}_{\diagdown NH_2}$$

Thioharnstoff   Pseudothioharnstoff

Es ist in der Kälte und in der Wärme sehr beständig. Die Stabilität gegenüber den Alkalien, sowie in neutralen, sauren und alkalischen Flotten ist ebenfalls sehr gut. Die Patentschrift gibt nebst einer bedeutend stärkeren Reduktionskraft auch eine grössere Lagerbeständigkeit der Drucke (vor dem Dämpfen) an. Praktische Ergebnisse über dieses sehr interessante neue Verfahren liegen bis jetzt noch nicht vor.

Die alkalischen Ätz- und Reservemittel.

Körper, welche hier in Betracht kommen, sind Natronlauge (für Türkischrot und für tanninpräparierte Gewebe), Natriumkarbonat, -sulfit und -thiosulfat, Natrium- und Magnesiumazetat, die allgemein für Anilinschwarz und Indigosole in Verwendung stehen.

Eine der wichtigsten alkalischen Ätzen war diejenige auf Türkischrot. Die erste Anregung hierzu wurde von Schlieper und Baum im Jahre 1883[1]) gegeben. Sie wandten ihr Verfahren auf die Fixierung von Indigo an (siehe oben) und erzielten blaue Ätzeffekte auf Türkischrot. Schmidlin verallgemeinerte dieses Verfahren[2]), indem er dem Schlieper'schen Blau noch Grün- und Gelbtöne und ein Ätzweiss hinzufügte, welch letzteres 300 g Ätznatron im Kilogramm Druckfarbe und überdies noch Natriumsilikat oder -zinkat enthielt.

Das Tanninätzverfahren mit Lauge auf Tannin-Brechweinsteinpräparierter Ware war in den Jahren 1887—1900 allgemein verbreitet[3]). Die Ätzfarbe enthält 500 g Ätznatronlauge 38 Bé, mit Britishgum verdickt. Sie wird auf das präparierte Gewebe auf-

<hr>

[1]) Mehrere Autoren haben dieses Verfahren beschrieben. Die wichtigste Arbeit stammt von Triapkine, R.G.M.C. 1898, S. 6; Diakonoff, Frb. Ztg. 1898, S. 199; Maslowsky, Frb. Ztg. 1896, S. 33; Oswald, R.G.M.C. 1897, S. 184; Schlieper & Baum, Bull. Mulh. 1884, S. 49; Depierre, III, S. 370. Siehe Bd. I, Kap. V, S. 585.

[2]) Rouen 1888; Bull. Rouen, 1899, S. 431; R.G.M.C. 1900, S. 20; Depierre V, S. 445—455.

[3]) Binder, 1898; Bull. Mulh. 1900, S. 93; Bull. Mulh. Bd. 79, S. 18. Dieses Werk, Bd. II, Kap. VII, S. 135.

gedruckt, dann dämpft man im Schnelldämpfer und nimmt durch
schwefelsaure Tonerde durch, worauf man mit basischen Farbstoffen
ausfärbt. Tigerstedt[1]) fügte dieser Fabrikation noch Buntätzen mit
Hilfe von Küpenfarbstoffen hinzu. Halbätzen auf Tannin-Brechweinstein erhält man mit Kaliumkarbonat oder -sulfit, mit Natriumsilikat oder -borat.[2]).

Es gibt zahlreiche Reservemittel für Anilinschwarz: Rhodanide
(Storck und Strobel), Xanthogenate (Schmid und E. Schweitzer),
Tannin (Romann), Natriumaluminat und -arsenit (Kielmeyer), Thio-
sulfate (Kopp). Maurice Prud'homme hat das Verdienst der vollkommenen und endgültigen Ausgestaltung des Anilinschwarz-Reserve-
artikels; seine Fabrikation wurde im Jahre 1884 in der Firma Prochoroff in Moskau zum erstenmal eingeführt. Die hauptsächlichsten
Reservierungsmittel sind Natriumazetat und -sulfit, Zinkoxyd[3]),
Zinkazetat (W. P. Whitehead)[4]) und Magnesiumazetat (Oswald)[5]).

Ciba empfiehlt ein Reserveverfahren[6]) unter Azofarbstoffen, das
sich der Xanthogenate bedient, die durch die Einwirkung von
Alkoholaten auf Schwefelkohlenstoff gebildet werden:

$$C{=}S{\nearrow}^{SK}_{\searrow O-R}$$

wobei unter R ...Alkyl zu verstehen ist.

Saure Ätzfarben.

Das wichtigste Beispiel für saure Ätzfarben ist dasjenige der
Zitronensäure auf Tonerde- oder Chrombeize. Diese Ätze auf Beizen
wurde zum erstenmal von J.-M. Haussmann im Jahre 1825 ausgeführt. Am häufigsten wurden diese Zitronensäure- oder Natrium-
zitratätzen bei der Herstellung des Rotweiss-Artikels unter Alizarin
rosa-Gründeln angewendet, ein Artikel, der besonders in Russland
viel fabriziert wurde. Man bedruckt das weisse Gewebe mit einer
Paste, die Weinsäure oder Zitronensäure (170/1000) und Natronlauge
von 38° Bé (200 g/1000) enthält, neben Alizarinrot, trocknet und
überdruckt mit einem Gründel von Alizarinrosa. Hierauf nimmt man
durch Ammoniak, dämpft zweimal je eine Stunde, wäscht und seift.

---

[1]) R.G.M.C. 1902, S. 161; 1907, S. 65.

[2]) Bourry, Bull. Mulh. 1904, S. 167; Ch. Zündel, Bull. Mulh., Sitz.-Ber. 1904, S. 29, 220.

[3]) Thornliebank Co. Ltd., *brit. P. 713.* A. D. 1893. Dieses Werk, Bd. II, Kap. VIII,
S. 178 u. ff.

[4]) *Brit. P. 1.351* A.D. 1893.

[5]) Bull. Mulh. 1894, S. 264.

[6]) R.G.M.C. 1934, S. 111; 1933, S. 386; *D.R.P. 577.702; franz. P. 739.810,* 1932;
brit. P. 387.922; Tiba 1934, S. 347; Bull. Föd. I, S. 529. Siehe auch *D.R.P. 702.280,* 1938
und *franz. P. 851.747,* 1940. Dieses Werk, Bd. I, Kap. IV, S. 395.

Verbesserungsmittel für fehlerhafte Ätzen.

Es ist hier angebracht, ein neues Verfahren zu erwähnen, welches eine mannigfaltige Verwendung gestattet und sich dafür eignet, die Weissqualität sowohl von gebleichter Ware als auch von Weissätzen auf gefärbten Stoff auf rein optischer Grundlage zu verbessern.

Es ist das Verdienst der I. G. Farbenindustrie, dieses interessante Verfahren, welches besonders in der Appretur eine wichtige Rolle zu spielen scheint, aber ebenfalls von grossem Interesse für die Druckerei ist, ausgearbeitet zu haben.

In diesem Sinne brachte diese Firma gewisse Produkte unter der Bezeichnung Blankophor B, R und WT in den Handel. Alle drei Marken sind Stilbenderivate und haben die *franz. P. 851.904, 870.470, 874.939, 877.586, 877.623* und *brit. P. 491.539* zur Grundlage[1]).

Die Stilbenderivate waren bereits früher zur Herstellung von Färbungen, welche unter dem Einfluss von ultraviolettem Licht fluoreszierend werden, verwendet worden.

Zu diesem Zwecke stellte man die 4,4'-Diaminostilben-2,2'-Disulfosäure oder Substitutionsprodukte, wie die benzolaminierten oder aminobenzylaminierten Derivate her.

Die I. G. Farbenindustrie fand (laut obengenannten Patenten), dass die farblosen oder schwach gefärbten Stilbenverbindungen, namentlich diejenigen, welche keine freien Aminogruppen enthalten, besonders wirksam sind, wenn sie im Molekül einen oder mehrere 1,3,5-Triazinkerne enthalten, z. B. die 4,4'-(bis-[2-Oxy-4-Phenyl-amino-1,3,5-Triazyl-6])-Diaminostilben-2,2'-Disulfosäure:

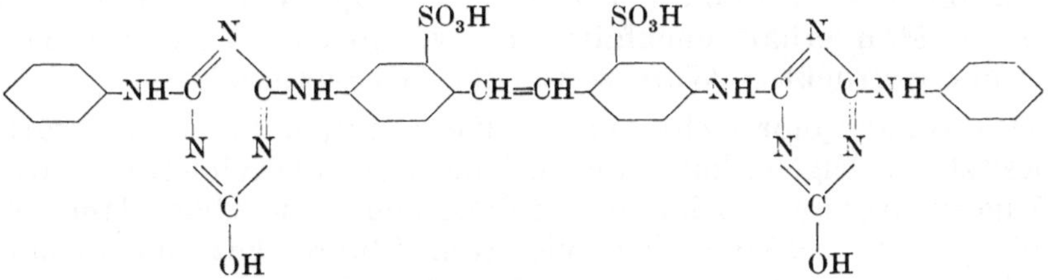

Blankophor B
Brit. P. 471.866 und *491.539.*

---

[1]) Teintex 1943, S. 123; 1945, S. 49. B. I. O. S. 259 und 1154; J. Soc. D. and Col. 1946, 62, S. 322 und 1948, 64, S. 35.

Die Schweizer Firmen Ciba, und Geigy haben ähnliche Produkte herausgebracht, die jedoch mit Blankophor R oder WT der I. G. Farbenindustrie, da sie eine viel grössere Affinität zur Faser besitzen, nicht chemisch identisch sind. Diese Produkte befinden sich unter folgenden Namen im Handel:

Uvitex RS und WS der Ciba und
Tinopal BV und BVA von Geigy.

Siehe diesbezüglich L. Diserens, Neue Verfahren in der Technik der Veredlung der Textilfasern, Bd. I, Kap. V, S. 507 und dieses Werk, Bd. II, Kap. VI, S. 110/111.

Blankophor R[1]) entspricht folgender Formel:

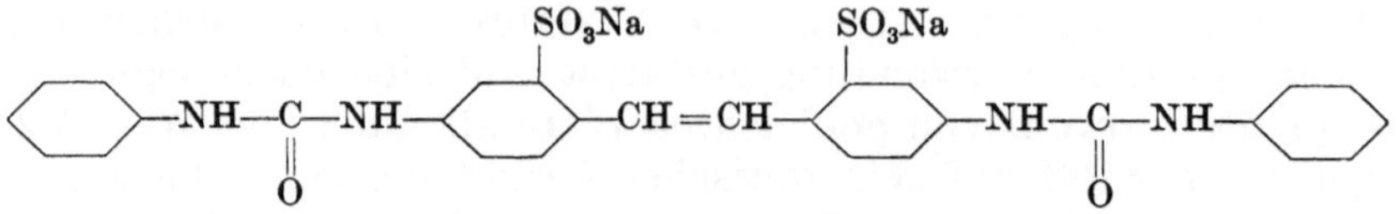

$$\text{Benzol}\text{—NH—C(=O)—NH—}\underset{|\;SO_3Na}{\text{C}_6H_3}\text{—CH}=\text{CH—}\underset{|\;SO_3Na}{\text{C}_6H_3}\text{—NH—C(=O)—NH—Benzol}$$

Das Produkt enthält $74^0/_0$ Harnstoff und $7{,}4^0/_0$ der oben genanten Verbindung welche aus p-Nitrotoluol 2-Sulfosäure erhalten wird, die mit einem Oxydationsmittel in Gegenwart von Natronlauge und Mangansulfat behandelt, Dinitrostilbendisulfosäure ergibt, aus welcher man durch Reduktion mittels Eisen Diaminostilbendisulfosäure erhält. Letztere wird durch Einwirkung von Phenylisocyanid in Blankophor R übergeführt.

Blankophor RG entspricht einem Gemisch von Blankophor R und Anthralangrün.

Blankophor WT[2]) ist die Diphenyliminoazodisulfosäure

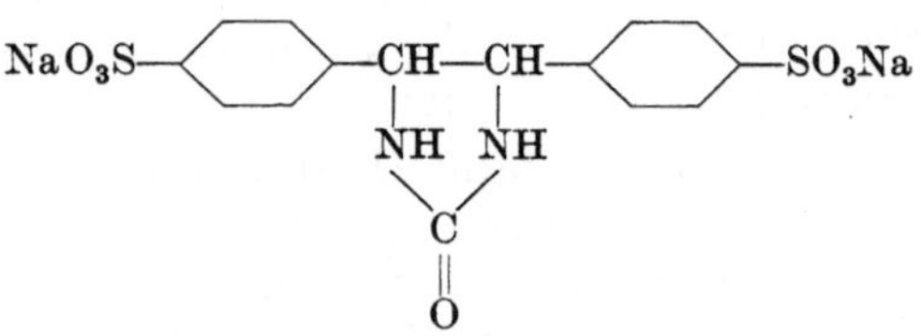

$$\text{NaO}_3\text{S—}\text{C}_6H_4\text{—CH—CH—}\text{C}_6H_4\text{—SO}_3\text{Na}$$
$$\qquad\qquad\underset{\displaystyle \text{NH}\quad \text{NH}}{\big|\qquad\big|}$$
$$\qquad\qquad\qquad\overset{\textstyle \text{C}}{\underset{\textstyle \text{O}}{\big\|}}$$

und wird hauptsächlich für Wolle und Seide vorgeschlagen.

Dieses Produkt auf ungebleichter Ware in Mengen von $0{,}001-0{,}2\%$ aufgefärbt, verleiht der Faser bei Tageslicht ein rein weisses Aussehen. Man erhält ebenfalls eine wesentliche Verbesserung des Weiss der gedruckten Ware sowie der Weissätzeffekte.

Das Blankophor zieht auf die Faser auf, ohne sie anzufärben. Es besitzt die Eigenschaft, die unsichtbaren ultravioletten Strahlen des Tageslichtes aufzunehmen und dieselben in sichtbare, langwellige Strahlen unter Bildung einer violetten Fluoreszenz umzuwandeln. Aus diesem Grunde verschwindet der mehr oder weniger stark gefärbte Gelbton und man erhält ein vollständig reines Weiss. Die mit Blankophor behandelte Ware ist daran erkenntlich, dass sie im Woodlicht eine violette Fluoreszenz aufweist.

Das *franz. P. 877.586* der I. G. Farbenindustrie gibt einige interessante Angaben betreffs Weissätzen auf Färbungen mit substantiven Farbstoffen. Nach diesem Patent setzt man der Druckfarbe Derivate, welche Affinität zur Faser haben und unter dem Einfluss ultra-

---

[1]) Mit dem Blankophor R soll auch Leukophor R von Sandoz identisch sein.

[2]) Ähnlich ist Celumyl L der Soc. de Prod. Chim. et de Synthèse in Bezons (Frankreich).

violetter Strahlen fluoreszieren, zu. Die Patentschrift enthält folgende
Vorschrift: Die mit direkten Farbstoffen gefärbte Ware wird mit

120 g	Rongalit C
800 g	Stärke-Tragantverdickung
5 g	Benzoyldisulfothiotoluidinsulfosäure
50 g	Thiodiäthylenglykol (Glyecin A, Solutène CI)
25 g	Wasser
1000 g	

gedruckt, gedämpft, gewaschen und abgetrocknet.

Zum selben Zwecke wird im *brit. P. 580.205* von R. W. Hardacre,
G. S. J. White, der Zusatz zu den Weißätzen von kleineren Mengen
4,4'-bis (p-Aminobenzoylamin)-2,2'-Disulfostilben in Form von Natriumsalz empfohlen[1]).

Reservemittel.

Die Reserven können chemisch oder mechanisch wirken. Die
Reserven des Battikartikels unter Indigo, welche Wachs oder Firnis
enthalten, sind mechanischer Natur, da sie eine plastische Membrane
darstellen. Sie bilden auf diese Weise einfach ein Hindernis gegen
das Eindringen des Farbbades in die Faser. Ein typisches Beispiel
für eine mechanische Reserve ist ferner die Fettreserve, die man
zum Zweck der Erzielung von Weisseffekten auf natürliche Seide
aufdruckt.

Die Reserven unter Indigo oder Indanthrenfärbungen, die Blei-
salze, Kupfersalze, Zink- oder Mangansalze enthalten, wirken dagegen gleichzeitig als chemische Mittel, und zwar einerseits durch
Bildung einer Membrane aus unlöslichen Salzen und Verdickungsmittel, welche die Durchdringung mit der Färbeflüssigkeit verzögert,
und andererseits durch Zersetzung des Hydrosulfits und Fällung des
Farbstoffs an den Druckstellen. Endlich liegen chemische Reserven
bei den Reserven mittels nitroaromatischer Derivate unter Schwefel-
und Indanthrenfärbungen vor.

Reserven unter Küpen- und Schwefelfärbungen.

Hier muss man wieder zwei Gruppen unterscheiden, und zwar:

a) Reserven unter Küpenfärbungen;

b) Reserven unter aufgepflatschten oder vorgedruckten Küpenfarbstoffen (siehe Bd. 1, Kap. I, S. 165 u. ff).

---

[1]) The Dyer 1946, 96, S. 508 und 604; siehe auch *brit. P. 581.090* von Hardacre.
Dieses Werk, Bd. II, Kap. VI, S. 20.

Als reservierende Mittel verwendet man oxydierende Substanzen: neutrales Chromat[1]), rotes Blutlaugensalz[2]). Die Firma Felmayer & Co. in Alt-Kettenhof bei Wien sowie die B. A. S. F. haben gefunden, dass gewisse Metallsalze, wie z. B. Manganchlorür, Küpenfärbungen zu reservieren imstande sind[3]). Im *D. R. P. 196.658* verwendet Kalle Metallsalze, wie das Kupfersulfat oder Bleinitrat, um Reserven unter Thioindigodrucken zu erzeugen[4]). Pokorny[5]) arbeitete eine Manganchlorürreserve ohne Mitverwendung von Bichromat aus. Im Jahre 1911 liess sich die B. A. S. F.[6]) die Anwendung von Zinksalzen, insbesondere von Zinkchlorid, als Reservemittel schützen. Die Metallsalze wandeln sich bei der Laugenbehandlung der Färbebades in unlösliche Hydroxyde um (bei den schwefelnatriumhaltigen Färbebädern der Schwefelfarbstoffe in Sulfide) und diese Hydroxyde bilden mit der Verdickung eine unlösliche Membrane für die kolloidalen Lösungen der Leukoderivate der Indanthrenfarbstoffe; durch Neutralisierung des Alkalis rufen sie eine Fällung des Farbstoffs an den bedruckten Stellen hervor. Boltz[7]) sieht diese reservierende Wirkung der Zink- oder Mangansalze als eine Fällung der Kolloide durch Elektrolyte an. L. Diserens[8]) benützte Eisenvitriol als Reservierungs- und gleichzeitig als Reduktionsmittel, um Buntreserven mit Küpenfarbstoffen unter Küpenfärbungen auszuführen. In der Praxis diente die Zinkchloridreserve vor allem zur Herstellung von Reservedrucken unter Schwefelfärbungen. Cassella empfahl zuerst das Zinksulfat (*franz. P. 311.644*), Bayer das Aluminiumsulfat (*franz. P. 317.145*) und ferner Cassella das Zinkchlorid (*D.R.P. 130.628.*). Die Praxis hat bewiesen, dass unter diesen Reservemitteln das Zinkchlorid. das wirksamste ist[9]).

Eine andere Reihe von reservierenden Verbindungen[10]) wurde im Jahre 1909 von B. A. S. F. und von Kalle eingeführt. Es handelt sich um die Natriumsalze der nitroaromatischen Säuren, die vom

---

[1]) Jeanmaire 1901. Bull. Mulh. 1913, S. 84; Tigerstedt, Bull. Mulh. 1902, S. 422; Caberti, R.G.M.C. 1906, S. 153.

[2]) Ch. Raczkowsky, 1904, Bull. Mulh. 1909, S. 91; Frb. Ztg. 1910, S. 282.

[3]) Frb. Ztg. 1911, S. 48, 460; 1910, S. 286; *D.R.P. 215.128, 243.683; Zus. P. 51.806;* *öst. P. 40.412, 45.189, 59.164, 59.165, 1913;* Frb. Ztg. 1917, S. 193, 214, 247; B.A.S.F., *brit. P. 25.312, 1908*; R. Haller, Frb. Ztg. 1917, S. 247, 309, 330, 350; Frb. Ztg. 1918, S. 1, 51, 121; Bull. Mulh. 1927, S. 135. Dieses Werk, Bd. I, Kap. I, S. 165—171.

[4]) Frb. Ztg. 1908, S. 150; R.G.M.C. 1910, S. 216; Fischer's Ber. 1908, S. 395.

[5]) Pokorny, Bull. Mulh. 1920, S. 257. Mell. 1923, S. 583.

[6]) Frb. Ztg. 1911, S. 365, 405; *D.R.P. 237.018.* J. Soc. D. and Col. 1913, S. 150,

[7]) Boltz, Ber. 1905, S. 2973.

[8]) R.G.M.C. 1918, S. 63; 1920, S. 113. Siehe auch Wosnessensky, Bull. Mulh. 1928. S. 657.

[9]) R.G.M.C. 1902, S. 294; *franz. P. 387.516; D.R.P. 152.146.*

[10]) *D.R.P. 210.682, 211.526;* Frb. Ztg. 1909, S. 360; Kalle *D.R.P., K. 32.128* v. J. 1903.

Benzol, Naphtalin und Anthrazen abgeleitet werden. Das wichtigste Produkt ist das m-nitrobenzolsulfosaure Natrium, das im Handel unter dem Namen Ludigol (I. G.) bekannt ist. Überdies wurde das o- oder p-nitrotoluolsulfosaure Natrium (Serodit, Reservesalz von Kalle, *D. R. P. 32.128, K, 1908*) vorgeschlagen. Die Natriumsalze der Nitroarylsulfosäuren sind sehr leicht löslich und man bediente sich der weniger löslichen Zink-, Mangan- und Kalziumsalze[1]). Im *amer. P. 1.962.085* werden die Dinitroderivate der Arylsäuren genannt, z. B. das Natriumsalz der Dinitrobenzolsulfosäure (siehe Kap. I, S. 167).

Endlich nahm man auch zur Verstärkung der Wirkung der Ludigolreserve den Polyvinylalkohol zu Hilfe (*öst. P. 126.574*)[2]) und zwar mit Rücksicht auf dessen leichtes Koagulierungsvermögen in alkalischen Lösungen. Die Druckfarbe enthält 600 Teile einer 25%-igen Polyvinylalkohollösung und 400 Teile in Wasser gelöstes Ludigol.

Auch die Leukotrope wurden als Reservierungsmittel unter Überdrucken von Küpenfarbstoffen angewendet (Primazol N der B. A. S. F., Ätzsalz-Ciba, *D. R. P. 250.084*).

Schliesslich wäre noch zu erwähnen, dass der Brechweinstein von Prud'homme (Bull. Mulh., 1890, Sitzungsberichte) als Reservemittel unter basischen Farbstoffen angegeben wurde. Man druckt eine verdickte Brechweinsteinlösung auf und ruft auf den Überdruckstellen das Entstehen des Tanninlacks hervor.

Fett- und Harz-Reservedruck.

Diese Reserven, welche fast ausschliesslich im Naturseidendruck angewendet werden, fanden einen bedeutenden Anklang in der Lyoner Gegend, um hervorragend reine, nicht nachtönende Weisseffekte auf Färbungen zu erhalten, wie sie mit Rongalitätzen kaum erreicht werden können.

Sie bestehen hauptsächlich aus Naturharzen (Kolophonium), Bienenwachs oder Ceresin, Stearin, Walrat (Spermacet), welche mit Terpentinöl zu einer gleichmässig zähflüssigen Masse verschmolzen werden. Sie haben nur eine ausschliesslich mechanische Wirkung.

Der weisse Stoff wird mit der erwärmten Reserve entweder auf der Druckmaschine mit tiefgravierten (gewöhnlich geheizten) Walzen oder mit Handmodeln bedruckt.

---

[1]) *D. R. P. 292.171, 548.202;* Frb. Ztg. 1916, S. 209; Bull. Föd. I, S. 257; Chem. Ztg. 1916, S. 80.
[2]) *Öst. P. 126.574; D. R. P. 531.475; brit. P. 355.059;* Bull. Föd. I, S. 141, 257, 527; *amer. P. 1.922.993* (I. G).

Um das Kleben und Verschmieren zu vermeiden, wird der Stoff nach dem Drucken mit Kaolin oder Infusorienerde bestreut und mehrere Tage verhängt, worauf im Strang kalt gefärbt wird. Zum Färben eignen sich am besten basische Farbstoffe; aber auch einige saure, direkte sowie Beizenfarbstoffe können verwendet werden. Es ist dabei wichtig, nur solche Farbstoffe zu wählen, welche in Benzin unlöslich sind, da sonst das Weiss beim nachfolgenden Ablösen der Reserve angefärbt wird. Nach dem Färben und Spülen werden die Stücke durch Verhängen getrocknet und die Reserve wird durch eine Benzinpassage, gewöhnlich im breiten Zustande, auf einer Rollenstande entfernt. Nach Ausquetschen oder Zentrifugieren wird die Ware in der Hitzkammer zum Trocknen und zur Entfernung der letzten Benzinspuren verhängt.

Die Wachsreserven sind auf Azetatseide unbrauchbar, weil sie in diese Faser nicht eindringen; nach *franz. P. 768.307* gelang es, diesem Übelstande durch Zusatz von Chlorkohlenwasserstoffen, welche die Quellung der Azetatseide hervorrufen, abzuhelfen. Ein Faserangriff muss aber hierbei sorglich vermieden werden.

Das *franz. P. 814.015* von Rivat bringt eine weitere interessante Verbesserung der Zusammenstellung mechanischer Reserven auf Natur- und Azetatseide, welche darin besteht, Chlorderivate des Vinylazetylens, z. B. des Chlorkautschuks, des Chloroprens oder auch des Chlornaphtalins, die in organischen Lösungsmitteln (Toluol-Benzol-Gemischen) verteilt werden, vorzudrucken. Der Vordruck einer solchen Reserve erlaubt es, die Ware bei Temperaturen bis 75° C auszufärben, ohne das Druckmuster und dessen reservierende Wirkung zu schädigen. Ausserdem vergrössert diese erhöhte Färbetemperatur die Wahl der anwendbaren Farbstoffe und erleichtert das Färben von dunklen Farbtönen.

Die Reserven unter Indigoblau.[1]
(Unterbindereserven, sowie Wachs- und Harzreserven.)

Die Indigoreserven wurden schon seit den ältesten Zeiten in Indien, Japan und China angewendet.

Im 18. Jahrhundert wurden sie in Europa eingeführt, wo sie während vieler Jahre (1800—1860) zum beliebtesten Artikel der Kattundruckerei wurden.

Trotzdem sie moderneren Fabrikationen (Indigoätzdruck und neuerlich Reserven unter Indigosol O) weichen mussten, werden sie heute noch in Russland, Österreich und Ungarn für gewisse in diesen Ländern beliebte Artikel verwendet.

---

[1] Dieses Werk, Bd. I, Kap. I, S. 159.

Die Indigoreserven können auf zweierlei Arten ausgeführt werden:

1. Durch rein mechanische Mittel.

2. Durch Fixieren auf dem Stoff von Substanzen, welche mechanisch oder chemisch wirken und sich dem Eindringen des Färbebades in die Faser widersetzen.

Die rein mechanischen Mittel sind die Grundlage der ältesten Methoden, welche von den Japanern und Javanesen seit jeher und heute noch angewendet werden.

Unter diesen mechanischen Mitteln unterscheidet man:

1. Das Bandhana-Verfahren.

2. Das Schibori-Verfahren (Japan).

3. Das Verfahren mittels der Presse.

4. Den Batikartikel.

Das Bandhana-Verfahren ist das älteste (tie and dye process). Es besteht darin, die Gewebe mit Bast oder dergleichen zu unterbinden und hierauf in das Färbebad einzutauchen. Zum Färben dient namentlich die Indigoküpe. An den abgebundenen Stellen dringt die Farbstofflösung nicht ein, und man erhält weisse oder hellblaue Effekte auf Indigoblau. Das tie and dye-Verfahren findet noch immer Anwendung und ist in Asien sehr verbreitet; auch in Europa taucht es als Neuigkeit von Zeit zu Zeit wieder auf. Mittels dieses Unterbindens lassen sich zwar nur einfache und grobe Muster herstellen, welche jedoch die stets nach neuen Effekten suchende Mode auch heute noch besonders auf hochwertigem Stoff verlangt.

Durch mehr oder weniger straffes und regelmässiges Unterbinden lassen sich recht eigenartige Effekte herstellen. Die alten indischen Artikel, die Sindone, welche im römischen Kaiserreich im Handel waren, scheinen nach diesem Verfahren hergestellt worden zu sein.

Das Schiboriverfahren wurde besonders in Japan in grosser Vollkommenheit ausgeführt. Es stützt sich ebenfalls auf das Prinzip der Unterbindereserven. Das Unterbinden wird entweder mechanisch oder von Hand ausgeführt. Durch abwechselnde kleine und grössere Punkte und Kreisformen, welche man durch das Einschnüren kleiner Steine oder verschieden geformter Holzstückchen erzeugt, gelingt es, sehr schöne Effekte zu erzielen, die dem Gewebe infolge der durch die Unterbindung bewirkte Kräuselung den Eindruck einer Stickerei verleihen. Das Charakteristische dieses Artikels ist das Fehlen von Feinheit und von Regelmässigkeit der auf diese Weise erhaltenen Muster, ein Umstand, welcher gerade die Beliebtheit dieser Fabrikation bedingt.

Die Herstellung solcher japanischer Gewebe verlangt jedoch eine so langwierige und umständliche Arbeit, dass sie sich für unsere europäische Industrie nur in ganz besonderen Fällen und nur für hochwertige Stoffe eignet.

Eine andere, ebenfalls von den Japanern eingeführte, sehr alte Reservemethode beruht darauf, den Stoff mit Hilfe von Papierschablonen, die sich im Wasser nicht erweichen, mit einer Reisstärkeverdickung zu bedecken, wodurch das Gewebe wasserdicht wird und infolgedessen an den bedruckten Stellen beim Färben weiss bleibt.

Sansone bringt in der R. G. M. C. 1917, S. 93, folgende Beschreibung: Der Stoff wird an den Stellen, die weiss bleiben sollen, mit Fäden fest unterbunden und dann in der Indigoküpe ausgefärbt. An den unterbundenen Stellen dringt die Farbstofflösung nicht ein.

Das Presseverfahren stammt ebenfalls von China und Japan ab und stellt eine Verbesserung des Schiboriverfahrens dar. Der Stoff wird in einer oder in mehreren Lagen zwischen zwei Brettchen, von denen jedes ein Muster in Relief trägt, so eingeklemmt, dass die Gravur genau übereinander passt. Man taucht nun diese Model in die Indigoküpe. Das Färbebad dringt nur in die hohlen Stellen ein, während die zwischen der erhabenen Gravur eingeklemmten Stellen von der Farbstofflösung nicht berührt werden. Dieses Verfahren ist heute noch in Japan sehr verbreitet.

Der Batikartikel: Der mittels Wachs- und Harzreserven besonders in niederländisch Indien, Java und Sumatra, hergestellte Batikartikel erreichte eine grosse Vollkommenheit. Das Verfahren war in Indien seit vielen Jahrhunderten bekannt und kommt heute noch zur Ausführung. In Europa wurde er in England, Holland und in der Schweiz eingeführt, wo man jetzt noch in grosser Zahl Batikartikel von hervorragender Schönheit herstellt.

Im Jahre 1835 versuchte man in Haarlem und Leyden, zuerst den Batikartikel nachzuahmen. Zum Aufdruck der Wachsreserven wurde eine Art Perrotine mit metallenen, mittels Dampf geheizten Druckmodeln, verwendet. Man druckte ein Pagne von 1,00—0,90 m in 4 mal. Der auf diese Weise hergestellte Artikel hat viel Ähnlichkeit mit dem wirklichen Batik. Dieses Verfahren wurde später durch den gewöhnlichen Maschinendruck ersetzt, und auch heute ist der Batikartikel, besonders auf Naturseide, noch sehr beliebt.

Anfangs war der europäische Batikartikel besonders ein indischer Exportartikel, weil unsere Webereien billiger arbeiteten als die indischen. Seitdem aber die Webereien Indiens ebenso ökonomisch arbeiten als diejenigen Europas, werden die holländischen Batiks kaum mehr exportiert. Gebatikte Gewebe fanden nach dem ersten Weltkrieg auf unserem Kontinent, besonders in Deutschland, Frankreich und Schweiz, einen bedeutenden Absatz, und dies ganz besonders für Luxusartikel auf Seide, wie Schale, Halstücher und Krawatten. Die Herstellung des Batiks wurde in obengenannten Ländern zu einer Hausindustrie. Die Damen vertauschten ihre Strick- und Stickarbeiten mit dem Pinsel und stellten phantasie- und geschmackvolle Batikmuster in den verschiedensten Farben her. Aus dieser Amateurindustrie gingen wahre Kunstwerke hervor, welche man in grossen Modewarengeschäften, sowie im Theater in Form von Toiletten, Schalen und Halstüchern von wundervollem Effekt und ausgezeichnetem Geschmack bewundern konnte. Selbstverständlich musste der Indigo anderen Farbstoffen, welche in ihrer Anwendung einfacher waren und das Färben in den mannigfaltigsten und schönsten Tönen gestatteten, das Feld räumen.

Zusammengefasst ist das Batik eine Malerei mit Wachs. Das Wort Batik stammt von der javanischen Bezeichnung Ambatik her, welches soviel wie Schreiben oder Zeichnen bedeutet. Der Batikartikel wird auf den malaischen Inseln durch das Reserveverfahren hergestellt, welches darin besteht, auf den Stoff Wachs und Harze aufzutragen, wodurch er an diesen Stellen wasserdicht wird. Durch nachträgliches Eintauchen in eine Farbstofflösung nimmt das Gewebe den Farbstoff nur an den nichtbemalten Stellen auf.

Die für das sogenannte javanische Batik verwendeten wasserunlöslichen Produkte sind Fette, Harze und Wachse. Da sie im geschmolzenen Zustand verwendet werden sollen, muss man bei der Auswahl dieser Substanzen ihren Schmelzpunkt berücksichtigen. Dieser muss, um ein Beschädigen der Faser zu verhüten, unter 100° C liegen; andererseits darf er nicht zu niedrig sein, da die Reserve der Temperatur des Färbebades widerstehen muss. Die Malaien verwenden eine aus Bienenwachs und Damarharz bestehende Reserve. Diese Reserve gibt dem Gewebe einen angenehmen und bleibenden Geruch, so dass hierdurch ein echter malaiischer Artikel leicht von einem nachgeahmten europäischen zu unterscheiden ist. Zur guten Nachahmung eines authentischen javanischen Sarong ist man gezwungen, den Stoff künstlich zu parfümieren.

In Europa benutzt man geläufig Kolophonium, dem man entweder Bienenwachs, Ozokerit oder Paraffin zugibt. Man verwendet auch Karnaubawachs, welches aus Südamerika importiert wird, oder das billige, bei der Torfdestillation gewonnene Montanwachs.

Die Wachszeichnung wird mit einem besonderen Gerät, Tjanting genannt, aufgetragen. Es ist dies ein kleiner aus Messing hergestellter, pfeifenähnlicher Behälter, welcher mit einem sehr feinen Ausflussröhrchen versehen ist und an einem Bambusstengel befestigt ist. Das warme Wachs wird in den Behälter gegossen. Die Tempe-

ratur ist so zu regeln, dass die Reserve, sobald sie auf den Stoff
kommt, sofort erstarrt. Eine zu heisse Reserve würde auf dem Gewebe auslaufen, wodurch das Muster unscharf abgegrenzt würde. In
gewissen Fällen verwendet man in Kupferplatten eingeschnittene
Muster, Tschaps genannt, welche man in die warme Reserve eintaucht und mit denen man, wie beim Handdruck üblich, druckt.
Dieses Verfahren wird für kleinere sich oft wiederholende Muster
verwendet. In Europa stellt man den kleinen Behälter aus Glas her.
Man bedient sich auch gelegentlich eines besonderen Stiftes, welcher
von Stangenhaus & Co. (*D.R.P. 222.582*) verfertigt wird. Ebenfalls
werden Pinsel verschiedener Grössen zum Aufbringen der Zeichnung
angewendet.

Die Waschreserve ist sehr brüchig, eine Eigenschaft, welche dem
Batikartikel das charakteristische Aussehen verleiht. Beim Brechen
der Reserve bilden sich Risse, durch die die Farbstofflösung eindringt
und den Stoff in Form eines zarten Geäders anfärbt.

Nach dem Färben in der Indigoküpe wird das Gewebe durch
Behandeln in kochendem Wasser von der Reserve befreit. Die
Schutzschicht schmilzt und sammelt sich infolge ihres spezifischen
Gewichtes an der Oberfläche des Bades.

Die Batikartikel dienen hauptsächlich zur Konfektion von
Pagne von 2,10 m auf 1,20 m, welche, für Frauenkleidung be-
stimmt, Sarong, für Männer Slendang und für Schale und
Taschentücher Kainpandjang genannt werden.

Diese gebatikten Baumwolltücher sind seit langer Zeit auf den
javanischen Inseln Gegenstand einer blühenden Industrie. Die für
die Färberei hauptsächlich verwendeten Farbstoffe sind Indigo,
Katechu und Mungut, mittels welcher sich blaue, braune und rote
Batik herstellen lassen. Schwarz wird durch Überfärben von Blau
mit Katechu erhalten. Das Sogabatik (Katechu) erhält man, indem
man das blaue und weisse Batik an den Stellen, wo das Blau erhalten werden soll, sowie dort, wo der Boden weiss oder creme-
farbig gewünscht wird, nochmals mit der Wachsreserve bemalt und
dann entsprechend überfärbt.

Das rote Batik erhält man auf gleiche Weise, nur wird auf einem
roten Färbebad gefärbt.

Die echten exotischen Batik werden heute noch nach diesem
Verfahren hergestellt, jedoch verwendet der Eingeborene auch gra-
vierte Holzblöckchen (Model), um den Gestehungspreis zu ver-
billigen.

Wenn anfangs die Herstellung des Batik fast ausschliesslich aus
einer Reserve unter einer Indigofärbung bestand, so ist dies heute

nicht mehr der Fall. Zur Verwendung kommen jetzt, je nach der Bestimmung des Artikels, die verschiedensten Farbstoffe. Für die industrielle Herstellung von Batik auf baumwollenem Gewebe werden Schwefel- und Küpenfarbstoffe angewendet; in der Hausindustrie sind substantive Farbstoffe am gebräuchlichsten.

Zuerst wird das Gewebe kalandert und auf dem Drucktisch ausgebreitet und hierauf mit Model oder mit dem Batikstift die Wachsreserve aufgetragen.

Zusammensetzung der Reserve:

Kolophonium . . .	800 g	400 g	600 g	700 g
Ceresin	100 g	400 g		200 g
Stearin			400 g	100 g
Japanwachs . . .	100 g	200 g		
	1000 g	1000 g	1000 g	1000 g

Die Reserve wird in den Behälter des Batikstiftes warm gegossen. Falls man mit Model druckt, müssen dieselben vor dem Gebrauch erwärmt werden. Die heisse Wachsreserve wird auf ein Filztuch, das in einem erwärmbaren Behälter flach eingelegt ist, gegossen. Durch Aufpressen der gravierten Seite des Models auf den Filz, haftet das Wachs auf der Gravur und wird nun auf das Gewebe aufgedruckt. Nach dem Drucken wird der Stoff, zur Bildung der Risse, während mehrerer Tage aufgehängt. Hierauf zieht man die Ware, um das Verkleben der Risse zu verhindern, durch kaltes Wasser und färbt bei 30—40° C mit Schwefel- oder Küpenfarbstoffen. Schliesslich wird gewaschen, gesäuert und das Wachs durch eine Behandlung der Ware in kochendem Wasser entfernt (Ratgeber Höchst 1921, S. 174— 176).

Name	Erzeugerfirma	Zusammensetzung
		A. Im Handel befindliche
Hydrosulfit konz. Pulver	I. G.	Wasserfreies Natriumhydrosulfit $Na_2S_2O_4$ Mol.-Gew. 174.
Hydrosulfit konz. Pulver	Ciba	
Hydrosulfit konz. Pulver	Sandoz	
Hydrosulfit konz. Pulver	Geigy	Salz eines gemischten Anhydrids von H_2SO_2 und H_2SO_3 oder:
Natriumhydrosulfit konz. Pulver	Rohner, Pratteln	
Hydrosulfit N konz. Pulver	Kuhlmann	
Natriumhydrosulfit konz. Pulver	S.I.D.S., Lille	Natrium der Disulfinsäure.
Hydros	Brotherton	
Natriumhydrosulfit	Du Pont de Nemours	
Albit A	Appula	
Lykopon A	Röhm & Haas, Philadelphia	
Vatrolite	Royce Chem. Co.	
Ammanil Strippine N	A. A. P.	
Cameko	J. C.	
Hydrosulfite conc.	Röhm & Haas	
Hydrosulfite conc.	J. W. C.	
Hydrosulfite S	A. C.	
Eradit B	B.A.S.F.	Altes, jetzt nicht mehr erzeugtes Produkt: entwässertes Natriumhydrosulfit mit Zusatz von Lauge und Glyzerin.
Rongalit B	1906	
Hydrosulfit NF	M.L.B.	Doppelte Kombination von Natriumformaldehydsulfoxylat: $NaHSO_2 \cdot CH_2O \cdot 2\,H_2O$, 44% und Natriumformaldehydbisulfit: $NaHSO_3 \cdot CH_2O \cdot H_2O$, 56%.
Hyraldit A	Cassella	
Rongalit C einfach	B.A.S.F.	
Rongalit CW	I. G.	Natriumformaldehydsulfoxylat mit Zusatz von Zinkweiss oder Lithopon.
Hydrosulfit RWS	Ciba	
Hydrosulfit RW	Sandoz	
Hydrosulfit FDW	Geigy	
Hydrosulfit CW	Rohner	
Rongeol NCW extra	Kuhlmann	
Hydrosulfite SCW	S.I.D.S., Lille	

Literatur	Verwendungsgebiete
Marken von Hydrosulfiten.	
Schützenberger, C. R., 69, S. 196. Bernthsen, Ber. 1900, Bd. 33, S. 126; Ber. 1905, Bd. 38, S. 1048. Bazlen, Ber. 1905, Bd. 38, S. 1057; Reinking, Ber. 1905, Bd. 38, S. 1069. Binz, Zeitschr. f. angew. Chemie 1917, S. 363. Chem. Ztg. 1917, S. 636.	Reduktionsmittel, in Verwendung für die Indigofärberei, Küpen- und Schwefelfarbstoffe, in Druckfarben, für das Abziehen von Färbungen und für die Bleiche bestimmter Textilien.
D.R.P. 133.478, 135.725, 186.443, 191.495, 192.431; franz. P. 297.370. R.G.M.C. 1905, S. 60; auch Bull. Mulh. 1905, S. 117, 374, 421 und 1906, S. 75. R.G.M.C. 1905, S. 242.	Zum Ätzen von Paranitranilinrot.
Konzentration von 50% der konz. Marken: wird nicht mehr hergestellt.	Für Ätzfarben und Indigodruck.
3 T. Rongalit CW = 2 T. Rongalit C. *D.R.P. 166.717*, M.L.B.	Zum Ätzen der Wolle.

Name	Erzeugerfirma	Zusammensetzung
Sulfoxal CW	Ets. Lambiotte	
Redol CW	Jouy-en-Josas	
Formosul CW	Brotherton	
alte Namen:		
Hydrosulfit NFW konz.	M.L.B.	
Hyraldit CW extra	Cassella	
Rongalit CW einfach	B.A.S.F.	
Rodit LA	Appula	
Rongalit C extra	I. G.	Oxymethansulfinsaures Natrium.
Hydrosulfit R konz.	Ciba	Natriumformaldehydsulfoxylat:
Hydrosulfit RN, RFN	Sandoz	$NaHSO_2 \cdot CH_2O \cdot 2\,H_2O$ Mol.-Gew. 154.
Hydrosulfit FD konz.	Geigy	$CH_2\begin{cases} OH \\ O{-}S{-}ONa \end{cases} \cdot 2\,H_2O$
Hydrosulfit RF konz.	Rohner	Natriumsalz der Oxymethansulfin-säure oder:
Rongeol NC conc.	Francolor	$Na{-}\underset{\displaystyle O \quad O}{S}{-}CH_2{-}OH$
Rongeol NC extra konz.	Francolor	
Reductone B	Watson Park Co.	Natriumformaldehydsulfoxylatlösung.
Hydrosulfite SC	S.I.D.S., Lille	
Sulfoxal C	Ets. Lambiotte	
Formosul	Brotherton	
Sulfoxite C	Du Pont de Nemours	
Redol C	Jouy-en-Josas	
Formopon	Röhm & Haas, Philadelphia	
Hydronyx	Onyx Oil a. Chem Co., New-York	
Hydrosulfite AWC	J. W. C.	
Hydrosulfite AW	Arkansas	
Discolite	Royce	
alte Namen:		
Hydrosulfit NF konz.	M.L.B.	
Hyraldit C extra	Cassella	
Rongalit C	B.A.S.F.	
Eradit C	B.A.S.F.	
Rodit	Appula	
Hydrosulfit NFW	M.L.B.	Doppelte Kombination von Natrium-formaldehydsulfoxylat und Natrium-bisulfitformaldehyd unter Beisatz eines Pigments, wie Zinkweiss oder Lithopon.
Hyraldit W	Cassella	
Rongalit CW einfach	B.A.S.F.	

Literatur	Verwendungsgebiete
Konzentration 98—99%, sehr beständig, wenn gegen Feuchtigkeit und Wärme geschützt; löslich in kaltem Wasser im Verhältnis 1:1,2. Dr. G. Panizzon, Über Hydrosulfite. Mell. 1931, Januar und Februar. Hackl, Mell. 1930, S. 267, 534. Descamps, *franz. P. 337.530*, 1903; C. Kurz, Bull. Mulh. 1904, S. 46. M.L.B., *D.R.P. 165.280*. 8. Dez. 1903. Manuf. Zündel, R.G.M.C. 1904, S. 196, 202. Baumann,Thesmar, Frossard, R.G.M.C. 1904, S. 354. Baumann u. Thesmar, Bull. Mulh. 1910, Februarheft; R.G.M.C. 1910, S. 273 u. ffg. Reinking, Ber. 1905, S. 1048, 1057, 1077.	Reduktionsmittel in Verwendung: a) für Druck von Küpenfarben; b) für Reduktionsätzen auf Färbungen von Küpenfarbstoffen, Indigo, unlöslichen und substantiven Azofarbstoffen; c) Ätzungen auf Seide und Wolle; d) Abziehen von Färbungen.
Konzentration 50% des vorigen.	Zum Ätzen der Wolle.

Name	Erzeugerfirma	Zusammensetzung
Hydrosulfit NF konz. spezial Hyraldit spezial Rongalit spezial	M.L.B. Cassella B.A.S.F.	Natriumformaldehydsulfoxylat mit Zusatz von Indulinscharlach: 10 kg Rongalit C + 2,6 g Indulinscharlach + 4 g Methylenblau + 10 g Leukotrop O.
Rongalit CL Arostit RFL Hydrosulfit FDL, FDLN Hydrosulfit RA Hydrosulfit CL Rongeol NCL Hydrosulfite SCL extra Sulfoxal CL Formosul CL alte Namen: Rongalit CL Hydrosulfit CL Hyraldit CL Rodit-Leucofixe	I. G. Sandoz Geigy Ciba Rohner Kuhlmann S.I.D.S., Lille Ets. Lambiotte Brotherton B.A.S.F. M.L.B. Cassella Appula	Natriumformaldehydsulfoxylat unter Zusatz des Natriumsalzes der Disulfosäure des Dimethylphenylbenzylammoniumchlorids (Leukotrop W der I. G.).
Arostit RFLA	Sandoz	Natriumformaldehydsulfoxylat + Natriumsalz der Disulfosäure des Dimethylphenylbenzylammoniumchlorids + Anthrachinon.
Redo	L. Descamps	Kalziumhydrosulfit: CaS_2O_4 zu 50%
Dekrolin Hydrosulfit BZ säurelöslich Hydrosulfit Z und Z spez. Hydrosulfit Z Hydrosulfit Z Décolorant N Hydrosulfite SZ Sulfoxal Z Zinc Formosul Redol Z Hydrosulfite A Formopon extra Hydronyx Z Hydrolite L Camelite	I. G. Ciba Sandoz Geigy Rohner, Pratteln Kuhlmann S.I.D.S., Lille Ets. Lambiotte Brotherton Jouy-en-Josas Arkansas Röhm & Haas, Philadelphia Onyx Arkansas J. C.	Dizinksalz der Oxymethansulfinsäure. Zinkformaldehydsulfoxylat, sekundäres Salz:

$$Zn \begin{cases} O-S-O \\ O \end{cases}\!\!\!CH_2 + 3\ H_2O$$

oder:

$$Zn \begin{cases} O-S-O-CH_2-OH \\ OH \end{cases}$$

$$= Zn(OH)(HSO_2 \cdot CH_2O)$$

Literatur	Verwendungsgebiete
Franz. P. 355.117, 1906; R.G.M.C. 1907, S. 61. Wird nicht mehr hergestellt.	Zum Ätzen von Färbungen von Alpha-Naphtylaminbordeaux, siehe Kap. IV, S. 413 u. ff.
D.R.P. 231.543; franz. P. 414.937, 1910.. *D.R.P. 235.879, 235.880, 240.513*, 1910. Reinking, Das Leukotropverfahren, Frb. Ztg. 1910, S. 243. Reinking, Die Entwicklung des Ätzens von Indigo mit Reduktionsmitteln, Frb. Ztg. 1912, S. 250 und 309. Reinking, Neue Beiträge zur Kenntnis des Leukotropverfahrens, Frb. Ztg. 1913, S. 45. Siehe Bd. I, Kap. I, S. 146 ffg.	Ätzungen auf Indigo, Indanthrenfärbungen, Klotzfärbungen mit Küpenfarbstoffen oder Indigosolen. Reserven unter Überdrucken mit Küpenfarbstoffen. Ätzungen von Azetatseidenfärbungen.
	Ätzen von Küpenfärbungen, Indigo, unlöslichen Azofarbstoffen, Indigosolen,
Wird nicht mehr hergestellt. *Franz. P. 320.227*, 1902. R.G.M.C. 1903, S. 35, 37, 85.	Reduktionsmittel.
Weisses Pulver. Unlöslich in Wasser, löslich in Essigsäure und Ameisensäure. Siehe Bd. I, Kap. I, S. 68/69.	Abziehmittel für Färbungen. Zum Bleichen von tierischen Fasern. Für Ätzen von Färbungen auf Azetatseide.

Name	Erzeugerfirma	Zusammensetzung
alte Namen: Dekrolin Hydrosulfit AZ Hyraldit Z und ZA Rodit Z	B.A.S.F. M. L. B. Cassella Appula	Dizinksalz der Oxymethansulfinsäure. Zinkformaldehydsulfoxylat, sekundäres Salz: $Zn\langle\begin{smallmatrix}O—SO\\O—\end{smallmatrix}\rangle CH_2 + 3\ H_2O$ oder: $Zn\langle\begin{smallmatrix}O—S—O—CH_2—OH\\OH\end{smallmatrix}$ $= Zn(OH)(HSO_2 \cdot CH_2O).$

Dekrolin lösl. konz.
Hydrosulfit BZ
  wasserlöslich
Arostit ZET
Hydrosulfit Z
  wasserlöslich
Hydrosulfit AZL
  konz.
Décolorant NZ
Hydrosulfite SZS
Sulfoxal HZ
Rédoline soluble
Reducite
 	
Sulfoxite S konz.
Protolin
 	
Hydrostrip
Hydrosulfite WS
Amaldehyde
Parolite
Vaso
  alte Namen:
Hyraldit Z lösl. konz.
Hydrosulfit AZ
  konz. lösl.
Rodit Z lösl.
	I.G.
	Ciba
	
	Sandoz
	Geigy
	
	Rohner
	
	Kuhlmann
	S.I.D.S., Lille
	Ets. Lambiotte
	Jouy-en-Josas
	Apex Chem. Co.,
	  New-York
	Du Pont
	Röhm & Haas,
	  Philadelphia
	J.W.C.
	Arkansas
	J. C.
	R u. H.
	Virginia Smelting Co.
	
	Cassella
	M.L.B.
	
	Appula
		Monozinksalz der Oxymethansulfinsäure.
		Zinkformaldehydsulfoxylat, Primärsalz:
		
		$Zn\langle\begin{smallmatrix}O—S—O—CH_2—OH\\O—S—O—CH_2—OH\end{smallmatrix}$
		
		$= Zn\ (HSO_2 \cdot CH_2O)_2$
		
		$Zn\ (HSO_2 \cdot CH_2O)_2 + Zn(HSO_3 \cdot CH_2O)_2$

Dekrolin AZA Hydrosulfit AZA Rodit ZA	I.G.; B.A.S.F. M.L.B. Appula	Zinkazetaldehydsulfoxylat: $Zn\langle\begin{smallmatrix}O—S—O\\O\end{smallmatrix}\rangle CH—CH_3$
Burmol Hydrosulfit S Hydrosulfit konz. II B	I.G.; B.A.S.F. Ciba Geigy	Natriumhydrosulfit mit Zusatz von Soda. Natriumhydrosulfit.

Literatur	Verwendungsgebiete
Weisses Pulver. Unlöslich in Wasser, löslich in Essigsäure und Ameisensäure.	Abziehmittel für Färbungen. Zum Bleichen von tierischen Fasern. Für Ätzen von Färbungen auf Azetatseide.
Weisses, wasserlösliches Pulver. 2 T. Dekrolin konz. lösl. = 3 T. Dekrolin.	Zum Abziehen von Färbungen, besonders auf Wolle, in saurem Bade. Zum Ätzen von Färbungen auf Azetatseide.
In Wasser schwer löslich, wirkt bei niederer Temperatur als die vom Formaldehyd abgeleiteten Produkte.	Zum Abziehen von Färbungen. Zum Ätzen von Färbungen auf Azetatseide.
	Zum Bleichen der Wolle. Bleichmittel. Entfleckungsmittel. Abziehmittel. Rostentfernungsmittel.

Name	Erzeugerfirma	Zusammensetzung
Arostit S	Sandoz	Natriumhydrosulfit mit Zusatz von Soda.
Hydrosulfit BS	Rohner	
Détachant N	Kuhlmann	
Sidonol SP	S.I.D.S., Lille	
Sulfoxite for stripping	Du Pont de Nemours	
Hydrosulfit SB	Jouy-en-Josas	
Burmol extra und Burmol Spz S	I. G.	Natriumhydrosulfit.
alte Namen:		
Laundros	Brotherton	
Albeggina	Appula	
Hydronit	Cassella	
Palatinit	B.A.S.F.	Natriumhydrosulfit mit Zinkstaubzusatz.
Blankit I	I. G.	Natriumhydrosulfit mit verschiedenen Zusätzen.
Hydrosulfit BL. und BL 1	Ciba	
Arostit Blanco	Sandoz	
Clarit	Geigy	
Arostit BL	Sandoz	
Hydrosulfit BI	Rohner	
Leucanol NP	Kuhlmann	
Sidonol S 6	S.I.D.S., Lille	
Albit LA und PA	Appula	
Deflavit G		
Natriumhydrosulfit P	Jouy-en-Josas	
Hydrosulfit NFA	M.L.B.	Natriumazetaldehydsulfoxylat.
Hyraldit (alte Bezeichnung)	Descamps, Lille 1903	Kalziumformaldehydsulfoxylat.
Hydrosulfit Z		Zinkhydrosulfit.
Protolin W	Röhm u. Haas,	
Redusol Z	Brotherton	
Vasite	Virginia Smelting Co.	Mit Formol stabilisierte Zinkhydrosulfitlösung.

Literatur	Verwendungsgebiete
	Zum Bleichen der Wolle. Bleichmittel. Entfleckungsmittel. Abziehmittel. Rostentfernungsmittel.
Weisses Pulver.	Zum Bleichen von Wolle, Stroh, Federn, Fasern, Melasse und Holz.
100 T. Hydrosulfit NF konz. = 200 T. Hydrosulfit NF = 200 T. Hydrosulfit NFA.	Zum Drucken von Küpenfarben. Zum Abziehen.
Descamps, 1903. *Brit. P. 281.134,* 1927; *franz. P. 643.042* 1927 der I. G. Farbenindustrie.	Ätzmittel für Direktfärbungen und für solche mit unlöslichen Azofarbstoffen.
Manufaktur E. Zündel in Moskau. *D.R.P. 218.192; franz. P. 374.673, 336.943,* 1902; *311.938,* 1901; Bull. Mulh. 1904, S. 36 und 43.	Ätzfarben (alte Methode). Drucken von Indigo.

Name	Erzeugerfirma	Zusammensetzung
Candit V	Pyrgos, Radebeul	Dr. Haller und Solbach: Natriumglukosesulfoxylat. $$C_6H_{12}O_6 \cdot NaHSO_2$$ Nach Hetzer: Zink-Natrium-Glukosehydrosulfit (siehe Färb. Kal. 1944, S. 325.)

B. Verschiedene Produkte

Name	Erzeugerfirma	Zusammensetzung
Solidogen	M.L.B.	Kondensationsprodukt von Formaldehyd und o- und p-Toluidin.
Rodogen	M.L.B.	Oxalat des Anhydroformanilids. Nach anderen Angaben soll das Rodogen dem Kondensationsprodukt von Formaldehyd mit Xylidin entsprechen.
Anthrachinon 30%	I. G.	(Anthrachinon-Struktur)
Anthrachinon N Teig	Kuhlmann	
Anthraquinone 30% Paste	N.A.C.	
Anthraquinone Paste 30%	C.C.C.	
Blankit II	I. G.	Natriumhydrosulfit.
Hydrosulfit BZ	Rohner	
Leukotrop O	I. G.	Dimethylphenylbenzylammoniumchlorid (Strukturformel)
Ätzsalz Ciba OS	Ciba	
Addol O	Geigy	
Reducin NS	Sandoz	
Leucofixe NJ	Kuhlmann-Francolor	
Leucotrope O	Brotherton	
Leukophenin O	Rohner, Pratteln	
Leuco SO	S.I.D.S., Lille	
Metabol O	Imp. Chem. Ind.	
Reservesalz O	St-Denis	
alte Bezeichnung: Ätzsalz O	Kalle	

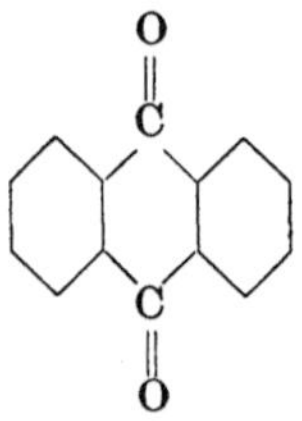

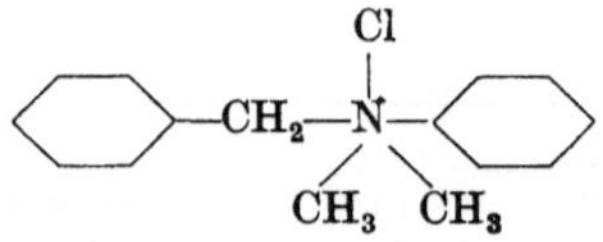

Literatur	Verwendungsgebiete
Weisser Teig, beständig gegen Kalk und neutrale Salze, unbeständig gegen Säuren. Ensteht durch die Einwirkung von Glukose auf Natriumhydrosulfit. Perndanner. Hackl, Mell. 1930, S. 383, 533; Mell. 1928, S. 41; 1929, S. 630, 717. Mell. 1930, Januar, S. 42. *D.R.P. 529.617;* Siehe Kap. I, S. 222.	Reduktionsmittel für die Indigoküpe. Ergibt beständige Küpenlösungen. Wird für die Färbung von Küpenfarbstoffen (auf der Kontinue-Küpe und auf dem Jigger) verwendet.

für Ätzen und Reserven.

Wird nicht mehr hergestellt. Z. f. F. I. 1902, S. 12; Fischer's Ber. 1906, S. 257. *D.R.P. 180.727,* 1906. Siehe Bd. I, Kap. IV, S. 414.	Für Ätzen von Naphtylaminbordeaux, altes Verfahren, das vor der Einführung des Anthrachinons ausgeübt wurde.
Z.f.F.I. 1906, S. 257. Lehne's Frb. Ztg. 1906, S. 163.	Wie das vorige.
Sehr feiner Teig zu 15 und 30%. Ch. Sunder, *D.R.P. 186.050,* 1906; Bull. Mulh. 1906, S. 365; 1907, S. 382. Planowsky, Etude sur le rôle de l'anthraquinone, R.G.M.C. 1907, S. 215. Z. f. F. I., 1907, S. 109. Siehe Bd. I, Kap. IV, S. 415.	Ätzen auf mit unlöslichen Azofarbstoffen gefärbten Gründen. Reduktionskatalysator, erhöht die Wirkung des Natriumformaldehydsulfoxylats. Ätzen auf Alpha-Naphtylaminbordeaux und unlöslichen Azofarbstoffe der Naphtol-AS-Reihe.
	Spezialprodukt für die Bleicherei.
D.R.P. 184.381, 229.023, 231.543, 1909; *franz. P. 414.937,* 1910. Weitere Literatur siehe Bd. I, Kap. I, S. 146 u. ff. Seide und Kunstseide 1936, S. 524, Mell. 1937, S. 1020, W. u. L. Ind. 1937, S. 144.	Benzylierungsmittel. Gelbätze auf Indigo. — Weissätze auf Thioindigoiden und Indanthrenfärbungen. — Reserve unter Überdrucken mit Küpenfarbstoffen.

Name	Erzeugerfirma	Zusammensetzung

Leukotrop W
Ätzsalz Ciba W
Addol W extra
  konz.
Reducin S
Leukophenin W
Leucofixe NB konz.
 	
Leucotrope W
Sel Reserve W
Leuco SW
Metabol WS
Leucotrope W
 	
alte Bezeichnungen:
Ätzsalz W
Primazol N
	I. G.
	Ciba
	Geigy
	
	Sandoz
	Rohner
	Kuhlmann-Fran-
	  color
	J.W.C.
	St-Denis
	S.I.D.S., Lille
	Imp. Chem. Ind.
	Brotherton
	
	Kalle
	B.A.S.F.
		Natrium- oder Kalziumsalz der Disulfosäure des Dimethylphenylbenzylammoniumchlorids: 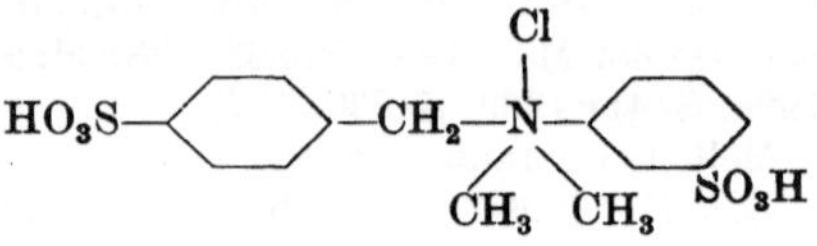
		
		$$HO_3S-\langle C_6H_4\rangle-CH_2-\overset{\overset{\displaystyle Cl}{\textstyle|}}{\underset{\underset{\displaystyle CH_3\ \ CH_3}{\textstyle|\ \ |}}{N}}-\langle C_6H_4\rangle SO_3H$$

Reserve H	Oehler, Kallab	Sulfoniertes Phenylhydrazin.
Débalane	Lab. Zundel, Joliet &Co., Gennevilliers	
Albatex L	Ciba	Stammpatent: *franz. P. 780.588 a. d. J.* 1934.
Débacétol	Lab. Zundel, Joliet &Co., Gennevilliers	
Reserve X Reservol BS Reserve T Soledon Resist A	D.H. I. G. Geigy I.C.I.	Mittel auf der Grundlage von Albumin, Gelatine, Leim oder anderen Proteinkörpern. Organische Verbindung.
Reservesalz K	Kalle	o- oder p-nitrotoluolsulfosaures Natrium.
Reservol B u. BC.	I. G.	m-nitrobenzol- (bzw. anthrazen-) sulfosaures Kalzium (Zink oder Mangan).

Literatur	Verwendungsgebiete
D.R.P. 235.879, 235.880, 240.513, 246.252, 246.519, 247.099, 247.100, 247.101, 249.542, 249.543, 250.084. *Franz. P. 413.554* und *Zusatzp. 12.784 13.430, 13.487.* Reinking, Frb. Ztg. 1910, S. 243; 1912, S. 250, 309; 1913, S. 45. Bude, Frb. Ztg. 1912, S. 470; 1913, S. 102; R.G.M.C. 1913, S. 54. B.A.S.F.: Indigo rein, Broschüre: Leukotropätzverfahren. Gelbliches, wasserlösliches Pulver.	Benzylierungsmittel. Weissätze auf Indigo, mit welchem das Produkt ein Sulfonierungserzeugnis des benzylierten Leukoindigos liefert, das in Alkalien löslich ist.
Wird nicht mehr hergestellt. *D.R.P. 147.632.* Frb. Ztg. 1903, S. 226.	Reserve auf naphtolgeklotzten Textilien.
Siehe Bd. II, Kap. XI: R.G.M.C., Okt. 1936.	Für Wollätzen; Mittel, welches den Faserangriff durch die alkalischen Zersetzungsprodukte des Natriumhydrosulfits verhindert.
Siehe Bd. II, Kap. XI. *Amer. P. 2.024.038; schweiz. P. 172.047; brit. P. 429.469;* R.G.M.C. 1935, S. 437.	Für Wollätzen; dieselbe Verwendung wie beim obenerwähnten Produkt.
Braune, in Wasser lösliche Flüssigkeit. Siehe Bd. II, Kap. IX.	Für Ätzen auf Azetatseide; Zusatz zu den üblichen Natriumsulfoxylat-Formaldehyd-Ätzen; hat den Vorteil ein reineres Weiss als das Zinksulfoxylat zu geben. Zus.: 80—100 g pro kg.
Franz. P. 793.279, 1935; *D.R.P. 625.686, 636.995.*	Weissreservierung von Indigosolfärbungen in jenen Fällen, wo ein reines Weiss nicht erzielbar ist (Indigosolblau IBC, Indigosolgrün IBA).
	Reservierungsmittel unter Küpenfarbstoffen.
D.R.P. 548.202. I. G. Weisses, in Wasser wenig lösliches Pulver.	Reserve unter Küpenfarbstoffen, die dank ihrer Unlöslichkeit den Vorteil hat, nicht zu fliessen.

Name	Erzeugerfirma	Zusammensetzung
Ludigol Albatex BD Revatol S Solidol N Sel de Réserve O Matténol Resist Salt L Tiskan Reservesalz G alte Bezeichnung: Serodit	I. G. Ciba Sandoz Kuhlmann Saint-Denis S.P.C.M.C., Imp. Chem. Ind. Aussig Geigy M.L.B.	m-nitrobenzolsulfonsaures Natrium: 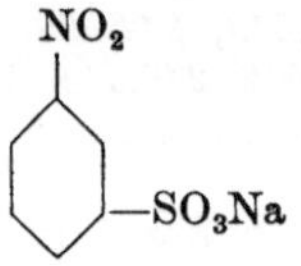 NO_2—C$_6$H$_4$—SO_3Na

Peregal O
Peregal OK
Emulphor O
Solopol PW u.
  PW konz.
Solopol W u.
  W konz.
Unigal N
Ekalin F
Cepegal D
Humifen O
Latogal
Peraltex O
	I. G. (1931)
	I. G.
	I. G.
	Stockhausen
	
	Stockhausen
	
	Sinnova
	Sandoz
	S.P.C.S. (Bezons)
	G. D. C.
	Union Chim. Belge
	Adjubel S.A.
		Kondensationsprodukte des Äthylenoxyds mit höheren Fettsäuren oder Fettalkoholen (Lauryl- oder Oktadezylalkohol) bei 100—160° C in Gegenwart von Katalysatoren, wie Phosphaten oder Sulfaten.
		Allgemeine Formel:
		$$C_{18}H_{37}(OC_2H_4)_n\,(OC_2H_4)OH$$
		Peregal O soll einer 15%igen Lösung von Emulphor O entsprechen.

Albatex PO u. PON Ultravon FA Ultravon F Ultravon K u. S Ultravon W	Ciba Ciba 1935	Wahrscheinlich ein höher molekulares Benzimidsulfonat, Typus Ultravon 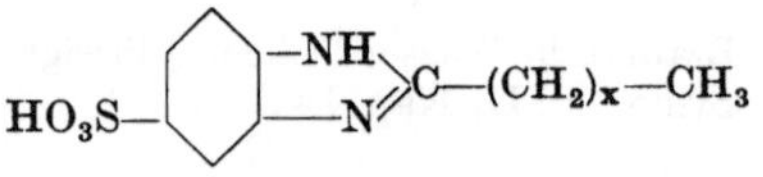 HO_3S—C$_6$H$_4$(—NH—)(—N=)C—$(CH_2)_x$—CH_3
Liovatin E	Sandoz	
Lissolamin V	Imp. Chem. Ind.	Derivat einer quaternären Ammoniumbase, vor allem des Pyridiniums. Nach dem ursprünglichen Patent Oktadezylpyridiniumbromid oder Hexadezyltrimethylammoniumbromid 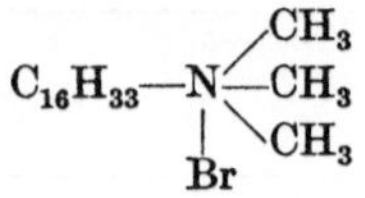 $$C_{16}H_{33}-N(CH_3)_3 \cdot Br$$ Hellgraue Paste, gibt mit Wasser eine milchige Lösung von leicht saurer Reaktion.

Literatur	Verwendungsgebiete
D.R.P. 210.682, 211.526. Weisses, in Wasser sehr gut lösliches Pulver.	Reservierungsmittel unter Küpen- und Schwefelfarbstoffen. Hebt die Wirkung des Hydrosulfits auf. Schutz der gefärbten Böden gegen das Überziehen der Ätzfarben. In der Bleiche: Erhöhun der Beständigkeit der Küpenfarbstoffe gegen die Wirkung der Alkalien während des Beuchprozesses. Verhinderung des Ausblutens küpenfarbiger Effektfäden. Verhinderung des Rackelstreifens und Verschleierung der Farben beim Hydrosulfitätzdruck (Pflatschen mit einer Lösung von 1—3$^0/_{00}$ Ludigol nach dem Drucken und vor dem Dämpfen).
Brit. P. 346.550, 367.420, 409.336, 443.559. Franz. P. 713.426, 713.427, 1932, 727.202, 1931 und *752.831, 1932. D.R.P. 548.201, 636.305* der I. G. Farbenindustrie. R.G.M.C. 1934, S. 153; Tiba, 1934, S. 11, Bull. Föd. I, S. 244. Schwen. Mell. 1933, S. 22, D.F.Z. 1933, S. 145. Bd. I, Kap. I, S. 195 u. 220/221 sowie Bd. II, Kap. VI, S. 108/109.	In Wasser gut verteilbare Flüssigkeit. Sehr wirksames Dispergiermittel, verlangsamt das Aufziehen der Küpenfarbstoffe und wirkt dadurch egalisierend auf den Färbeprozess. In höheren Konzentrationen verhindert es mehr oder weniger die Anfärbung. Hilfsmittel zum Abziehen von Küpenfärbungen in Hydrosulfitküpen.
Flüssige, in Wasser lösliche Paste. Bd. I, Kap. I, S. 196, 214 u. 220/221; *brit. P. 398.150, 441.296;* Bull. Föd. I, S. 514; *franz. P. 778.476;* R.G.M.C. 1935, S. 349.	Egalisier- und Durchdringungsmittel. Dient auch zum Abziehen der Küpen- und Naphtolfärbungen.
Brit. P. 400.239, 436.076, 437.884; franz. P. 748.510, 1932; 752.728, 1933; 771.349, 791.217. D.R.P. 605.913, 632.066, 632.728, 652.347; amer. P. 2.003.928, 2.019.124, 2.052.612; R.G.M.C. 1933, S. 465; 1934, S. 153. Tiba 1933, S. 935; Rev. Chim. Ind. 1933, S. 305. Siehe dieses Werk, Bd. I, Kap. I, S. 212/213 und 222/223.	Dispergiermittel, Hilfsmittel zum Abziehen von Färbungen mit Küpenfarbstoffen.

Name	Erzeugerfirma	Zusammensetzung
Decamin	Imp. Chem. Ind.	Quarternäre Ammoniumbasen.
Lissolamin A	Imp. Chem. Ind.	Aus quaternären Ammonium- oder Pyridiniumbasen erhaltenes Produkt, z. B. Cetyltrimethylammoniumbromid, Oktadezylpyridiniumbromid. Weisser in Wasser leicht löslicher Teig von neutraler Reaktion, beständig gegen Säuren, Alkalien und hartes Wasser.
Blankophor B Ultrosan Blankophor R Leukophor R	I. G. Farbenindustrie I. G. Farbenindustrie I. G. Farbenindustrie Sandoz	Stilbenderivate. Benzoldehydrothiotoluidinsulfosäure. Die Marke B ist 4,4' (bis)-2-Oxy-4-Phenylamino-1,2,5-Triazyl(6)diaminostilben-2,2-Disulfosäure. wird aus p-Nitrotoluolsulfosäure gewonnen.
Blankophor RG Blankophor WT Celumyl L	I. G. Farbenindustrie I. G. Farbenindustrie S.P.C.S. (Bezons)	Blankophor R + Anthralangrün. Diphenyliminoazodisulfosäure
Uvitex RS Uvitex WS Tinopal BV Tinopal BVA	Ciba Ciba Geigy Geigy	Den Blankophormarken ähnliche Produkte, die jedoch von diesen und unter sich chemisch verschieden sind.

Literatur	Verwendungsgebiete
Amer. P. 2.003.928, 2.019.124, 2.052.612	Ursprünglich in den Handel gebrachtes Produkt, das nunmehr durch das Lissolamin V ersetzt wurde.
Franz. P. 752.728, 1933 und *748.510*, 1933 der Imp. Chem. Ind.	Dispergiermittel zur Förderung der Entfärbung in Mischung mit Natriumhydrosulfite und Alkali. Zum Abziehen der Azofärbungen geeignet. Man behandelt die gefärbte Faser während 30 Minuten bei Kochtemperatur und 2% Lissolamin A, 4% NaOH und 6% Natriumhydrosulfit.
Franz. P. 851.904, 870.470, 874.939, 877.586, 877.623. Teintex 1943, S. 123; 1945, S. 49. *Brit. P. 491.539.* B. I. O. S. 259 und 1154. J. Soc. D. and Col. 1946, 62, S. 322 und 1948, 64, S. 35.	Macht den Stoff fluoreszierend. Verbesserung der Qualität des Ätzweisses.
Stark blau fluoreszierende Substanzen. Ziehen aus wässerigen Lösungen wie substantive Farbstoffe auf die Textilien.	Optisches Bläuen, verbessert die Qualität des Weiss. Diese optischen Bleichmittel vermögen ultraviolette Strahlen in weisses sichtbares Licht zu verwandeln.

XIV. KAPITEL.

Die Lösungsmittel für die Druckerei und die Färberei.

Die Lösungsmittel[1]) spielen in der Zubereitung der Druckfarben und Färbebäder eine bedeutende Rolle. Ihre Zahl, welche bis vor wenigen Jahren noch ziemlich beschränkt war, hat sich seit dem Erscheinen der Glykolderivate und der alkylierten Amine sowie der heterozyklischen Basen wesentlich vergrössert.

Ihre Anwendung wurde auf die verschiedensten Farbstoffklassen, Küpen-, Beizen-, Tannin- und saure Farbstoffe, ausgedehnt. An diese Körper schliessen sich noch die speziellen Lösungsmittel für Azetatzellulose, sowie diejenigen, welche für die Herstellung von Pigment- und Metallpulverdruckpasten verwendet werden, an. (Siehe Kapitel XII.)

Die Lösungsmittel lassen sich in folgende Gruppen einteilen:

a) Phenole und ihre Homologe;

b) Mono- und mehrwertige Alkohole sowie ihre Derivate, Ester und Ätheroxyde;

c) Organische Säuren;

d) Sonstige Lösungsmittel, wie Amine, Alkylamine, heterozyklische Basen.

Diejenigen Lösungsmittel, welche, obwohl sie in der Textilindustrie verwendet werden, aber nicht für die Druckerei oder Färberei in Frage kommen wie die Kohlenwasserstoffe (Benzol, Toluol, Xylol), die hydrierten Phenol- oder Kresolderivate (Zyklohexanol, Methylzyklohexanol, Tetrahydronaphtalin oder Tetralin, Dekahydronaphtalin oder Dekalin) sowie die Halogensubstitutionsprodukte der Kohlenwasserstoffe (Trichloräthylen, Perchloräthylen, Tetrachloräthan, Tetrachlorkohlenstoff usw.) werden hier nicht näher besprochen[2]).

a) Phenol und seine Homologe.

Das Phenol ist für basische Farbstoffe, namentlich für Methylenblau, ein gutes Lösungsmittel; als erster erwähnt Gassmann im *D.R.P. 99.756*, 1897 seine Verwendung (R G.M.C. 1901, S. 243).

---

[1]) J.-P. Sisley, Les solvants dans l'industrie textile, R.G.M.C. 1934, S. 368, 408, 479 und 1935, S. 142, 189.

[2]) Siehe diesbezüglich das Werk: L. Diserens, Neue Verfahren in der Technik der Veredlung der Textilfasern, Bd. I, Kap. II, S. 131/148.

Als einige Jahre später Baumann und Thesmar nach einem Mittel suchten, um das Ausfällen des Tanninlackes in Tanninrongalitätzfarben zu vermeiden, fiel ihre Wahl ebenfalls auf Phenol, weil es den Vorteil bietet, auf Hydrosulfit ohne Wirkung zu sein und somit die Stabilität der Druckfarbe nicht zu beeinträchtigen (Bull. Mulh. 1905, S. 111; R. G. M. C., 1905, S. 241). Wegen seines lästigen Geruches wurden ihm jedoch neue Lösungsmittel, und zwar hauptsächlich Derivate des Glykols vorgezogen; aus diesem Grunde findet Phenol in Druckfarben zur Zeit nur noch selten Verwendung.

Das Resorzin[1]) übt in weit höherem Maße als Phenol eine lösende Wirkung auf viele Farbstoffe, Tanninlacke und gewisse Metalltanninlacke aus[2]).

Die hydrierten Phenol- und Kresolderivate dürften kaum für die Zubereitung von Druckfarben Verwendung finden, jedoch erwähnen die Deutschen Hydrierwerke im *D. R. P. 537.507* die Anwendung gewisser Ester organischer Säuren, welche sich von Zyklohexanol oder Methylzyklohexanol ableiten, z. B. Methylzyklohexylmilchsäureester.

b) Ein- und mehrwertige Alkohole und ihre Derivate.

Der Äthylalkohol ist neben dem Glyzerin, trotz seiner Feuergefährlichkeit und seiner leichten Verflüchtigung, eines der in der Druckerei meist angewendeten Lösungsmittel; er eignet sich ausgezeichnet zum Lösen von basischen Farbstoffen, namentlich von Rhodaminen.

Seine Homologen Isopropyl-, Butyl- und Amylalkohol fanden nur eine beschränkte Anwendung als Lösungsmittel, namentlich für basische Farbstoffe, während der Methylalkohol, seiner Giftigkeit und seines niedrigen Siedepunktes wegen, praktisch nicht benutzt wird. Der Benzylalkohol, welcher in Wasser nur wenig löslich, aber mit Alkohol und verschiedenen Hilfslösungsmitteln in jedem Verhältnis mischbar ist, wird ebenfalls nur selten angewendet, trotz seiner guten lösenden Wirkung für basische Farbstoffe.

Der Tetrahydrofurfuralkohol, welcher in neuerer Zeit auf den Markt kam, ist als gutes Lösungsmittel für bestimmte Farbstoffgruppen und für Vinylharze zu betrachten; er kann nach *öst. P. 139.111* von Böhme-Fettchemie auch als Wasch- und Dispergiermittel verwendet werden. Die Darstellung dieses unter dem Namen Hystabol D[3]) bekannten Körpers wird im *öst. P. 139.845* derselben Firma

---

[1]) Siehe dieses Werk, Bd. II, Kap. VII, S. 120 und 134. A. Schneevoigt, Über die Verwendung von Resorzin im Zeugdruck, Mell. 1925, S. 106.

[2]) Siehe Bd. II, Kap. VII; L. Diserens, R.G.M.C. 1917, S. 142, 1918, S. 63, und 1919, S. 117; Wosnessensky, Frb. Ztg. 1918, S. 275; Bull. Mulh. 1914, S. 367, Bull. Mulh. 1928, S. 657; R.G.M.C. 1914, S. 212; *D.R.P. 308.815*, 1913; *D.R.P. 312.584* Bayer-Elberfeld.

[3]) Siehe Bd. I, Kap. I, S. 226 und 300.

mitgeteilt, und zwar wird der Tetrahydrofurfuralkohol durch katalytische Reduktion von Furfurol erhalten:

$$CH=C\underset{CH=CH}{\overset{C\overset{H}{<}O}{<}}O \longrightarrow CH_2-CH-CH_2OH \quad CH_2-CH_2 \quad O$$

Dieser Alkohol ist wasserlöslich und ein gutes Lösungsmittel für viele Farbstoffe, namentlich für basische Farbstoffe und Indigosole.

In Gegenwart von Tetrahydrofurfuralkohol ist es möglich, laut *D.R.P. 601.860* und *franz. P. 769.171*, von Durand-Hugenin[1]), die Chromfarbstoffe schon durch kurzes Dämpfen zu fixieren; Böhme empfiehlt ihn als Lösungsmittel für basische Farbstoffe und zum Färben von Azetatzellulose mittels dispergierter Farbstoffe, Indigosole und Küpenfarbstoffe (*schweiz. P. 165.151; amer. P. 1.967.656* Bertsch-Böhme-Fettchemie).

Gewisse Ester der einwertigen Alkohole mit organischen Säuren lassen sich entweder als Farbstofflösungsmittel oder als Quellmittel für Azetatzellulosefaser anwenden. Die B.A.S.F. empfiehlt in *D.R.P. 101.273* die Ester der Milchsäure zum Lösen der basischen Farbstoffe. Nach dem *D.R.P. 547.348* sowie *brit. P. 375.313* wird die Adsorption dispergierter Farbstoffe auf Azetatzellulose im Druck durch die Gegenwart eines organischen Lösungsmittels, welches zugleich als Quellmittel dient, erleichtert; als solche Mittel führen die Patente Äthyllaktat, Dibutyltartrat, Diäthyltartrat sowie Glykolderivate an. Das Äthyltartrat, welches ein gutes Lösungsmittel für basische Farbstoffe ganz besonders für Thioflavin- und Akridinfarbstoffe ist, wurde bereits weiter oben erwähnt. Durand-Huguenin empfiehlt seine Anwendung als säureabspaltendes Mittel während des Dämpfens als Zusatz zu Indigosoldruckfarben an Stelle von Ammoniumsulfocyanid[2]).

Das Glykol. — Industriell wird Glykol aus Naturgasen, aus welchen man durch Verflüssigung und fraktionierter Destillation das Äthan ausscheidet, gewonnen; durch katalytische Zersetzung dieses letzteren Gases gegen 850° C erhält man das Äthylen, welches sich leicht zu Glykol umwandeln lässt.

Glykol ist eine ölige Flüssigkeit von süsslichem Geschmack und in Wasser und Alkohol in jedem Verhältnis löslich. Dank seiner dem Alkohol und dem Glyzerin überlegenen Lösungswirkung breitete sich seine Anwendung in der Textilindustrie sehr rasch aus.

---

[1]) Siehe Bd. I, Kap. V, S. 573 und 610—611.

[2]) Handelsnamen: Developsol D (D. H.), Solentwickler D (I.G.), Tinosolentwickler D (Geigy), Lyogen I D (Sandoz), Cibantinentwickler I (Ciba). *D.R.P. 479.678; brit. P. 306.800* von Durand-Huguenin.

Durch Polymerisation von Äthylenglykol in Gegenwart spezieller Katalysatoren, erhält man Triäthylenglykolnonäthylenglykol und andere höhere Polymere, die in den U.S.A. unter dem Namen Carbowaxes bekannt sind (C.C.C.C., *amer. P. 2.293.863*, sowie *D.R.P. 597.496, 613.267, 616.428*).

Triäthylenglykol kann vorteilhaft als Druckereihilfsprodukt verwendet werden.

Die Carbowaxes haben zahlreiche Anwendungsmöglichkeiten, insbesondere als Schlichtemittel, gefunden.

Geigy empfiehlt im *franz. P. 587.269*, 1924[1]) die Anwendung eines Gemisches von Äthylenglykol mit Äthylenchlorhydrin zur besseren und regelmässigeren Fixation von Dampffarben. In diesem Patent sowie auch in *D.R.P. 386.032* und *400.684* und in *brit. P. 301.824* derselben Firma wird Glykol als Lösungsmittel für basische Farbstoffe sowie zum Färben der Wolle mit schwer löslichen Farbstoffen anempfohlen (Mell. 1927. S. 164).

Laut dem *brit. P. 298.088* (D.H.) erhält man durch Zugabe von Glykol zu Indigosoldruckfarben sattere Farbtöne. Glykol ist jedoch nicht das beste Lösungsmittel für diese Farbstoffklasse; die Ätheroxyde der Glykole, das Monoäthyl- und Monobutylglykol, namentlich Diäthylenglykol sowie seine Ätheroxyde, sind ihm hierin weit überlegen und sind als die wichtigsten Indigosollösungsmittel anzusehen. Sie bilden deswegen die Grundlage der Handelsprodukte, welche als Lösungsmittel unter den Namen Fibrit D von der I.G. Farbenndustrie, Hystabol D (Böhme und P.C.M.R.), Developsol GA (D.H.); Durit F, Eutinctol NB, Brécolane NDG (Kuhlmann) Solutène DG (Francolor) Developpeur Solasol GA (Francolor), Cibantinlöser III (Ciba); Débésolvol IND (L.Z.J.) auf den Markt gebracht werden.

Monoäthylglykol (Cellosolve) und Monobutylglykol (Butylcellosolve) sind nach Angaben der Carb. and Carb. Chem. Corporation sehr gute Lösungsmittel für basische und saure Farbstoffe sowie für Indigosole; sie ersetzen das Azetin sehr vorteilhaft in Rongalitätzfarben, weil sie einerseits auf das Sulfoxylat nicht einwirken und andererseits die mit ihnen zubereiteten Druckfarben sich glatter drucken lassen und nicht in die Gravur einsetzen.

Das ebenfalls von der Carb. and Carb. Chem. Corporation in den Handel gebrachte Diäthylenglykol wird durch Einwirkung von Äthylenoxyd auf Glykol erhalten. Es ist eine hochsiedende Flüssigkeit (Sdp. 245° C), welche mit Wasser in jedem Verhältnis mischbar

---

[1]) R.G.M.C. 1927, S. 227; 1935, S. 142. Äthylenglykol allein oder in Mischung mit Äthylenchlorhydrin kommt unter dem Namen Irgasol (Geigy) auf den Markt. Siehe Bd. I, Kap. I, S. 90 und 226 sowie Bd. II, Kap. VII, S. 132.

ist. Dank seiner lösenden Wirkung, seiner schätzenswerten, weichmachenden und besonders hygroskopischen Eigenschaften fand es sehr rasch Eintritt in die Textilindustrie. Es seien hier nur folgende Anwendungen erwähnt, welche sich auf die Druckerei und Färberei beschränken.

In *D. R. P. 340.552, 391.007, 339.690* sowie in *brit. P. 392.139* wird ein Zusatz von Diäthylenglykol zu Druckfarben empfohlen, um eine grössere Ausbeute und ein besseres Durchdringen der Farbstoffe zu erhalten. Da Diäthylenglykol sehr hygroskopisch ist, ersetzt es vorteilhaft das Glyzerin; es ist ebenfalls ein ausgezeichnetes Anteigemittel für Küpenfarbstoffe.

Die Newport Chem. Corp. empfiehlt in den *schweiz. P. 157.912* und *157.913* als Hilfsmittel für Küpenfarbstoffe im allgemeinen die Ätheroxyde und die Thioäther folgender Konstitution:

$$X \begin{cases} CH_2-CH_2-OH \\ CH_2-CH_2-OH \end{cases} \quad \text{wo } X = S \text{ oder } O$$

Es handelt sich also um Diäthylenglykol und um Thiodiäthylenglykol.

In den *D. R. P. 391.007* und *340.552* wird Diäthylenglykol als Lösungsmittel für basische Farbstoffe angegeben, während die Firma Durand-Huguenin in *brit. P. 427.058* es zum Lösen von Indigosolen empfiehlt.

Die Ätheroxyde des Diäthylenglykols, das Monoäthyl- und Butyldiäthylenglykol, welche von der Carb. and Carb. Chem. Corporation unter dem Gattungsnamen Carbitol hergestellt werden, haben sich ebenfalls als ausgezeichnete Lösungsmittel für basische Farbstoffe und Indigosole erwiesen; sie sind auch gute Anteigemittel für Küpenfarbstoffe.

Dieselbe amerikanische Firma bereitet Ester, die sich von Ätheroxyden des Glykols ableiten, so z. B. das Monoäthylglykolazetat (Cellosolve-Azetat), eine angenehm riechende Flüssigkeit, welche für das Färben von Wolle von Interesse ist.

Das Thiodiäthylenglykol[1]), welches als Zwischenprodukt der Yperitfabrikation (Gelbkreuzkampfgas) von der Kriegsindustrie herstammt, wird durch Einwirkung von Schwefelnatrium bei 90—100° C auf Glykolchlorhydrin hergestellt:

$$2 \begin{vmatrix} CH_2-Cl \\ CH_2-OH \end{vmatrix} + S \begin{cases} Na \\ Na \end{cases} \longrightarrow S \begin{cases} CH_2-CH_2-OH \\ CH_2-CH_2-OH \end{cases} \xrightarrow{HCl} S \begin{cases} CH_2-CH_2-Cl \\ CH_2-CH_2-Cl \end{cases}$$

Glykolchlorhydrin · · · · · · · Thiodiäthylenglykol · Yperite (Gelbkreuzkampfgas)

---

[1]) Handelsnamen: Glyecin A (I. G.); Brécolane NCI (Kuhlmann); Dehapan GB (D. H.); Lyoprint G (Ciba); Tinosollöser B (Geigy); Solutène CI (Francolor); Lyogen TG (Sandoz); Leucosolve LD, ER, LMK (Sopura); Kromfax Solvent (C.C.C.C.).

Thiodiäthylenglykol ist ein ausgezeichnetes Lösungsmittel für basische Farbstoffe; seine Anwendung benötigt jedoch, wie aus obigen Formeln hervorgeht, gewisse Vorsichtsmassnahmen, um jeden Kontakt mit Salzsäure bei Temperaturen über 60° C zu vermeiden.

Im *D.R.P. 339.690*, 1919 der I. G. Farbenindustrie sowie im *franz. P. 711.869* und im *brit. P. 147.102* von Durand-Huguenin und *brit. P. 368.910* der Newport Chem. Corp. wird Thiodiäthylenglykol als Druckhilfsmittel für Küpenfarbstoffe empfohlen, um lebhaftere und sattere Farbtöne zu erhalten und die Oxydation der Küpenfarbstoffe zu erleichtern. (Siehe Kap. I, S. 88.)

Nach *brit. P. 427.058* wirkt Thiodiäthylenglykol zwar günstig auf den Druck mit Indigosolfarbstoffen; aber ein Zusatz von Diäthylenglykol oder seiner Derivate ist in diesem Falle vorteilhafter.

Das Thiodiäthylenglykol ist hingegen, wie schon angegeben, ein ausgezeichnetes Lösungsmittel für basische Farbstoffe, und das *D.R.P. 336.690* hebt besonders seinen guten Einfluss in Hydrosulfitätzdruckfarben hervor, da es einerseits keine Wirkung auf das Natriumformaldehydsulfoxylat ausübt und andererseits, genau wie Azetin, eine vorzeitige Lackbildung des Farbstoffes mit dem Tannin in der Druckfarbe verhindert. Nach gewissen Angaben soll das Thiodiäthylenglykol die Reduktion des Methylenblaus in der Ätzdruckfarbe verhindern; diese Behauptung konnte jedoch nicht bestätigt werden.

Die I. G. Farbenindustrie erwähnt in *D.R.P. 591.547* und *schweiz. P. 170.425* ein Oxydationsprodukt des Thiodiäthylenglykols, das Thionyldiäthylenglykol (*amer. P. 1.968.926*):

$$O=S\begin{cases} CH_2-CH_2-OH \\ CH_2-CH_2-OH \end{cases}$$

Dieses Produkt soll die Ausbeute der Küpenfarbstoffdruckfarben verbessern und ein gutes Anteigemittel für diese Farbstoffe sein.

Das Glyzerin[1]) findet in zahlreichen Druckfarben seine Anwendung; es ist ein billiges Universallösungsmittel. Seine hygroskopischen Eigenschaften machen es besonders schätzenswert und rechtfertigen seine Verwendung in Küpendruckfarben; jedoch muss es, um wirklich wirkungsvoll zu sein, in erheblichen Mengen (100—150 g pro kg Druckfarbe) zugesetzt werden.

Die Bedeutung des Glyzerins in Bezug auf seine vielseitige Anwendungsmöglichkeit in der Textilindustrie ist auf dessen mannigfaltigen chemischen und physikalischen Eigenschaften zurückzu-

---

[1]) Georgia Leffingwell und Milton A. Lesser, Neue Verwendungsweise des Glyzerins für Textilien, Rayon Text. Monthly 1940, 9, S. 89—90 und 10, S. 69—70; Mell. 1941, S. 166.

führen. Besondere Bedeutung kommt dem Glyzerin im textilen Druck zu, wo es einen wesentlichen Bestandteil der Druckfarben bildet (Küpenfarben); besonders im Film- und Spritzdruck, beim Seiden- und Wolldruck ist es unentbehrlich.

In der Schlichte erwies sich das Glyzerin als wertvolles Hilfsmittel. Es fördert das Ein- und Durchdringen der Gelatinelösungen in die Garne und verhindert ein Hart- bzw. Steifwerden derselben, wodurch deren Verarbeitung wesentlich erleichtert wird. Glyzerin ersetzt die sulfonierten Öle in der Schlichte und Appretur.

Glyzerin löst die meisten basischen Farbstoffe und namentlich die Rhodamine auf. Gewisse in Alkohol unlösliche Farbstoffe lassen sich leicht mit Alkohol mischen, wenn man sie vorerst in Glyzerin auflöst.

Glyzerin löst Tannin und gewisse Metalloxyde auf; es wird ebenfalls in Woll- und Seidenätzdruckfarben angewendet.

Da der Preis des Glyzerins in den Jahren 1936/37, während des Bürgerkriegs in Spanien, unglaublich hoch stieg, wurden von zahlreichen Firmen eine ganze Reihe von Produkten als Ersatz für Glyzerin in der Textilindustrie angeboten.

Da Glyzerin — wie oben gesagt — als unentbehrliches hygroskopisches Zusatzmittel zu Küpendruckfarben gebraucht wird, hat es sich gezeigt, dass viele der angebotenen Glyzerin-Ersatzprodukte mehr oder weniger reine Zuckerlösungen darstellen, die noch verschiedene Salze, wie Kochsalz, Magnesium- und Kalziumchlorid, ameisensaure Salze usw., enthalten.

Andere Produkte bestehen in der Hauptsache aus wässerigen Lösungen von milchsauren Salzen, welche daneben noch anorganische Salze enthalten.

Solche Produkte sind als Ersatz für Glyzerin in Küpendruckfarben weniger geeignet, weil sie einen Teil der vorhandenen Pottasche verbrauchen und diese damit ihrem eigentlichen Verwendungszweck entziehen.

Bei ihrer Verwendung als Ersatz für Glyzerin in Küpendruckfarben zeigten die meisten dieser Produkte überhaupt keine Wirkung. Bei allen diesen Produkten kann man feststellen, dass sie in ihrem Einfluss auf die Fixiergeschwindigkeit der Farbstoffe hinter Glyzerin weit zurückstehen[1]).

Die I. G. Farbenindustrie hatte in systematischer Arbeit ein Austauschprodukt ausgearbeitet, welches unter dem Namen Glyzi-

---

[1]) Siehe weiter in den Tabellen eine Zusammenstellung verschiedener Glyzerinersatzprodukte.

nal D in den Handel kam. Glyzinal D stellt eine Mischung von 16,6 % Glyecin A, 33,4 % Harnstoff und 50 % Wasser vor; es ist ein vollwertiger Ersatz für Glyzerin.

Ferner wurde eine Mischung von Harnstoff, Hexamethylentetramin und Natriummetaphosphat als Glyzerinersatz vorgeschlagen (Gerber, Mell. 1937, Juliheft, S. 527).

Milchsaures Natrium wurde geläufig als Glyzerinersatzmittel angewendet und durch mehrere Firmen unter den verschiedensten Namen in den Handel gebracht, so z. B.:

Lactolin von Böhringer Sohn', Nieder-Ingelheim.

Dieses Produkt ist eine 60 %ige konz. wässerige Lösung von gereinigtem milchsaurem Natrium. Es wurde als Ersatz für Glyzerin im Zeugdruck mit substantiven, basischen und Küpenfarbstoffen auf Baumwolle und Kunstseide empfohlen. Es findet auch Anwendung in der Appretur, beim Schlichten und Schmälzen der Wolle.

Encorin von Biesinger, Chem. Fabr. in Stuttgart.

E. R. C. E.- Glyzerinersatz, Lixuran-Werke Reimann & Co., Oldendorf a. M.

Perca-Glyzerin oder Perglyzerin der Byk-Guldenwerke, Berlin.

Es ist auch von Interesse, die nachstehend bezeichneten Produkte zu erwähnen, welche mit Erfolg als Glyzerinersatzmittel angewendet werden können:

Dibutylaminoäthylglykol,

Dibutylamino-2,3-propandiol,

Morpholin,

Dipropylformamid, Dibutylformamid,

Oxyäthylpyrrolidon aus Äthanolamin und Butyrollakton,

Glykolsaures Natrium 46,3 %ige Lösung,

Triäthanolammoniumoxyäthyläther 21,1 %,

Trimethylolpropanmonobuttersäureester,

Trimethylolpropan + 3 Mol. Äthylenoxyd,

Dimethylpropandiol,

Äthylhexylurethan.

Ein ausgezeichnetes Glyzerinersatzmittel ist das Dimethylolpropan von folgender Formel:

$$\begin{matrix} HO{-}CH_2 \\ \\ HO{-}CH_2 \end{matrix} \Big> CH{-}CH_2{-}CH_3$$

Das Glyzerin lässt sich durch Sorbit, einen aus Maiszucker hergestellten Alkohol folgender Konstitutionsformel ersetzen:

$$HO-CH_2-\underset{\underset{OH}{|}}{\overset{\overset{H}{|}}{C}}-\underset{\underset{H}{|}}{\overset{\overset{OH}{|}}{C}}-\underset{\underset{OH}{|}}{\overset{\overset{H}{|}}{C}}-\underset{\underset{OH}{|}}{\overset{\overset{H}{|}}{C}}-CH_2-OH$$

Technisch wird Sorbit unter dem Namen Sorbitol von der Atlas Powder Co. durch ein elektrolytisches Verfahren hergestellt. Seit wenigen Jahren wird Sorbit durch Rhône-Poulenc als 70- bis 75-proz. sirupöse Flüssigkeit auf den Markt gebracht. Dieses Produkt bietet gegenüber dem Glyzerin folgende Vorteile:

In feuchter Atmosphäre nimmt Sorbit die Feuchtigkeit weniger rasch als Glyzerin auf, während es in trockener Atmosphäre hingegen seine Feuchtigkeit weniger rasch abgibt. Es ist also weniger empfindlich als Glyzerin gegen Feuchtigkeitsveränderungen der Atmosphäre, wodurch mit Sorbit angefeuchtete Substanzen einen konstanteren Feuchtigkeitsgehalt bewahren, als glyzerinhaltige.

Es wird in Druckfarben als Glyzerinersatz sowie zum Weichmachen des Leders, des Packpapieres aus Zellulose oder Zellulosederivaten verwendet; ferner zur Plastifizierung von Klebemitteln und Schlichten aus Pflanzengummi und Leimen sowie zum Feuchthalten von Gelatineschichten.

Sorbit dient ebenfalls zur Herstellung von Kunstharzen durch Polymerisation mit zweibasischen Säuren und Ester- oder Ätherderivaten, welche als plastische Substanzen Verwendung finden.

Die Ausgangsprodukte, die für seine Herstellung in Frage kommen, sind Zuckerrüben und Mais, sodass der Gestehungspreis des Sorbits wesentlich niedriger ist als der des Glyzerins.

Die Ester des Glyzerins mit organischen Säuren besitzen in noch höherem Grade die Fähigkeit, Farbstoffe aufzulösen. Die wichtigsten sind diejenigen der Essigsäure, welche eine bedeutende Verwendung als Lösungsmittel für basische, Beizen- und Indulin-Farbstoffe sowie für Tannin finden.

Das technische Produkt, welches unter dem Namen Azetin[1] bekannt ist, besteht aus einer Mischung von Mono- und Diazetin sowie kleinen Mengen Triazetin. Es wird durch mehrstündiges Erhitzen am Rückflusskühler von Glyzerin mit Eisessig dargestellt; nach vollendeter Reaktion wird die überschüssige Essigsäure abdestilliert (*franz. P. 540.362*).

Azetin hat gegenüber anderen Lösungsmitteln, z. B. Oxalsäure, Weinsäure oder Äthyltartrat, den Vorteil, die Faser nicht anzugreifen

---

[1] *D.R.P. 37.064;* Fischer's Ber. 1889, S. 928.

und das Verlacken der basischen Farbstoffe mit dem Tannin in den Druckfarben zu verhindern. Seine Verwendung in Rongalitätzfarben ist jedoch nicht ratsam, da dieselben durch diesen Zusatz an Haltbarkeit verlieren.

Glyzerintartrat wurde ebenfalls als Lösungsmittel unter dem Namen Tartrin vorgeschlagen (*D. R. P. 83.060*, 1894). Howard's and Sons Ltd. in London stellten ein wasserlösliches Glyzerinlaktat her, welches durch Wasserdampf nicht verflüchtigt wird, und empfahlen seine Verwendung als Lösungsmittel für basische, saure, direkte und Beizen-Farbstoffe sowie für dispergierte Azetatzellulosefarbstoffe (Howard's Sons Ltd. Est. 1797, Illford near London[1])).

Die organischen Säuren werden zum Lösen der basischen Farbstoffe verwendet. Die wichtigste dieser Säuren ist die Essigsäure. Die Milchsäure wurde von Böhringer (Ingelheim) in *D. R. P. 95.827* und *95.829* als gutes Lösungsmittel für Metalltannate und für Tannin empfohlen.

Die Glykolsäure fand trotz ihres hohen Preises einige Anwendungen (Diehl, Frb. Ztg. 1914. S. 138 R. G. M. C. 1914, S. 217). L. Diserens (R. G. M. C. 1917, S. 142, und 1918, S. 63) stellte seine lösende Wirkung auf Tannate, besonders auf Zinktannat, fest; diese Eigenschaft ermöglicht es, den basischen Farbstoff, Tannin, und zugleich das Metallsalz der Druckfarbe zuzugeben und die Lackbildung erst während des Dämpfens zu bewirken[2]).

Die Verwendung der Chloressigsäure und der Glykolsäure zum Lösen der basischen Farbstoffe als Ersatz für Essigsäure und Ameisensäure bildet den Gegenstand der *D. R. P. 317.597* und *386.032* von Geigy. Wie bereits im Kapitel über basische Farbstoffe (Kap. VII, S. 134) erwähnt, erlaubt dieses Verfahren das Fixieren der Tanninfarbstoffe ohne Dämpfen (Irgafarbstoffe).

Hier seien noch zwei Salze alkylierter Amine, namentlich das Triäthanolaminchlorazetat und -laktat erwähnt. Beide sind leicht herstellbar und scheinen ebenfalls als ausgezeichnete Lösungs- und Dispergiermittel für gewisse schwer lösliche Farbstoffe (z. B. Induline) von Interesse zu sein.

Heterozyklische Basen (Pyridin): Die lösende Wirkung der heterozyklischen Basen, besonders die des Pyridins, wurde von Freiberger eingehend untersucht. Er stellte fest, dass diese Körper gute Imprägnierungs- und Lösungsmittel für saure und direkte Farbstoffe sind. Die Versuche dieses Forschers, welche im *D. R. P. 393.761* festgelegt sind, ergaben sowohl für das Drucken als auch

---

[1]) Andere Glyzerinester: Diformin, Ameisensäureglyzerinester, das Glyzerid der Lävulinsäure (Oesinger).

[2]) Siehe Bd. II, Kap. VII, S. 120/121.

das Färben dieser Farbstoffe auf tierische Faser, ausgezeichnete Resultate.

Nach dem *D. R. P. 578.916* von Böhme bewirkt der Zusatz von Pyridin lebhaftere Farbtöne; diesbezüglich scheint es angebracht, auf die interessanten Arbeiten von Perndanner und Hackl hinzuweisen (Mell. 1926, S. 310; Mell. 1929, Nr. 5; R. G. M. C. 1930, Januarheft, S. 40), in welchen die Vorteile des Pyridins und seiner Homologen für die Wolldruckerei mit gewissen schwer fixierbaren sauren Farbstoffen hervorgehoben werden.

In *D. R. P. 578.916; franz. P. 641.629; 654.108* und *654.624* sowie in den *brit. P. 291.070, 1927, 291.096, 1928* und *392.070* wird von Böhme Fettchemie die Anwendung von Netzmitteln empfohlen, bestehend aus Mischungen von heterozyklischen Basen mit den Natriumsalzen der Isopropyl- oder Dibutylnaphtalinsulfosäuren, der sulfonierten Fettsäuren oder mit den Fettalkoholsulfaten, deren Netzwirkung hervorragend gut ist. Diese Produkte sind unter dem Namen Novocarnit bekannt. Das Pyridin in Mischung mit Sulforizinaten (Oleocarnit) wird als Lösungs- und Egalisierungsmittel in der Färberei angewendet, während das Gemisch aus Pyridin und Fettalkoholsulfonaten (Oxycarnit) als Lösungsmittel für Farbstoffe sowie zum Färben der Wolle und Viskoseseide mit Küpen- und Schwefelfarbstoffen empfohlen wird und dies besonders für die Strumpf- und Wirkwarenfärberei.

Die höheren Pyridinbasen sind nicht mit Wasser mischbar, werden es aber durch Zusatz von Alkohol oder Seifenlösungen. Dank seiner Eigenschaft, in neutralem, alkalischem oder saurem Mittel löslich zu sein, lässt sich Pyridin als Egalisierungs- und Durchdringungsmittel für alle Färbeverfahren anwenden (Sisley, R. G. M. C., 1935). Nach Röstel (Leipz. Mon. Text. Ind., 1926, S. 315) verbessert das Pyridin die Dispersion der Farbstoffe und besitzt ein ausgesprochenes Lösungsvermögen; in der Wollfilzfärberei spielt es eine sehr interessante Rolle.

Jeanmaire zog für die Herstellung von Rongalitätzfarben das Anilin, welches ebenfalls ein gutes Lösungsmittel für basische Farbstoffe ist und eine frühzeitige Tanninlackbildung in der Druckfarbe verhindert, dem Phenol vor (Bull. Mulh. 1905, S. 121; R. G. M. C, 1905, S. 60 und 244; *D. R. P. 165.219; franz. P. 344.681*). Dieses seit lange bekannte Verfahren wurde während geraumer Zeit in sehr grossem Maßstabe angewendet. Es scheint jedoch durch neue Arbeitsweisen, welche Glykolderivate als Lösungsmittel verwenden, verdrängt worden zu sein.

Diese Derivate besitzen nicht nur ein grösseres Lösungsvermögen, eine gute Wasserlöslichkeit und einen hohen Siedepunkt, sondern sie üben auch keinen nachteiligen Einfluss auf die Farbstoffe aus, wie es bei Anilin der Fall ist, namentlich wenn es sich um Rhodamine handelt.

Äthanolamine[1]).

Mono-, Di- und Triäthanolamin sind äusserst bedeutungsvolle Rohstoffe, die in den verschiedensten Gebieten angewendet werden und deren Ausgangsstoff das Ammoniak ist.

Durch ganze oder teilweise Substitution der drei Wasserstoffatome mittels einwertiger Radikale gelangt man zu den drei Arten von aliphatischen Aminobasen: Mono-, Di- oder Trialkylolaminen.

Es sind Körper, die die Gruppe —CH_2—OH aufweisen.

Diese Verbindungen können als amidierte Alkohole oder als Aminoalkohole angesehen werden.

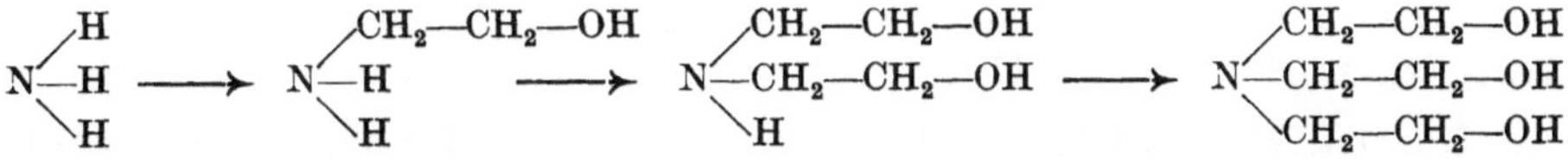

$$N\begin{cases}H\\H\\H\end{cases} \longrightarrow N\begin{cases}CH_2\text{—}CH_2\text{—}OH\\H\\H\end{cases} \longrightarrow N\begin{cases}CH_2\text{—}CH_2\text{—}OH\\CH_2\text{—}CH_2\text{—}OH\\H\end{cases} \longrightarrow N\begin{cases}CH_2\text{—}CH_2\text{—}OH\\CH_2\text{—}CH_2\text{—}OH\\CH_2\text{—}CH_2\text{—}OH\end{cases}$$

Mono-   Di-   Triäthanolamin

Zur Darstellung dieser Körper verfährt man nach dem Verfahren der I. G. Farbenindustrie und der Carbide and Carbon Chemicals Corp. durch Einwirkung von Ammoniak auf Äthylenoxyd, wobei die drei Äthanolamine nebeneinander entstehen.

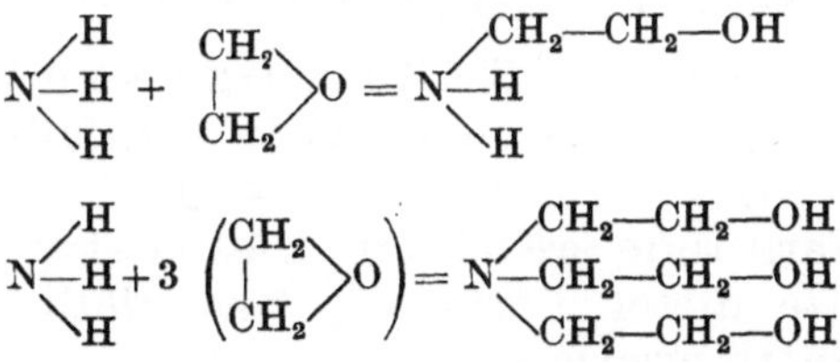

$$N\begin{cases}H\\H\\H\end{cases} + \begin{array}{c}CH_2\\ \big|\\ CH_2\end{array}\!\!\!\Big\rangle O = N\begin{cases}CH_2\text{—}CH_2\text{—}OH\\H\\H\end{cases}$$

$$N\begin{cases}H\\H\\H\end{cases} + 3\left(\begin{array}{c}CH_2\\ \big|\\ CH_2\end{array}\!\!\!\Big\rangle O\right) = N\begin{cases}CH_2\text{—}CH_2\text{—}OH\\CH_2\text{—}CH_2\text{—}OH\\CH_2\text{—}CH_2\text{—}OH\end{cases}$$

Brit. P. 306.563; franz. P. 650.574; amer. P. 1.904.013.

Bei einem anderen, besonders in den USA. ausgearbeiteten Herstellungsverfahren, geht man von dem Äthylen aus, das in den Spaltgasen von der Erdölverarbeitung billig zur Verfügung steht.

Dieses setzt sich mit unterchloriger Säure in Glyzerinchlorhydrin um, das weiterhin mit Ammoniak unter Chlorwasserstoffabspaltung die drei Äthanolamine liefert.

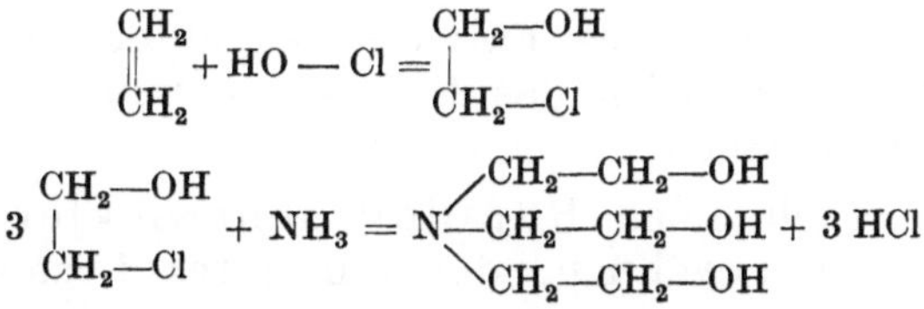

$$\begin{array}{c}CH_2\\ \|\\ CH_2\end{array} + HO\text{—}Cl = \begin{array}{c}CH_2\text{—}OH\\ \big|\\ CH_2\text{—}Cl\end{array}$$

$$3\begin{array}{c}CH_2\text{—}OH\\ \big|\\ CH_2\text{—}Cl\end{array} + NH_3 = N\begin{cases}CH_2\text{—}CH_2\text{—}OH\\CH_2\text{—}CH_2\text{—}OH\\CH_2\text{—}CH_2\text{—}OH\end{cases} + 3\,HCl$$

---

[1]) Mell. 1938, Heft 6; Dr. H. Gerber, Mell. 1939, S. 143.

Das Triäthanolamin findet in Form seiner fettsauren Salze als vorzügliches Emulgiermittel in allen Gebieten der Textilindustrie als Hilfs- und Anteigemittel für Küpenfarbstoffe, als Lösungsmittel für Fibroin beim Entbasten der Seide, als Entschlichtungsmittel usw. Verwendung; es wird ebenfalls in der Färberei und in der Druckerei angewendet. Du Pont de Nemours patentiert in *brit. P. 302.252* und *324.315* sowie im *franz. P. 648.954*, 1928 seine Anwendung für die Zubereitung von Küpen- und Schwefeldruckfarben.

Beim Drucken mit Küpenfarben hat sich das Triäthanolaminstearat sowie auch das Palmitat als Egalisiermittel in sehr vielen Fällen gut bewährt.

Durch teilweises Ersetzen des Alkali (K_2CO_3) durch organische Basen, wie Triäthanolamin oder Piperazin in Küpenfarbstoffreserven unter Prud'hommeschwarz, soll nach *D. R. P. 555.305; brit. P. 373.558* sowie *franz. P. 729.412* und *amer. P. 1.953.247* der Ciba-Haller (Bull. Föd. Bd. I, S. 257) die Hofbildung (Ausfliessen) vermieden werden.

Im *brit. P. 295.025* von Du Pont-Kern wird die lösende Wirkung des Triäthanolamins beim Färben mit Küpenfarbstoffen hervorgehoben.

Laut. *franz. P. 754.235* sind die Triäthanolaminsalze gewisser Indigosole löslicher als die entsprechenden Natriumsalze (siehe diesbezüglich *brit. P. 422.549* und *amer. P. 1.945.702* von Durand-Huguenin; dieses Werk, Bd. I, Kap. III, S. 224).

Die günstige Wirkung des Triäthanolamins im Woll- und Naturseidendruck mit Küpenfarbstoffen wurde ebenfalls festgestellt. Im Beisein dieses Körpers wird die Lösung gewisser schwer wasserlöslicher, saurer Farbstoffe erleichtert. Dies lässt vermuten, dass die Triäthanolaminsalze dieser Farbstoffe wasserlöslicher sind als die entsprechenden Natriumsalze.

Um tiefere Töne zu erhalten, empfehlen die I.C.I. im *brit. P. 330.625* und *franz. P. 713.625* ebenfalls die Verwendung der alkylierten Amine für den Azetatseidendruck mit dispergierten Farbstoffen.

Zum Schlusse sei noch das im *franz. P. 659.449* der I. G. Farbenindustrie beschriebene Färbeverfahren für Mischgewebe aus Naturseide, Wolle und Viskose erwähnt, laut welchem ein Zusatz von Triäthanolamin während des Färbens die animalische Faser vor Angriff schützt und zugleich das Eindringen und die Reibechtheit der Farbstoffe verbessert.

Hier wäre auch noch Rapidogenentwickler N der I. G. Farbenindustrie zu erwähnen, der ein gutes Lösungsmittel von basischem Charakter ist.

Das Produkt[1]) ist ein substituiertes Äthanolamin.

$$\begin{matrix} H_5C_2 \\ \diagdown \\ \\ \diagup \\ H_5C_2 \end{matrix} N-CH_2-CH_2-OH$$

Diäthylmonoäthanolamin.

Ein anderes substituiertes Äthanolanin von vorzüglichen Löse-eigenschaften, namentlich für substantive und saure Farbstoffe ist das von der Ciba in den Handel gebrachte Lyoprint DA.

---

[1]) Siehe diesbezüglich Bd. I, Kap. IV, S. 490. *D. R. P. 696.269/1936, 697.185, 704.542: franz. P. 824.620, 846.748/1938; brit. P. 480.169.*

Name	Herkunft	Zusammensetzung
Phenol		OH (Strukturformel)
Resorzin		OH ... OH (Strukturformel) Sdp. 118° C — spez. Gew. 1,2717 — Wasserlöslichkeit: In 100 T. H_2O bei 0° C, 86,4 T., bei 12° C 147,3 T.
Äthylalkohol		C_2H_5—OH; Sdp. 78,3° C; Spez. Gew. 0,806. Mit Wasser in allen Verhältnissen mischbar.
Methylalkohol Methanol rein 100% Spiritogen Spritol Methanol	I. G. C.C.C.C. C.C.C.C.	CH_3—OH; Sdp. 65° C; Spez. Gew. 0,796; giftig, löslich in Wasser, Alkohol und Äther. Das Einnehmen schon kleiner Mengen Methylalkohol kann Erblindung hervorrufen.
N-Butylalkohol 98—100% Butanol	I. G. Rhône-Poulenc Dr. A. Wacker Degussa C.C.C.C.	CH_3—CH_2—CH_2—CH_2—OH; Sdp. 114 bis 118° C; spez. Gew. 0,812, wenig wasserlöslich (1:12).
Gährungs Amylalkohol Pentasol Peramylalkohol	Sharples Solvents Corp. Philadelphia	Mischung von: CH_3 / C_2H_5 >CH—CH_2—OH 13% und CH_3 / CH_3 >CH—CH_2—CH_2—OH 87% Bestandteil der Fuselöle, Sdp. 131° C. spez. Gew. 0,823. Wenig wasserlöslich: 1 T. in 50 T. H_2O. Giftig. Widerlicher Geruch. Synthet. Amylalkohol
Benzylalkohol Plastoform I	I. G. Rhône-Poulenc	CH_2—OH (Strukturformel) Sdp. 205—209° C spez. Gew. 1,045 In Wasser wenig lösliche Flüssigkeit von aromatischem Geruch.

Literatur	Verwendungsgebiete
Gassmann, *franz. P. 99.756/* 1897; R.G.M.C. 1901, S. 243; Bull. Mulh. 1905, S. 111; R.G.M.C. 1905, S. 241.	Lösungsmittel für basische Farbstoffe. Entwickler für direkte Farbstoffe. Lösungsmittel für Azetatzellulose.
Diserens, R.G.M.C. 1917, S. 142; 1918, S. 63; 1919, S. 117; Wosnessensky, Färb. Ztg. 1918, S. 275; Bull. Mulh. 1914, S. 367; R.G.M. C. 1914, S. 212; *D.R.P. 308.815*, 1912; *D.R.P. 312.584*, Bayer. Schneevoigt, Mell. 1925, S. 106.	Lösungsmittel für basische- und einige Chromfarbstoffe.
	Lösungsmittel für basische-, saure- und Chromfarbstoffe.
	Lösungsmittel für verschiedene Farbstoffe; findet wegen seiner Giftigkeit nur wenig Verwendung. Lösungsmittel für Nitrozellulose.
Brit. P. 266.746 (Intermediäres Lösungsmittel).	Lösungsmittel für basische Farbstoffe. Ausgezeichnetes Lösungsmittel für Linoxyn. Löst Zelluloseester nicht auf. Wird als Verdünnungsmittel verwendet; verhindert das Ausscheiden der Firnisse aus ihren Lösungen.
D.R.P. 371.293.	Lösungsmittel für Rhodamine. Zusatz zu Druckfarben. Lösungsmittel für Linoxyn. Fällungsmittel für Azetatzellulose.
Brit. P. 266.746.	Sehr gutes Lösungsmittel für basische Farbstoffe. Quellmittel für Azetatzellulose. Löst Azetatzellulose in der Wärme auf.

Name	Herkunft	Zusammensetzung
Ketol	Lefranc	Mischung von verschiedenen Ketonen und Alkoholen, vor allem Dipropylketon. Wird durch Behandeln von Sägemehl mit Wasser unter Druck im Autoklaven erhalten.
Tetrahydrofurfuralkohol	Böhme Fettchemie Lambert-Rivière Dehydag	CH_2—CH—CH_2OH, CH_2—CH_2, $>O$ Sdp. 170° C. Erhalten durch katalytische Reduktion von Furfurol. Wasserlösliche, geruchlose Flüssigkeit.
Äthyltartrat Developsol D Solentwickler D Tinosolentwickler D Lyogen ID Cibantinentwickler I	D. H. I. G. Geigy Sandoz Ciba	Diäthyltartrat. $COOC_2H_5$ $CHOH$ $CHOH$ $COOC_2H_5$
Glykol Äthylenglykol Glycol	I. G. C.C.C. Corp. New-York Rhône-Poulenc	CH_2—OH Sdp. 197° C; CH_2—OH spez. Gew. 1,118 Ölige, süsse, in jedem Verhältnis in Wasser und in Alkohol lösliche Flüssigkeit. Unlöslich in Äther; sehr hygroskopisch, kann das doppelte seines Gewichtes Wasser anziehen.
Irgasol	Geigy	Lösungsmittel, dessen Hauptbestandteile Äthylenglykol und Äthylenchlorhydrin sind.

Literatur	Verwendungsgebiete
	Lösungsmittel für Fettsubstanzen, Harze und für einige Farbstoffe.
D.R.P. 601.860 von Durand-Huguenin; Fixationsverfahren für Chromfarbstoffe, Wengr. Ber. 1935, Februarheft S.16; *franz. P. 744.251* von Böhme (Dispergiermittel); *franz. P. 769.171* von Durand-Huguenin. *Öst. P. 139.111, 139.845,* Böhme-Fettchemie. *Schweiz. P. 165.151; amer. P. 1.967.656* von Böhme-Fettchemie. Siehe dieses Werk, Bad. I, Kap. I, S. 226 und Kap. V, S. 573 und 611.	Sehr gutes Lösungsmittel für basische Farbstoffe, für Indigosole und für die Leukoderivate der Küpenfarbstoffe. Wird für das Färben mit dispergierten Farbstoffen, sowie für die Färberei und für den Druck der Küpen- und Indigosolfarbstoffe verwendet. Zum Fixieren der Chromfarbstoffe durch kurzes Dämpfen in Gegenwart von Phenol und Harnstoff empfohlen. Dispersions-, Reinigungs- und Netzmittel.
D.R.P. 479.678, 504.706, 639.288; brit. P. 306.800, 313.407, 466.846; öst. P. 122.467, D. H.; Wengr. Ber. 1935, Märzheft; Mell. Bd. 17, S. 70; *franz. P. 786.012, 1935; 785.334,* I.G.; *franz. P. 798.425,* R.G.M.C. 1936, S. 196 und 211. Seide und Kunstseide, 1936, S. 396 und 434. Hasse, Mell. 1937, S. 456. Siehe dieses Werk Bd. I, Kp. IV, S. 272; Kap.IV, S.487,488 und 521.	Wird für den Druck der Indigosole nach dem Dämpfverfahren als Ersatz von Ammoniumsulfocyanid als Säure abgebendes Mittel während des Dämpfens verwendet. Im Rapidogenfarbstoffdruck entweder zum Vorpräparieren der Ware oder als Zusatz zur Druckfarbe als Säurespalter, um die Entwicklung der Farbstoffe zu bewirken, empfohlen. Lösungsmittel für gewisse basische Farbstoffe wie Thioflavin und Akridinfarbstoffe. Als Zusatz in Rongalitätzfarben für Wolle, soll nach Angaben der I.G. den Faserangriff vermindern.
D.R.P. 386.032 und *400.684; brit. P. 301.824* sowie *franz. P. 587.269,* 1924 von Geigy; *brit. P. 298.088* von D. H. (Indigosole). Siehe Bd. I, Kap. I, S. 226 und Bd. II, Kap. VIII, S. 132.	Lösungsmittel für basische-, saure-, Chrom- und Küpenfarbstoffe. Verwendet im Seidendruck und zum Anteigen der Küpenfarbstoffe. Lösungsmittel für Indigosole, steht jedoch als solches vor dem Diäthylenglykol und seinen Derivaten zurück. Appreturweichmachungsmittel in Verbindung mit sulfonierten Fettalkoholen.
D.R.P. 386.032 und *400.684* sowie *franz. P. 587,269* von Geigy. R.G.M.C. 1927, S. 227; 1935, S.142. Siehe Bd. I, Kap. I, S. 226.	Lösungsmittel für basische Farbstoffe und für Tinosol. Als Hilfsmittel in der Anwendung der Küpenfarbstoffe.

Name	Herkunft	Zusammensetzung
Äthylglykol Solentwickler GA Developsol GA Cellosolve Cibantinlöser III Lösungsmittel GA Glyecin RN Developpeur Solasol GA	I. G. I. G. D. H. C.C.C.C. Ciba I. G. I. G. Francolor	Monoäthyläther des Äthylenglykols. CH_2—OH | Sdp. 135° C; CH_2—OC_2H_5 spez. Gew. 0,937 Erhalten durch Alkylieren von Glykol. Wasserlösliche Flüssigkeit.
Butylglykol Butylcellosolve Lösungsmittel GM	I. G. C.C.C.C. I. G.	Monobutyläther des Äthylenglykols CH_2—OH | CH_2—O—C_4H_9
Methylglykol Methylcellosolve	I. G. C.C.C.C.	Monomethyläther des Äthylenglykols CH_2—OH | Sdp. 124° C. CH_2—O—CH_3
Polyglykol Brécolane NDG Diäthylenglykol Diäthylenglykol Solutène DG Tinogenallöser B	I. G. Kuhlmann C.C.C.C. Rhône-Poulenc Francolor Geigy	O$<$ CH_2—CH_2—OH Sdp. 245° C; CH_2—CH_2—OH spez. Gew. 1,1212 Farblose, in jedem Verhältnisse mit Wasser mischbare hygroskopische Flüssigkeit. Erhalten durch Einwirkung von Äthylenoxyd auf Glykol.
Carbitol	C.C.C.C.	Monoäthyläther des Diäthylenglykols. O$<$ CH_2–CH_2–O–C_2H_5 Sdp. 200° C; CH_2–CH_2–OH spez. Gew. 1,020
Butylcarbitol	C.C.C.C.	Monobutyläther des Diäthylenglykols. O$<$ CH_2–CH_2–O–C_4H_9 Sdp. 222° C; CH_2–CH_2–OH spez. Gew. 0,955
Fibrit D Hystabol D und F Durit O Cibantinlöser O Eutinctol ND Débésol A und B	I. G. Böhme C.C.C.C. Ciba Kuhlmann L. Z. J.	Lösungsmittel, welches als Hauptbestandteile Glykol- und Polyglykolderivate enthält. Hystabol D soll als Hauptbestandteile Glykol und Tetrahydrofurfuralkohol enthalten. Fibrit D besteht aus 80% Triglykoläthyläther und 20% Glykol.

Literatur	Verwendungsgebiete
Amer. P. 1.614.883; brit. P. 134.723 von Böhme; brit. P. 301.824.	Lösungsmittel für basische-, saure und Indigosolfarbstoffe. Verwendet in der Zubereitung der Druckfarben und in der Wollfärberei; ersetzt vorteilhaft das Azetin. Ausgezeichnetes Lösungsmittel für Nitrozellulose. Löst Azetatzellulose nicht auf.
Wenig wasserlösliche Flüssigkeit.	Wird wenig im Zeugdruck verwendet, wichtig in der Firnisindustrie. Ausgezeichnetes Lösungsmittel für Nitrozellulose.
Brit. P. 255.406 (Lösungsmittel für alkylierte Zellulosederivate) R.G.M.C. 1927, S. 220.	Ausgezeichnetes Lösungsmittel für Nitro- und Azetatzellulose.
D.R.P. 340.552; 391.007; 339.690. *Brit. P. 392.139.* *Schweiz. P. 157.912; 157.913* der Newport Chem. Corp. *Brit. P. 427.058;* Wengr. Ber., Juniheft, 1935. *D.R.P. 301.824,* 1928, Böhme.	Ausgezeichnetes Lösungsmittel für Indigosole und gewisse basische Farbstoffe. Anteigemittel für Küpenfarbstoffe, Verbesserung der Ausbeute und des Durchdringens. In Rongalitätzfarben als Azetinersatz. In der Lösungskraft Glyzerin, Glykol und Alkoholen weit überlegen. Schlichtmittel für Wolle als Ersatz für Schmalzöle; Weichmachungsmittel in Kunstseidenappreturen.
Farblose, sehr hygroskopische, wasserlösliche Flüssigkeit.	Ausgezeichnetes Lösungsmittel für Farbstoffe; findet in der Färberei und Druckerei Verwendung. Anteigemittel für Küpenfarbstoffe. Als Durchdringungsmittel in der Färberei angewendet. Emulgier- und Weichmachungsmittel; intermediäres Lösungsmittel.
Farblose, wasserlösliche Flüssigkeit.	Lösungsmittel für basische und Indigosolfarbstoffe. Anteigemittel für Küpenfarbstoffe. Hygroskopisches und Durchdringungsmittel. Intermediäres Lösungsmittel für Seifen und Öle.
D.R.P. 340.552; 391.007; D.R.P. 339.690; brit. P. 392.139; schweiz. P. 157.912, 157.913; öst. P. 139.111; 139.845; schweiz. P. 165.151; amer. P. 1.967.656 von Böhme-Bertsch. *Brit. P. 298.088* (D. H.); *427.058* (D. H.).	Lösungsmittel für basische, saure und Indigosolfarbstoffe. Anteigemittel für Farbstoffe. Zusatzmittel für Farbbäder, besonders für das Färben von Spulen, Kreuzspulen, von Kettbäumen, sowie von schwerer Ware anempfohlen.

Name	Herkunft	Zusammensetzung
Hystabol F	Böhme	Besteht aus einer Mischung von Gardinol WA, und Tetrahydrofurfuralkohol (Gardinol WA = saures Natriumsulfonat von Laurylalkohol).
Eutinctol NB	Kuhlmann	Grundbestandteil: emulsioniertes Fichtenöl (Pine-Oil).
Débésol B	Lab. Zundel, Joliet & Co., Gennevilliers	Zusammengesetztes Lösungsmittel von hohem Siedepunkt. Farbloses, wasserlösliches Lösungsmittel.
Débésolvol A	Lab. Zundel, Joliet & Co., Gennevilliers	Zusammengesetztes Lösungsmittel.
Newalol Newalol O Newalol TT	Zschimmer&Schwarz Zschimmer&Schwarz Zschimmer&Schwarz	Organisches Lösungsmittel.
Glyecin A Brécolane NCI Gommaline (Décolant) Kromfax Solvent Dehapan GB Lyogen TG Lyoprint G Tinosollöser A u. B Solutène CI Leucosolve LD, ER	I. G. Kuhlmann Sandoz C.C.C.C. D. H. Sandoz Ciba Geigy Francolor Sopura	Thiodiäthylenglykol $$S\begin{cases}CH_2\text{---}CH_2\text{---}OH\\ CH_2\text{---}CH_2\text{---}OH\end{cases}$$ Dicke, wasserlösliche Flüssigkeit von stechendem Geruch. Ist mit Vorsicht anzuwenden; jeder Kontakt mit Salzsäure ist zu vermeiden. Tinosollöser B = Thiodiäthylenglycol + Harnstoff.
Glyecin J	I. G.	Dem Glyecin A ähnliches Lösungsmittel.
Glyecin WD	I. G.	

Literatur	Verwendungsgebiete
	Zusatzmittel für Druckfarben (Küpenfarbstoffe).
	Lösungsmittel für basische und saure Farbstoffe sowie für die Indigosole. Anteigemittel für Küpenfarbstoffe. Hygroskopisches- und Egalisierungsmittel für Küpenfarbstoffe, sowie zur Verbesserung der Ausbeute dieser Farbstoffe.
	Speziallösungsmittel für basische Farbstoffe. Wird in Vereinigung mit Débétanlaque A oder C für das direkte Fixierungsverfahren der basischen Farbstoffe durch Dämpfen ohne nachherige Brechweinsteinpassage empfohlen.
Z. f. ges. Text. Ind. 1934, S. 413. Farblose Flüssigkeit in jedem Verhältnis in Wasser mischbar, beständig gegen Kalk- und Magnesiumsalze, Alkalin und Säuren.	Lösungs-, Dispergier-, Egalisierungs- und Durchdringungsmittel. Beständig auch bei Gegenwart von Säuren und Alkalien. Newalol ist ein Lösungsmittel, welchem Fettkörper zugesetzt sind, es dient als Netz- und Weichmachungsmittel.
D.R.P. 339.690, 1919, *368.910*, I. G. *Brit. P. 147.102*, 1919 I. G. · *Franz. P. 711.869*, Newport Chem. Corp.; *franz. P. 713.460*. *Brit. P. 427.058* von D. H.; R.G.M.C. 1936, Oktober- und Novemberheft, Mell. Bd. 16, S. 327; Wengr. Ber., Juniheft 1935. Schnevoigt, Mell. 1937, S. 919. Hasse, Mell. 1937, S. 456.	Lösungsmittel für basische Farbstoffe. Anteigemittel für Küpenfarbstoffe. Verbesserung des Farbtones, der Ausbeute und des Egalisierens. Vorzüglicher Ersatz für Azetin, Glyzerin und Phenol, besonders in Rongalitätzfarben. Die Anwendung von Lyogen TG empfiehlt sich besonders beim Lösen von Neocoton- (Neogenol-, Tinogenal-Farbstoffe.
	Lösungsmittel für saure und Beizenfarbstoffe. Im Wolldruck verwendet; Verbesserung der Egalisierung und der Ausbeute; erlaubt die Dämpfdauer zu verkürzen.

Name	Herkunft	Zusammensetzung
Dehapan O Tinosollöser O Cibantinlöser O	D. H. Geigy Ciba	Lösungsmittel, welches als Grundlage Harnstoff, einen hochsiedenden Alkohol und ein Phenol enthält. Bei gewöhnlicher Temperatur halbflüssiges sehr wasserlösliches Produkt.
Glyzerin hellfarbig von 28° Bé Reines Glyzerin 30° Bé		$\begin{array}{l} CH_2\!-\!OH \\ \ \ \mid \\ CH\!-\!OH \\ \ \ \mid \\ CH_2\!-\!OH \end{array}$ Sdp. 290° C; spez. Gew. 1,269 Sirupartige, farblose, hygroskopische, wasserlösliche Flüssigkeit.
Glydol	Zschimmer & Schwarz	

Glyzerin-

Name	Herkunft	Zusammensetzung
Lactolin	C. H. Böhringer & Sohn, A.G., Nieder-Ingelheim a. Rhein	Natriumlaktat. Kommt in Form einer wässerigen, 60%igen dickflüssigen Lösung vor. Sehr hygroskopisch.
Encorin	Jos. Biesinger, Chem. Fabrik, Stuttgart-Untertürkheim	45,6 T. Natriumlaktat 0,5 T. Milchsäure 43,9 T. Wasser ——— 100 T.
Erce-Glyzerinersatz	Lixuran-Werke Reinmann & Co., Oldendorf a. M.	Wässerige Lösung von Natriumlaktat.
Erce- 60%ig Dixoruvan	Lixuran-Werke	60,9%ige Lösung von Natriumlaktat in Wasser.
Glykol MP	Wacker, München	Dimethyl-Pentadiol-2,4. Verdunstet viel zu schnell. Unbrauchbar zur Herstellung von Hektographenmassen, Stempelfarben usw.
Perka-Glyzerin Perglyzerin	Byk Guldenwerke, Berlin	Wässerige Lösung von Kaliumlaktat. Wässerige Lösung von Natriumlaktat.
Superglyzerin	Firma K. H. Stöber, Hamburg	21,8% Glyzerin 23,6% Zucker 8,4% milchsaures Natrium 43,0% Wasser

Literatur	Verwendungsgebiete
D.R.P. 601.860, 1933. *Franz. P. 769.171.* v. Niederhäusern, Mell. 1933, 14, S. 412, 424 und 472.	Lösungsmittel für Indigosolfarbstoffe. Zusatz zu Beizenfarbstoff-Druckfarben.
	Lösungsmittel für viele basische, saure und Beizenfarbstoffe. Zusatzmittel zu Küpen-Druckfarben als wasseranziehendes Mittel. Zusatzmittel zu Rongalitätzfarben.
	Glyzerinersatz für Appreturzwecke.

Ersatzmittel.

	Direkter Druck mit substantiven, basischen Küpenfarbstoffen auf Baumwolle und Kunstseide.

Name	Herkunft	Zusammensetzung
Rubycin	Chem. Fabr. Rubach & Ziergiebel, Berlin	44,6% Wasser 23,8% Kohlenhydrat 31,6% Rest unbekannt
Glycinal D	I. G. Farbenindustrie	16,6% Glyezin A 33,0% Harnstoff 50,4% Wasser —————— 100 %
Glyzerinersatz Stoko	Stockhausen	Kohlenhydrat.
Subitol	Diamalt A.G., Berlin	31,2% Wasser. 68,8% org. Substanz, wahrscheinlich ein saures Amid oder eine Kombination von Harnstoff mit karbaminsaurem Natrium. Wird in folgender Kombination angewendet: 90 T. Subitol 30 T. Harnstoff 30 T. Wasser.
Propalin	Barsaghi, Mailand	
Roglyr Lykol Glyrol	Rotta Rotta Rotta	
Molligen	Chem. Fabrik Reisholz, Düsseldorf	80,80% Wasser 12,68% Gesamtkohlenhydrat, davon 8,3 T. nicht invertierte Glykose 6,47% Formol 0,05% Ammoniak —————— 100 %
Ursin D	Chem. Öl- und Fettwerke, in Lutterbach b. Mülhausen	Mischung von Glykol, Glyzerin und Harnstoff.
Azetin Azetin J. Diäthylin	Verschiedene Firmen	Glyzerin-Essigsäureester. Das Handelsprodukt besteht aus einer Mischung von Mono-, Di-Essigsäureglyzerinester und wenig Triazetin. Farblose oder hellgelbe wasserlösliche Flüssigkeit, Sdp. 250—260° C.

Literatur	Verwendungsgebiete
	Besitzt gleiche Hygroskopizität wie Glyzerin. Billiger Ersatz für Glyzerin. Zum Weichmachen und Geschmeidigmachen. Für Druckfarben nicht geeignet.
	Glyzerin Austauschmittel.
	Zusatz zu Druckfarben.
	Kann Glyzerin im Textildruck nicht ersetzen.
D.R.P. 37.064, 1889.	Wird in grossem Maßstabe als Lösungsmittel für basische Indulin- und Beizenfarbstoffe sowie für Tannin verwendet. Verhindert frühzeitige Lackbildung in der Druckfarbe selbst.

Name	Herkunft	Zusammensetzung
Tartrin	Ösinger	Glyzerinweinsäureester. Kommt nicht mehr in den Handel.
Anilin		$\langle\!\!\!\bigcirc\!\!\!\rangle\!-\!NH_2$
Molescal B Tetracarnit Tetracarnit Tetracarnit Isocarnéol Eutinctol N Moitol PX Tymonine Humectine TR Débésol AL Diatex BN Tetracit	I. G. Th. Böhme Buch-Landauer Sandoz Sapic Kuhlmann Mazure Ch. Monnet St. Denis L.Z.J. Beissier Pabianice	Organisches Lösungsmittel, welches als Grundbestandteile heterozyklische Verbindungen (Pyridin und seine Homologen) enthält. Braune, alkalische, wasserlösliche, giftige Flüssigkeit.
Diformin	Nitritfabrik Köpenick	Glyzerinameisensäureester.
Humectine TR	St. Denis	Äther eines Fettalkoholsulfonates mit einem Alkohol der Terpenreihe gemischt.
Débésol ALL	Lab. Bornand, Neuilly	Organisches Lösungsmittel, welches als Grundbestandteile hochsiedende Hydroxylderivate und substituierte Amine enthält.
Débétanlaque A u. C	Lab. Zundel, Joliet & Co., Gennevilliers	Mischung gewisser Oxyfettsäureester. Aromatisch riechende, wasserlösliche Flüssigkeit.

Literatur	Verwendungsgebiete
D.R.P. 83.060; Fischer's Ber. 1895, S. 987.	Lösungsmittel für basische Farbstoffe.
D.R.P. 165.219; franz. P. 344.681; Jeanmaire, Bull. Mulh. 1905, S. 121; R.G.M.C. 1905, S.60 und 244.	Wurde als Lösungsmittel für basische Farbstoffe in Rongalitätzfarben verwendet.
Freiberger, *D.R.P. 393.761,* 1919. *Franz. P. 518.833; 578.916* von Böhme. H. Perndanner, Mell. 1926, S.310; Mell. 1929, Nr. 4; R.G.M.C. 1936, Novemberheft; Böhme, *franz. P. 641.629, 654.624, 654.108.* *Brit. P. 291.070, 291.096,* 1927; R.G.M.C. 1936, Novemberheft.	Lösungsmittel für saure und direkte Farbstoffe, nicht für basische Farbstoffe anzuwenden. Anteige-, Dispergier- und Durchdringungsmittel, welche in der Färberei und im Druck Verwendung finden, und zwar 30–50 g pro kg Druckfarbe, 1–2 g pro Liter Färbeflotte oder 0,5–1% des Warengewichtes. Wird ebenfalls in der Filz- und Hutfärberei verwendet.
	Ausgezeichnetes Lösungsmittel für basische Farbstoffe.
	Algemeines Lösungsmittel.
	Ausgezeichnetes Lösungsmittel für saure Farbstoffe.
	Spezielles Lösungsmittel für Antimontannat; eignet sich zum Fixieren der basischen Farbstoffe durch direktes Dämpfen ohne nachherige Brechweinsteinpassage. Findet Verwendung in Rongalitätzen mit basischen Farbstoffen. Verhindert das Ausfällen des Tanninfarblackes in der Druckfarbe.

Name	Herkunft	Zusammensetzung
Triäthanolamin	I. G. Rhône-Poulenc Carb. C. Chem. Corp. New York	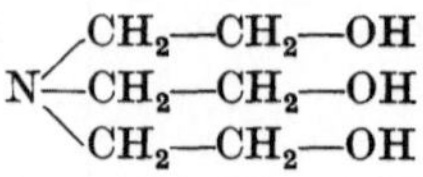 $N{\Large\langle}\begin{array}{l}CH_2-CH_2-OH\\CH_2-CH_2-OH\\CH_2-CH_2-OH\end{array}$ Sdp. 270–277° C; spez. Gew. 1,124 Das Handelsprodukt enthält 75% Tri-, 20% Di- und 5% Monoäthanolamin. Wasserlösliche. sehr hygroskopische Flüssigkeit. Wird durch Einwirkung von Äthylenoxyd auf Ammoniak erhalten.
Morpholine	C.C.C.C.	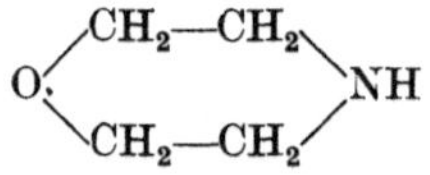 $O{\Large\langle}\begin{array}{l}CH_2-CH_2\\CH_2-CH_2\end{array}{\Large\rangle}NH$
Pine Oil Pumilin Tarol		Tannenholzöl.
Rapidogenentwickler N	I. G.	Diäthylmonoäthanolamin 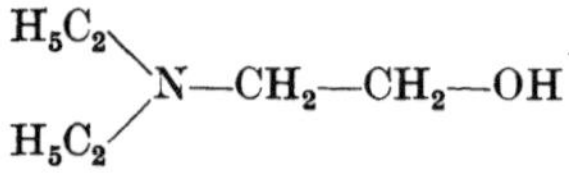 $\begin{array}{l}H_5C_2\\H_5C_2\end{array}{\Large\rangle}N-CH_2-CH_2-OH$
Lyoprint DA		Ein dem Rapidogenentwickler N ähnliches substituiertes Äthanolamin.

Literatur	Verwendungsgebiete
Brit. P. 324.315 der I.G.	Triäthanolaminseifen sind äusserst wirksame Dispersionsmittel (Emulsionsmittel für Öle, Wachs und chlorierte Lösungsmittel). Einteigemittel für Küpenfarbstoffe, besonders für Küpendruckfarben, welche für Woll- oder Seidendruck bestimmt sind, verwendet. Zum Drucken von Azetatzellulose mit dispergierten Farbstoffen empfohlen. Lösungsmittel für saure Farbstoffe.
	Lösungsmittel für Farbstoffe. Emulgiermittel.
D.R.P. 696.269, 1938; *697.185*, *704.542. Franz. P. 824.620*, *846.748*, 1938; *brit. P. 480.169.*	Lösungsmittel für substantive Farbstoffe. Zum Entwickeln der Rapidogene im neutralen Dampf angewendet.
	Sehr gutes Lösungsmittel für substantive und saure Farbstoffe. Erlaubt die Fixation der Drucke mit substantiven Farbstoffen im Schnelldämpfer (6-8 Min.). Zum Entwickeln der Rapidogene im neutralen Dampf geeignet.

XV. KAPITEL.

Hilfsmittel für Druckerei und Färberei.

In diesem Kapitel sollen nur die neueren Produkte, und zwar die das Schäumen verhindernde Mittel, die Drucköle sowie einige neuere Verdickungs- und Waschmittel näher besprochen werden, während die geläufigen Verdickungsmittel pflanzlicher, tierischer oder mineralischer Herkunft nur eine kurze Erwähnung finden werden.

Die schaumverhindernden Mittel.

Das Schäumen der Druckfarben während des Druckens verursacht viele Fehler, und ist deshalb unbedingt zu verhüten. Aus diesem Grunde wurden von jeher verschiedene Substanzen, wie Terpentinöl, Öle, Fette, lösliche oder unlösliche Seifen als schaumverhindernde Mittel angewendet[1]).

Die Milch fand während langer Zeit, besonders als Zugabe zu Leimlösungen, welche als Appretur in der Papierwarenindustrie dienten, Anwendung; in Druckfarben dagegen wurde sie kaum verwendet.

Es scheint selbstverständlich, dass der Fettgehalt der Milch das aktive Prinzip der Schaumverhütung ist, da das Kasein, einer ihrer Hauptbestandteile, nur wenig schaumverhindernd wirkt.

Gewisse Seifen, namentlich die unlöslichen Seifen, sind ausgesprochene schaumverhindernde Mittel. J. Wolfson-National Oil Prod. Company empfiehlt in den *amer. P. 1.957.513* und *1.957.514*, 1908 die Anwendung folgender Mischungen:

Erwärmen von 40 Teilen Paraffin mit 10 Teilen Aluminiumstearat bis zum Auflösen des letzteren, Zugabe von 50 Teilen sulfoniertem Talg und Erwärmen während 15 Minuten auf 75° C.

Nach Ohl[2]) tritt unerwünschtes Schäumen insbesondere bei Zusatz kolloider Dispersionen wie Leim, Stärke, Kasein u. dgl. auf.

In praktischer Hinsicht ist nach Ohl das älteste schaumverhindernde Mittel Öl im allgemeinen. Schon ganz kleine Mengen pflanzlicher Wachse (0,001%) sollen nach den Beobachtungen des Autors wirksam sein. Einen ähnlichen Effekt sollen Türkischrotöl

---

[1]) Guillaud, Les agents antimousse, Tiba 1937, Maiheft.

[2]) Seide und Kunstseide 1938, Oktoberheft, S. 411. Wengraf's Ber. 1938, Dezemberheft, S. 20.

und Dispersionen von geblasenem Leinöl und von anderen vegetabilischen Ölen haben, wie auch Terpentinöl und Alkohole (Äthyl-, Isobutyl- und Amylalkohol). Auch Kohlenwasserstoffe deren Siedepunkte über 100° C liegen, sollen sehr empfehlenswert sein. Bei Albuminlösungen sind geringe Mengen von alkoholischen Cholesterinlösungen oder wässerigen Lösungen von pflanzlichen Phosphatiden zu empfehlen.

Die Magnesium-, Aluminium-, Kalzium-, Zink- und Manganseifen der Stearin- und Palmitinsäure eignen sich am besten als Antischaummittel.

Im *brit. P. 383.293* der Imp. Chem. Ind. wird ein Zusatz von unlöslichen Aluminium-, Barium- und Kalziumseifen der Stearin- oder Ölsäure empfohlen, und zwar als 5%ige Emulsion in Terpentin- oder Fichtenöl, von welcher man 0,5—1% den Druckfarben zugibt, wodurch die Tendenz der Schaumbildung merklich verkleinert wird. Die besten Resultate sollen mit einer 3—5%igen Aluminiumstearat- oder Kalziumoleatlösung in 95—97 Teilen Fichtenöl erhalten werden. Die Handelsprodukte, welche diesem Patent entsprechen, kommen unter den Namen Aspumin S von Stockhausen und Siotol C von der Imp. Chem. Ind. in den Handel.

Gewisse Alkohole besitzen ein ausgesprochenes Vermögen, die Schaumbildung zu verhindern und scheinen seit langer Zeit in der Druckerei Verwendung gefunden zu haben; am geeignetsten sind hochsiedende Alkohole wie Amylalkohol oder Fuselöle[1]).

Der Zusatz von Alkoholen als Schaumverhinderungsmittel bildet den Gegenstand folgender Patente:

Amer. P. 1.981.534, 1931 von du Pont de Nemours-Clarkson führt hochmolekulare, bei 210—225° C siedende Alkohole vorzugsweise in Gegenwart von Fichtenöl (Pine-oil) an.

Amer. P. 1.981.635, 1931 derselben Firma empfiehlt die Verwendung von alkoholischen Produkten, welche durch Hydrierung von Kohlenoxyd erhalten werden, und besonders von solchen, deren Siedepunkte über 130° C liegen, sowie von gewissen Ketonen und Alkoholen von 6—10 Kohlenstoffatomen. Das *franz. P. 762.851* der Deutschen Hydrierwerke (R. G. M. C. 1934, S. 411) erwähnt die Zugabe von 7 g hochmolekularer Alkohole pro kg Druckfarbe, z. B. von Mischungen, welche durch Reduktion von Kokosfett oder durch starke Hydrierung gewisser ungesättigter Alkohole, wie Oleylalkohol, entstehen; zum gleichen Zweck können auch Laurylalkohol sowie die Hydrierungsprodukte des Rizinusöls verwendet werden.

Das Fichtenöl oder Pine-oil und das Terpineol, welches ein Bestandteil des Pine-oil ist, sind ebenfalls ausgezeichnete Entschäumungsmittel.

---

[1]) Entschäumungsmittel 6027 A der Ciba, entsprechend einer Mischung von Oktylalkohol und Isopropylalkohol.

Die Öle sind im allgemeinen als die wirksamsten Schaumverhinderungsmittel im Gebrauch, doch verursacht der direkte Zusatz dieser Körper zur Druckfarbe, mit der sie nur wenig homogene Mischungen ergeben, in gewissen Fällen Flecken; andererseits entstehen aus den Ölen leicht harzige Produkte, welche das glatte Arbeiten der Druckfarbe stören.

Aus diesen Gründen verwendet man mit Vorliebe Ölemulsionen, welche sich leichter dispergieren lassen. Solche Emulsionen werden entweder mit Hilfe einer Seife, die gewisse Mengen freier pflanzlicher Öle enthält oder mittels bestimmter Emulgatoren, wie Triäthanolaminoleat, Proteinabbauprodukte (Nekal AEM, Nilo EM, Stenolat W) oder auch mittels Emulphor der I.G. Farbenindustrie, Nilo S und T der Firma Sandoz, Emulgator J der Ciba, Stenolat CGA von Böhme Fettchemie, Emulgator A, BE und BEN von Zschimmer-Schwartz u. a. m. (siehe Tabelle am Schlusse des Kapitels), hergestellt.

Holtmann & Co. in Berlin veröffentlichten im *D. R. P. 428.303*, 1926 ein Verfahren zur Verhinderung der Schaumbildung sowie zur Verhütung des Angriffs der Kupferwalzen durch die Rakel, welches darin besteht, dass man der Druckfarbe Mineralöl, ein Teerdestillationsprodukt oder Paraffinwachs zugibt, und zwar in einem ausgezeichneten emulgierten Zustande, so dass eine innige Mischung der Druckfarbe erzielt wird.

Auf Grund des vorgenannten Patentes wurde von der Firma Holtmann ein Produkt ausgearbeitet, welches von der Firma Sandoz unter dem Namen Printogen in den Handel gebracht wurde (Zeit. f. ang. Chem. 1926, S. 1109; Mell. 1930, Juliheft, S. 549, ebenfalls Tagliani, Mell. franz. Ausg. 1936, S. 180).

Als Entschäumungsmittel können noch Lipon L und Olgon LK von Röhm und Haas erwähnt werden.

Nach einem im *amer. P. 2.074.380* der National Aniline Co. beschriebenen Verfahren wird die Schaumbildung in Druckfarben durch Zugabe von tertiären Aminen, besonders von Triamylamin, verhindert.

$$N \begin{cases} CH_2-CH{<}^{CH_3}_{C_2H_5} \\ CH_2-CH{<}^{CH_3}_{C_2H_5} \\ CH_2-CH{<}^{CH_3}_{C_2H_5} \end{cases}$$

Dieses Verfahren eignet sich nicht nur für Küpenfarbstoffe, sondern auch für saure und Rapidechtfarbstoffe, für Rapidogene sowie für Pigment und Albuminfarben, welch letztere bekanntlich sehr leicht schäumen.

Im Sinne des *D. R. P. 647.324* (Stockhausen-Buch und Landauer) ist es möglich, das Schäumen der Druckfarben zu verhindern, wenn man den Verdickungen ausser den an sich für diesen Zweck bekannten höheren Alkoholen (z. B. Oleylalkohol), noch Äther aromatischer Substanzen (Kresylglykoläther) oder Ester des Zyklohexanols mit höheren zweibasischen Säuren (Adipinsäuremethylzyklohexanolester) zugibt.

Die Wirkung solcher Mischungen soll derjenigen der einzelnen Bestandteile weit überlegen sein.

Zum Schlusse sei noch ein interessantes hochwirksames Entschäumungsmittel erwähnt, welches von der I. G. Farbenindustrie unter dem Namen Etingal A in den Handel gebracht wurde. Die Grundlage dieses Produktes sind das *D. R. P. 713.902* vom 14. Juli 1938 und das *franz. P. 863.256*. Die Erfinderfirma erwähnt hier die Verwendung der Phosphorsäureester als Schaumverhinderungsmittel. In den angeführten Beispielen werden hauptsächlich Tributylphosphat, Triisobutylphosphat, Triphenylphosphat und Trikresylphosphat genannt. Die Analyse des Etingal A führte zu der Feststellung der folgenden Zusammensetzung:

87% Triisobutylphosphat
13% Isopropylalkohol

Es muss besonders bemerkt werden, dass der Zusatz dieser Produkte zu Filmdruckfarben dann vermieden werden muss, wenn bei der Herstellung des Films Chlorkautschuk (Schablonenlack P oder Laque pour Pochoir P der I. G. Farbenindustrie) oder Polyvinylalkohol (Astrasol der I. G. Farbenindustrie oder Rhodoviol von Rhône-Poulenc) verwendet wurde; denn die organischen Phosphate ebenso wie Butyl- oder Isobutylalkohol üben auf diese genannten Stoffe eine gewisse lösende Wirkung aus, welche genügt, um den Zusammenhang des Films zu zerstören. Es genügen aber schon ganz geringe Mengen von Etingal A, um jede Schaumbildung in Druckfarben und Appreturlösungen augenblicklich zu beseitigen.

Name	Erzeugerfirma	Zusammensetzung
Printogen A Printogen B Printogen C Printogen E Printogen W Liquefix NJB Huile pour racle	Sandoz in Basel und Holtmann in Char- lottenburg Kuhlmann Scholten, Gröningen	Leichtes Mineralöl. Die Marken A und B sind nicht emul- gierte Öle. Die Marke E ist emulgiertes Öl.
Entschäumungs- mittel 6027 A Octylalcool Antifoam LFX	Ciba C.C.C.C. (USA.) Du Pont	Normaler Oktylalkohol. C_4H_9—CH (C_2H_5)—CH_2OH
Raxoldrucköl	Deutsche Öl-Import- Gesellsch. Mainzer Mannheim	Emulgiertes Mineralöl.
Drucköl H Drucköl Drucköl LT, RT Monopoldrucköl M	Herzberg, Elberfeld Sager, Heidelberg Sager, Heidelberg Stockhausen	Emulgiertes Mineralöl. Dicke, braune, leicht wasserlösliche Flüssigkeit. Sehr stabiles Emulgiermittel in neu- tralem Bade. Die Emulsion wird durch Alkalizusatz zerstört. Klares, hellbraunes Öl.
Solidol NJB	Kuhlmann	Mineralöl.
Débéprintol A	Lab. Zundel, Joliet & Cie., Gennevilliers	Zusammengesetztes braunes Öl. Gibt leicht mit Wasser milchige Emul- sionen, welche in neutralem und alka- lischem Mittel sehr beständig sind.
Aphrogène N u. NT Aspumol	Kuhlmann S.P.C.M.C.	Pine-oil + Terpentinöl + Sulforizinat + Kaliumstearat.
Siotol	Imp. Chem. Ind.	Unlösliche Aluminiumseife der Stearin- oder Ölsäure.
Etingal A Antimoussol TP Aphrogène HD	I.G.Farbenindustrie Sandoz Francolor	Triisobutylphosphat 87%, Isopropylalkohol 13%.

Literatur	Verwendungsgebiet
D.R.P. 428.303, 1926, Holtmann. Z. f. ang. Chem. 1926, S. 1109. Mell. 1930, Juniheft, S. 477. Mell. 1930, Juliheft, S. 549. Mell. franz. Ausgabe 1938, S. 181. Haller, Mell. 1927, 8, S. 1021. Mell. 1925, S. 12. Franken, Z. f. ges. Text. Ind. 1935, Bd. 38, S. 390 und 1937, Bd. 40, S. 312.	Zusatzprodukt zu Druckfarben. Schmiermittel für Druckwalzen und Rakel. Erleichtert den Druck, verhindert die Rakelstreifen und schützt die Druckwalzen.
Entschäumungsmittel 6027 A der Ciba ist eine Mischung von Isooktyl- und Isopropylalkohol.	Zusatz zu Druckfarben: 0,1—0,5% vom Gewicht der Druckfarben. Bringt Albumine nicht zum Gerinnen.
	Schmier- und Entschäumungsmittel.
	In der Druckerei als Schmier- und Schutzmittel der Druckwalzen und Rakeln. Mittel um die Druckfarben zügig zu machen und ihr Einsetzen und Schäumen zu verhindern. Drucköl für Direkt- und Ätzdruck im Maschinen-, Film- und Handdruck. Entschäumungsmittel. Verhindert das Einsetzen der Farbe in die Gravur und das Beschädigen der Druckwalzen. Gutes Abrakeln wird erreicht. Für Naphtol-AS-Farben nicht zu verwenden.
	Als Drucköl angewendet.
	In Druckfarben als Schutz- und Schmiermittel. Erleichtert den Druck, verhindert die Rakelstreifen und schützt die Druckwalzen. Empfohlen für den Druck alkalischer Farben.
	Das Schäumen verhinderndes Mittel.
Brit. P. 383.293.	Entschäumungsmittel.
Brit. P. 508.554, I. G. *Franz. P. 863.256.* *D.R.P. 713.902.*	Ausgezeichnetes Entschäumungsmittel; für Druckfarben und Appreturbäder, 0,5—1 g pro Liter.

Name	Erzeugerfirma	Zusammensetzung
Antispumin	Stockhausen Buch und Landauer	Unlösliche Aluminiumseife der Stearin- oder Ölsäure.
Antispumol K neu	Rudolph	
Lipon L, TL und LKT	Röhm und Haas	Gibt in Wasser beständige Emulsion.
Silvatol I	Ciba	Pine-oil in emulgiertem Zustande.
ACCO Antifoam	A.C. and C (USA.)	Mischung von höheren Fetten.
Antifoam HF	Du Pont	Normaler Dezylalkohol.
Antifoam M.	A.C. and C.	Mischung von höheren Fettsubstanzen.
Butanol	C.C.C.C.	$CH_3{-}CH_2{-}CH_2{-}CH_2{-}OH$.
Defoama	J.W.C. (USA.)	Mischung von Alkoholen und sulfonierten Fetten.
Defoamer G	A.C. and C.	Mischung von höheren Fettalkoholen.
Deobase	L. Sonneborn, New York	Kohlenwasserstoff.
Diafoam	Röhm und Haas	Mischung aliphatischer, linearer Alkohole.
Foamex	Glyc.	Sulfate modifizierter Alkylester.
Newport White Pine Oil	N.P.T. (USA.)	Terpentinöl, Borneol, Menthanol, Fenchylalkohol.
Span 20	A. P. Co.	Sorbitanmonolaurat.
Yarmor 302 Steam-destilled Pine-oil	Hercules Powder Co., Wilmington (Delaware, USA.)	Terpenalkohole 82%, Sdp. 210° C.
Titanol STP	T. C. P.	Emulsion von Pine-oil mit Oktylalkohol.

Literatur	Verwendungsgebiet
D.R.P. 647.324, 694.242, 715.109.	Entschäumungsmittel.
	Hilfsmittel für Druckerei.
	Entschäumungsmittel, Drucköl. Kann schon beim Kochen der Verdickung zugesetzt werden. Verbessert die Zügigkeit der Druckfarbe und vermindert das Einsetzen der Farbe in die Gravur.
	Entschäumungsmittel.
	Entschäumungsmittel.
	Entschäumungsmittel.
	Entschäumungsmittel.
	Entschäumungsmittel.
	Entschäumungsmittel.
	Entschäumungsmittel.
	Entschäumungsmittel.
	Entschäumungsmittel.
	Entschäumungsmittel.
	Entschäumungsmittel.
	Entschäumungsmittel.
	Entschäumungsmittel.
	Entschäumungsmittel.
	Entschäumungsmittel.

Name	Erzeugerfirma	Zusammensetzung
Trapineol	Onyx	Dispersion von Terpentin, Kohlenwasserstoffen und aliphatischen Alkoholen.
Tributyl Citrate	Commercial Solvents Corp., Terre Haute, Indiana (U.S.A.)	$$\begin{array}{l} CH_2{-}COOC_4H_9 \\ \quad \diagdown OH \\ C \\ \quad \diagup COOC_4H_9 \\ CH_2{-}COOC_4H_9 \end{array}$$
Tributyl Phosphate	Commercial Solvents Corp.	$(C_4H_9)_3PO_4$

Emulgier- [1]

Name	Erzeugerfirma	Zusammensetzung
Nekal AEM	I.G. Farbenindustrie	Proteinabbauprodukte (Kasein oder Leim) mittels Alkylnaphtalinschwefelsaurem Natrium.
Leonil LE	I.G. Farbenindustrie	
Emulgator A 134,	Zschimmer (1934)	
Emulgator J	Ciba	
Emulgator 300, BE	Oranienburg	
Stenolat W	Böhme und P.C.M.R.	
Puropolöl EM, EMP	Simon-Dürkheim	
Nilo EM, EMC, PO	Sandoz	
Invadin C	Ciba	
Hexasulfonal EWA	S.A.P.I.C.	
Collex, in Paste und in Pulver	S.P.C.M.C.	
Sunaptol N, NS	Kuhlmann	
Perminal EML	I.C.I.	
Agrale	I.C.I.	
Amoa ELA, AL, A3, A5	Amoa. Chem. Co.	
Emulgol	St. Denis	
Emulsionnant 840	Gignoux	
Emulsionnant 741	Gignoux	
Simulsols	P.C.M.N.	
Noval pâte	Sodag	
Nilo S, T	Sandoz	Komplexe, organische Verbindung.
Nilo, MO	Sandoz	

[1] Siehe: Neue Verfahren in der Technik der Veredlung der Textilfasern, Bd. I, Kap. II (Schmälzen), S. 205 u. ffg.

Literatur	Verwendungsgebiete
	Entschäumungsmittel.
	Entschäumungsmittel.

mittel

Literatur	Verwendungsgebiete
Siehe L. Diserens, Teil II, Neue Verfahren in der Technik der Veredlung der Textilfasern, Kap. II, S. 205.	Emulgier- und Dispergiermittel für Öle und Fette. Zur Herstellung von Ölemulsionen und Schmälzölen, besonders von Oliven- und Erdeichelöl enthaltenden Schmälzölen. Sunaptol N wird für die Färberei von Naphtolfarben verwendet (Verbesserung der Reibechtheit). Sunaptol NS: Bereitung der Handelsemulsionen. Als Zusatz zu Verdickungen für Küpenfarben.
	Die Marke S ist ein Emulgiermittel für Mineralöle, die Marke T für tierische und pflanzliche Fette sowie für Wachse.

Name	Erzeugerfirma	Zusammensetzung
Emulphor EL, ELN Emulphor A, öllöslich, AG Emulphor A extra Emulphor STS, MW Mulgofen A Mulgofen E u. M Cemulsol A, B	I.G. Farbenindustrie I.G. Farbenindustrie I.G. Farbenindustrie G. D. C. G. D. C. Soc. de Prod. chim. et de Synthèse in Bezons (Frankr.)	Anlagerungsprodukte von Äthylenoxyd an höhermolekulare Fettstoffe. (Fettsäuren) oder Kondensationsprodukte von Alkylphenolen mit Äthylenoxyd, z. B. Diisohexylheptylphenolpolyglykol mit 6 Mol. Äthylenoxyd. C_6H_7—⬡—O–$(CH_2$–$CH_2O)_5$–CH_2–CH_2–OH , C_8H_7 Für Mineralöle. Für Olein.
Emulphor O Stenolat KB Emulphor OL Emulphor OL lösl. Cemulsol T	I.G. Farbenindustrie Böhme-Fettchemie I.G. Farbenindustrie I.G. Farbenindustrie S.P.C.S.	Emulgiermittel, erhalten durch Kondensation hochmolekularer Alkohole (Oleylalkohol) mit 20 Mol. Äthylenoxyd. Abietinol kondensiert mit 40 Mol. Äthylenoxyd.
D. O. 8	I.G. Farbenindustrie	Äther des Laurylalkohols + Pentaerythrit.

Stenolat GGA
 	
Stenolat GGA
  Teig konz.
Stenolat GGK
	Böhme und
	  P.C.M.R. (1935)
		Fettalkoholsulfate von hoher emulgierender Wirkung.

Este Emulgator AM Stocko Emulgator O Stocko Emulgator M Monopolbrillantöl NFE konz. Emulgator 134	Stockhausen Stockhausen Stockhausen Stockhausen Zschimmer	Sulfoniertes Öl. Fettschwefelsäureester. Emulgatoren auf Basis von Fettschwefelsäureester und Fettalkoholsulfonat.
Tamol NNO Dispergine CB Setamol WS Diastersol NDS	Calco Chem. Co. Francolor I. G. Farbenindustrie Francolor	Natriumsalz der Dinaphtylmethandisulfosäure, wird durch Einwirkung von Formaldehyd auf eine Naphtalindisulfosäure dargestellt.
Iragol A, P und M	Geigy	Sulfonierte Seifen. Die Marke A ist eine braune Flüssigkeit, die Marke P ein Teig.
Emulphor STX	I.G. 1942	Kaliumsalz der Dodezylxylolsulfosäure. Ersatz für Emulphor STS und STH wegen Mangel an Äthylenoxyd während des Krieges.

Literatur	Verwendungsgebiete
D.R.P. 669.517, I.G. Z. f. ges. Text. ind. 1933, S.144. Emulphor A extra, STS, ML und ELN gehören dem Typus von nicht sulfoniertem Igepal an und enthalten verschiedene Mengen von Äthylenoxyd. B.I.O.S. Report Nr. 418. Emulphor STS = Diisohexyl-heptylphenol + 7,5–8 Mol. Äthylen-oxyd.	Emulgiermittel. Emulgiert Öle nur in Gegenwart von Seife. Zur Herstellung von Schmälzemulsionen für die Kammgarnindustrie. Marke A extra: in den meisten Ölen klar löslich. Marke EL löst sich in Olein auf. Marke OL ist darin unlöslich.
Z. f. ges. Text. Ind. 1932, S.261. Hasse, Mell. 1937, S. 518. Turner, Text. Man. 1937, S.72. *Brit. P. 454.657.*	Emulgiermittel von bedeutender Wirksamkeit. Zum Emulgieren von Ölsäure genügt ein Zusatz von 5%, berechnet auf das Volumen der Ölsäure. Für Emulsion von Olein, Fetten, fetten Ölen, Mineralölen.
	Emulgiermittel für Öle und Fette.
	Emulgiermittel für pflanzliche Öle und Ölsäure. Sehr haltbare Emulsionen: 1 Teil Stenolat GGA emulgiert 5 Teile Ölsäure in 4 Teilen Wasser = 10 Teile. Diese Emulsion wird für Kammgarnschmälzöle verwendet. Eignet sich wenig zum Emulgieren von Mineralölen.
	Emulgiermittel für die Darstellung von Schmälzölen.
	Dispergiermittel.
Schweiz. P.165.385 und *165.400.*	Emulgiermittel für Mineralöle, für einige pflanzliche Öle sowie für Wachse.
	Emulgiermittel.

---

[1]) J.-P. Sisley, Les composés sans ions actifs, Teintex 1949, S. 53/73.

Name	Erzeugerfirma	Zusammensetzung
Emulphor STH	I. G. 1942	Reaktionsprodukt von Ammoniummersolat mit Chloressigsäure. Ersatz für Emulphor A. Wegen Mangel an Äthylenoxyd verwendete man Derivate des Mersols. Der Kohlenwasserstoff dieser Gruppe ist als Mepasin bekannt.
Gardinol WA	Böhme und P.C.M.R.	Laurylalkoholsulfat.
Talvon SE Talvon T und H	Zschimmer	Emulgiermittel auf Basis von Fettschwefelsäureester (schwach sulfoniertes Talgderivat).
Triäthanolamin	I. G. Rhône-Poulenc M.A.P.C.I. (Paris) Carb. Carb. Chem. Corp.	$N\begin{cases} CH_2-CH_2-OH \\ CH_2-CH_2-OH \\ CH_2-CH_2-OH \end{cases}$ Sdp. 270° C (208° C bei 10 mm Druck) Spez. Gew. 1,125; 1,242 bei 20° C. Zusammensetzung des Handelsproduktes: 70—75% Triäthanolamin, 20 bis 25% Diäthanolamin, 0,0—0,5% Monoäthanolamin. Wird durch die Einwirkung von Ammoniak auf Glykol oder Äthylenoxyd erhalten. Klebrige, farblose, sehr hygroskopische, wasserlösliche Flüssigkeit von stark alkalischer Reaktion. Die Triäthanolseifen sind wasserlöslich, neutral und greifen weder tierische noch pflanzliche Fasern an, sie sind sehr wirksame Emulgiermittel für Öle, Fette und Wachse. Darstellung des Triäthanolaminoleats: 22 T. Ölsäure 99% 10 T. Triäthanolamin.
Morpholin		$O\begin{cases} CH_2-CH_2 \\ CH_2-CH_2 \end{cases}NH$ Wird aus Diäthanolamin durch Wasserabspaltung mittels konz. Schwefelsäure gewonnen.

Literatur	Verwendungsgebiete
Textiles, 1947, Dezember IV, Nr. 923, S. 39.	Emulgiermittel.
	Dispergiermittel für tierische und pflanzliche Öle und Wachse. Beispiel: 40 Teile Öl oder Wachs werden in 10 Teilen Gardinol WA, welche in 4 Teilen Wasser vorgelöst werden, emulgiert.
	Emulgiermittel für Mineralöle (Paraffine).
	Ausgezeichnetes Emulgiermittel. Beispiele der Zusammensetzung einiger Schmalzöle: % % % Triäthanolamin . . . . . . 2 3 1,5 Wasser . . . . 35 30 30 Olivenöl . . . . 40 47 16 Arachidenöl (Erdnussöl) . . 20 — — Ölsäure . . . . 3 20 7,5 Reines Mineralöl . . . . . . — — 25 *Schmälzöl für Kammgarne:* Olivenöl . . . . 88 Ölsäure . . . . 10 Triäthanolamin . . . . . . 2,1 Wasser 80
	Emulgiermittel.

[1]) Die Handelsnamen anderer Emulgiermittel amerikanischer Provenienz sind im Werk Tl. II, Bd. I, Kap. II, S. 232—235 angegeben und werden hier nicht mehr wiederholt.

Name	Erzeugerfirma	Zusammensetzung
Emulsodine	Sodag	
Monoisopropanol- amine Diisopropanolamine Triisopropanolamine	C.C.C.C.	
Emulgator D	Ciba	
Twen 20	Atlas Powder Co.	Sorbitolmonolaurat kondensiert mit Äthylenoxyd.
Twen 40	Atlas Powder Co.	Sorbitolmonopalmitat kondensiert mit Äthylenoxyd.
Twen 60	Atlas Powder Co.	Sorbitolmonostearat kondensiert mit Äthylenoxyd.

Emulphor FM
  öllöslich
Alrosols
Emulgane CT
Emullat CT
	I.G. Farbenindustrie
	
	Alrose Chem. Co.
	Doittau
	Union Chim. Belge,
	  Brüssel
		Kondensationsprodukt von Fettsäure-amidon mit Äthylenoxyd.

Emulphor FFO Leonil FFO Lupon Emulphor FFH	I.G. Farbenindustrie I.G. Farbenindustrie I.G. Farbenindustrie I.G. Farbenindustrie	Diisohexylheptyl-β-Naphtol kondensiert mit 9 Mol. Äthylenoxyd. Emulphor FFO + kationaktives Derivat.
Emulphor ON Cenoline Igepal CE	G.D.C. S.P.C.S. I.G. Farbenindustrie	Oleylpolyglykoläther erhalten durch Kondensation von Oleylglykol mit dem Chlorhydrin des Glykols.
Leonil O Celanol A	I.G. Farbenindustrie S.P.C.S.	Kondensationsprodukt von Lauryl-alkohol mit 9 Mol. Äthylenoxyd.

Literatur	Verwendungsgebiete
	Emulgiermittel.
Die Isopropanolamine geben mit Fettsäuren Seifen, die äusserst wirksame Emulgiermittel für Öle sind.	Zur Herstellung von Ölemulsionen.
	Emulgiermittel.
Öllösliche Flüssigkeit	Verwendung für die Selbstherstellung von Mineralölemulsionen.
Dicke Flüssigkeit	Emulgier-, Wasch- und Entfettungsmittel.
	Emulgier- und Dispergiermittel.
	Emulgiermittel.

Konservierungsmittel.

Schimmelbildung ist häufig die Ursache wesentlicher Schädigungen, die sowohl an Rohgeweben, die mit Stärke geschlichtete Kotten enthalten, als an mit Stärke appretierten Fertigprodukten sowie in Druckverdickungen auftreten. Man war seit jeher bemüht, die schädliche Wirkung der Mikroorganismen durch die Verwendung von Bakterienschutzmitteln hintanzuhalten.

Wenn man sich vor Augen führt, dass die Schimmelsporen als Hauptnahrungselement neben Stickstoff insbesondere Kohlenstoff benötigen, dann findet man hierin eine überzeugende Erklärung für die so aussergewöhnliche Verbreitung jener Mikroorganismen, welche sich überall dort ansiedeln, wo sich die von ihnen zur Existenzerhaltung und Fortpflanzung erforderlichen Elemente vorfinden (Eiweißstoffe, Kohlenhydrate, Stärkeprodukte, tierische oder pflanzliche Faserstoffe[1]).

Begünstigt durch Wärme und hohe Luftfeuchtigkeit befallen Mikroorganismen diese Materialien, aus denen sie die nötigen Nahrungselemente ziehen, womit sie zu einer ständig wachsenden Zerstörung und Entwertung der betreffenden Substanz beitragen. Öle und Fette werden ranzig, Eiweißstoffe zersetzen sich und Stärkeprodukte werden zu Dextrinen und Zucker abgebaut.

Um diese Angriffe zu bekämpfen, werden den Schlichten, Druckverdickungen, Appreturen und Avivagen Stoffe zugesetzt, die ihrerseits eine zerstörende Wirkung auf die Mikroorganismen ausüben und es daher gestatten, das Material zu erhalten.

Borsäure. Die geringe Löslichkeit der Borsäure verursacht einige Schwierigkeiten. Wasser löst z. B. die Borsäure bei 20⁰ C nur im Verhältnis 1:25, heisses Wasser im Verhältnis 1:3 und Alkohol im Verhältnis 1:15.

Borax $Na_2B_4O_7$ hat eine geringe Schutzwirkung gegen Mikroben. Man muss etwa 10 g auf 1 kg Stärke verwenden.

---

[1]) Diese wichtige Frage wird etwas ausführlicher in einem eigenen Kapitel des Bandes II des Werkes, Neue Verfahren in der Technik der Veredlung der Textilfasern, welches derzeit in Vorbereitung ist und das im Laufe des Jahres 1950 erscheinen soll, behandelt werden.

Tiba 1939, S. 25; Tiba 1940, Märzheft, S. 83.

K. Fischer, Deutsche Wollengewebe 1939, Jahrgang 71, S. 704—706.

Rev. Chim. Ind. 1926, Mars, S. 41.

Mell. 1930, S. 796; Hausner, W. und L. Ind. 55. Jhg., Heft 20, S. 313.

Wengraf's Ber. 1935, Novemberheft, S. 25.

Tiba 1939, S. 35.

Tiba 1934, Septemberheft.

Text. Col. 1934, Februarheft.

Formol, Formalin ist eine leicht flüchtige Lösung; kann nicht zugleich mit Stärkeappreturen Anwendung finden.

Phenol (Karbolsäure), bekannt durch den widerlichen Geruch.

Kupfervitriol ist nur in Gegenwart rostfreien Stahls zu gebrauchen.

Kalziumchlorid ist nur bei Anwendung grösserer Mengen wirksam.

Natriumfluorid wird als Konservierungsmittel oft genannt; doch wurde seine Wirksamkeit bezweifelt.

Salizylsäure und Benzoesäure sowie deren Natriumverbindungen geben gefärbte Verbindungen mit Eisen.

Silikofluoride, zum Teil schwerlöslich, auch kostspielig.

Tribromphenol, kostspielig, hat die 13fache Wirksamkeit, verglichen mit Phenol.

Terpentinöl wird als Zusatz zu Ölschlichten verwendet.

Zinkchlorid, giftig und stark ätzend, sehr hygroskopisch.

An ein gutes Konservierungsmittel werden folgende Anforderungen gestellt: Es soll bei vorschriftsmässigem Gebrauch völlig ungefährlich sein, weder hygroskopische Eigenschaften besitzen, noch Verunreinigungen enthalten. Im wasserlöslichen Zustand ist ein Dissoziieren nicht erwünscht. Mit Seifen, Alkalien, Schlichte- sowie Appreturprodukten dürfen sich keine Niederschlagsreaktionen bilden, wie sie z. B. bei Zinkchlorid nicht zu umgehen sind. Die Reaktion soll möglichst neutral sein. Andererseits soll erforderlichenfalls auch in schwach saurer oder schwach alkalischer Gebrauchslösung keine Beeinträchtigung der Wirkung entstehen. Gefärbte Materialien dürfen nicht ungünstig beeinflusst werden. Auch beim Erhitzen der das Konservierungsmittel enthaltenden Waren auf dem Zylinder, Kalander, beim Bügeln usw. muss eine Substanzzersetzung oder gar eine Faserzerstörung ausgeschlossen sein. Die konservierende Wirksamkeit ist möglichst schon bei geringsten Anwendungsmengen zu sichern. Auch unter diesen Voraussetzungen ist unter allen Umständen eine konstante Desinfektionswirkung zu fordern.

Die vorbeschriebenen Eigenschaften werden beispielsweise von dem bekannten Amicrol erfüllt, welches etwa die 40fache Wirksamkeit von Zinkchlorid besitzt. Die Anwendung schwankt im allgemeinen zwischen 1—3 Teilen auf je 1000 Teile Schlichte oder Appretur. Um geölte Wolle vor dem Ranzigwerden zu schützen, verwendet man 2 Teile auf 100 Teile Öl. Weitere Spezialprodukte z. B. Betol (β-Naphtylsalizylat), Chlorkresol (o-Chlor-m- und p-Kresolgemisch), welches jedoch nicht ganz geruchlos ist. Chlorthymol (6-Chlor-3-Oxy-1-Methyl-4-Isopropylbenzol) mit äusserst stark keimtötender Wirkung, Chlorxylenol (2-Chlor-5-Oxy-1,3-Dimethylbenzol), Formatol als sicherer Ersatz für Formaldehyd, bleibt auch in der Hitze wirksam (für Zylinderschlichtung ratsam), Grotan (Chlorkresol-Alkalikomplex) mit ausgezeichneter keimtötender Wirkung (Anwendung zu 0,5—0,1 %), Kresol-Raschit C 1 stellt ein 5%iges Chlorkresol-Seifengemisch dar (Anwendung 1 : 200 bis 1 : 500), Preventol der I.G. Farbenindustrie, Raschit (Parachlormetakresol) ein farbloses kristallinisches Produkt, sogar dem Sublimat weit überlegen und absolut sicher bei Anwendung von 1 : 2000, Salol (Phenylsalizylat), Shirlan (Salizylsäureanilid) und andere Erzeugnisse, wie Septonal von Lab. Zundel, Joliet & Cie., entsprechend dem Äthylglykolbromazetat und Aseptix von Sandoz.

Im *brit. P. 491.501* (Nat. Proc. Lim. Baker) werden Emulsionen von Naphtenaten, die an sich wasserunlöslich sind, in Verbindung mit Fettlösern als antiseptische Mittel empfohlen. Man stellt vorerst das Zinknaphtenat her, das eine Masse von der Konsistenz des Vaselins darstellt, und fügt so viel White-Spirit (Fettlöser) hinzu, dass eine ölige Flüssigkeit entsteht. Diese Flüssigkeit wird mit Hilfe eines geeigneten Emulgators (des Emulphors O der I.G. Farbenindustrie, bekanntlich eines Oleylpolyglykols), dispergiert. Diese Emulsion, die sich beliebig verdünnen lässt, wird zur Imprägnierung von Geweben verwendet.

Nebenbei soll hier ein bemerkenswertes Produkt erwähnt werden, das zwar kein Schutzmittel gegen Pilze, aber sehr wirksam als Insektenbekämpfungsmittel ist. Es ist dies das von Geigy[1] hergestellte Dichlordiphenyltrichloräthan, welches unter der Bezeichnung D.D.T. bekannt ist.

Die Bezeichnung DDT[2] ist eine Abkürzung von Dichlordiphenyltrichloräthan, das in 45 Isomeren, die Stereoisomeren nicht inbegriffen, existiert.

Jedoch versteht man unter DDT allein das Produkt, das durch Kondensation von Chloral (oder seines Alkoholats bzw. Hydrats) mit Chlorbenzol in Gegenwart von Schwefelsäure erhalten wird. Das Produkt entspricht folgender Formel:

$$Cl-\!\!\left\langle\!\!\bigcirc\!\!\right\rangle\!\!-\!\!\left\langle\!\!\bigcirc\!\!\right\rangle\!\!-Cl,\ CH-C\equiv Cl_3$$

---

[1]) Chimie et Industrie 1946, Nr. 6, S. 468.

[2]) H. L. Haller und St. J. Cristol Beltsville (Maryland, USA.), Chimie et Industrie, 1946, 56, S. 468; Brand, Ber. 1942, 75 B, S. 1819.

Es war Zeidler[1]), der als erster, im Jahre 1874, diese Verbindung beschrieb, die er während seiner Doktorarbeit an der Strassburger Universität herstellte.

Nach Campbell und West[2]) wurden die insektenvertilgenden Eigenschaften von DDT von Paul Müller, Chemiker der Firma J. R. Geigy in den Jahren 1936/37, im Laufe sehr eingehender Studien über die Entwicklung neuerer Schabenvertilgungsmittel, entdeckt. Diese Arbeiten, die sich über 15 Jahre ausdehnten, sind in Helv. Chim. Acta 1944, *27*, S. 892 von Läuger, Martin und Müller ausführlich beschrieben.

Die Verwendung des DDT für die Herstellung von insektenvertilgenden Produkten ist im *amer. P. 2.329.074* geschützt. Dieses Patent, welches Müller erteilt wurde und Eigentum der Firma Geigy ist, wurde kürzlich umgeändert und wiedererteilt[3]).

In den Vereinigten Staaten von Amerika wurde die Fabrikation des DDT im Januar 1943 aufgenommen. Am Ende des zweiten Weltkrieges gab es in USA. mindestens 12 grosse Produzenten, die zusammen nicht weniger als 1360 Tonnen DDT herstellten.

In Frankreich wird dieses Produkt von Ugine hergestellt. Es wird in 2%iger Lösung in Azeton zur Vertilgung von Motten, Fliegen, Moskitos, Flöhen, Wanzen usw. verwendet. DDT-haltige Präparate werden von der Firma Geigy unter den Bezeichnungen Gesarol, Neocid, Neocidol erzeugt.

Ein weiteres sehr aktives Schädlingsbekämpfungsmittel wurde 1940 in Frankreich entdeckt. Dieses Produkt, dessen Herstellung von Michael Faraday schon im Jahre 1825 angegeben wurde, entspricht dem Hexachlorzyklohexan $C_6H_6Cl_6$ (Abkürzung H.C.H.)[4]). Die Darstellung erfolgt fast quantitativ durch direkte Verbindung von gasförmigem Chlor mit Benzol unter katalytischer Einwirkung von Sonnenlicht oder ultravioletten Strahlen. Selbstverständlich muss diese Reaktion in Abwesenheit von Katalysatoren, wie Eisen, Antimonchlorid usw., vorgenommen werden, um zu verhüten, dass die Reaktion im Sinne der Bildung von Chlorbenzolen, also von Substitutionsverbindungen des Benzols, verläuft.

Rhône-Poulenc bringt eine Anzahl von antiseptischen Chemikalien zur Konservierung von Avivageflotten, Verdickungen und Appreturen in den Handel, die unter dem Namen A r e s o l e n e bekannt sind. Die hauptsächlichsten Typen sind:

---

1) Ber. 1874, 7, 1180.
2) Soap Perf. Cosmetics 1944, 17, S. 744.
3) *Amer. P. 22.700* add. (4. 12. 1945).
4) M. Raucourt und R. Bouchet, Chimie et Industrie 1946, 56, S. 449.

Arésolène S. 10 — Natriumorthophenylphenolat
Arésolène S. 11 — Natriumtrichlorphenolat
Arésolène S. 12 — Pentachlorphenolat
Arésolène S. 13 — p-Oxybenzoesäuremethylester
Arésolène A. 10 — Orthophenylphenol
Arésolène A. 11 — Trichlorphenol
Arésolène A. 12 — Pentachlorphenol
Arésolène A. 13 — Methylester der p-Oxybenzoesäure.

Die Firma Progil (Lyon) hat ihrerseits die Möglichkeiten untersucht, um organische Materialien im allgemeinen gegen Bakterien, und Insekten zu schützen. Im Laufe dieser Arbeiten wurden die sehr interessanten Eigenschaften der Phenole (z. B. o-Phenylphenol) und ihrer halogenierten Derivate festgestellt. Solche Produkte sind beispielsweise:

Trichlorphenol,
Tetrachlorphenol,
Pentachlorphenol,
Chlorkresole, Chlorxylenole,
Chlor- und Bromphenylphenole.

Diese Verbindungen sind unter dem Namen Cryptogil im Handel.

Nach *D.R.P. 595.106* der I. G. Farbenindustrie sind zum Bakterienschutz verschiedentlich substituierte Di- oder Triarylmethanverbindungen, nicht nur zum Schutz gegen allerhand Frassschädlinge, sondern nebstbei auch zur Steigerung von Wasch- und Lichtechtheit geeignet. Auch kommen nach *amer. P. 1.971.436* (I. G.-Weiler) für denselben Zweck Körper der allgemeinen Formel:

$$HO-\langle\ \rangle-\underset{R_1}{\overset{H}{\underset{|}{\overset{|}{C}}}}-R \qquad \begin{array}{l} \text{wo } R = \text{Aryl} \\ R_1 = H,\ OH,\ Alkoxyl \end{array}$$

in Betracht, was sich einigermassen mit dem Merkmal der früheren Erfindung deckt. Als Beispiel dient hier das Kondensationsprodukt aus Benzaldehyd-p-sulfosaurem Natrium und 2,4,6-Trichlorphenol:

Mit Bariumboraten, die im Zweibadverfahren aus Borax und Chlorbarium in der Faser abgelagert werden, arbeitet man nach *brit. P. 413.648* und *amer. P. 2.013.081* (Imp. Chem. Ind.), und es wird dabei noch angegeben, dass nebst der konservierenden Wirkung noch ein Wasserabstossungseffekt erzielt wird.

Zum Schutz von Geweben gegen Schimmelbildung wird in *amer. P. 2.013.081* empfohlen, die Stoffe in eine 5%ige Boraxlösung zu bringen, die man bis zur beginnenden Fällung des Bariumborats mit 3%iger Chlorbariumlösung versetzt hat. Nach der nun folgenden Erwärmung und vollständigen Fällung des Bariumborats wird gespült und getrocknet. Muster der Gewebe enthielten 0,95—1,47% des unlöslichen Salzes, und sie erwiesen sich als vollständig unempfindlich gegen Schimmelpilzsporen.

Die Azetylierung der Zellulosefasern macht diese letzteren für bakterielle Angriffe unempfindlich, und es ist dabei, nach *brit. P. 411.930* (Thaysen) vorteilhaft, als Katalysator ein Perchlorat oder Überchlorsäure in starker Verdünnung zu verwenden.

Mehrere Schutzmittel gegen die zerstörende Wirkung der Mikroorganismen werden im *D.R.P. 672.116* (I. G. Farbenindustrie) angegeben. Das Verfahren beruht auf einer Auftragung einer Kupferseife, welche durch Imprägnierung mit komplexen alkalilöslichen Kupfersalzen in wässeriger Lösung gemischt, mit Seifenlösung entsteht. Die Kupfersalzlösungen werden mit Hilfe eines Kupfersalzes unter Zusatz von Glyzerin und eines Eiweisskörpers (oder einer Seignettesalzlösung) in Gegenwart von Natronlauge hergestellt. Man kann auch derartige Verbindungen durch Reaktion von Ammoniak oder organischen Basen im Überschuss auf Kupfersalze erhalten. Diese Lösungen können mit Seifen gemischt werden, ohne dass Niederschlagsbildung eintritt. Die Kupfermengen müssen so bemessen werden, dass das gesamte Metall gebunden ist.

Die Fasern werden in diese Lösungen eingetaucht und getrocknet. Die unlösliche Kupferseife wird auf der Faser abgeschieden und kann nicht mehr entfernt werden.

Als Schutzmittel gegen Schimmelpilze empfiehlt das *amer. P. 2.045.738* (Raybestos-Manhattan) Azetate seltener Erden (Ceriumazetat), im *amer. P. 2.060.733* (Du Pont) werden bestimmte stickstoffhaltige Verbindungen, wie die Ester der Karbaminsäure (NH_2COOH) oder der Thiokarbaminsäure ($NH_2C \cdot S \cdot OH$) dazu benützt, um die durch die ultravioletten Strahlen des Lichtes entstehenden chemischen Schädigungen an Geweben hintanzuhalten. Gegen Schimmelpilz-Entwicklung wird im *amer. P. 2.035.527* (Aluminium Comp.) eine Imprägnierung mit Chromsalzen und Fällung von Chromoxydhydrat mittels Alkalien in der Faser empfohlen, im *amer. P. 2.026.190*

(Rhodes) eine Einlagerung von Bleichromat (aus hintereinanderfolgenden Bädern von Bleiazetat und Bichromat). Diese beiden Patente können sich wohl nur auf grobe, naturfarbene Gewebe beziehen. Im *amer. P. 2.050.196/7* (Wingfoot-Corp.) wird einfach zur Erhöhung der Widerstandsfähigkeit von Baumwollgarnen gegen Fäulniserreger mit verschiedenen aromatischen Basen oder mit Gerbsäure imprägniert, was laut Beschreibung in erster Linie für die Herstellung starker gedrehter Strähne (Autobereifungsunterlagen) gedacht ist.

Zu erwähnen wäre hier noch die Desinfektion des Zellulosematerials durch kolloidale Kupfer- oder Silberlösungen nach *brit. P. 415.213* (Pick), die Präparation mit einer etwa 1%igen Fluorchromlösung nach *brit. P. 413.445* (Lowe), eventuell unter Zusatz eines Überschusses von Antimonfluorid nach *brit. P. 413.529* (Lowe) oder die Imprägnierung mit Cadiumsulfat in Verbindung mit einem Bindemittel wie Glyzerin (*brit. P. 412.168* Ullmann-Mc. Lachlan).

Als Insektenvertilgungsmittel, Bakterien- und Pilzschutzmittel werden in den *amer. P. 2.115.206* und *2.115.207* (Milas), die durch Peroxydbehandlung aus wasserfreien, niederen Alkoholen (Butylalkohol) unter Ringbildung erhältlichen Alkylperoxyde (z. B. Butylidenperoxyd) empfohlen, die sich mehr für verschiedene Schutzwirkungen als für Bleichzwecke eignen. Hierzu werden die niederen Alkohole (Butylalkohol) der Einwirkung von ultravioletten Strahlen ausgesetzt, und zwar in Gegenwart von Sauerstoff.

Gemäss den Angaben des Erfinders wird zuerst aus dem Alkohol $R—CH_2—OH$, in Abwesenheit von Wasser, ein Peroxyd gebildet, entsprechend der Formel:

$$\begin{array}{c} H \\ | \\ R—C—O—OH \\ | \\ OH \end{array}$$

Ferner durch Kombination zweier solcher Moleküle die Verbindung:

$$\begin{array}{c} H \qquad\quad H \\ | \qquad\quad | \\ R—C—O—O—C—R \\ | \qquad\quad | \\ OH \qquad\quad OH \end{array}$$

Durch Ringschluss kann endlich ein Alkylidenperoxyd entstehen, dem die allgemeine Konfiguration

$$R—C\!\!\begin{array}{c} O \\ \diagup \; | \\ \diagdown \; | \\ \;\, O \end{array} \atop \substack{| \\ H}$$

zukommt. Diese Verbindungen sind offenbar durch ihre stark oxydierende Wirkung als Desinfektionsmittel besonders wirksam.

Im *brit. P. 481.733* der Hydrierwerke werden Derivate der Rhodanwasserstoffsäure, welche an höhere Alkylreste gebunden sind, als Mittel gegen die Fortpflanzung der Bakterien empfohlen. Die allgemeine Formel dieser Körper ist R—X—Y—S—CN (R = fett- oder zykloaliphatische Kette; X = O, S oder = NH, Y = Alkylenrest). Als Beispiel dient der Cetylester der Rhodanessigsäure:

$$\begin{array}{l} S-C\equiv N \\ | \\ CH_2-COOH \end{array} \qquad \text{Rhodanessigsäure}$$

Diese Verbindungen sind dadurch gekennzeichnet, dass die SCN-Gruppe nicht direkt an die Fettkette anschliesst, sondern mit dieser durch eine Alkylen- oder Arylen-Gruppe in Verbindung steht.

Das *D. R. P. 662.444* (Lüder) hebt hervor, dass ein Grossteil der für die Konservierung der Textilmaterialien oder Kleider verwendeten Antiseptika den Übelstand aufweisen, dass sie in Wasser löslich sind, so dass sie durch einen einfachen Waschprozess entfernt werden. Eine Ausnahme bildet die schwerlösliche Salizylsäure; aber da man nur sehr verdünnte wässerige Lösungen herstellen kann, erhält man natürlich nur sehr geringe prozentuelle Ablagerungen auf der Faser. Es wird deshalb empfohlen, Salizylsäurelösungen in Tetrachlorkohlenstoff an Stelle der wässerigen Lösungen zu verwenden, da in der Tat die Salizylsäure in diesem Lösungsmittel weit besser löslich ist als in Wasser.

Ähnlich ist auch das *D. R. P. 666.392* (Merkel & Kienlin), das die Verwendung von Salizylsäureestern mit Oxysulfosäuren, z. B. o-Oxybenzoylphenol-p-sulfosäure:

beschreibt, welche auf die Faser gut aufzieht und erst beim Tragen der betreffenden Kleidungsstücke die Salizylsäure, also das Desinfektionsmittel, abspaltet.

Gemäss dem *brit. P. 475.809* (Hydrierwerke) sollen im allgemeinen als Mittel zur Verhinderung der Schimmelbildung Phenole verwendet werden, die den Nachteil der Schwerlöslichkeit im Wasser besitzen (Chlorthymol, Chlorkresol, Chlorxylenol). Zur Behebung dieses Übelstandes werden Lösungs- oder Dispergiermittel, wie die Alkaliestersalze der höheren (C 8—10) Fettalkoholsulfate, empfohlen oder aber Sulfoderivate der Äther höherer Fettalkohole mit Polyglykolen (Glykol oder Glyzerin).

Dem *D. R. P. 665.708* (Henkel-Reuss-Schitzspahn) ist ferner zu entnehmen, dass Verbindungen der schematischen Struktur: R—X—R₁, wobei R ein alkylaromatischer Rest (Oxymethylphenyl), X ein

Karbonyl- oder Sulfonylrest und R_1 ein aliphatischer Rest von hohem Molekulargewicht sind, z. B. Oxymethylphenylundezylketon:

$$\begin{array}{c} CH_3 \\ \text{Ring} - C - C_{11}H_{23} \\ \parallel \\ OH \qquad O \end{array}$$

antiseptische Eigenschaften besitzen, wobei die charakteristische Eigenschaft dieser Körper darin besteht, dass sie im alkalischen Medium wirksam sind, was bei den Phenolen nicht der Fall ist. Man verwendet diese Verbindungen als Zusätze zu Appreturflotten, zu Schlichten usw.

Zur Schädlingsbekämpfung dienen weiter, nach *schweiz. P. 178.364* der Ciba, die schon als Mercerisiermittel genannten tertiären Aminooxyde.

Nach *brit. P. 422.923* und *schweiz. P. 172.272* (I. G.) können auch ätherartige Verbindungen des Triphenylmethans, wie z. B. der Butyläther der Oxyverbindung des Triphenylmethans, also dessen Karbinole, zur Schädlingsbekämpfung und zur Konservierung in Betracht kommen.

Diese Körper ziehen aus sauren Lösungen zugleich mit sauren Farbstoffen auf.

Röhm und Haas lassen in den *amer. P. 2.077.478/479* als Schädlingsbekämpfungsmittel im allgemeinen die Polythiocyanester der Polykarbonsäuren schützen.

Metcalf im *brit. P. 460.818* schlägt einfach Salizylsäurepräparate vor, deren Wirksamkeit durch eine nachträgliche Imprägnierung der Gewebe mit essigsaurer Tonerde noch erhöht werden soll. Nach den Angaben des Patentes wird die Widerstandsfähigkeit der präparierten Gewebe gegen Schimmelpilze um das Doppelte erhöht.

Für antiseptische Imprägnierungen von Fäden, Garnen, Geweben usw. verwendet man nach *D.R.P. 709.226* der I. G. Farbenindustrie harzartige wasserunlösliche Polyvinylderivate, mit einem Chlorgehalt von mindestens 30 %, eventuell in Mischung mit anderen chlorhaltigen oder chlorfreien Verbindungen. Die Polyvinylderivate werden entweder in Form von organischen Lösungen oder wässerigen Emulsionen angewendet. Als harzartige Produkte kommen Polyvinylchlorid oder dessen Mischpolymerisate mit chlorierten Kohlenwasserstoffen, wie Dichloräthylen, Trichloräthylen oder Polyakrylsäureester, Polystyrol, in Betracht.

Von Patenten der Firma Geigy auf dem Gebiet der Schädlingsbekämpfung sind vor allem noch zu nennen[1]):

Brit. P. 484.448: Anwendung von halogenierten aromatischen Körpern, die eine SO_2- oder eine SO-Gruppe enthalten, wie z. B. das Dichlordiphenylsulfoxyd.

---

[1]) Siehe auch *brit. P. 606.266* und *603.428*, Geigy Co. Ltd.

Brit. P. 491.434: Das Patent gibt analoge Körper an, wie das obengenannte, mit der Ausnahme, dass die SO_2-X-Gruppe durch die Gruppe SO_2-O-Aryl (Arylsulfosäureester des Benzols) ersetzt ist:

$$SO_2\text{-OR}$$

Brit. P. 487.804: schlägt hochsubstituierte Sulfoniumverbindungen nach Art des Triphenylsulfoniumchlorids vor:

Die Bedeutung der kationaktiven Verbindungen für antiseptische und bakterienvernichtende Zwecke wurde von Kahn untersucht. Ein Produkt, das zu dieser Körperklasse gehört, führt den Handelsnamen Zephirol. Es ist das Chlorid des Dimethylbenzyldodezylamins:

Siehe hierzu Rigert, Corps gras, savons 1943, No. 2, S. 41.

Die Mischung von Zephirol und Raschit (siehe S. 234, p-Chlorometakresol) übt schon in ganz geringen Mengen eine Schutzwirkung gegen Schimmelbildung aus.

Das *brit. P. 483.368* der I. G. Farbenindustrie nennt für diesen Zweck aromatische oder heterozyklische Verbindungen, die mit einem quaternären Ammoniumrest substituiert sind, vor allem Verbindungen der Di- oder Triphenylmethanreihe, die durch eine Sauerstoffbrücke mit dem Ammoniumrest verbunden sind.

Das *brit. P. 502.320* (Geigy) nennt als Verbindungen, die für Zwecke des Insektenschutzes in Betracht kommen, Körper der allgemeinen Formel:

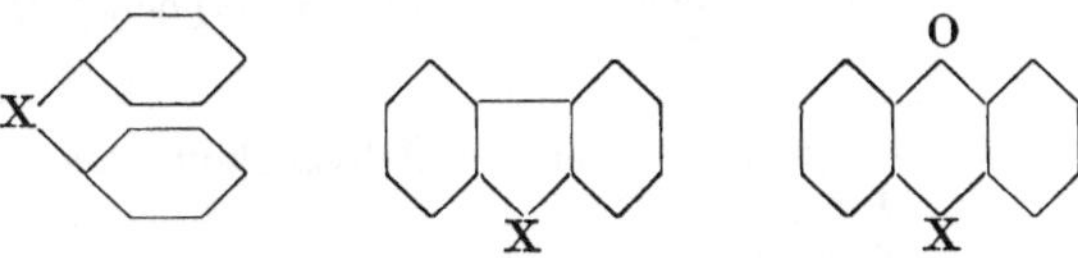

wobei unter X eine Schwefel- oder Sauerstoffbrücke zu verstehen ist. Der einfachste Fall wäre hier das Diphenylsulfid, der Diphenyläther oder deren halogenierte Abkömmlinge. Die Produkte werden in Form ihrer Lösungen in Kohlenwasserstoffen, in Chlorkohlenwasserstoffen, in Alkoholen oder Ketonen auf dem Material abgelagert.

Name	Erzeugerfirma	Zusammensetzung
Amicrol	Pyrgos	
Betol		β-Naphtylsalicylat.
Grotan	Schülke und Mayer	Chlorkresol-Alkalikomplex.
Kresol-Raschit C I	Dr. Raschig, Ludwigshafen	5%iges Chlormetakresol-Seifengemisch.
Raschit	Dr. Raschig, Ludwigshafen	p-Chlormetakresol, farbloses, kristal. Pulver.
Salol		Phenylsalizylat.
Shirlan	I. C. I.	Salizylsäureanilid.
Arésolène S 10 Dowicide A Cryptogil (versch. Marken)	Rhône-Poulenc Ciba (USA.) und Dow Chem. Progil	o-Phenylphenolnatrium
Arésolène S 11 Dowicide B	Rhône-Poulenc Ciba (USA.) und Dow Chem.	Trichlorphenolnatrium (2. 4. 5.)
Arésolène S 12 Dowicide G	Rhône-Poulenc Ciba (USA.) und Dow Chem.	Pentachlorphenolnatrium.
Arésolène S 13	Rhône-Poulenc Ciba (USA.) und Dow Chem.	Natriumsalz des p-Oxybenzoesäuremethylesters.
Arésolène A 10 Dowicide I	Rhône-Poulenc Dow Chem.	o-Phenylphenol.
Arésolène A 11 Dowicide II	Rhône-Poulenc Ciba und Dow	Trichlorphenol (2. 4. 5.)
Arésolène A 12 Dowicide VII	Rhône-Poulenc Ciba (USA.)	Pentachlorphenol.
Septonal	Lab. Zundel, Joliet & Cie., Gennevilliers	Äthylglykolbromazetat.
Aseptix	Sandoz	
Amaform	Amer. Aniline Prod. New-York	Formaldehyd in fester Form.

Literatur und Eigenschaften	Verwendungsgebiete
	Ausgezeichnete keimtötende Wirkung. Anwendung: 0,5—0,1%.
	Anwendung: 1:200 bis 1:500.
Löslich in Wasser 6:100; in 1%iger Lösung dreimal so wirksam gegen Schimmelbildung als Sublimat.	
Weisses kristallinisches Pulver, löslich in Alkohol und Azeton, wenig löslich in Benzin, bis zu 40% löslich in kaltem Wasser.	Hochwertiges Bakterienschutzmittel. Dosis 0,5—1% vom Gewicht des Trockenmaterials. Antisepticum für Leim, Gelatine, Wachsprodukte. Wirksam gegen Schimmel- und Fäulnisbildung. Wird in Appreturen als Zusatz zu Avivageölen gebraucht.
	Wirksames Antisepticum; verwendet für Appreturen, Verdickungen. Auch für die Konservierung von Milch und Butter.

Name	Erzeugerfirma	Zusammensetzung
Ammonium Fluoride	Amer.FluorideCorp., New York	$(NH_4)_2\ SiF_6$.
Barium Fluoride	Amer.FluorideCorp., New York	$Ba\ F_2$.
Barium Fluosilicate	Amer.FluorideCorp., New York	$BaSi\ F_6$.
Dichloramine T.U.S.P.	M. C. C.	$CH_3\!-\!\langle\ \rangle\!-\!SO_2\!-\!N{<}^{Cl}_{Cl}$
Peraktivin	M. C. C.	
Chloramine	M. C. C.	$H_3C\!-\!\langle\ \rangle\!-\!SO_2\!-\!N{<}^{H}_{Cl}$
Aktivin	M. C. C.	
Dowicide III	Ciba	Chlor-o-phenylphenol.
Dowicide III	Dow Chem.	2-Chlor-6-phenylphenol.
Dowicide VI	Ciba	Tetrachlorphenol.
Dowicide C	Ciba	Natrium-6-phenylphenolat.
Dowicide C	Dow. Chem.	Natrium-2-chlor-6-phenylphenolat.
Dowicide F	Ciba und D.	Natriumtetrachlorphenolat.
FD—2 Bactericide and Fungicide	Du Pont	Quecksilberphenyloleat in Öl emulgiert.
FD—3 Bactericide	Du Pont	Quecksilberphenyloleat in Öl emulgiert.
Fungicide A	A. C.	Lösung von Dihydroxydichlordiphenylmethan in organischen Lösungsmitteln.
Fungicide G	A. C.	Wässerige Dispersion von Dihydroxydichlordiphenylmethan.
Fungicide B	A. C.	Lösung von Dihydroxydichlordiphenylmethan in Öl.
Hydrocide 10 X	Röhm und Haas Philadelphia	Quaternäres Ammoniumsalz.
Hydrocide GK	Röhm und Haas Philadelphia	Phosphorsaures Salz eines aromatischen Amins.
Hydrocide WF und RF	Röhm und Haas Philadelphia	Organische Verbindung.
Moldex	Glyc.	p-Hydroxybenzoesäureester.
Onyx BTC	Onyx	Trialkylbenzylammoniumchlorid.
Orthocen K	Amer. Anil. and Extract Co., Philadelphia	Höhermolekulare sulfonierte Kresole.

Literatur und Eigenschaften	Verwendungsgebiete
Amer. P. 1.847.583. *Amer. P. 1.969.963.*	Antisepticum, keim- und pilzvernichtendes Mittel (öllöslich). Schimmelverhütendes Mittel
Amer. P. 1.917.749. *Amer. P. 1.969.963.*	Antisepticum, keim- und pilztötendes Mittel (öllöslich); Schutzmittel und Schimmelverhütungsmittel für Textilschlichten (bezieht sich auf wasserlösliche Verbindungen).
	Schimmelverhütungsmittel.
	Schimmelverhütungsmittel.
	Schutzmittel für Stärke und Schimmelverhütungsmittel.
	Antisepticum, pilz- und keimtötend.

Name	Erzeugerfirma	Zusammensetzung
Preventol GD	G.D.C.	2,2′-Dihydroxy-5,5′-Dichlordiphenyl-methan.
Propylene Glykol	C.C.C.C.	$CH_3-CH-CH_2-OH$ $\vert$ OH
Quartol	Onyx	Höhermolekulare quaternäre Ammoniumchloride.
Septol	B. P. D.	Natrium-2,4,5-Trichlorphenat und Formol.
Shell Cresylic Acid	Shell Oil Co., New York	Mischung von Alkylphenolen erhalten durch Cracking von Petroleum.
Sodium Fluorid	Amer. Fluoride Co., New York	Na_2F_2.
Sodium Fluosilicate	A. F. C. New York	$Na_2Si\,F_6$.
Zephiran	G. D. C.	Dimethylbenzylazylammoniumchlorid.
Titanoil PO	T. C. P.	Pine-oil und Kresol.
Antimucin AN Antimucin SR	Sandoz Sandoz	
Nipagin Arésolène A 13	Rhône-Poulenc	p-Oxybenzosäuremethylester.
Desinfektor I	Geigy	
Desinfektionsmittel D 23	Geigy	
Tero-Konservierung EN II	Rotta	
Aristol		Dijodthymol.

Literatur und Eigenschaften	Verwendungsgebiete
	Schimmelverhütung, Antisepticum, keimtötend.
	Lösungsmittel. Antisepticum.
	Pilz- und Bakterientötungsmittel.
	Schimmelverhütung.
	Schimmelverhütung, Keimtötungsmittel, Hilfsmittel für Mercerisationsbäder.
	Kationaktives Keimtötungsmittel, Pilzvernichtungsmittel, Antisepticum.
	Konservierungsmittel in Appreturen, bei Imprägnierungen Schimmelverhütung.
Mell. 1930, S. 796.	Wasserlöslichkeit 6%. Verwendung als Schutzmittel gegen Mikroorganismen in Lösung 1%.

Name	Erzeugerfirma	Zusammensetzung
Aseptol		Sozolsäure p-Phenolsulfosäure 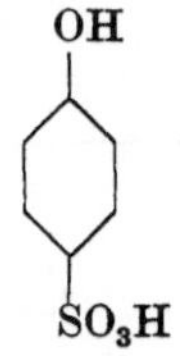 (Strukturformel: Phenol mit OH und SO₃H in para-Stellung)
Sozojodol		Dijod-p-Phenolsulfosäure 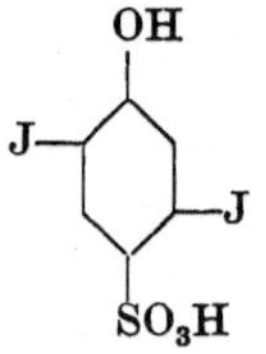 (Strukturformel: Phenol mit OH und SO_3H in para-Stellung, zwei J-Substituenten)
Preventol N Lös.	I.G. Farbenindustrie	o-Benzylphenolbenzylkresoläthanol-amin.
Preventol 1 Lös.	I.G. Farbenindustrie	2,4,5-Trichlorphenol + Nekal BX + Äthanolamin + Natronlauge.
Preventol SF	I.G. Farbenindustrie	Chlorphenol.
Preventol U	I.G. Farbenindustrie	50 % Oktodezylbiguanidchlorhydrat 10 % Kupferchlorür 3 % Formamid 0,5% Emulphor O 36,5% Wasser ——— 100 %

Literatur und Eigenschaften	Verwendungsgebiete
Ber. 41, S. 696.	Antiseptikum.
	Antisepticum, dessen Wirkung derjenigen des Jodoform ähnlich ist.
	Schimmelverhütung. Konservierungsmittel.
	Schimmelverhütung. Konservierungsmittel.
	Schimmelverhütung. Konservierungsmittel.
	Schimmelverhütung. Konservierungsmittel.

Das Sichtbarmachen von Rakelstreifen, Schnappen usw.[1]

Eine grosse Reihe der wichtigsten Farbstoffe, wie z. B. Rapid-echt-, Rapidogenfarbstoffe, Indigosole, ferner auch Naphtolate, Anilin-schwarz, Weissätzen usw. sind in der Druckpaste farblos oder nur schwach gefärbt. Das Einhalten des Rapports, das Feststellen von Rakelstreifen, Überziehen des Fonds usw. verursacht daher grosse Schwierigkeiten.

Man kann nun drei Verfahren zum Sichtbarmachen von Fehlern während des Druckens unterscheiden:

1. Das einfachste, allgemein angewendete Verfahren besteht im Blenden der Druckpasten mit Farbstoffen, welche keine Affinität zu vegetabilischen Fasern besitzen und sich leicht auswaschen lassen. Solche Farbstoffe sind z. B. Patentblau V, Viktoriascharlach R und BR, Orange II, Ponceau 3 R u. a. m. In manchen Fällen ist es vorteil-haft, weniger leicht lösliche Farbstoffe zu verwenden, z. B. Ponceau 4 GBL, Wollechtblau BL, Säurebrillantblau B extra oder Orange RO, Alizarinirisol L, Brillantwalkblau B, Echtsäureviolett 10 B.

2. Bei einem zweiten Verfahren wird die Alkaliempfindlichkeit verschiedener Farbstoffe beim Druck von alkalischen Druckpasten als Indikator benützt. Man färbt z. B. Filtrierpapier mit Brillantgelb und lässt während des Laufens der Druckmaschine einen Streifen des gefärbten Papiers mitdrucken. Die Muster und eventuelle Kratzer heben sich scharf rot vom gelben Fond ab. Beim Arbeiten mit farb-losen alkalischen Druckfarben oder alkalischen Rongalitfarben wird die Feststellung von Rakelstreifen durch Benutzung des gegen Alkali besonders empfindlichen Berlinerblau-Papiers sehr erleichtert.

Nach demselben Prinzip arbeitet ein Spezialpapier zur Kontrolle der Druckwalzen beim Drucken von Ätzfarben, von F. Sager und Dr. Gossler in Heidelberg[2]. Das blaue Papier färbt sich an den be-druckten Stellen weiss und lässt infolge seiner grossen Empfindlich-keit jede Beschädigung der Walze leicht erkennen.

3. Das modernste Verfahren wertet die Beobachtung aus, dass eine Reihe Naphtol AS-Farben bei der Bestrahlung mit ultraviolettem Licht aufleuchten.

Zur Verstärkung der Luminiszenz und zu ihrer Hervorrufung bei nicht leuchtenden Farbstoffen, werden der Druckpaste 5 g/kg Fluoreszenzsalz GD oder RD (I. G. Farbenindustrie) zugesetzt.

---

[1] Mell. 1938, Maiheft; L. Bonnet, La fluorescence, moyens de détection. Teintex 1941, S. 62; Flutexlampe.

[2] Spezial-Druckpapiere FESAGO: Blaues Druckpapier für die Prüfung beim Druck von Weissätzen. Weisses Druckpapier beim Direktdruck und bei Buntätzen. Braunes Druckpapier für die Prüfung bei Anilinschwarzdruck. Lieferanten: August Köhler, Papierfabrik, Oberkirch (Baden); Gebrüder Jäger, Papierfabrik, Malsch (Baden).

Mit der **Flutex-Lampe** der Quarzlampengesellschaft, Hanau, bestrahlt, leuchten die Drucke türkisblau auf und lassen leicht jeden Rakelstreifen erscheinen. Die Flutex-Lampe besteht aus einem ca. 35 cm breiten, ca. 20 cm hohen Schaukasten aus Blech mit einer stereoskopähnlichen Einblicköffnung. In dem oberen Teil des Kastens ist die Quarzlampenröhre derart angebracht, dass die Augen vor den Ultraviolettstrahlen geschützt sind. An den beiden Seiten des Apparates befinden sich Handgriffe; ferner ist eine Zugvorrichtung mit Gegengewicht und Rollen vorhanden, um eine Anwendung in beliebiger Höhe in einfacher Weise zu ermöglichen.

Die Vorrichtung ist mit einer Laufkatze zum Transportieren von Druckmaschine zu Druckmaschine versehen.

In Frankreich wurde eine ähnliche Vorrichtung von der Compagnie des lampes Mazda entwickelt.

Immerhin muss beachtet werden, dass der Zusatz fluoreszierender Salze ohne Wirkung bleibt, wenn die Fluoreszenz durch das Gewebe selbst absorbiert wird, wie dies bei dunkelgefärbten Geweben der Fall ist. Andererseits sind gewisse Druckpasten sehr dunkel, und sie mögen Produkte enthalten, welche die Fluoreszenz absorbieren, wie z. B. die Chrombeizen. Der Zusatz von fluoreszierenden Salzen ist also in solchen Fällen nutzlos. Im Gegensatz dazu ist in den meisten andern Fällen die Entdeckung von Fehlern durch Fluoreszenz ohne weiteres möglich, speziell, wenn es sich um Weissreserven unter Anilinschwarz, unter Tanninfärbungen, unter Indigosolen, unter Aluminiumbeizenfarbstoffen oder um Drucke von Küpenfarbstoffen, Indigosolen, Anilinschwarz, Rapidogenfarbstoffen usw., handelt.

Die Entdeckung von Fehlern im Druck mit Hilfe des Wood'schen Lichts hat den Nachteil, dass die kleinsten Unvollkommenheiten sichtbar werden, also auch solche, welche gar nicht als Fehler in der Ware zu kennzeichnen sind und die ein Stillsetzen der Druckmaschine gar nicht rechtfertigen würden. Der Drucker muss sich vorerst mit dem Verfahren vertraut machen und beurteilen lernen, wie schwer tatsächlich der Fehler ist, der ihm durch diese Beobachtung zur Kenntnis gebracht wird.

Die Soc. Anonyme des Matières Colorantes et Produits Chimiques in Saint-Denis hat ebenfalls die fluoreszierenden Salze studiert und eine Anzahl von Produkten in den Handel gebracht, die geeignet sind, zur Entdeckung von Fehlern in der Druckerei verwendet zu werden:

Fluoreszenz-Salz 2 A: Gelbgrüne Fluoreszenz.
Fluoreszenz-Salz   B: Fluoreszenz in blau; gelbgrün in alkalischem Mittel.
Fluoreszenz-Salz 2 B: Lichtblau.
Fluoreszenz-Salz 3 B: Fluoreszenz in blau; das Salz ist gut löslich in Äthylenglykol und in Wasser, wenig löslich in Alkohol.

Die wässerigen Lösungen zeigen eine sehr kräftige, durch Dichroismus hervorgebrachte, blaue Fluoreszenz beim Tageslicht in Konzentrationen von 1/50 000 aufwärts.

Fluoreszenz-Salz   C: Grüne Fluoreszenz.
Fluoreszenz-Salz   D: Blaue Fluoreszenz.
Fluoreszenz-Salz   E: Blauviolette Fluoreszenz.
Fluoreszenz-Salz   F: Himmelblaue Fluoreszenz.
Fluoreszenz-Salz   G: Grüne Fluoreszenz.

Verschiedene Farbstoffe, welche zu diversen Farbstoffklassen gehören, haben eine sehr deutliche und besonders lichtstarke Fluoreszenz. Es mag von Interesse sein, hier eine Tabelle wiederzugeben, welche von der obengenannten Gesellschaft ausgearbeitet wurde.

Farbstoffe mit besonders stark leuchtender Fluoreszenz.

	Optimaler Prozentsatz an Farbstoff	Farbton in weissem Licht	Farbton in Wood'schem Licht
Saure (Wollen- und Seiden-)Farbstoffe:			
Fluorescein	0,5	gelb	gelb
Eosin		bläulich rot	orange
Direktfarbstoffe (Baumwoll- und Viskosefärberei):			
Primulingelb dopp. konz.	1,0	zart gelb	grünlichweiss
Primulingelb dopp. konz.	3,0	gelb	gelb
Thiazolgelb DP	3,0	gelb	goldgelb
Basische Farbstoffe (Seide und Viskose):			
Auramin 00 extra conc.	0,5	grünlichgelb	grün
Brillantakridinorange E 80	0,5	orange	gelb
Rhodamin 6 G extra	0,5	rosa	orangenrot
Rhodamin B extra	0,5	bläulichrosa	rot
Azetatechtfarbstoffe (Azetatfärberei):			
Obwohl die nachfolgend genannten Farbstoffe zu den meist fluoreszierenden dieser Klasse gehören, ist ihre Fluoreszenz geringer als die der vorgenannten Produkte.			
Azetatechtorange R Pulver	0,4	orange	orange
Azetatechtgroseille B-Pulver	0,4	bläulichrot	scharlach

Dunkel erscheinende Farbstoffe:

     Einzelne Farbstoffe sind praktisch unsichtbar im Wood'schen Licht, wenn sie in einer Konzentration nahe an 3% vorliegen. Die nachfolgende Liste von Farbstoffen dieser Eigenschaft wurde aufgestellt:

Saure Farbstoffe: Echtlichtgelb HE
Walkgelb J
Supracid Gelb R
Brillantcrocein

Basische Farbstoffe: Fuchsin A
Methylviolett 90
Methylenblau 4 B
Methylengrün

Direktfarbstoffe: Direktlichtgelb 4 J

Azetatfarbstoffe: Azetatechtgelb 4 J
Azetatechtrot 2 J
Azetatechtblau BR

Fluoreszierende Gewebe.

Anwendung der Fluoreszenzsalze. Die Fluoreszenzsalze 2 B, 3 B und S ziehen auf Wolle nach Art der sauren Farbstoffe auf. Die Wolle wird während einer Stunde bei 100° C im nachfolgenden Bad behandelt:

Fluoreszenzsalz . . .   2% vom Gewicht der Wolle
Essigsäure 80% . . .   2% vom Gewicht der Wolle
Weiches Wasser . . .   30faches Gewicht der Ware

Die Wolle wird sodann gespült und getrocknet.

Ebenso kann man Gewebe irgendwelcher Faserart fluoreszierend machen, wenn man sie in die Lösung eines Fluoreszenzsalzes eintaucht (das keine Affinität zur Faser hat) und trocknet ohne zu spülen. Auf diese Weise kann man auch die folgenden weiteren Fluoreszenzsalze benützen:

Fluoreszenzsalz 2 A in Azetonlösung 2%
Fluoreszenzsalz 2 B in wässeriger Lösung 4%
Fluoreszenzsalz 2 B in wässeriger Lösung 4%
Fluoreszenzsalz 3 B in wässeriger Lösung 4%
Fluoreszenzsalz   C in wässeriger Lösung 1%
Fluoreszenzsalz   D in wässeriger Lösung 4%
Fluoreszenzsalz   S in wässeriger Lösung 4%

Anwendung der fluoreszierenden Farbstoffe. Die Verwendung der fluoreszierenden Farbstoffe verlangt keine besonderen Massnahmen, sondern man färbt die Farbstoffe wie es auch sonst üblich ist. Die Anwendung dieser Farbstoffe auf Baumwolle verlangt also auch Beizen, welche die Fluoreszenz erheblich herabsetzen.

Gleichzeitige Verwendung von Farbstoffen und Fluoreszenzsalzen. Man kann die Fluoreszenz eines Farbstoffes auch dadurch verstärken, dass man ihm eine sehr kleine Menge eines anderen, fluoreszierenden Farbstoffes zusetzt. Nachstehend einige besonders bemerkenswerte Mischungen:

	Optimaler Prozentsatz an Farbstoff	Farbton in weissem Licht	Farbton in Wood'schem Licht
Auramin 00 extra conc.	0,50	gelb	gelb
(Akridinbrillantorange E 80) . .	0,03		
Auramin 00 extra conc.	0,50	orange	gelborange
(Rhodamin 6 G extra)	0,03		
Auramin 00 extra conc.	0,50	orangerot	orange
(Rhodamin B extra)	0,03		

Es ist auch ebenso möglich, eine vollständige Fluoreszenzskala durch Beimischung von Fluoreszenzsalz 2 B und S zu erhalten. Schliesslich soll bemerkt werden, dass Fluoreszenzsalz 2 B, 3 B und S den sauren Farbstoffen beigemischt, denselben eine Fluoreszenzfarbe erteilen, die wesentlich von der Nuance im weissen Licht verschieden ist.

In diesem Fall kann man logischerweise eine mehr oder weniger ausgeprägte Fluoreszenzerscheinung beobachten, je nachdem der Farbstoff selbst fluoresziert oder dunkel erscheint.

Zum Beispiel	Optimaler Prozentsatz an Farbstoff	Farbton in weissem Licht	Farbton in Wood'schem Licht
Azonaphtolrot G	0,75	rot	dunkelviolett
Azonaphtolrot G	0,75	rot	violett
Fluoreszenzsalz 2 B	1		
Azonaphtolrot G	0,75	rot	blau
Fluoreszenzsalz 3 B	2		
Azonaphtolrot G	0,75	rot	orange
Fluoreszenzsalz S	3,0		

Indessen ist es von Vorteil, eine Färbung mit einer fluoreszierenden Farbe kombiniert mit einer dunkel erscheinenden Farbe durchzuführen, um besonders stark kontrastierende Effekte zu erzielen. So geben

3% Direktlichtgelb 4 J, und
Thiazolgelb DP

in weissem Licht identische Töne. Bei Betrachtung im Wood'schen Licht erscheint das Direktlichtgelb 4 J als ein dunkles Braun, während Thiazolgelb DP eine goldgelbe, sehr lichtstarke Fluoreszenz ergibt.

Druck auf Geweben.

Man kann auch die wässerigen Lösungen der Fluoreszenzsalze und der fluoreszierenden Farbstoffe mit Druckverdickungen, wie arabischen Gummi, mischen. Diese Mischungen dienen zum Druck von Geweben. So ist es möglich, dunkle Musterpartien auf leuchtendem Grund oder leuchtende Passer auf dunklem Grund herzustellen. In beiden Fällen muss man als Untergrund weisse oder ganz schwach getönte Waren nehmen.

Druck auf fluoreszierendem Grund: Das Gewebe wird mit Fluoreszenzsalz 2 B ode 3 B gefärbt oder lediglich mit einer Lösung eines dieser Salze oder mit Fluoreszenzsalz D imprägniert. Man erhält einen fluoreszierenden Fond in sehr lebhaftem Blau. Darauf druckt man dunkle Passer mit einer Druckfarbe, die Titandioxyd enthält, daneben Passer, die fluoreszieren, mit Fluoreszenzsalz S oder mit einem fluoreszierenden Farbstoff.

Druck auf dunkel erscheinenden Gründen. Man wählt als Grund ein weisses Gewebe, das **nicht fluoresziert**, zum Beispiel eine mittels Titandioxyd mattierte Viskose, und druckt darauf fluoreszierende Passer wie vorbeschrieben. Diese Drucke sind **nicht waschecht!**

Verdickungsmittel für Druckfarben[1]).

Die Verdickungen sind unentbehrliche und ausserordentlich wichtige Hilfsmittel bei der Herstellung bedruckter Textilien. Ihr Vorhandensein und ihre Eigenschaften ermöglichen überhaupt erst

---

[1]) H. Gerber, Neue Versuche mit Mischpolymerisaten der Polyacrylsäure als Druckverdickungsmittel, Mell. 1939, S. 286; H. Gerber und P. Grünn, Versuche über die Wasseraufnahme der Druckverbindungen beim Dämpfprozess, Mell. 1939, S. 439; H. Gerber, Neue Versuche über die Wechselbeziehung zwischen Quellung und Lösung der Farbstoffe in Druckverdickungen, Mell. 1940, S. 76; G. Hasse, Über die physikalischen Eigenschaften von Verdickungsmitteln, Mell. 1939, S. 655; H. Gerber, Über die Diffusion von Farbstofflösungen in Druckverdickungen, Mell. 1939, S. 713; H. Gerber, Neue Versuche mit Emulsion als Verdickungsmittel im Zeugdruck, Mell. 1938, S. 804; E. von Pezold, Versuche über Verwendbarkeit einiger neuer Verdickungen im Zeugdruck, Mell. 1938, S. 516, 593, 743; H. Gerber, Einfluss der Verdickungsmittel auf die Farbtiefe beim Zeugdruck mit Küpenfarben, Mell. 1937, S. 316; M. Kerth, Synthetische Verdickungsmittel als Problem, Colloresin DK als Lösung für Sonderaufgaben, Mell. 1937, S. 378; E. von Pezold, Über Bewertung von Verdickungsmitteln im Textildruck, Mell. 1936, S. 222, 330, 418; A. Kosek, Über Bewertung von Verdickungsmitteln im Textildruck, Mell. 1936, S. 653; A. Kosek, Eine Bestimmung der Ausgiebigkeit der Verdickungen, Mell. 1934, S. 170; F. Kölbl und L. Zakarias, Die Ausgiebigkeit der Appretur- und Verdickungsmittel, Mell.

die Erzeugung von Druckmustern. Das Aussehen der bedruckten Stoffe, wie wir sie in kunstvollen Ausführungen bewundern können, hängt in hohem Grade von der Verdickung, ihrer zweckmässigen Anwendung und ihrer Güte ab. In den Druckereien wird deshalb grosser Wert auf die Auswahl und die Zubereitung der Verdickung gelegt. Manche Schwierigkeiten, schlechtes Egalisieren, Fliessen, trübe Farbtöne, Brechen von gedruckter Kunstseide, Abflecken beim Dämpfen und viele andere sind oft reine Verdickungsfragen. Bei den in steigendem Maße verarbeiteten, im Druck sich vielfach als sehr widerspenstig erweisenden modernen Kunstseidengeweben ist der Kolorist heute mehr denn je gezwungen, sich mit der eigenartigen Wirkungsweise der Druckverdickungen abzugeben.

Der Druck auf Textilien kann als eine örtliche Färbung angefasst werden. Den Verdickungen kommt bei der Applikation der Farbstoffe im Druck eine doppelte Rolle zu: sie dienen einerseits als Träger und Transportmittel für die Farbstoffe und die zu deren Fixierung notwendigen Beizen und anderen Hilfsmittel; anderseits müssen sie die Kapillarität der Textilfasern aufheben. Die Aufgabe der Verdickung, als Träger für die Farbstoffe usw. zu wirken, macht man sich am

<hr>

1932, S. 262. Wahl der Verdickungsmittel für Textildruckereien, Mell. 1932, S. 91; R. Haller, Neue Untersuchungen über die Wirkung der in den Druckpasten benutzten Verdickungsmittel, Mell. 1931, S. 278 (The Mell. 1930, S. 1685); W. I. Butni und W. W. Tarowskaja, Die Anwendungen von Alginsäure in Druckpasten, Baumwolle-Ind. 1939, 9, Nr. 6, S. 48; I. G., Verdickungsmittel für die Druckpasten, bestehend aus Mischpolymerisaten von wasserlöslichen Vinyläthern mit wasserunlöslichen Vinyläthern, *franz. P. 811.366, brit. P. 464.283;* R. Haller, Untersuchungen über Druckfarbenverdickungen, Mell. 1928, S. 586, 711, 859, 931, 997; S. M. Wu, Über die Theorie der Druckvorgänge, Mell. 1934, S. 316; W. Seck, Über die analytische Wertbestimmung von Textilstärken, Mell. 1934, S. 368; W. Seck und F. Dittmar, Über Mizellstärken, Mell. 1933, S. 594; G. Naumann, Der mechanische Abbau der Stärke, Mell. 1932, S. 251, 361, 532; V. Raphael und Liesegang, Kapillare Farbstoffbewegungen, Mell. 1944, Märzheft, S. 97; R. Haller, Theoretische Probleme der Druckerei, Mell. 1925, S. 101; W. Seck, Über die Viskositätsanomalien des Stärkekleisters und deren technische Bedeutung, Mell. 1933, S. 546; R. Haller und Ruperti, Beiträge zur Kenntnis der Färbevorgänge, Mell. 1925, S. 669; R. Haller und A. Hoffmann, Untersuchungen über die Wirkung der Stärkeaufschlussmittel, Mell. 1926, S. 239; S. N. Glarum, Printing Pastes, Amer. Dyest. Rep. 23, S. 177 (1934); S. N. Glarum, Vat Printing Pastes, Amer. Dyest. Rep. 25, S. 150 (1936); E. Valkó, Kolloidchemische Grundlagen der Textilveredlung, S. 646, 679; Schindler, Über die Verdickungen beim Drucken mit Küpenfarbstoffen, Mell. 1927, S. 1030. Les épaississants de caroubes en impression, Tiba 1939, S. 579; R. Haller und K. Henkel, Die Verteilung von Ölen in Zeugdruckfarben, Mell. 1927, S. 1021; G. Tagliani, Technische Mängel und neue Hilfsmittel für die Druckerei, Mell. 1925, S. 922; R. Wegener, Aktivin in der Druckerei, Mell. 1926, S. 446; O. Mecheels, Der Printograph, ein Kontrollgerät für Verdickungen und Druckfarben, Mell. 1940, S. 589; A. Franken, Verdickungen im Filmdruck, Mell. 1940, S. 415; W. Seck, Über Dispersität und textilchemisches Verhalten von Stärkelösungen, Mell. 1936, S. 147, 343, 506; F. Nestelberger, Ein neues Verdickungsmittel für den Zeugdruck, Mell. 1940, S. 74. L'emploi de Lobogomme dans l'impression sur étoffes et l'apprêt des tissus, R.G.M.C. 1942, S. 231. S. N. Clarum, Amer. Dyest. Rep. 1937, 25, S. 124; Amer. Dyest. Rep. 1938, 27, S. 303.

besten klar, wenn man sich vorstellt, dass es unmöglich wäre, mit unverdickten wässerigen Lösungen oder Suspensionen zu drucken, weil dieselben weder in den Gravuren der Kupferwalzen noch auf den erhabenen Stellen der Reliefdruckformen haften würden. Die Überwindung der Kapillarität ist notwendig, um den gedruckten Motiven die scharfen Formen zu geben, die durch kreisförmige Ausbreitung dünnflüssigerer Lösungen andernfalls zu unförmigen Klecksen zerfliessen würden. Verdickungen sind kolloide Substanzen, denen eine gewisse Zähigkeit eigen ist und die diese Eigenschaft auch auf die mit ihnen verdickten Lösungen übertragen.

Die Eigenschaft der Verdickung, als Träger für die Bestandteile einer Druckfarbe zu dienen, ist jedoch nicht bloss mechanisch zu verstehen. Beim Betrachten einer Druckvorschrift fällt sofort auf, dass die Farbstoffkonzentration im Durchschnitt unvergleichlich höher ist als in einem Färbebad.

Gleichzeitig sind je nach der Art der Farbstoffe, mehr oder weniger grosse Mengen Salze, Säuren, Alkalien, Reduktions- oder Oxydationsmittel usw. darin untergebracht. Zum Beispiel enthält eine Druckfarbe für Wolldruck nicht selten 60—80 g eines sauren Farbstoffes pro Kilo oder Liter und dazu noch 20—30 g Oxalsäure, Alaun oder eines Ammoniumsalzes; eine Druckfarbe für Baumwolldruck kann beispielsweise 300 g eines 20%igen Küpenfarbstoffteiges, dazu u. a. noch 80 g Rongalit C und 120 g Pottasche pro Kilo oder Liter enthalten. In einem Färbebad dieser Konzentration würde ein grosser Teil des Farbstoffes durch vorzeitiges Ausflocken für das Färben verloren gehen. Es ist erstaunlich, wie diese viskösen Massen noch grosse Mengen der verschiedenartigsten Körper tage-, wochen- ja monatelang unverändert in Lösung oder Schwebe bzw. homogener Verteilung halten können.

Auch die Frage nach der Ursache der Kapillarwirkung der Verdickungen ist noch nicht gelöst. Die kapillaren Kräfte der Verdickung können nur dann grösser sein als diejenigen des Gewebes, wenn der innere Aufbau der Verdickung kapillare Räume von geringerem Durchmesser aufweist als diejenigen der Gewebe. Es konnten bis jetzt im Ultramikroskop jedoch nur bei der Stärkeverdickung kapillare Räume, und zwar mit Flüssigkeit gefüllte feine Kanäle zwischen den gequollenen Stärkekörnern nachgewiesen werden. Bei Gummi- und Tragantverdickung ist das bisher nicht gelungen, und doch müssen sie angenommen werden. Es scheint, dass diese Gallerten eine feine Gerüstsubstanz aus wasserarmen neben wasserreichen Massen aufweisen.

Ein weiteres Problem, das von Haller zwar in Angriff genommen, aber nicht restlos gelöst wurde, betrifft die Frage: Wie tritt der Farbstoff oder Farblack aus der Masse der Verdickung auf die Faser über? Wie kommt es, dass der färbende Körper, dessen Konzentration an den Berührungsstellen zwischen Faser und Druckfarbe so gering ist, aus dem eingetrockneten hornartigen Verdickungsfilm auf die Faser wandert und bei richtiger Arbeitsweise, diese ohne nennenswerte Verluste anfärbt und nicht zum grössten Teil mit der Verdickung wieder heruntergewaschen wird? Haller nimmt an, dass beim Dämpfen die Verdickung stark quillt und dabei ihre Abbauelemente, die Mizellen, kräftig auseinanderrücken und dabei den darin eingeschlossenen Farbstoffteilchen den Austritt erleichtern. Unterstützt wird dieser Vorgang durch die in vielen Fällen stattfindende chemische Veränderung der Verdickungssubstanz (z. B. Stärke) selbst.

Während sich um die theoretische Klärung der Färbevorgänge bedeutende Forscher seit Jahrzehnten bemüht und dieselben nach den verschiedensten Richtungen hin durchforscht haben, konnte in das Wesen der beim Fixieren von Drucken sich abspielenden Reaktionen erst in neuerer Zeit einiges Licht gebracht werden.

Das Studium dieser Frage ist um so verwickelter, als man es bei den Verdickungsmitteln mit Stoffen zu tun hat, deren Zusammensetzung man grösstenteils gar nicht kennt, und es überhaupt schwierig ist, die physikalischen Eigenschaften einer Druckverdickung zu bewerten. Die auf diesem Gebiete erschienenen Arbeiten sind in verschiedenen deutschen, amerikanischen, englischen und französischen Fachzeitschriften verstreut. Sie befassen sich zumeist mit Sonderfällen, manchmal sind sie mehr theoretischer Natur (z. B. Prof. Haller, Untersuchungen über Druckfarbenverdickungen, Mell. 1928, S. 586 und Mell. 1931, S. 278), oder dann sind sie dem Studium bestimmter Eigenschaften, wie Quellung, Dispergierung der Farbstoffe, Diffusionsvorgänge in Verdickungen, Druckausbeute usw., gewidmet (siehe von Pezold, Kosek [1])), oder sie haben schliesslich die Bestimmung der Viskosität (Glarum[2])), die Analyse und endlich auch die Beschreibung einzelner Verdickungsmittel, wie des Colloresine V (Nestelberger[3]) zum Ziele.

Beim Färben liegt ein System Farbstoff—Wasser—Faser vor, beim Drucken aber tritt noch das Verdickungsmittel hinzu. Müller Jacobs (Zakarias, Die Theorie der Färbevorgänge, 1908), hat seinerzeit behauptet, dass die Erzeugung von gefärbten Mustern auf Geweben durch Drucken genau auf demselben Prinzip wie beim Färben beruht, mit dem Unterschiede, dass das Verdickungsmittel den Prozess etwas modifiziert. Was er im grossen und ganzen bezüglich der

---

[1]) E. von Pezold, Mell. 1936, S. 222, 330, 418; Kosek, Mell. 1936, S. 653, Mell. 1934, S. 170.

[2]) Glarum, Amer. Dyest. Rep. 1934, Rep. 23, S. 177 und 1936, Rep. 25, S. 150.

[3]) F. Nestelberger, Mell. 1940, S. 74.

Wirkung und Aufgabe der Verdickungen beim Drucken andeutete, besitzt wohl auch heute noch Geltung.

Über die Rolle der Verdickungen im Zeugdruck ist man sich wohl vollkommen klar; man weiss, dass die Verdickungen vor allem als Transportmittel für die farbbildenden Substanzen zu dienen haben, und ferner den kapillaren Kräften des Gewebes selbst entgegenarbeiten sollen, wodurch ein Austreten der farbbildenden Substanzen über die durch die Konturen des Musters gezogenen Grenzen nicht stattfindet.

Dass die Verdickung das Transportmittel für die farbbildenden Substanzen bildet, ist selbstverständlich. Man hat ihr aber auch lange Zeit die Aufgabe eines Schutzkolloids zugewiesen und angenommen, dass dadurch die Ausflockung und ferner die vorzeitige Lackbildung der farbbildenden Substanzen verzögert würde. Haller[1]) hat gezeigt, dass beim Drucken mit substantiven Farbstoffen die Druckfarbe 40 g Farbstoff ohne weiteres enthalten kann, während beim Färben ein Färbebad von solcher Konzentration mindestens ein Drittel des gesamten Farbstoffes durch Ausflockung verlieren würde. Ferner lässt sich der bunte Effekt auf dem Gewebe beim Drucken in der Weise erzeugen, dass man alle zu einer Färbung notwendigen Materialien, bei substantiven Farbstoffen Farbstoff und Elektrolyte, bei basischen Farbstoffen Farbstoff und Tannin, bei Beizenfarbstoffen Farbstoff, Beizen und Hilfsbeizen, in der Druckfarbe vereinigt. Beim Färben liegt dieser einfache Fall nicht immer vor. So sind beim Neurotverfahren der Türkischrotfärberei im allgemeinen vier Operationen notwendig.

Neuere Untersuchungen Hallers[2]) zeigen, dass die Verdickungen nicht die Rolle von Schutzkolloiden spielen, sondern an und für sich äusserst stabile Suspensionen, ja auch typische Sole zur Agglutination der Teilchen bringen. Womit können nun die oben erwähnten Vorgänge in der Druckfarbe erklärt werden? Die Fixierung einer grossen Zahl von Farbstoffen auf der Faser beruht zweifellos darauf, dass die Farbstoffe in gelöstem Zustand in die Faser eindringen und dort in schwer lösliche Form gebracht und fixiert werden, was entweder durch Lackbildung (bei basischen Farbstoffen mit Tannin-Brechweinstein oder Katanol, bei Beizenfarbstoffen mit Metallsalzen, bei Naphtolen mit Diazoverbindungen), durch Oxydation oder Polymerisation (wie bei Küpenfarbstoff, Indigosolen, Anilinschwarz usw.) geschieht. Bei substantiven Farbstoffen ist das Bild nicht so klar. Aber die Tatsache, dass eine gewisse Polymerisation oder Lackbildung die Ausbeute verbessert, ist jedem bekannt. Haller hat in seinen Untersuchungen festgestellt, dass eine feine Suspension und Sole in

---

[1]) Mell. 1925, S. 102.
[2]) Mell 1928, S. 589—590.

der Verdickungsmasse mit Hilfe eines Lösungsmittels (z. B. Glyzerin — ausser Wasser) vollkommen homogene Gebilde ergeben, ohne eine Spur von Agglutination zu verraten. Es ist wahrscheinlich, dass die Schutzwirkung gegen Ausflocken und vorzeitige Lackbildung der farbbildenden Substanzen in der Druckfarbe durch organische Lösungs- bzw. Dispergiermittel, die beim Drucken als günstige Zusätze bezeichnet sind, ausgeübt wird.

Die Wichtigkeit von Zusätzen lösender oder dispergierend wirkender Substanzen zu den Druckfarben war dem Praktiker geläufig, lange bevor die Farbenfabriken die Druckeigenschaften ihrer Farbstoffe in dieser Richtung zu verbessern begannen (Suprafix- und Mikroteigmarken der Küpenfarbstoffe).

Die kolloide Struktur der Verdickungsmasse wird in erster Linie auf Grund der Nägelischen Mizellartheorie[1]) erklärt, welche die Gallertbildung als Einlagerung von Flüssigkeit in die Mizellarzwischenräume auffasst. Später hat Bütschli[2]) seine Wagentheorie vorgeschlagen und versuchte damit, den Feinbau der organischen Körper zu erklären.

Untersuchungen von Szigmondi[3]) stehen im Gegensatz zur Bütschli'schen Auffassung.

H. R. Procter[4]) lehnt beispielsweise eine Mikrostruktur von Gelatine-Gelen ab und bezeichnet sie als ein Netzwerk von molekularer Struktur.

Haller[5]) hat versucht, derartige kapillare Räume in den Verdickungsmassen nachzuweisen, und in der Tat ist es ihm gelungen, mit dem Mikroskop bei reiner Stärkeverdickung die mit Flüssigkeit gefüllten feinen Kanäle in gequollenen Stärkekörnern zu finden, während ihm dies beim Tragant und Gummi nicht gelang.

Neuere Untersuchungen von K. H. Meyer und H. Mark[6]) nach der röntgenographischen Methode zeigen, dass die Zellulose strukturell ein Gebilde von Mizellen aus dicken quellbaren Kristallitbündeln ist. Mit dem Feinbau dieser Kristallite und der Farbstoffteilchen erklärt man sich die Färbevorgänge. Ob nun die Gallerten der Verdickungsmassen ähnliche Gebilde sind, hat man noch nicht nachgewiesen.

Untersuchungen von Haller[7]), bei denen er einen Niederschlag in der gequollenen Verdickung entstehen lässt, ergaben Resultate, die gewissermassen die Bütschli'sche Auffassung ergänzen. Er beobachtete,

<hr>

[1]) Nägeli und Schwendener, Das Mikroskop, 1877, S. 422.
[2]) Bütschli, Untersuchungen über Strukturen, 1898, Leipzig.
[3]) Szigmondi, Zeitschrift f. anorg. Chemie 1911, S. 536.
[4]) H. R. Procter, Koll. Beihefte 1911.
[5]) Haller, Koll. Beihefte 1916, S. 7.
[6]) K. H. Meyer und H. Mark, Mell. 1928, S. 573; 1930, S. 596.
[7]) Haller, Mell. 1928, S. 586, 771, 859, 931, 997.

bei Stärke, Tragant und Gummi, eine auffallende Erscheinung rhythmischer Niederschlagsbildung (mit Berlinerblau) innerhalb der Verdickungsmassen, ferner eine besondere Anordnung der feinen Niederschlagsteilchen zu feiner Netzstruktur und schliesslich eine ausgesprochene Neigung zur Membranbildung bei der Entstehung von Niederschlägen. Ein derartiges Membranbildungsvermögen der Verdickungsmasse findet bei Bütschli eine recht plausible Erklärung. Bütschli behauptet, dass die Hohlräume in den Gallerten in dem Maße, als Wasser verdunstet, enger werden, bis schliesslich Aufeinanderlagerung der Wände und völlige Schliessung der Räume erfolgt. Nach seinen Beobachtungen zog Haller den Schluss, dass die Verdickungsmassen in ihrer Struktur als schwammähnliche Gebilde anzusehen seien. Der Verfasser schreibt folgendermassen: Wie ein Schwamm grosse Mengen von Flüssigkeiten aufnehmen kann, so ist es auch bei der Verdickung möglich. Wenn dem Schwamm in der Aufnahme der Flüssigkeit zu viel zugemutet wird, so wird dieselbe sich von der Masse des Schwammes wieder trennen. Versucht man einer Verdickung zu viel flüssige Substanz einzuverleiben, so wird man beim Drucken Fliessen beobachten. Der grosse Vorteil der Verdickung ist nun der, dass die Scheidewände der Kapillarräume nicht aus starrer Substanz aufgebaut sind und daher, in gewissem Gegensatz zur Aufbausubstanz des Schwammes, ein elastisches Auseinander- und Zusammenrücken gestatten. Die Wände der kapillaren Räume der Verdickung schrumpfen bei Flüssigkeitsabgabe und das Lumen der Kapillarräume verengt sich, um sich beim völligen Eintrocknen zu schliessen.

Die Bildung einer Membran bei den Verdickungsmassen, und zwar im Moment, in dem die Druckfarbe mit dem Stoff in Berührung kommt, ist besonders wichtig und spielt eine grosse Rolle bei der Paralysierung der kapillaren Kräfte des Gewebes.

Die wichtigste Frage zur Erklärung der Druckvorgänge ist wohl die, in welcher Weise der Farbstoff aus der Masse der Verdickung auf die Faser tritt. Ganz natürlich erscheint es, dass der Farbstoff schon durch das Einpressen der Druckfarbe beim Drucken ohne weiteres auf die Faser übergeht. Ist der Farbstoff nur durch mechanische Druckwirkung auf die Faser gebracht, dann werden zunächst natürlich noch viele färbende Substanzen in der Verdickung bleiben. Da sie jedoch nicht mit den verdickenden Substanzen von dem Gewebe weggewaschen werden, so muss vielmehr ein Übertritt von färbenden Substanzen aus der Masse der Verdickung auf die Faser stattfinden[1]).

---

[1]) Der Übertritt eines Farbstoffs aus der Masse der aufgedruckten Verdickung auf die Faser ist ein Phänomen, das sich an Querschnittsbildern von Garnen aus bedruckten Geweben sehr schön beobachtet werden kann. Beim ungedämpften Druck zeigt ein solches

Dieser Übertritt wird wohl in den meisten Fällen beim Dämpfen vor sich gehen. Haller[1]) hat seinerzeit gefunden, dass Stärke während der Dämpfoperation zum Zucker abgebaut wird, und vermutet, dass durch diesen Vorgang die den kapillaren Kräften des Gewebes entgegenarbeitende Wirkung der Verdickung infolge der Veränderung ihrer physikalischen Eigenschaften, insbesondere der Quellbarkeit und Zähigkeit durch die Wirkung des Dampfes als Feuchtigkeitsträger, sukzessiv in innige Berührung mit der Faser gebracht werden. Aber bei Gummiverdickungen können leider die Veränderungen nicht beobachtet werden. Mit Stärkekleister hat neuerdings Henninger[2]) nachgewiesen, dass durch Erhitzen eine Zähigkeitsabnahme stattfindet. Er bezeichnet diese Zähigkeitsabnahme als einen physikochemischen Abbau der Stärke. Beobachtungen von W. Seck, Dittmar und Blume[3]) zeigen, dass die Zähigkeit eines Kleisters wesentlich durch Erhitzen herabgesetzt wird, und zwar lediglich durch Zerstörung der Kleisterstruktur, also ohne dass Abbau eintritt; durch diese Zerstörung der Struktur aber verändern sich die kapillaren

Querschnittsbild die Faserquerschnitte farblos, umgeben bzw. verkittet von einer intensiv gefärbten Masse, der den Farbstoff und die zu seiner Fixierung notwendigen Ingredienzen enthaltenden Verdickung. Beim gedämpften Druck erscheinen die Faserquerschnitte nunmehr intensiv gefärbt und die zwischen den Fasern eingelagerte Verdickung farblos oder nahezu ungefärbt.

Die Erklärung für diesen Übertritt ist der Ansicht von Dr. Krähenbühl nach gar nicht schwer zu geben. Vom Moment an, wo die bedruckte Faser mit Dampf in Berührung kommt, kondensiert sich eine gewisse Menge Wasserdampf auf der noch kalten Faser. Die Faser quillt, aber auch die auf der Faser eingetrocknete Verdickung. Infolge der Osmose bildet sich im Netzwerk der Verdickung eine konzentrierte Lösung des Farbstoffs, die infolge ihres höheren Siedepunktes nicht verdampft, sondern sich längere Zeit flüssig erhält. Und nun hat man es mit 2 Systemen zu tun, die sich innig berühren, aber im Ungleichgewicht miteinander stehen: die gequollene ungefärbte Faser und die gequollene gefärbte Verdickung. Von dem Farbstoff kann man mit Sicherheit behaupten, dass er zur Faser eine viel grössere Affinität besitzt als zum Verdickungsmittel. Es wird deshalb an der unmittelbaren Berührungsfläche zwischen Verdickung und Faser eine Wanderung des Farbstoffs nach der Faserseite einsetzen, die alsbald einem Nachdiffundieren aus dem Innern der Verdickungsmasse gegen die Grenzfläche hin ruft, so dass schliesslich, wenn man der Reaktion durch Aufrechterhaltung der für die Einstellung des Gleichgewichts günstigen Bedingungen lange genug Zeit lässt, der Farbstoff nahezu vollständig in die Faser hinüberwandert. Wieviel Zeit dazu notwendig ist, hängt natürlich ab von der Art des Farbstoffs, von der Art der Verdickung, von der Feuchtigkeit des Dampfes, und es ist klar, dass sich durch Wahl der günstigsten Bedingungen diese Zeit wesentlich herabsetzen lässt. Man weiss z. B., dass mit Tragant verdickte Direktfarbstoffe sich durch eine 10 Minuten dauernde Dämpfoperation auf einem Viskosegewebe nahezu vollständig fixieren lassen, während bei Verwendung einer Verdickung von arabischem Gummi 40 bis 60 Minuten erforderlich sind, um dasselbe Resultat zu erzielen.

Je stärker ausgeprägt die Affinität der Farbstoffe ist, mit desto kürzern Dämpfzeiten wird man auskommen. So erklärt sich die rasche Fixierung der Küpenfarbstoffe, obwohl der eigentlichen Fixierung noch die Verküpung vorausgehen muss.

[1]) Haller, Koll. Beihefte VIII.
[2]) Henninger, Koll. Beihefte 1932, S. 35, 40.
[3]) W. Seck, Dittmar und Blume, Mell. 1933, S. 547.

Kräfte. Versuche Hallers in dieser Richtung ergaben bemerkenswerte Resultate. Er hat gefunden, dass das Adsorptionsvermögen der Zellulose durch den Dämpfprozess gehoben wird und dadurch die Farbstoffe besser auf der Faser fixiert werden. Im Laufe dieser Untersuchung konnten Haller und Ruperti[1]) beim Behandeln von Färbungen mit kochendem Wasser, auch unter Druck, eigentümliche Veränderungen in der Lagerung der Farbstoffpigmente auf und in der Faser feststellen.

Die Aufgabe des Dämpfens bei der Fixierung der Farbstoffe im Druck besteht unzweifelhaft darin, dass dadurch die verschiedenen chemischen Reaktionen ausgelöst werden, auf denen die Fixierung beruht. Das Dämpfen spielt dabei eine ähnliche Rolle wie der Bunsenbrenner beim Erhitzen einer Mischung im Reagensglas, wo ebenfalls durch Wärmezufuhr chemische Reaktionen eingeleitet werden. Ausserdem weiss man, dass die allermeisten auf dem Gewebe stattfindenden textilchemischen Reaktionen sich nur in Gegenwart von Feuchtigkeit (Wasserdämpfen) abspielen; mit trockener Hitze wird man in den wenigsten Fällen zum Ziele kommen. Als Ausnahmen seien die Rapidecht- bzw. Rapidogenfarben sowie die Indigosole erwähnt, zu deren Fixierung eine Dämpfoperation nicht unbedingt notwendig ist. Doch sind, namentlich bei der letztgenannten Farbstoffklasse, die gedämpften Drucke reibechter als die ungedämpften[2]).

Aus den verschiedenen Beobachtungen und Theorien ergibt sich ungefähr folgendes Bild der Farbstoff-Fixierung im Druck: Beim Aufdruck saugt das Gewebe die Druckfarbe aus der Gravur der Druckwalze heraus. Die in der Druckfarbe enthaltene Verdickung wirkt jedoch den kapillaren Kräften der Stoffbahn durch Membranbildung entgegen. Dadurch werden die farbbildenden Substanzen an den durch das Muster bestimmten Stellen festgehalten. Durch das anschliessende Trocknen verstärkt sich die Membran, innerhalb welcher die farbbildenden Substanzen unter der Schutzwirkung der Lösungs- und Dispergiermittel homogen verteilt sind, die aber noch durchlässig und quellfähig bleibt. Durch Zufuhr von Feuchtigkeit und Wärme beim Dämpfen wird die Struktur der Verdickungsmasse zerstört, ihre Klebkraft und Zähigkeit herabgesetzt und die Faser selbst zum Quellen gebracht. Der Diffusionsprozess oder — von der Seite der Faser gesehen — der Adsorptionsprozess wird beschleunigt und die Aufnahme der farbbildenden Substanzen durch die Faser herbeigeführt. Gleichzeitig mit den auf dem Gewebe sich abspielenden chemischen Reaktionen verdampfen auch die Lösungsmittel und vollzieht sich die Lackbildung. Die nach dem Dämpfen folgenden Opera-

---

[1]) Haller und Ruperti, Mell. 1925, S. 669.
[2]) Prof. R. Haller, Das Verhalten der Verdickungen beim Dämpfen, Mell. 1949, April, S. 154 u. ff.

tionen des Nachbeizens, Reoxydierens, Seifens vollenden die Fixierung der Farbstoffe auf der Faser.

Ausser theoretischen Abhandlungen finden sich in der Literatur noch eine Reihe von Veröffentlichungen, in denen Praktiker ihre Beobachtungen mitteilen.

R. Schindler[1]) beschreibt den Einfluss der Verdickungsmittel beim Drucken mit Küpenfarbstoffen. Der Verfasser stellt zuerst den Unterschied zwischen den verschiedenen Verdickungen bezüglich der Farbstoffausbeute fest, wonach er sie folgendermassen klassiert:

Gummi arabicum

Britishgum

Stärke-Britishgum

Stärke-Tragant

wobei mit Stärke-Tragant die beste Farbstoffausbeute erzielt wird.

Die Stärke-Tragantverdickung eignet sich sehr gut für feine Muster, wie Hemden, und hat den Vorteil, dass sie beim Dämpfen gut steht. Sie eignet sich jedoch nicht für den Druck von grossen Flächen und Böden mit Küpenfarbstoffen.

Mit Britishgum erhält man sattere Drucke als mit Gummi arabicum, doch fliessen diese Druckpasten leicht im Dampf, besonders wenn sie stark alkalisch sind.

Stärke-Britishgumverdickung fixiert die Farben besser als Britishgum allein und ist für dunkle Farben zu bevorzugen. Bei Zusatz von Solutionssalz werden die Drucke etwas egaler, weil dieses die Stärke in der Hitze aufschliesst.

Es kann als allgemeine Regel gelten[2]), dass Stärke und Stärkeabbauprodukte die Eigenschaft haben, die Farben dunkler ausfallen zu lassen als Verdickungsmittel aus natürlichem Gummi oder veredelten Gummisorten, wie Kristallgummi.

Stärke hat jedoch den Nachteil, beim Verdünnen schnell an Viskosität zu verlieren, was zum Auslaufen der Farben während des Druckens führt.

Gummiverdickungen besitzen eine feinere Struktur als Stärkeverdickungen; aus diesem Grunde erscheint eine verdruckte Stärkefarbe ungleichmässig, während die verdruckte Gummifarbe gleichmässig ist. Beim Passieren der folgenden Druckwalzen wird die Stärkemasse mit dem Farbstoff, weil sie von der Faser schlecht aufgenommen wird, von der Oberfläche zwischen die Fäden eingepresst. Der ungleiche Effekt entsteht also dadurch, dass die Fäden an der Oberfläche heller gefärbt sind als die tiefer liegenden Teile des Ge-

---

[1]) Schindler, Mell. 1927, S. 1030.
[2]) Mell. 1932, S. 91.

webes. Beim Gebrauch von Kristallgummi als Verdickungsmittel ist dies ausgeschlossen, weil in diesem Falle die Druckfarbe leicht und gleichmässig von der Faser absorbiert wird. Sehr oft lassen sich schon die Fehler verbessern, wenn man nur einen Teil der Stärke in der Verdickung durch Gummi ersetzt.

Die Tatsache, dass eine Stärkeverdickung weniger gut in das Innere der Faser eindringt als eine Kristallgummiverdickung, hat zur Folge, dass der Farbstoff im ersten Falle sich mehr auf die Oberfläche des Gewebes absetzt, wodurch der Eindruck einer dunkleren Farbe hervorgerufen wird. Es hat aber gleichzeitig eine mangelhafte Verbindung mit der Faser stattgefunden, die in einer weniger guten Waschechtheit zum Ausdruck kommt.

Weitere Artikel behandeln die physikalischen Eigenschaften von Verdickungsmitteln und Druckfarben, wobei besonders Wert auf die Zähigkeit und Zügigkeit gelegt wird.

A. Kosek[1]) beschreibt einen Apparat, das Konsistometer, mit welchem man die Eigenschaften von Verdickungsmitteln und Druckfarben bestimmen kann. Der Verfasser geht dabei von folgender Idee aus: Giesst man ein bestimmtes Volumen einer Flüssigkeit auf einer Glasplatte aus, so wird, wenn die Adhäsion grösser als die Oberflächenspannung der Flüssigkeit ist, diese die Glasplatte benetzen, sich also völlig auf dieser ausbreiten. Ist sie kleiner, dann wird die freie Flüssigkeitsoberfläche unter einem bestimmten Winkel gegen die Glasplatte stehen bleiben, wobei die Platte von der Flüssigkeit zu einem gewissen Teil bedeckt wird. Je grösser die Oberflächenspannung ist, um so kleiner ist die bedeckte Fläche analog der Steighöhe. Die Grösse der bedeckten Fläche stellt ein Mass für die zu erwartende Steighöhe dar, und die Geschwindigkeit, mit welcher der Ruhezustand erreicht wird, gibt Aufschluss über die Viskosität.

Dieser Apparat wird jedoch von v. Pezold[2]) einer scharfen Kritik unterzogen.

S. N. Glarum[3]) hat den Einfluss der Viskosität der Druckpasten auf den Ausfall der Drucke eingehend untersucht. Zu diesem Zweck wurden Druckfarben verschiedener Viskosität und mit verschiedenen Verdickungsmitteln gedruckt.

Aus diesen Versuchen, die in fünf untereinander unabhängigen Betrieben ausgeführt wurden, geht hervor, dass die Qualität der erhaltenen Drucke nur von der Viskosität der Druckpasten abhängt und dass mit den Druckpasten gleicher und günstiger Viskosität,

[1]) A. Kosek, Mell. 1934, S. 170.
[2]) von Pezold, Mell. 1936, S. 222.
[3]) S. N. Glarum, Amer. Dyest. Rep. 1936, 25, S. 150.

welches auch das angewendete Verdickungsmittel sein mag, gleich gute Drucke erzielt wurden.

Glarum teilt die Druckpasten nach ihrer Viskosität in folgende vier Kategorien ein:

A = gute Viskosität   guter Ausfall
B = zu dicke Druckpaste   genügender Ausfall
C = viel zu dicke Druckpaste   schlechter Ausfall
D = zu flüssige Druckpaste   genügender oder schlechter Ausfall

Dieser Forscher hat ebenfalls beobachtet, dass die Temperatur der Druckwalzen den Ausfall der Drucke stark beeinflussen kann. So gibt beispielsweise eine zu dicke Druckpaste (Kategorie B), mit einer heissen Druckwalze gedruckt eine flüssigere Paste, die sich dann, dem Ergebnis nach, in die Klasse A einreihen lässt. Andererseits gibt eine Druckfarbe der Kategorie A, mit welcher unter gewöhnlichen Umständen ein guter Ausfall erhalten wird, nur genügende oder schlechte Drucke, wenn sie mit einer heissen Druckwalze gedruckt wird, was auf eine Herabsetzung der Viskosität zurückzuführen ist.

Der amerikanische Textilchemikerverband (A.A.T.C.C.) hat die Anregung zu Forschungen über den Küpendruck gegeben. In einer Arbeit im Amer. Dyest. Rep. 1938, 27. Jg., 11, S. 303 befasst sich Glarum zuerst mit den notwendigen physikalischen Eigenschaften der Druckfarbe. Eine blosse Viskositätmessung scheint darum nicht genügend, weil die Druckfarben als pseudoplastische Substanzen anzusehen sind; während die Viskosität gewöhnlicher Flüssigkeiten wie des Rizinusöls sich nicht mit dem Auspressdruck ändert, ergeben sich bei den Verdickungen je nach dem Druck verschiedene Zahlen für die Fluidität, und bei Aufzeichnung der Ergebnisse einer grossen Zahl von Versuchen konnte man feststellen, dass die günstigen Resultate bei jeder einzelnen Farbe im engeren Bereich einer bestimmten Fluidität liegen. Man kann also aus den Kurven, welche diese Fluidität unter den verschiedenen Druckverhältnissen darstellen, genau jenen Zustand auswählen, welcher dem besten Druckergebnis entspricht und von einer willkürlichen Bewertung wie dick, dünn, kurz usw. absehen. Es ist möglich, diesen Zustand der Verdickung genau einzustellen. Der Alkalizusatz zu einer für den Küpendruck bestimmten Stärke-Tragantverdickung erfolgt z. B. am besten am Ende des Kochprozesses, der etwa 4—6 Stunden in Anspruch nimmt, beim Abkühlen auf 80° C; ein Zusatz in einem früheren Stadium ist nicht zu empfehlen, ein solcher zur kalten Verdickung ist wegen der Schwerlöslichkeit der Pottasche nicht möglich. Tatsache ist, dass eine verfrühte Alkalizugabe eine zu starke Verflüssigung bewirken kann; doch gehen die Meinungen über diesen wichtigen Punkt auseinander. Auch bezüglich des Dämpfvorganges scheinen die Untersuchungen noch nicht abgeschlossen zu sein. Vorläufig ist es nur sichergestellt, dass die Feuchtigkeitsaufnahme des Baumwollstoffs in Luft von konstantem Feuchtigkeitsgehalt von der Temperatur unabhängig ist.

Ein Versuch der Bewertung der Druckpasten, der auch von der A.A.T.C.C. ausgeht und über den im Amer. Dyer. Rep., 1938, 27. Jg., 21, S. 569 (Cady) berichtet wird, soll hier kurz erwähnt werden. Schon seit 1932 hat sich Dr. Glarum mit der Überprüfung dieser Fragen befasst. Die Methode besteht in der Messung der Ausflussgeschwindigkeiten der Paste unter verschiedenen Drucken im sog. Stormer-Viskosimeter. Da die Paste keine dicke Lösung, sondern eine pseudoplastische Substanz ist, erhält man beim Auftragen der verschiedenen Ausflussgeschwindigkeiten unter verschiedenen Drucken keine Kurven mit linearem Verlauf, sondern solche eigener Gestaltung, und es ist festgestellt worden, dass gut druckende Farben äusserlich untereinander denselben Kurvenverlauf zeigen, so dass man beim blossen Anblick der Kurve einer Druckfarbe auf deren Druckfähigkeit schliessen könnte. So gut die Viskositätsbestimmung gewisse Merkmale wiederzugeben vermag, so wenig dürfte man aber ein einzelnes derartiges Merkmal zur eindeutigen Beurteilung einer Druckfarbe verwenden. Es scheint, dass die vielen, sehr ernstgemeinten Versuche übersehen, dass gute Druckfähigkeit eine solche Menge von Eigenschaften voraussetzt, die auf der Dicke, der Klebfähigkeit, dem Verteilungs- und Lösungszustand usw. beruhen, dass es fast ausgeschlossen erscheint, an Stelle der Beurteilung durch den Praktiker eine wie immer geartete Messmethode zu setzen.

E. von Pezold[1]) untersucht die Viskosität und Zügigkeit der Verdickungsmittel in Abhängigkeit ihrer Konzentration, um daraus einen Schluss auf die Ausgiebigkeit ziehen zu können.

Betrachtet man die Zähigkeitskurven (Kurven der Viskosität in Abhängigkeit ihrer Konzentration), so stellt man fest, dass diese in zwei Gruppen zerfallen:

1. Mit rasch ansteigender Zähigkeit: Tragant
                                         Stärkesorten
2. Mit allmählich ansteigender Zähigkeit: Kristallgummi
                                          Britishgum

Dieser Befund ist für den Druck von grosser Bedeutung, da hiervon die Empfindlichkeit der Verdickung beim Verdünnen abhängt.

Eine andere Eigenschaft eines Verdickungsmittels ist die Zügigkeit, welche als Resultante der Klebekraft bzw. der Elastizität des Verdickungsmittels einerseits und der Viskosität sowie Oberflächen-

---

[1]) Mell. 1936, S. 222, 330, 418.

spannung des Lösungsmittels andererseits aufgefasst werden kann. Die Zügigkeit ist von grosser Bedeutung für das Verhalten der Farbe auf der Druckwalze, da eine gewisse Gleichmässigkeit in der Aufnahme derselben durch die Gravur gewährleistet sein muss. Ausserdem ist die Zügigkeit auch ein Merkmal für das Durchdringungsvermögen der Farben auf dem Gewebe; denn je zügiger eine Farbe ist, desto leichter und gleichmässiger wird sie von der Faser aufgenommen, und wiederum, je kürzer (elastischer) sie ist, desto schwerer dürfte die Aufnahme vor sich gehen, wobei andererseits auch die Kapillaraktivität des Gewebes zum mindesten einen ebenso grossen Einfluss ausübt.

In der Praxis ist ein gewisses Gleichgewicht zwischen den beiden genannten Kräften erforderlich, das jedoch wegen der ausserordentlichen Verschiedenartigkeit der im Druck vorkommenden Bedingungen theoretisch schwer zu erfassen ist und nur durch Vorversuche mit genügenden Stoffmengen ermittelt werden kann.

E. von Pezold bestimmte die Zügigkeit (bei 20° C) gewisser Verdickungsmittel bei wechselnden Konzentrationen. Bei der Betrachtung der Kurvenbilder fällt auf, dass die Verdickungsmittel im allgemeinen sehr verschiedene maximale Zügigkeiten aufweisen.

Es wurde ferner festgestellt, dass das Verdickungsmittel X (ein von v. Pezold aus Kartoffelstärke und Harnstoff hergestelltes Verdickungsmittel, D.R.P. angem. P. 75.311, IV a/8 n vom 27. Mai 1937) durch Kochen in eine andere Form übergeht; es gewinnt an Zügigkeit auf Kosten der Ausgiebigkeit, eine Erscheinung, welche auch bei Traganten, Stärkearten und anderen Verdickungen in Abhängigkeit von der Kochdauer in verschiedenem Grade vorkommt.

Auf Grund dieser Bestimmungen versucht der Verfasser, die Qualität des Verdickungsmittels zahlenmässig zu erfassen, was jedoch aus mehreren Gründen widersinnig erscheint.

In einem zweiten Artikel untersucht E. von Pezold[1]) auf gleiche Weise die üblichen Verdickungen, ihre Mischungen sowie ungekochten Tragant und Quellin. Wie schon im ersten Artikel, zeigt der Verfasser die Zähigkeits- und Zügigkeitskurven der genannten Verdickungen.

Ferner bestimmte E. von Pezold die Zügigkeit sowie die Viskosität der auf 800 poises eingestellten Verdickungen nach 2, 4, 6, 9 und 13 Tagen. Bei dem Verdickungsmittel X und beim Tragant tritt die Erscheinung des Nachquellens deutlich zutage, was sich in der starken Steigerung der Zähigkeit äussert, während bei Kartoffelstärke im Gegenteil eine schnelle Verflüssigung zu bemerken ist, die durch die Anwesenheit von Verdickungsmittel X oder Tragant anscheinend ausgeglichen wird. Quellin verhält sich ähnlich. Im Gegensatz zu obigen Beispielen, steht die relative Beständigkeit des Indu-

---

[1]) von Pezold, Mell. 1938, S. 516, 593, 743.

striegummis einzig da, welcher nur wenig veränderliche Zähigkeiten und Zügigkeiten aufweist. Im allgemeinen ist der Verlauf des Abbaues, mit dem gewöhnlich ein Fallen der Zähigkeit und Zügigkeit Hand in Hand geht, charakteristisch für jede Verdickungsart; bei längerem Kochen wird jedoch meistens ein Steigen der Zügigkeit auf Kosten der Zähigkeit in der dem Kochprozess unmittelbar folgenden Zeitperiode beobachtet.

Der Verfasser untersuchte ebenfalls das Verhalten von Verdickungen bei $+1^0$ C und -2^0 C. Im zweiten Falle tritt bei einigen Verdickungen eine Synäresis auf.

Bezüglich der Löslichkeit eingetrockneter Filme wurde festgestellt, dass die stärkehaltigen Verdickungen alle mehr oder weniger geformte, unlösliche Anteile hinterliessen; das Verdickungsmittel X war unter Hinterlassung von Flocken teilweise in Lösung gegangen, während der Industriegummi vollständig kolloidal gelöst blieb.

Anschliessend untersuchte der Verfasser noch die Haltbarkeit der Druckfarben verschiedener Farbstoffklassen, hergestellt mit verschiedenen Verdickungsmitteln.

Vier sehr interessante Arbeiten wurden von H. Gerber veröffentlicht, welcher auf systematische Weise versucht, einige für den Zeugdruck wichtige Eigenschaften der Verdickungsmittel näher kennen zu lernen.

In der ersten Abhandlung untersucht H. Gerber[1]) den Einfluss des Verdickungsmittels auf die Farbtiefe beim Druck mit Küpenfarbstoffen.

Zu diesem Zweck druckt der Verfasser 7 Küpenfarbstoffe mit verschiedenen Verdickungen, wobei darauf geachtet wurde, dass die Druckfarben die gleiche Zähigkeit hatten, und bestimmt mit einem Stufenphotometer den Weissgehalt der bedruckten Stellen. Am deutlichsten treten die Unterschiede der Farbtiefe beim Indanthrenblau GCD auf; die anderen Farbstoffe zeigen aber auch im Prinzip die gleiche Gesetzmässigkeit.

Es wurden folgende Resultate mit Indanthrenblau GCD erhalten:

Verdickung	Trocken-substanz %	Weissgehalt %
Tragant	21	6
Industriegummi . .	35	15
Arabisch. Gummi .	44	18
Weizenstärke . . .	24	5
Britishgum	46	7

---

[1]) H. Gerber, Mell. 1937, S. 316.

Wenn man auf Grund der allgemeinen Ansicht, dass der Gehalt an Trockensubstanz in der Druckpaste für dieses verschiedene Verhalten verantwortlich sei, die Drucke in der Reihenfolge steigenden Trockengehaltes anordnet, so ergibt sich keineswegs ein einheitliches Bild. Berücksichtigt man aber die chemische Natur des Verdickungsmittels, die offenbar einen grossen Einfluss auf den Ausfall der Farbtiefe ausübt, dann erhält man ein ganz anderes Ergebnis. Es zeigt sich tatsächlich ein Ansteigen des Weissgehaltes, also Abnahme der Farbtiefe mit zunehmendem Gehalt an Trockensubstanz.

Ferner bestimmte der Verfasser den Weissgehalt der Vorder- sowie der Rückseite von Drucken, welche mit Verdickungen von verschiedenen Konzentrationen erhalten wurden. Es wurde hierbei gefunden, dass Gummi arabicum und Industriegummi die besten Aufdrucke bei niedrigem Gehalt vonTrockensubstanz und die besten Durchdrucke bei hohem Trockensubstanzgehalt ergeben. Tragant und Weizenstärke hingegen geben die besten Aufdrucke mit viel Trockensubstanz und mit weniger gute Durchdrucke. Britishgum hält, entsprechend seiner chemischen Natur als abgebautes Stärkeprodukt, die Mitte zwischen diesen Verdickungsarten.

Für Durchdrucke soll man also Gummiverdickungen von hohem Trockensubstanzgehalt benutzen; man benötigt natürlich dementsprechend mehr Farbstoff, weil durch die Zunahme an Trockensubstanz die Farbtiefe abnimmt.

In einer zweiten Untersuchung haben H. Gerber und P. Grünn[1]) die Wasseraufnahme der Druckverdickungen beim Dämpfprozess studiert. Die erhaltenen Resultate sind in folgender Tabelle wiedergegeben:

Verdickung	Gehalt an Trockensubstanz vor dem Eintrocknen in %	Wasseraufnahme in % bezogen auf Trockensubstanz
Tragant	4	19,7
Gummi arabicum	50	20,5
Industriegummi, hell	25	43,2
Industriegummi, dunkel	25	40,8
Weizenstärke	12	19,2
Kartoffelstärke	12	40,1
Britishgum	33	39,4
Colloresin DK	4	30,9
Plexileim	15	68,5

---

[1]) Mell. 1939, S. 439.

Anschliessend bestimmte der Verfasser die Wasseraufnahme der genannten Verdickungen, nach einem Zusatz von je 5% Kaliumkarbonat, Glyzerin, Glyecin A, Natriummetasilikat, Harnstoff und Hexamethylentetramin.

Verdickung	ohne Zusatz %	K_2CO_3 %	Glyzerin %	Glyecin A %	Natrium metasilikat %	Harnstoff %	Hexamethylentetramin %
Tragant	19,7	96,6	37,4	13,1	23,3	36,1	10,9
Gummi arabicum	20,5	38,0	31,0	28,5	32,2	43,0	35,0
Industriegummi, hell . .	43,2	46,0	44,2	52,4	40,2	44,6	48,9
Industriegummi, dunkel .	40,8	43,0	42,0	51,2	36,4	42,2	45,5
Weizenstärke	19,2	42,0	42,9	26,1	30,5	32,9	38,3
Kartoffelstärke	40,1	40,6	51,8	29,8	31,2	35,8	34,5
Britishgum	39,4	41,7	41,9	50,3	29,9	34,8	32,9
Colloresin DK	30,9	69,3	76,1	22,6	73,7	38,7	50,6
Plexileim	68,5	74,7	66,3	56,4	93,6	77,7	57,2

Aus dieser Tabelle ergibt sich, dass jedes Verdickungsmittel gemäss seiner chemischen Konstitution hinsichtlich der Zusätze verschieden reagiert.

Abgesehen von Kaliumkarbonat, welches weniger als hygroskopisches Mittel als vielmehr alkalischer Zusatz betrachtet werden muss, wurde festgestellt, dass die grössten Schwankungen bei Tragant und den synthetischen Verdickungsmitteln Colloresin DK und Plexileim stattfinden. Einen fast gleichmässigen Verlauf zeigt Gummi arabicum und die Stärken. Zwischen den beiden Industriegummimarken extra hell und dunkel war kein wesentlicher Unterschied festzustellen, der eine besondere Unterscheidung rechtfertigt.

Eine andere Studie über die Diffusion von Farbstofflösungen in Druckverdichtungen, die von besonderer Bedeutung ist, wurde von H. Gerber[1] veröffentlicht.

Um ein Bild zu gewinnen, mit welcher Geschwindigkeit Farbstoffteilchen in Druckverdickungen eindringen und welche Strecke sie dabei zurücklegen, wurden die gebräuchlichen Druckverdickungen natürlichen und synthetischen Ursprungs auf eine gleiche Viskosität eingestellt, in kalibrierte Glasröhren von 2 cm Durchmesser eingefüllt und mit 20 cm³ einer 2,5%igen Farbstofflösung überschichtet. Nach 24 Stunden, sowie nach 3 Wochen, wurde die in die Verdickung eingedrungene Farbstoffschichte in Zentimetern gemessen. Als Farbstoffe wurden aus jeder Klasse ein typischer Vertreter ausgesucht.

---

[1] H. Gerber, Mell. 1939, S. 713.

Es hat sich jedoch gezeigt, dass sich keine irgendwie wesentlichen Abweichungen bezüglich der Einströmungsschicht ergaben.

An Druckverdickungen wurden untersucht:

a) von den Pflanzenschleimen: Tragant, Gummi arabicum, Industriegummi;

b) von den Stärken: Weizenstärke, Kartoffelstärke, Britishgum;

c) von den Zellulosederivaten: Colloresin DK, Hortol S;

d) von den Derivaten der Polyakrylsäure: ein Mischpolymerisat, Plexileim.

Als Vergleichslösung wurde eine Röhre mit 80% Glyzerin gefüllt, die ebenfalls mit einer Farbstofflösung überschichtet wurde.

Die erhaltenen Resultate sind in folgender Tabelle wiedergegeben:

	Diffusion in cm nach 24 Stunden	Diffusion in cm nach 3 Wochen
Glyzerin	1,2	2,0
Tragant.	2,0	3,2
Gummi arabicum	0,1	0,1
Industriegummi	0,3	0,3
Weizenstärke	0,8	1,5
Kartoffelstärke	0,8	1,7
Britishgum	1,2	
Colloresin DK	3,2	5,7
Hortol S	1,1	4,2
Plexileim	18—50	50,0

Die grössten Abweichungen beobachtet man bei den Mischpolymerisaten der Polyakrylsäure, die ein besonders grosses Absorptionsvermögen für Farbstoffe besitzen. Dahingegen zeigten die übrigen synthetischen Verdickungsmittel ein weitaus geringeres Farbstoffleitvermögen. Sie gleichen in dieser Beziehung durchaus den natürlichen Druckverdickungsmitteln, von denen Tragant die grösste und Gummi arabicum die geringste Kapillarität gegenüber Farbstofflösungen zeigten.

Es wurde ermittelt, dass für diejenigen Farbstoffe, die gelöst bleiben, die Durchdringung bei allen Verdickungsarten gleich bleibt, doch wurden immerhin einige Ausnahmen bei bestimmten Farbstofflösungen festgestellt Der Unterschied bei individuellen Farbstofflösungen ist im allgemeinen bei synthetischen Verdickungsmitteln grösser als bei natürlichen. Dies gilt vor allem für den Plexileim, eine polymerisierte Akrylsäure. Der Autor hebt hervor, dass die Unterschiede in der Diffusionsfähigkeit eine wichtige Rolle spielen, was die Ausgiebigkeit der Drucke betrifft, die mit verschiedenen Verdickungen hergestellt sind.

Es besteht mithin die Möglichkeit einer Überprüfung, welche Druckverdickungen an und für sich einen leichteren Austausch der Farbstoffe zur Faser gewähren unter der Voraussetzung, dass auch alle anderen Faktoren, vornehmlich die der Wasseraufnahme und vor allem die der Wasserabgabe aus den Verdickungsmitteln in den Farbstoff, den färberischen Effekt begünstigen.

In einer abschliessenden Untersuchung hat H. Gerber[1]) die Löslichkeit verschiedener Farbstoffe in den verschiedenen Verdickungsmitteln studiert. Er ermittelte, wie weit die Druckverdickungen in der Lage sind, das absorbierte Wasser als Lösungsmittel an den Farbstoff tatsächlich abzugeben. In den vorhergehenden Arbeiten hat nämlich der Verfasser festgestellt, dass z. B. Plexileim, welcher beim Dämpfen 96 % Wasser aufnimmt, um 50 % schwächere Drucke ergibt als Stärketragantverdickung, welche nur 19 % Quellwasser aufnimmt. Die Druckverdickungen können als reversible Gele das Wasser aus der Umgebung anziehen und quellen, wobei ein Anteil des Quellungswassers auf den Farbstoff abgegeben und dieser in Lösung gebracht wird, wobei die Farbstofflösung durch die kapillaren Strukturen des Verdickungsmittels hindurchdiffundiert und von der Faser absorbiert wird. Die Küpenfarbstoffe im allgemeinen geben dunklere Drucke mit Stärketragantverdickung als mit Plexileimverdickung, was der obigen Feststellung zu widersprechen scheint, da die Diffusionsgeschwindigkeit im Plexileim grösser ist als in der Stärke-Tragantverdickung. Diese Abweichung wird vom Verfasser in folgender Weise zu erklären versucht: einerseits nimmt der Plexileim während des Dämpfens rasch und in grossen Mengen selbst Wasser auf, so dass der Farbstoff zu wenig davon zur Auflösung zur Verfügung hat, andererseits wird eine verhältnismässig kleinere Menge Farbstoff vom Plexileim festgehalten als von der Stärke-Tragantverdickung. Es ist mithin notwendig, einen Unterschied zu machen zwischen den Anteilen Wasser, die lediglich den Quellvorgang auslösen, und jenen, die zur Lösung der Farbstoffe in Frage kommen. Die quantitative Bestimmung der Wasseraufnahme beim Dämpfprozess ergibt die Gesamtsumme der Wasseranteile. Um denjenigen Anteil des Wassers festzulegen, der zur Lösung der Farbstoffe verwendet wird und den färberischen Effekt auslöst, wurden die nachstehend beschriebenen Versuche durchgeführt.

---

[1]) H. Gerber, Mell. 1940, S. 76.

Die Versuchsanordnung wurde so getroffen, dass entsprechend den von A. Stock ausgearbeiteten Methoden der Kapillaruntersuchungen an Naturharzen die wässerige Dispersion des Verdickungsmittels auf gleiche Viskosität von 27,5 cP eingestellt wurde. Man stellt z. B. neun Lösungen von verschiedenen Verdickungen (synthetischer Natur, Stärke, Pflanzengummi usw.) her. Die Verdickungen wurden in Wägegläser eingefüllt, jeweils 20 cm³, und in diese Gläser Filterpapierstreifen Nr. 282 freihängend so eingetaucht, dass sie 0,5 cm über dem Boden hingen. Nach 24 Stunden wurde, unter Berücksichtigung der relativen Luftfeuchtigkeit und der Temperatur, die Steighöhe auf dem Filterpapierstreifen in Zentimetern gemessen. Ein Vergleichsversuch wurde mit denselben Verdickungsmitteln bei höherer Konzentration von 98,6 cP vorgenommen, der jedoch nach Verlauf von 24 Stunden die gleiche Höhe wie bei 27,5 cP ergab.

Als Gesamtdiffusion wurde gemessen:

Plexileim	1,3 cm	Tragant	2,0 cm
Sichelleim	1,6 cm	Britishgum	1,5 cm
Hortel S	3,0 cm	Weizenstärke	4,0 cm
Gummi arabicum	2,0 cm	Kartoffelstärke	6,6 cm
Industriegummi	2,5 cm	Wasser	11,5 cm

Nebenbei sei bemerkt, dass diese Filterpapierstreifen nach dem Trocknen unter der Ultralampe bestrahlt, eine charakteristische Fluoreszenz zeigen, die zur Unterscheidung, selbst bei Gemischen, herangezogen werden kann.

Doch abgesehen von dieser Unterscheidungsmöglichkeit, kann man aus der Steighöhe allein schon einen sicheren Schluss auf die Art des Verdickungsmittels ziehen.

Untersucht man auf die oben beschriebene Art und Weise, Lösungen von Farbstoff in Wasser, so tritt bei Beginn der Diffusion deutlich eine Trennung in zwei Zonen ein: eine Zone der Farbstofflösung auf dem Filterpapierstreifen und über dieser eine mehrere Zentimeter breite Zone des reinen Lösungsmittels. Diese Beobachtung wurde gerade an Verdickungsmitteln gemacht, die beim Zeugdruck mit Küpenfarben, welche zur vollen Entwicklung des Farbtones sehr viel Wasser benötigen, die besten Druckresultate ergeben, nämlich Weizenstärke und Tragant. Kartoffelstärke zeigte dieselbe Erscheinung.

Um diese Vorgänge klarzustellen, werden die Verdickungsmittel mit der gleichen Menge einer 2,5%igen Farbstofflösung versetzt, auf 27,5 cP eingestellt und ihr Verhalten gegenüber den Filterpapierproben beobachtet. Nach Beendigung der ersten Stunde wird die Wasserzone gemessen, nach Beendigung der 24 Stunden wiederum die Gesamtdiffusion. Als Farbstoffe wurden zugesetzt:

Siriusrot 4 B
Methylenblau
Wollechtblau
eine Küpe von Indanthrenblau GCD
Neocarmin W

Das Ausmass der Diffusion wird nach der Steighöhe der gefärbten, verdickten Lösungen auf einem teilweise eingetauchten Filterpapierstreifen beurteilt.

Es konnte festgestellt werden, dass, gemessen an Wasser, Stärke-Tragantverdickung die grösste Steighöhe und die breitesten Wasserzonen in allen Untersuchungsfällen aufwies, dass sie mithin ein dem Wasser analoges Verhalten zeigte, was den Schluss zulässt, dass sie auch in der Vermittlung des färberischen Effektes am weitaus günstigsten liegt. Es zeigt sich, dass sie am leichtesten das Quellungswasser an den Farbstoff abgibt, wodurch es zur Vermittlung des Färbevorganges frei wird, dass aber die Gummisorte nur ein schwaches Diffusionsvermögen aufweisen.

Die Wasserzone gibt ein Mass zur Beurteilung der Wasserabgabe an den Farbstoff. Aus der Gesamthöhe der aufgezogenen Druckfarbe und aus der Breite der Wasserzone lassen sich sehr leicht diejenigen Substanzen ermitteln, die an sich als Verdickungsmittel in Frage kommen, und die auch für die betreffenden Farbstoffklassen den besten färberischen Effekt geben.

Eine der wichtigsten Eigenschaften scheint die Viskosität der Druckverdickung zu sein. Sie ist es, die den Wert des Materials ausmacht, welches zur Herstellung der Verdickung dient. Hier möge eine Arbeit von Dr. Hasse[1]) erwähnt werden. Der Autor beschreibt die Prüfungsmethode der Viskosität mittels des Viskosimeters von Kämpf. Es konnte festgestellt werden, dass im Verlauf des Druckprozesses die Verdickungen langsam ihre Viskosität verlieren und an Klebfähigkeit zunehmen. (Siehe auch N. S. Glarum.[2]))

Prof. Dr. O. Mecheels[3]) beschreibt einen besonderen Apparat *Printograph* genannt, welcher die Kontrolle der Konsistenz der Verdickungsmittel und der Druckfarben gestattet.

---

[1]) Dr. Hasse, Über die physikalischen Eigenschaften von Verdickungsmitteln. Vortrag gehalten am Kongress des Koloristenvereins in Innsbruck, Mell. 1939, S. 655.
[2]) N. S. Glarum, Amer. Dyest. Rep. 1934, Rep. 23, S. 177 und 1936, Rep. 25, S. 150.
[3]) O. Mecheels, Der Printograph, ein Kontrollgerät für Verdickungen und Druckfarben, Mell. 1940, S. 589.

Die Druckverdickungsmittel.

Man kann zwei Hauptgruppen von Druckverdickungsmitteln unterscheiden:

a) natürliche Verdickungsmittel (pflanzlicher, tierischer oder anorganischer Natur);

b) künstliche (synthetische) Verdickungsmittel (Zelluloseester oder -äther, Vinylpolymerisate, Chlorkautschuk usw.).

I. Natürliche Verdickungsmittel.

Die als Verdickungsmittel anwendbaren Substanzen gehören drei Körpergruppen an.

a) **Pflanzliche Verdickungsmittel:**
Kohlenhydrate (Stärke, Mehl sowie die industriellen Modifikationen dieser Naturprodukte (Dextrin, Britishgum usw.), die natürlichen Gummiarten (Senegal, Schiraz, Karaya), Tragant und isländisches Moos.

b) **Verdickungsmittel tierischen Ursprungs:**
Albumin, Leim, Kasein.

c) **Anorganische Verdickungsmittel:**
Pfeifenerde, Kaolin, Natriumsilikat, kolloidale Kieselsäure.
Die am meisten in Druckereien verwendeten und die gebräuchlichsten Rohstoffe entstammen dem Pflanzenreich.

a) Die pflanzlichen Verdickungsmittel.

Die pflanzlichen Verdickungsmittel lassen sich in vier Kategorien einreihen:

     1. Kohlenhydrate (Stärke)

     2. Die Gummiarten

     3. Schleim liefernde Gummisorten (Tragant, Johannisbrotkernmehl)

     4. Schleimbildende Algen und Flechten.

1. **Kohlenhydrate,** welche sich in der Wärme in Kleister verwandeln lassen: Weizenstärke, Maisstärke, Kartoffelstärke sowie ihre durch Einwirkung von Wärme oder Säure erhaltenen Umwandlungsprodukte:

a) **gebrannte Stärke,** welche durch Rösten von Stärke wasserlöslich gemacht wird.

b) **Dextrin,** das durch Umwandlung von Kartoffelstärke durch vorsichtiges Erhitzen von Stärkemehl bis auf 180° C oder durch Befeuchten mit sehr verdünnter Säure (HNO_3) oder durch Gärung mittels einer Diastase gewonnen wird.

c) **Britishgum**: durch Rösten von Mais- oder Reisstärke.

d) **Leiogomme** oder geröstete Kartoffelstärke.

e) **Apparatin** oder vegetabilischer Gummi: durch Behandlung von Stärke in der Kälte mit Natronlauge; es bildet sich eine um so dickere Paste, je konzentrierter die benützte Lauge war.

f) **Gommeline**: geröstete Weizenstärke.

g) **Gloy** entsteht durch Behandeln von Stärke mit Magnesium- oder Kalziumchlorid in der Wärme.

h) **Gomme d'Alsace** oder künstlicher Gummi; wird durch kalte Behandlung von Kartoffelstärke mit Schwefelsäure und nach folgendem Kochen unter Druck und Eindampfen gewonnen.

i) **In kaltem Wasser quellende Stärke.**

Die Stärkesorten.

Alle pflanzlichen Stoffe, mit Ausnahme der niedrigst organisierten Typen, enthalten Stärke. Teils findet sie sich in unvermischtem Zustand, teils eng gebunden an eine **Gluten** oder **Kleber** genannte stickstoffhaltige Substanz vor. Während man für die unvermischte Substanz den Namen **Stärke** beibehält, bezeichnet man die kleberhaltige Verbindung als **Mehl.**

Die Stärke ($C_6H_{10}O_5$)n ist ein Assimilationsprodukt chlorophyllhaltiger Pflanzen, das als Nahrungsspeicher dient. Sie wird in Form von Körnern von charakteristischem und je nach der Pflanze verschiedenem Aussehen in Samen usw. abgelagert und gehört chemisch zu den Kohlenhydraten. Die Stärkekörner sind in Wasser unlöslich, quellen in Wasser beim Erwärmen, wobei schliesslich das Stärkekorn platzt. Die Stärke kann bis 40 % Wasser absorbieren. Der Quellungsvorgang, der bis zum vollständigen Zerfall der Stärkekörner führen kann, wird als Verkleisterung bezeichnet. Der Stärkekleister ist, solange er warmgehalten wird, von zügiger Beschaffenheit; beim Erkalten wird er gallertartig. Die Gallerte zeigt beim Stehen die Erscheinung der Synäresis, d. h. sie scheidet mit dem Altern in zunehmendem Maße Wasser ab, das durch starke Kräfte der dichter werdenden Masse ausgepresst wird.

Die Umwandlung der Stärke in einen Kleister geht im allgemeinen durch Erwärmung mit Wasser auf eine Temperatur von etwa 70° C vor sich. Die Verkleisterungstemperatur variiert übrigens von einer Stärkesorte zur andern, doch ist sie für eine und dieselbe Sorte konstant. Die Kleister der verschiedenen Stärkevarietäten haben auch verschiedene Eigenschaften und insbesondere eine verschiedene Lagerbeständigkeit.

Weizenstärke wird durch Vermahlen der Weizenkörner und Waschen des gemahlenen Produktes erhalten. Sie ist im Handel in Form von weissen an der Luft getrockneten Brocken erhältlich. Beim Kochen mit Wasser quellen die in kaltem Wasser unlöslichen Stärkekörner und bilden eine klare Verdickung (Kleister), die für den Druck auf Baumwolle viel, auf Wolle und Seide weniger verwendet wird.

Maisstärke hat ein stärkeres Verdickungsvermögen als die Weizenstärke, doch sind die Verdickungen weniger beständig. Man verwendet sie insbesondere für die Herstellung stark alkalischer Druckfarben.

Reisstärke wird manchmal zum Verdicken von Farbpasten für den Druck von Baumwollflanell oder für Appreturen verwendet; im letzteren Falle besonders dann, wenn man eine erhebliche Erschwerung unter Zusatz von Kaolin beabsichtigt. Der Kleister wird indessen beim Stehen leicht wässerig.

In Japan wird im sogenannten Yuzendruck eine Mischung von Reiskleie + Reismehl, die in besonderer Weise durch Dämpfen vorbehandelt worden ist, gebraucht.

Das Interessanteste an dieser Verdickung ist, dass die Farbstoffe aus ihr, wie bei keiner anderen, quantitativ auf die Faser wandern, und man erhält Drucke von unerreichter Tiefe und Brillanz.

Weizenmehl findet hauptsächlich für das Verdicken der Eisfarben im Garndruck und Leinendruck Anwendung. Die Beimischung von 10% Gluten ist der Grund dafür, dass das Mehl-Wasser-Gemisch einen klebrigen Teig bildet.

Gebrannte Stärke wird viel als Verdickung verwendet. Sie besteht aus Weizenstärke, die durch Rösten ganz oder teilweise in Dextrin umgewandelt ist, wodurch das Produkt wasserlöslich wird und gummiartige Verdickungen liefert. Man unterscheidet hell- und dunkelgebrannte Stärken. Je dunkler sie sind, desto geringer ist die Viskosität der Lösungen. Man verwendet sie hauptsächlich im Baumwolldruck für glatte Fonds. Diese Verdickungen sind durch den Gehalt an reduzierenden Stoffen charakterisiert.

Britishgum ist mehr oder weniger stark geröstete Maisstärke. Man verwendet ihn zur Bereitung der Druckfarben auf Baumwolle, Seide, Wolle und insbesondere im Vigoureux-Garndruck; ferner wird Britishgum für stark alkalische Farben verwendet. Ohne Zweifel sind Britishgum-Qualitäten auf dem Markt, die tatsächlich weder aus Weizen- noch Maisstärke, sondern einfach aus Kartoffelstärke bereitet sind.

Dextrin ist ein weisses oder gelbliches Pulver, das durch Erwärmen von Kartoffelstärke mit verdünnten Säuren erhalten wird. Weisses Dextrin enthält noch unveränderte Kartoffelstärke; die

gelben Sorten sind im allgemeinen vollständig oder etwa zu 70%
dextriniert. Beide Gattungen haben einen gewissen Gehalt an Glukose,
die reduzierend wirkt. Dies muss in Betracht gezogen werden, wenn
man Druckfarben mit diesem Verdickungsmittel herstellt. Während
die Kartoffelstärke in kaltem Wasser unlöslich ist, löst sich Dextrin
leicht darin. Dextrin wird in erster Linie für solche Druckfarben verwendet, deren Verdickung sich beim Waschen leicht entfernen lassen
soll. Besonders geeignet ist die Verdickung für stark alkalische Druckfarben.

Leiogomme ist ein hellgelbes Pulver, das nach einem Spezialverfahren aus Kartoffelstärke erhalten wird. Verwendet wird diese
Verdickung hauptsächlich in Wolldruckfarben und in Appreturmassen.

Kartoffelstärke: erhalten durch Zerkleinern und Aufschläm-
men der Kartoffel. Sie wird so gut wie gar nicht als Druckverdickung
verwendet, da der Kleister wenig beständig ist und leicht sauer wird.
Dagegen ist sie wichtig für Appreturmassen[1]).

In der Praxis der Verdickungsherstellung ist die Erscheinung
bekannt, dass Kleister nach einigem Stehen weiss, undurchsichtig
und krümelig werden. Diese Eigenschaften werden in einer theoretischen Arbeit in der Ztschr. für phys. Chemie A 169 Bd., S. 321
(Katz) näher untersucht. Schon vor langer Zeit haben Roux und
Maquenne festgestellt, dass diese Erscheinung von einer Veränderung
der Stärke selbst herrührt, die die Neigung hat, in einen Amylokoa-
gulose genannten Körper überzugehen. Der Körper reagiert nicht
mit Jod, auch nicht mit Malzextrakten und wird nur langsam
von verdünnten Säuren hydrolysiert, löst sich aber gut in KOH und
gibt dann nach dem Neutralisieren wieder die blaue Jodreaktion.
Maquenne bezeichnete diese Erscheinung als Retrogradieren, weil
er der Ansicht war, dass sich die Stärke im ursprünglichen Zustand
wieder zurückbildet. Die vorstehend genannte Arbeit, welche sich
mit der Unterscheidung zwischen der Stärke aus dem Brot und
der Stärke aus dem Kleister befasst, enthält die für den Praktiker
interessante Feststellung, dass das Retrogradieren (beim Brot
durch Altbackenwerden kenntlich) durch gewisse Substanzen wie
Aldehyde (Azetaldehyd, n-Butylaldehyd) sowie durch organische
Basen wir Pyridin gehemmt, dagegen durch Ketone nicht verzögert
wird. Auch Wärme, Feuchtigkeit usw. wirken, wenn auch nicht im
gleichen Ausmass, hemmend.

Aus der in Amer. Dyest. Rep. 1938, XXVII, 1, S. 14 (Gleysteen)
veröffentlichten Mitteilung über Küpendruckverdickungen geht

---

[1]) Siehe Bd. I, Kap. I, S. 80/81, Verwendung von Stärkeverdickungen für Küpenfarbstoffe. Peters Frb. Ztg. 1912, S. 134 und 436; R.G.M.C. 1913, S. 27; 1912, S. 214;
Lichtenstein, Frb. Ztg. 1912, S. 205. Über die Wirkung von benzylsulfanilsaurem Natrium
in Druckfarben.

leider nicht hervor, wie weit der Britischgum-Gehalt einer Stärke-Britischgumverdickung den Druckausfall beeinflusst. Der Verfasser setzt bloss die Viskositäten verschiedener derartiger Verdickungen mit den Kochtemperaturen in einer Art von Beziehung, kommt aber über allgemeine Betrachtungen (höherer Britishgumgehalt, Notwendigkeit geringerer Kochdauer, oder höhere Viskosität, bessere Ausgiebigkeit) nicht hinaus. Diese kurze Arbeit beweist wieder einmal, wie wenig man der Frage der Ausgiebigkeit und der Eignung der einzelnen Verdickungen durch schematische, der Praxis fremde Versuche, beikommen kann.

Die Umwandlung der Stärke zum Zwecke der Herstellung besonderer Verdickungs- und Appreturpräparate ist in neuerer Zeit von zahlreichen Forschern eingehend untersucht worden. Diese Arbeiten bilden den Gegenstand vieler Patente, von welchen die wichtigsten kurz erwähnt werden sollen. Das Grundprinzip der Herstellung der kaltlöslichen Stärken besteht in der Aufschliessung des Stärkekorns durch verschiedene Mittel und unter bestimmten Wärmebedingungen, um durch einfachen Zusatz von Wasser eine verdickte Lösung zu erhalten, d. h. die Kleisterbildung zu umgehen.

Einer in Chem. Zent. 1943, II., S. 1445 (Sutra) referierten Arbeit ist die sehr interessante Tatsache zu entnehmen, dass durch Phosphorsäure ein sehr weitgehender Abbau der Stärke stattfindet. Stärke löst sich darin klar bei Raumtemperatur (20 g in 100 cm³ einer Lösung von 1,71 Dichte). Die Lösung opalisiert nicht, gibt die blaue Jodreaktion und die mit Alkohol aus dieser Lösung gefällte Stärke verkleistert nicht mehr.

Für die Erzeugung von Quellstärke geben *öst. P. 136.009*, auch *schweiz. P. 160.428* (Metallgesellschaft) an, dass die Zerstäubung der Stärkemilch in wasserdampfhaltiger, feuchter Luft erfolgen soll, und zwar bei einer Temperatur unter 100° C, so dass die eigentliche Aufschliessung nicht über die Verkleisterung hinausgeht. Daraus ist zu entnehmen, dass man es hier mit einer nur gequollenen und feinverteilten, aber nicht dextrinierten Stärke zu tun hat.

Nach dem *öst. P. 130.649* (Henkel) behandelt man die Stärke bei 140° C bis 160° C unter einem Überdruck von 2 ½ Atm.

Das Verfahren des *brit. P. 383.786* der Metallgesellschaft A G. beruht darauf, Stärkemilch in eine erhitzte Kammer einzuspritzen. Das Wasser wird bei diesem Vorgang bei einer Temperatur verdampft, welche den Punkt überschreitet, bei dem die Stärke abgebaut wird, und man erhält so eine lösliche Stärke in Pulverform.

Gemäss dem *öst. P. 135.000* (Chem. Ind. Rannersdorf) wird die Zersetzung der Stärkeverbindungen in Gegenwart von Erdalkalisalzen erreicht.

Henkel & Co.-Schulz geben im *D. R. P. 582.679* folgendes Verfahren an: Einwirkung von Lauge bei Zimmertemperatur im Beisein organischer Lösungsmittel, wie Alkohol, Chlorkohlenwasserstoffe, Trichloräthylen, sowie von Aldehyden und besonders von Aminen, um eine rasche Verkleisterung zu verhindern.

Nach *D.R.P. 602.832* (Gröninger) soll sich eine gut kaltlösliche Quellstärke durch Vermischen von Stärkemehl mit etwa 2—3% Triäthanolamin und Zugabe einer 25%igen Natron- oder Kalilauge unter ständigem Rühren und schliesslich durch Neutralisieren mit einer organischen Säure wie Oxalsäure herstellen lassen. Der Vorgang des Alkalisierens und Neutralisierens ist bekannt und die Grundlage zahlreicher älterer Verfahren, doch soll gerade durch das Triäthanolamin die Klumpenbildung verhütet und eine gute Durchdringung durch die Säure erzielt werden, so dass die getrocknete Masse feinpulverig ist und nicht mehr gemahlen werden muss. Weiter soll es nach *amer. P. 1.939.236* (Stokes) möglich sein, eine derartige Quellstärke zu erhalten, indem man sie in heissem Wasser bis zur Kleisterbildung, aber nicht bis zur Dextrinierung aufquellen, hierauf ausfrieren lässt und nach dem Auftauen das Wasser durch Auspressen oder Zentrifugieren entfernt. Die Nat. Adhes. Corp. bringt ein Kombinationsverfahren des *brit. P. 383.778*, das mit einer Chlorierung der Stärke unterhalb der Verkleisterungstemperatur beginnt, worauf ein Waschprozess unter Einstellung der Waschlauge auf einen für jede Stärkesorte charakteristischen p_H-Wert folgt. Zuletzt trocknet man in heisser Luft, wobei besonders die Feststellung der p_H-Werte für die einzelnen Aufschliessungsprodukte (also nicht für Quellstärken im eigentlichen Sinne) von Wert zu sein scheint.

Nach *brit. P. 430.872* (Servo) erhält man durch vorsichtiges Erhitzen einer schichtenweise aufgetragenen Stärke, die mit ganz wenig Wasser (4—8%) befeuchtet wurde, ein leicht in kaltem Wasser quellfähiges, ohne Klumpenbildung sich verteilendes Produkt, was nicht der Fall ist, wenn man diese Vorsichtsmassregeln ausser acht lässt.

Um Stärkeverbindungen geschmeidig zu erhalten, sind nach *D.R.P. 596.385*, sowie *amer. P. 1.986.360* (Hanseat. Mühlenwerke) Lezithin, Phosphatide aus dem Sojabohnenöl, in Mineralöl verteilt, zuzusetzen (siehe Bd. I, Kap. I, S. 80).

Eine weitere Reihe von Patenten behandelt das Aufschliessen der Stärke mit Halogenen, mit anorganischen Salzen, mit verschiedenen Schutzkörpern sowie mittels mechanischer Einrichtungen; die wichtigsten hiervon sind folgende:

In dem *D. R. P. 624.988* sowie im *öst. P. 142.572* von J. H. van der Meulen handelt es sich um ein Aufschliessungsverfahren der Stärke mit Hypobromiten oder Hypochloriten, dem man eine Ammoniakbehandlung folgen lässt, die die Erfindung kennzeichnet. Ebenso lässt man nach *öst. P. 144.377* von Meihuizen unterchlorig- oder unterbromigsaure Salze auf Stärkeaufschlemmungen wirken. Auch hier wird Ammoniak oder Ammoniaksalz zugegeben, worauf sich die Stärke unter Gasentwicklung gelbbraun färbt, weshalb eine darauffolgende Bleichung des Präparates mit Chlor vorgenommen werden muss. Man soll eine 10%ige, viskose, klare Lösung erhalten, die eine blaue Jodreaktion zeigt, also nicht dextrinhaltig ist.

Man erhält aufgeschlossene Stärkekleistermassen nach *D. R. P. 640.369* (Kühl und Soltau) durch Einwirkung von Chlorkalzium und unter Zusatz geringer Säuremengen zur trockenen Masse, nach *schweiz. P. 182.700* (Benckiser) mittels Calgon (Metaphosphat), nach *brit. P. 447.810* (Stern) mittels gepulverten, kristallisierten Metasilikats.

Aufgeschlossene Stärken, Dextrin usw., die sonst beim Anteigen leicht Klumpen bilden, lassen sich glatt auflösen, wenn man ihnen im Sinne des *D. R. P. 639.821* (Henkel & Cie.-Schulz) neutral reagierende Netzmittel (Natriumlaurylalkoholsulfonat) beimischt, wodurch die Lösungsgeschwindigkeit im Wasser herabgesetzt wird.

Aldehyde oder aldehydabgebende Substanzen wie Hexamethylentetramin geben laut dem *brit. P. 494.927* (W. A. Scholtens Chem. F.) in Mischung mit Stärke ein kaltlösliches Produkt beim schnellen Trocknen also eine Art Quellstärke, die als Bindemittel für Textildruckfarben verwendet werden kann. Aus dem Umstand, dass Salze schwacher Säuren, die beim Trocknen (nach dem Aufdruck) als Katalysatoren wirken, zugesetzt werden sollen, und dass sich dann ein wasserbeständiges Fixationsmittel bildet, ist zu schliessen, dass eine kunstharzartige Kondensation anzunehmen ist, zum mindesten aber eine der Einwirkung von Formaldehyd auf Zellulose parallele Erscheinung. Nebenbei kann eine so vorbereitete Stärke auch als Klebe- und Bindemittel für textile Zwecke dienen.

Nach *D. R. P. 631.722* (Krutzsch) wird die trockene Stärke in ein über 200° C erhitztes Öl eingetragen, wobei das der Stärke anhaftende Wasser verdampft und eine flockige, kaltlösliche Stärke zurückbleibt. Die Reaktionsdauer ist dadurch begrenzt, dass man mit dem Öl nur so lange in Berührung lässt, dass keine Dextrinierung eintreten kann.

Eine Vorrichtung zum glatten Auflösen der verdickenden Substanz beschreibt *D. R. P. 627.673* (Jagenberg-Werke): Das Dextrin, der Gummi usw. fallen durch einen regelbaren Schlitz auf eine sich ständig drehende Auflockerungsvorrichtung; es bildet sich ein dünner Schleier des Pulvers, der durch Flügelräder in eine Mischtrommel hineingezogen und sofort in feiner Verteilung mit dem auflösenden Wasser in Berührung gebracht wird, wodurch ebenfalls Klumpenbildung verhütet wird. Nebst dieser rein mechanisch arbeitenden Auflösevorrichtung ist noch diejenige laut *franz. P. 799.035* von Seck zu erwähnen, bei welcher der Stärkekleister oder auch die heisse Aufschlämmung in Wasser durch Kapillarröhren unter hohem Überdruck gepresst oder bei einer Geschwindigkeit von 7000 Touren in der Minute in einer Kolloidmühle verarbeitet wird.

Verschiedene Produkte, auf Basis von chemisch konvertierter Stärke, werden mit gutem Erfolg zum Drucken von Küpenfarbstoffen verwendet. Sie werden entweder allein oder in Mischung mit Britishgum oder mit anderen Gummen angewendet. Diese abgebauten Stärken kommen unter folgenden Namen auf den Markt:

> **Kovetgum** (Nat. Starch Prod.)
> **Gum Kac** (Stein, Hall Cie.)
> **Hevtex.**

Von der Firma Scholten in Groeningen (Holland) und von Doittau in Corbeil (Frankreich) werden unter den Handelsbezeichnungen **Solvitex ST** und **Solvitex BG 2**[1]) Verdickungsmittel auf Grundlage von löslichgemachter Weizenstärke vertrieben. Zur Herstellung der Verdickung löst man Solvitex durch Einstreuen in kaltem Wasser und rührt etwa eine Stunde, bis eine gleichförmig viskose Masse entstanden ist (das Wasser muss stets vorgelegt und nicht etwa dem trockenen Verdickungsmittel zugesetzt werden). Die Verdickung gibt vorzügliche Resultate im Druck mit Rapidogen- und Indigosolfarbstoffen.

> Auf 125 g Solvitex ST nimmt man
> 875 g Wasser.

SOLVITEX-STÄRKE-VERDICKUNGEN:

Solvitex ST-Stärke		**Solvitex BG-Stärke**	
(STS-Verdickung)		(BGS-Verdickung)	
80— 90 g	Stärke (vorzugsweise Weizenstärke, sonst Maisstärke), wird mit ca.	75 g	Stärke (vorzugsweise Weizenstärke, sonst Maisstärke), wird mit ca.
125 cm³	kaltem Wasser zu einer Milch angerührt.	100 cm³	kaltem Wasser zu einer Milch angerührt.
	Hinzufügen		Hinzufügen
755—740 cm³	kaltes Wasser. In diese Masse wird	750 cm³	kaltes Wasser. In diese Masse wird
40— 45 g	Solvitex St unter Rühren hineingestreut.	75 g	Solvitex BG unter Rühren hineingestreut
1000 g		**1000 g**	

Alles in einem doppelwandigen Kessel gut durcheinandermischen, rühren, kochen und bis 20—25° C unter ständigem Rühren abkühlen.

---

[1]) *Franz. P. 732.306*, dieses Werk, Bd. I, Kap. I, S. 82.

Die Aufmerksamkeit wird besonders auf die Anwendung der Solvitex BG-Stärke-(BGS)Verdickung für Küpenfarbstoffe hingelenkt, weil dieselbe

1. einen wesentlich dunkleren Farbausfall (höhere Ausgiebigkeit des Farbstoffes) und

2. einen ausserordentlich scharfen Druck gibt.

Besonders bei den indigoiden Küpenfarbstoffen treten die Eigenschaften einer BGS-Verdickung sehr stark in Erscheinung. Die BGS-Verdickung findet besonders Anwendung für kleinere Muster, bei welchen ein sehr scharfer Druck Bedingung ist, wie z. B. bei Hemdenstoffen.

Verdickung.

30— 40 g	Stärke (vorzugsweise Weizenstärke) wird mit ca.
70 cm³	kaltem Wasser zu einer Milch angerührt. Hinzufügen:
620—600 cm³	kaltes Wasser. In diese Masse wird
30— 40 g	Solvitex BG unter Rühren hineingestreut
100 g	Glyzerin
	Kochen in einem doppelwandigen Kessel und nach Abkühlung bis ca. 50°C
150 g	Pottasche hinzufügen.
1000 g	Weiter bis 20—25° C, unter ständigem Rühren abkühlen.

Strachnow beschreibt im *brit. P. 518.510* ein Verfahren zur Herstellung einer Verdickung, die in der Druckerei auch in der Färberei Anwendung finden soll. Er verwendet eine geröstete Maniok-Stärke, der aber die Proteinkörper nicht entzogen wurden. Sie wird also durch einfache Zerkleinerung der Maniokwurzel ohne jedwede vorgängige Behandlung gewonnen; hierauf wird das erhaltene Mehl mit Säure in flüssigem oder gasförmigem Zustand in Reaktion gebracht. Dann trocknet man und röstet bei 200—250° C.

Solvitose H von W. A. Scholtens Chem. Fabriken,
Foxhol (Groeningen, Holland).

Diese Firma hat eine Reihe neuer Stärkeprodukte, nämlich Stärkeäther, unter dem Sammelnamen Solvitose auf den Markt gebracht.

Der erste Typ, Solvitose H genannt, gibt mit 2—2 ½ Teilen Wasser verdickt, eine Verdickung von schönem gummiartigem Charakter. Solvitose H löst sich leicht und klumpenfrei in kaltem Wasser auf, wenn es unter Rühren schnell hineingestreut wird; Solvitose H kann auch direkt schon verdickten Lösungen, welche zu dünn ausgefallen sind, hinzugefügt werden. Die Haltbarkeit der Verdickung ist praktisch unbeschränkt; sie verwässert nicht und dickt kaum nach (kristallisiert also nicht aus, wie z. B. Dextrin-, Britishgum-Verdickungen usw.).

Das Egalisiervermögen einer Solvitose H-Verdickung ist ausserordentlich gut, so dass Solvitose H das geeignete Verdickungsmittel zur Erzielung eines glatten, nicht wolkigen Druckes ist, besonders für grosse Flächen, für den Druck von Seide, Kunstseide (mattiert), Plüsch und für alle geschlossenen schlecht absorbierenden Gewebe. Bei Verdünnung verliert eine Solvitose H-Verdickung weniger schnell ihre Viskosität und ist demzufolge speziell für Durchdruckfarben, welche trotz der Verdünnung noch genügend scharf drucken sollen, geeignet.

Die Auswaschbarkeit einer Solvitose H-Verdickung ist gut, d. h. bedeutend besser als z. B. die von Solvitex, aber noch nicht ganz so gut wie von Nafka Kristallgummi. (Siehe S. 290.)

Das grosse Egalisiervermögen der Solvitose-Verdickungen soll zusammengehen mit einem helleren Farbausfall im Vergleich zu Verdickungsmitteln wie Weizenstärke-Verdickung, welche ein weniger gutes Dispergierungsvermögen besitzen und mit dem Farbstoff mehr an der Oberfläche des Gewebes fixiert bleiben. Falls eine höhere Farbstoffausbeute erwünscht ist, so muss man teilweise auf die gute Auswaschbarkeit verzichten und kombinierte Solvitose H-Weizenstärke-Verdickungen verwenden, z. B.:

```
100 g     Stärke              ⎫
125 cm³   kaltes Wasser       ⎬ anrühren
                              ⎭
625 cm³   kaltes Wasser hinzufügen
150 g     Solvitose H hineinstreuen unter fortwährendem Drehen des Rührwerkes,
          alles gründlich vermischen und kochen (etwa 10 Minuten); unter fort-
          während Rühren bis ungefähr 20⁰ C abkühlen.
__________________
1000 g
```

Vor einiger Zeit wurde ausser Solvitose H noch eine Qualität Solvitose H 4 geschaffen. Die Eigenschaften von Solvitose H 4 sind denen von Solvitose H gleich. Der einzige Unterschied ist, dass Solvitose H 4 etwas stärker verdickende Eigenschaften besitzt. Während nämlich Solvitose H 2 ½ Gewichtsteile Wasser verdickt, kann Solvitose H 4 im Verhältnis von 1:3 ½—4 aufgelöst werden.

2. Die Gummiarten.

Die Gummiarten sind pathologische Aussonderungen gewisser Bäume (vorwiegend Akazienarten). Es sind das amorphe, transparente Substanzen, die einen muscheligen Bruch aufweisen und aus dem getrockneten Saft der verschiedenen Akazienpflanzen bestehen. Sie werden häufig als Verdickungen für Drucke auf Baumwolle, Wolle und Seide gebraucht. Sie bestehen hauptsächlich aus Arabin, Arabinsäure oder, bei Tragant, aus Bassorin und werden aus Asien oder Afrika importiert.

Man unterscheidet drei Klassen von Gummen, je nach dem Kohlenhydrat, das den Hauptbestandteil einer Gummisorte ausmacht: Arabin, Cerasin (oder Meta-Arabin) und Bassorin.

Zur ersten Klasse, die überwiegend Arabin enthält, gehören die Gummisorten, die von den echten Akazienpflanzen stammen: arabischer Gummi, Senegalgummi, Kapgummi, indischer Gummi, Feronia-, Mahagonigummi.

Zur zweiten Klasse gehören jene Gummisorten, die nebst Arabin auch Cerasin enthalten, nämlich Kirschgummi, Gummi vom Pflaumen-, vom Pfirsich- und vom Mandelbaum.

Die dritte Klasse machen jene Erzeugnisse aus, die verhältnismässig sehr wenig Arabin und mehr als die Hälfte ihres Gewichtes an Bassorin aufweisen; das sind vor allem Tragant, Bassorah-Gummi, dann Gummi von der Kokospalme und von Cochlosperum Gossypium.

Man unterscheidet folgende Gattungen:

Die arabischen Gummi, welche von Ägypten, Kordofan, Senegal, Marokko und Madagaskar herstammen.

Schon in uralter Zeit war der arabische Gummi unter dem Namen Kami bekannt und in Verwendung. Die Ägypter bezogen ihn von der Somaliküste. Auf seinem Wege in den Westen musste er über arabische Häfen verschifft werden; daher stammt die noch heute gebräuchliche Bezeichnung arabischer Gummi. Die hauptsächlichsten Erzeugungsländer des arabischen Gummis sind Ägypten, Nubien, Abessynien, Kordofan und die Somaliküste, Tunis, Marokko, das Kap der Guten Hoffnung und einige portugiesische Kolonien in Afrika.

Die wichtigsten Arten des echten arabischen Gummis sind:

Der Kordofangummi, die geschätzteste Varietät. Man findet ihn in Form von 2 cm langen Tropfen, die leicht gelblich gefärbt, seltener ungefärbt oder tief bernsteingelb sind. Kordofangummi wird hauptsächlich im Bezirk von Baro geerntet und kommt von hier über Dongola und Kairo nach Marseille oder Triest.

Die Suanargummen stehen dem Kordofangummi, was Qualität anbelangt, am nächsten.

Der Suakimgummi wird in den höher gelegenen Gegenden von Takka geerntet und von da aus über das Rote Meer verschifft. Diese Sorte ist bei weitem weniger rein als die vorhergehenden.

Geddahgummi wird in der Umgebung von Aden geerntet und über den arabischen Hafen Geddah nach Europa verfrachtet. Dieser Gummi ist im allgemeinen viel weniger rein als die vorgenannten Sorten und hinterlässt beim Lösen einen ziemlich starken, unlöslichen Bodensatz. Die Körner sind tiefgelb, braun, mitunter schwarz.

Mogadorgummi ist in Aussehen und Qualität dem Geddhagummi sehr ähnlich. Er wird in den verschiedenen Gebieten von Marokko geerntet.

Neben dem eigentlichen arabischen Gummi begegnet man auch vielfach dem Senegalgummi, dessen Eigenschaften sich im allgemeinen mit denen des Kordofan decken. Seine Klebkraft ist geringer als diejenige der echten arabischen Gummen. Er kommt in verschiedenen Spielarten auf den Markt.

Die drei Hauptsorten sind:

1. Gummen vom Flussunterlauf (Gommes du bas du fleuve) oder Padorgummen.

2. Gummen vom Flussoberlauf (Gommes du haut du fleuve) oder Galamgummen.

3. Zerreibliche Gummen oder Salabredagummen.

Die unter 1. genannten Sorten (Flussunterlaufgummen) sind am reichlichsten vertreten. Ihre Farbe ist dunkel bernsteingelb bis braun. Viele Stücke werden vom Boden gesammelt, und diese sind dann mit Sand und verschiedenen pflanzlichen Resten verunreinigt. Die groben Stücke nennt man Kastanien (marrons).

Die unter 2. angeführten Sorten vom Oberlauf sind reiner als die unter 1. klassifizierten und besser wasserlöslich als die vom Unterlauf herstammenden Partien.

Am reinsten sind aber die unter 3. genannten Arten Salabreda; sie sind die besten unter den drei Gattungen, im allgemeinen farblos oder schwach gefärbt und nähern sich in ihrer Beschaffenheit am meisten dem Kordofan.

Senegalgummi wird über Bordeaux in Europa eingeführt, wo die Sorten in etwa 15 Varietäten gesondert werden; die französische Klassifikation ist folgende:

Gomme Sénégal blanche
Gomme Sénégal petite blanche
Gomme Sénégal blonde
Gomme Sénégal petite blonde
Gomme Sénégal vermicellée
Gomme Sénégal fabrique
Gomme Sénégal en boucles
Gomme Galam en sorte (Galamgummi sortiert)
Gomme du bas du fleuve en sorte
Gomme Salabreda en sorte
Baquaques et marrons
Gomme Sénégal gros grabeaux ⎫ Senegalgummi, grobe,
Gomme Sénégal moyens grabeaux ⎬ mittlere und feine
Gomme Sénégal menus grabeaux ⎭ Körner
Gomme Sénégal poussière de grabeaux (Sénégalgummi in Staub)

Die Gummen vom Kap der Guten Hoffnung sind wenig begehrt, da deren Qualität minderwertig ist; sie sind ungenügend im Wasser löslich. Zumeist werden sie am Ufer des Oranje-Flusses geerntet.

Die **asiatischen Gummisorten** sind: Indischer, Heiderabad-, persischer, Schiraz-, Ghatti- und Karayagummi. Diese Gummiarten quellen durch die Einwirkung von heissem Wasser auf, lösen sich aber erst durch Kochen unter Druck und bilden dicke, visköse Flüssigkeiten von ausgezeichneter Zügigkeit.

Pfister beschreibt im *amer. P. 2.011.728* ein Verfahren, um Schiraz- oder Karayagummi gegen Alkali unempfindlich zu machen. Danach wird die Ursache des Gerinnens dieser Gummiverdickungen durch Alkalien auf die Anwesenheit von Kalziumverbindungen der Kohlenhydrate zurückgeführt. Wenn man aber die Verdickung vorher mit Sodalösung erhitzt, dann die niedergeschlagenen, unlöslichen Kalziumsalze abfiltriert, so ist ein Zusatz von Akalien möglich.

Nach *amer. P. 1.990.330* von Richards Chemical Works färben sich Gummisorten, die auf Industriegummi verarbeitet werden, wie Schiraz oder Karaya, nicht dunkel, wenn man bei der ersten Abkochung Säure (Phosphorsäure) zusetzt und dann vor dem Abfiltrieren neutralisiert. Dieselben Gummisorten sollen auch nach *amer. P. 2.011.728* von Pfister vor einem Koagulieren bei Alkalizusatz dadurch geschützt werden, dass man die wässerige Gummilösung mit Soda erhitzt. Der Erfinder erblickt nämlich die Ursache eines Gerinnens in einem Gehalt an Kalziumverbindungen der Kohlenhydrate, welche sich durch diese Sodazusätze unlöslich abscheiden lassen.

Vor etwa 40 Jahren kamen die indischen Gummisorten zum erstenmal auf den Markt. Man verwendete sie zufolge ihres niedrigen Preises hauptsächlich zur Verfälschung der arabischen Gummisorten, denen sie beigemischt wurden. Sie sind ungenügend im Wasser löslich und gleichen darin den Gummen aus Rosazeenpflanzen.

Feroniagummi. Dieser Gummi schliesst sich in der Qualität den Akaziengummen an und stammt von Feronia Elephantum. Im Handel wird er als ostindischer Gummi bezeichnet. Gleich den Akaziengummisorten enthalten die zu dieser Gattung gehörigen Arten hauptsächlich Arabin. Sie sind in Wasser vollkommen löslich. Der **Mahagoni-** oder **Anacardiagummi,** zufolge seiner chemischen Konstitution und seiner allgemeinen Eigenschaften, ist den Akaziengummen am ähnlichsten. Diese Sorten entstammen dem Anacardium occidentale, das hauptsächlich in Brasilien, in Martinique und Guadeloupe gedeiht. Wie bei den Akaziengummen ist der Hauptbestandteil Arabin, nebenher enthalten sie auch etwas Dextrin und Bassorin. Sie sind nicht vollkommen wasserlöslich. Ihre Farbe spielt ins Rötliche.

Rosazeengummi oder Gummi Nostras. Diese fliessen im Sommer aus der Rinde der Kirschbäume, der Pflaumenbäume, der

Mandelbäume usw. Behandelt man sie mit Wasser, so lösen sie sich nur teilweise und deren Lösung erreicht niemals die Viskosität von arabischem Gummi Im Gegensatz zu den arabischen Gummen enthalten die Gummi-Nostrassorten neben Arabin noch Cerasin. Sie kommen im Handel häufig in grossen leuchtenden Stücken vor, die durchscheinend rot oder dunkel bernsteinfarbig sind. Der Gehalt an Cerasin macht etwa 35% aus, woraus die unregelmässige und unvollständige Löslichkeit in Wasser zu erklären ist. Gummen, die von Mandelbäumen und wilden Pflaumenbäumen stammen, werden hauptsächlich zur Verfälschung des Tragants gebraucht; sie kommen über Mossul und Smyrna in den Handel und führen den Namen Caraman und Mossulin.

Die Rosazeengummen geben dicke Schleime mit Wasser. Um sie wie Gummi arabicum im Wasser aufzulösen, pulverisiert man sie fein und lässt sie in Wasser aufweichen. Hierbei entfernt man die Verunreinigungen, Rindensplitter usw. Man lässt 36 Stunden quellen und erhitzt sodann die schleimige Masse in einem Autoklaven während 2 Stunden unter einem Dampfdruck von 3 Atmosphären. Dann kühlt man ab, filtriert und konzentriert durch Eindampfen; allenfalls bringt man im Vakuum zur Trockne, um jede Verfärbung zu verhüten.

Da der Kirschgummi in aufgeschlossenem Zustand bisweilen für Verdickungszwecke gebraucht wird, sei auf eine ausführliche theoretische Arbeit in Annalen XI, II., S. 361 (Amy) aufmerksam gemacht. Der Autor untersucht die Quellungserscheinungen, die sich leicht durch Einlegen in eine 8%ige Na_2SO_4-Lösung unterbrechen lassen. Analog den Verhältnissen bei der Arabinsäure nimmt er eine Cerasinsäure, die bei Säureeinwirkung entsteht, an. Der Kirschgummi enthält ein Gemisch von Salzen der beiden Säuren. Die angesäuerte Aufschlämmung wurde durch Elektrodialyse gereinigt und wies nach Entfernung der Säure noch eine deutlich saure Reaktion gegen Phenolphtalein, Thymolblau usw. auf. In der weiteren Folge werden die Analogien zwischen dieser Cerasinsäure und der Arabinsäure (Vermehrung der Viskosität bei zunehmender H-Ionen-Konzentration, Abnahme bei Alkaliüberschuss) dargestellt. Erstere ist aber gelbildend, letztere scheint in Wasser löslich zu sein, ist aber kein genau definiertes Produkt.

Im *D.R.P. 707.847* (9. 6. 1938) wird ein Verfahren zur Herstellung von Verdickungsmitteln für den Zeugdruck aus Kirschgummi angegeben. Der Kirschgummi wird in zerkleinertem Zustande mit Erdalkalien, insbesondere mit Kalziumoxyd bzw. Hydroxyd in Wasser unter Erwärmen behandelt, und zwar mit solchen Mengen, dass die Flüssigkeit neutral oder höchstens schwach alkalisch reagiert. Man erhält auf diese Weise eine ausserordentlich gleichmässige, zügige Lösung, die der mit Britishgum erreichbaren entspricht. Die mit Kirschgummi hergestellten Druckpasten geben auf dem Gewebe wesentlich tiefere Farbtöne als Stärke-Tragantverdickungen.

Die künstlichen (industriellen) Gummisorten.

Der unter Druck aufgelöste und wieder eingetrocknete indische Gummi ist im Handel unter den Namen Industrie-, Platten-, Kristall-, Labiche oder Kunstgummi bekannt. Auf diese Weise aufgeschlossene Gummen sind in Wasser schon in der Kälte leicht löslich und bieten ausserdem den Vorteil, frei von festen, unlöslichen Verunreinigungen (Holz, Sand usw.) zu sein, wodurch sie sich besonders zum Einstreuen in trockener Form in Druckfarben für nachträgliches Verdicken derselben eignen.

Pezold veröffentlicht in Mell. 1938, Juliheft, S. 593, eine interessante Arbeit über die Eigenschaften der Verdickungsmittel, in welcher die zeitliche Veränderung der Viskosität einer eingehenden Prüfung unterzogen ist. Der Autor stellt fest, dass die Viskosität der Lösungen von Industriegummi (Labichegummi) innerhalb 9 Tagen fast unverändert bleibt, während alle anderen Verdickungsmittel sich in dieser Zeit mehr oder weniger verflüssigen.

Ein Verdickungsmittel, Alfagum genannt, wird neuerdings von der Diamalt A.G. München aus natürlichem Gummi hergestellt.

Alfagum löst sich bereits in kaltem Wasser unter Rühren auf und noch schneller, wenn man auf etwa 50° C erwärmt. Seine Lösungen besitzen den Vorteil einer besonders hohen Viskosität. Man erhält eine gute Verdickung, indem man

250 g Alfagum in
750 g kaltes Wasser einrührt und auf 50° C erwärmt.

Nafka Kristallgummi ist ein Verdickungsmittel auf Basis von natürlichem Gummi. Dieses Produkt hat die gleichen charakteristischen Eigenschaften wie die natürlichen Gummis, wie Gummi arabicum, Senegalgummi usw. In Lösung ist es sehr stabil und neigt sogar nach längerem Stehen nicht zum Gelatinieren oder Fermentieren. Verschiedene Temperaturen haben praktisch keinen Einfluss auf die Viskosität.

Nafka Kristallgummi löst sich in kaltem Wasser in sehr kurzer Zeit vollkommen auf; das Aufkochen der Verdickung ist also nicht erforderlich. Druckfarben, welche zu dünn ausgefallen sind, können durch Einstreuen von Nafka Kristallgummi auf einfache Weise dicker gemacht werden.

Im Zusammenhang mit der äusserst guten Löslichkeit ist auch die Auswaschbarkeit ausgezeichnet, eine Nafka Kristallgummi-Verdickung kann leicht und schnell, sogar mit kaltem Wasser, aus dem Gewebe entfernt werden. Die bedruckten Stellen im Gewebe sind nach dem Auswaschen ganz weich und geschmeidig. Dieser Vorteil ist von besonderer Bedeutung beim Bedrucken von Seide, Plüsch, Wolle und Flanell, sowohl in Maschinen- als im Filmdruck.

Vorschriften.

Nachstehend folgen einige Rezepte, die je nach den Anforderungen, welche von den verschiedenen Druckereien gestellt werden, variiert werden können.

Pure Nafka Kristallgummi-Verdickung.

150—250 g   Nafka Kristallgummi wird langsam in
850—750 cm³ kaltes Wasser eingerührt
____
1000 g

Kochen ist nicht nötig. Erwärmen bis ca. 50° C beschleunigt das Auflösen. Rühren bis der Nafka Kristallgummi vollständig gelöst ist. Abkühlen wenn nötig.

Diese Verdickung lässt sich durch Waschen in kaltem Wasser restlos aus dem bedruckten Stoff entfernen und sie kann demzufolge mehr als jedes andere Verdickungsmittel aufs beste empfohlen werden für Fälle, worin der bedruckte Stoff ein vollkommenes weiches Gefühl haben soll und ein äusserst scharfer Druck verlangt wird, ohne dass die Ränder auch nur im geringsten ausgelaufen sind. Diese Verdickung eignet sich infolgedessen ausgezeichnet sowohl für Maschinen-, als wie für Hand-, Spritz- und besonders Filmdruck auf Seide. Auch auf mattierter Kunstseide und auf Plüsch werden damit vorzügliche Resultate erzielt.

Auch für Indigosole wird Nafka Kristallgummi empfohlen.

Für Küpenfarbstoffe wird, wenn grössere Flächen oder geschlossene und schlecht absorbierende Gewebe, Kunstseide usw. gedruckt werden müssen, nachfolgende Verdickung entweder allein oder kombiniert empfohlen, weil deren Egalisierungsvermögen und Auswascheigenschaften wesentlich besser sind als die von Stärke, Britishgum oder Tragant.

Nafka Kristallgummi-Britishgum-Verdickung.

250 g   Britishgum-Pulver
250 cm³ Wasser
500 g   Nafka Kristallgummi-Stammverdickung 1:3 (25%ige Lösung)
____
1000 g

Die Ingredienzen werden in einem doppelwandigen kupfernen Kessel gut vermischt, gekocht und unter Rühren abgekühlt.

Diese Verdickung kann unter Beimischung von 135 g Glyzerin vor dem Kochen und 215 g Pottasche nach dem Kochen auch als Verschnitt für die dunklen Küpenfarben gebraucht werden.

Kombinierte Verdickung.

100 g	Weizenstärke
50 g	Britishgum-Pulver
330 cm³	Wasser
260 g	Nafka Kristallgummi-Stammverdickung 1:3 (25%ige Lösung)
260 g	Tragantverdickung 1:24 (4%ige Lösung)
1000 g	

Diese Verdickung eignet sich in erster Linie besonders für Küpenfarbstoffe, die unverschnitten einen sehr dunklen Farbausfall ergeben sollen. Die Ausgiebigkeit des Farbstoffes ist höher als irgendwelcher anderen Verdickung, was besonders für feine Muster. in dunklen Farben, z. B. für Hemdenstoffe usw., für Konturen und für solche Zwecke, wo auf vollen Farbausfall besonderer Wert gelegt wird, wichtig ist. Ferner gibt sie bei Küpenbuntreserven auf geklotztem Anilinschwarz sehr gute Resultate. Die Verdickung ist keineswegs teuer und besitzt, trotz ihres hohen Stärkegehalts, ziemlich gutes Egalisiervermögen. Weiter kann sie mit Erfolg für Weissätzfarben usw. Anwendung finden.

Nafka Kristallgummi-Stärke-Verdickung.

100 g	Stärke (vorzugsweise Weizenstärke) wird mit
150 cm³	kaltem Wasser vermischt
300 g	Nafka Kristallgummi-Verdickung 1:4 (20%ige Lösung) (Verdickung Nr. 1)
450 cm³	Wasser
1000 g	

Alle Ingredienzen werden in einem doppelwandigen Kessel mit Rührwerk vermischt. Wenn die Mischung homogen ist, wird Dampf eingeleitet. Gekocht wird wie bei Stärke-Verdickungen.

Diese Verdickung wird nicht bröcklig wie die Stärke-Verdickungen. Auch tritt mit Rapidogenen kein Gelatinieren ein, wie dies bei Stärke-Tragant-Verdickungen der Fall ist. Die Tatsache, dass die Konsistenz der Druckfarbe während der Verarbeitung auf der Maschine oder während des Stehens in der Farbküche sich nicht ändert, ist zweifellos ein wesentlicher Vorteil der Nafka Kristallgummi-Verdickung.

Auch für Anilinschwarz eignet sich die Nafka Kristallgummi-Stärke-Verdickung vorzüglich.

Eine allgemein erhöhte Dispergierfähigkeit für Farbstoffe verschiedener Art erhalten die Verdickungen, laut *brit. P. 427.058*, auch *D. R. P. 601.860*, 1933 und *franz. P. 769.171* von Durand-Hugenin, durch Beigabe von Phenol oder Kresol und einem höheren, über

100⁰ C siedenden Alkohol, wie z. B. Furfuralkohol und ausserdem
Harnstoff. In den Ausführungsbeispielen werden sowohl an Indigosolen, als an Chromdruckfarben die verbesserten Fixationsergebnisse
bei verkürzter Dämpfdauer erörtert (Dehapan, siehe Bd. I, Kap. V,
S. 573).

3. Schleimliefernde Gummisorten.

Das Pflanzenreich liefert eine grosse Anzahl von Stoffen, die als
Appreturmittel oder Verdickungen dienen können. Unter diesen
nehmen der Tragant und das Johannisbrotkernmehl den wichtigsten
Platz ein.

Tragant.

Der Tragant ist ein Pflanzenschleim, welcher aus natürlichen
Rissen oder künstlich angebrachten Verletzungen der Rinde von
Astragalusarten ausfliesst. Die Astragalus sind dornige Gesträuche, die
in Kleinasien, Kurdistan, Persien, auf der Insel Kreta und in Griechen-
land vorkommen. Tragant besteht aus Bassorin, löslichem Gummi,
Stärkemehl und verschiedenen mineralischen Substanzen.

Tragant ist sehr schlecht in Wasser löslich; aber er quillt darin
erheblich und gibt eine klebrige, teigige Masse. Er muss vor dem
eigentlichen Lösen mindestens 24 Stunden in kaltem Wasser ein-
geweicht werden. Der unlösliche Anteil besteht aus Bassorin (etwa
53% im Durchschnitt). Abgesehen vom Bassorin, enthält der
Tragantgummi noch einen dem Arabin ähnlichen Bestandteil und
eine gewisse Menge Stärke. Der Tragantschleim ist ein ausgezeichnetes
Verdickungs- und gutes Appreturmittel.

Tragantgummi findet sich im Handel in grossen, muschel-
förmigen Stücken, auch in Form von kleinen, geränderten, band-
artigen Stücken oder gerollten Blättchen. Die Farbe variiert von
Weiss zu einem undurchsichtigen Gelb; er ist geruchlos und amorph.
Die grossen Tragantstücke, die im allgemeinen dunkler gefärbt sind,
entstammen von offenen Stellen, aus denen spontan der Gummi
quillt; die geränderten Stücke, die ein ziemlich regelmässiges Aussehen haben und fast farblos sind, kommen dagegen von Einschnitten
her, die von menschlicher Hand in den Stengeln und Zweigen angebracht wurden. Fadenförmige und körnige Gebilde kommen von
künstlich angebrachten tiefen Stichen, die die Rinde durchdringen.

Die Tragantsorten werden im Handel nach ihrer Herkunft ein-
geteilt: smyrnaer, syrischen, persischer, Morea-Tragant, ferner in sor-
tierten und rohen Tragant.

Der Smyrna-Tragant ist an Qualität der beste unter den bekannten Tragantsorten. Er wird in Kleinasien gesammelt (Umgebung
von Kaisarish, Jabolatsch und Hamide). Im Handel erscheint er in

Bändern oder tafelförmigen Gebilden von 2—5 cm Länge; er hat eine parallelgestreifte Oberfläche.

Der syrische Tragant ist bedeutend schlechter als der vorgenannte. Man trifft ihn im Handel unter den verschiedensten Formen, Grössen und Färbungen an.

Der Morea-Tragant ist von besserer Beschaffenheit als der syrische, doch ist das Aussehen ungemein wechselnd: während man Stücke in Bandform oder Täfelchen findet, die den besten Smyrnasorten ähnlich sind, kommen andererseits bei dieser Provenienz auch unregelmässige, fadenförmige, unregelmässig gewundene, wurmartige Gebilde oder krümelige Stücke vor.

Rohtragant des Handels ist ein Gemisch, das im Durchschnitt 40—50% weissen oder tafel- oder bandförmigen Tragant, 15—25% braunen Tragant, 10—25% wurmförmigen Tragant und 10—15% sonstiger gewöhnlicher Tragantsorten enthält.

Abfalltragant (Körner) besteht aus den Trümmern und Bruchstücken aller möglichen Sorten, wie sie durch Schädigung beim Transport entstehen. Es ist im allgemeinen ein sehr unregelmässiges Gemisch von allen möglichen Sorten und Farben; aber nicht gerade durchaus minderwertig.

Sogenannte sortierte Tragante[1]) entstammen spontanen Ausschwitzungen der Pflanzen; man sammelt die Sorten in Smyrna, von wo man sie nach Europa exportiert.

Chagualgummi: Gehört zu den Sorten, die am meisten Bassorin enthalten. Er wird aus einer Art Puya, einem Monocotyledonengewächs aus der Familie der Bromeliazeen, welche in Chile und Peru gedeiht, gewonnen. Chagualgummi kommt in besonders voluminösen, kristallinischen, zylindrischen und hohlen Stücken vor. Die Rindendicke ist nicht stärker als 15 mm. Der Gummi ist nur teilweise in Wasser löslich; der unlösliche Teil bildet, wenn gequollen, ein kristallklares Gel, das starkes Brechungsvermögen besitzt. Dieses Gel hat nur wenig Klebkraft. So wie beim Tragant, besteht auch hier der unlösliche Teil aus Bassorin.

Bassoragummi. Er wird häufig zur Verfälschung des Tragants verwendet. Angeblich stammt er von der Acacia Leucophloca Barth; doch wird diese Herkunft stark angezweifelt. Man verwendet ihn auch zur Verfälschung des arabischen Gummis. Er kommt in Gestalt von grossen, manchmal knotenförmigen, manchmal eckigen Stücken vor. Meist sind diese transparent; ihre Farbe geht vom lichten Bernsteingelb bis ins bräunliche Rot über. Bassoragummi ist kaum löslich in Wasser; aber er quillt darin und gibt dann einen dicken Schleim. Im Gegensatz aber zu dem Tragantschleim, der sich in grossen Mengen

---

[1]) Gomme adragante en sorte.

Wasser verteilt, entsteht bei einem grossen Überschuss von Wasser eine filtrierbare, wenn auch trübe Lösung.

Kokosgummi. Dieser Gummi hat unter den bekannten Sorten den grössten Gehalt an Bassorin — bis zu 82%. Er kommt von Tahiti und soll aus der Rinde der Palmbäume gewonnen werden. Die Stücke sind konisch, bräunlichrot und durchscheinend, in dünnen Schichten durchsichtig. Sie haben einen eigenen karamelartigen Geruch, der darauf schliessen lässt, dass es sich hier nicht um ein reines Naturprodukt handelt.

Euteragummi, Karavagummi. Dieser Gummi ähnelt dem Bassoragummi und dem Tragant; doch wird er aus dem Saft der Hercula Urveus aus der Familie der Buttneriazeen durch Eindunstung gewonnen. Da er insbesondere dem bandförmigen Tragant äusserlich ähnlich ist, wird er selten im Handel unter seinem richtigen Namen, sondern viel häufiger in Mischung als Verfälschung mit Tragant angetroffen. Er ist zum grossen Teil aus Bassorin aufgebaut (durchschnittlich über 50%) und etwas leichter in Wasser löslich als Tragant, da er ungefähr 30% einer löslichen Gummisorte, die an Arabin erinnert, enthält.

Gummi aus Cochlosperum Gossypium stammt aus Indien und erscheint in der Form undurchsichtiger Körner von dunkelbrauner Farbe. Die Substanz wurde noch nicht genügend erforscht, wahrscheinlich ist sie aus Cerasin und Bassorin aufgebaut, nebst einem wasserlöslichen Körper, dessen Eigenschaften an Arabin erinnern.

Johannisbrotkernmehl.

Der Johannisbrotbaum, Ceratonia Siliqua, wächst im Süden Europas, in Algerien und im übrigen Norden Afrikas. Er gibt Früchte, die als Karoben (Caroubes) bezeichnet werden; flache Schoten von 15—25 cm Länge, die im Innern ein süssliches Fruchtfleisch enthalten. Dieses dient den Einwohnern mancher Gegenden als Nahrungsmittel; auch wird daraus ein Sirup gewonnen oder es wird auf Branntwein verarbeitet. Die in diesen Schoten enthaltenen Samen enthalten eine gummiartige Substanz, von der ein Teil ein ebenso starkes Verdickungsvermögen hat, als 10 Teile Tragantgummi. Man verwendet diesen Schleim für Appretur- und Verdickungszwecke. Diese Samen — Johannisbrotkerne — bestehen aus einer rötlichen Samenhülle, die zwei mandelförmige, harte, gelbliche, etwas durchscheinende Kerne einschliesst, zwischen denen der Keim liegt. Die beiden mandelförmigen Kerne sind zum grössten Teil aus einer gummiartigen Substanz aufgebaut, die durch ihr Klebevermögen an Akaziengummen erinnert und hierin bei weitem alle auf Kartoffelstärke basierenden Präparate übertrifft.

Nach *franz. P. 755.961* (Neogum) werden die Samen zuerst der Einwirkung einer Säure ausgesetzt, bis die Oberflächen rissig werden; dann wird die Säure entfernt und die eigentliche Ablösung von der Schale erfolgt durch eine organische Flüssigkeit (Alkohol, Keton), in der der Gummi unlöslich ist.

Nach *D.R.P. 259.765* schliesst man die Johannisbrotkerne auf, indem man zuerst die Kernschalen durch Behandlung bei gewöhnlicher Temperatur mit 80%iger Schwefelsäure löst, worauf man, um den Schleim zu erhalten, die gewaschenen Kerne mit Wasser unter Druck kocht.

Nach der Entrindung und der Entfernung der Keime werden die Johannisbrotkerne vermahlen und kommen unter verschiedenen Phantasienamen auf den Markt, wie Caroubine, Cefen, Diagum S (von der Diamalt A. G. München), Leico-Gummi (von der Leico-Gesellschaft Bast & Cie., Buchschlag bei Frankfurt a. M.), Lisogum, Neogum, Stargum, Tragasol, Pantogomme, Draguline, Siliqua, Okatol, Adurin, Fruktangummi, Ceratoniagummi, Gum Gatto, Trogen, Halogum, Perasol, Cisalpinogum, auch Gummitragasol[1]) oder Paltaleim, Tex-Gum S 28 (Soc. Chim. Elbeuvienne) u. a. m. Das Produkt hat sehr stark verdickende Eigenschaften und dient in manchen Fällen zur Herstellung von Druckfarben und Appreturmitteln als billiger Ersatz für Tragant.

Die Johannisbrotkernmehlverdickung ist nicht besonders zügig und hat den Nachteil, nach mehrtägigem Stehen dünnflüssig zu werden und zu verderben.

Es ist der Schweizerischen Ferment A.G. gelungen, ein neues Ferment aus bestimmten Teilen der Johannisbrotsamen zu isolieren, welches den Handelsnamen Helisol trägt. Da dieses Ferment offenbar die Verflüssigung der Kernmehle bewirkt, kann man mit dessen Hilfe und durch Einstellung der Temperatur und des p_H-Wertes von etwa 5 den Prozess genau regeln und auch Druckverdickungen herstellen, die unempfindlich gegen Alkalien und Reduktionsmittel sind. Auch sind sinngemäss Helisollösungen zum Ablösen der Johannisbrotmehlverdickungen nach dem Druck und zum Entschlichten geeignet.

Nach dem *franz. P. 838.904* und *brit. P. 508.135* von Durand-Huguenin gibt man dem Johannisbrotkernmehl, um die Verflüssigung der Verdickung zu verhindern, Proteinsubstanzen (Albumin, Leim usw.) als Schutzkolloide zu.

Als Beispiel führt das Patent folgende Vorschrift an:

> 25 T. Johannisbrotkernmehl
> 10 T. Leim (in Lösung zugesetzt)
> 1 T. Salizylsäure (als Konservierungsmittel)
> Einstellen auf 1 Liter mit Wasser.

---

[1]) Tragasol wurde im Jahre 1905 von der Firma Gum-Tragasol Supply Co. in Hootam bei Chester (England) in den Handel gebracht. Dr. Tagliani, Mell. 1930, S. 460.

Eine solche Verdickung eignet sich ganz besonders für Küpenfarbstoffe. Sie wird von der Erfinderfirma Durand-Huguenin unter dem Namen Universalgummi in den Handel gebracht.

Durch Zugabe von Konservierungsmitteln kann die schlechte Haltbarkeit verbessert werden.

Zum Desinfizieren und daher Haltbarmachen der Kleister aus den Johannisbrotkernen dient nach *D.R.P. 611.967* und *öst. P. 136.997* von Tres-Budapest die Kieselfluorwasserstoffsäure oder deren Salze.

Das Produkt hat sich für allgemeine Druckereizwecke nur stellenweise und hauptsächlich für sauer zu druckende Farben (einige basische und Beizenfarbstoffe), z. B. auch in Rauhartikel, einführen können.

Basische Farbstoffe und gewisse Beizenfarbstoffe werden durch Johannisbrotkernmehlverdickung gefällt und ein Zusatz von Alkali bewirkt ihre rasche Verflüssigung; ausserdem haben ·diese Verdickungen den Nachteil, stark zu schäumen.

Das Haupthindernis, dass der allgemeinen Anwendung der Verdickung im Wege steht, ist die Schwierigkeit, mit ihr alkalisch zu druckende Farbstoffpasten, vor allem mit Küpen-, Rapidecht- und Rapidogenfarbstoffen, in zufriedenstellender Weise erhalten zu können. Dr. Tagliani[1]) gibt an, dass dies nach Zugabe anderer Kolloide oder von Hydroxylverbindungen (Glukose, Glyzerin) nicht eintritt.

Um diesen Übelständen abzuhelfen, unternahmen zahlreiche Forscher eingehende Untersuchungen hierüber, die zum Teil zu recht brauchbaren Resultaten führten, und die hier besprochen werden sollen[2]).

In Mell. 1938, Maiheft, S. 438 berichtet Tagliani über Johannisbrotkernverdickungen, welche ein besonderes Interesse für die Druckerei, aber auch für Schlichte und Appretur haben. In einer sehr ausführlichen Übersicht und Kritik der bisherigen Leistungen auf diesem Gebiet wird besonders auf die noch nicht bekannte Konstitution des Endosperms der Samen des Johannisbrotbaumes hingewiesen; sicher ist, dass sich gewisse Vorgänge bei der Herstellung der kolloidalen Lösung nicht gleichmässig und einheitlich vollziehen lassen und dass bei Ätzalkalien- oder karbonathaltigen Verdickungen Veränderungen beim Stehen der Druckpasten eintreten. Petri und Perndanner haben durch verschiedene Vorbehandlungen der Mehle deren Empfindlichkeit gegen alkalische Mittel wesentlich zu verbessern vermocht.

---

[1]) Tagliani 1931, Maiheft, S. 438.
[2]) Vgl. Bd. I, Kap. 1, S. 83, sowie die in Mell. 1938, Maiheft, S. 438, erschienene, sehr interessante Veröffentlichung von Tagliani.

Ein neues Verfahren zur Herstellung eines Verdickungsmittels für den Zeugdruck wird von der Diamalt A.G. in München im *D.R.P. 716.912* (27. 1. 1938) beschrieben. Johannisbrotkernmehl wird mit Harnstoff im Verhältnis von 100 : 10 gemischt und dieses Gemisch 20—60 Minuten auf 150°—180° erhitzt. Bemerkenswert ist die Alkalibeständigkeit und die Lösungsfähigkeit dieses Erzeugnisses.

Unter dem Namen Tragu S bringt die Diamalt A.G. München eine neues Verdickungsmittel in den Handel, dessen Verwendungs-eigenschaften denen des Tragantes nahe liegen. Tragu S ist ein helles, trockenes Pulver und wird aus einem Naturprodukt pflanzlicher Her-kunft (Johannisbrotkernmehl) nach einem neuen, von obengenannter Firma ausgearbeiteten Verfahren hergestellt. Es ist leicht und schnell in Wasser löslich. Die erhaltene Verdickung ist glatt, sehr zügig und gegen Alkali beständiger als Tragant.

Wenn man nach *öst. P. 150.992* (Vereinigte Färbereien A.-G.) das trockene Mehl in einem doppelwändigen Kessel unter Erhitzen mit einer zerstäubten, verdünnten Säure besprüht und dabei gut durchrührt (etwa in der Art wie man dextriniert), so scheint eine tiefgreifende Veränderung der Substanz Platz zu greifen, die natür-lich nichts mit der Dextrinierung zu tun hat, da das Johannisbrot-kernmehl mit Stärke nicht identisch ist. Die erhaltene Masse gibt, als Verdickung verarbeitet, einen Kleister mit einem niedrigeren p_H-Wert (ca. 5,8), verglichen mit dem normalen $p_H = 6,2$. Unter anderem kann man damit auch alkalische Farben, z. B. Küpen-druckfarben, verdicken.

Wie bereits im Bd. I, Kap. 1, S. 83 erwähnt, soll man gemäss *D.R.P. 578.776*, 1933 und *brit. P. 444.838* von Kästner eine alkali-beständige und hierdurch für Küpenfarben geeignete Verdickung er-halten, wenn man den Johannisbrotkernmehlschleim mit Säure ab-kocht und dann neutralisiert. Trotzdem weist die Vorschrift darauf hin, dass eine volle Alkaliunempfindlichkeit nicht erreicht wird. Ausserdem hat dieses Verfahren den Nachteil, das Ausgangsmaterial stark zu verändern und ihm reduktive Eigenschaften zu verleihen, wodurch seine Verwendung für viele Farbstoffe nicht in Frage kommt.

Nach *D.R.P. 749.708* von Kästner wird die Johannisbrotkern-mehlverdickung so lange bei Siedetemperatur mit Säuren oder Dia-stasen behandelt, bis die gewünschte Konsistenz erzielt ist. Die auf diese Weise erhaltene Verdickung soll anstandslos in alkalischen Druckfarben verwendet werden können.

Nach dem *D.R.P. 719.786* (5. 8. 1934) der Diamalt A.G., Mün-chen kann man pottaschebeständige Druckverdickungen herstellen, wenn man Johannisbrotkernmehl mit mehrwertigen Phenolen, wie Resorzin, Brenzkatechin, Pyrogallol vermischt und das trockene Gemisch einige Zeit auf über 100° C erhitzt.

Die I. G. Farbenindustrie empfiehlt laut *brit. P. 498.149*, das Mehl aus Johannisbrotkernen mit Alkylierungsmitteln, wie Äthylenoxyd, Dimethylsulfat, Diäthylsulfat oder alkylierten Chlorhydrinen zu behandeln. Das auf diese Weise erhaltene Produkt eignet sich für die Herstellung von Druckfarben und Appreturmassen. Das Patent bringt folgende Einzelheiten: dem wässrigen Johannisbrotkernextrakt werden Natronlauge und Propylenoxyd beigemischt; nach vollendeter Reaktion wird die Masse neutralisiert und unter Druck in der Wärme getrocknet. Das erhaltene Produkt ist wasserlöslich. Es wird noch vermerkt, dass das alkylierte Mehl von den anorganischen Salzen durch Ausfällen derselben oder durch Dialyse befreit werden muss.

Das *franz. P. 838.184* ebenfalls von der I. G. Farbenindustrie, welches obigem Patent entspricht, enthält einige Einzelheiten über die Darstellung dieses Produktes: das Johannisbrotkernmehl wird durch energisches Umrühren mit Wasser in Suspension gebracht, hierauf lässt man eine schwach alkalische Lösung von Äthylenoxyd oder von Dimethylsulfat einwirken; dann neutralisiert man mit Säure und dampft zur Trockene ein. Dieses Verfahren eignet sich besonders für die Herstellung von Verdickungsmitteln, die für den Druck von Küpenfarbstoffen dienen sollen. Es wird jedoch empfohlen, der Verdickung Britishgum, Stärke-Tragant usw. beizumischen.

So wird zum Beispiel eine alkalibeständige, äthoxylierte 3%ige Johannisbrotkernlösung am besten 1:1 mit Stärkeverdickung vermischt.

4. Schleime aus Gel bildenden Algen und Flechten.

Unter dem Namen von Pflanzenschleimen (gelines, mucilages) kann man eine Reihe von im Pflanzenreich weit verbreiteten Stoffen zusammenfassen, die die gemeinsame Eigenschaft haben, durch eine einfache Behandlung mit Wasser in eine schleimartige Masse überzugehen, die sich als eine wässerige Lösung, seltener als eine Suspension gummiartiger Substanzen darstellt. In der Familie der Algen ist die Gattung Fucus vorerst zu nennen. Sie umfasst eine grosse Reihe von Individuen, die durch ihren starken Gehalt an schleimliefernden Verbindungen Verwendung finden oder finden können. Das wichtigste unter ihnen ist Fucus Crispus Carraghen. Die Flechten (z. B. die Isländische Flechte oder das Isländische Moos) geben ebenfalls mit kochendem Wasse eine schleimige Substanz, die beim Erkalten gelatiniert.

Gewisse Flechtenarten oder Meergewächse geben durch Abkochung ausgezeichnete und billige Verdickungsmittel, welche sich besonders für den Druck von Beizen- und sauren Farbstoffen eignen und ebenfalls häufig als Appretur und Schlichtmittel angewendet werden. Die hierzu verwendeten Meergewächse sind das Karragheen, auch Perlmoos, Knorpeltang oder Isländisches Moos (Citraria islandica) genannt, das Agar-Agar, das Hai-thao oder Gelose (aus Japan, Siam oder China).

Das Karragheen (Perlmoos, Knorpeltang, Isländisches Moos, Fucus crispus) ist eine in den nördlichen Meeren gedeihende Alge. Die Pflanze ist kein eigentliches Moos, sondern eine Algenart von der Gattung der Rhodophyceen, Florideen oder Rotalgen; sie wächst hauptsächlich an der nordatlantischen Küste (Irland und Schottland). Im frischen Zustand ist sie braun oder purpurfarbig. Im Handel erscheint sie als ein trockenes, runzeliges, elastisches Gebilde, gelblich weisser Farbe, von schwachem Geruch und nicht unangenehm schleimigem Geschmack. Es ist eine der Pflanzen mit dem reichlichsten Schleimgehalt, chemisch betrachtet ein Kohlenhydrat, wenn es auch von anderen vegetabilischen Kohlenhydraten, wie Stärke, Kartoffelstärke, Zellulose, wesentlich in seinen Eigenschaften abweicht.

Funori ist der Name für eine japanische Meeresalge.

Zahlreiche Patente beschreiben die Umwandlung der Algen in Klebstoffe oder Verdickungsmittel. Hierzu gehört auch Norgine und Blandola.

Agar-Agar ist der Name der verschiedenen Algengattungen südlicher Meere, namentlich Ostindiens.

Firma Zschimmer & Schwarz, Chemische Fabrik in Chemnitz, liefert Karragheenextrakt.

Es kommen auch Präparate dieser Moose unter verschiedenen Namen in den Handel, so z. B. Blandola, Norgine, beide aus Flechtenarten hergestellt, die an der Küste der Bretagne geerntet werden; ferner das Algine aus Meergras norwegischer Abstammung sowie Gélose (mousse de lichen) und Gélidine, welche durch Plattentrocknung des Schleimes aus Isländischem Moos gewonnen werden[1]).

Norgine wird von der chemischen Fabrik Norgine, Dr. Viktor Stein in Aussig a. d. Elbe hergestellt und scheint nach dem im *amer. P. 872.179* von E. Herrmann & Cie., Soc. Internationale La Norgine in Paris beschriebenen Verfahren hergestellt zu werden, und zwar indem man Tangsäure in heissem Wasser auspresst, pulvert, hierauf der Einwirkung von Ammoniakgas aussetzt, trocknet und vom überschüssigen Ammoniak befreit. Die erhaltene Masse ist

---

[1]) Les Algues et leur applications, Tiba 1931, S. 1265.

neutral und gibt in Wasser gelöst einen Schleim, welcher sich sehr gut als Verdickungsmittel und Appreturmittel eignet.

Die Chemische Fabrik Grünau, Landshoff & Meyer AG. und Dr. May in Grünau-Berlin stellen fest, dass wasserlösliche Norgine in eine in Wasser und verdünnten Alkalien unlösliche Form übergeführt wird, wenn man sie während kurzer Zeit der Einwirkung von Formaldehyddämpfen aussetzt oder mit einer Formaldehydlösung kocht, darauf den überschüssigen Formaldehyd abdestilliert und das Reaktionsprodukt auf dem Wasserbade zur Trockne eindampft. Diese Reaktion wurde zum Wasserdichtmachen von Stoffen angewendet, indem man das Gewebe zuerst mit einer Norginelösung appretiert und hierauf Formaldehyddämpfen aussetzt[1].

Unter den Flechten (Lichens) am meisten bekannt ist die Varietät Isländische Flechte oder Isländisches Moos genannt (Citraria Islandica oder Lichen Islandica). Es sind verzweigte, blattartige, unregelmässige Gebilde von bräunlichgrüner oder fahlroter Farbe. Das Lichen enthält etwa 45% einer Stärkeart, des Lichenins, dem es seine nährenden und schleimgebenden Eigenschaften verdankt. In der Textilindustrie wird es als Appreturmasse für Gewebe und als Verdickung für Druckfarben, hauptsächlich für Beizendruckfarben, verwendet. Die vorgenannte Stärkeart führt den Namen Lichenin oder Moosstärke.

Die Extrakte von Blatt- oder Riementangen (Laminaria) der Algengattung angehörend, bestehen hauptsächlich aus Tangsäure (Alginsäure und Salzen dieser Säure); sie enthalten ausserdem kleine Mengen organischer Substanzen, z. B. Zellulose.

Der Tangsäure (Alginsäure)[2] wurde folgende Strukturformel zugeteilt:

$$CH_2OH-(CHOH)_4-\underset{\underset{\displaystyle HOOC \quad COOH}{\diagup \diagdown}}{C}-CHOH-\overset{\overset{\displaystyle OH}{|}}{C}=\overset{\overset{\displaystyle OH}{|}}{C}-CH\,(OH)_2=C_{10}H_{18}O_{10}\,(COOH)_2$$

Man reiht sie in die Klasse der Pektinverbindungen ein, da die Hexuronsäure der einzige polymerisierte Bestandteil im Molekül zu sein scheint.

Nelson und Gretscher nahmen an, dass die glykoseartig konstituierten Hexuronsäuremoleküle sich unter Wasserabspaltung polymerisieren ($C_6H_8O_4$. Dillion nimmt ebenfalls eine ähnliche Konstitution

---

[1] Ed. Herzinger, Appreturmittelkunde, 3. Aufl. Verl. Ziemsen, Wittenberg.

[2] P. Colomb, Acide alginique et alginates, Teintex 1939, Dezemberheft S. 653; P. Colomb, Teintex, Augustheft 1939, S. 460; Teintex 1940, S. 273; J. Rière, Tiba 1938, Juliheft S. 353; M. Burnand, Teintex 1939, Märzheft S. 155; C. Baur jun., Mell. 1942, Augustheft. Siehe auch dieses Werk, Bd. II, Kap. X, S. 410, Alginatfasern.

an, jedoch unter Einführung eines Wassermoleküls in den polymerisierten Komplex $(C_6H_{10}O_7)_4$.

$$
\begin{array}{ccccc}
 & \text{CH—OH} & & \text{CH—OH} & \\
 & \text{H—C—OH} & \text{O} & \text{H—C—OH} & \\
\text{O} & \text{H—C——} & & \text{H—C-——} & \\
 & \text{HO—C—H} & & \text{HO—C—H} & \\
 & \text{HO—C—H} & & \text{HO—C—H} & \\
 & \text{COOH} & & \text{COOH} &
\end{array}
$$

Die Tangsäure (Alginsäure) ist in Wasser sowie in Alkohol unlöslich, aber in Alkalien löslich. Die Salze des Natriums, Kaliums, Magnesiums und Ammoniums sind wasserlöslich, dagegen sind die Barium-, Kalzium-, Strontium-Salze unlöslich. Die Schwermetallsalze sind ebenfalls unlöslich, bilden aber mit Ammoniak einen wasserlöslichen Komplex. Das tangsaure Natrium oder Ammonium wird durch Kupfer- und Aluminiumsalze ausgefällt. Die Eigenschaft des tangsauren Kupfers und Zinks, in Ammoniak löslich zu sein, ist für das Wasserdichtmachen von Geweben von Interesse. Man erhält viskose Lösungen, welche vollständig homogen sind. Die Lösungen des tangsauren Aluminiums und Chroms sind hingegen weniger stabil. Die tangsauren Metallsalze sind in den meisten organischen Lösungsmitteln, Toluol, Azeton, Benzin usw. unlöslich.

Die Natrium-, Kalium- und Ammoniumsalze der Tangsäure werden zur Zeit in ausgezeichnet reinem Zustande von der Société Bretonne de Produits Chimiques et Pharmaceutiques de Quimper in den Handel gebracht (Alginates de soude, de potassium et d'ammonium)[1]. Sie sind sehr gute Verdickungsmittel für Rapidogenfarbstoffe, aber selbstverständlich für Metallbeizenfarbstoffe unbrauchbar, da tangsaure Schwermetallsalze unlöslich sind.

Die spezifische Viskosität des Natriumalginats hängt vom p_H-Wert der Lösung ab und ist am höchsten im Bereich des Neutralpunktes.

Nach P. H. Cate (Amer. Dyest. Rep. 1938, S. 24 und 716) bereitet man die Alginatverdickungen am zweckmässigsten, indem man das trockene Pulver in kaltes Wasser unter Umrühren einstreut und 1 Stunde auf Kochtemperatur erwärmt. Diese Pasten lassen sich anstandslos mit anderen Verdickungen, Stärkekleister usw. vermischen.

Im Gegensatz zu Tragant und anderen durch Quellung verdickte Lösungen liefernden Körpern ist das Natriumalginat als eine definierte, chemisch rein darstellbare Verbindung anzusehen. Daher ist

---

[1] Colomb, Notes sur l'emploi des Alginates dans les Apprêts, Teintex 1938, S. 94.

auch seine verdickende Wirkung immer die gleiche, ebenso wie die Ausgiebigkeit im Druck. Viskosimetrische Messungen mit dem Kugelfall-Viskosimeter und dem Stormer-Viskosimeter, welcher speziell für die Untersuchung der Textildruckfarben geeignet ist (Am. Dyest. Rep. 1936, 25. Jg., S. 150) zeigen, dass die Lösung von Natriumalginat, welche sich durch Einstreuen des trockenen Pulvers in Wasser von Zimmertemperatur und einstündiges Kochen leicht herstellen lässt, die charakteristischen Daten einer guten Verdickung aufweist. Auch hinsichtlich der Auswaschbarkeit, der Durchdringungsfähigkeit und des scharfen Druckes wurden gute Erfahrungen gemacht, die Ausgiebigkeit der Druckfarben ist in den meisten Fällen gut, was in eine ausführlichen Vergleichstabelle bewiesen wird. Da sich bis jetzt Messungen der Druckbarkeit von Verdickungen auf theoretischer Basis nicht bewährt haben, wäre eine systematische Erprobung des Alginates in der Praxis sicher von Interesse.

Die Alginatverdickungen ermöglichen sehr scharfstehende Drucke zu erhalten und sie lassen sich leicht auswaschen.

b) Verdickungen tierischer Herkunft.

Die Albumine (Eiweiss, Blutalbumin) und die Kaseine sind die einzigen animalischen Substanzen, welche als Verdickungsmittel verwendet werden.

Gelatine und Leim werden gelegentlich zum Fixieren von Pigmenten benützt; in diesem Falle führt man diese beiden Produkte nach ihrem Aufdruck entweder mit Bichromat, Chromsäure oder Formoldämpfe in die unlösliche Form über.

A. Brylinski beschreibt im Bull. Mulh. 1925, S. 611, ein Verfahren, um Gelatine mittels Formaldehydes schon bei mässiger Temperatur unlöslich zu machen, und zwar durch Zusatz von Sulforizinat, welches die Koagulation beschleunigt.

Eine Entfärbung des Blutalbumins kann durch Zugabe von Oxydationsmitteln, welche erst während des Dämpfens einwirken, bewirkt werden (z. B. 5% Kaliumchlorat und 5% Blutlaugensalz).

c) Mineralische Verdickungsmittel.

Der Zusatz von anorganischen Substanzen, wie Kieselgur, Kaolin (Pfeifenerde), zu Druckverdickungen ist schon seit langer Zeit üblich. Das *franz. P. 812.944* von Marion-Béraud macht aber geltend, dass die für diesen Zweck bisher gebrauchten Mittel nicht den hohen Kieselsäuregehalt haben wie die gemäss der Erfindung besonders geeigneten Naturprodukte, die man unter dem Namen Bentonit, Silvinit, Volcanit, Sisol usw. kennt.

Die Bentonite (Tixaton der Comp. Com. de Minerais et Mat. premières, Paris) gehören zur Gattung der Montmorillonite. Es kommt ihnen die Formel

$$Al_2O_3 \cdot 4\,SiO_2 \cdot n\,H_2O$$

zu, wobei der Siliciumgehalt und der Aluminiumgehalt je nach der Provenienz des Produktes einigermassen variieren.

Es ist für diese in Wasser fein suspendierbaren Stoffe charakteristisch, dass sie bei Elektrolytzusätzen, wobei der Salzgehalt des natürlichen Wassers genügt, dicke Aufschlämmungen ergeben, die eine bedeutend verdickende Kraft besitzen, sich aber nach der Druckfixation leicht auswaschen lassen. Als Beispiel gibt das Patent folgende Druckvorschrift an:

20 g	Arabischer Gummi
120 g	Bentonit
855 g	Wasser
5 g	Farbstoff
1000 g	

Die Verdickung lässt sich leicht durch Waschen vom Stoffe entfernen und eignet sich besonders gut für den Filmdruck.

Die französische Firma Gignoux & Cie., Lyon, hat ein Produkt mit dem Namen Sisol (früher Sili-Sol) herausgebracht, das ein weisses Pulver von überaus grosser Feinheit darstellt, dem ein sehr weitgehendes Wasseraufnahmevermögen, eine hohe Suspensions- und Emulgierkraft und auch eine erhebliche Waschkraft nachgerühmt wird und das sich viel besser bewähren soll als die bisher verwendeten, feinverteilten Tonsorten.

Nach der *Patentanmeldung 8 n. 2 G 96.222* vom 31. Dezember 1942, ausgelegt von Dr. H. Gossler, wird als Ersatz für Stärke und Gummiarten im Zeugdruck Wasserglas vorgeschlagen. Es wurde gefunden, dass Wasserglas ein gutes Verdickungsmittel ergibt, wenn man eine Wasserglaslösung mit Alkali versetzt und zu einer nicht kristallinischen Masse eindämpft.

Folgendes Beispiel wird zur Erläuterung angeführt:

Eine handelsübliche Wasserglaslösung wird mit 100% NaOH (fest) in einer solchen Menge versetzt, dass es dem Verhältnis 90% zu 10% entspricht. Die Mischung wird eingedämpft und ist als Verdickung für Küpenfarben verwendbar.

Nach *brit. P. 514.023* desselben Erfinders wird eine gute Verdickung aus anorganischen Substanzen auf folgende Weise hergestellt: man gibt der handelsüblichen Natriumsilikatlösung Natronlauge zu und verdampft die Flüssigkeit auf 2/3 bis 1/2 ihres Volumens ein. Die

Natronlaugemenge muss genügend gross sein, um die Ausscheidung fester Körper in der Lösung zu verhindern. Zu diesem Zwecke nimmt man 10 % feste Natronlauge, berechnet auf das Gewicht der Natriumsilikatlösung vom spez. Gew. 1,38; nach dem Eindampfen soll die Lösung das spez. Gew. 1,76 aufweisen. Um die Alkalinität herabzusetzen, ist die Zugabe von einem Metallhydroxyd, z. B. Aluminiumhydroxyd oder von einem organischen Verdickungsmittel vorteilhaft.

Die I. G. Farbenindustrie beschreibt im *D. R. P. 696.722* (24. 3. 1937) die Verwendung von Druckpasten, welche Metalloxydsole oder amphotere Metalloxydgele als Verdickungsmittel enthalten.

II. Synthetische Verdickungsmittel.

Die Verwendung der Azetatzellulose, der Nitrozellulose, des chlorierten Kautschuks, der Polyvinylharze (Mowilith der I. G., Rhodopas von Rhône-Poulenc) sowie der Kondensationsprodukte des Phenols mit Formaldehyd (Bakelite) als Verdickungsmittel, wurde bereits im Kapitel XII über das Drucken der Metallpulver- und Pigmentfarben eingehend besprochen.

Die Verwendung dieser Körper hat sich kaum für das Drucken der Farbstoffe eingebürgert, sondern beschränkt sich hauptsächlich auf das Drucken von Metallpulver, von weissen oder gefärbten Pigmenten oder von Lackfarben, um waschechte Matt- bzw. Glanzeffekte zu erhalten.

Die Azetatzellulose ist ein Ester, welcher durch Azetylierung einer gewissen Zahl von OH-Gruppen des Zellulosekomplexes mittels Essigsäureanhydrid oder Eisessig bei geeigneter Temperatur und in Gegenwart bestimmter Katalysatoren dargestellt wird.

Man erhält auf diese Weise das Mono-, Di- oder Triazetat der Zellulose. Diese Reaktion ist also derjenigen der Herstellung von Säureestern der Alkohole analog. Sie wird ebenfalls durch wasserentziehende Mittel und Temperaturerhöhung begünstigt.

Reines Zellulosetriazetat wird durch Einwirkung von Eisessig in Gegenwart von Zinkchlorid gewonnen; man erhält auf diese Weise ein Produkt, welches 62,5 % Essigsäure enthält.

Das Zellulosetriazetat, welches in Chloroform löslich, aber in Azeton unlöslich ist, ist als Verdickungsmittel wertlos. Ein ganz verschiedenes Produkt, mit einem Gehalt von 48—52 % Essigsäure, wird durch teilweise Hydrolyse erhalten. Dieses Produkt, welches von Bayer & Co. unter dem Namen Cellit in den Handel gebracht wurde, ist eine Mischung von Azetat und Sulfoazetat.

Cellit ist in Chloroform, Azeton, Phenol, Essigsäure, Pyridin, Alkohol und Nitrobenzol löslich, dagegen in Benzin, Benzol, Ter-

pentin, Xylol und Toluol unlöslich. Nach Knoll wäre die Azeton-
löslichkeit nicht auf einen Verseifungsvorgang, sondern auf eine Veränderung des Triazetatmoleküls zurückzuführen.

Je kleiner der Gehalt an Sulfoazetat ist, um so geringer ist die
Löslichkeit des Produktes in organischen Lösungsmitteln. Tatsächlich
findet man im Handel Produkte, welche in Chloroform und Tetra-
chloräthan fast unlöslich sind, während sie sich in Eisessig (alte
Serikosemarken) auflösen; andere Marken hingegen lösen sich in
Chloroform und Tetrachloräthan auf, sind aber in Azeton unlöslich.

Die Lösungen von Azetatzellulose in organischen Lösungsmitteln
sind ausgezeichnete Verdickungen für die Druckerei.

Die Nitrozelluloselösungen sind ebenfalls schätzenswerte
Verdickungsmittel, welche in der Walzendruckerei, besonders für
Mattweisseffekte oder Metallpulverdrucke, im Lackdruck mittels
Schablonen sowie im Film- und Handdruck Verwendung finden.

Die Nitrozellulose hat vor der Azetatzellulose den Vorteil, in
einer grösseren Anzahl Lösungsmittel löslich zu sein, sowie sehr
weiche und trotzdem widerstandsfähige Filme zu geben, welche durch
Zugabe von Plastifizierungsmitteln noch geschmeidiger werden.

Chlorierter Kautschuk wäre ein interessantes Verdickungsmittel, doch erschwert die allzu grosse Zähigkeit seiner Lösung die
Anwendung in der Druckerei.

Der mit dieser Verdickung erhaltene Film zeichnet sich durch
sein ausgezeichnetes Haften an Stoffen und seine Widerstandsfähigkeit gegenüber den meisten Reagenzien aus.

Die Kondensationsprodukte des Phenols mit Formaldehyd wurden von Stephan für den Metallpulverdruck verwendet;
die Druckfarbe bestand aus Leim, Resorzin und Formol, letzteres in
Form seiner Verbindung mit Ammoniak (Bull. Mulh. 1913, S. 56).

Das Verfahren von M. Battegay und H. Wagner (Firma J. Heil-
mann & Co. in Mülhausen) stützt sich ebenfalls auf die Bildung
von bakelitähnlichen Kondensationsprodukten in Vereinigung mit
anderen Verdickungsmitteln, wie Azetatzellulose (Bull. Mulh. 1913,
S. 234; Lehne's, Frb. Ztg. 1914, S. 54).

Die Verwendung von Bakelite als Fixierungs- und Verdickungsmittel ohne jeglichen anderen Zusatz ist der Firma E. Zündel in
Moskau zu verdanken. Dieses Verfahren stützt sich ausschliesslich
auf die fixierenden Eigenschaften des Kondensationsproduktes,
welches man für sich fertigstellt und mit dem man die Druckfarben
verdickt.

Diese Methode, die sich nicht nur durch ihre Einfachheit, sondern auch durch die Qualität in bezug auf Reib- und Waschechtheit

der so erhaltenen Drucke auszeichnet, findet heute noch allgemein Verwendung. (*D. R. P. 264.137; franz. P. 452.677; R. G. M. C. 1913*, S. 182; Frb.-Ztg. 1914, S. 63; Bull. Mulh. 1914, S. 52; Revue Textile 1921, S. 465; siehe auch *franz. P. 464.344*)[1]).

Die Bakelitverdickung ist eine dicke, gelbe, durchsichtige, in Wasser unlösliche, hingegen in kaustischen Alkalien und in mehreren organischen Lösungsmitteln, wie Azeton, Phenol, Glyzerin, Diäthylenglykol, lösliche Masse von ausgezeichneter Zügigkeit; das Produkt ist ziemlich gut haltbar und verwandelt sich nur langsam in ein hartes, unlösliches Harz.

Im Kap. XII dieses Werkes wurden schon die Kondensationsprodukte von Dicyandiamid oder Thioharnstoff-Dicyandiamid mit Formaldehyd als Verdickungsmittel für Mattweissdruckfarben erwähnt. Sie haben die Eigenschaft ohne Anwendung äusserer Wärme im alkalischen Mittel zu kondensieren. In die Reihe dieser Veröffentlichungen gehören auch die *brit. P. 503.670* und *503.750* (Ripper), welche für die Vorkondensation einen p_H-Wert von über 7, für die Endkondensation einen 6,5 übersteigenden p_H-Wert vorsehen. Eine spezielle Verwendungsart ist hier die Herstellung von Druckverdikkungen für Pigment- oder Metalldruck. Laut zwei Beispielen wird das dickflüssige Vorkondensat in alkalischer Lösung mit Schutzkolloiden (Proteinen) und Farbstoff- oder Metallpulver angerührt, wobei man allenfalls auch andere Verdickungsmittel zufügen kann. Die Möglichkeit Alkalirückstände aus einem vorgehenden Mercerisationsprozess für die Kondensation nutzbar zu machen, also auf schwach alkalihaltige Ware zu drucken, wird erwähnt.

Die durch Einwirkung von Formaldehyd auf Aminotriazine (Melamin) entstehenden Kunstharze fanden, wie aus den Arbeiten der Ciba hervorgeht, interessante Anwendungen, die bereits in diesem Werke erwähnt wurden (siehe Kap. XII).

Das Melamin ist ein Polymer des Cyanamids:

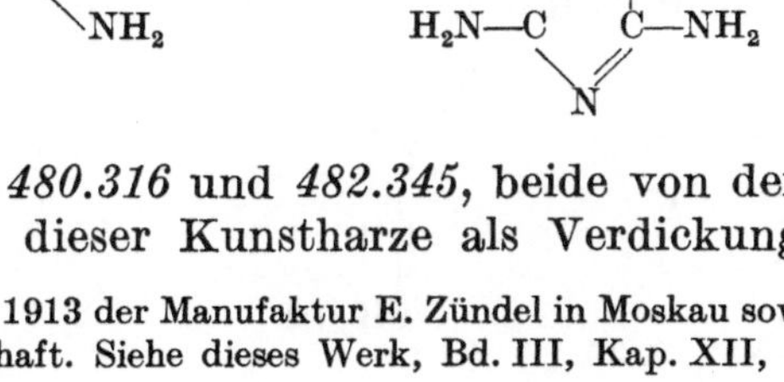

Die *brit. P. 480.316* und *482.345*, beide von der Ciba, betreffen die Verwendung dieser Kunstharze als Verdickungsmittel und als

---

[1]) *Brit. P. 714/* 1913 der Manufaktur E. Zündel in Moskau sowie *brit. P. 7284/* 1915 der Bakelite-Gesellschaft. Siehe dieses Werk, Bd. III, Kap. XII, S. 27.

Fixierungsmittel für Metallpulver, Pigmente, sowie für saure Farb-stoffe[1]).

Die Kondensationsprodukte, die sich von Melamin ableiten, zeigen den Vorteil einer leichten Härtung bei verhältnismässig niederer Temperatur; sie lösen sich klar in Wasser auf, und die Her-stellung der Druckfarben ist einfach; man rührt (im Falle der sauren Farbstoffe) die Substanz in die ammoniakalische Farbstofflösung ein und fügt noch vor dem Drucken Rhodanammonium zu, welches die Harzbildung im Schnelldämpfer beschleunigen dürfte.

Die Polyvinylderivate[2]) werden für einige besondere Fälle verwendet, namentlich um die Wirkung gewisser Substanzen, wie metanitrobenzolsulfosaures Natrium (Ludigol), in Reservedruck-farben unter Küpenfarbstoffen zu verstärken (*D.R.P. 531.475; öst. P. 126.574; brit. P. 355.059* und *amer. P. 1.922.993*).

Die Druckfarbe enthält 600 g einer 25%igen Polyvinylalkohol-lösung, 200 g metanitrobenzolsulfosaures Natrium und 200 g Wasser.

Polyvinylalkohol.

Vinylalkohol: $CH_2:CHOH$ gehört nach seinem Verhalten wie die Akrylsäure zu den Olefinen. Der Polyvinylalkohol ist ebenfalls wasserlöslich, besonders beim Erwärmen. Die daraus hergestellte Verdickung zeigt, zum Unterschied von der Polyakrylsäure, den-selben Charakter wie Methylzellulose, also wie Colloresin DK, d. h. sie wird durch fixe Alkalien und Metallsalze ausgefällt. Eine Ab-weichung besteht nur darin, dass sie nicht hitzeempfindlich ist.

---

[1]) Lyofix CH der Ciba = Hexamethylolmelamin

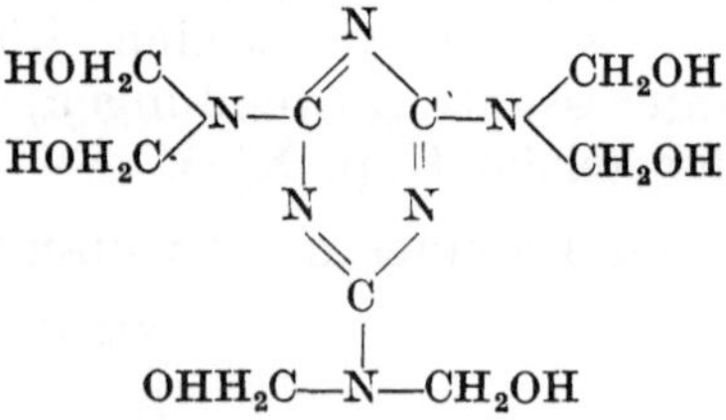

$$\begin{array}{c}
HOH_2C \\
 \\
HOH_2C
\end{array}\!\!>\!N\!-\!C \overset{\displaystyle N}{\diagup\diagdown} C\!-\!N\!<\!\!\begin{array}{c}CH_2OH \\ \\ CH_2OH\end{array}$$

$$OHH_2C\!-\!N\!-\!CH_2OH$$

Lyofix A = Trimethylolmelamin

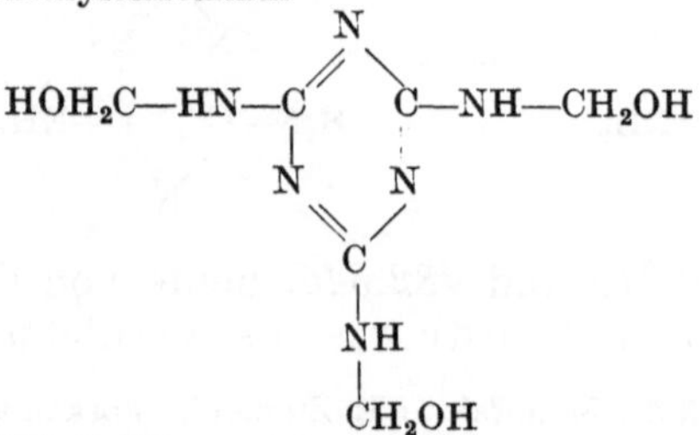

$$HOH_2C\!-\!HN\!-\!C \overset{\displaystyle N}{\diagup\diagdown} C\!-\!NH\!-\!CH_2OH$$

$$NH$$
$$CH_2OH$$

[2]) Bd. III, Kap. XII, S. 37.

Der Polyvinylalkohol ist demnach für den Küpenfarbstoffdruck unter den gleichen Verhältnissen wie Colloresin DK verwendbar. Er gibt aber schwächere Drucke und hat keine weiteren Vorteile, so dass er keine praktische Verwendung für Druckzwecke gefunden hat. Dagegen ist er als Kunstseidenschlichte unter dem Namen Vinarol der I. G. Farbenindustrie oder Vibatex S der Ciba im Handel[1]).

Polyvinylalkohol (Rhodoviol von Rhône-Poulenc) wird durch Einwirkung von Alkalien in der Wärme unlöslich.

Dr. A. Wacker der Gesellschaft für elektrochemische Industrie, äussert sich im *franz. P. 881.717* (angemeldet am 29. Mai 1941, ausgegeben am 4. Februar 1943, publiziert am 6. Mai 1943, deutsche Priorität 30. Juni 1939) wie folgt:

Man verwendet als Bindemittel, insbesondere für den Tiefdruck, Vinylpolymerisate in Gestalt ihrer wässerigen Emulsionen, so z. B. die Ester, Azetale und Äther des Polyvinylalkohols sowie die Polymeren der Akrylsäure und Methakrylsäure. Emulsionen dieser Art zeichnen sich durch eine ungewöhnliche Beständigkeit aus. Druckfarben, die auf diese Weise bereitet sind, geben Drucke von ausgezeichneter Wasch- und Wasserechtheit.

Laut *franz. P. 691.070*, 1930 der I. G wurden zum Druck von Küpenfarbstoffen Verdickungen aus Polyvinylalkoholen empfohlen. So verdickt man z. B. 100 g Küpenfarbstoff mit einer Lösung von 100 g Polyvinylalkohol in 900 g Wasser; nach dem Drucken wird der Stoff wie gewöhnlich getrocknet und nun in einem Bade, welches 110 g Rongalit, 75 g Glyzerin und 100 g Alkali im Liter enthält, gepflatscht, getrocknet und gedämpft (siehe Kap. I, S. 85).

Das *D. R. P. 662.936* (I. G. Farbenindustrie-Reppe-Hölscher-Schneevoigt) schlägt die Verwendung von wasserlöslichen Polymerisationsprodukten der Vinylreihe als Verdickungsmittel für Küpenfarbstoffe vor und betont hierbei, dass diese Derivate nicht als Anteige- oder Dispergiermittel, sondern ausschliesslich als Ersatz für andere Verdickungsmittel dienen.

Für den Druck von Küpenfarbstoffen im allgemeinen, auch als Verdickungen für diesen Zweck, werden im *brit. P. 464.283* der I. G. Farbenindustrie Gemische von wasserlöslichen intermediären Polymerisaten der Vinylreihe mit wasserunlöslichen Polyvinylderivaten empfohlen. Diese beiden Körperklassen müssen die Eigenschaft haben, sich unter den gleichen Bedingungen zu polymerisieren. Man hat es also z. B. mit Mischungen des wasserlöslichen poly-

---

[1]) Siehe Bd. II, Kap. X., S. 130 und 436. Verwendung von Polyvinylalkohol als Fixierungsmittel für Druckfarben auf Glasfasergewebe (Verfahren von Scheurer-Lauth & Co., Thann im Elsass).

merisierten Vinylmethyläthers, mit dem wasserunlöslichen Vinyl-
oktodezyläther zu tun, somit mit einer Emulsion des zweiten Körpers
im ersten. Der Küpenfarbstoff wird mit diesem Gemisch aufgedruckt,
dann wird die Ware durch ein Rongalit-Pottaschebad genommen, getrocknet und kurz gedämpft (siehe hierzu *amer. P. 2.108.994*).

Im *brit. P. 499.876* (Nobel Ges.) wird hervorgehoben, dass die
Kondensationsprodukte von Polyvinylalkoholen mit Aldehyden,
welchen Plastifizierungs- und Lösungsmittel zugesetzt werden, sich
zur Zubereitung von Druckfarben, namentlich für Reserve- und
Pigmentdrucke eignen.

Folgendes Beispiel wird angegeben: Man druckt auf Naturseide
ein Kondensationsprodukt von Polyvinylazetat mit Formaldehyd
(Polyvinylazeto-Formol) unter Zusatz von einem Äther des Glykols;
nach dem Drucken wird der Stoff getrocknet und mit einem sauren
Farbstoff gefärbt. Das Patent beschreibt ferner Reserven mittels
dieser Kondensationsprodukte in einer Kombination des Pergamen-
tierens mit Kreppeffekten.

Polyakrylsaures Natrium[1]

Akrylsäure: $CH_2=CH—COOH$. Die Akrylsäure ist eine ungesättigte Säure der Ölsäurereihe, die wie die Olefine die Fähigkeit
haben, sich zu polymerisieren, d. h. es vollzieht sich eine Verkettung
der ungesättigten Atomgruppen durch neue Kohlenstoffbindungen.
Das Interessante ist, dass dieses Polymerisationsprodukt, das mit
Wasser eine kolloidale Lösung bildet, eine farblose, durchsichtige Verdickung von hervorragender Zügigkeit liefert. Man benötigt dazu
150—200 g der festen Substanz. Sie hat die Eigentümlichkeit, beim
Drucken auf der Maschine sehr stark zu schäumen und etwas in der
Gravur zu haften. Die untersuchten Präparate sind ausserdem
karbonathaltig. Abgesehen von diesem ungünstigen Verhalten eignet
sie sich gut zum Druck von Küpenfarbstoffen nach dem normalen
Verfahren sowie von sauren Farbstoffen und könnte in dieser Hinsicht
als gleichwertiger Ersatz für Tragant, Britishgum oder Gummi angesehen werden. Sie ist dagegen nicht verwendbar für Indigosole,
Rapidechtfarben und Rapidogene (Koagulation), Beizen- und basische
Farbstoffe, Basendruck (Fällung durch das Aluminiumsulfat der
Färbesalze) und für Anilinschwarz. Ihr Verhalten gegenüber Indigosolen ist dadurch zu erklären, dass infolge ihrer Oxydierbarkeit das
Oxydationsmittel, das zur Entwicklung der Indigosole nötig ist, weg-
genommen wird.

---

[1] Viscol SNa der I. G. Farbenindustrie (Ludwigshafen).

Die von der Firma Röhm & Haas unter dem Namen Plextole[1]) in den Handel gebrachten Substanzen sind Polymerisationsprodukte der Akrylsäure

$$CH_2=CH-COOH$$

namentlich des Methylesters dieser Säure. Die Ausgangssubstanzen der Plextole sind Polyakrylsäure

$$-CH_2-CH-CH_2-CH-CH_2-CH-$$
$$\qquad |\qquad\qquad |\qquad\qquad |$$
$$\qquad COOH\qquad COOH\qquad COOH$$

und Polyakrylsäuremethylester

$$-CH_2-CH-CH_2-CH-CH_2-CH$$
$$\qquad |\qquad\qquad |\qquad\qquad |$$
$$\qquad COOCH_3\qquad COOCH_3\qquad COOCH_3$$

Die Plextole fanden interessante Anwendungen in der Appretur von Futterstoffen, zum Wasserdichtmachen der Baumwollgewebe, für verklebte, kombinierte Gewebe (Triplure) nach Art der Trubenizing sowie für die Herstellung von Kunstleder, Buchbinderleinen und ähnlichen Aufstrichstoffen.

Die Anwendung wasserlöslicher amorpher Polymeren der Akrylsäure als Verdickungsmittel wird von der I. G. Farbenindustrie in dem *amer. P. 1.976.679* geschützt; es wird angegeben, dass für Verdickungen 5—7%ige Lösungen dieser Polymeren genügen.

Im Sinne des *D. R. P. 713.903* (28. 1. 1938) (Röhm & Haas) sind als Verdickungen insbesondere die wasserlöslichen Polymerisate der Äthylenkarbonsäuren zu empfehlen. Erfindungsgemäss verbessert man diese Verdickungen wesentlich, indem man sie mit wässerigen Silikatlösungen, z. B. mit Wasserglaslösungen, vermengt. Der letztere Zusatz gestattet eine bessere Einstellung des Durchdringungsvermögens der Verdickung, eine bessere Ausnützung des Farbstoffes und auch eine bessere Fixierung. Als Äthylenkarbonsäuren kommen hauptsächlich die Akrylsäure oder die Methakrylsäure in Betracht. Sie können jede für sich oder gemischt polymerisiert werden. Auch Maleinsäure wird zur Herstellung solcher Mischpolymerisate empfohlen.

Die Verwendung von Mischpolymerisaten der Akrylsäure als Druckverdickungen wird in einer, in Mell. 1939, Aprilheft, S. 286 erschienenen Arbeit von Dr. Gerber ebenfalls behandelt[2]). Das in Frage stehende Produkt stammte von der Firma Röhm & Haas und bestand aus einem Gemisch von 35% polyakrylsaurem Natrium und 65% Polyakrylsäurenitril $(CH_2=CH-C\equiv N)_x$. Diese Verdickung

---

[1]) Kap. XII.

[2]) Bei dem von Dr. Gerber erwähnten Produkt handelt es sich um ein wasserlösliches Polymerisat auf Grundlage von polyakrylsaurem Natrium. Die Angaben von Dr. Gerber sind unzutreffend.

ist in allen neutralen und alkalischen Farben verwendbar; sie bietet weiter den Vorteil, ohne Koch- oder Aufschliessungsprozess gebrauchsfertig zu sein, hat dagegen den Nachteil, dass man zum Fixieren eine längere Dämpfdauer benötigt als bei Stärke-Tragant-Verdickung. Der Prozentgehalt an Verdickung soll 20—25% des Druckfarbengewichtes nicht übersteigen; als Zusatz zu solchen Farben wird Glyzerin, Glykol, Printogen oder Terpentin empfohlen. Die mit dieser Verdickung gedruckten Rapidogenfarben müssen nach dem Dämpfen in neutralem Dampf in essigsaurem Bade entwickelt werden.

Es möge hier an die interessante Arbeit von Walter (Mell. 1937, Aprilheft, S. 652) über Kondensationsprodukte erinnert werden. Sie enthält, ausser eingehenden theoretischen Erklärungen, noch die Herstellungsweise der Polymeren, deren Molekulargewichte dem der Zellulose nahekommen, sowie ihre verschiedenen Anwendungsmöglichkeiten.

Die Akrylsäureharze sind nur in organischen Lösungsmitteln löslich.

Die Firma Röhm & Haas brachte eine Marke unter der Bezeichnung Plexigum KP in den Handel, welche eine Lösung des Polymerisationsproduktes der Akrylsäure ist, sowie die Marke Plextol D, die eine wässerige Dispersion des Produktes darstellt.

Die Superpolyamide, die — wie schon erwähnt — die Grundlage der Nylon-Faserindustrie bilden, wurden durch die I. G. Farbenindustrie in *D. R. P. 707.848* (26. 11. 38) als Verdickungsmittel für den Zeugdruck vorgeschlagen. Solche Produkte werden erhalten durch Erhitzen von Aminokarbonsäuren für sich allein, oder Dikarbonsäuren, zusammen mit Diaminen, auf höhere Temperaturen, bis die Kondensationsprodukte fadenziehend geworden sind, also z. B. durch Erhitzen von Aminokapronsäure oder durch Kondensation von Adipinsäure mit Hexamethylendiamin.

Die mit diesen Superpolyamiden ausgeführten Drucke besitzen eine hervorragende Reib- und Waschechtheit.

Es wird oft übersehen, dass die Polymerisate aus Dikarbonsäuren und Diaminen (z. B. Adipinsäure und Hexamethylendiamin), welche der Nylonfaser zu Grunde liegen, an sich noch nicht zur Faserbildung befähigt sind. Die ausserordentlich interessanten Darlegungen des Erfinders des Nylon, Wallace Hume Carothers, in den ersten grundlegenden Patenten betreffend das Erzeugen von fadenbildenden linearen Superpolyamiden haben in Kürze folgenden Inhalt: Schon von früheren Forschern und von Carothers selbst wurden Kondensationen zwischen diesen beiden Gruppen versucht; sie führten wohl zu Polymeren, aber nicht zu den bekannten fadenziehenden Gebilden. Erst unter besonderen Kondensationsbedingungen, wozu auch die Verarbeitung der Masse in einer sogenannten Molekular-Destillations-Apparatur (Molecular Still) gehört, gelingt es, die noch nicht umgesetzten Anteile ständig wieder zurückzuführen, während die fertig kondensierte Masse immer erneut mit den noch reaktionsfähigen Komponenten in Berührung gebracht wird. Da sich der Prozess im Hochvakuum abspielt, so wird eine scharfe Trennung der umgesetzten und der nicht umgesetzten Teile herbeigeführt, was ohne genannte Apparatur nicht möglich wäre. Es scheint, dass nur auf diese Weise wirkliche Fadenmoleküle erhalten werden können und es eine Hauptbedingung ist, dass sich die Reaktionsmasse kalt auf ein Mehrfaches der ursprünglichen Fadendimension ziehen lässt, wodurch erst die orientierten wertvollen Nylonfäden entstehen. Produkte, die nicht unter diesen strikten Bedingungen hergestellt sind, sind meistens weniger geeignet zur Fadenbildung, dafür besser löslich (Nylon ist nur in wenigen Substanzen, wie konzentrierte Ameisensäure oder Phenol, löslich) und je nach den gewählten Komponenten, die immer bifunctional sind, zu anderen Zwecken (Schlichten, Verdickungen usw.) geeignet. Die ersten amer. Patente, die dem Nylon zugrunde-liegen, tragen die Nummern *2.071.250, 2.071.253* und sind ein gründliches Studium wert.

Alkylzellulosen

In den letzten Jahren erschien eine Reihe neuer Produkte[1]), die sowohl als Verdickungsmittel wie auch für Appreturzwecke von grösstem Interesse sind. Es handelt sich hier besonders um Zellulose-äther (Alkylzellulosen), Derivate der durch Alkylreste von niederem Molekulargewicht der aliphatischen oder aliphato-aromatischen Reihe substituierten Zellulose[2]).

Je nach dem Alkylierungsgrade sind diese Körper in Wasser, in Alkalien oder in organischen Lösungsmitteln löslich.

Man unterscheidet folgende Kategorien:

a) Alkalilösliche Derivate niederen Alkylierungsgrades: Tylose 4 S und Tylose SW, Palostan C und D der I. G. Farbenindustrie (Kalle), Rhodapret S (Rhône-Poulenc), Cellofas (I.C.I.) Ceglin der Sylvania Corp.

b) Wasserlösliche Derivate mittleren Alkylierungsgrades: Collo-resin DK (I. G.), Tylose TWA, Palostan E und F (I. G. Farben-industrie), Hortol A und S (Böhme), Rhomellose O und S (Rhône-Poulenc), Cellofas WLD, I.C.I., Renose S (Ciba).

---

[1]) Verfahren von Lilienfeld, Hauptpatent: *brit. P. 12.854* aus dem Jahre 1912, siehe Traill, J. Soc. Chem. Ind. 1934, S. 357; *franz. P. 462.274* (Dreyfus).

[2]) Spönsel, Über einige nicht thermoplastische Schlicht- und Appreturmittel aus Zellulose, Mell. 1938, Septemberheft S. 738.

c) In organischen Lösungsmitteln lösliche Derivate hohen Alkylierungsgrades: AT Zellulose B, BZ Zellulose der I. G. Farbenindustrie, Tylose A von Kalle.

Die zur Kategorie b) gehörenden Körper, namentlich die Methylzellulose werden unter dem Namen Colloresin DK für Küpenfarben als Verdickungsmittel empfohlen *(amer. P. 1.870.516* und *1.922.978* [Gen. Anil. Works]).

Die Methylzellulosen, welche durch Einwirkung von Methylsulfat auf Alkalizellulose erhalten werden und einen Methoxylgehalt von 22—26% aufweisen, sind von faserartiger Struktur und lösen sich in kaltem, aber nicht in warmem Wasser auf; die weniger methylierten Zellulosen (2—5% Methoxylgehalt) sind wasserunlöslich, in Alkalien aber löslich. Die Derivate mit ca. 5% Äthylgehalt sind in kaustischer Soda löslich, diejenigen, die 27% Äthylreste enthalten, sind wasserlöslich, während die 47% äthylhaltigen Zellulosen sich in Alkohol und in zahlreichen anderen organischen Lösungsmitteln auflösen[1]). Als Lösungsmittel für Alkylzellulosen nennt das *amer. P. 2.079.109* (Dreyfus) den Dimethylenäther und ähnliche Derivate. Der Dimethylenäther

$$CH_2 \overset{O}{\underset{O}{<\!\!>}} CH_2$$

dient übrigens auch als Lösungsmittel für Zelluloseester.

Das Colloresin DK, anfänglich ein reiner Methyläther der Cellulose, ist jetzt ein gemischter Methyl-Oxäthyläther der Zellulose. In der Kälte ist es wasserlöslich und besitzt eine hohe Ausgiebigkeit. 40—50 g der festen, zellstoffähnlichen Substanz geben pro Kilo eine durchsichtige, farblose, ziemlich zügige Verdickung. Die Hauptverwendung in der Druckerei beruht auf der Eigenschaft, in der Hitze, etwa über 60° C, und durch fixe Alkalien, insbesondere Karbonate, ferner durch Rongalit C, basische und neutrale Metallsalze, besonders Sulfate, fällbar zu sein und unlöslich zu werden. Dieser Vorgang ist reversibel, d. h. die ausgefällte Verdickung ist in kaltem Wasser wieder löslich. Auch Gerbstoffe, Phenole, Nekal BX u. a. bewirken eine Gerinnung.

Die Colloresinverdickung (siehe Kap. I, S. 84)[2]) ist durch die Löslichkeit dieses Produktes in kaltem Wasser, organischen Säuren und in Lösungsmitteln, wie Azetin, Glyzerin, Alkohol, dagegen durch die Unlöslichkeit in Alkalien gekennzeichnet. Hieraus ergibt sich die folgende Arbeitsweise in der Druckerei:

---

[1]) Siehe Bonnet, Contribution à la réalisation d'apprêts permanents à base de cellulose, Teintex 1938, S. 161.

[2]) *D.R.P. 495.712*; Kerth. Mell. 1935, XVI, S. 791.

Vor dem Dämpfen wird der bedruckte Stoff in einer warmen alkalischen Rongalitlösung behandelt, wobei kein Ausfliessen der Farbstoffe stattfindet, da das Colloresin unter diesen Bedingungen unlöslich ist; hierauf wird getrocknet, gedämpft und wie üblich fertiggestellt. Dieses Verfahren wird hauptsächlich für den Hand- und Filmdruck mit Küpenfarbstoffen verwendet; da auf diese Weise aufgedruckte Küpenfarben beliebig lange vor dem Dämpfen ohne Schädigung aufbewahrt werden können. Es wird ebenfalls zum Aufdrucken von Azofarbstoffen und Beizenfarbstoffen (mit Ausnahme von Alizaringelb G G), von sauren Wollfarbstoffen angewendet, da mit dieser Verdickung der Griff der bedruckten Stellen nicht hart ausfällt, wie es bei Verwendung von Gummi der Fall ist.

Das Colloresinverfahren hat ebenfalls schätzenswerte Resultate für den Reservedruck mit Küpenfarbstoffen unter Anilinschwarz ergeben[1]).

Nach Kerth (Mell. 1937, Maiheft, S. 378) lässt sich Colloresin mit Stärke-Tragantverdickungen vermischen, hingegen sollen die Mischungen aus Colloresin DK und Gummi- oder Britishgumverdickungen nicht homogen bleiben. (*D.R.P. 495.712, 525.182*, Mell. 1927, S.1047; 1928, S. 666; Kerth, Mell. 1935, XVI, Novemberheft, S. 791.)

Es wird im *D.R.P. 525.182* vorgeschrieben, der Verdickung solche Körper beizumengen, die durch Alkaliwirkung ausfallen, dadurch die Wanderung des Leukokörpers des Küpenstoffes in die Faser hemmen, z. B. das Bentonit, ein natürliches Aluminiumsilikat.

Um Alkylzellulose in festen kleinen Teilchen zu gewinnen und dadurch eine klumpenfreie Verdickung zu erhalten, lässt man gemäss dem *franz. P. 818.297* (Henkel) die Lösung in einem Trockenraum fein zerstäuben oder man rührt in eine wässerige Methylzelluloselösung langsam Tetrahydronaphtalin ein, erwärmt dann auf 160—175° C, wobei das Wasser verdampft und die Alkylzellulose als ein trockenes Pulver ausgeschieden wird.

Die I. G. Farbenindustrie brachte im Jahre 1940 ein neues Produkt unter dem Namen Colloresin V extra[2]) auf den Markt, welches gegenüber Colloresin DK verschiedene Vorteile aufweist. Colloresin V (Collocel von Dow. Chem., USA., Renose V extra (Ciba), Blanose von Novacel, Du Pont Sodium CMC, Cellappret, Carboxymethocel, Cellofas WFZ[3]) wird aus Holzzellulose, die mit NaOH behandelt wird,

---

[1]) *Amer. P. 1.922.978*, Pfeffer.

[2]) Nestelberger, Ein neues Verdickungsmittel für den Zeugdruck, Mell. 1940, Bd. 21 S.74. Siehe auch II. Aufl., Bd. I, Kap. I, S. 42 und 84. *Amer. P. 1.979.469; brit. P. 138.116; D.R.P. 562.985. 662.936,*

[3]) J. Soc. D. and Col. 1941, S. 254—258. E. P. Sommer, Textile Age, 1947, 11, Nr. 3, S. 46—52.

durch Einwirkung von Monochloressigsäure, erhalten; es bildet sich ein zelluloseätherkarbonsaures Salz: zelluloseglykolsaures Natrium:

$$\text{Zell—O—Na} + \text{CH}_2\text{Cl—COOH} = \text{Zell—O—CH}_2\text{—COOH} + \text{NaCl}$$

$$\text{Zell}\begin{cases} \text{O—CH}_2\text{—COONa} \\ \text{O—CH}_2\text{—COONa} \\ \text{O—CH}_2\text{—COONa} \end{cases}$$

Du Pont Sodium CMC = Na-Salz der Karboxymethyl-Zellulole = Cellulosegum.

Da Colloresin V extra seit 1942 nicht mehr geliefert werden konnte, wurde für eine kurze Zeit ein Ersatzprodukt unter dem Namen Tylose MGA oder Colloresin BL, das ebenfalls wasserlöslich war, geliefert. Die Zubereitung der Verdickung mit diesem Produkte geschieht nach folgendem Rezept:

<pre>
 100 g Tylose MGA
 770 g Wasser, kochen während 2 Stunden, dann
  30 g Kartoffelstärkemehl, aufgelöst in
 100 g Wasser aufschlemmen, der gekochten Tyloselösung zugeben
       und noch 20 Minuten kochen
─────
1000 g
</pre>

Colloresin V extra verträgt Zusätze von Rongalit C, Pottasche, Rhodanammonium ohne Veränderung. Nur Chrom-, Aluminium- und Ferrisalze bewirken Koagulation, die aber durch Zusatz von H—COOH, Weinsäuresalzen, Glykol- oder Milchsäure verhindert werden kann. Die Stammverdickung gleicht in Färbung, Viskosität und Zügigkeit einer Britishgumverdickung 1:1. Es wird weder durch Säuren noch durch Alkalien in seinen wesentlichen Eigenschaften beeinflusst. Dank seiner ausgezeichneten Zügigkeit kann Colloresin V extra als Verdickung im Maschinen-, Film- und Handdruck an Stelle von Tragant, Britishgum und Pflanzengummi verwendet werden. Es bietet gegenüber den gewöhnlichen Verdickungsmitteln ausser einer ausgezeichneten Zügigkeit den Vorteil, sehr leicht auswaschbar zu sein. Es eignet sich als Verdickungsmittel für Direkt-, Ätz- und Reservedruck mit Küpen-, Rapidogen- und sauren Farbstoffen sowie mit Indigosolen und Anilinschwarz.

Die Verdickung wird folgenderweise zubereitet:

<pre>
15 kg Colloresin V extra werden unter Umrühren in
85 kg heisses Wasser eingetragen und 2 Stunden stehen gelassen;
</pre>

hierauf wird die Verdickung gesiebt.

In der Praxis wird hauptsächlich eine Mischung mit Stärke verwendet:

<pre>
  7,5 kg Weizenstärke, Mais- oder Kartoffelmehlstärke mit kaltem Wasser
         angeteigt,
  7,5 kg Colloresin V extra eingerührt,
─────
         das ganze mit Wasser auf
100 kg eingestellt,
         unter Rühren aufgekocht und abgekühlt.
</pre>

Die I. G. Farbenindustrie hat auch das Produkt äthoxyzellulose-oxäthansulfosaures Natron hergestellt, das zur Bereitung von Druck-verdickungen bestimmt war. Die Forschungen in den Laboratorien in Höchst a/Main und Ludwigshafen sollen schon sehr weit gediehen sein; doch scheint es nicht, dass dieses Produkt eine praktische Anwendung gefunden hat.

Das *amer. P. 2.160.782* (The Dow Chemical Co.) empfiehlt die Verwendung von alkylarmen Methylzellulosen als Verdickungsmittel. Diese Produkte werden durch unvollständige Alkalisierung und darauf-folgende Alkylierung mit Alkylhaliden hergestellt. Die gewonnenen Substanzen, die kaltwasserlöslich, in der Hitze aber unlöslich sind, können analog den Albuminverdickungen für Pigmentdrucke verwendet werden.

Das *amer. P. 2.268.612* (The Dow Chemical Co., 1942) gibt folgende Einzelheiten über die Herstellung von Natriumzelluloseglykolat bekannt:

Man lässt während einigen Sekunden eine 75%ige Chloressig-säurelösung auf die gleiche Menge Zellulose einwirken, worauf dieselbe mit einer 41,3%igen Natronlauge behandelt wird.

Du Pont stellt gemäss *amer. P. 2.236.545*, 1941 Natriumzellulose-glykolat folgendermassen her:

> 1,000 T. Zellulose werden mit
> 10,000 T. Natronlauge 25% behandelt,

worauf durch teilweises Entfernen der Flüssigkeit die Masse auf 3000 Teile gebracht wird. Die so erhaltene Alkalizellulose lässt man alsdann mit 725 Teilen Natriumchlorazetat reagieren[1]).

Die verschiedenen Anwendungen des Natriumzelluloseglykolats sind durch folgende Patente geschützt:

Brit. P. 508.547 und *526.845* der I. G.: Verdickungen.

Brit. P. 538.909 und *537.980* (Du Pont): Plastifizierungsmittel.

Amer. P. 2.308.664 der The Dow Chemical Co: In Form von Aluminiumsalz in Mischung mit Wachsen als Hydrophobierungsmittel. Auch als Stabilisator für Emulsionen.

Amer. P. 2.357.469, 1944 der I. C. I. } Zusatz zu Alkyl-
Amer. P. 2.377.834 der The Dow Chem. Co. } zelluloseverdickungen

Amer. P. 2.335.194 von Pauser & Nüsslein: Putzmittel.

---

[1]) Siehe auch *amer. P. 2.276.704* (General Aniline and Film Corporation), Darstellungsweise durch Einwirkung von Monohalogenessigsäure oder ihrer Salze auf mit Alkalihydroxyden vorbehandelten Zellstoff; ferner *brit. P. 305.230* (I. G.); *amer. P. 1.979.469, 2.021.932* (Du Pont); *amer. P. 2.248.048* (Celonese Corp. of America); *amer. P. 2.259.796* (Sylvania Ind. Co.; *amer. P. 2.265.915* (Lilienfeld Patents Inc.).

Den Gegenstand des *amer. P. 2.148.951* (Du Pont de Nemours) bildet die Herstellung eines Stärkepräparates, welches durch Reaktion der Stärke mit kleinen Mengen polyfunktioneller Mittel derart entsteht, dass mindestens zwei funktionelle Gruppen einwirken. Es handelt sich hier im allgemeinen um Esterifizierungs- und Ätherifizierungsmittel, wie z. B. Epichlorhydrin, Dimethylsulfat, Dichlordiäthyl, Dichlorazetat usw., also um Substanzen, die mit zwei Resten auf die alkalisierte Stärke wirken können. Die so erhaltenen Produkte, besonders das Chlorazetat, werden als Verdickungsmittel, namentlich für Küpenfarben, empfohlen.

Man muss gemäss der Erfindung dafür Sorge tragen, dass sich wirklich beide Gruppen anlagern; denn in gewissen Fällen kann sich, trotz der Anwendung zweibasischer Säuren dennoch nur eine funktionelle Gruppe im Esterifizierungs- bzw. Ätherifizierungsmittel ergeben. Ein Beispiel ist das Reaktionsprodukt von Benzoylchlorid auf eine beliebige Dikarbonsäure nach der Gleichung:

$$\text{C}_6\text{H}_{11}-\text{C}\overset{\text{O}}{\underset{\text{Cl}}{}} + (\text{CH}_2)_n\,(\text{COOH})_2 \longrightarrow \text{C}_6\text{H}_{11}-\text{C}\overset{\text{O}}{\underset{\text{O—CO—(CH}_2)_n\,\text{—COOH}}{}}$$

Das daran anschliessende *amer. P. 2.148.952* derselben Firma überträgt den Gedanken auf analoge Behandlungen von Ätherzellulosen, ebenfalls zu Verdickungszwecken. Hierdurch wird wieder einmal der Parallelismus zwischen Zellulose und Stärke gemacht.

In den hier vorliegenden Beispielen wird hauptsächlich Epichlorhydrin verwendet, welches man in einem Verhältnis von 0,25—0,50 Teile auf 60 Teile einer in Alkali gelösten 7 % Zelluloseglykolsäureätherlösung, bei gewöhnlicher Temperatur unter starkem Umrühren etwa 12 Stunden einwirken lässt.

Mit diesem Verdickungsmittel soll man bedeutend vollere Küpenfarbstoffdrucke als mit Zelluloseätherverdickungen, z. B. Colloresin DK, erhalten.

Das *brit. P. 513.917* (Du Pont de Nemours) beschreibt die Herstellung von Zellulosederivaten, die sich ebenfalls für Druckverdickungen eignen. Man lässt zu diesem Zweck Zellulose mit einem monofunktionellen Ätherifizierungsmittel, wie Methylchlorid, oder mit Natriumchlorazetat in Gegenwart einer geringen Menge eines bifunktionellen Ätherifizierungsmittels, wie Epichlorhydrin, $\beta—\beta$-' Dichlordiäthyläther u. dgl. einwirken. Die Mengen des Ätherifizierungsmittels sind derart berechnet, dass durch die Substitution mit den monofunktionellen Mitteln allein eine wasserlösliche Zellulose entsteht, die nebstbei 0,0002—0,25 Mol des bifunktionellen Reagens für jede Glukoseeinheit aufweist. Die derart hergestellten Erzeugnisse ergeben wässerige Lösungen von einer grösseren Viskosität als diejenigen, die aus Alkylzellulose gleicher Alkylzahl, aber ausschliesslich mittels Anwendung monofunktioneller Mittel erzeugt wurden.

Über die weiteren Arbeiten auf dem Gebiete der synthetischen Verdickungsmittel ist folgendes auszuführen:

Auf der Suche nach wasserlöslichen Verdickungsmitteln, ausgehend von der Zellulose, sind die nachstehenden Körper hergestellt worden.

Oxäthylzellulose[1]).

Das Aussehen dieses Präparates ist dasselbe wie das des Colloresin DK. Der Körper (100 g pro kg) quillt mit Wasser, löst sich aber durch Zugabe von Natronlauge (20 cm^3 40^0 Bé) zu einer klaren, kolloidalen Lösung. Da die Verdickung mit Salzsäure neutralisiert werden muss, enthält sie erhebliche Mengen Kochsalz, die teilweise störend wirken. Auch ist der Lösungsvorgang zu umständlich. Sie ist für alle Farbstoffe, mit Ausnahme von alkalischen Küpendruckfarben, den basischen Farbstoffen und Diazodruckfarben, geeignet. Mit Salzen, wie Pottasche, Natriumsulfat usw., tritt Koagulation ein. Im übrigen sind die Druckresultate gut.

Oxäthylzelluloseäthansulfosaures Natrium[1]).

Das Präparat ist direkt wasserlöslich; 100 g pro kg geben eine Verdickung von etwas kurzer Konsistenz. Sie ist brauchbar für Küpenfarbstoffe nach dem normalen Pottasche-Rongalitverfahren, für saure und substantive Farbstoffe. Die Drucke sind weniger ausgiebig. Mit Beizenfarbstoffen und mit den ätzalkalisch zu druckenden Rapidecht- und Rapidogenfarbstoffen gelatinieren die Farben.

Zellulose-Schwefelsäureester.

Mit diesem Präparat wird eine sehr schöne, zügige Verdickung erhalten, die mit Küpenfarbstoffen und sauren Farbstoffen gute Resultate ergibt. Beim Drucken mit Küpenfarbstoffen ist bemerkenswert, dass die Druckfarben nicht mit Pottasche, die Koagulation verursacht, sondern mit Soda angesetzt werden müssen. Die Verdickung, die sonst sehr gute Eigenschaften besitzt, hat aber einen bemerkehswerten Nachteil, nämlich den, dass der Ester beim Dämpfen verseift wird, besonders in Gegenwart von feuchtem Dampf, Bisulfat abspaltet und die Baumwollfaser angreift, was bei längerem Dämpfen zur völligen Zerstörung führen kann. Zwar ist ja im Küpenfarbdruck wegen der Gegenwart von überschüssigem Alkali oder im Druck auf

---

[1]) Oxyäthylrest = —CH$_2$—CH$_2$—OH
[1]) Äthansulfosäure = C$_2$H$_5$—SO$_3$H.

Wolle keine direkte Gefahr vorhanden; aber die Mitläufer können in letzterem Falle in Mitleidenschaft gezogen werden, und es könnte vorkommen, dass die Verdickung doch mit anderen verwechselt wird und mit neutralen oder sauren Druckfarben auf den Baumwollstoff gelangt. Man würde mit einer solchen Verdickung ein zu grosses Risiko auf sich nehmen.

Zellulose-Glykolsäureäthansulfosaures Natrium[1]).

200 g des Verdickungsmittels pro kg geben eine braun gefärbte, geschmeidige, etwas kurze Verdickung. Sie ist karbonathaltig und muss bei sauer zu druckenden Farbstoffen neutralisiert werden. Sie lässt sich für Küpenfarbstoffe nach dem normalen Verfahren, Indigosole, saure und substantive Farbstoffe mit gutem Druckausfall verwenden. Für basische, Beizen-, Rapidecht- und Rapidogenfarbstoffe ist sie nicht brauchbar.

In der Gruppe der Stärke als Ausgangsmaterial ist nur ein einziges Präparat zu erwähnen; es ist dies die Oxäthylstärke. Als Druckverdickung eignet sich das untersuchte Präparat nicht, da es von einer zähen, kautschukartigen Beschaffenheit ist. (Ethulose von George G. Johnston & Co., New-York.)

Im Pigmentdruck geben die bekannten Verdickungen einen harten Griff, so z. B. Albumin das mit Formaldehyd abgebenden Substanzen aufgedruckt wird, oder Polyvinylester, Polyakrylate und ähnliche Verbindungen. Es ist nun sehr wichtig, aus dem *schweiz. P. 203.116* (I.G.) zu erfahren, dass man den ursprünglichen weichen Griff der Gewebe erhält, wenn man als Bindemittel für die Pigmente usw. sowohl für mineralische Pigmente wie Titandioxyd, als auch für unlösliche Farbstoffe hochpolymere aliphatische oder alizyklische Kohlenwasserstoffe anwendet, wie etwa hochpolymeres Zyklohexen (Zyklohexen wird aus Erdöl gewonnen und gehört zu den Zykloolefinen der schematischen Formel C_nH_{2n-2} also C_6H_{10}), Propylen, Isobutylen (diese Produkte werden ebenfalls aus dem Erdöl im Crackprozess isoliert) u. dgl. Die Polymerisation findet laut Angabe der Beschreibung bei sehr tiefen Temperaturen (-50^0 C und darunter) statt.

Das im *amer. P. 2.127.770* (Franz und Hardtmann) beschriebene Verdickungsmittel geht gänzlich von den bisher gekannten wasserlöslichen Stoffen (Gummi, Stärkederivate, Leim u. dgl.) ab und setzt an deren Stelle eine Emulsion von höheren Alkoholen, die in der Beschreibung als wasserunlösliche, aber hydrophile Substanzen bezeichnet werden, mit einem wasserlöslichen Emulgator. So z. B. wird Cetyl-

---

[1]) Äthansulfosäure $= C_2H_5{-}SO_3H$.

alkohol mit Natriumstearylsulfat emulgiert und dieser wässerigen Emulsion kann man ohne weiteres grössere Mengen von Montan- oder Japanwachs zumischen. Es wird hervorgehoben, dass mit solchen Mischungen verdickte Farben, bei deren Anwendung nach dem einen Beispiel an den Vigoureuxdruck zu denken ist, besonders leicht die verdickende Substanz beim Waschen abgeben oder anderseits den Faden so weich erhalten, dass man in bestimmten Fällen gar nicht auswaschen muss. Es wäre interessant zu versuchen, ob man auf diese Weise nicht Offsetdruckmethoden in die Textildruckerei einführen könnte.

Dem obigen amerikanischen Patent entsprechen das *franz. P. 776.477* und das *brit. P. 443.365* von Stöhr & Co. Als Verdickung wird eine Emulsion aus hydrophilen, aber wasserunlöslichen Stoffen, z. B. höheren Alkoholen, wie Cetylalkohol mit einem als Emulgator dienenden Fettalkoholsulfat (Ammonium-Dodezylsulfat), verwendet. Der Grund der Einführung dieser Mittel anstatt der üblichen Gummen, Stärken u. dgl. liegt darin, dass verdickende Substanzen gesucht werden, die keine klebende Wirkung haben. Besonders beim Garndruck dürfte das Ankleben der Einzelfäden an den Druckstempeln und -formen lästig sein.

Das *brit. P. 443.365* gibt folgendes Ausführungsbeispiel:

auf 500 T. Wasser
50 T. Cetylalkohol und
5 T. Emulgator (Fettalkoholsulfat)

Man gibt 20—30% einer solchen fertigen Verdickung in die Druckfarbe.

Vor einigen Jahren wurde weiter von anderer Seite ein Patent zur Verwendung von Mineralölemulsionen als Verdickungsmittel genommen. Mit Nekal AEM erhält man eine viskose Paste, mit der aber keine brauchbaren Drucke erzielt werden konnten.

Es sei zum Schlusse dieses Kapitels noch erwähnt, dass im Kriege gereinigte, oft auch ungereinigte Sulfitablauge als Druckverdickung herangezogen wurde. Sie kam jedoch nur für Druckfarben mit reduzierenden Medien in Betracht.

Auch an die Verwertung von Pektinstoffen als Verdickungsmittel hat man gedacht. Ein solches Präparat unter dem Namen Pomosin, das aus Äpfeltrestern hergestellt ist, wurde von der I. G. Farbenindustrie untersucht. 160 g Trockensubstanz geben, mit Wasser aufgekocht, eine schöne bräunliche Verdickung, die sich für saure und neutrale, dagegen nicht für alkalische Druckfarben eignet. Das Präparat ist jedoch viel zu teuer.

Name	Erzeugerfirma	Zusammensetzung
Diagum	Diamalt A.G., München	Johannisbrotkernmehl. Wasserlöslich; ergibt eine farblose gelatinöse Verdickung.
Caroubine		
Tragasol	Gum Tragasol Supply Co.	
Lisogum		
Neogum		
Cefen		
Stargum	Pinel Frères, in Deville-les-Rouen	
Leico-Gummi	Leico-Gesellschaft Bast & Co.	
Tex-Gum S. 28	Soc. Chim. Elbeuvienne	
Mekonin		
Tragu S	Diamalt A. G., München	Vegetabilisches Produkt, vermutlich aus Caroubine.
Paltaleim		
Emco-Gum.	Meyerhans (Schweiz)	
Siliqua		
Pantogomme		
Halogum		
Perasol		
Cisalpinogum		
Draguline		
Gum Gatto		
Trogen		
Ceratoniagummi		
Fruktangummi		
Adurin		
Okatol		
Pektragum A	Hauser & Sobotka	Ein dem oxyäthylierten Johannisbrotkernmehl ähnliches Produkt.
Pektragum G		
Luposol S	J.W.C.	
Blandola	Blandola Co. Ltd.	Extrakt aus Seetang und Flechtenarten.
Norgine		
Algine		
Gélidine (alte Bezeichnung)	Scheurer, Belfort	
Amorine		
Novigont		

Literatur	Verwendungsgebiete
Dr. Tagliani, Mell. 1930, S. 460. *D.R.P. 611.967* (Tres-Budapest). *Öst. P. 136.997* (Tres-Budapest). *Franz. P. 755.961* (Neogum). *Öst. P. 150.992* (Ver. Färb. A.G.) *D.R.P. 578.776, 1933; brit. P. 444.838; D.R.P. 749.708* von Kästner. *Franz. P. 838.904, brit. P. 508.135* von Durand-Huguenin. Universalgummi oder Gomme universelle = Johannisbrotkernmehl mit Proteinsubstanzen.	Als Verdickungsmittel für Druckerei und zu Appreturzwecken. Verflüssigt durch Alkalizusatz. Eignet sich wenig für basische und Küpenfarben. Universalgummi von Durand-Huguenin ist eine Verdickung für Küpenfarbstoffe. Durch Zugabe von Proteinsubstanzen wird die Verflüssigung verhindert.
Brit. P. 498.149 (I. G. Farbenindustrie). *Franz. P. 838.184.* (I. G.) Die Verdickung ist sehr leicht auswaschbar. Im alkalischen Bade gerinnt die Verdickung und verhindert so ein Auslaufen der Farbe.	Marke A: Verwendung als Verdickungsmittel für das Elektrofixierer-Verfahren. Marke G: Verdickungsmittel für den allgemeinen Druck mit Küpen-, Beizen- basischen und Rapidogenfarbstoffen.
	Ausgezeichnetes Verdickungsmittel, besonders für die Beizen- und Rapidogenfarbstoffe.

Name	Erzeugerfirma	Zusammensetzung
Gomme d'Alsace Gomme factice		Wird aus Kartoffelstärke gewonnen.
Industrie-Gummi Gomme industrielle	Bernard & Cie., Mülhausen	Aufgeschlossener und zur Trockene eingedampfter Schirazgummi. In Wasser löslich.
Gomme Labiche	Bernard & Cie., Mülhausen	
Nafka Kristall-gummi A extra 5	Scholten (1931)	Verdickungsmittel aus natürlichem Gummi.
Alfagum	Diamalt A.G., München	
Dextrin		Wasserlösliche Modifikation der Kartoffelstärke, erhalten durch Rösten, Gärung oder Säureeinwirkung.
Tragasol		Aus der Zichorienwurzel gewonnenes Produkt.
Britishgum		Wasserlösliche Modifikation der Maisstärke.
Leiogomme		Geröstete Kartoffelstärke.
Gommeline		Gebrannte Weizenstärke.
Gloy		Warme Behandlung von Stärke mit Metallchloriden (Mg oder Ca).
Sisol Bentonit Silvinit Volcanit	Gignoux, Lyon	Kolloidale Kieselsäure. Weisses, äusserst feines Pulver. Quillt in 10—30fachem Verhältnis seines Volumens in Wasser auf, unter Bildung einer gelatineartigen Masse.
Lobogomme 42 Lobogomme spécial	Soc. de Prod. Chim. Louis Bouvard & Cie., Lyon	

Literatur	Verwendungsgebiete
	Verdickungsmittel für die Druckerei.
	Verdickungsmittel für die Druckerei, besonders im Druck von basischen, Beizen- und Küpenfarbstoffen.
	Verdickungsmittel für die Druckerei; besonders geeignet für Bödendrucke. Lässt sich leicht auswaschen. Gibt eine schwächere Farbenausbeute als viele andere Verdickungsmittel.
	Ausgezeichnetes Verdickungsmittel für die Druckerei, namentlich für Küpenfarben. Gewöhnliche Zusammensetzung der Verdickung: 500 g Britishgum 500 g Wasser ———— 1000 g
	Für Druckzwecke wenig verwendet, dient hauptsächlich als Appreturmittel.
	Dient namentlich für Appreturzwecke.
	Für Appreturzwecke.
	Verdickungsmittel für Küpenfarbstoffe. Ausgezeichnetes Dispergiermittel für Farbstoffteige, verhindert vollkommen ihr Absetzen. Hilfsmittel für Reinigungslösungsmittel.
	Verdickungsmittel für den Filmdruck bestimmt, in Ersatz für die arabischen Gummen.

Name	Erzeugerfirma	Zusammensetzung
Solvitex BG, ST Quellstärke Adragaline	Scholten in Gröningen, (Holl.) Doittau in Corbeil Scholten Brueder, in Arches (Vogesen)	In der Kälte aufquellende Stärke.
Tangsaures Natrium Natrium-Alginat Alginate de sodium	Soc. Bretonne de Prod. Chim. et Pharmac. in Quimper (Frankreich)	$C_{10}H_{18}O_{10}(COOH)_2$: $$CH_2OH-(CHOH)_4-\overset{\displaystyle HOOC\diagdown\ \ \diagup COOH}{C}-CHOH-\overset{OH}{\overset{\mid}{C}}=\overset{OH}{\overset{\mid}{C}}-CH(OH)_2$$ Natrium- und Kaliumsalze sind wasserlöslich, Barium, Aluminium, Eisen und Chromsalze sind dagegen in Wasser unlöslich.
Serikose LC Acétol Cellit Azetatzellulose Cellit L, LX, K, KX	I. G. Farbenindustrie Rhône-Poulenc I. G. (Bayer) Rhône-Poulenc I. G.	Azetatzellulose einer Mischung von Azetat- und Sulfoazetatzellulose entsprechend. Löslich in organischen Lösungsmitteln Azeton, Äthyllaktat, Methylalkohol, Glykolmonoformin usw.
Tornesit Protex-Pechiney Alloprene Chlorkautschuk Pergut N, H, HH Irgonit C Pulv. und C in Lös. Duroprene Tegofan Electrogum	I. G. Pechiney Imp. Chem. Ind. F.P.C. Thann (Els.) I. G. Geigy Peackey (England) Chem. Fabr. Buckau Ugine	Chlorkautschuk. Weisse Körnchen oder in Pulverform. Verschiedene Viskositäten: niedere, mittlere und hohe. Löslich in Kohlenwasserstoffen, chlorierten Kohlenwasserstoffen, Ester usw. Unlöslich in Alkohol, Äthyllaktat, Glyzerin usw.
Colloresin DK Colloresin D, trocken Renose S Glütelin Tylose TWA Palostan E und F Hortol A und S Rhomellose O und S	I. G. I. G. Ciba I. G. I. G. Kalle I. G. Kalle Böhme-Fettchemie Rhône-Poulenc	Alkylzellulose von mittlerem Alkylierungsgrad verbunden mit niederen aliphatischen Alkylresten. Löslich in kaltem, unlöslich in warmem Wasser; löslich in gewissen Lösungsmitteln, wie Azetin, Glyzerin, Alkohol.
Solvitose H Solvitose H 4	Scholten Scholten	Stärkeäther.

Literatur	Verwendungsgebiete
Franz. P. 732.306 von Scholten.	Ausgezeichnetes Verdickungsmittel für Küpen-Rapidogen- und Indigosolfarbstoffe. Sehr gute Farbenausbeute, erleichtert das Egalisieren der Druckfarben.
	Ausgezeichnetes Verdickungsmittel für Rapidogenfarbstoffe u. a. m. Appretur- und Schlichtmittel. Findet auch als weichmachendes Mittel in der Seilfabrikation Verwendung.
	Verdickungsmittel für die Druckerei. Fixationsmittel für Pigmente und Metallpulver (Mattweiss- und Metalldruckeffekte).
	Verdickungsmittel für die Druckerei. Fixierungsmittel für Pigmente, haftet sehr gut am Gewebe als harter, widerstandsfähiger Film an.
D.R.P. 495.712, 525.182; Mell. 1927, S. 1047; 1928, S. 666. Kerth, Mell. 1937, S. 378. Kerth, Mell. 1935, XVI, S. 791.	Verdickungsmittel für Küpen- und Naphtolfarbstoffe. Eignet sich für Hand- und Filmdruck sowie für Reliefdruck. Küpenfarbstoffreserven unter Anilinschwarz. Als Appreturmittel (nicht waschecht).
Löst sich leicht und klumpenfrei in kaltem Wasser.	Verdickungsmittel mit sehr gutem Egalisiervermögen. Gibt glatte, nicht wolkige Drucke, besonders für grosse Flächen. Für den Druck der Seide, Kunstseide, Plüsch geeignet.

Name	Erzeugerfirma	Zusammensetzung
Cellofas WLD Methocel	Imp. Chem. Ind. The Dow Chem. Co. (USA.)	Alkylzellulose von mittlerem Alkylierungsgrad verbunden mit niederen aliphatischen Alkylresten. Löslich in kaltem, unlöslich in warmem Wasser; löslich in gewissen Lösungsmitteln, wie Azetin, Glyzerin, Alkohol.
Colloresin V extra Cellcosan Collocel Cellappret Renose V Carboxymethocel Cellofas WFZ Glycelose Blanose	I. G. Schweden Dow. Chem. Co. I. G. Ciba USA. I.C.I. Sinnova Novacel	$$\text{Zell}\begin{cases}\text{OCH}_2\text{—COONa}\\\text{OCH}_2\text{—COONa}\\\text{OCH}_2\text{—COONa}\end{cases}$$ Zelluloseäther der Glykolsäure. Zellulose-glykolsaures Na erhalten durch Einwirkung von NaOH auf Holzzellulose und durch Behandeln der gebildeten Hydrozellulose mit Monochloressigsäure.
Colloresin MB Tylose MGA	I. G. 1942 Kalle (1943)	Ersatz für Colloresin V extra, das seit 1942 für die Wehrmacht beschlagnahmt war.
Bakelit Beckolak Alnovole	Bakelit-Gesellschaft Erkner Beckacite Kunstharzfabrik, Homburg Chem. Werk Albert	Phenol-CH_2O Kondensationsprodukte.
Mowilith (mehrere Marken) Vinnapas B und V Vibatex K Résovyl NFF, ND, NM, NC Rhodopas HV, HVl, HV 2 Rhodopas B, M, H, HH Vinylite A Vinnal H 40	I. G. Dr. A. Wacker Ges. f. elektrochem. Industrie, München Ciba Kuhlmann Rhône-Poulenc Rhône-Poulenc Carb. Carb. Chem. Corp. Dr. A. Wacker	Polyvinylharze, namentlich Polymere von Vinylazetat. $$CH_3\text{—}C\underset{\text{O—CH}=CH_2}{\overset{O}{\diagup\diagdown}}$$ Spez. Gew. bei 20^0 C: 1,18—1,19. Von sehr guter Licht- und Wärmebeständigkeit. Löslich in 95%igem Alkohol, Azeton, Benzol, Toluol, Äthylazetat, Butylazetat, Butyllaktat, Dichlor- und Trichloräthylen; unlöslich in Wasser, in absolutem Alkohol, Xylol, Benzin, Terpentinöl und in Ölen.
Tylose 4 S und SW Palostan C und D Rhodapret S Rhodapret Cellofas AF Ceglin	I. G. I. G. Kalle Rhône-Poulenc Rhône-Poulenc Imp. Chem. Ind. Sylvania Industrial Corp.	Alkylzellulose von niederem Alkylierungsgrad, löslich in Alkalien.

Literatur	Verwendungsgebiete
D. R. P. 495.712; 525.182; Mell. 1927, S. 1047; 1928, S. 666. Kerth, Mell. 1937, S. 378. Kerth, Mell. 1935 XVI, S. 791.	Verdickungsmittel für Küpen- und Naphtolfarbstoffe. Eignet sich für Hand- und Filmdruck, sowie für Relief-Druck. Küpenfarbstoffreserven unter Anilinschwarz. Als Appreturmittel (nicht waschecht).
Siehe dieses Werk, Bd. 1, Kap. 1, S. 42, 84. *Amer. P. 1.979.469; brit. P. 138.116.* *D.R.P. 662.936* der I. G. *D.R.P. 562.985* der I. G. J. Soc. D. and Col. 1941, S. 254/258. Nestelberger, Mell. 1940, S. 74.	Vorzügliches Verdickungsmittel, wird in Verbindung mit Stärkeverdickung zum Druck von Küpenfarbstoffen, Indigosolen und Rapidogenen verwendet.
	Verdickung für Metallpulverdruckfarben.
	Als Verdickungsmittel für Pigmente und Metallpulver. Für spezielle und permanente Appreturen. In der Firnisindustrie. Als Firnis für durchscheinendes Papier.
	Appreturmasse für permanente Appreturen (Dauerappreturen).

Name	Erzeugerfirma	Zusammensetzung
Hortol SL Hyglin	Böhme-Fettchemie Sylvania Industrial Corp.	Alkylzellulose von niederem Alkylie-rungsgrad, löslich in Alkalien.
Mowilit G Vinylite H	I. G. Carb. Carb. Chem. Corp.	Polyvinylchlorazetat.
Kollodiumlösung Kollodiumwolle Nitrozellulose	I. G. I. G. Soc. Nobel, Paris	Zellulosenitrat.
Lyofix CH Lyofix A	Ciba Ciba	Vorkondensationsprodukte von Mela-min mit Formaldehyd; entsprechend dem Hexa-, bzw. Trimethylolmelamin.
Melamin Maprenol MIB 50% Lös. in Isobutanol	Ciba I. G.	2, 4, 6-Triamino-1,3,5-Triazin. Glänzende Prismen. Bildet durch Einwirkung von Formal-dehyd ein Methylolderivat analog dem-jenigen, der mit Harnstoff erhalten wird. Melaminharz.
Plextol A 20%, B 25% Plextol AS 25%, BV Plextol BS, M 25% Acronal 1, L 100, L 200 Appretane (Mehrere Marken) Rhotex A 20	Röhm & Haas Röhm & Haas Röhm & Haas I. G. I. G. Röhm & Haas Co. (USA.)	Wässerige Dispersion von Polymeren, der Akrylsäure und ihrer Derivate, na-mentlich ihrer Ester $CH_2=CH—COOH$ (Akrylsäure) Löslich in organischen Lösungsmitteln (Plexigum). Azeton, org. Ester, Benzol, Chlorkohlenwasserstoff, Dioxan.
Plexigum KD	Röhm & Haas	Lösungen in organischen Lösungsmit-teln von Polymeren der Akryl- und Me-thakrylsäure. Thermoplastische Masse.
Polystyrol F Polystyrol B und L Styresin H	Rhône-Poulenc I. G. I. G.	Erhalten durch Polymerisation von Styrol $\langle\ \rangle$—$CH=CH_2$ (Vinyl-Benzol) Gegen Wasser und Chemikalien sehr beständiges Kunstharz, besitzt hohe elek-trische Isolierwirkung. Löslich in Esters, Ketonen, Benzol-kohlenwasserstoffen und in Chlorkohlen-wasserstoffen.

Literatur	Verwendungsgebiete
	Appreturmasse für permanente Appreturen (Dauerappreturen).
	Wie oben.
	Als Verdickungs- und Fixierungsmittel für Metallpulver, Pigmente, Lack- und Matteffekt. Im Rouleau-, Schablonen- und Bürstendruck.
Siehe Kap. XII.	Verdickungsmittel für saure und Pigment-farben. Für Permanentappreturen.
	Für die Kunstharzfabrikation und für knitter-feste Appreturen auf Kunstseide.
Amer. P. 1.976.679 der I.G. E. Trommsdorf, Die Alkylharze, Kunststoffe, 1937, Märzheft. Walter, Mell. 1937, S. 652. K. Walter, Zellwolle, Kunst-seide, Seide, 1941, Maiheft. S. 514.	Verdickungs- und Fixierungsmittel für Pig-mente und Metallpulver. Für permanente und wasserabstossende Appre-turen. Für das Zusammenkleben von Stoffen (Trubenizing). In der Kunstlederfabrikation.
	Für Dauerappreturen.

Hilfsmittel für das Waschen und Seifen von Textilwaren.

Es soll hier nur eine kurze Übersicht über die in den letzten Jahren aufgekommenen neuen Arbeitsmethoden folgen, welche den Zweck verfolgen, einerseits die gewöhnlichen Seifen durch Waschmittel von grösserer Reinigungswirkung und besserer Stabilität gegen Erdalkalien zu ersetzen (Igepon A und T der I. G. Farbenindustrie, Neopol T, Praestapol von Stockhausen, sulfonierte (sulfatierte) Fettalkohole, Gardinol (Böhme-Fettchemie), Ultravone der Ciba, Igepale der I. G. Farbenindustrie), andererseits das Ausfällen der Seifenbäder durch Kalksalze durch Zugabe gewisser Substanzen (z. B. Calgon Trilon A und B) zu verhüten[1]).

Die wasserlöslichen grenzflächenaktiven Verbindungen (Waschmittel, Emulgiermittel, Farböle, Netzmittel und andere verschiedene Textilhilfsmittel) können folgendermassen klassifiziert werden:

A. Ionogen-aktive Produkte.

1. Anion-aktive-Verbindungen.

   a) Seifen.

   b) Sulfonierte Öle (Sulforizinate, Türkischrotöle, Monopolöle, Monobrillantöle usw.).

   c) Esteröle (Typus Avirol AH von Böhme-Fettchemie), Färbeöle mit gutem Netzvermögen.

   d) Monoglyzeridsulfonate, Waschmittel, die aber alkaliempfindlich sind.

   e) Fettsäureamide (Amidöle).

---

[1]) Bezüglich der ersten Kategorie sei auf folgende interessante Arbeiten und Veröffentlichungen hingewiesen:

Kling, Neue Probleme der Fettchemie und ihre Bedeutung für die Textilindustrie, Mell. 1931, Februarheft, S. 111; O. Debrus, Vortrag gehalten am 5. April 1933 in der Höheren Mülhauser Chemieschule, Annuaire 1933, S. 93; M. Battegay, R.G.M.C. 1934, S. 461; Domherr Pinte, R.G.M.C. 1935, S. 24; Lorges, Rev. Chim. Ind. 1930, S. 172 und 233; Ranshaw, Kolloidale chemische Grundlagen der Textilveredlung, The Dyer, 1937, S. 427 und 531; Chwala und Martina, Waschmittel, Gardinol, Igepon, Igepal, Mell. 1937; Dezemberheft, S. 998; Dr. Nüsslein, Die Igepone, D.F.Z. 1932, Nr. 1; Mell. 1932, S. 27; Dr. Nüsslein, Du Savon aux Igepals, Mell. französische Ausgabe 1937, S. 65; Prof. Mehta und D. Trivedi aus Bombay, Mell. 1940, S. 117; Dr. Hetzer, Konstitution der Schaum-, Netz-, Waschmittel, Mell. 1943, S. 177. Prof. A. Chwala und A. Martina, Theorie und Praxis der ionogen-aktiven und ionogen-inaktiven, seifenartigen Stoffen, Text. Rundschau, 1947. Maiheft, S. 148.

Amer. Dyest. Rep. 1947, 36, S. 91. Kling, Grenzflächenaktive Verbindungen für die Textilveredlung, Mell. 1948, 29, S. 275. J. A. Hill, The Chemistry and Application of Detergents, J. Soc. D. and Col. 1947, 63, S. 319.

J. A. van der Hoewe, Analysis of Textile Auxiliary Products, Recueil des Travaux chimiques des Pays-Bas, 1948, Bd. 67, September- und Oktoberheft, S. 649 ff.

Dr. G. Schwen, Textil-Chemikalien, Mell. 1949, Augustheft, S. 351 ff.

1. Typus: Humectol CA und CX.

2. Typus: Medialan A.

3. Typus: Igepon T der I. G. Farbenindustrie (alkaliunempfindlich).

4. Amidöle: Sodapon, Somepon, Amitex TB.

f) Fettsäurekondensationsprodukte (Typus Igepon A alkaliempfindlich).

g) Alkylsulfate (Fettalkoholsulfate, Schwefelsäureester der Fettalkohole).
   Typus: Gardinol von Böhme-Fettchemie.
   Tergitole der C.C.C.C.

h) Alkylsulfonate: Typus Teepol (Shell & Co.) und
   Mersolat (I. G.).

i) Benzimidazolderivate, Typus Ultravone der Ciba.

2. Kation-aktive Verbindungen.

a) Sapamine der Ciba.

b) Pyridiniumverbindungen (Repellat von Böhme-Fettchemie).

B. Nichtionogene grenzflächenaktive Produkte[1]).

1. Äthylenoxydkondensationsprodukte.

a) Fettsäureäthylenoxydkondensationsprodukte.
   Typus: Emulphor A, AG, Cemulsol A, Emulphor SL,
   Cemulsol B.

b) Fettalkoholäthylenoxydkondensationsderivate.
   Typus: Emulphor O, OL (Kap. XV),
   Peregal O, Unigal TU (Kap. I und XIII),
   Diazopon A und AN (Bd. I, Kap. IV),
   Palatinechtsalz O, Sel Inochrome O (Kap. XI).

c) Fettsäureamidäthylenoxydkondensationsprodukte.
   Typus: Emulphor FM öllöslich,
   Peregal OK.

d) Oxyalkylaryläthylenoxydderivate.

a) Alkylphenolderivate (ausgezeichnete Wasch- und Dispergiermittel).
   Typus: Igepal C konz. (Dodezylphenol + 12 Mol. C_2H_4O),
   Emulphor A extra,
   Leonil WS.

---

[1]) H. C. Borghetty, Synthetic Detergents in Textile Processing, Amer. Dyest. Rep. 1948, 37, S. 112.

b) Alkylnaphtolderivate mit Äthylenoxydketten.

Typus: Emulphor FFO (Hexylheptyl-β-naphtol) + 9 Mol.
C_2H_4O,
Leonil FFO,
Lupon (I. G.).

2. Eiweisskondensationsprodukte (Wasch- und faserschonende Mittel).

Typus: Lamepon A (Grünau), Protepon (Protex).

C. Verschiedene neuere Waschmittel organischer Natur.

(Alkylsulfide, Kondensationsprodukte verschiedener Art u. a. m.)

A. Ionogen-aktive Mittel.

1) Anion-aktive Produkte.

a) Die Seifen.

Die Seifen sind die Natrium- oder Kaliumsalze von gesättigten oder ungesättigten höheren Fettsäuren; sie werden durch Verseifen der Fette oder Fettsäuren mittels Alkalien erhalten.

$$CH_3-(CH_2)_7-CH = CH-(CH_2)_7-C\diagup^{O}_{\diagdown ONa}$$

Natriumoleat

Die Wirkung der Seife ist in schwach alkalischem Medium (p_H 7–8) am besten, dagegen wird sie in einem Bade von geringerem p_H-Wert als 7 zum Teil oder vollständig aufgehoben, da die Seife unter Bildung freier wasserunlöslicher Fettsäure zersetzt wird.

Für Wasch- und Reinigungszwecke in der Kälte oder bei niederer Temperatur eignen sich besonders die Seifen aus den ungesättigten Fettsäuren (Marseiller Seife), die schon bei 20–30° C stark reinigen, während sie bei hohen Temperaturen weniger wirksam sind. Die Seifen aus Laurinsäure (Leimseifen) entwickeln bei mittleren Temperaturen (20–40° C) gutes Wasch- und Reinigungsvermögen, die der Palmitin- und Stearinsäure (Talg-Kernseifen) bei höheren Temperaturen (40–60° C).

Die Kalium- und Natriumseifen unterscheiden sich in der Waschwirkung in Abhängigkeit von der Temperatur: die Kaliumseifen sind leichter löslich als die Natronseifen; sie wirken schon bei niederer Temperatur, wo die Natronseifen noch gar nicht löslich sind; die Waschaktivität der Kaliumseifen tritt um etwa 5–10° C früher ein als die der Natriumseifen.

Von Alkalisalzen anderer Karbonsäuren finden noch Verwendung die Kalium- und Natriumsalze der Harzsäuren, z. B. Abietinsäure, die folgender Formel entspricht:

HOOC   CH₃

H₃C

CH₃

CH₃

Die Seife bildet mit den Erdalkalimetallsalzen unlösliche Niederschläge, welche die Ursache vieler Fehler sind, die so oft in der Bleiche, in der Färberei und der Ausfertigung der Ware auftreten; ausserdem entsteht durch diese Ausfällung ein Verlust, welchen Kling für Deutschland allein auf jährlich mehr als 80 000 Tonnen Seife einschätzte.

Nachteile der Seife:

1. Härteempfindlichkeit (Bildung unlöslicher Ca- und Mg-Salze in hartem Wasser, Verlust an Seife.

2. Schwerlöslichkeit der Mg-Seifen (unbrauchbar in bittersalzhaltigen Appreturflotten.

3. Unlöslichkeit der Schwermetallseifen Fe, Cu, Cr, Zn, Mn.

4. Säureempfindlichkeit (unbrauchbar in Seiden- und Wollfärberei und in saurer Walke).

5. Dissoziation bzw. Hydrolyse (unbrauchbar in Seewasser).

6. Salzempfindlichkeit (unbeständig gegen konzentrierte Alkalien).

7. Lagerungsunbeständigkeit (siehe Hetzer, Mell. 1943, S. 177).

Das *franz. P. 924.405* (Hustinx) beschreibt die Herstellung von neutraler Kaliseife, welche ihre Stabilität während sehr langer Zeit bewahrt. Diese Seife enthält kein freies OH noch alkalische Salze, die nach dem Auflösen in Wasser eine alkalische Reaktion ergeben. Sie wird hergestellt durch Verseifen unter normalem oder leicht erhöhtem Druck von Fetten, Ölen oder Fettsäuren mit einer Kalilauge, mit oder ohne Pottaschezusatz, derart, dass die resultierende Seife, nachdem sie mindestens während 30 Minuten bei nahe Kochtemperatur gehalten wurde, weder freie OH-Reste noch Pottasche enthält. Die Verseifung vollzieht sich mit einer Kalilaugenmenge, welche niedriger ist als die zur vollständigen Verseifung der Ausgangsmaterialien benötigt würde. Auf diese Weise wird die Konsistenz, die Stabilität, das Schaumvermögen und die Reinigungswirkung verbessert.

b) Die sulfonierten Öle.

Aus diesen Gründen suchte man seit langer Zeit Seifenersatzmittel zu finden, welche diese Übelstände nicht aufweisen. Die ersten Resultate wurden durch Behandlung von Rizinusöl mit Schwefelsäure erreicht; man erhält auf diese Weise die Schwefelsäureester der Rizinusölsäure, welche unter dem Namen Sulforizinate bekannt sind.

$$C_{17}H_{32}-C{<}^O_{OH}\diagdown_{OH} + H_2SO_4 \longrightarrow C_{17}H_{32}{<}^{COOH}_{O-SO_2-OH} + H_2O$$

Rizinolschwefelsäureester

Diese Erzeugnisse werden durch normale Sulfonierung der Glyzeride oder deren Fettsäuren, oder auch durch direkte Sulfonierung der Fette erhalten. Die Temperatur darf hier 35^0 C nicht übersteigen. Nach der vollzogenen Sulfonierung wäscht man und neutralisiert bei 50^0 C[1]).

Öle, die der Sulfonierung unterworfen werden, sind: Rizinusöl, Olivenöl[2]), Arachidöl, Traubenkernöl, Sesamöl, Leinöl, Baumwollsaatöl, Kolzaöl, die Fischtrane, die Tierfette, Klauenöl vom Rind, Olein usw. Davon sind die wichtigsten das Rizinusöl und das Olivenöl. Rizinusöl enthält fast ausschliesslich Tririzinolein.

$$OH-C_{17}H_{32}-COO-CH_2$$
$$OH-C_{17}H_{32}-COO-CH$$
$$OH-C_{17}H_{32}-COO-CH_2$$

Dieses gibt durch Verseifung die Rizinusölsäure:

$$C_{17}H_{32}{<}^{OH}_{COOH} = CH_3-(CH_2)_5-CH-CH_2-CH{=}CH-(CH_2)_7-COOH$$
$$\underset{OH}{|}$$

welche ihrerseits Ester und Äther bildet. Die Sulforizinoleate sind Mischungen komplexer Natur, welche Schwefelsäureester, Rizinusölsäure, Dirizinolsäure und Polyrizinolsäuren enthalten (siehe Die Neuesten Fortschritte in der Anwendung der Farbstoffe, II. Aufl., Bd. I, Kap. V, S. 537 u. ff. und 556/559).

Die Reinigungskraft der Sulforizinate ist kleiner als die der Seife; sie sind in Wasser löslich, besitzen ein gewisses Netzvermögen, sind aber gegen Säuren und im allgemeinen gegen Erdalkalimetalle wenig beständig.

---

[1]) J. Mercer, 1846 und später Horace Koechlin, 1874 in Wesserling (Elsass); P. Juillard, Bull. Mulh. 1891, S. 53; 1892, S. 409; Bogaiewski, Chem. Zent. 1897, II, S. 335; Grün und Woldenberg, Chem. Zent. 1909, I, S. 479; A. Beyer, Tiba 1929, S. 1237; F. J. van Antwerpen, J. Ind. Eng. Chem. 1939, 31, S. 66; F. Erban, Die Anwendung von Fettstoffen und daraus hergestellten Produkten in der Textilindustrie, 1911, S. 91 ff.

[2]) F. F. Runge, 1834, Überführung von Olivenöl in das wasserlösliche Sulfoleat.

Diese Ester konnten im Laufe der Zeit bezüglich ihrer Eigenschaften durch neue Sulfonierungsmethoden sowie durch Kondensieren von mehreren Rizinusölsäuremolekülen verbessert werden. [Monopolseife von Stockhausen (*D.R.P. 113.433*), Avirol KM und KM extra von Böhme-Fettchemie, Flerhenol von Flesch, Monopolbrillantöl von Stockhausen, Türkonöl von Buch und Landauer, Isoseife (L. Blumer), Coloran K (Oranienburg), Omya KS (Plüss-Staufer, Schweiz), Universalöl (Schmitz)][1].

c) Die Esteröle.

Den Gedanken, dass in den sulfonierten Ölen hauptsächlich die COOH-Gruppe für die Bildung von störenden Kalkseifen verantwortlich zu machen ist, hat zuerst Bertsch[2] ausgesprochen und systematisch verfolgt. Aus diesem Grunde wurde eine COOH-Gruppe durch Veresterung oder Amidierung blockiert oder auch vollständig eliminiert.

Durch Veresterung der COOH-Gruppe mit niedermolekularen Alkoholen wird die Kalk- und Säurebeständigkeit sulfonierter Öle stark verbessert; man erhält gut netzende Produkte, die aber kein besonderes Waschvermögen zeigen. Durch Säuren bzw. Laugen sind diese Ester natürlich leicht spaltbar, sie besitzen also nur beschränkte Alkali- und Säurebeständigkeit.

Böhme brachte ein derartiges Produkt durch Esterifizierung der COOH-Gruppe unter dem Namen Avirol AH extra[3] auf den Markt, welchem bald darauf mehrere Konkurrenzprodukte folgten: Flerhenol M sup. von Flesch (Patec), Sandozol KB und KBN von Sandoz, Puropolöl von Simon-Dürkheim, Tibalène NAM von Kuhlmann, Immersol S und SG von Saint-Denis, Astrolane von S.P.C.M.C. in Mülhausen, Oloran B 7 von Paix, Omya L von Plüss-Staufer (Schweiz).

$$C_{17}H_{32}{\Large\langle}\begin{array}{l} C{\nwarrow}^{O}_{\searrow O-C_4H_9} \\ O-SO_2-O-Na \end{array}$$

Butylsulforizinoleat
franz. P. 677.526, 677.527 (1929)
698.637 (1930), *702.626.*

Diese Verbindungen sind Sulfoderivate der Ester der einwertigen Alkohole, dessen Herstellung drei Stufen umfasst:[4]

---

[1] Die Herstellung der obigen Produkte wird ausführlicher im Werk: Neue Verfahren in der Technik der Veredlung der Textilfasern, Bd. II, beschrieben werden. Siehe auch Teil I, Bd. I, Kap. V, S. 537 ff.

[2] Mell. 1930, Novemberheft, S. 779. J. Soc. D. and Col. 1932, Bd. 48, S. 7.

[3] Literatur über Avirol AH: *D.R.P. 625.637, 633.082, 634.759, 655.942; franz. P. 676.331, 676.336, 677.526/27, 721.070; brit. P. 298.559, 313.160, 315.832, 350.426, 351.911, 368.883; amer. P. 1.823.815, 1.974.004, 2.032.313/14.*

[4] J.-P. Sisley, Teintex 1945, S. 5. Dieses Werk, Bd. I., Kap. I., S. 230/231 und 518/519, sowie Bd. II, Kap. VI, S. 102—103.

1. Alkoholyse der Öle (Rizinus- oder Olivenöl).

2. Sulfonierung.

3. Waschen und Neutralisation.

1. **Alkoholyse des Rizinusöls**: Man erwärmt das Rizinusöl, dem man ein Viertel seines Gewichtes an Butanol zugibt, in einem mit Email ausgekleideten Autoklaven auf 90° C. Darauf setzt man 0,5% Schwefelsäure 66° Bé zu und esterifiziert während 3 Stunden bei 100 bis 103° C. Nach der Abkühlung zieht man die sauren, glyzerinhaltigen, wässerigen Lösungen ab. Der Rizinusölsäurebutylester kann nun sulfoniert werden.

2. **Sulfonierung**: Man beschickt ein emailliertes Sulfonierungsgefäss mit dem vierfachen Gewicht Schwefelsäure 89% bezogen auf das Gewicht des Esters. Die Säure wird mittels Salzlösung auf —15° C abgekühlt. Der Ester wird dann so langsam zugegeben, dass die Temperatur 5° C nicht übersteigt. Nach Zusatz der gesamten Menge wird sofort der Waschprozess begonnen.

3. **Waschen und Neutralisation**: Das Sulfonierungsprodukt wird mit Eiswasser gewaschen, damit die Temperatur nicht über — 5 bis — 10° C steigt. Man lässt 2 Stunden absitzen und entfernt die saure Flüssigkeit. Dann wird nochmals im Dekantiergefäss gewaschen, und zwar mit einer etwas Soda enthaltenden Waschflüssigkeit, um eine schnellere Schichtentrennung herbeizuführen. Die Trennung ist über Nacht vollendet. Das sulfonierte Öl wird nach der erfolgten Dekantierung kalt mit Soda neutralisiert. Man kann Rizinusöl auch mit anderen Alkoholen, wie Propylalkohol, Isopropylalkohol, Isobutylalkohol, Amylalkohol, Amylalkohol $\pm$ Methylalkohol esterifizieren. Die Methylierung der Fettsäuren kann auch im Sinne des *D.R.P. 557.662* (Böhme) mittels Diazomethan vollzogen werden.

Ester von Fettschwefelsäureverbindungen, können nach dem *D.R.P. 634.759* (Böhme-Bertsch), einem Zusatzpatent zu dem *D.R.P. 633.082*, durch Einführung von COOH-Gruppen an die ungesättigten Reste mit Hilfe der Nitrile, also durch Cyanwasserstoffanlagerungen und Verseifung erhalten werden, so dass man zwei oder mehr basische Karbonsäureester der Fettsäuren erhält.

Die Baker Castor Oil Company brachte vor dem Kriege fertige Rizinusölsäureester auf den Markt (Methylester, Butylester, Butylazetylrizinolester).

In analoger Weise kann man auch Olein behandeln, aber die Sulfonierungsprodukte haben nicht so ausgesprochene Netzeigenschaften.

d) Monoglyzeridsulfonate.

Die Sulfoderivate der Ester der Polyalkohole werden nach der folgenden Arbeitsweise erhalten: die Monoglyzeride oder Monoglykolide der Fettsäuren werden hergestellt und dann sulfoniert.

Die Glykolester und die Glyzerinester, speziell die Monoester der Glyzeride der Fettsäuren, können sulfoniert werden und geben dann Waschmittel. Ihre schematische Formel ist:

$$R-\overset{\displaystyle \overset{O}{\diagup\!\!\diagup}}{C}-O-CH_2-CHOH-CH_2-OSO_3Na \quad (A)$$

Die Sulfonierung des Monoglyzerids der Rizinölsäure führt zu Produkten folgender Konstitution:

$$CH_3-(CH_2)_5-CHOH-CH_2-CH_2-\underset{\underset{SO_3H}{|}}{CH}-(CH_2)_7-\overset{\displaystyle \overset{O}{\diagup\!\!\diagup}}{C}-O-CH_2-CHOH-CH_2-OSO_3\,Na$$

Sie haben Netzmittelcharakter (Doittau) und nähern sich in ihren Eigenschaften den vorerwähnten Produkten.

Die Verbindungen des Typus (A) sind wegen ihrer ausgesprochenen Reinigungskraft den Fettalkoholsulfaten ähnlich. Fasst man die zahlreichen Verbindungen zusammen, die einer Sulfonierung zugänglich sind, nämlich die Ester, Amide, Alkohole, Nitrile usw., so sind die Monoglyzeride entschieden am einfachsten in ihrem Aufbau und auch am leichtesten herstellbar. Schon der Umstand, dass eine für die Seifenherstellung so massgebende Firma wie Colgate-Palmolive-Peet, sich dieser Frage mit besonderem Interesse zugewendet hat, zeigt die Wichtigkeit dieser Körper.

Zu ihrer Herstellung können verschiedene Verfahren angewendet werden:

1. Unmittelbare Sulfonierung der Monoglyzeride der Fettsäuren.

2. Sulfonierung unter gleichzeitiger Kondensation: man lässt Schwefelsäure auf ein Gemisch von Fettsäuren oder gesättigte Triglyzeride auf ein Reaktionsprodukt von Schwefelsäure und Polyalkoholen einwirken. Diese letztere Methode wurde in mehreren Patentschriften beschrieben, insbesondere im *franz. P. 702.626* der I. G. Farbenindustrie. Diese Körperklasse bildete aber vor allem den Gegenstand zahlreicher Forschungen in den Vereinigten Staaten.

Die verschiedenen Glykolfettsäureester, welche durch Reaktion von Laurin-, Olein- oder Stearinsäure mit Mono- oder Diglykolen usw. entstehen, werden von J. Dollinger[1] als Benetzungs-, Emulgierungs-, Weichmachungs- und Schmälzmittel sowie als Zusätze

---

[1] J. Dollinger, Textile Applications of the Glycol Fatty Acid Esters. Rayon Text. Monthly 1948, 29, S. 98; Rayon Text. Monthly 1948, 29, S. 83.

zu den Verdickungsmitteln beschrieben. Aus der grossen Zahl dieser Glykolfettsäureester wird speziell das Diglykol Laurate S der Firma Glyco Prod. Co. Inc. als Emulgierungsmittel für Mineralöle in Kombination mit Tergitol 4 der Firma Carbide and Carbone Chem. Corp. empfohlen.

Sulfonierte Verbindungen von höheren Fettsäuren und Glykolen werden laut *brit. P. 488.490* (Harris) als Mittel zur Verminderung der Oberflächenspannung angewendet.

Als Beispiel wird das Triäthanolaminsalz des Monooleyldiätylenglykolsulfonats genannt.

Die Glykole der hochmolekularen Fettsäuren selbst dienen nach dem *amer. P. 2.119.674* (Grün-Hyalsol) als Netz- und Dispergiermittel.

e) Fettsäureamide.

Die I. G. stellte ähnliche Körper durch Blockierung der Karboxylgruppe mit Aminoresten (Amide oder Anilide) her[1].

$$C_{17}H_{33}-C\underset{N-C_2H_5}{\overset{O}{<}}\!\!\!\!\bigcirc$$

Humectol CX der I. G. Farbenindustrie wird durch Einwirkung von Phosphortrichlorid auf Ölsäure erhalten. Das daraus entstandene Säurechlorid wird zuerst mit Äthylanilin und dann mit Natriumbisulfit behandelt[2].

$$CH_3-(CH_2)_7-CH-CH_2-(CH_2)_7-C\underset{N-C_2H_5}{\overset{O}{<}}\!\!\!\!\bigcirc$$
$$|\quad OSO_3Na$$

Humectol CX

Humectol CA entspricht dem Sulfonat des Ölsäureamids

$$CH_3-(CH_2)_7-CH_2-CH-(CH_2)_7-C\underset{NH_2}{\overset{O}{<}}$$
$$|\quad SO_3Na$$

Es ist ein kräftiges Netzmittel, das dieselben Eigenschaften wie die Sulfate der Rizinusölsäureester besitzt, dagegen gegenüber Oxydationsmittel weit beständiger ist. Man kann es daher in hypochlorithaltigen Bleichbädern anwenden.

---

[1] *Öst. P. 125.182, 141.864; D.R.P. 595.173, 634.032; franz. P. 693.520, 715.205, 716.705, 735.647, 679.185; brit. P. 340.272, 341.053, 343.524, 343.899, 388.642.* (Siehe Chwala Textilhilfsmittel S. 442, Z. 2 v. o.)

[2] E. Mather, B.I.O.S. 667; H. M. Stationery Office; Mell. 1937, S. 155, J. Soc. D and Col. 1947, S. 27. Dieses Werk, Bd. II, Kap. VI, S. 109.

Ein anderes Produkt, **Dismulgan V** der I. G. Farbenindustrie, ist der Schwefelsäureester des Oleyldiisobutylamids:

$$CH_3\!-\!(CH_2)_7\!-\!CH\!-\!CH_2\!-\!(CH_2)_7\!-\!C\underset{}{\overset{O}{\diagup}}N\underset{C_4H_9}{\overset{C_4H_9}{\diagdown}}$$
$$\underset{O\!-\!SO_3Na}{}$$

Die Amidierung der COOH-Gruppe gibt ein besseres Resultat als die Veresterung. Die Wasserlöslichkeit der höher molekularen Fettsäureamide wird durch nachträgliche Sulfonierung erreicht. Die so entstandenen Schwefelsäureester besitzen aber eine geringe Waschkraft.

Das *D.R.P. 635.522* (I. G. Farbenindustrie) führt die Kondensationsprodukte von Ölsäure- (oder sonstigen höheren Fettsäure)-Chlorid mit Aminokarbonsäure, wie dem Sarkosin an, wobei der Fettsäurerest an den Stickstoff tritt.

$$HN\!-\!H_2C\!-\!COONa$$
$$\underset{CH_3}{|}$$

Als solches Produkt mit abgewandeltem Fettsäurerest ist das **Medialan A** der I. G. Farbenindustrie zu nennen, das vorzugsweise in der Walke angewendet wird, aber auch ein gutes Waschvermögen zeigt. Medialan A ist das Natriumsalz des Oleylsarkosids.

$$C_{17}H_{33}\!-\!C\underset{N\!-\!CH_2\!-\!COONa}{\overset{O}{\diagup}}$$
$$\underset{CH_3}{|}$$

Es ist eine Seife mit modifizierter Kette, die gegen Säuren und Härtebildner des Wassers ziemlich beständig ist[1]).

Diese Amide, die man von Aminosäuren herleiten kann, erhält man durch Kondensation von Säurechloriden mit Aminosäuren, wie z. B. Sarcosin nach der Schotten-Baumann'schen Reaktion.

Wenn man Methyltaurin (das im **Igepon T** als Komponent angewandt wird) durch Sarcosin ersetzt, erhält man das Natriumsalz des Oleylsarcosids nach der folgenden Gleichung:

$$C_{17}H_{33}\!-\!C\!-\!Cl + NH\!-\!CH_2\!-\!COOH + NaOH \longrightarrow$$
$$\underset{CH_3}{|}$$

$$C_{17}H_{33}C\!-\!N\!-\!CH_2\!-\!COONa + NaCl + H_2O$$
$$\underset{CH_3}{|}$$

Die Sulfonierungsprodukte der **aromatischen Amide** (Anilide) der Fettkörper wurden 1919 schon von der Société de Produits

---

[1]) Literatur: *D.R.P. 635.522;* brit. *P. 459.039, 461.328, 456.142.* Siehe auch *brit P. 455.310; franz. P. 789.004, 787.819.* Nüsslein, Mell. 1937, S. 248. Mell. 1937, S. 296. B.I.O.S. Report Nr. 418, London.

Chimiques de Mulhouse zur Verwendung vorgeschlagen, und es scheint am Platze, sie hier auch zu erwähnen. Es waren dies tatsächlich die ersten Typen von Fettsäurederivaten mit blockierter Karboxylgruppe, die in der Literatur Erwähnung fanden. Sie besitzen die Eigenschaft, Niederschläge von Fettsäuren in harten Wässern und in saurem Medium zu verhindern, und sie haben ein ausgesprochenes Reinigungsvermögen. Das Natriumsalz des sauren Disulfostearylanilids ist ein Seifenersatzmittel (S.P.C.M.C., versiegeltes Schreiben vom 12. Februar 1919, Mülhausen). Diese Körper können durch Sulfonierung der substituierten Anilide mittels 100%iger Schwefelsäure oder durch Kondensation der Fettsäuren mit Amino-, aromatischen Sulfo- oder Disulfosäuren erhalten werden[1]).

Die kapillaraktiven Eigenschaften dieser Erzeugnisse wurden von Dinghra, Uppal und Venkataraman (J. Soc. D. und Col. 1937, S. 91) studiert. Sie können sich denjenigen der besten Waschmittel an die Seite stellen.

Igepon T[2]) ist ein Amid der Ölsäure, und zwar das Oleyl-N-Methyltaurid. Es wird durch Kondensation von Ölsäurechlorid mit 2-Chlormethylamin und nachfolgender Behandlung des entsprechenden Produktes mit Natriumsulfit gewonnen.

$$C_{17}H_{33}-C{\overset{O}{\underset{Cl}{\Big\langle}}} + {\overset{CH_3}{\underset{CH_2-SO_3Na}{CH_2-NH}}} \longrightarrow C_{17}H_{33}-C{\overset{O}{\underset{N-CH_2-CH_2-SO_3Na}{\Big\langle}}} \ \underset{CH_3}{}$$

Methyltaurin   Natriumoleylmethyltaurid

(D.R.P. 584.703, 633.334, 652.410, 655.999, 679.186; Zusatzpatent 40.097 zum franz. P. 693.620 und franz. P. 705.081 von der I.G. Farbenindustrie. Erfinder W. Hentrich.)

Darstellungsweise von Igepon T:

1. Darstellung von Ölsäurechlorid.

2. Darstellung von Natriummethyltaurin durch Einwirkung von Natriumisoxyäthionat auf Methylamin,

$$CH_3-NH_2 + OH-CH_2-CH_2-SO_3Na \longrightarrow HN(CH)_3-CH_2-CH_2-SO_3Na + H_2O$$

3. Kondensation von Ölsäurechlorid mit Natriummethyltaurin.

Darstellung: Man löst 40 Teile der Methylaminoäthansulfosäure (die durch Einwirkung von Methylamin auf die Bisulfitverbindung des Fomaldehydes erhalten wird) in 250 Teilen Wasser auf. Hierzu

---

[1]) J. Y. Johnson, *brit. P. 343.524, 341.053*; I.C.I. *franz. P. 797.631*; I.G. Farbenindustrie *franz. P. 816.667*.

[2]) Seifensieder-Ztg. 1934, S. 256; 1931, S. 543 und 760; 1932, S. 65, 283; 358, 361, 643, 733 und 838; Mell. 1931, S. 196,198; Ranshaw, The Dyer, 1936, S. 261; Nüsslein, Die Igepone, D.F.Z. 1932, Nr. 1.

setzt man 60 Teile Oleylchlorid und gibt bei 15° C 60 Teile Natronlauge 40° Bé hinzu, so dass man einen p_H-Wert von 9 erreicht. Man verarbeitet das Gemisch eine Zeitlang und erhält einen weissen 20%igen Teig, welcher nach dem Trocknen fein verrieben wird. Anstatt der Säurechloride kann man auch die entsprechenden Anhydride und die Fettsäuren selbst verwenden, die letzteren jedoch unter der Voraussetzung der Anwesenheit von Dehydrierungskatalysatoren.

Es ist noch eine andere Arbeitsmethode möglich. Man stellt sich das Methylbromäthyl-N-Amid der betreffenden Fettsäure durch Einwirkung des Säurechlorids auf Methylbromäthylamin nach der Schotten-Baumann'schen Methode her. Das Amid wird in einem Autoklaven 10 Stunden bei 150° C mit einer Natriumsulfit- oder Bisulfitlösung behandelt (*franz. P. 814.166*, I. G. Farbenindustrie).

Igepon T ist in seiner Kalkbeständigkeit dem Igepon A überlegen und wird selbst in der Hitze durch starke Säuren oder Alkalien nicht gespalten. Infolge dieser Beständigkeit, der hohen Grenzflächenaktivität und des guten Dispergiervermögens hat das Igepon T in den verschiedenen Zweigen der Textilindustrie Anwendung gefunden.

Die Igepone, wie auch die Neopole und Praestapole von Stockhausen, eignen sich, ausser zum Seifen von Baumwollgeweben, auch ganz besonders gut für die Behandlung tierischer Fasern. Ein Zusatz von 0,5 g Igepon A oder T pro Liter Bad erleichtert das Walken der Wolle, es bildet sich ein reichlicher Schaum, welcher das Filzen begünstigt und der Ware zugleich einen weichen Griff verleiht. Um die Fabrikation z. B. von Wollhüten zu vereinfachen ist es vorteilhaft, der Walkflüssigkeit selbst Igepon T an Stelle von Glyzerin oder Türkischrotöl zuzusetzen.

Die COOH-Gruppe fehlt in beiden Marken, die Fettsäurekette ist intakt geblieben und die polare Gruppe SO_3H befindet sich am Ende der Kette, so dass allen Bedingungen entsprochen wird.

Die Stabilität von Igepon A gegen hartes Wasser ist gut, das Produkt ist neutral und besitzt bezüglich Reinigungskraft, Schaumbildung und emulgierende Wirkung ausgezeichnete Eigenschaften, dagegen ist es in alkalischem Bade ungenügend beständig.

Igepon T hingegen wird weder durch Säure noch durch Alkali verseift, und seine Erdalkalisalze sind in Wasser löslich.

Das *D.R.P. 639.079* (I. G. Farbenindustrie Daimler-JochumPlatz) bringt die Erkenntnis, dass Mischungen der beiden Igepone A und T eine unerwartete Steigerung der Säure- und Hartwasserbeständigkeit des neuen Mittels mit sich bringen.

Ein dem Igepon T sehr ähnliches Erzeugnis kann man nach Waldmann und Chwala darstellen[1]) durch Behandeln von $\beta \cdot \beta'$-Di-

---

[1]) *Brit. P. 434.458; franz. P. 779.503; schweiz. P. 180.400; amer. P. 2.118.995* von Waldmann-Chwala. *Franz. P. 715.585* der I. G. Farbenindustrie. *D.R.P. 666.388* von Henkel.

chlordiäthyläther mit Natriumsulfit, das Reaktionsprodukt wird mit Methylamin umgesetzt und behandelt und dann azyliert; es bildet sich die Verbindung von der Formel

$$R-C\underset{N-CH_2-CH_2-O-CH_2-CH_2-SO_3Na}{\overset{O}{\diagup}}$$
$$\underset{CH_3}{|}$$

Das *schweiz. P. 180.400* (Waldmann und Chwala) beansprucht den Schutz auf Netz- und Waschmittel, die durch Umsetzung einer Äthersulfosäure, wie der Methylaminodiäthyläthersulfosäure, mit Ölsäurechlorid erhalten werden.

Nach dem *brit. P. 452.139* der I. C. I. werden Kondensationsprodukte mit Ölsäurechlorid und aromatischen Körpern, nämlich den Alkoxyamidobenzolsulfosäuren als wirksame Netz- und Reinigungsmittel angegeben.

Die Fettsäureamide oder Amidöle.

Die Sulfonierungsprodukte der Alkylolamide erhält man durch die Kondensation von Fettsäuren mit Alkylolaminen und nachfolgende Sulfonierung

$$R-C\overset{O}{-}NH-CH_2-CH_2OH + H_2SO_4 \longrightarrow R-C\overset{O}{-}NH-CH_2-CH_2-OSO_3H + H_2O$$

Als Beispiel kann man hier das Natriumsalz des Schwefelsäureesters des Laurinsäureäthanolamids anführen: auf Laurinsäure lässt man bei 190–200° C überschüssiges Monoäthanolamin einwirken. Man arbeitet entweder mit Rückfluss oder bei tieferer Temperatur und in diesem letzteren Fall bei vermindertem Druck in Gegenwart oder Abwesenheit eines Dehydrierungskatalysators, wie Benzolmonosulfosäure oder p-Cymolsulfosäure. Das so hergestellte Amid wird entweder im Vakuum destilliert oder direkt bei 30° C mit dem gleichen Gewicht 100%iger Schwefelsäure sulfoniert. Die Neutralisierung findet entweder mit Soda bei tiefer Temperatur oder unmittelbar auf dem Kollergang mittels Bikarbonat statt.

Die Alkylolamide verbinden sich andererseits mit Formaldehyd und geben Verbindungen vom Typus

$$R-C\overset{O}{-}N-CH_2-CH_2OH$$
$$H-C-H$$
$$R-C\overset{}{-}N-CH_2-CH_2OH$$
$$\underset{O}{\diagdown}$$

die man ebenfalls sulfonieren kann.

Das **Betramin** der Alframine Corp. (*franz. P. 864.595*) gehört zu dieser Gruppe. Es ist von den Kokosfettsäuren abgeleitet.

Die Äthoxylamide der Fettsäuren bilden den Gegenstand zahlreicher Patente. Zu den wichtigsten gehören *franz. P. 669.517* (I. G. Farbenindustrie) *franz. P. 713.382* (Orelup), *franz. P. 827.186* (Ciba). Man kann zusammengesetzte Äthanolamide darstellen und sie mit sulfonierten Amiden und sulfonierten Alkoholen der Fettreihe kombinieren oder die Amide mit dem Anhydrid der Sulfophtalsäure reagieren lassen.

Die sulfonierten Alkoxylamide haben sich unter den Seifenersatzprodukten eine bedeutende Stellung erobert, aber sie waren im allgemeinen nicht der Gegenstand zahlreicher Veröffentlichungen in der Fachpresse. Gemäss den Untersuchungen von Ringeissen sind diese Produkte Waschmittel, die sich am ehesten in ihrer Wirkung den Seifen nähern. J. P. Sisley[1]) legte der Commission du Laboratoire Central du Comité des Recherches Textiles in Paris (Ausschuss des Zentrallaboratoriums des Forschungsinstituts für Textilveredlung) eine Arbeit vor, in welcher nachgewiesen werden konnte, dass aus der Verarbeitung von 100 kg verseifbarer Fette 140 kg Seife mit 72 % Fettgehalt und 770 kg sulfonierte Fettsäureamide mit einem Fettgehalt von 13 % erhalten werden können. Er bewies damit, dass sich die Waschwirkung — im Verhältnis zum aufgewendeten Fettmaterial — im Falle der Amidsulfonate verfünffacht, was eine ausserordentliche Ersparnis an Fettstoffen mit sich bringt. Das Hauptinteresse an der Herstellung dieser Produkte war durch den, während des zweiten Weltkrieges, herrschenden Fettmangel begründet denn die Amide dieser Klasse kosten 2-3mal soviel als die regulären Seifen, und deren Darstellung ist schwieriger und erfordert die Verwendung von Schwefelsäure. Die Natriumsalze der Schwefelsäureester der Äthoxylamide der Kokosfettsäure nahmen einen starken Aufschwung durch die Einschränkungen in bezug auf Fettmaterial für Waschmittelzwecke. Sie erhielten verschiedene Handelsbezeichnungen, wie z. B. **Emerpon** (Chimiotechnic), **Mixopon** (Chimiotechnic), **Solepal A G** (Sopura), **Sodapon** (Sodag), **Somepon** (P.C.M.N.), **Amitex TB** (Francolor), **Cyclopon A und GA** (Du Pont), **Sinnol** (Sinnova). Diese Produkte haben ähnliche Eigenschaften wie die Sulfate der höheren Fettalkohole.

Die Firma Chimiotechnic (Frankreich) erhielt ein Patent, das *franz. P. 863.793*, auf die Verwendung dieser Verbindungen als Waschmittel in Verbindung mit Bentonit und alkalischen Körpern insbesondere für den Zweck der Bleiche von Wäschestücken.

Die Seifenfabrik Paul Fournier empfahl im *franz. P. 876.720* den Zusatz von Cetylalkoholsulfat zu Harzseifen mit der Absicht, die

---

[1]) J.-P. Sisley, Teintex, 1945, Juniheft, S. 5—15 und Juliheft, S. 32—37.

Abietinsäure zu stabilisieren und die Waschwirkung in hartem Wasser zu erhöhen.

Da die sulfonierten Alkoxylamide der Fettsäuren nunmehr den Ruf guter Waschmittel erworben hatten, die in ihrer Wirkung den Seifen nahekamen, wurden sogenannte „aktivierte Waschmittel" aus Harzseifen mit Sulfonaten des Laurinsäurealkoxylamids kombiniert. Es sind das die Handelsprodukte: Abiol, Mixopon, Aresol usw.

Die I. G. Farbenindustrie erhielt im *D.R.P. 694.130* (9. 5. 1935) den Schutz auf verschiedene Netz-, Emulgier- und Weichmachungsmittel. Als solche werden Biguanide verwendet. Die Herstellung dieser Verbindungen erfolgt beispielsweise durch Einwirkung von Dicyandiamid auf die Salze von primären oder sekundären aliphatischen Aminen in der Wärme. Als Beispiele werden Laurylbiguanid, Isopropyldodezylbiguanid, Stearylbiguanid und Oktodezylbiguanid genannt.

f) Fettsäurekondensationsprodukte.
Igepon A der I. G. Farbenindustrie.

Produkte von sehr grossem Interesse wurden als Waschmittel von der I. G. Farbenindustrie hergestellt, indem diese Firma von höheren Fettsäuren und Hydroxyalkylensulfosäuren ausging. Die Darstellung dieser Körper, welche allgemein unter dem Namen Igepon bekannt sind, wurde von obiger Firma durch *D.R.P. 652.410, 655.999, 679.186, franz. P. 693.620, 705.081*, 1930 geschützt[1]).

Igepon A ist der Ester der Ölsäure und der Isäthionsäure (Oxyäthylsulfosäure):

$$C_{17}H_{33}-C\underset{Cl}{\overset{O}{<}} \;+\; \begin{matrix} CH_2-OH \\ | \\ CH_2-SO_3Na \end{matrix} \;\longrightarrow\; C_{17}H_{33}-C\underset{O-CH_2-CH_2-SO_3Na}{\overset{O}{<}}$$

Ölsäurechlorid	isäthionsaures Natrium	Igepon A = Oleylisäthionsaures Natrium oder oleyläthansulfosaures Natrium

Das Igepon A wurde im allgemeinen von der Ölsäure ausgehend hergestellt und in Form von Igepon AP in Pulver und Igepon A in Paste in den Handel gebracht.

Der Unterschied dieser zwei Produkte besteht darin, dass das erstere als Verdünnungsmittel Natriumsulfat und das zweite Wasser enthält. Von anderen Fettsäuren ausgehend, hat die I. G. Farbenindustrie Waschmittel, die für den Haushalt bestimmt sind, hergestellt, beispielsweise:

---

[1]) Literatur über Igepone: *D.R.P. 642.414, 657.357, 657.404; brit. P. 359.893, 366.916, 372.005; franz. P. 693.620, 705.081, 720.590; öster. P. 138.252.* — Nüsslein, Mell. 1932, S. 27; Mell. 1935, S. 49, 325; Mell. 1937, S. 248, Mell. 1931, S. 196, 198. Chwala und Martina, Mell. 1937, S. 999; Goodall, J. Soc. D. and Col. 1936, S. 211. Diserens, Neue Verfahren in der Technik der Veredlung der Textilfasern, Bd. I, S. 188/189.

Alipon CA = Igepon A, aber aus Palmkernöl hergestellt;

Alipon CT oder Alipon 702 K = Igepon T. Diese Produkte werden insbesondere für die Herstellung von Haarwaschmitteln verwendet.

Alipon OAN: aus synthetisch oxydierter Paraffinfettsäure;

Alipon SRA: aus Sonnenblumenöl;

Alipon SOAN spez.: aus einem Nebenprodukt der Olivenölindustrie;

Igepon KT entspricht dem Kokosölfettsäuremethyltaurid

$$R-C(\!\!=\!\!O)-N(CH_3)-CH_2-CH_2-SO_3Na$$

Die Igepone können auf verschiedene Art erhalten werden:

1. Nach der klassischen Methode der doppelten Umsetzung, d. h. durch Einwirkung von Ölsäurechlorid auf isäthionsaures Natrium unter Erwärmung auf 80—100° C bis zum Aufhören der Salzsäureentwicklung (*D.R.P. 652.410* I. G. Farbenindustrie) gemäss der Gleichung:

$$C_{17}H_{33}-C(\!\!=\!\!O)-Cl + CH_2(CH_2OH)-SO_3Na \longrightarrow C_{17}H_{33}-C(\!\!=\!\!O)-O-CH_2-CH_2-SO_3Na + HCl$$

2. Durch Kondensation von Natriumoleat mit dem Natriumsalz der Chloräthansulfosäure nach der Gleichung:

$$C_{17}H_{33}-C(\!\!=\!\!O)-ONa + Cl-CH_2-CH_2-SO_3Na \rightarrow C_{17}H_{33}-C(\!\!=\!\!O)-O-CH_2-CH_2-SO_3Na + NaCl$$

3. Durch die Einwirkung des isäthionsauren Natriums auf Olein oder Ölsäure in Anwesenheit von wasserfreier Salzsäure:

$$C_{17}H_{33}-C(\!\!=\!\!O)-OH + HO-CH_2-CH_2-SO_3Na + HCl \longrightarrow$$

$$C_{17}H_{33}-C(\!\!=\!\!O)-O-CH_2-CH_2-SO_3H + NaCl + H_2O$$

Darstellungsweise von Igepon A oder AP:

1. Darstellung von Ölsäurechlorid

$$C_{17}H_{33}-C(\!\!=\!\!O)(Cl)$$

durch Einwirkung von Phosphortrichlorid auf Ölsäure.

2. Darstellung von isoxyäthionsaurem Natrium durch Einwirkung von Äthylenoxyd auf Natriumbisulfit.

$$CH_2-OH \;|\; CH_2-SO_3Na$$

3. Bildung von Igepon A.

Einwirkung von isoxyäthionsaurem Natrium auf Ölsäurechlorid

$$R-C\underset{Cl}{\overset{O}{\diagup}} + \underset{CH_2-SO_3Na}{CH_2-OH} \longrightarrow R-C\overset{O}{\diagup}{}_{O-CH_2-CH_2-SO_3Na} + HCl$$

Igepon A konz. ist das Ausgangsprodukt für die Präparation von Igepon A Paste und Igepon AP Pulver.

Igepon A-Paste entspricht dem Igepon A konz. mit Wasser verdünnt und ergibt ein Produkt von 35% Fettgehalt = 43% aktives Wasch- und Dispergierungsmittel.

Zufolge dem *franz. P. 705.081* der I. G. Farbenindustrie kann man die Isäthionsäure durch ähnliche Verbindungen, vor allem durch andere aliphatische oder aromatische Sulfosäuren, z. B. Propansulfosäure, Butansulfosäure oder Phenolsulfosäure ersetzen.

Steinfels A. G. beschreibt im *schweiz. P. 195.069* auch *brit. P. 486.850* ein Produkt, das einigermassen dem Igepon A ähnlich ist. Ölsäure wird mit dem Natriumsalz der Oxydopropansulfosäure behandelt:

$$C_{17}H_{33}-C\overset{O}{\diagup}{}-OH + CH_2-CH-CH_2-SO_3Na \longrightarrow$$
$$C_{17}H_{33}-C\overset{O}{\diagup}{}-O-CH = CH-CH_2-SO_3Na + H_2O$$

Als Ester ist das Igepon A nur beschränkt säure- und laugebeständig und wird von stärkeren Säuren bzw. Laugen, besonders in der Hitze, an der Esterbrücke gespalten. Im alkalischen Medium bildet sich hierbei das Alkalisalz der Ölsäure und Oxyäthansulfosäure wieder zurück.

Das Waschvermögen des Igepon A für Wolle und für Kunstfasern (Viskose) ist ausgezeichnet (Wäsche von Wolle, Rohwollwäsche, Hauswäsche von Wollwaren).

Durch die Behandlung höherer Fettalkohole mit Alkalipolysulfiden erhält man Produkte, die nach der Sulfonierung gemäss dem *brit. P. 483.301* (Lederer) als Netz- und Waschmittel verwendbar sind. Kennzeichnend hierfür ist die Gruppe

$$- S - S -$$

welche in einem Beispiel die beiden Oktanolreste verbindet.

Das *schweiz. P. 195.069* auch *brit. P. 486.850* von Steinfels & Cie., schützt als Wasch-, Netz- und Dispergiermittel Kondensationsprodukte höherer Fettsäuren, z. B. eine Mischung von Stearin- und Palmitinsäure mit dem Natriumpropansulfonat

$$CH_2-CH-CH_2-SO_3Na$$
$$\diagdown O \diagup$$

Diese Körper, welche dem Igepon A ähnlich sind, widerstehen dem Einfluss von Magnesium- und Erdalkalisalzen.

Dem erstgenannten Igepon-Patent nahestehend (*D.R.P. 652.410*) ist auch das *brit. P. 461.614* der I. G. Farbenindustrie wonach Wasch-, Schaum und Netzmittel, gut säure- und erdalkalibeständig sind, die die algemeine Formel

$$R—SO—R_1—Y$$

zum Beispiel oktodezylthionyläthansulfosaures Natrium, aufweisen. Y kann eine Karboxylgruppe oder den Rest eines Polyglykoläthers $(O—C_2H_4)_nOH$ bedeuten.

Das *D.R.P. 633.324* der I. G. Farbenindustrie — Ulrich — Körding beschreibt andere der Igeponklasse angehörende Verbindungen, welche durch Kondensation von Ölsäure mit Oxyalkylaminoschwefelsäuren erhalten werden, z. B. den Körper

$$R—\overset{\displaystyle /\!\!/ O}{C}—NH—CH_2—CH_2—O—SO_3Na$$
$$R = C_{17}H_{35}$$

g) Alkylsulfate.
Fettalkoholsulfate bzw. -sulfonate.

Eine wirklich einschneidende Änderung, welche der Firma Böhme-Fettchemie zu verdanken ist[1]) wurde erst erreicht, als die COOH-Gruppe ganz eliminiert wurde, und zwar durch Anwendung der Sulfate der Fettalkohole. An Stelle der Fettsäuren R—COOH werden die entsprechenden höheren aliphatischen Alkohole $R—CH_2OH$ sulfatiert. Es entstehen dabei die den sauren Alkylsulfaten bzw. deren Alkalisalzen entsprechenden Verbindungen der allgemeinen Formel $R—O—SO_2—ONa$, unter Umständen auch echte Sulfosäuren: $R—SO_2—ONa$.

Die Reduktion der Fettsäure wurde von Schrauth[2]) und W. Normann[3]) durch Hydrierung bei hoher Temperatur und unter Druck

---

[1]) Literatur über Gardinole: Gardinol Böhme-Fettchemie 1930. H. Bertsch, Mell. 1930, 11, S. 779; Mell. 1931, Bd. 12, S. 11; Mell. 1933, Bd. 14, S. 23; Gerstner, Mell. 1933, Bd. 14, S. 297; Franz, Mell. 1935, Bd. 16, S. 277; Lindner, Mell. 1935, Bd. 16, S. 782; Ranshaw, The Dyer 1936, Bd. 71, S. 261; Thompson, Text. Manuf. 1937, Bd. 62, S. 451. Z. f. ges. Text. Ind. 1931, S. 283, 422, 434, 515; Reumuth, Z. f. ges. Text. Ind. 1931, Bd. 34, S. 283; Brener, Z. f. ges. Text. Ind. 1935, Bd. 38, S. 508; Brandenburger, Z. f. ges. Text. Ind. 1933, Bd. 36, S. 37; 1934, Bd. 37, S. 439. Marken: Gardinol CA (1930), WA konz., WA hoch konz., KD 1930. Zum Waschen und Vorreinigen von Wolle. Beim Färben von Wolle. Ausrüsten der Wolle, Baumwolle, Zellstoffe. Gardinol J, OTS (1936), Wolle, Gardinol R, CAX, GE, K, SE, V, LS.

J.-P. Sisley, Teintex, 1945, S. 5 u. ff.; 1944, S. 147 u. ff.

[2]) Schrauth, Chem. Ztg. 1931, Bd. 55, S. 3 und 16, Seifensiederztg. 1931, S. 61; Z. f. ang. Chem. 1931, S. 459.

[3]) Normann, Z. f. ang. Chem. 1931, S. 471, 714, 922.

Herstellung der Fettalkohole: *D.R.P. 648.510* (Böhme-Fettchemie); *amer. P. 2.070.318* (I. C. I.); *amer. P. 2.080.449* (Green); *amer. P. 2.096.036* (Du Pont).

in Gegenwart von Nickel und Kupfer mit einer Ausbeute von 95%
durchgeführt (*franz. P. 699.945; 701.200, 1930, 703.844, D.R.P.
607.792, 626.979, 629.444, 636.681*).

$$CH_3-(CH_2)_x-C\underset{OH}{\overset{O}{<}} \xrightarrow{+\,4\,H} CH_3-(CH_2)_x-CH_2OH + H_2O$$

Die technischen Ausgangsprodukte für Fettalkohole sind:

a) **Fischtrane und tierische Wachse:** Spermacet oder
Walrat (Cetaceum), welches aus dem Tran des Pottwales (Spermwal)
gewonnen wird, und zwar scheidet es sich aus dem Spermacetiöl, das
aus Estern der Ölsäurereihe mit ungesättigten Alkoholen, zusammengesetzt ist, beim Stehen ab. Es ist eine wachsartige gelbliche Masse,
die aus Palmitinsäurecetylester (Cetin) besteht. Spermacetiöl oder
Walratöl ist eine hellgelbe, fast geruchlose ölige Flüssigkeit, welche
10–15% leicht verseifbarer Fettsäureglyzeride enthält; der Rest
besteht einerseits aus schwer verseifbaren Bestandteilen

$$C_{17}H_{33}-C\underset{O-C_{18}H_{35}}{\overset{O}{<}} \qquad \text{Ölsäureoleylester}$$

$$C_{15}H_{31}-C\underset{O-C_{18}H_{35}}{\overset{O}{<}} \qquad \text{Palmitinsäureoleylester}$$

andererseits aus einer Mischung unverseifbarer Substanzen (38–40%),
hochmolekularen aliphatischen gesättigten Alkoholen (Hexadezyl-,
Tetradezyl- und Oktodezylalkohol).

Das **Döglingsöl** (Döglingstran) wird von dem im nördlichen
Eismeer lebenden Entenwal gewonnen. Es besteht aus Estern von
einbasischen Fettsäuren (Palmitinsäure) mit einwertigen Alkoholen
(Cetylalkohol).

b) **Carnaubawachs:** Cerotinsäure-Melissylester $C_{25}H_{51}-COOC_{30}H_{61}$
und Palmitinsäure-Melissylester.

c) **Bienenwachs:** Palmitinsäure - Melissyl - und Myricylester
$C_{15}H_{31}-COOC_{30}H_{61}$.

d) **Wollfett.**

e) **Kandelillawachs** oder **Kanutillawachs**, welches in einer Menge
von 2—3%, in einer im nördlichen Mexico, Arizona, Texas wild
wachsenden binsenartigen Euphorbiacee enthalten ist. Kandelillawachs ist eine esterartige Verbindung einer hochmolekularen Fettsäure mit einem mehrwertigen Alkohol und enthält ausserdem noch
Fett- und Harzsäuren und Oxylaktone.

Durch Hydrierung der Fette erhält man ein Gemisch verschiedener, 10, 12, 14, 16, 18 C-Atome enthaltender Alkohole.

CH_3—$(CH_2)_8$—$CH_2OH = C_{10}H_{21}OH$ Dezylalkohol, welcher der Caprinsäure C_9H_{19}—COOH ($C_{10}H_{20}O_2$) entspricht.

CH_3—$(CH_2)_{10}$—$CH_2OH = C_{12}H_{25}$—OH Laurylalkohol (Dodezylalkohol oder Lorol).

CH_3—$(CH_2)_{12}$—$CH_2OH = C_{14}H_{29}$—OH Myristinalkohol (Tetradezylalkohol), welcher der Myristinsäure $C_{13}H_{27}$—COOH ($C_{14}H_{28}O_2$) entspricht.

CH_3—$(CH_2)_{14}$—$CH_2OH = C_{16}H_{33}$—OH Cetylalkohol (Hexadezylalkohol), der Palmitinsäure $C_{15}H_{31}$—COOH ($C_{16}H_{32}O_2$) entsprechend, wird aus Walrat, dem Palmitinsäurecetylester, gewonnen.

CH_3—$(CH_2)_{16}$—$CH_2OH = C_{18}H_{37}$—OH Stearylalkohol (Oktodezylalkohol), der Stearinsäure $C_{17}H_{35}$—COOH ($C_{18}H_{36}O_2$) entsprechend.

CH_3—$(CH_2)_{18}$—$CH_2OH = C_{20}H_{41}$—OH Eikosylalkohol (Dihydrophytol), der Arachinsäure $C_{20}H_{40}O_2$ entsprechend.

CH_3—$(CH_2)_{20}$—$CH_2OH = C_{22}H_{45}$—OH Dokosylalkohol, der Behensäure ($C_{22}H_{44}O_2$) entsprechend.

CH_3—$(CH_2)_{24}$—$CH_2OH = C_{26}H_{53}$—OH Cerylalkohol, der Cerotinsäure $C_{26}H_{52}O_2$ entsprechend, bildet als Cerotinsäureester das chinesische Wachs.

CH_3—$(CH_2)_{28}$—$CH_2OH = C_{30}H_{61}$—OH Melissylalkohol, in Carnaubawachs als Palmitinsäureester, der Melissinsäure $C_{30}H_{60}O_2$ entsprechend.

CH_3—$(CH_2)_{29}$—$CH_2OH = C_{31}H_{63}$—OH Myricylalkohol, in Bienenwachs als Palmitinsäureester.

CH_3—$(CH_2)_7$—$CH = CH$—$(CH_2)_7$—CH_2—$OH = C_{18}H_{35}$—OH Oleylalkohol, welcher aus Spermacetiöl gewonnen wird. (Ocenol von 10% Cetylalkohol-Gehalt von Dehydag).

Die katalytische Hochdruckhydrierung findet bei Temperaturen über 200° C (250–300° C) und bei einem Wasserstoffdruck von 150 bis 250 Atm. in Gegenwart von Katalysatoren (Cu, Ni, Co, Mn, Al, allein oder als Mischkatalysatoren (Kupferchromat) statt[1]). Zum Beispiel: Fettsäuretriglyzeride.

$$\begin{array}{l} R-C{\displaystyle \mathop{\big\langle}^{O}_{O-CH_2}} \\[2mm] R-C{\displaystyle \mathop{\big\langle}^{O}}-O-CH \\[2mm] R-C{\displaystyle \mathop{\big\langle}^{O-CH_2}_{O}} \end{array} \quad \xrightarrow{H_2} \quad 3\,R-CH_2OH + CH_3-CH_2-CH_2-OH + 2\,H_2O$$

Nach Normann ist die Reaktion komplizierter, es soll sich zuerst ein Halbacetal bilden, dann der Äther, der durch Reduktion in den Fettalkohol übergeht.

Die höher molekularen Fettalkohole sind in Wasser unlöslich. Durch Veresterung mit niedermolekularen Mineralsäuren (H_2SO_4,

---

[1]) Patente: *D.R.P. 628.064, 639.527, 648.510; brit. P. 376.237, 351.359; franz. P. 689.713, 699.945; amer. P. 1.987.558/559, 2.070.318, 2.080.419; öst. P. 129.768, 130.655.*

H_3PO_4, $H_4P_2O_7$-) erhält man wasserlösliche Produkte von guter Waschkraft[1]).

Durch Sulfatierung der Fettalkohole erhält man die Schwefelsäureester, welche Fettalkoholsulfate benannt werden[2]).

$$CH_3\text{—}(CH_2)_7\text{—}CH_2OH + \underline{H_2SO_4} \longrightarrow CH_3\text{—}(CH_2)_7\text{—}CH_2\text{—}O\text{—}SO_2\text{—}ONa$$

und nachher

NaOH

---

[1]) Dumas und Peligot haben zuerst den Schwefelsäureester des Cetylalkohols dargestellt. Ann. Pharmac. 1836, 19/20, S. 293.

Als Sulfonierungsmittel kommen in Betracht:

Schwefelsäure: *Franz. P. 776.044; brit. P. 350.432, 354.851, 365.938; amer. P.1.933.431.*

Oleum: *D.R.P. 546.807, 593.709; franz. P. 671.456; amer. P. 1.968.793/97; öst. P. 143.634, 148.620, 150.296.*

Chlorsulfosäure: *D.R.P. 592.569; brit. P. 388.485; franz. P. 693.814.*

Ähnliche Körper dürften auch beim Verfahren der *amer. P. 2.075.914/915* (Procter und Gamble) entstehen, welches SO_3 auf Metallchloride oder auch Chlorsulfosäure auf Chloride und Sulfate einwirken lässt und diese Körper als Sulfatierungsmittel benützt. Traube hat festgestellt, dass hier hauptsächlich Chlorpyrosulfonate entstehen (Ber. 1913, S. 2513).

Sulfurylchlorid: *D.R.P. 608.413.*

Nach dem *D.R.P. 649.323* (Oranienburger Chem. Fabr.) dient das Pyrosulfurylchlorid, der als Anhydrid der Chlorsulfosäure anzusehen ist und der nach der Gleichung:

$$2\,SO_2\!\!\begin{array}{l}\diagup OH\\ \diagdown Cl\end{array} = H_2O + S_2O_5Cl_2$$

entsteht.

Das Pyrosulfurylchlorid hat den Vorteil eines langsameren hydrolytischen Zerfalls, so dass man die Reaktion besser regeln kann.

Glyzerinschwefelsäure: *Brit. P. 442.198; franz. P. 770.884; amer. P. 2.044.399; schweiz. P. 174.511/514.*

Äthylschwefelsäure: *D.R.P. 592.569, 606.083.*

Schwefeltrioxyd: Gemäss dem *amer. P. 2.098.114* verwendet die Firma Procter und Gamble zur Sulfonierung höherer Fettalkohole Additionsprodukte des Schwefeltrioxyds an Dioxan (wahrscheinliche Formel des Additionsproduktes:

$$O_3S\cdot O\text{—}(CH_2\text{—}CH_2)_2\text{—}O\cdot SO_3$$

Dieser Körper zerfällt bei höheren Temperaturen ($60\text{—}70^0$ C) in Schwefelsäure und Dioxan

$$O\!\!\begin{array}{l}\diagup CH_2\text{—}CH_2\diagdown\\ \diagdown CH_2\text{—}CH_2\diagup\end{array}\!\!O$$

wodurch sich nicht nur Alkohole, sondern auch Kohlenwasserstoffe rein sulfonieren lassen (siehe auch *amer. P. 2.099.214*).

[2]) Patente über Fettalkoholsulfate: *Amer. P. 2.044.919, 2.060.254, 2.081.865, 2.091.956; D.R.P. 542.048, 609.456, 622.268, 628.064, 640.681, 640.997, 643.052, 659.277; brit. P. 308.824, 317.039, 318.610, 351.403, 357.452, 357.649/650, 358.539, 365.938, 406.641, 434.452, 441.601; franz. P. 679.186, 718.395, 735.235, 776.044; schweiz. P. 146.178, 172.043; öst. P. 144.366.*

In deutscher wie in französischer Nomenklatur wird immer noch von Fettalkoholsulfonaten gesprochen, aber nach dem in englisch sprechenden Ländern bestehenden Gebrauch sollte man eher Sulfate sagen. Danach wäre ein Laurylsulfat das übliche Hilfsmittel vom Gardinoltypus, das viel seltenere Sulfonat, ein echter am C sulfonierter Paraffinabkömmling. Diese alte Bezeichnung wurde im deutschen Text gebraucht, weil sich in deutsch sprechenden Ländern diese Vermischung schon eingebürgert hat.

Die Reaktion wird in Gegenwart von Essigsäureanhydrid vorgenommèn (*franz. P. 671.065, 671.456, 703.090, 701.256*, 1930).

Man erhält nicht nur den Schwefelsäureester des Fettalkohols, sondern auch eine Sulfosäure des Schwefelsäureesters, z. B.

$$C_{16}H_{22}\begin{cases} O-SO_2-OH \\ SO_3H \end{cases}$$

Durch Einwirkung von Natriumsulfit auf die Alkoholsulfate erhält man echte Sulfosäuren (Sulfonate):

$$R-CH_2-O-SO_2-ONa + Na_2SO_3 = R-CH_2-SO_3Na + Na_2SO_4$$

Man kann, laut des *D.R.P. 656.600* (Dehydag) gleichzeitig an der Doppelbindung und am Alkohol-Hydroxyl sulfonieren, wenn man den Fettalkohol zuerst mit Azetylchlorid in seinen Essigester überführt und dann unter Abspaltung des Azetylrestes sulfoniert.

Die Fettalkohole der Methangruppe (Lauryl-, Myristyl-, Cetyl- und Stearylalkohol) ergeben die echten Alkoholsulfate ohne doppelte Bindung; die Sulfatierung kann nur in einer Richtung verlaufen und greift an einer Hydroxylgruppe des Alkohols unter Bildung des Schwefelsäureesters an:

$$R-CH_2-O-SO_2-ONa.$$

Dagegen sind die Verhältnisse beim Einwirken sulfonierender Agenzien auf ungesättigte Alkohole viel komplizierter. Je nach der Arbeitsweise kann durch Einwirkung des H_2SO_4 66^0 Bé eine echte Sulfonierung an der doppelten Bindung stattfinden, also zu einer Anlagerung der Schwefelsäure an die Doppelbindung führen.

$$CH_3-(CH_2)_7-\underset{\underset{SO_3H}{|}}{CH}-\underset{\underset{OH}{|}}{CH}-(CH_2)_7-CH_2OH$$

In diesem Derivat kann dann die OH-Gruppe des CH_2OH-Restes durch einen SO_3H- oder Borsäurerest esterifiziert werden. Es kann aber auch eine Veresterung der OH-Gruppe stattfinden, also wie bei den gesättigten Alkoholen. In diesem Falle bilden sich Produkte von der Formel:

$$R-CH_2-O-SO_2-ONa, \text{ also}$$
$$CH_3-(CH_2)_7-CH = CH-(CH_2)_7-CH_2-O-SO_2-ONa$$

Der Oleylalkohol wird aus Spermacetiöl gewonnen, welches durch Behandlung mit kaustischer Soda einen Rückstand von 60% unverseifbarer Substanz zurücklässt, die aus Ölsäureoleylester besteht, aus welcher dann durch Destillation in Gegenwart von Ätzalkali der Oleylalkohol gewonnen wird.

Sorgt man bei der Sulfonierung ungesättigter Fettalkohole dafür, dass die Doppelbindung erhalten bleibt, so gelangt man zu Mitteln, die schon in der Kälte oder auch bei schwach erhöhter Temperatur waschaktiv sind.

Sulfonate des ungesättigten Oleylalkohols sind:
>   Gardinol CA
>   Ocenolsulfonate
>   Sapomeran A und ST

Man kann zwei Haupteventualitäten herausgreifen:

1. Die Sulfonierung der gesättigten höheren Fettalkohole (Lauryl-, Myristyl-, Cetyl- und Stearylalkohol).

2. Die Sulfonierung ungesättigter Alkohole (Oleylalkohol).

In Gemischen von Oleyl- und Cetylalkohol, die durch Verseifung von Spermacetiöl oder von Walrat gewonnen werden, findet die Sulfonierung je nach dem Prozentsatz an ungesättigten Alkoholen statt. Liegt der Gehalt an Oleylalkohol unterhalb 60%, so arbeitet man analog der Sulfonierung des Cetylalkohols; ist umgekehrt der Prozentsatz an Oleylalkohol höher als 60%, so verfährt man wie bei der Sulfonierung des reinen Oleylalkohols.

Die Darstellung dieser Körper zerfällt in zwei Teilvorgänge:

1. In die Sulfonierung (Sulfatierung).

2. In die Neutralisierung.

1. Sulfonierung (Sulfatierung) der gesättigten höheren Fettalkohole.

Sie kann durch die folgenden Punkte gekennzeichnet werden:

a) Sie soll mit der berechneten Menge von 98–100%iger Schwefelsäure durchgeführt werden, um ein wasserlösliches Produkt zu erhalten. Im allgemeinen schwankt die Menge zwischen der Hälfte und $^3/_4$ des angewandten Gewichts des Alkohols.

b) Die Sulfatierungstemperatur soll so nahe als möglich bei 30° C liegen. Diese Temperatur kann aber entsprechend der Atomzahl der Kohlenstoffkette und unter Berücksichtigung des Schmelzpunktes des Alkohols gesteigert werden.

c) Sowie Wasserlöslichkeit des Produktes erreicht ist, muss mit der Neutralisierung des erhaltenen Körpers begonnen werden.

d) Diese soll ferner so schnell als möglich erfolgen, wobei man aber vermeiden muss, dass die Temperatur 30° C übersteigt und dass sich lokale Überhitzungszentren bilden. (Über den Vorgang der Neutralisation siehe Punkt 2.)

Der Laurylalkohol gibt bei der Sulfonierung ein sehr zähes, teigiges Produkt. Häufig wird er mit Essigsäureanhydrid vermengt, um den Sulfonierungsprozess zu erleichtern. Cetylalkohol und Stearylalkohol werden bei 40 bis 50° C sulfoniert. Im folgenden soll zur deutlicheren Erklärung eine Sulfonierung des häufig vorkommenden Gemisches aus 64% Cetylalkohol und 36% Oleylalkohol beschrieben werden.

Apparatur: Die Apparatur ist der mehr oder minder teigartigen Konsistenz des Materials angepasst und geht von Vorrichtungen, wie sie beim landläufigen Sulfonieren in Anwendung kommen, bis zum kontinuierlichen Sulfonierungsapparat, wie er im Handbuch von Schönfeld (S. 398) beschrieben ist. Die Auswahl der Apparatur hängt von dem gewünschten Endprodukt ab.

Die Verarbeitung von 500 kg Alkohol erfordert einen doppelwandigen Sulfonierungskessel aus emailliertem Gusseisen, der 2000 Liter fasst, auf die Zuleitung von Wasser und Dampf zwischen Aussen- und Innenwand eingerichtet ist und einen Rührer besitzt, der 50 Umdrehungen in der Minute macht. Das Rührwerk ist der wichtigste Bestandteil der Apparatur; allgemein wird ein doppelseitiger Rührer verwendet, nämlich ein zentral angetriebener Rührer mit Schraubengewinde und ein seitlicher Rührer mit Planetenbewegung, dessen Flügel sehr nahe der Kesselwandung laufen. Alle Teile des Apparates müssen aus widerstandsfähigem Material, mit Bleifutter oder womöglich aus rostfreiem Stahl hergestellt sein.

Die Sulfatierung selbst wird wie folgt vorgenommen: Man setzt die Rührvorrichtung in Gang und lässt das Kühlwasser einströmen. Darauf beschickt man den Kessel mit dem leicht über seinen Schmelzpunkt erwärmten Fettalkohol. Die Schwefelsäure (Dichte 1,84) wird in dünnem Strahl sehr langsam zugesetzt, wobei die Temperatur nicht über 30° C steigen soll. Die Rührwirkung und die Abkühlung sollen vollkommen und gleichmässig sein, andernfalls ist das Endprodukt wertlos. Man verwendet etwa 70 kg Säure auf 100 kg Cetyl-Oleyl-alkoholgemisch. Der Prozess ist vollendet, wenn das Sulfonierungsprodukt, das anfangs einen violetten, spätere einen grau-violetten Teig bildet, in heissem Wasser tadellos und ohne Rückstände löslich ist.

Die Sulfonierung (Sulfatierung) der Fettalkoholgemisch erfolgte gemäss dem *amer. P. 2.081.865* (Henkel-Elbel) durch Auflösung derselben in Tetrachlorkohlenstoff und Behandlung mit Schwefelsäure, wobei sich zwei Schlichten bilden, deren obere die hochkonzentrierten Sulfate enthält.

Das *brit. P. 462.202* (Mauersberger) geht bei der Herstellung der Schwefelsäureester der höheren Alkohole von Chlorierungsprodukten, hier von den chlorierten Fettalkoholen aus, die man überdestilliert und dann erst sulfatiert.

Nach dem *D.R.P. 648.448* (Baumheier-Kern) wird der Fettalkohol in Pyridin verteilt, in welchen man SO_3 aufgelöst hatte; dieses letztere Verfahren scheint sich ganz besonders für die Sulfonierung ungesättigter Fettalkohole zu eignen.

Durch Sulfatierung mit Pyrosulfat in Gegenwart von Pyridin erhält man laut *amer. P. 2.079.347* (Imp. Chem. Ind.) Sulfatierungsprodukte, bei welchen in wünschenswerter Weise die Doppelbindung des Ausgangsproduktes erhalten bleibt.

Bei der Herstellung der Fettalkoholsulfate bedient man sich gemäss dem *D.R.P. 640.681* (Rudolf & Co. — Wenzel) eines Zusatzes im Wasser schwerlöslicher Alkohole (Butanol) nach der Sulfatierung. Dieser als Lösungsmittelalkohol bezeichnete Hilfsstoff nimmt das entstandene Fettalkoholsulfat auf, und es bildet eine sich vom Säurewasser leicht scheidende Schichte, die man abhebt und neutralisiert, wobei man den niederen Alkohol, der die Dispersionswirkung erhöht, aus dem Sulfat gar nicht abtrennen muss.

Ein weiterer Ausbau des Darstellungsverfahrens für Fettalkoholsulfate liegt im *brit. P. 479.482* (Procter und Gamble).

Hier sind statt der Anwendung der Chlorsulfosäure diejenige der Alkalisalze dieser Säure, z. B. des Natriumchlorsulfonats

$$O{=}S{\Big\langle}{\genfrac{}{}{0pt}{}{ONa}{Cl}}$$

empfohlen.

Das *D.R.P. 663.953* (A. Th. Böhme-Engel) nennt als Netzmittel in neutralen oder alkalischen Lösungen die Monoschwefelsäureester der ungesättigten Fettalkohole, die durch Einhaltung eines bestimmten Verhältnisses von Chlorsulfosäure zum Fettalkohol erhalten werden.

Ein in Säure lösliches Sulfonierungsprodukt beschreibt das *amer. P. 2.101.831* der Imp. Chem. Ind., und zwar entsteht dieses durch Sulfonierung des α-Oleylglyzeryläthers (im Handel als Selachylalkohol bekannt) mit Natriumpyrosulfat in Gegenwart von Pyridin.

Eine Mischung von Sulfonierungsprodukten des im Wollfettalkohol enthaltenen Cholesterins mit gewöhnlichen Fettalkoholen wird nach dem Verfahren des *D.R.P. 657.705* (Mauersberger) am besten dadurch erreicht, dass man sowohl die Cholesteringemische, als auch die Fettalkohole zuerst in die Borsäureester überführt und diese erst sulfoniert.

2. Neutralisierung. Diese wird, falls man Ätznatron verwendet, in einem ähnlichen Apparat durchgeführt, wie er für die Sulfonierung beschrieben wurde.

Falls man mit Bikarbonat neutralisiert oder falls man sehr grosse Partien herstellt, verwendet man eine horizontale Knetmaschine neuerer Konstruktion mit zwei in entgegengesetzter Richtung rotierenden Wellen. Die beiden Flügel der Homogenisierungsvorrichtung müssen aus rostfreiem Stahl hergestellt sein; jedes andere Material führt zu minderwertigen Produkten. Die Homogenisierungsvorrichtung hat den Vorteil, schnell zu arbeiten, und die Nachteile, die etwa durch die Entwicklung von Kohlensäure in der Masse entstehen könnten, sind auf ein Minimum beschränkt. Es können Partien bis zu 2 Tonnen verarbeitet werden.

Der Apparat wird mit einem Wasserquantum beschickt, das dem des verwendeten Fettalkohols gleich ist. Im Wasser wird 10% kristallisiertes Glaubersalz aufgelöst. Das sulfonierte Produkt wird in Portionen von etwa 2 kg zugesetzt. Ein Nachsatz wird jeweils erst dann gemacht, wenn die vorher zugesetzte Partie gründlich homogenisiert ist. Es wird langsam gearbeitet, um einen gleichmässigen, von Stückchen freien Teig zu erhalten. Dabei soll die Temperatur nicht über 20° C steigen. Wenn der Teig vollkommen homogen ist, gibt man vorsichtig die vorberechneten Mengen des Neutralisierungsmittels hinzu. Man verwendet entweder Natronlauge 40° Bé oder fein gepulvertes Natriumbikarbonat in gesiebter Form. Letzteres hat den Vorteil, das Sulfat nicht zu verdünnen und überdies die Masse abzukühlen, während die Natronlauge eine Temperaturerhöhung hervorruft. Andererseits entwickelt sich CO_2, welches eine Aufblähung der Masse verursacht. Die langsamen Zusätze haben den Zweck, dem Gas die Möglichkeit zum Entweichen zu geben und einen gleichförmigen Zustand in dem Gemisch zu erhalten. Man hört mit den Zusätzen auf, sobald ein Muster, in reinem Wasser in der Wärme aufgelöst und zum Kochen gebracht, mit Phenolphthalein eine schwache Rosafärbung gibt. Das Reaktionsgemisch ist von lichtgelber Färbung und wird mit reinem Wasser auf etwa 30% Trockengehalt gestellt. Für 70 kg Schwefelsäure vom spezifischen Gewicht 1,84 verwendet man ungefähr 84 kg Natriumbikarbonat; 44 kg des Reaktionsgemisches entweichen als CO_2.

Nach dem *D.R.P. 644.686* (Landshoff und Meyer) liegt ein besonderer Vorteil bei der Sulfatierung darin, die Sulfatierungsgemische gleichzeitig mit den neutralisierenden Alkalien der Rührvorrichtung zufliessen zu lassen.

Gemäss dem *öst. P. 150.296* (Böhme-Fettchemie) erfolgt die Neutralisierung der höhermolekularen Alkoholsulfate durch Basenzusatz ohne Wasser oder Alkohol, wobei auch organische Basen (Piperidin) verwendet werden können, auf diese Weise erhält man die Salze unmittelbar in fester Form.

Handelsübliche Sorten. Das Sulfat wird als Teig oder in Pulverform geliefert. Das letztere hat wenig andere Vorteile als den der besseren Löslichkeit und einer ansprechenderen äusseren Form.

Man erzeugt das Produkt in Pulverform mit Hilfe von Absorptionsmitteln, die das Wasser aufnehmen oder vorteilhafter durch feine Zerstäubung. Eine billigere Methode besteht darin, gerade nur die nötige Wassermenge, in Form von zerkleinertem Eis zuzusetzen. Wenn die Entwicklung von CO_2 beendet ist, breitet man die Masse auf sauberen Brettern (ungehobelten Eichenplanken) aus, wo sie sich an der Luft abkühlt. Dann mischt man sorgfältig wasserfreies, kalziniertes Glaubersalz darunter, so dass man ein 25% aktive Bestandteile enthaltendes Erzeugnis erhält. Doch lässt sich dieses Pulver weder vermahlen, noch sieben, weil es weich und klebrig ist. Die Nachfrage nach glaubersalzfreiem Alkoholsulfat ist nicht häufig. Man kann ein solches Produkt immerhin erhalten, wenn man nach der Vorschrift des *D.R.P. 661.883* (Henkel) arbeitet. Es wird in Gegenwart von aliphatischen, chlorierten oder unchlorierten Kohlenwasserstoffen, wie z. B. α, β-Dichloräthan oder Tetrachlorkohlenstoff usw. gearbeitet. Schwefelsäure (85%) scheidet sich nach der Sulfonierung beim Erwärmen auf 40° C, ab. Die obere Schicht wird im Vakuum von Tetrachlorkohlenstoff befreit und das Sulfonierungsgemisch mit NaOH neutralisiert. Nach dem Trocknen enthält das Fettalkoholsulfat (Sulfonat) etwa 95% neutralisiertes Produkt. Das Verfahren ist besonders für die Verarbeitung der der Kokosfettsäure entsprechenden Alkohole geeignet.

Grössere Sorgfalt erfordert die Sulfonierung des Oleylalkohols. Man muss die Temperatur während des Zusatzes der ersten Hälfte der Säure sehr aufmerksam beobachten. Zur Herstellung von hochsulfonierten, gegen kalkhaltige Wässer widerstandsfähigen Produkten, verwendet man Chlorsulfonsäure. Manchmal verdünnt man den Oleylalkohol mit Essigsäureanhydrid, um eine weitergehende Sulfonierung zu erzielen. Es wird mit NaOH neutralisiert, und die Trocknung kann nur mit grossen Schwierigkeiten vorgenommen werden. Hierbei arbeitet man mit dem Zerstäubungstrockner, wobei man wasserfreies Glaubersalz zumischt.

Löslichkeit. Die höheren Fettalkoholsulfonate (Sulfate) werden im allgemeinen in Form ihrer wasserlöslichen Natriumsalze gehandelt. Es besteht eine grosse Ähnlichkeit in den Eigenschaften der Seifen und der entsprechenden Fettalkoholsulfonate (Sulfate). Die aus ungesättigten Fettkörpern hergestellten Produkte sind leichter löslich als die gesättigten. Das Oleylalkoholsulfonat ist besser zum Waschen in der Kälte geeignet. Die Sulfate der gesättigten Alkohole von C_{12}—C_{14} sind leichter löslich als die höheren Glieder dieser Reihe und können bei mittleren Temperaturen als Waschmittel verwendet werden. Dagegen haben die höheren Alkoholsulfate (C_{16}—C_{18}) den besten Wascheffekt bei höheren Temperaturen (über 60° C für Cetylalkohol- und Kochtemperatur für Stearylalkoholsulfat).

Beständigkeit gegen Kalksalze. Je nach der Länge der Kohlenwasserstoffkette und je nachdem diese gesättigt oder ungesättigt ist, finden sich auch Unterschiede in bezug auf Beständigkeit gegen die Härtebildner des Wassers. Vollkommen beständig in Wässern bis zu 30 franz. Härtegraden sind die Fettalkoholsulfate mit Fettketten von 12—14 C-atomen, und diese Produkte sind fähig, die Bildung von schmierigen Kalk- und Magnesiumseifenablagerungen zu verhindern. Gesättigte Fettalkoholsulfate mit 16–18 C-Atomen im Molekül sind beständig gegen hartes Wasser bis zu 16–20° DH. Sie wirken fast nicht mehr dispergierend auf Kalkseifen. Ihre Kalkseifen sind wenig löslich, und sie haben ein nur geringes Schutzvermögen für Seifen. Dagegen hat das Natriumsalz des sauren Schwefelsäureesters des Oleylalkohols ein Wasch- und Emulgierungsvermögen, das zum mindestens dem der entsprechenden Seife gleichkommt und überdies eine grosse Härtebeständigkeit. Die Produkte, welche in Mitte der Kette sulfoniert sind, sowie die Disulfonate, sind noch beständiger, doch ist ihre Wasch- und Emulgierwirkung geringer.

Dagegen ist die Waschwirkung der gesättigten Fettalkoholsulfate mit 16—18 C-Atomen im Molekül in der Hitze grösser als die der niederen Glieder

Tetradezylalkohol besitzt die grösste Waschwirkung bei 40° C
Hexadezylalkohol „ „ „ „ „ 60° C
Oktadezylalkohol „ „ „ „ „ 100° C

Die Sulfate der Fettalkohole sind neutral, sie verhindern in hartem Wasser die Bildung von Kalkseife und können sogar schon gebildete Kalkseife wieder in Lösung bringen.

Sie zeigen als Schwefelsäureester eine für nahezu alle Textilveredlungsprozesse ausreichende Säurebeständigkeit und sind gegen Chlorlösungen sowie Wasserstoffsuperoxyd durchaus beständig; ihre Kalzium- und Magnesiumsalze sind löslich; die Salzbeständigkeit gestattet volle Ausnützung im Meerwasser, die Härtebeständigkeit ist bei den niedrigen Homologen hervorragend, bei den höheren ausreichend.

Die Waschkraft der Fettalkoholsulfate ist derjenigen der Seife mindestens ebenbürtig.

Die Fettalkoholsulfate mit 12—14 C-Atomen im Molekül sind in Wasser leichter löslich als ihre höheren Homologen und daher schon bei gewöhnlicher oder mässig gesteigerter Temperatur netz- und waschkräftig.

Ausser diesen Feststellungen können wir uns bezüglich der zahlreichen Anwendungen der Fettalkoholsulfate auf die ausführlichen Arbeiten von Couleru[1]) und J.-P. Sisley[2]) beziehen.

[1]) Couleru, Cours Conf. Perfectionnement Technique, Nr. 122 und 352.
[2]) J.-P. Sisley, R.G.M.C. 1938, S. 225, 267, 349, 388.

Das *amer. P. 2.091.956* (Du Pont de Nemours) beansprucht die Anwendung als Wasch- und Emulgiermittel der alkalischen Metallsalze der Schwefelsäureester der hochmolekularen Glykole an Stelle der einwertigen Fettalkoholsulfate und gibt folgendes Beispiel an:

$$C_{11}H_{23}-\underset{\underset{O-SO_3Na}{|}}{CH}-\underset{\underset{O-SO_3Na}{|}}{CH}-C_{11}H_{23} \qquad \text{Natriumdiundezyläthylenglykoldisulfat}$$

welches durch Sulfonierung des Diglykols: $R_1-CHOH-CHOH-R_2$ mit Chlorsulfonsäure erhalten wird.

Von Interesse sind ebenfalls die sulfonierten sekundären Alkohole, wie z. B. **Tergitol 08** und **Tergitol 4**[1]) der Carb. and Carb. Chem. Corp., wegen ihrer Säure- und Alkalibeständigkeit. Sie zeigen neben Schaum- und Waschvermögen gute Netzwirkung.

Tergitol 4 besteht aus einer 25%igen Lösung des Natriumsalzes der Tetradezylalkohol-(7-Äthyl-2-Methylundecanol-4-)-Sulfosäure. Der Alkohol wird aus dem Tetradezylazeton hergestellt, welcher wieder durch Reaktion von Methylisobutylketon

$$CH_3-CO-CH_2-CH\underset{\diagdown CH_3}{\overset{\diagup CH_3}{}}$$

mit Äthylhexaldehyd

$$C_4H_9-CH(C_2H_5)-CHO$$

in Gegenwart von Alkali erhalten wird.

Die Gleichung lautet:

$$\underset{H_3C}{\overset{H_3C}{\diagdown}}CH-CH_2-\underset{\underset{CH_3}{|}}{C}=O+O=CH-\underset{\underset{C_2H_5}{|}}{CH}-C_4H_9 \longrightarrow \underset{H_3C}{\overset{H_3C}{\diagdown}}CH-CH_2-CO-CH_2-\underset{\underset{OH}{|}}{CH}-\underset{\underset{C_2H_5}{|}}{CH}-C_4H_9$$

Das Ketol gibt durch Dehydrierung die Verbindung

$$\underset{H_3C}{\overset{H_3C}{\diagdown}}CH-CH_2-CO-CH=CH-CH(C_2H_5)-C_4H_9 \quad \text{(7-Äthyl-2-Methyl-Undecanon-4)}$$

und durch Hydrogenierung weiteres

$$\underset{H_3C}{\overset{H_3C}{\diagdown}}CH-CH_2-CHOH-CH_2-CH_2-CH\underset{\diagdown C_4H_9}{\overset{\diagup C_2H_5}{}} \quad \text{7-Äthyl-2-Methyl-Undecanol-4.}$$

Dieser Alkohol wird mit der gleichen Menge 95%iger Schwefelsäure in Gegenwart von Essigsäureanhydrid bei 0–10° C sulfatiert. Das Sulfat wird sodann in sein Alkalisalz umgewandelt, das durch fraktionierte Kristallisation aus Methanol, Hexan oder Wasser gereinigt werden kann.

---

[1]) *Franz. P. 782.835, 798.967; brit. P. 446.026; ital. P. 322.636; schweiz. P. 184.005; belg. P. 406.925; kan. P. 370.638.*

Die Tergitole sind äusserst wirksame Netzmittel. Ihr bester Wirkungsgrad wird in neutralen bis 0,5%igen Schwefelsäurelösungen, bzw. bis zu 0,5% Natronlaugelösungen erreicht. Sie besitzen eine hervorragende Wasserhärtebeständigkeit. Ihre Anwendung wird in einer Arbeit von Breton (Rev. des Produits Chimiques 1938, 41, Nr. 10, S. 289, siehe auch Ind. Chim. Dezember 1937, S. 850) besprochen.

Als Schaum- und Netzmittel finden nach den *D.R.P. 657.704* und *amer. P. 2.084.253* (Hintermaier-Henkel) Sulfonierungsprodukte der tertiären Alkohole, die zum mindesten einen höheren Fettrest besitzen, z. B. Undezyldiäthylkarbinol, Verwendung. Es handelt sich hier um echte Sulfosäure, wie z. B. das Sulfonierungsprodukt des Heptadezyldiäthylkarbinols

$$C_{17}H_{35}-C(-OH)(C_2H_5)_2$$

Melioran F 6 der Firma Milch-Oranienburg (Paix) wurde als ein Produkt bezeichnet, dessen Konstitution noch nicht völlig geklärt ist. Es wird mitgeteilt, dass es u. a. Ketosulfosäuren von hohem Molekulargewicht enthält, so z. B. das Sulfonierungsprodukt des Palmitophenons, das aus Palmitinsäurechlorid und Benzol erhalten werden kann. Es stellt sich aber bei der Untersuchung heraus, dass das Erzeugnis einfach durch Sulfonierung eines Gemisches von 64% Oleylalkohol und 36% Cetylalkohol in 4% Xylol, das als Lösungsmittel dient, hergestellt wurde, wobei man grösstenteils die oben angeführten Ausgangsmaterialien im Endprodukt unverändert vorfindet.

Durch *D.R.P. 686.332* (7. 3. 1929) wurden der Firma Böhme-Fettchemie Schaum- und Dispergiermittel geschützt. Zur Verwendung kommen die Sulfonierungsprodukte des Laurin- oder Myristinalkohols. Sie vereinigen höhere Netzfähigkeit mit vorzüglich glättenden und weichmachenden Eigenschaften. Ihre Kalksalze sind wasserlöslich, so dass sie auch in hartem Wasser und in mit Chlorkalk angesetzten Bleichbädern anstandslos verwendet werden können.

Die Pyrophosphorsäureester der höhermolekularen Fettalkohole von der allgemeinen Formel[1])

$$R-O-PO_2-O-PO_2-OH \text{ oder } RO-\underset{\underset{OH}{|}}{\overset{\overset{O}{||}}{P}}-O-\underset{\underset{OH}{|}}{\overset{\overset{O}{||}}{P}}-OH$$

weisen neben Netz- und Waschvermögen stabilisierende Wirkungen. Sie dienen als Stabilisatoren und Netzmittel in Bleichflotten, von Natriumperborat und Wasserstoffsuperoxyd.

---

[1]) *D.R.P. 664.514;* Böhme, *franz. P. 772.787.*

Die *D.R.P. 594.806, schweiz. P. 188.878* und *franz. P. 772.787* von Böhme-Fettchemie beschreiben ein sehr interessantes Verfahren, welches sich auf die Verwendung von Fettalkoholsulfaten zusammen mit aktivem sauerstoffhaltigen Produkten stützt. Diese Patente sind die Grundlage des Waschmittels von oxydierender Eigenschaft, welches unter dem Namen O n d a l bekannt ist und von Böhme-Fettchemie für das Fertigmachen der Färbungen und Drucke von Küpenfarbstoffen vorgeschlagen wurde, und zwar als Oxydationsmittel an Stelle von Bichromat. Das Ondal soll ein Pyrophosphorsäureester von Fettalkoholsulfonaten sein (Peroxydierter Pyrophosphorsäureester der Laurinsäure[1]).

Handelsmarken: H o m o g e n i t B und W   (Böhme-Fettchemie)
                O n d a l   (Böhme-Fettchemie)

Als Weichmachungs- und auch als Waschmittel kommen die Phosphorigsäureester der höheren Fettalkohole in Betracht, die man aber nach dem *D.R.P. 646.480* (I. G. Farbenindustrie) nicht mit phosphoriger Säure, sondern mittels Phosphoroxychlorids herstellt. Dabei entstehen chlorhaltige Ester, welche durch schonende Verseifung in die obengenannten Körper verwandelt werden. Höhere Ester der Phosphinsäure, wie z. B. das oxyoktylphosphinsaure Natrium

$$C_7H_{15} \diagdown_{\displaystyle PO\,(ONa)}^{\displaystyle OH}$$

kommen laut *D.R.P. 646.290* (Böhme-Fettchemie) als Dispergier- und Netzmittel allenfalls auch für Spinnschmälzen in Betracht.

Die Sulfonierungsprodukte höherer Fettalkohole, die im *öst. P. 149.672* (Mauersberger) beschrieben werden, entstehen aus Borsäreestern, die man mit Naphtalin mischt und dann sulfoniert (G r a d a 1 5 0 von Cotelle-Foucher).

Zu erwähnen ist noch das Verfahren des *brit. P. 474.229* (Chem. Fabr. Servo), welches in einer Esterifizierung mit $POCl_3$ oder Borsäure und einer nachfolgenden Sulfonierung besteht.

Von der Oranienburger Chem. Fabrik rührt das Verfahren des *D.R.P. 664.514* über die Herstellung gemischter Ester der höheren, mindestens 2 OH-Gruppen aufweisenden Fettalkohole, z. B. des Schwefelsäure-Phosphorsäureesters.

Nach *D.R.P. 664.514* von der Oranienburger Chem. Fabrik verwendet man als Emulgier- und Waschmittel hochmolekulare Fettalkoholmischester, welche wenigstens 10 Kohlenstoffatome und 2 OH-Gruppen in ihrer Kette enthalten. Sie werden durch mässiges Sulfo-

---

[1] Siehe die Veröffentlichung von Dr. Heide: Die Entwicklung von Küpenfärbungen, Z. f. die ges. Text. Ind. Klepzig, 1936, 39, S. 133. 1937, Jahrgang 40, Nr. 10, S. 178 und dieses Werk, Bd. I, Kap. I, S. 129.

nieren in einem neutralen Lösungsmittel erhalten, und zwar derart, dass eine OH-Gruppe frei bleibt, diese wird hierauf mit Hilfe von Phosphorsäureanhydrid esterifiziert, zum Schlusse wird neutralisiert.

h) Benzimidazolderivate.
Die Ultravone der Ciba.

Die Ciba brachte ebenfalls vor wenigen Jahren eine Reihe neuer, interessanter Waschmittel unter dem Namen Ultravon[1]) auf den Markt. Es sind dies Imidazolderivate folgender allgemeiner Konstitutionsformel:

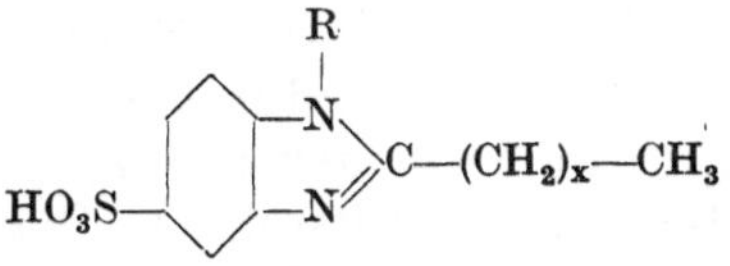

$$\text{HO}_3\text{S} \underset{\displaystyle \underset{N}{\overset{\overset{\displaystyle R}{|}}{N}}}{\bigcirc} C\!-\!(CH_2)_x\!-\!CH_3$$

z. B. das Natriumsalz der N-Methyl-μ-Heptadezylbenzimidazolsulfosäure

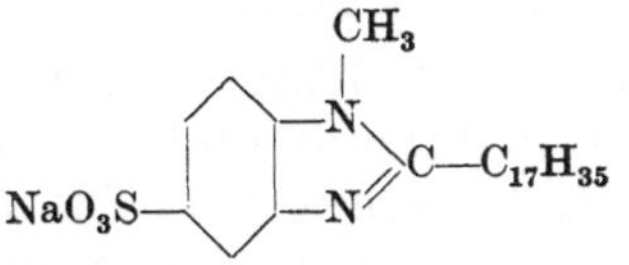

$$\text{NaO}_3\text{S} \underset{\displaystyle \underset{N}{\overset{\overset{\displaystyle CH_3}{|}}{N}}}{\bigcirc} C\!-\!C_{17}H_{35}$$

welches durch Kondensation der Fettsäure mit Monomethyl-o-Phenylendiamin und durch Sulfonierung des erhaltenen Produktes gewonnen wird.

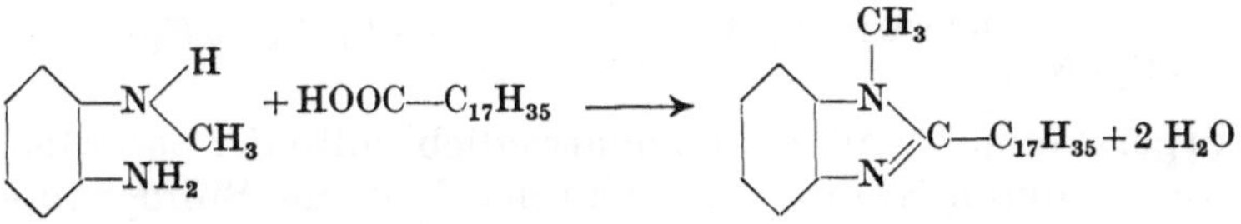

$$\underset{\displaystyle -NH_2}{\bigcirc}\!-\!N\!\!\begin{smallmatrix}H\\ \\CH_3\end{smallmatrix} + HOOC\!-\!C_{17}H_{35} \longrightarrow \underset{\displaystyle \underset{N}{\overset{\overset{\displaystyle CH_3}{|}}{N}}}{\bigcirc} C\!-\!C_{17}H_{35} + 2\,H_2O$$

Durch Sulfonierung dieser Verbindungen erhält man lösliche, stark anionaktive Produkte, die eine ausgezeichnete Härte- und Säurebeständigkeit sowie ein hervorragendes Reinigungsvermögen besitzen.

Ultravon K stellt das Monosulfonat des Heptadezylbenzimidazols dar. Es dient nicht so sehr als Waschmittel, als vielmehr als Kalkseifendispergiermittel. Ciba empfiehlt die Verwendung dieses monosulfonierten Produkts, Ultravon K, als Egalisiermittel und als Zusatz zum Abziehbad, um das reduktive Abziehen zu unterstützen, während die disulfonierten Produkte sich vorzugsweise als Waschmittel für Wolle (Ultravon W und FA), eignen.

---

[1]) *Franz. P. 778.476; brit. P. 398.150; 441.296.* Siehe Bull. Föd., Ch. Gränacher, Bd. III, Heft 3, S. 257 u. ff., *D.R.P. 605.687, brit. P. 403.977; franz. P. 754.626; schweiz. P. 163.005.* Siehe L. Diserens, Neue Verfahren in der Technik der Veredlung der Textilfasern, Bd. I., S. 424/425.

Ultravon W ist das Disulfonat des Heptadezylbenzimidazols. Es ist gegen Säuren und Alkalien noch beständiger als die anderen Marken und eignet sich sehr gut für das Waschen und Walken der Wolle.

Ultravon FA, dessen Lösungen neutral reagieren, verhindert das Ausfallen der Kalkseifen.

Das *franz. P. 818.919* (ebenfalls Ciba) beschreibt die Herstellung eines ähnlichen Waschmittels durch Kondensation des N-Heptadezylbenzimidazols mit Benzaldehyd in einer Kohlensäureatmosphäre; das so gebildete Benzylidenheptadezylbenzimidazol wird sulfoniert. Man erhält so ein ausgezeichnetes Waschmittel von hervorragender Beständigkeit in hartem Wasser und von grosser Reinigungskraft.

Aus dem Benzimidazol entstehen durch Kondensation mit Aldehyden (z. B. Benzaldehyd) in borsaurer Lösung gemäss dem *brit. P. 490.774* (Ciba) sehr interessante Hilfsmittel (Waschmittel), die der Gruppe der Ultravone angehören (siehe Ch. Gränacher, Bull. III, S. 268).

Die Imidazoline, welche durch Kondensation von Diaminen (mit benachbarten Aminogruppen) mit höheren Fettsäuren entstehen, dienen nach den Patenten von Waldmann und Chwala, *D.R.P.644.475; brit. P. 460.858; franz. P. 811.423; schweiz. P. 189.136* und *193.046* als hartwasserbeständige Textilhilfsmittel für die verschiedensten Zwecke. Die Gleichung, nach der sich die Reaktion vollzieht, ist beispielsweise die folgende:

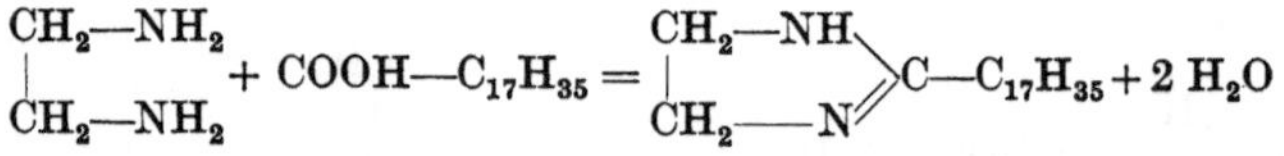

$$\begin{array}{c} CH_2-NH_2 \\ | \\ CH_2-NH_2 \end{array} + COOH-C_{17}H_{35} = \begin{array}{c} CH_2-NH \\ | \quad\quad\quad >C-C_{17}H_{35} \\ CH_2-N \end{array} + 2\,H_2O$$

Diese Körper können entweder nachträglich sulfoniert werden oder eine der verwendeten Komponenten kann schon eine Sulfogruppe enthalten.

Auch das *schweiz. P. 201.926* (Waldmann und Chwala) empfiehlt Imidazol und dessen Derivate als Textilhilfsmittel. Man erhält durch Kondensation von Imidazolinen, die mit höheren Fettresten verbunden sind, mit Formaldehyd oder Natriumbisulfit Produkte, die ein erhebliches Schaumvermögen besitzen und die in der Färberei angewendet werden dürften.

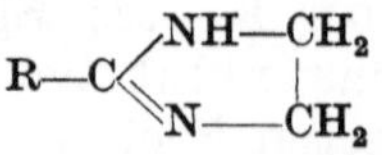

$$R-C\begin{array}{c} NH-CH_2 \\ \quad\quad | \\ N-CH_2 \end{array} \quad \text{Imidazolin}$$

$$C_{17}H_{35}-C\begin{array}{c} CH_2-SO_3Na \\ | \\ N-CH_2 \\ \quad\quad | \\ N-CH_2 \end{array}$$

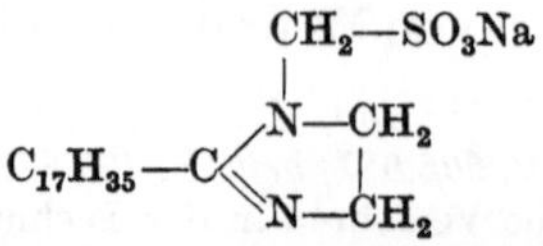

Natriumsalz der Heptadezylimidazolin-N-Methansulfosäure.

Im *amer. P. 2.094.090* (Imp. Chem. Ind.) werden Sulfonium-derivate als Waschmittel empfohlen, welche durch Alkylierung des Mercaptobenzothiazols dargestellt werden.

$$\text{Benzothiazol} \quad C\!-\!S\!-\!\begin{array}{c} R \\ \text{Alkyl} \\ Cl \end{array}$$

i) Alkylsulfonate, welche durch Sulfochlorierung der Paraffinkohlenwasserstoffe entstehen.

Schon seit sehr langer Zeit hatte man versucht, die Paraffinkohlenwasserstoffe unmittelbar in Sulfosäuren überzuführen, doch erwiesen sich die Stammkörper als unempfindlich gegenüber dem Sulfonierungsmittel, wodurch sie sich von den aromatischen Kohlenwasserstoffen unterscheiden. Die direkte Einführung der Sulfogruppe glückte erst den Amerikanern Reed und Horn (*amer. P. 2.046.090*), welche als Sulfonierungsmittel SO_2 und Chlor oder Sulfurylchlorid anwandten[1]). Die Reaktion findet nach dem folgenden Schema statt:

$$Cl_2 \longrightarrow 2\,Cl$$
$$RH + Cl \longrightarrow R\!-\!+ HCl$$
$$R\!-\!+ SO_2 \longrightarrow R\!-\!SO_2\!-\!$$
$$R\!-\!SO_2 + Cl_2 \longrightarrow R\!-\!SO_2Cl + Cl \text{ usw.}[2])$$

So erhält man Sulfochloride, die durch Verseifung in die Natriumsalze der echten Alkylsulfosäuren übergeführt werden. Der Vorgang zerfällt demnach in die

Erste Phase: Die Sulfohalogenierung.

Das Chlor-Ion, das sich im status nascendi befindet, löst die einander folgenden Reaktionen aus, die durch aktinische Strahlen katalytisch gefördert werden. Die Sulfohalogenierung kann man auf alle Arten von organischen Verbindungen anwenden: auf aliphatische Kohlenwasserstoffe sowie auf die Einwirkungsprodukte von Wasserstoff auf Kohlenmonoxyd. Die Methode bewährt sich am besten bei den Produkten, die nach dem Fischer-Tropsch-Verfahren hergestellt sind. Das auf diese Weise hergestellte Sulfochlorid führt den Namen Mersol, während die entsprechenden Kalisalze der Alkylsulfosäuren den Namen Mersolat erhielten[3]).

Man verfährt auf folgende Weise: Ein Chlorstrom und ein Strom von Schwefligsäureanhydrid werden in den gesättigten Kohlenwasserstoff bei 90—95⁰ C in Gegenwart eines Katalysators und unter Bestrahlung mit chemisch wirksamem Licht (aktinischen Strahlen)

---

[1]) Mollering und Luttgen, Sulfohalogenierung und Sulfohalogenide, Stuttgart 1942, siehe Helberger, Z. f. ang. Chem. 1942, Nr. 21—22, S. 172—174.

[2]) Kharasch, Th. Chas und Brocon, J. Amer. Chem. Soc. 1940, 62, S. 2394.

[3]) Seifensieder Ztg., Bd. 68, S. 524, Nr. 49—50; Bd. 69, Nr. 8, S. 177.

eingeleitet. Die Temperatur wird eine Zeitlang eingehalten und darauf auf etwa 40—50° C gesenkt. Als Katalysatoren dienen insbesondere die Amine oder Hydroxylamine[1]).

Die Sulfochloride werden von den Produkten abgetrennt, welche nicht reagiert haben. Man verwendet hierzu selektive Lösungsmittel, wie flüssiges Schwefligsäureanhydrid, Azetonitril, verschiedene Alkohole, Ketone oder Aldehyde[2]).

Zweite Phase: Die Verseifung.

Diese wird mit kaustischen Alkalien durchgeführt:

$$R—SO_2Cl + 2\,NaOH \longrightarrow R—SO_3Na + NaCl + H_2O$$

Da die Sulfochloride wasserunlöslich sind, so müssen sie zum Zwecke der Verseifung in Emulsionen übergeführt werden. Durch Lösungsmittelextraktion wird dann Kochsalz und nicht angegriffener Kohlenwasserstoff vom erhaltenen Produkt getrennt, welcher Vorgang grosse Genauigkeit in der Arbeit erfordert. Andere Methoden wurden hier ebenfalls vorgeschlagen.

Das *franz. P. 877.672* empfiehlt, die Kohlenwasserstoffe der gemeinsamen Einwirkung von Schwefligsäureanhydrid und Sauerstoff unter dem Einfluss chemisch wirksamer Strahlen zu unterwerfen:

$$R—CH_3 + SO_2 + O \longrightarrow R—CH_2—SO_3H$$

Colgate Palmolive Co. empfiehlt, ein rohes Teerdestillat, das durch Tieftemperaturbehandlung einer bituminösen Kohle aus Pennsylvanien erhalten wird, mit Oleum und schwefliger Säure bei gleichfalls tiefer Temperatur zu behandeln. Dieses Erzeugnis ist ein vorzügliches Schaummittel und lässt sich in seiner Wirkung mit Seife vergleichen.

Man hat weiter versucht, SO_2 und Cl_2 durch Phosgen zu ersetzen. Hierbei gelang es, die Gruppe COCl in die aliphatischen Kohlenwasserstoffe einzuführen. Diese Produkte sind noch wenig bekannt, doch ist deren industrielle Zukunft sehr vielversprechend. Sie haben sich sehr stark in Deutschland einführen können, ebensowie in Russland und in den Vereinigten Staaten.

Die echten Alkylsulfonate geben klare, nicht kolloidale Lösungen, welche eine bedeutende Schaumkraft, Netzkraft und Dispergiereigenschaft besitzen. Sie sind kalkbeständig. Man kann sie sowohl in der Hauswäsche als in der Textilindustrie verwenden, und zwar hier für die Entfettung der Wolle, für die saure Walke und als Durchdringungsmittel in der Textilfärberei. Man kann sie auch in der Lederbehandlung, zur Dispergierung von Pigmenten und als Emulgiermittel in der kosmetischen Industrie verwenden. Genauere Angaben kann man in

---

[1]) *Franz. P. 870.294.*
[2]) *D.R.P. 711.821* und *725.800.*

Reed's Originalpatentschrift finden. Diesen industriellen Verwendungen schliesst sich weiter die Möglichkeit einer Reduktion der Sulfochloride zu Sulfinsäuren R—SOCl → R—S—OH und zu Merkaptanen an. Die Sulfinsäuren können mit Äthylenoxyd reagieren und nicht ionogene Verbindungen liefern, wie solche, die im *ital. P. 391.675* beschrieben sind.

Die Herstellung synthetischer Waschmittel aus Nebenprodukten der Erdölverarbeitung wurde von der Shellgruppe studiert. Die Versuche haben zu einem Verfahren zur Synthese der Natriumsalze höherer Alkylsulfonate aus Nebenprodukten der Erdölverarbeitung geführt, die sich unter der Bezeichnung Teepol im Handel befinden und auf dem Gebiete der synthetischen Reinigungs- und Netzmittel eine bedeutende Rolle spielen[1]).

2) Kationaktive Verbindungen.

Die Sapamine der Ciba.

Bertsch zeigte in einer ausgezeichneten Arbeit, dass die die Kapillarwirkung ausübenden Gruppen von hohem Molekulargewicht sich entweder im Anion oder im Kation befinden können (siehe diesbezüglich Bd. II, Kap. VI, S. 61 u. ff.).

Die Blockierung der Karboxylgruppe einer Seife erfordert die Einführung einer löslichmachenden Funktion am Ende der Kette. Von diesem Prinzip ausgehend, unterwarf die Ciba eine Anzahl derartiger Körper einer eingehenden Untersuchung, und es gelang ihr, eine ganze Reihe neuer interessanter Substanzen herzustellen, in denen die Kapillaraktivität durch ein Kation von hohem Molekulargewicht bedingt ist.

Die Sapamine von Ciba-Hartmann-Kaegi sind azylierte Diamine, also Amide der Fettsäuren, welche sich von disubstituierten Äthylendiaminen ableiten, vom Schema

$$R-C\diagup_{\diagdown NH-R-NH_2}^{O}$$

deren erster Vertreter das Sapamin CH[2]) ist.

$$C_{17}H_{33}-C\diagup_{\diagdown NH-CH_2-CH_2-N}^{O}\diagup_{\diagdown C_2H_5}^{C_2H_5} \cdot HCl.$$

[1]) Textil-Rundschau 1947, 2, S. 343.

[2]) Siehe dieses Werk, Bd. II, Kap. VI, S. 61 u. ff. sowie S. 98/99. Z. f. ang. Chem. 1928, 41, Nr. 5, S. 127; Landolt, Mon. f. Text. Ind. 1932, Heft 3. *D.R.P. 464.142, 559.500, 567.921, 528.101, 626.718, 666.066, 671.782;* brit. *P. 219.304, 294.582, 294.890, 390.553, 366.918;* franz. *P. 595.672, 657.974, 725.637,* 1931; amer. *P. 2.004.476,* 1923. Bull. Föd. I, S. 515; R.G.M.C. 1934, S. 64 und 111. Prof. A. Chwala, Mell. 1936, S. 58. A. Landolt, Über das Fixieren von Direktfarbstoffen mit kationaktiven Mitteln nach dem Färben, Textil Rundschau, 1946, Juliheft, Nr. 1, S. 14/16 und Augustheft Nr. 2, S. 41/51.

Zur Gruppe der Sapamine gehören auch die quaternären Ammoniumbasen, die aus den Fettsäureamiden der disubstituierten Amine hergeleitet werden können. Sie werden durch Alkylierung der letztgenannten Produkte erhalten. So kann z. B. Methylsulfat auf das asymmetrische Oleyldiäthylaminoäthylendiamin reagieren, und es entsteht dann das Methosulfat des quaternären Oleylmethyldiäthylaminoäthylendiamins.

$$CH_3\!-\!(CH_2)_7\!-\!CH\!=\!CH\!-\!(CH_2)_7\!-\!\overset{\displaystyle O}{C}\!-\!NH\!-\!CH_2\!-\!CH_2\!-\!\underset{\displaystyle SO_4CH_3}{N}\!\underset{\diagdown C_2H_5}{\overset{\diagup CH_3}{-C_2H_5}}$$

Sapamin MS, Ciba *brit. P. 294.582;*
amer. P. 1.737.458; D.R.P. 559.500

Erwärmt man dagegen das obengenannte Diamin mit Benzylchlorid, so entsteht das Chlorid des Oleylamidoäthylendiäthylbenzylammoniums.

$$C_{17}H_{35}\!-\!\overset{\displaystyle O}{C}\!-\!NH\!-\!CH_2\!-\!CH_2\!-\!\underset{\displaystyle Cl}{N}\!\underset{\diagdown CH_2\!-}{\overset{\diagup C_2H_5}{-C_2H_5}}$$

Sapamin BCH, Ciba
schweiz. P. 133.372

Sapamin KW ist das Methosulfat des Monostearylamidoäthylentrimethylammoniums (bzw. Triäthylammoniums) oder einer ähnlichen quaternären Base.

$$C_{18}H_{37}\!-\!\overset{\displaystyle O}{C}\!-\!NH\!-\!CH_2\!-\!CH_2\!-\!\underset{\displaystyle SO_4CH_3}{N}\!\underset{\diagdown CH_3}{\overset{\diagup CH_3}{-CH_3}} \qquad (brit.\ P.\ 396.992)$$

Die verschiedenen Sapaminmarken gestatten die Fixierung bestimmter Körper auf der Textilfaser. Sie werden in der Mattierung von Kunstseide und als Fällungsmittel für Farbstoffe verwendet. Sie umhüllen die Partikel mit einer positiv geladenen Schichte, welcher eben das Fixierungsvermögen auf der Textilfaser zu verdanken ist. Im Färbevorgang ist eine erhebliche Erhöhung der Wasserechtheit zu verzeichnen.

Die Körper dieser Gruppe werden durch Erwärmen von Ölsäure mit asymetrischen disubstituierten Äthylendiaminen hergestellt; es sind wasserunlösliche Basen, welche mit Säuren Salze bilden, deren wässerige Lösungen Seifencharakter haben.

Die Sapamine liefern kolloidale Lösungen, die sich in stark saurem Medium ähnlich wie Seifenlösungen verhalten, schmutzauflockernd, fettemulgierend, dispergierend, netzend und waschend wirken.

Ihre Schaumfähigkeit ist noch grösser als die der Seifenlösungen. Die Säurebeständigkeit ist so gross, dass eine Verwendung bei der Karbonisation möglich ist.

Pyridiniumderivate.

Das *D.R.P. 662.538* sowie das entsprechende *brit. P. 475.119* der Imp. Chem. Ind. enthalten folgendes Verfahren: wenn man Fettalkohole (Cetylalkohol) mit Formaldehyd und Pyridin reagieren lässt und in das Gemisch schweflige Säure einleitet, erhält man quaternäre Ammoniumderivate folgender Konstitution:

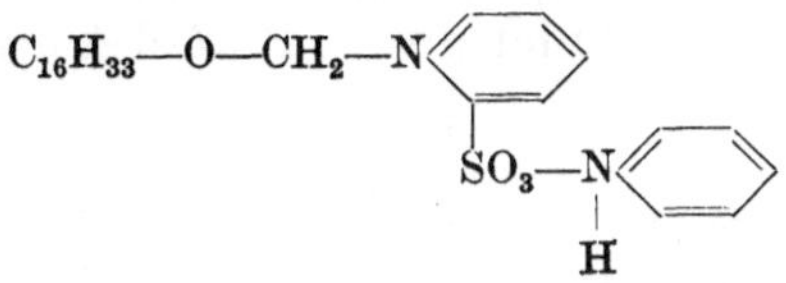

$$C_{16}H_{33}\text{—}O\text{—}CH_2\text{—}N$$

Pyridinsulfat des Cetyloxymethylpyridiniums.

Das Pyridinsulfat des Cetyloxymethylpyridiniums ist wasserlöslich und besitzt reinigende Eigenschaften.

B. Nichtionogene grenzflächenaktive Körper[1]).

1. Äthylenoxydkondensationsprodukte.

Die Igepale der I.G. Farbenindutsrie.

Die nichtionogenen synthetischen Waschmittel bilden eine Gruppe von Erzeugnissen, welche Gegenstand zahlreicher Untersuchungen im Laufe der letzten 15 Jahre gewesen sind. Das Verdienst an diesen bemerkenswerten Arbeiten kommt vor allem den Chemikern der I.G. Farbenindustrie zu, indem es ihnen gelungen ist, Verbindungen herzustellen, welche den kolloidalen Charakter der Seifen oder allgemein der ionenaktiven (anionaktiven oder kationaktiven) Derivate besitzen, nicht aber deren Fähigkeit zur Salzbildung.

Die Oberflächenaktivität ergibt sich aus einer Molekularstruktur, die sich durch einen mehr oder weniger grossen Gehalt an gehäuften hydrophoben Molekülen charakterisieren lässt.

Die auf diese Weise erhaltenen Körper zeichnen sich durch eine weit höhere Beständigkeit gegenüber Salzen der Schwermetalle und der alkalischen Erden aus, als man sie bei anionaktiven oder kationaktiven Verbindungen findet.

Auch ihre emulgierende und weichmachende Wirkung ist beträchtlich höher.

Die Produkte dieser Klasse können erhalten werden:

A. einerseits durch Kondensation von Fettkörpern oder deren Derivaten mit Äthylenoxyd, wobei man unterscheidet:

---

[1]) J.-P. Sisley, Les composés sans ions actifs, leur emploi dans l'industrie textile, Teintex. 1949, 14, Februarheft, S. 53 u. ff.

1. Derivate der Fettsäuren mit Äthylenoxyd:
die Emulgiermittel
    Emulphor A, AG, Cemulsol A (Olivenöl + Äthylenoxyd),
    Emulphor EL, Cemulsol B (Rizinusöl + Äthylenoxyd).

2. Derivate der Fettalkohole mit Äthylenoxyd:
die Emulgier-, Dispergier- und Egalisiermittel
    Emulphor O   (Oleylalkohol + 20 Mol Äthylenoxyd)
    Emulphor OL (Abietinol + 40 Mol Äthylenoxyd)

Peregal O	
Unigal TU	
Palatinechtsalz O	sind wässerige Lösungen
Sel Inochrome O	von Emulphor O
Diazopon A und AN	

3. Derivate von Fettsäureamiden mit Äthylenoxyd:
die Emulgiermittel
    Emulphor FM öllöslich (Fettsäureoxyäthylamid + Äthy-
        lenoxyd)
    Peregal OK (Oleylamin + 6 Mol Äthylenoxyd).

B) anderseits durch Kondensation von Oxyalkylarylverbindungen mit Äthylenoxyd. Hier unterscheidet man wiederum:

1. Derivate von Alkylphenolen mit Äthylenoxyd.
Diese Gruppe vor allem hat die interessantesten Waschmittel ergeben. Ihr Dispergiervermögen hängt ab von der Anzahl der Äthylenoxydmoleküle, welche die aliphatische Kette bilden. Sie wurden von der I. G. Farbenindustrie unter dem Namen Igepal in den Handel gebracht.

Igepal C konz. und CTA = Dodezylphenol + 12 Mol
                          Äthylenoxyd

Igepal F	= Isooktylphenol + 9 Mol Äthylenoxyd
Igepal W	= Isododezylphenol + 6 Mol Äthylenoxyd
Igepal B	= Diisohexylheptylphenol + 5 Mol Äthylenoxyd
Emulphor A extra	= Diisoheptylhexylphenol + 6,5 Mol Äthylenoxyd
Emulphor ELN	= Diisoheptylphenol + 20 Mol Äthylenoxyd
Emulphor MW	= Diisoheptylhexylphenol + 8 Mol Äthylenoxyd
Alipal CL	= sulfatiertes Kondensationsprodukt von Alkylphenol + 3 Mol Äthylenoxyd
Alipal D	= sulfatiertes Kondensationsprodukt von Diisohexylheptylphenol + 4 Mol Äthylenoxyd

Weiter gehören in diese Gruppe:

Leonil WS

Lissapol N (I.C.I.)

Triton NE, 720 und 770 (Röhm und Haas)

2. Derivate von Alkylnaphtolen mit Äthylenoxyd, im Handel unter den Bezeichnungen:

Emulphor FFO und **Leonil FFO** = Hexylheptyl-β-Naphtol + 9 Mol Äthylenoxyd

Lupon (BASF) = Hexylheptyl-β-Naphtol + 8 Mol Äthylenoxyd

Ergänzende Einzelheiten über die Igepale findet man in den Auszügen der British Intelligence Objectives Sub. Committee (B. I. O. S. Nr. 418)[1]).

Hieraus geht hervor, dass die Igepale Kondensationsprodukte von alkylierten Phenolen mit Äthylenoxyd sind. Diese Produkte können in ihrem Molekül entweder eine lange Kette von 12—14 Kohlenstoffatomen oder zwei kurze Ketten mit 6—7 Kohlenstoffatomen enthalten.

$$C_{12}\!-\!C_{14}\!-\!\langle\ \rangle\!-\!O\!-\!(CH_2\!-\!CH_2O)_n\!-\!CH_2\!-\!CH_2OH$$

Igepal mit langer Kohlenstoffkette.

$$\begin{array}{l} C_6\!-\!C_7 \\ C_6\!-\!C_7 \end{array}\!\langle\ \rangle\!-\!O\!-\!(CH_2\!-\!CH_2O)_n\!-\!CH_2\!-\!CH_2OH$$

Igepal mit zwei kurzen Kohlenstoffketten.

n variiert mit der Natur der alkylierten Kette.

Für Igepale, die als Detergiermittel für Baumwolle verwendet werden, variiert n zwischen 8 und 11. Igepale mit n > 11 eignen sich ganz speziell zum Waschen der Wolle.

Die Ausgangsprodukte für die Herstellung der Igepale sind Olefine die in den Fabriken Leuna in Ludwigshafen hergestellt wurden.

Die I. G. Farbenindustrie stellte ebenfalls ein Sulfat eines Igepals unter dem Namen Höchst 153/DO/SR her, welches folgender Formel entspricht:

$$\begin{array}{l} CH_3 \\ C_{12}\!-\!C_{14} \end{array}\!\langle\ \rangle\!-\!O\ (CH_2\!-\!CH_2O)_5\!-\!CH_2\!-\!CH_2\!-\!OSO_3Na$$

und das den anderen Igepalmarken zugesetzt wird, um deren Löslichkeit zu erhöhen, beispielsweise Igepal B = Sulfat eines Igepals, folgender Formel:

$$\begin{array}{l} CH_3 \\ C_{12}\!-\!C_{14} \end{array}\!\langle\ \rangle\!-\!O(CH_2\!-\!CH_2O)_5\!-\!CH_2\!-\!CH_2\!-\!OSO_3Na$$

---

[1]) *Franz. P. 727.202; D.R.P. 605.973, 634.037; Brit. P. 380.431, 380.851; Amer. P. 1.970.578, 2.085.706.*

Igepal C 35% = Gemisch von
     30% Igepal C 100%ig mit 12 Mol Äthylenoxyd
     5% Igepalsulfat 100%ig, Höchst 153 DO/SR mit
       6 Mol Äthylenoxyd
     65% Wasser
     100%

Igepal W 35% =
     30% Igepal W 100%ig mit 6 Mol Äthylenoxyd
     5% Igepalsulfat 100%ig
     65% Wasser
     100%

Man kann als Beispiele für isozyklische Hydroxylverbindungen im Sinne obiger Ausführungen das n-Butylphenol, das Diisobutylphenol, das Dodezylphenol usw. nennen. Sie entstehen durch Reaktion von Olefinen mit Phenolen. Die Olefine werden synthetisch durch Reduktion von Kohlenoxyd in Gegenwart bestimmter Katalysatoren oder durch Polymerisation von niedermolekularen Gliedern der Olefinreihe dargestellt, die man ihrerseits aus primären Alkoholen C_4—C_6 bei der katalytischen Reduktion des Kohlenstoffmonoxyds gewinnt. So schmilzt man beispielsweise 206 Teile p-Isooktylphenol (erhalten durch Kondensation von Phenol mit Diisobutylen) und setzt 2 Teile einer 40%igen Natronlauge zu. Darauf führt man unter heftigem Schütteln und Rühren bei 120—130° C Äthylenoxyd ein, bis man eine Absorption von 10 Mol. dieses Körpers festgestellt hat (auf ein Mol p-Isooktylphenol gerechnet), d. h. bis man ein Gesamtgewicht von 644 Teilen erreicht. Das derart erhaltene Produkt ist im kalten Wasser unter Bildung einer klaren stark schäumenden Flüssigkeit löslich und bildet ein gutes Netzmittel für Baumwolle. Je nach der Kettenlänge der Polyglykole, die durch diese Reaktion eingeführt wurden, erhält man Produkte von verschiedener Löslichkeit. Mit 6 Mol Äthylenoxyd erzielt man ein kaltwasserlösliches Öl, dessen Lösung sich beim Erwärmen trübt. Das Erzeugnis findet Verwendung als Wollwaschmittel. Die I. G. Farbenindustrie brachte die Igepale als Wasch- und Dispergiermittel in den Handel. Sie sind sehr härtebeständig und verhindern die Kalkseifenbildung. Diesbezügliche Artikel sind von Nüsslein[1]) und Reumuth[2]) veröffentlicht worden.

Die Emulgiermittel dieser Klasse wurden vielfach als Weichmacher verwendet[3]).

Im Jahre 1946 brachte die Firma Sandoz in Basel ein Produkt unter dem Namen Sandopan KDF auf den Markt, welches in che-

---

[1]) Nüsslein, Mell. 1937, Bd. 18, S. 248 und Mell. franz. Ausg. 1937, S. 65.
[2]) Reumuth, Klepzig Textilzeitschr., 1941, 44, S. 260.
[3]) W. Scheer, Mell. 1941, Bd. 22, S. 632; H. C. Borghetty, Amer. Dyest. Rep. 1948, 37, S. 112.

mischer Hinsicht dem Igepal M der I. G. Farbenindustrie entspricht, ein Kondensationsprodukt von Fettsäure mit Polyoxyäthylenamid.

Die I. G. Farbenindustrie liess sich durch *D.R.P. 693.028* (24. 11. 1935) ein Waschmittel schützen, bestehend aus einer Mischung von Polyglykoläthern, aromatischen Oxyverbindungen, die im Kern durch einen höheren aliphatischen Kohlenwasserstoffrest substituiert sind, wasserlöslichen Salzen von oberflächenaktiven Sulfo- oder Karbonsäuren, oder Schwefelsäureestern und gegebenenfalls üblichen Waschmittelzusätzen. Als Polyglykoläther kommen in erster Linie die Umsetzungsprodukte von alkylsubstituierten Phenolen mit Äthylenoxyd und seinen Homologen in Betracht.

Nach dem *brit. P. 480.117* (I. G. Farbenindustrie) geht man von den Oxydationsprodukten höherer Kohlenwasserstoffgemische aus, die man aus dem Paraffin, Naphta u. dgl. gewinnt und alkyliert sie mit Äthylenoxyd (Emulphor-Typus).

Die entstandenen Polyglykoläther enthalten aber noch unveränderte Verbindungen, die man mit einem wasserlöslichen Mittel (Benzin) behandelt und in Lösung bringt, worauf man Pyridin oder Alkohol und schliesslich Wasser zusetzt.

Die wässerige Schicht, die den Emulgator enthält, lässt sich dann leicht abscheiden und zur Gewinnung des Mittels konzentrieren.

Ähnliche aber schwefelhaltige Verbindungen beschreibt das *D.R.P. 665.371* (I. G. Farbenindustrie — Schütte — Schöller — Wittwer). Aus dem Dodezylmerkaptan und Äthylenoxyd erhält man den Körper, der wahrscheinlich der Zusammensetzung

$$C_{12}H_{25}-S-CH_2-CH_2-(O-C_2H_4)_3-(OC_2H_4)\ OH$$

entspricht und der als Emulgator verwendet wird.

Gemische von Alkylkresolen werden nach dem Verfahren des *schweiz. P. 193.077* (Henkel) zuerst hydriert und dann mit Äthylenoxyd alkyliert und zum Zwecke der Darstellung von Dispergiermitteln auf diese Weise löslich gemacht.

Im *D.R.P 686.311* (27. 4. 1933), ebenfalls von der I. G. Farbenindustrie, handelt es sich um die Verwendung von Mischungen von in Wasser löslichen Kondensationsprodukten, die durch Einwirkung von Äthylenoxyd oder Polyglykoläthern auf organische Verbindungen, die eine oder mehrere Oxy-, Karboxyl- oder Aminogruppen im Molekül aufweisen, erhältlich sind und von höhermolekularen aliphatischen Alkoholen, Karbonsäuren, Aminen oder deren in Wasser nicht oder nur schwer löslichen Derivaten, gegebenenfalls unter Zusatz der üblichen Wasch-, Netz- oder Weichmachungsmittel für die Textil-, Leder- und Papierindustrie abgeleitet werden.

Nach *brit. P. 594.475/479* von Röhm und Haas (Silk and Rayon 1948, **22**, S. 546) können Polymerisatwaschmittel erhalten werden, wenn man alkylierte Phenole zunächst mit Formaldehyd vorkondensiert und dann mit Äthylenoxyd umsetzt. Die endständige Hydroxylgruppe kann verestert, resp. durch eine Sulfo- oder Karboxylgruppe ersetzt werden.

2) Eiweisskondensationsprodukte.
Lamepon A.

Das Lamepon A[1]) der Chem. Fabrik Grünau entsteht durch Einwirken von Fettsäurechlorid (Ölsäurechlorid) auf abgebaute Eiweisstoffe

$$C_{17}H_{33}C\!\!\underset{Cl}{\overset{O}{\diagup}} + H_2N\!\!-\!\!R_1\,(CONHR_2)_x COONa + NaOH \longrightarrow$$

$$C_{17}H_{33}C\!\!\underset{NHR_1(CONHR_2)_x-COONa}{\overset{O}{\diagup}}$$

Lamepon ist nicht sehr kalkbeständig, nur beschränkt säurebeständig und für die Wollveredlung (Faserschutz) interessant. Diese Produkte wurden durch die Arbeiten von Landshoff und Mayer bekannt.

Nach dem *D.R.P. 657.706* (Landshoff und Meyer) sollen diese Kondensationsprodukte von höheren Fettsäuren mit Eiweißspaltprodukten in beständige Trockenpräparate überführbar sein, wenn man sie nach der Herstellung wieder ausfällt, die Niederschläge mit entwässerten alkalischen Salzen (Pyrophosphat) verrührt und das Gemisch zum Trocknen bringt (siehe das *amer. P. 2.121.305*, Goldschmidt A.G.).

Im nachfolgenden seien noch kurz die neuesten synthetischen Waschmittel angegeben.

C. Verschiedene neuere Waschmittel.

Sulfamide, die sich von Paraffinkohlenwasserstoffen herleiten lassen.

Wenn man Ammoniak auf die Sulfochloride der Paraffinkohlenwasserstoffe einwirken lässt, die nach der Methode von Reed und Horn hergestellt sind, so erhält man Sulfamide.

Im allgemeinen enthalten die modernen synthetischen Waschmittel die folgenden löslichmachenden Gruppen:

$$-C\!\!\underset{OH,}{\overset{O}{\diagup}}\quad -SO_3H,\quad -OSO_3H$$

---

[1]) *Amer. P. 2.015.912; brit. P. 413.016, 435.481, 450.467; schweiz. P. 172.359, 187.094/099; franz. P. 772.585; D.R.P. 670.096/97.* Protepon A der Firma Protex (Frankreich).

Der OH-Rest und der Sulfamidrest $-SO_2-NH_2$ werden selten in diesen Produkten gefunden, da sie nur Löslichkeit in Lauge verleihen und deren Alkalisalze weitgehend hydrolytisch gespalten sind.

Dagegen ist eine neue löslichmachende Gruppe, nämlich $-SO_2-NH-CO-$, deren Alkalisalze weit weniger hydrolysierbar sind als diejenigen der Sulfamide in Vorschlag gebracht worden. Netzmittel der schematischen Konstitution: $R-SO_2-NH-CO-CH_3$, welche im *franz. P. 874.768* beschrieben sind, sind in Natriumkarbonatlösung löslich.

Laut *franz. P. 858.857* der I. G. Farbenindustrie kann man in die Sulfamide eine löslichmachende Gruppe einführen, indem man sie mit Formaldehyd oder einem Salz einer Aminokarbonsäure oder Aminosulfosäure reagieren lässt. So reagiert Oktadezylsulfamid mit Methyltaurin in Gegenwart von Formaldehyd entsprechend der Gleichung:

$$C_{18}H_{37}-SO_2-NH_2 + CH_2O + \underset{\underset{CH_3}{|}}{NH}-CH_2-CH_2-SO_3Na \longrightarrow$$

$$C_{18}H_{37}-SO_2-NH-CH_2-N\begin{cases} CH_2-CH_2-SO_3Na \\ CH_3 \end{cases} + H_2O$$

Diese Produkte nähern sich in ihrer chemischen Zusammensetzung dem Igepon T. Sie gewinnen an Bedeutung durch den Umstand, dass sie die Verwendung von Fetten umgehen.

Sulfimide, die sich von Paraffinkohlenwasserstoffen herleiten lassen.

Azylierte Derivate der Arylsulfamide sind nicht hinreichend beständig in alkalischen Lösungsmitteln. Bessere Ergebnisse erzielt man durch die Einführung der löslichmachenden Gruppe

$$-SO_2-NH-SO_2-$$

Das Natriumsalz des Oktadezylmethylsulfimids

$$C_{18}H_{37}-SO_2-\underset{\underset{Na}{|}}{N}-SO_2-CH_3$$

das entsprechend dem Verfahren des *franz. P. 858.596* der Deutschen Hydrierwerke hergestellt wird, verhält sich wie ein typisches kapillaraktives Produkt und hat seifenähnliche Eigenschaften.

Die I. G. Farbenindustrie empfiehlt im *schweiz. P. 187.406* für das Waschen der Gewebe eine Mischung eines löslichen Salzes einer polymeren Karbonsäure (Natriumsalz der Polyakrylsäure) mit einem Phosphat. Dieses Gemisch dient als Zusatz zu einem Reinigungsmittel (Igepon, Gardinol oder Seife).

Das *brit. P. 471.875* der I. G. Farbenindustrie beschreibt die Darstellung ausgezeichneter Waschmittel, welche aus alkylierten aromatischen Derivaten bestehen, die eine hydrophile Gruppe enthalten.

Als Beispiel werden die Phenyl- und Naphtylessigsäuren angegeben, welche sich durch Einwirkung von Butylalkohol und Schwefelsäure sehr leicht in Butylphenyl- oder Butylnaphtylessigsäure umwandeln lassen.

$$\langle \rangle - CH_2 - COOH \longrightarrow \langle \rangle - \underset{\underset{C_4H_9}{|}}{CH} - COOH$$

Das *franz. P. 808.852* und die *brit. P. 465.106* und *480.231* (Henkel) schützen die Herstellung von Produkten, welche einerseits einen aliphato- (mit mehr als 4 Atomen C)-aromatischen oder rein aromatischen (Benzol-, Naphtalin-, Diphenyl-) Rest, andererseits einen karboxylierten aliphatischen Rest enthalten. Letzterer ist mit dem ersteren durch eine Sauerstoff-, Schwefel-, jedoch keine Kohlenstoffbrücke verbunden.

Folgendes Beispiel wird angegeben:

$$C_8H_{17} - \langle \rangle - O - CH_2 - COOH$$

Oktyl————————Phenoxyessigsäure

Diese Körper sind in Form ihrer alkalischen Salze oder ihrer quaternären Ammoniumbasen sehr bemerkenswerte Waschmittel und werden als Ersatz für gewöhnliche Seifen zur Faserbehandlung empfohlen.

Die mit höheren Fettketten substituierten Phenole, z. B. das Dodezylkresol sind im Sinne des *schweiz. P. 194.760* (Henkel) als wichtige kapillaraktive Mittel anzusehen. Diese Körper entstehen aus den chlorsubstituierten Kohlenwasserstoffen und einer oxyaromatischen Verbindung.

Das *amer. P. 2.115.758* (Imp. Chem. Ind.) betrifft die Erzeugung von Netz- und Waschmitteln aus hochsubstituierten Alkoxyarylamiden (Stearamidoäthoxybenzol), die bei der Sulfonierung in Gegenwart von Essigsäureanhydrid echte Sulfosäuren liefern.

Als der Seife gleichwertige Waschmittel sind laut *schweiz. P. 193.921* und *brit. P. 477.196* (Geigy) die Natriumsalze der Dioxytriphenylmethansulfosäuren zu bezeichnen, die aus Benzaldehydsulfosäure mit Tertiär-Butylkresol nach der Neutralisierung gewonnen werden.

Gemäss *brit. P. 471.483* entstehen interessante Waschmittel durch Umwandlung von Körpern mit kurzen Kohlenstoffketten in solche mit langen Kohlenstoffketten. In diesem Sinne stellt man aus 4–8 kohlenstoffatomhaltigen Aldehyden und aus Ketonen mit 3–5 Kohlenstoffatomen durch Kondensation in alkalischem Mittel höhere ungesättigte Ketone her; so gewinnt man, von Azeton und Isohexylaldehyd ausgehend, das gesättigte Keton nach folgender Gleichung:

$$\begin{array}{l}CH_3 \\ | \\ C{=}O + \end{array} \quad \begin{array}{l} O \\ \diagdown \\ \diagup \\ H \end{array}C{-}CH_2{-}CH_2{-}\overset{\displaystyle CH_3}{\overset{|}{CH}}{-}CH_3 \;\rightarrow\; CH_3{-}CO{-}CH{=}CH{-}CH_2{-}CH_2{-}\overset{\displaystyle CH_3}{\overset{|}{CH}}{-}CH_3$$
$$CH_3$$

Dieses Produkt lässt sich durch Reduktion in Gegenwart von Katalysatoren in den entsprechenden Alkohol verwandeln, welchen man sulfoniert; die so erhaltenen Alkoholsulfonate sind Wasch-, Emulgier- und Netzmittel.

Eine neue Reihe von Wasch- und Netzmitteln wird nach *brit P. 449.081* der I. G. Farbenindustrie durch Kondensation der substituierten Amine mit hochmolekularen aliphatischen Resten (z. B. Oleylmethylamin) mit Estern der Polykarbonsäuren (Diäthyloxalat) erhalten:

$$R{-}N\diagup^{H}_{\diagdown CH_3}\;(C_{17}H_{33})\;+\;\begin{array}{l}COO{-}C_2H_5 \\ | \\ COO{-}C_2H_5\end{array}\;\longrightarrow\;R{-}N{-}\underset{H_3C}{\overset{|}{C}}{-}\underset{O}{\overset{\|}{C}}{-}\underset{O}{\overset{\|}{C}}{-}OC_2H_5\;+\;C_2H_5OH$$

$$2\,R{-}N\diagup^{H}_{\diagdown CH_3}\;+\;\begin{array}{l}COO{-}C_2H_5 \\ | \\ COO{-}C_2H_5\end{array}\;\longrightarrow\;R{-}N{-}\underset{H_3C}{\overset{|}{C}}{-}\underset{O}{\overset{\|}{C}}{-}\underset{O}{\overset{\|}{C}}{-}\underset{CH_3}{\overset{|}{N}}{-}R\;+\;2\,C_2H_5{-}OH$$

Die Hauptbedeutung dieser Körper liegt in ihrer hervorragenden Beständigkeit gegen Kalk- und Magnesiumsalze sowie in ihrem Netzvermögen.

Im *brit. P. 463.828* derselben Firma werden neue Körper mit Amidfunktion beschrieben, welche durch Kondensation aromatischer Amine mit Polykarbonsäuren von der Grundform

$$R{-}N\diagup^{\displaystyle X}_{\diagdown C}\diagdown^{O}_{R_1{-}COOH}$$

hergestellt werden, so z. B. die Verbindung, welche aus Oktylanilin und Maleinsäure entsteht:

$$C_8H_{17}{-}HN{-}\langle\bigcirc\rangle\;+\;\begin{array}{l}CH{-}COOH \\ \| \\ CH{-}COOH\end{array}\;\longrightarrow\;C_8H_{17}{-}N\diagup^{\bigcirc}_{\diagdown CO{-}CH{=}CH{-}COOH}$$

Oktylanilin · Maleinsäure

Diese Verbindungen lassen sich in die Klasse der Waschmittel einreihen, welche keine höhere Fettkette von hohem Molekulargewicht besitzen. Sie sind als Amide mit einer freien Karboxylgruppe anzusehen.

Aus dem *amer. P. 2.098.527* (Stickdorn — Unichem.) kann man entnehmen, dass auch Amine allein, wie die hydrozyklischen Amine, z. B. das Zyklohexylamin, als Waschmittel anzusehen sind. Man bringt sie hierbei mit Seifen oder Fettalkoholsulfaten in wässerige Dispersion.

Als Waschmittel und auch als Schutzkolloide verwendbare Produkte werden gemäss dem *schweiz. P. 193.075* (Ciba) dargestellt durch Reaktion von Karbonsäuremonoamiden (die durch Umsetzung von Sulfophtalsäuren auf zyklische Amine gebildet werden) auf höhere Alkohole.

Ein sulfoniertes Produkt aus der Einwirkung von Laurinsäurechlorid auf Karbazol

$$\begin{matrix} C_6H_4 \\ | \quad\ \ \rangle NH \\ C_6H_4 \end{matrix}$$

in Gegenwart einer tertiären Base (Pyridin) gibt nach dem *schweiz. P. 194.186* (Ciba) ein Mittel von guten reinigenden Eigenschaften.

Die I. G. Farbenindustrie lässt sich im *brit. P. 460.710* neue Dispergiermittel schützen, welche man den Seifen-, Igepon T- oder Fettalkoholsulfatlösungen zum Waschen und Reinigen der Textilien zusetzt. Es handelt sich hier um Kondensationsprodukte aus oxydierten tertiären Aminen mit Äthylenoxyd

$$R{-}N{=}O \begin{matrix} \nearrow CH_3 \\ \searrow CH_3 \end{matrix} \qquad R = \text{Fettsäurerest } (C_{15}H_{31}).$$

Durch Einleiten von gasförmigem Äthylenoxyd in die wässerige Lösung eines Aminoxyds bildet sich ein wasserlöslicher Körper von starker alkalischer Reaktion.

An dieses Patent reiht sich das *amer. P. 2.095.814* der I. G. Farbenindustrie-Hopff an, laut welchem man Waschmittel von ausgezeichnetem Schaumvermögen erhält, indem man hochmolekulare Aldehyde, z. B. Laurylaldehyd, mit einem organischen Körper, wie Glyzerin, behandelt. Das so erhaltene Kondensationsprodukt wird durch Anlagerung anderer Radikale, wie beispielsweise von Äthylenoxyd, wasserlöslich gemacht. Dieses Verfahren ist hauptsächlich durch die Wahl des Ausgangsproduktes (Aldehyd) charakterisiert.

Eine weitere Reihe wertvoller Wasch- und Netzmittel wird im *D.R.P. 665.237* von Böhme-Fettchemie beschrieben. Solche Körper werden durch Einwirkung von hochmolekularen, OH-Gruppen enthaltenden Derivaten, also in erster Linie von Fettalkoholen, wie Stearyl- oder Cetylalkohol, aber auch von Methylzyklohexanol oder aromatischen Alkoholen auf Aldehydo- oder Keto-di- oder Polysulfosäuren, gewonnen.

Das Patent führt als Beispiel das Produkt, welches durch Einwirkung von Stearinsäure auf Azetontrisulfosäure entsteht, an:

$$\begin{array}{c} \diagup SO_3H \\ HC\!-\!SO_3H \\ RO\diagdown \ \mid \\ \diagup C \qquad\qquad R = C_{18}H_{37} \\ RO \ \mid \\ CH_2\!-\!SO_3H \end{array}$$

Im Sinne des *D.R.P. 666.388* (Henkel & Co.) haben sich Kondensate hochmolekularer Merkaptane mit aliphatischen Sulfosäuren als hervorragende Netz- und Reinigungsmittel bewährt. So löst man z. B. Dodezylmerkaptan $C_{12}H_{25}$-SH in alkoholischer Natronlauge und bringt diese Lösung mit Chloropropanolsulfosäure zur Reaktion. Wenn man mehrere Stunden auf Kochtemperatur erwärmt, so bildet sich das Natriumsalz der Dodezylmerkaptosulfosäure, das sich in Kristallen ausscheidet.

Sulfonierte Kresole oder Phenole werden als Zusätze zu Beuchlaugen zur Entfernung der Baumwollwachse verwendet. Monsanto Chem. Co. bringt, unter den Namen A r e s k a p , A r e s k e t , A r e s k e n e , das butyl-o-Oxydiphenylsulfosaure Natrium (*amer. P. 1.921.546*) in den Handel. Dieses wird durch Behandlung von 907 T. o- und p-Oxydiphenyl (aus Rückständen der Phenolfabrikation) mit 400 Teilen 98%iger Schwefelsäure und 800 Teilen Butylalkohol unter Rückfluss hergestellt. Die Produkte sind ebenfalls für die Anwendung in der Landwirtschaft und als Dispergiermittel für Latex geeignet.

Hierher gehört auch das S i n n o p o n der französischen Fabrik Sinnova. Es hat Netzeigenschaften, schäumt stark, ist aber von geringer Waschwirkung.

Nach *D.R.P. 701.642* der I. G. Farbenindustrie sind Sulfosäuren von Estern oder Amiden höherer Fettsäuren, deren Sulfogruppe nicht an den Fettsäurerest gebunden ist oder die wasserlöslichen Salze dieser Verbindungen für sich oder in Mischungen mit anderen geeigneten Stoffen in Form von Stücken oder Riegeln für Toilettzwecke, wie Gesichts- und Badeseifen, vorzüglich geeignet, greifen die Haut nicht an und zeigen in vielen Fällen neutrale Reaktionen. Die neuen Reinigungsmittel sind den aus Fetten hergestellten Seifen nicht nur ebenbürtig, sondern in mancher Hinsicht sogar wesentlich überlegen. Sie nutzen sich im praktischen Gebrauch ebenso wie Stücke aus gewöhnlicher Seife, nur in dem Masse ab, wie es für gute Waschwirkung erforderlich ist.

Böhme-Fettchemie beschreiben im *D.R.P. 709.088* Netz-, Schaumund Dispergierungsmittel. Als solche werden die niederen Alkylester, die Zykloalkyl- und Arylester von Sulfonierungsprodukten von höheren gesättigten Oxy- oder Polyoxyfettsäuren verwendet. Solche Verbindungen erhält man beispielsweise durch Hydrieren von Rizinusölfettsäurealkylestern und Sulfonieren des entstandenen Oxystearinsäurealkylesters oder durch Addition von Schwefelsäure an ungesättigte Fettsäuren, Wiederabspalten der Schwefelsäureester, Veresterung mit niederen Alkoholen oder Phenolen und Sulfonierung der entstandenen Oxyfettsäureester.

In *D.R.P. 696.126* (1. 8. 1934) beschreibt Dr. H. Schmittmann K. G., in Velber (Rheinland) ein Wasch- und Reinigungsmittel aus Saponin, wasserlöslichen Zelluloseäthern und Sulfonierungs- bzw. Sulfatierungsprodukten höherer Fettalkohole oder Fettsäurekondensationsprodukten. Die so hergestellten Wasch- und Reinigungsmittel zeichnen sich durch ihre Alkalifreiheit und Kalkbeständigkeit, sowie durch hohe Reinigungskraft aus.

Im *D.R.P. 692.029* (5. 4. 1936) wurde der I. G. Farbenindustrie ein weiteres Waschmittel geschützt, bestehend aus einer Mischung von wasserlöslichen Salzen von Sulfonierungsprodukten der Zellulose oder von Zelluloseäthern, in denen die Zellulose praktisch nicht abgebaut ist, härtebeständigen organischen Waschmitteln und gegebenenfalls anderen üblichen Waschmittelzusätzen, wie Phosphaten, Wasserglas, Perborat, Glaubersalz und Bittersalz. Waschmittel, die gegen die Härtebildner des Wassers beständig sind, sind z. B. die Schwefelsäureester von Fettalkoholen, Kondensationsprodukte von Fettsäuren mit Oxy- oder Aminoalkylsulfosäuren und andere Sulfonierungsprodukte.

Im *D.R.P. 693.324* beanspruchen Sandoz A.G. in Basel Netz-, Emulgier- und Waschmittel. Es werden Mischungen von Monophenylmonoglyzerinäthern, die im Phenylreste durch ein oder zwei Methylgruppen substituiert sind, mit Emulgatoren bzw. hydrotropen Stoffen verwendet. Als solche kommen Seifen, Türkischrotöle, Naphtalinsulfosäuren und gegebenenfalls Kohlenwasserstoffe, höhere Alkohole, Terpene oder deren Hydrierungsprodukte, ferner ätherische Öle, Teeröle, Pech, Asphalt usw. in Frage. Man erhält so Kombinationsprodukte sehr verschiedener Wirksamkeit, die als Hilfsstoffe in der Textilindustrie sowie in der Lederindustrie, als Desinfektionsmittel in der Schädlingsbekämpfung und als Fettspalter zur Herstellung kosmetischer Präparate Verwendung finden können.

Die Deutschen Hydrierwerke A.G., in Rodleben, liessen sich durch *D.R.P. 692.925* (18. 2. 1932) ein Netz-, Dispergier-, Schaum- und Reinigungsmittel schützen, bestehend aus den Alkali- oder Ammoniumsalzen von am Stickstoff mono- oder disubstituierten Karbonsäureamid-Mono- oder Polysulfosäuren, bei welchen der am Stickstoff haftende Rest ein höhermolekularer Kohlenwasserstoffrest der

azyklischen Reihe ist. Als Beispiel wird genannt das naphtenyl-
azetamiddisulfosaure Kalzium.

Neue Waschmittel sind auch im *franz. P. 908.258* (Stefan Kveton,
1940, eing. am 14. Dezember 1944, erteilt am 27. August 1945, beschrieben. Sie bestehen aus verseiften Mono-, Di- oder Triglyzeriden
der Fett- oder Harzsäuren, wobei diese Reaktion in Gegenwart von
Alkylsulfonaten als Netzmittel vorgenommen wird. Im Laufe der
Reaktion bildet man überdies im Gemisch ein Kieselsäure- oder Ton-
erde-Gel in sehr feinem Zustand, wobei die verseiften Bestandteile
eine grössere Oberfläche erhalten und gegen vorzeitiges Austrocknen
geschützt sind. Gemäss einem Beispiel erhält man ein Waschmittel
durch Verseifung eines Gemisches aus

100 kg Fett oder Harz
 50 kg Alkylnaphtalinsulfonat
150 kg Natriummetasilikat, worauf man
400 kg Bentonit und
300 l Wasser hinzufügt.

Das *franz. P. 909.844* (Sinnova, eing. 4. November 1944, erteilt am
20. Mai 1946, beansprucht den Schutz auf Netz-, Wasch- und Emulgiermittel, die von Carbanilid oder Thiocarbanilid abgeleitet sind.
Es sind dies Monosulfosäuren des Diisopropyl-, bzw. Ditertiärbutyl-
oder Methylisopropylkarbanilids oder entspr. Thiokarbanilids mit
Ringschluss durch Schwefel zwischen den N-Atomen, ferner deren
Salze mit organischen oder Mineralsäuren. Beispiel: das Sulfonierungsprodukt, erhalten durch Sulfonierung mittels Chlorsulfonsäure
oder Oleum

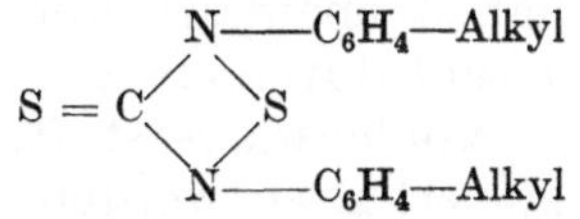

$$S = C \begin{array}{c} \diagup N\!\!-\!\!C_6H_4\!\!-\!\!Alkyl \\ \diagdown S \diagdown \\ N\!\!-\!\!C_6H_4\!\!-\!\!Alkyl \end{array}$$

Das *franz. P. 909.851* (Sinnova, eing. am 6. November 1944,
erteilt am 21. Mai 1946) beschreibt Textilhilfsmittel, welche aus Monosulfosäuren des Isopropyldibenzyls oder des Ditertiärbutyldibenzyls
oder deren organischer oder mineralsaurer Salze laut nachstehender
Formel zusammengesetzt sind:

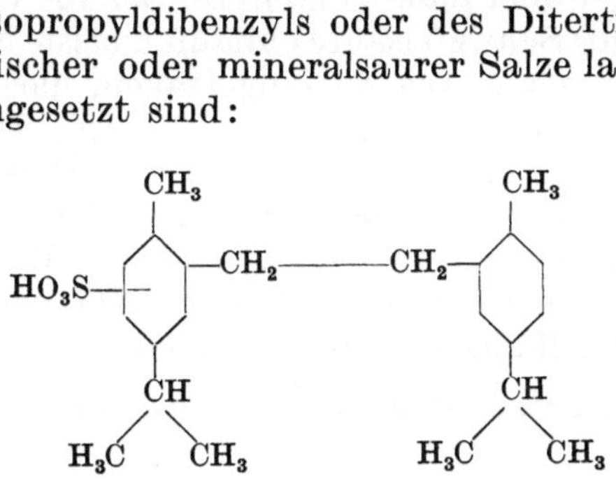

Produkte, die durch Sulfonierung von Harzen und deren Derivaten entstehen.

Im Fichtenharz finden sich zahlreiche Produkte von Säurecharakter vor, denen allen die Bruttoformel $C_{20}H_{30}O_2$ zukommt. Sie werden unter dem Einfluss der Wärme in ein- und dieselbe isomere Säure die Abietinsäure, umgewandelt. Kolophonium ist ein solches Umwandlungsprodukt der primären Harzsäuren durch Wärmeeinwirkung. Diese Substanzen können nicht direkt sulfoniert werden, wohl aber in Form einer Lösung in einem organischen Mittel oder in Anwesenheit von Essigsäureanhydrid. Direkte Sulfonierungsprodukte der Harze führen nicht zu kapillaraktiven Mitteln, da sie im allgemeinen eine klebrige Beschaffenheit beibehalten. Dieser klebrige Charakter der sulfonierten Harze wird im Handelsprodukt Nerail PAS (Imp. Chem. Ind.) in der Schlichterei der Kunstseidengarne, speziell um ein Schieben der Gewebe zu verhindern, benützt. Die in Anwesenheit von Rizinusöl durchgeführte Sulfonierung der Abietinsäure ermöglicht die Herstellung eines Sulfonats von Netz- und Schaumwirkungen, die denjenigen der gewöhnlichen sulfonierten Rizinusöle überlegen sind. (Sulfo 2 B von Paix).

Um kalkbeständige sulfonierte Harzabkömmlinge zu erhalten, muss man in zwei Etappen arbeiten: Sulfonierung mit 100%iger Schwefelsäure in Anwesenheit von Essigsäureanhydrid in der Kälte und eine darauffolgende Sulfonierung mit Hilfe von Oleum 20% bei 30° C. Die hier erhaltenen Sulfonate haben Netzmittelcharakter, aber keine Waschwirkung. Dagegen kann die von Lombard[1]) hergestellte Dehydroabietinsäure leicht sulfoniert werden. Die Sulfonierungsprodukte des Abietens haben ebenfalls eine gewisse Bedeutung als Waschmittel. Abieten entsteht durch chemische Zersetzung der Abietinsäure. Es ist ein öliger Kohlenwasserstoff, der unmittelbar durch Behandlung des Rohharzes erhalten werden kann. Es hat ein spezifisches Gewicht von 0,99 bei 15° C und destilliert bei 340–350° C; es enthält weniger als 1% Abietinsäure. Diese ölige Substanz kann sulfoniert werden, wobei man es langsam bei 10° C in sein doppeltes Gewicht an 98%iger Schwefelsäure einlaufen lässt. Nach zwei Stunden wird die Masse in so viel Wasser eingetragen, dass eine Endkonzentration von 40% Schwefelsäure erreicht wird. Das Sulfonierungsprodukt schwimmt als ein dickes Öl oben auf. Dieses wird mit Alkali neutralisiert, filtriert und eingedampft. Die Alkalisalze sind beständig, nicht hygroskopisch, von etwa gleicher Widerstandsfähigkeit wie Nekal, doch haben sie ein geringeres Netzvermögen als dieses. Mischt man diese Alkalisalze mit Terpineol oder Pine-oil, so erhält

---

[1]) Lombard, Dissertation, Contribution á l'étude des acides résiniques, Verlag Masson, Paris.

man eine gleichförmige, klare Lösung, die ausgesprochenen Netzmittel-charakter besitzt. Ein diesbezüglicher Aufsatz wurde von P. Gubelmann in Ind. Eng. Chem. I. E., 1931, Bd. 23, S. 1462 veröffentlicht. Das Produkt Neopen SS von Du Pont ist ein abietensulfosaures Natrium.

Dekarboxylierte Harze sind ebenfalls der Sulfonierung unterzogen worden. Hier wäre das Produkt Mixopon (Chimiotechnic) als ein Gemisch von N-Äthoxysulfosäureamiden (Kokosfettsäuren) mit dekarboxylierten und sulfonierten Harzen zu erwähnen. Dekarboxylierte Harze, die auf besondere Weise zubereitet werden, ergeben nichtoxydierbare Öle, die zur Herstellung von Avivierungsmitteln dienen (Alipol der Chimiotechnic).

Bei dieser Gelegenheit sollen auch die Sulfonierungsprodukte des Abietinols erwähnt werden. Durch Reduktion der Naturharze unter starkem Druck oder durch Hydrogenierung mittels Natriummetall, erhält man alkoholartige Verbindungen. Kolophonium gibt bei der Reduktion der Abietinsäure

$$C_{19}H_{29}COOH,$$

Dihydroabietylalkohol[1])

$$C_{19}H_{31}CH_2OH$$

und endlich Tetrahydroabietylalkohol

$$C_{19}H_{33}CH_2OH.$$

(Siehe *amer. P. 2.107.508*, Hercules Powder Co.)[2]).

Der Abietylalkohol an sich führt zu wenig interessanten Sulfonierungsprodukten. Dagegen sind die beiden oben angeführten hydrogenierten Abietylalkohole geeignet, durch Sulfonierung Alkylsulfate zu geben, die denjenigen, die aus Fettalkoholen herstellbar sind, in ihren Eigenschaften nahestehen. Diese Erzeugnisse sind von Du Pont durch *amer. P. 2.076.563* und von I. G. Farbenindustrie durch *franz. P. 796.059* in ihrer Anwendung als Netzmittel für die kosmetische Industrie, als Bestandteile von Knitterfestappreturen, als Schlichtmittel und als Komponenten für die Herstellung plastischer Massen empfohlen worden.

Des weiteren wurden im *franz. P. 740.013* der Ciba Sulfonierungsprodukte des Terpineols oder allgemein Erzeugnisse, die durch Sulfo-

---

[1]) Über die Herstellung des Hydroabietylalkohols findet man im *amer. P. 2.021.100* (Du Pont) die Angabe, dass man Ester der Hydroabietinsäure mit metallischem Natrium reduziert.

Diese Reduktionsprodukte führen erfindungsgemäss wieder durch Sulfonierung zu Netz- und Dispergiermitteln (*amer. P. 2.076.563*).

[2]) In einem früheren Patent, dem *amer. P. 2.103.140* hat dieselbe Firma bereits den Schutz auf die Verwendung solcher Körper erhalten, die aus den Abietylalkoholen durch Alkalisierung und Xanthogenisierung mit CS_2 entstehen.

nierung von Terpenen oder Terpenalkoholen erhalten werden, als Netzmittel empfohlen.

Nopco 2105 der National Oil Products ist ein Sulfonierungsprodukt von Fettsäureglyzeriden und Terpenprodukten, das als Weichmachungsmittel für Kunstseide und ähnliche Zwecke empfohlen wird.

Als Netz- und Emulgiermittel dienen im Sinne des *brit. P. 466.170* (I. G.) Kondensationsprodukte von Polykarbonsäure (Maleinsäure, Fumarsäure) mit den ungesättigten Kohlenwasserstoffen, die aus den Hydroabietinolen (siehe weiter oben) durch Wasserabspaltung entstehen.

Das Terpineol:

$$\text{H}_3\text{C}-\text{C}\underset{\text{CH}-\text{CH}_2}{\overset{\text{CH}_2-\text{CH}_2}{\big<}}\hspace{-0.5em}\underset{}{\overset{}{\big>}}\text{CH}-\text{C(OH)}\underset{\text{CH}_3}{\overset{\text{CH}_3}{\big<}}$$

(Bruttoformel: $C_{10}H_{17}OH$)

Terpineol kann mittels Naphtalinsulfosäuren sulfoniert werden; diese Sulfonate werden als Netzmittel in landwirtschaftlichen Schädlingsbekämpfungsprodukten verwendet. In unzutreffender Weise werden jedoch hier als sulfonierte Terpenalkohole einfache Gemische von Oleylalkohol- oder Laurylalkoholsulfaten mit Pine-Oil bezeichnet (Novemol).

Laut *amer. P. 2.073.464* (Hercules Powder) soll sich Terpineol in einer Seifenemulsion besser als reinigendes Mittel bewährt haben, als das häufig empfohlene Öl.

Die Saponine [1]).

Die Natur selbst bietet uns Waschmittel, die unter dem Namen der Saponine bekannt sind. Es sind das Heteroside, welche durch Hydrolyse in verschiedene Osen und einen Kohlenwasserstoffrest mit mehreren Alkoholgruppen gespalten werden. Die Körper haben Alkoholcharakter. Von dieser Gruppe hängt die bemerkenswerte Schutzkolloidwirkung und ihre emulgierende und schaumbildende Eigenschaft ab. Sie haben ausgesprochene hämolytische Eigenschaften, die die enzymatischen Vorgänge beeinflussen und daher gewisse Vorsichtsmassnahmen bei Waschprozessen verlangen. Die zwei Hauptquellen der Saponine sind die indische Kastanie und die Rinde der Quillaja Saponaria. Sie finden sich auch in zahlreichen europäischen Pflanzen vor, z. B. Efeu, Birke und insbesondere in der Seifenwurzel, deren Wurzelteile bis zu 4% Saponin enthalten. Seit Jahrhunderten

---

[1]) Abderhalden, Biochem. Handlexikon VII$_1$, 145 (R. Kobert); L. Kofler, Die Saponine, Wien, 1917. K. Linder, Seifensieder-Ztg. 1947, 73, S. 61.

benützt man Saponin-Aufgüsse in der Wollwäscherei. Eine ähnliche Verwendung findet auch der Extrakt der Panamarinde, die in der Hauswirtschaft geschätzt wird.

Die Verarbeitung der indischen Kastanie erfolgt in gewerblichem Ausmasse mit Alkohol. Sie enthält 6% eines dem Arachidöl nicht unähnlichen Öls und 10% Sapogenin. Der Alkohol von 60% enthält soviel Soda als 5% von dem vorhandenen Öl entspricht. Auf diese Weise wird ein Saponinextrakt erhalten und die daraus erzeugten Seifen können in der Textilindustrie verwendet werden. Ein vollkräftiger Kastanienbaum kann eine Ernte von 40—300 kg Früchten im Jahr liefern, woraus sich 4—30 kg in der Seifenindustrie verwertbarer Produkte ergeben. Das stärkehaltige Abfallmaterial, aus dem die Saponine gänzlich extrahiert wurden, kann als Ersatz für Kartoffelstärke verwendet werden. Die Saponine, die aus der indischen Kastanie gewonnen werden, sind nur in geringem Masse giftig, doch sollen sie dort nicht verwendet werden, wo sie mit einer empfindlichen Haut in Berührung kommen können. Sie sind widerstandsfähig gegen alkalische sowie saure Lösungen und können verschiedenen Reinigungs- und Waschmitteln zugemischt werden.

Zusätze zu Seifbädern zur Korrektur der Wasserhärte.

a) Natriumphosphate.

Die Natriumphosphate fanden von jeher in der Textilindustrie zahlreiche Verwendung[1]).

Das Mononatriumphosphat $NaH_2PO_4 \cdot 2\,H_2O$ (45% P_2O_5; p_H der Normallösung 4,2) dient hauptsächlich als Ausgangsmaterial für die Herstellung anderer Phosphate.

Das Dinatriumphosphat $Na_2HPO_4 \cdot 12\,H_2O$ (19,8% P_2O_5; p_H 9,2) von schwach alkalischer Reaktion wird zum Beschweren der Seide, zum Haltbarmachen der Wasserstoffsuperoxydlösungen, als Fixierungsmittel der Aluminiumbeizen sowie in den Druckfarben mit direkten Farbstoffen angewendet[2]).

Das Trinatriumphosphat[3]) hat eine stark alkalische Reaktion, p_H-Wert zwischen 12,3 und 13, es spielt eine wichtige Rolle für die Wasserenthärtung sowie in der Herstellung von Seifenpulvern.

Als Zusätze zu Seif- und Waschflotten werden im *öster. P. 150.980* sowie im *schweiz. P. 187.406* (I. G. Farbenindustrie) Kombinationen des

---

[1]) Siehe diesbezüglich D.F.Z. 1937, S. 362.

[2]) *D.R.P. 566.136.* Herstellung eines Dinatriumphosphates $Na_2HPO_4 \cdot 2\,H_2O$.

[3]) Siehe Tiba 1935, Januarheft, S. 25; M. Battegay, R.G.M.C. 1934, S. 457; Münster und Bell, Anwendung des Natriummetaphosphates, Amer. Dyest. Rep. 1935, S. 40; R.G.M.C. 1935, S. 274; Germain, Le phosphate de soude $Na_3PO_4 \cdot 12\,H_2O$, Tiba, XII, Augustheft S. 581. Trinatriumphosphat ist im Handel unter dem Namen Per bekannt.

eigentlichen Waschmittels, wie Seife oder Igepon mit Alkalisalzen hochpolymerisierter Karbonsäuren genannt; unter den letzteren sind die Polyakrylsäuren, gebunden an irgendein Alkali und überdies gemischt mit Trinatriumphosphat zu verstehen. Die Ablagerung anorganischer Metallsalze wird hierdurch verhindert, während die Einzelbestandteile des Mittels hierzu nicht geeignet sind.

Im *D.R.P. 690.951* (8. 10. 1934) der I. G. Farbenindustrie wird ein Verfahren zum Waschen von Textilgut beschrieben. Zur Verwendung kommen solche Flotten, die neben den gewöhnlichen Waschmitteln, wie Seife und Soda, wasserlösliche Salze der Polyakrylsäuren oder deren Derivate und gleichzeitig wasserlösliche Salze der Orthophosphorsäure enthalten. Auf diese Weise werden die Ablagerungen von unlöslichen Erdalkalisalzen, die sonst in hartem Wasser auftreten, wesentlich verringert. Die nach diesem Verfahren behandelte Ware zeichnet sich durch einen weichen Griff und gute Haltbarkeit aus.

Das Natriumpyrophosphat $Na_4P_2O_7 \cdot 10\,H_2O$ ist ein ausgezeichneter Stabilisator für Wasserstoffsuperoxydlösungen.

So empfehlen die *amer. P. 2.093.927* und *2.093.928* von Procter und Gamble das Pyrophosphat $Na_4P_2O_7$ zusammen mit einem Dinatriumpyrophosphat $Na_2H_2P_2O_7$, ebenfalls als Zusätze zu Seifen, letzteres Salz wird durch Einwirkung von Säure auf das Pyrophosphat erhalten. Auch in diesem Falle wird das Ausfällen von Kalkseifen durch Bildung von Komplexsalzen verhindert. Der p_H-Wert der Mischung spielt dabei eine grosse Rolle und soll demjenigen der angewandten Seife entsprechen. Er lässt sich durch Zusatz von stärker alkalischem Pyrophosphat oder von Hydrophosphaten regeln.

Das Natriummetaphosphat $NaPO_3$ wird als Zusatz zu Reinigungsmitteln verwendet, um sie, dank seiner Eigenschaft, mit Erdalkali- und Schwermetallsalzen komplexe Salze zu bilden, gegen hartes Wasser beständig zu machen; es besitzt sogar die Fähigkeit, bereits gebildete Niederschläge wieder aufzulösen[1].

Die Polyphosphate der Alkalien entstehen durch Erhitzen neutraler Gemische von Alkaliorthophosphaten[2] auf 300—500° C, während die Metaphosphate erst über 500° C gebildet werden.

Nach dem *franz. P. 781.142* von Henkel & Co., sowie nach *brit. P. 447.467* von Ch. Wke. H. und E. Albert, kann man diese Salze als Wasch- und Vorreinigungsmittel und als Zusatz zu Seifen- und Seifenersatzbädern (auch als Kesselsteinlösemittel) verwenden; als Beispiel wird das Natriumsesquiphosphat $Na_3H_3(PO_4)_2$ genannt.

---

[1] A. Chwala hat die Metaphosphate zur Enthärtung des Wassers vorgeschlagen. A. Chwala, Kolloid-Beihefte 1930, 31, S. 222; *D.R.P. 478.190* und *504.598*.

[2] Siehe Zeitschr. für angew. Chemie 1937, Maiheft, Jg. 18, Bd. 50, S. 328.

Das Calgon[1]) der chemischen Fabrik Joh. A. Benckiser in Ludwigshafen (auch Giltex der Firma Progil in Lyon) ist den Patenten nach eine Mischung verschiedener wasserfreier Phosphate, deren Grundbestandteile Natriumhexametaphosphat und Natriumtetraphosphat ($Na_6P_4O_{13}$) sind. Die Patente geben folgende Zusammensetzung an:

84%	Natriummetaphosphat	
4%	Natriumkarbonat	der p_H-Wert dieser Mischung ist
2%	Natriumbikarbonat	8—8,6
10%	Natriumpyrophosphat	

Nach Benckiser:

Dehydriertes Alkaliphosphat.

Nach Wäscherei- und Plättereizeitung:

Mischung von Alkalisalzen gewisser Metaphosphorsäuren.

Nach Silk Journal and Rayon World:

Natriumhexametaphosphat $Na_6P_6O_{18}$.

Nach Voltz:

Anhydrische Phosphate, Natriumhexametaphosphat.

Natriumhexametaphosphat bildet mit Ca-, Mg- oder Fe-Verbindungen Komplexsalze, welche in Wasser löslich sind und in welchen der Kalk nach den gewöhnlichen analytischen Verfahren nicht nachgewiesen werden kann. In dieser löslichen Form ist die schädigende Wirkung des Kalks, z. B. bei Seifenbädern, aufgehoben, wodurch einerseits eine grosse Ersparnis an Seife erzielt und andererseits die Bildung der lästigen Kalkseifen vermieden wird.

Das Calgon ist ein Wasserenthärtungsmittel, welches Wasser von beliebigem Kalk- oder Magnesiumsalzgehalt sofort und ohne Niederschlagbildung auf 0^0 Härtegrad bringt; sein Hauptwert liegt aber für die Textilindustrie in der Eigenschaft, auch bereits gebildete Kalk- oder Magnesiumsalzniederschläge, selbst wenn sie in der Faser inkrustiert sind, aufzulösen ohne letztere im geringsten anzugreifen. Die Entfernung von selbst alten Kalkseifenresten aus Geweben ist ermöglicht, graue und vergilbte Gewebe werden rein.

Auch von rostfleckigen Geweben lässt sich der Rost entfernen. Die erforderlichen Mengen von Calgon richten sich nach der Härte des Gebrauchswassers.

Dieser Vorteile wegen hat Calgon sehr rasch in der gesamten Textil-, Leder-, Pelz- und Papierindustrie zahlreiche Verwendungen gefunden.

---

[1]) Literatur über Calgon: Silk Journal and Rayon World 1935, Bd. 9, S. 40; Voltz, Z. f. ges. Text. Ind. 1935, Bd. 38, S. 563; Mell. 1935, Bd. 16, S. 780; Herbst, D.F.Z. 1935, Bd. 71, S. 442; Lottermoser, Z. f. ang. Chem. 1936, Bd. 49, S. 108, 668; Lindner, Mell. 1936, Bd. 17, S. 861 und 935. *D.R.P. 424.959; franz. P. 756.761; amer. P. 2.032.173* von J. Benckiser in Ludwigshafen.

Seine Anwendung empfiehlt sich ganz besonders in der Bleiche sämtlicher Faserarten, in der Seidenentbastung sowie für das Waschen und Entfetten der Wolle. Man erhält auf diese Weise eine saubere und sehr hydrophile Ware, wodurch das Färben, das Bedrukken und Appretieren bedeutend erleichtert werden.

Ein Calgonzusatz zu den Färbebädern erlaubt die lästigen Kalk- und Farbstoffniederschläge zu verhüten, ausserdem erzielt man in den meisten Fällen ein besseres Egalisieren, eine gute Lösung der Farbstoffe, eine grössere Reibechtheit und eine oft bedeutende Farbstoffersparnis.

In der Druckerei wird die Haltbarkeit der Eisfarben verbessert, wenn man das Natriumazetat teilweise oder ganz durch Calgon ersetzt.

Der Zusatz von Calgon ist auch für alle Seifenbäder empfehlenswert, welche zum vollständigen Entwickeln der Färbungen und Drucke von Küpen-, Schwefel- oder Naphtolfarbstoffen bestimmt sind.

Im *brit. P. 445.466* (Hall. Laborat.) wird die Verwendung der Calgone für die Druckerei und Färberei geschützt. Ihre Wirkung soll nebst einem besseren Egalisieren der Direktfarbstoffe in der Ausschaltung der Einflüsse von Eisen oder Aluminium auf den Farbton bestehen, was durch die Erscheinung der Komplexsalzbildung begreiflich ist. Im gleichen Sinne wird in *öster. P. 146.173* (Benckiser) ausgeführt, dass hauptsächlich bei Wolle-Seide-Mischgeweben, beim Nachchromieren der sauren Wollfärbungen sowie bei schlecht egalisierenden Wollfarbstoffen, ferner bei fetthaltigen Garnen besonders reine Färbungen durch Calgonzusätze möglich sind.

Aus dieser Komplexsalzbildung mit Erdalkalisalzen sowie anderen Metallsalzen ergibt sich, dass, wie im *franz. P. 775.690* (Benckiser) und im *brit. P. 424.959* (Hall. Lab. Inc.) ausgeführt wird, beim Waschen unter Zusatz dieser Präparate der Vorteil einer Auflösung der wasserunlöslichen Ausscheidungen eintritt, bzw., dass sich solche Fällungen von vornherein gar nicht bilden können.

Weniger verständlich erscheint es, dass bei einem solchen Prozess, der eigentlich als ein Enthärtungsvorgang anzurechnen ist, auch albuminoide Substanzen, wie sie im Druck bisweilen verwendet werden, glatt verwendbar sind, was allerdings noch einer Aufklärung bedarf. Ebenso überraschend erscheint die im *D.R.P. 619.386* (Böhme-Fettchemie) niedergelegte Erfahrung, dass die Kalkseifenbildung in Seife oder Türkischrotöl enthaltenden Bädern durch Zusatz von geringen Mengen von Ammonium- oder Alkalizitraten aufgehoben werden kann. Setzt man solche Salze dem harten Wasser zu, so gibt die verwendete Seife keinen Niederschlag, keine Fällung, sondern nur eine Opaleszenz, und man ergänzt diese Behandlung noch durch eine Beigabe derselben Salze zum Spülbade.

Henkel & Co., G.m.b.H., Düsseldorf lässt sich im *D.R.P. 703.604* Wasch- und Reinigungsmittel, bestehend aus einem Gemisch aus einer Sauerstoff abgebenden Substanz, wie Persalzen, einem im Wasser mit alkalischer Reaktion sich lösendem Salz, Pyrophosphat und Magnesiumsilikat, schützen. Durch den Zusatz des Magnesiumsilikats, der ausserordentlich gering sein kann, wird eine ausgezeichnete Stabilisierung des Gemisches auch in alkalischen Lösungen erreicht. An Stelle von Pyrophosphat kann auch Metaphosphat verwendet werden. Als alkalische Salze kommen in Frage: Soda, Wasserglas, Borax, Phosphate und Seife.

Die I. G. Farbenindustrie empfiehlt im *franz. P. 760.236* die Verwendung einer Mischung von einem Teil Igepon mit 2 Teilen Natriumkarbonat und 2 Teilen Calgon als Reinigungsmittel. An Stelle von Calgon wird auch das Natriumtetraphosphat[1]) empfohlen. Diesem Salze, welches von Fleitmann und Honneberg 1848 entdeckt wurde, wird folgende Konstitutionsformel zugeschrieben:

$$\underset{\displaystyle ONa}{NaO\!-\!PO}\!-\!O\!-\!\underset{\displaystyle ONa}{PO}\!-\!O\!-\!\underset{\displaystyle ONa}{PO}\!-\!O\!-\!\underset{\displaystyle ONa}{PO}\!-\!ONa$$

Die I. G. Farbenindustrie beschreibt im *D.R.P. 712.372* (9. 6. 1935) ein weiteres Waschmittel, bestehend aus einer Mischung aus karboxylgruppenhaltigen, sulfosäuregruppenfreien, organischen Waschmitteln, Dialkaliorthophosphaten und gegebenenfalls anderen üblichen Zusätzen. Nach den Beispielen kommen Mischungen von Ölsäuresarkosidnatrium mit Dinatriumphosphat in Frage. Das Waschmittel eignet sich besonders für karbonathaltige Bäder.

Nach *brit. P. 487.842* der Rumford Chem. Werke eignen sich Mischungen von Seife mit Tetraphosphaten besonders zum Waschen von Textilien; diese Körper können entweder einzeln dem Waschbade zugesetzt oder auch vor dem Gebrauch zusammen vermischt werden. Das Patent enthält interessante Angaben über die Herstellung der Tetraphosphorsäure und teilt ihr die Formel $H_6P_4O_{12}$ zu, während Rakuzen und Arsenew die Zusammensetzung $H_6P_4O_{13}$ angeben.

Dieselbe Firma empfiehlt auch im *amer. P. 2.078.071* und *franz. P. 812.444* den Seifen Thiotetraphosphate, d. h. Salze der Tetraphosphorsäure von der Formel $H_6P_4O_{13}$, in welcher der Sauerstoff teilweise oder ganz durch Schwefel ersetzt ist, zuzugeben. Das einfachste Derivat wäre das Monothiotetraphosphat $Na_6P_4O_{12}S$, das neben dem Trithiotetraphosphat von der Formel $Na_6P_4O_{10}S_3$ von grösstem Interesse zu sein scheint.

---

[1]) *Amer. P. 2.092.913,* Rumford Chem. Werke.

Lässt man zufolge *brit. P. 492.350* (Benckiser) Metaphosphorsäure-Polymere $(HPO_3)_n$ auf organische Verbindungen einwirken, die alkoholische oder phenolische Hydroxylgruppen besitzen, so erhält man eine neue Gruppe von Waschmitteln. Auch ungesättigte organische Verbindungen anderer Art kommen in Betracht. So bilden sich zum Beispiel bei der Einwirkung von Metaphosphorsäuren auf Rizinusöl, Olein, Oleylalkohol oder dgl. Metaphosphorsäureester, welche nach Neutralisierung mit Alkalien wasserlösliche Öle ergeben, die durch Widerstandsfähigkeit gegen Erdalkalien ausgezeichnet sind.

Sehr beständige Waschmittel, in neutraler Lösung, ergeben sich gemäss dem *brit. P. 509.343* (Lever Brothers) durch Vermischung von alkalischen Polyphosphaten z. B. Tripolyphosphat mit den Natriumsalzen der ungesättigten Fettsäuren (Beispiel Linolensäure) oder Mischungen dieser Säuren mit Ölsäure. Das Verhältnis von Polyphosphat zu Fettsäure kann zwischen $1 : 4$ bis zu $1 : 2$ schwanken.

b) Trilon.

Unter den Namen Trilon A und Trilon B bringt die I. G. Farbenindustrie zwei organische Derivate in Form weisser, sehr leicht wasserlöslicher Pulver als Wasserenthärtungsmittel in den Handel.

Trilon A ist das Natriumsalz der Nitrilotriessigsäure (Aminotrimethylkarbonsäure),

$$N \begin{cases} CH_2\text{—}COONa \\ CH_2\text{—}COONa \\ CH_2\text{—}COONa \end{cases} \qquad \text{siehe Bd. II, Kapitel VI, S. 39, 108}$$

Trilon A wird durch die Einwirkung von Monochloressigsäure auf Ammoniak oder durch die Verseifung des Nitrils der Trimethylaminotrikarbonsäure zur Nitrilotriessigsäure erhalten.

Trilon B ist das Natriumsalz der Äthylendiamintetramethylkarbonsäure (Äthylen- bis Iminodiessigsäure).

$$\begin{array}{c} NaOOC\text{—}CH_2 \\ NaOOC\text{—}CH_2 \end{array}\!\!>\!N\text{—}C_2H_4\text{—}N\!<\!\!\begin{array}{c} CH_2\text{—}COONa \\ CH_2\text{—}COONa \end{array}$$

Man erhält es durch Einwirkung von Monochloressigsäure auf Äthylendiamine[1]. Die Wirksamkeit dieser beiden Substanzen beruht auf ihrer Eigenschaft, mit dem Härtebildner Ca- und Mg-Salze wasserlösliche Komplexverbindungen zu bilden.

---

[1] Chwala, Textilhilfsmittel, S. 81. *Brit. P. 474.518; franz. P. 811.938; schweiz. P. 190.986.*

C. L. Bird, J. Soc. D. and Col. 1940, 56, S. 473; Pfeiffer, Ber. 1944, 77 A, S. 69.

Mit Trilon A behandeltes Wasser verhält sich wie Kondenswasser, und Seifenzusätze bewirken keine Kalkseifenniederschläge. 0,07 g Trilon A im Liter und pro 70—100 französische Härtegrade werden als die wirksamste Menge bezeichnet. Trilon B wirkt besonders auf Eisensalze und verhindert somit die Trübung der Nüancen durch Einwirkung dieses Metalls.

Ausserdem empfiehlt die Herstellerin eine Lösung von Trilon B zusammen mit Hydrosulfit B. A. S. F. zum Entfernen von Rostflecken; diese Lösung besitzt den Vorteil, die Rostflecken ohne Reiben der befleckten Stellen durch blosses Eintauchen während einer halben Stunde bei 60° C, zu beseitigen. Sehr starke und alte Rostflecken werden vorteilhaft in einer Natriumsulfidlösung vorbehandelt. Die Verwendung der Produkte Trilon A und B ist in Wollen- und Leinen-Ind.[1]) beschrieben worden.

Trilon B wird zum Entkupfern der Garne oder Gewebe verwendet. Diese Entkupferung spielt eine grosse Rolle beim Gummieren von Stoffen. Wie bekannt, wird Kautschuk in Gegenwart von Licht und Feuchtigkeit schon in Gegenwart von 0,002 % Kupfer katalytisch zerstört.

c) Sulfaminsäure und ihre Salze.

Vor einiger Zeit sind zwei Arbeiten betreffend die Verwendung der Sulfaminsäure und deren Salze in der Textilindustrie erschienen: die eine von W. E. Gordon und M. E. Cupery in Ind. and Eng. Chem. 1939, Bd. 31, S. 1237, die andere von Wakelin in Amer. Dyest. Rep. 1939, S. 729.

Bekanntlich ist die Formel der Sulfaminsäure

$$O_2S\begin{cases} OH \\ NH_2 \end{cases}$$

Eine aus der letzten Zeit stammende Synthese gestattet es, diese Erzeugnisse zu einem verhältnismässig billigen Preis herzustellen, welcher deren Einführung in die Textilindustrie praktisch ermöglicht.

Natrium- oder Ammoniumsulfamat verbessern die Waschwirkung, wenn sie Seifen- oder Alkylsulfatlösungen zugesetzt werden. Die Sulfamate haben die Eigenschaft, Schwermetallsalze im Wasser zu lösen und zu verteilen. Ein anderer Vorteil besteht darin, dass sie

---

[1]) Wollen- und Leinen. Ind., 60, Nr. 12, S. 140; P. Pfeiffer und W. Offermann, Ber. 75. Nr. 1, S. 1—12.

das Stocken der Seifenlösungen beim Abkühlen verhindern. Die Wasserstoffatome der Sulfaminsäure können durch verschiedene Reste ersetzt werden.

Sulfaminsäure absorbiert im Verlauf des Diazotierungsvorgangs Überschüsse von salpetriger Säure, so dass die Töne reiner werden.

Es wurde ferner festgestellt, dass Kalzium- und Ammonium-sulfamat ausserordentlich gute Mittel zur Herstellung flammsicherer Imprägnierungen sind, und zwar sowohl für Textilien als auch für Papier.

Schliesslich sind die sulfaminsauren Salze basischer Farbstoffe oder der Aminoharze weit löslicher als die entsprechenden Salze anderer Säuren.

Man kennt auch organische Verbindungen und Derivate der Sulfaminsäure, so z. B. die Phenylsulfaminsäure

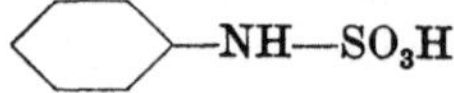

die erhalten wird, wenn man das betreffende Amin — hier das Anilin — mit Chlorsulfosäure behandelt. Die freie Säure ist nicht hinreichend beständig, wohl aber deren Bariumsalz.

d) Verschiedene Waschmittel.

Ein gänzlich seifenfreies Waschmittel ist nach dem *D.R.P. 659.567* (Löhr) ein Produkt, das man aus der von Eiweiss befreiten und im Vakuum hochkonzentrierter Molke durch Mischung mit Karbonaten, Phosphaten oder Silikaten erhält; dabei setzt man noch Stärkemehl zu, um die Bildung kolloidaler Lösungen in der Waschlauge zu ermöglichen.

Ein ebenfalls seifenfreies Waschmittel liegt gemäss *schweiz. P. 190.983* und *öst. P. 151.298* (Dressel) in Gemischen von Fluoriden und Alkalikarbonaten (100 Teile NaF + 50 Teile Na_2CO_3) vor, die die Abscheidung unlöslicher Metallseifen in der bekannten klebrigen Form verhindern; durch den Überschuss der Fluorverbindungen sollen Metallseifen in eine so feine Form übergeführt werden, dass sie nicht am Waschgut haften können.

Zum Schlusse dieses Kapitels sei noch das *brit. P. 489.345* der italienischen Firma Montecatini erwähnt, laut welchem interessante Resultate in der Waschtechnik erreicht werden sollen. Es handelt sich um ein pulverförmiges, leicht wasserlösliches Natriumsilikat, welches vorteilhaft die üblichen konzentriertenNatriumsilikatlösungen ersetzt und auf nachfolgende Weise hergestellt wird: der Quarzsand

wird wie gewöhnlich mit Alkalien geschmolzen und unter Druck in
50%ige Lösung gebracht. Das Konzentrieren wird mittels einer
Trockenvorrichtung vorgenommen, welche aus einer in die zu konzen-
trierende Lösung eintauchenden und von innen heizbaren Trockentrommel besteht. Es setzt sich auf die Aussenwand des Zylinders eine
dünne Schicht Salz an, welche man mittels einer Rakel entfernt, bevor
man die Trommel wieder in die Lösung eintaucht. Das so erhaltene
Silikat ist vollständig von dem durch Alkalischmelze hergestellten
verschieden; es besteht aus weissen, leicht pulverisierbaren Kristallen,
die sich in 40—50° warmem Wasser auflösen.

Name	Erzeugerfirma	Zusammensetzung
Seife		Natrium- und Kaliumsalze der gesättigten oder ungesättigten Fettsäuren, z. B. $CH_3–(CH_2)_7–CH = CH–(CH_2)_7–COONa$ Natriumoleat.
Medialan A Medialan A Pulver Medialan AL	I. G. I. G.	Natriumsalz des Oleylsarkosids $C_{17}H_{33}$—C(=O)—N(—CH_3)—CH_2—COONa Beständig gegen hartes Wasser, ebenfalls sehr gut säurebeständig. Medialan A + Lösungsmittel.
Humectol CX Humectol CA Doittau 14 (?)	I. G. 1934 I. G. Sopura	Blockierung der COOH-Gruppe mit Aminoresten. Ölsauresäthylanilid+ Natriumbisulfit. $C_{17}H_{33}$—C(=O)—N(C_6H_5)(C_2H_5) + NaHSO_3 Erhalten durch Einwirkung von Phosphortrichlorid auf Ölsäure und durch Behandeln des entstandenen Säurechlorids mit Äthylanilin und zuletzt mit Natriumbisulfit.
Sapamin CH Sapamin A Sapamin L Sapamin BCH Sapamin KW Sapamin FL Liovatin KB Omya C	Ciba Ciba Ciba Ciba Ciba Ciba Sandoz Plüss-Staufer	Azylierte Diamine, also Amide der Fettsäuren, welche sich von disubstituierten Äthylendiaminen ableiten. R—C(=O)—NH—R—NR_2 z. B. $C_{17}H_{33}$–C(=O)—NH–CH_2–CH_2–N(C_2H_5)(C_2H_5) · HCl Chlorhydrat des asym. Diäthylaminoäthylenoleolylamids.

Literatur	Verwendungsgebiete
	Ausgezeichnetes Waschmittel. Bildet mit den Erdalkalimetallsalzen unlösliche Niederschläge.
D.R.P. 635.522; brit. P. 459.039, 461.328, 456.142, 455.310; franz. P. 789.004, 787.819. Mell. 1937, S. 248, 296. B. I. O. S. Report Nr. 418, London. Nüsslein, Mell. 1937, S. 248. Siehe Neue Verfahren in der Praxis der Veredlung der Textilfasern, Bd. I, Kap. II, S. 190/191.	Wasch- und Dispergiermittel, der gegen Säuren und Härtebildner ziemlich beständig ist. Ausgezeichnetes Walkmittel. Marke AL enthält ein Lösungsmittel.
Öst. P. 125.182, 141.864; D.R.P. 595.173, 634.032; franz. P. 693.620, 715.205, 716.705, 735.647, 679.185; brit. P. 340.272, 341.053, 343.524, 343.899, 388.642. Mell. 1937, S. 155. E. Mather, B.I.O.S. Report Nr. 667, H. M. Stationery Office; J. Soc. D. and Col. 1947, S. 27. Siehe Bd. II, Kap. VI, S. 108/109.	Netzmittel; Waschmittel von geringer Waschkraft. Werden für die Apparatfärberei, besonders mit Küpenfarbstoffen verwendet.
Hartmann und Kägi (Ciba). Literatur siehe Bd. II, Kap. VI, S. 61, 98.	Zusatz zu Karbonisierbädern. Die Sapamine liefern kolloidale Lösungen, die sich in stark saurem Medium ähnlich wie Seifenlösungen verhalten und schmutzauflockernd, fettemulgierend, dispergierend, netzend und waschend wirken. Sehr gute Säurebeständigkeit.

[1]) In diesen Tabellen sind nur die zum Seifen der fertigen, bedruckten oder gefärbten Ware angewandten Produkte verzeichnet; Ausnahme machen hier diejenigen Produkte, welche in den Vorbehandlungen verwendet werden (siehe diesbezüglich in „Neue Verfahren in der Technik der Veredlung der Textilfasern", Bd. I, Kap. II, III und IV, das Waschen der Wolle, das Beuchen der Baumwolle). Es werden auch diejenigen Produkte beschrieben, welche in der Appretur Verwendung finden („Neue Verfahren...", Bd. II, Kap. VII).

Name	Erzeugerfirma	Zusammensetzung
Igepon A, A extra Igepon AP, AP extra Arctic Syntex A	I. G. 1938 I. G. C.P.P.	Natriumsalz der Oleylisäthionsäure $$C_{17}H_{33}-C\big\langle{}^{O}_{O-CH_2-CH_2-SO_3Na}$$
Fenopon A Neopol Alipon A	G.D.C. Stockhausen I. G. Farbenindustrie (Höchst)	Beständig gegen hartes Wasser. Die Lösungen schäumen und besitzen grosse, dispergierende und reinigende Wirkung, sind aber gegen Alkalien nur wenig beständig.
Igepon T Igepon TP Igepon TS Igepon KT Neopol T Arctie Syntex T Igepon T Fenopon T	I. G. 1930 I. G. Stockhausen C.R.P. G.D.C. (USA.) G.D.C.	Natriumoleyl-N-Methyltaurid $$C_{17}H_{33}-C\big\langle{}^{O}_{N-CH_2CH_2-SO_3Na}$$ CH_3 Kokosölfettsaures Methyltaurid. Nach B.I.O.S. Report Nr. 418 soll die Marke KT einem Produkt aus Taurin + Palmkernöl entsprechen.
Alipon CT	I. G. (Höchst)	Entspricht dem Igepon CT aus Kokos- oder Palmkernöl + Sarkosin.
Solepal AG pâte	Doittau-Sopura	Kondensationsprodukte von sulfonierten Fettsäureamiden, erhalten durch Einwirkung von Ölsäurechlorid auf Monoäthanolamin, also sulfonierte Fettsäureoxyäthylamide.
Enerpon Amitex TB Somepon Sodapon T und N Betramine Cyclopon A und GA Sinnol Omya P und PS Mixopon Igepon B Alframine Cetal	Chimiotechnic Francolor P.C.M.N. Sodag Alframine Corp. Du Pont Sinnova Plüss-Staufer Chimiotechnic I. G. Alframine Corp. S.I.M.A.G. (P. Fournier)	Natriumsalz des sauren Schwefelsäureesters des Lauryloxyäthylamid $$C_{17}H_{33}-C\big\langle{}^{O}_{NH-CH_2-CH_2-O-SO_3\,Na}$$ Erhalten durch Einwirkung von Laurinsäure auf Monoäthanolamin und nachherige Sulfonierung und Neutralisation. Mischung von sulfonierten und dikarboxylierten Fettsäureoxyäthylamiden des Kokos- und Rizinusöls.
Motepon	Sema	Fettsäureoxyäthylamid (Dicyandyamid).

Literatur	Verwendungsgebiete
D.R.P. 652.410, 679.186, 642.414, 657.357, 655.999, 657.404; franz. P. 693.620, 705.081, 720.590, 772.476; brit. P. 359.893, 366.916, 398.150, 441.296. Mell. 1932, Bd. 13, S. 332; Z. f. ges. Text. Ind. 1932, Bd. 35, S. 16, 54, 120, 261. Folgner, Mell. 1933, S. 445, 502. Chwala und Martina, Mell. 1937, S. 999. Lindner, Mell. 1934, S. 416, 557. Nüsslein, Mell. 1931, S. 196, 198; 1937, S. 248. Münsch, Mell. 1934, S. 416. Battegay, R.G.M.C. 1934, S. 457. Nüsslein, Mell. 1935, S. 49, 325. Cremer, Mell. 1935, S. 134, 288, 362. Goodall, J. Soc. D. a. Col. 1936, S. 211.	Dispergier-, Wasch- und Reinigungsmittel.
Brit. P. 359.893, 366.916, 372.005; D.R.P. 584.703, 652.410, 655.999, 657.357, 657.404; franz. P. 693.620, 705.081, 720.590; öst. P. 138.252. Nüsslein, Die Igepone, D.F.Z. 1932, Nr. 1. Nüsslein, Igepon, Mell. 1932, S. 27; 1937, S. 248. Molnar, Mell. 1936, S. 234. Ranshaw, The Dyer 1936, S. 261. Brandenburger, Z. f. ges. Text. Ind. 1933, S. 37. Jochum, Mell. 1931, S. 196; Mell. 1932, S. 147. Perndanner, Mell. 1932, S. 322.	Ausgezeichneter Seifenersatz, beständig gegen Säuren und Alkalien. Die Erdalkalisalze sind wasserlöslich. Hervorragendes Wasch-, Schaum- und Emulgiermittel in neutraler, alkalischer und saurer Lösung für alle Fasern.
Franz. P. 669.517 der I. G. *Franz. P. 713.382 (Orelup).* *Franz. P. 827.186 (Ciba).* *Franz. P. 864.595 (Alframine Corp.)* *Franz. P. 863.793 (Chimiotechnic)* *Franz. P. 876.720 (Sav. P. Fournier)*	Waschmittel zum Fertigmachen der Ware. Können auch für das Beuchen unter Druck (2 Atm.) verwendet werden. Zum Waschen und Entfetten der Wolle. Zum Entbasten der Seide. Zum Abkochen der Kunstseide angewendet.

Name	Erzeugerfirma	Zusammensetzung
Sinnopon	Sinnova	Sulfoniertes Kondensationsprodukt von o- oder p-Oxydiphenyl mit einem Alkohol (Butylalkohol).
Aresket 400	Monsante Chem. Co.	Butyl-o-(bzw. p-) oxydiphenylsulfosaures Natrium.
Resolin A	Sandoz	
Lissapol LS Lissapol LD	l.C.I.	Produkt in Pulverform; ersetzt das Lissapol A und C (Fettalkoholsulfat). Es ist sehr gut löslich und dispergiert Kalziumsalze besser als Lissapol A und C; es ist ein vorzügliches Reinigungs- und Netzmittel schon in der Kälte.
Eriopon RS, AC	Geigy	Fettsäurekondensationsprodukt. Weissliches Pulver.
Igepal C u. C konz.	I.G. 1936	Anlagerungsprodukt von Äthylenoxyd an die Alkylphenole, die bei der CO-Hydrierung entstehen
Igepal F	I.G.	
Igepal PW	I.G.	
Igepal B	I.G.	$\dfrac{C_{12}H_{14}}{C_6H_7}$ oder, $\text{O–(CH}_2\text{–CH}_2\text{–O)}_n\text{–CH}_2\text{–CH}_2\ \text{OH}$ Sehr wasserlöslich, gegen Wasser jeden Härtegrades beständig.
Igepal M	I.G.	Kondensationsprodukt von Fettsäurepolyoxyäthylenamid.
Igepal NA	I.G.	
Fenopon C	G.D.C.	Igepal C
Igepal CA, CTA, CE	G.D.C. (USA.)	
Igepal L		Igepal W + Lösungsmittel (Depanol E = Pine-oil-Derivat).
Sandopan KD KDF	Sandoz	Entspricht dem Igepal M (Kondensationsprodukt von Äthylenoxyd auf ein Amid).
Triton NE	Röhm und Haas	Alkylphenol + C_2H_4O.
Igepal W und W konz.	I.G. 1936	Mischung von 30% Igepal W 35% = Alkylphenol + 6 Mol. Äthylenoxyd
Igepal W M		5% Sulfon. Igepal B (100%) 65% Wasser
Lissapol N	l.C. I.	

Literatur	Verwendungsgebiete
Amer. P. 1.921.546.	Gutes Schaumvermögen, aber schwache Waschwirkung. Für das Fertigmachen der Ware wenig geeignet; wird hauptsächlich als Schaummittel in der Kosmetik angewendet.
	Waschmittel, verwendet in der Wollindustrie (zum Entfetten) und in der Färberei. In der Baumwollindustrie für das Beuchen, Färben und Waschen.
	Härtebeständiges, neutrales Netz- und Waschmittel für sämtliche Zwecke der Textilindustrie. Verhindert die Bildung von Kalkseifen in hartem Wasser.
Nüsslein, Mell. 1937, S. 248. Chwala und Martina, Mell. 1937, Dezemberheft, S. 999. Nüsslein, Du savon aux Igepals, Mell. franz. Ausgabe 1937, S. 65. *Brit. P. 480.117; I. G. franz. P. 823.454; D.R.P. 693.028, 686.311,* I. G. Reumuth, Z. f. ges. Text. Ind. 1941, S. 260; B.I.O.S. Report Nr. 418, London. Igepal B = sulfoniertes Igepal. Die anderen Marken sind Mischungen von Alkylphenolpolyglykoläther mit Igepal B, welches die Löslichkeit des Produktes in heissem Wasser ermöglicht. *Franz. P. 727.202; D.R.P. 605.973, 634.037; brit. P. 380.431, 380.851; amer. P. 1.970.578, 2.085.706.* Igepal M wäre eine Mischung von Mesapon oder Mersol + Igepal B. *D.R.P. 715.744, 750.330.*	Emulgier- und Schaummittel. Seifenersatzmittel, beim Waschen und Fertigmachen der Textilien (Küpenfarben). Als Wasch- und Reinigungsmittel für pflanzliche Fasern angewendet.

Name	Erzeugerfirma	Zusammensetzung
Ultravon FA Ultravon K und S Ultravon W Ultravon KA	Ciba Ciba Ciba Ciba	Benzimidazolderivate. HO_3S—Benzimidazol—C—$(CH_2)_x$—CH_3
Ondal W 20 Ondal d. C. Homogenit B	Böhme-Fettchemie P.C.M.R. Böhme-Fettchemie	Pyrophosphorsäureester von Fettalkoholsulfonaten in Verbindung mit aktivem Sauerstoff enthaltenden Substanzen. Entspricht dem Pyrophosphorsäureester eines höheren sulfonierten Alkohols (Laurylalkohol). Praktisch durch Mischen von Gardinol WA, Natriumperborat, Trinatriumphosphat und Natriumpyrophosphat erhalten.
Sulfinal	Chem. Fabr. Grünau	Iminodimethylenschwefligsaures Natrium. $NH\begin{cases} CH_2{-}O{-}SO_2Na \\ CH_2{-}O{-}SO_2Na \end{cases}$
Sulfetal P und W	Zschimmer	
Melioran F 6, 744	Paix-Beycopal (Orecefa) Milch-Oranienburg	Mischpräparat, das höher molekulare aromatische Ketone, die durch Sulfonierung wasserlöslich werden, enthält. Saure Schwefelsäureester von gesättigten Fettalkoholen.

Literatur	Verwendungsgebiete
Franz. P. 774.018, 754.626, 778.476; brit. P. 398.150, 403.977, 441.296; D.R.P. 605.687. Ranshaw, The Dyer, 1937, S. 531. Gränacher, Recherches récentes sur la chimie des acides gras, Bull. Föd. 1938, Septemberheft. Mell. 1935, Bd. 16, S. 799. Mell. 1936, Bd. 17, S. 85. Z. f. ges. Text. Ind. 1935, S. 646.	Wasch-, Reinigungs- und Schaummittel. Neutrale, sehr wirksame, gegen hartes Wasser, Säuren und Alkalien sehr beständige Waschmittel. In Wasser löslich. Marke FA: Entfetten der Wolle auf dem Lewiathan, Zusatz zu Färbebädern mit substantiven Farbstoffen. Marke W: wird in kaltem und bis zu 60° C warmem Wasser angewendet. Marke K: in Bädern von hoher Temperatur. Marke KA: Waschen der Fertigware.
D.R.P. 589.778, 594.806; schweiz. P. 188.878 (Böhme), *183.447; brit. P.425.804.* Dr. Heide, Z. f. ges. Text. Ind. 1937, Jg. 40, Nr. 10, S. 178, 445 und 1936, Bd. 39, S. 133. Leipz. Mon. Text. Ind. 1936, S. 134. Weisses, alkalisches, in warmem Wasser lösliches Pulver.	Reinigungs- und gleichzeitig Oxydationsmittel für die Entwicklung der Küpenfärbungen, welches die Waschwirkung der Fettalkoholsulfonate mit der Oxydations- und Bleichwirkung der Persalze verbindet. Stabilisator für Wasserstoffsuperoxyd- und Perboratlösungen, Wasch- und Netzmittel.
D.R.P. 671.947, Grünau, Z. f. ges. Text. Ind. 1939, S. 301.	
	Waschmittel zum Auswaschen von Druckwaren. Egalisier- und Netzmittel. Zusatz zu Färbebädern.
D.R.P. 550.780, 553.811, 567.361, 625.637, 649.156, 649.323, 658.650. *Franz. P 676.336.* *Brit. P. 313.453, 343.098, 393.699.* *Amer. P. 2.107.197.*	Waschmittel.

Name	Erzeugerfirma	Zusammensetzung
Neopol T Pulv. konz. Neopol T Pulv. Neopol T extra Neopol extra Pulv. Neopol T B	Stockhausen	Dem Igepon ähnliches Produkt.
Gardinol WA, CA, R	Böhme-Fettchemie	Natriumsalze der sauren schwefelsauren Ester der Öl- und Cetylsäure.
Gardinol CAX, G, GE	Böhme-Fettchemie	$C_{18}H_{35}$—O—SO_2ONa.
Gardinol K, KD, OTS	Böhme-Fettchemie	$C_{16}H_{35}$—O—SO_2ONa.
Gardinol SE, LS, V	Böhme-Fettchemie	Von diesen Produkten sollen gewisse Marken Borsäureester sein.
Gardinol KX, KXY	Böhme-Fettchemie	
Modinal 64 S dopp. konz.	Böhme-Fettchemie	$R\begin{array}{l}SO_2Na\\CH_2—O\ R_1\end{array}$ $R_1 =$ Borsäureester.
Modinal D, DN Paste	Du Pont	
Fewa	Böhme-Fettchemie	Gardinol WA = Laurylalkoholsulfat.
Modinal DN Paste	Procter and Gamble (Ohio)	Gardinol CA = Oleylalkoholsulfonat.
Steriol B	Böhme-Fettchemie	
Cyclanon L, O, LO	I. G.	
Cyclanon LA, WN	I. G.	
Sapidan C, W, CT, TK	A. Th. Böhme	
Herial B	A. Th. Böhme	
Adulcinol LL u. 7	Flesch	
Avivane	Pfersee	
Sandopan A, WPA, WP u. N	Sandoz	
Mullopol	Baur, Gäbel & Co.	
Pulitol	Schmitz	
CFD 1931, N, S, FW	Zschimmer-Schwarz	
Sulfetal P	Zschimmer-Schwarz	
Tytrovon RZB	Baumheier	
Texapon	Dehydag	Natriumsalz des sulfatierten Laurylalkohols.
Ocenolsulfat	Dehydag	Natriumsalz des sulfonierten Oleylalkohols.
Mesapon	Blumer	
Montopole	P.C.M.N.	
Arburon SP	Zimmerli	
Pentrone	Glowers	

Literatur	Verwendungsgebiete
	Dispergierungsmittel von bereits ausgeflockten Kalkseifen. Waschmittel für Baumwollwaren; auch zum Beuchen bei der Chlorkalkbleiche. Zusatz zu den Naphtolierungsbädern. Zum Nachseifen von Indanthrenfärbungen, auch beim Färben von Anilinschwarz.
D.R.P. 644.686, 696.480; öst. P. 149.672; franz. P. 691.065, 671.456, 703.090, 701.256, 1930, 801.106; brit. P. 409.598 (Böhme). *Amer. P. 2.096.036, 2.079.347, 2.082.576.* Nüsslein, Mell. 1935, S. 49; Mell. 1936, S. 232; Z. f. ges. Text. Ind. 1932, S. 371; 1933, S. 431; 1934, S. 413, 1936, S. 39, 198; Franz. Mell. 1935, S. 277, Hasse, Mell. 1937, S. 456. Über Gardinole: Chwala und Martina, Mell. 1937, S. 999; Reumuth: Z. f. ges. Text. Ind. 1937, S. 283; Battegay, R.G.M.C. 1934, S. 457; Pflumm, Leipz. Mon. Text. Ind. 1936, Nr. 5 und 1936, S. 134; Ranshaw, The Dyer 1936, S. 261; Thompson: Text. Manuf. 1937, S. 451; Kling, Mell. 1931, S. III; Perndanner, Mell. 1932, S. 421; Brandenburger, Z. f. ges. Text. Ind. 1933, S. 37. Porzky, Z. f. ges. Text. Ind. 1936, S. 198. Huetern, Mell. 1931, Nr. 8. *Öst. P. 149.672* (Mauersberger) Borsäureester der Fettalkohole.	Hervorragende, in jeder Beziehung beständige Seifenersatzmittel. Zum Seifen aller Textilfasern. Waschen, Walken. Zusatz zu Färbebädern als Emulgier- und Durchdringungsmittel. Waschen, Reinigen.

Name	Erzeugerfirma	Zusammensetzung
Agofoam A, S, F	Servo	Alkylsulfate.
Agofoam K, V, G, H	Servo	
Duponol G	Du Pont	
Gardinol LS	Du Pont	
Sipal	Sinnova	
Serfoam	Servo	
Servon PAC, PC	Servo	
Merapon	Chem. Fabrik Meerane	
Resopan S	Sandoz	
Primatex NTA, GC	Kuhlmann-Francolor	
Neosapol, B, BN	Saint-Denis	
Setalène F, FO	Fournier	
Setalène C, CL	Fournier	
Omnilène C, L	Piesvaux, Sedan	
Amalgol	Campbell USA.	
Celatosole NW 26	S.A.P.I.C. St-Denis	
Grada 20	Cotelle et Foucher	
Gammaphon VAC, VAZ	Mazure, Rouen	
Duonal AM, DG	S.P.C.M.C.	
Lissapol A, C, T	I.C.I.	
Amoa Falco (versch. Marken)	Amoa Chem. Co.	
Alsatol	Amoa Chem. Co.	
Stanopon OC	Sopura	Oleyl-Cetylalkoholsulfat (30% Fettalkoholgehalt).
Soparol OC	Sopura	
Stanol OC Paste	Sopura	
Sipon OO 30	Sinnova	
Stanol L	Sopura	Laurylalkoholsulfat (20% Fettalkoholgehalt). Marke 1 = 27 C; 14,5% Stanopal und 30% Stanopon.
Doittau 27 C	Sopura	
Stanopal	Sopura	
Sipon L 30	Sinnova	
Eriopon GA	Geigy	

Literatur	Verwendungsgebiete

Name	Erzeugerfirma	Zusammensetzung
Duponol G	Du Pont	
Gardinol LS Gardinol spécial Gardinol WA Paste Modinal D Paste Modinal DN Paste	Du Pont Du Pont Du Pont Procter and Gamble Ohio (USA.)	
Trilon A Celon C und P	I.G. 1937 S.P.C.S.	Natriumsalz der Nitrilotriessigsäure oder das aminotrimethylkarbonsaure Natrium $N \begin{cases} CH_2-COONa \\ CH_2-COONa \\ CH_2-COONa \end{cases}$
Trilon B Celon E und H Omya SW Sequestrene MA	I.G. 1938 S.P.C.S. Plüss-Staufer Alrose Chem. C^{10}	Natriumsalz der Äthylendiamintetramethylkarbonsäure (Äthylen- bis Iminodiessigsäure). $\begin{matrix} NaOOC-CH_2 \\ NaOOC-CH_2 \end{matrix} N-C_2H_4-N \begin{matrix} CH_2-COONa \\ CH_2-COONa \end{matrix}$ Weisses, in Wasser sehr leicht lösliches Pulver.
Calgon Giltex	Chem. Fabrik J. Benckiser, in Ludwigshafen Progil (Lyon)	Mischung von: 84% Natriummetaphosphat 4% Na_2CO_3 2% $NaH\,CO_3$ 10% Pyrophosphat p_H-Wert 8—8,6. Das Charakteristikum der Calgonerfindung ist nach verschiedenen Angaben nicht, dass wasserfreie Phosphate, sondern dass Mischungen von Phosphaten mit geringerem Wassergehalt als Orthophosphat verwendet werden.
Quadrafos	Rumford Chem. Works (USA.)	

Literatur	Verwendungsgebiete
Brit. P. 474.518, schweiz. P. 190.986. W. Ender, Fette und Seifen, 1938, 45, S. 144—146. Chwala, Textilhilfsmittel, S. 81, 1. Aufl. Schultz, Farbstofftabellen, II. Ergz.-Bd. II, S. 295. Siehe: Die Neuesten Fortscrhitte, Bd. I, Kap. V, S. 579, sowie Kap. II, S. 254. Hasse, Mell. 1937, S. 456. Metzger und Röhling, Mell. 1937, S. 644. D.F.Z. 1937, S. 583 und 1938, S. 141. W. und L. Ind. 1937, S. 265, 283. *Franz. P. 811.938.* C. L. Bird, J. Soc. D. and Col. 1940, 56, S. 473.	Wasserenthärtungsmittel. In den Gebrauchswässern enthaltene Ca-, Mg-, Fe-Salze werden durch Trilon A oder B unschädlich gemacht. Auf 1 Liter Wasser sind für 1° DH 0,12 g Trilon A, bzw. 0,16 g Trilon B erforderlich. Zusatz zu Seifenbädern.
Brit. P. 424.959; franz. P. 756.761 (Benckiser), *franz. P. 760.236* (I. G.). Mischung von Igepon mit Metaphosphat. *Franz. P. 781.142*, 1934 (Henkel).	Wasserenthärtungs- und Weichmachungsmittel. Zum Unschädlichmachen von Kalk-, Magnesia- und Eisensalzen in Gebrauchswasser aller Industriezweige. Verwendung für das Färben von Kunstseide mit direkten Farbstoffen; verbessert das Egalisieren und die Durchdringung. In der Wollbehandlung, verleiht der Faser einen weichen Griff. Für das Entschlichten der Naturseide. Als Zusatz zu Seifenbädern. Zum Entfernen aller Kalkseifenreste, auch Eisenrost in Geweben aller Art.

Name	Erzeugerfirma	Zusammensetzung
Tergitol 4	C.C.C.C.	Natriumsalz höherer sekundärer Alkohole, 25%ige wässerige Lösung des Natriumtetradezylsulfats. Darstellung durch Sulfonierung des sekundären Tetradezylalkohols (7-Äthyl-2-Methylundecanol). $$\begin{matrix} H_9C_4 \\ {\Large\diagdown} \\ H_5C_2 \end{matrix}CH{-}C_2H_4{-}CH{-}C_2H_4{-}CH\,(CH_3)_2 \\ |\\ SO_4Na$$
Tergitol 4 T	C.C.C.C.	Tetradezylsulfosaures Trioxyäthylamin.
Tergitol 7	C.C.C.C.	25%ige Lösung des Natriumheptadecylsulfats. $$C_4H_9{-}CH\,(C_2H_5){-}C_2H_4{-}CH{-}C_2H_4{-}CH\,(C_2H_5)_2\\ |\\ SO_4Na$$
Teepol	Shell	Alkylsulfonat aus Nebenprodukten der Erdölverarbeitung.
Celanol A Leonil O	S.P.C.S. Frankreich I. G.	Kondensationsprodukte des Äthylenoxyds mit einem Fettalkohol, 35%ige Lösung.
Mersol Mersolat Igepal CM Mesapon	I. G. I. G. I. G. I. G.	Sulfochlorid von aliph. Kohlenwasserstoffen. Alkylsulfonat. Igepal C+ Mersolat D.
Neolene 210 Neolene 220	Sharples Chem. Inc. Philadelphia	Sulfonierte Nonylnaphtaline (monononyl- und Dinonylnaphtaline).
Neutronyx 330	Onyx	Kondensationsprodukt von Polyalkyläther mit Fettsäuren.
Alipal CL Alipal D	I. G. I. G.	Sulfatiertes Kondensationsprodukt von Alkylphenol+ 3 Mol. Äthylenoxyd. Diisohexylheptylphenol + 4 Mol. Äthylenoxyd, sulfatiert.

Literatur	Verwendungsgebiete
Franz. P. 782.835, 798.967; brit. P. 446.026; ital. P. 332.636; schweiz. P. 184.005. Besitzt hervorragende Härtebeständigkeit.	Netzmittel, Karbonierungsmittel.
Franz. P. 787.835.	
Franz. P. 789.406.	
Textil-Rundschau 1947, 2, S. 343.	
	Nicht-ionogenes Waschmittel.
Seifensieder-Ztg., Bd. 68, S. 524 und Bd. 69, S. 177.	Waschmittel.
	Waschmittel. Zwischenprodukt für die Herstellung von anionaktiven Hilfsmitteln.
Sehr beständig gegen Härtebildner.	Dispergier- und nicht-ionogenes Emulgiermittel für Azetatseidefarbstoffe. Waschmittel in hartem Wasser.

Literaturangaben.

Alexander Jerome . . . .　Colloid Chemistry, Vol. II—VI, Reinhold Publishing Corp., New York 1928—1946.

Bader Marcel . . . .　Indigosolderivate, Chimie et Industrie, 1923.

Bader Marcel . . . .　Chemie und Koloristik der Indigosole. Vortrag gehalten in Basel am 2. Mai 1937, vor der schweizerischen Sektion des I. V. C. C. Bull. Föd., Bd. II, S. 169.

Bader Marcel . . . .　Les spécimens de copulants AS brevetés. Vortrag gehalten in Brüssel am 21. September 1935 vor dem Kongreß der A.C.I.T., wiederholt am 1. Dezember 1935 in Zürich vor der schweizerischen Sektion des I.V.C.C. Bull. Föd. 1936, S. 451.

Badische Anilin- und Soda-fabrik . . . .　Indanthrenfarbstoffe im Druck, 1910 (Nr. 1630, 1).

Badische Anilin- und Soda-fabrik . . . .　Indigo rein B.A.S.F. 1910.

Badische Anilin- und Soda-fabrik . . . .　Grundzüge für die Verwendung der Farbstoffe der B.A.S.F. auf dem Gebiete der Druckerei, Ludwigshafen 1921.

Battegay Martin . . . .　Les Soies artificielles. Vortrag gehalten am 25. März 1923; Bull. Mulh. 1929, S. 171.

Bird C. L. . . . .　Theory and Practice of Wool Dyeing, Soc. Dyers and Col., Bradford, 1946.

Bodenbender . . . .　Zellwolle, Berlin 1943.

Bohn René . . . .　Über Fortschritte auf dem Gebiete der Küpenfarbstoffe. Berichte, Bd. 43, S. 987 (1910).

Cain and Thorpe . . . . . .　Synthetic Dyestuffs and Intermediate Products, Verlag Charles Griffin and Co., Ltd., London 1946.

Carbide and Carbon Chemicals Corporation, New York . .　Synthetic Organic Chemicals, 12th Edition, 1946.

Chwala und Martina . . . .　Waschmittel (Gardinol, Igepon, Igepal). Mell. 1937. Dezemberheft, S. 998; Wengr. Ber. 1937, Dezemberheft, S. 23.

Chwala A. . . . .　Textilhilfsmittel, Verlag J. Springer, Wien 1939.

Ciba, Basel . . . .　Die Farbstoffe der Gesellschaft für Chemische Industrie in Basel und ihre Anwendung, 1935.

Ciba, Basel . . . .　Textilausrüstung und Ciba-Hilfsprodukte, Basel 1947. Die französische Auflage dieses Werkes wird Ende 1949 erscheinen.

Clément Rivière . . . . . .　Matières plastiques et Soies artificielles, Ballière Fils, Paris.

Colour Index . . . .　Herausgegeben von der Soc. D. and Col., Bradford 1924.

Cross et Bevan . . . .　Récherches sur la cellulose, Ch. Béranger, Paris.

Depierre . . . . Traité de la Teinture et de l'Impression des matières colorantes artificielles. 5 Bände. Paris 1891—1903.

Diserens L. . . . . Les amides et les imides de l'acide carbonique dans l'industrie textile. Teintex, 1937, März- und Aprilheft.

Diserens L. . . . . Les Rongeants et Réserves. Edition Textile, Paris 1924.

Diserens L. . . . . Nouveaux procédés dans la Technique de l'Ennoblissement des Fibres textiles, Verlag Teintex, Paris 1940.

Diserens L. . . . . Progrès réalisés dans l'application des Matières Colorantes. 2 Bde., Verlag Teintex, Paris 1938 und 1939.

Durand & Huguenin A.G., Basel . . . . Indigosole im Druck- und Klotzartikel. Anwendungsvorschriften, I. Teil (2. Auflage).

Durand & Huguenin A.G., Basel . . . . Die Chromfarbstoffe im Druckartikel. Anwendungsvorschriften, II. Teil.

Ehrmann . . . . Traité des Matières Colorantes et leurs diverses applications. Paris 1922.

Etablissements Kuhlmann, Paris . . . . Produits auxiliaires pour la teinture, l'impression, le blanchiment et l'apprêt des fibres textiles, 1931.

Fierz-David H. E. . . . . . Künstliche organische Farbstoffe, Bd. III der Techn. der Textilfasern, von Prof. Dr. R. v. Herzog. Verlag J. Springer, Berlin 1926.

Fierz-David H. E. und Merian E. . . . . Abriß der chemischen Technologie der Textilfasern, Verlag Birkhäuser, Basel 1948.

Fischer E. . . . . Triäthanolamin, 3. Aufl., Berlin 1942.

Fox M. R. . . . . Vat Dyestuffs and Vat Dying, Chapman and Hall Ltd. London, 1948.

Georgiewicz G. v. . . . . . . Handbuch der Farbenchemie, 1922.

Georgiewicz G. v., R. Haller, Lichtenstein . . . . Handbuch des Zeugdrucks, Leipzig 1927.

Garner, W. . . . . Textile Laboratory Manual, United Trade Press, London, 1949.

Glafey, D. Krüger u. G. Ulrich Technologie der Wolle: VIII. Band, 3. Teil B der Technologie der Textilfasern von Prof. Dr. R. v. Herzog, Verlag J. Springer, Berlin 1938.

Gnam H. . . . . Die Lösungsmittel und Weichhaltungsmittel, Stuttgart 1943.

Goldthwait . . . . Produkte der Hilfsmittelindustrie, Amer. Dyest. Rep. 1937, S. 569; Wengr. Ber. 1937, Novemberheft, S. 18.

Haller R. und Glafey . . . . Chemische Technologie der Baumwolle, Bd. IV, Teil 3 der Techn. der Textilfasern von Prof. Dr. R. v. Herzog. Verlag J. Springer, Berlin 1928.

Heermann P. . . . . Färberei- und textilchemische Untersuchungen, Verlag J. Springer, Berlin 1935 und 1940.

Heermann P. . . . . Enzyklopädie der textilchemischen Technologie, Verlag J. Springer, Berlin 1930.

Heermann P. . . . . Technologie der Textilveredlung, 2. Aufl., Verlag J. Springer, Berlin 1926.

Herbig W. . . . . Die Öle und Fette in der Textilindustrie, II. Auflage, Stuttgart 1929.

Herzog R. O. . . . . Technologie der Textilfasern, Verlag J. Springer, Berlin 1928. Siehe: Glafey, Technologie der Wolle, VIII. Bd., 3. Teil, B; Haller, Chem. Technologie der Baumwolle, Bd. IV, Teil 3; Fierz-David, Künstliche, organische Farbstoffe, Bd. III; Die Jute, V. Bd., Teil 3; Hanf und Hartfasern, V. Bd., Teil 2; Technologie und Wirtschaft der Seide, VI. Bd., Teil 2.

Hetzer J. . . . . Textilhilfsmittel-Tabellen, Berlin 1933 sowie II. Aufl. 1939.

Heuser, König, Wagner . . . Hanf und Hartfasern, V. Bd., Teil 2 der Techn. der Textilfasern, von Prof. Dr. R. v. Herzog. Verlag J. Springer, Berlin.

Houwink R. . . . . Chemie und Technologie der Kunststoffe, 2. Aufl., Leipzig 1942.

I. G. Farbenindustrie . . . . Ratgeber für das Bedrucken von Baumwolle und anderen Fasern pflanzlichen Ursprungs, I. G. 975, 1934.

I. G. Farbenindustrie . . . . Ratgeber für das Färben von Baumwolle sowie anderen pflanzlichen Fasern, I. G. 910, 1933.

I. G. Farbenindustrie . . . . Ratgeber für das Färben mit Anthrasolfarbstoffen, I. G. 1844, 1940.

I. G. Farbenindustrie . . . . Ratgeber für das Färben der Wolle, 1932.

I. G. Farbenindustrie . . . . Ratgeber für das Färben von Azetatkunstseide I. G. 1613.

I. G. Farbenindustrie . . . . Lösungsmittel, Weichmachungsmittel, 1937.

I. G. Farbenindustrie . . . . Naphtol auf dem Gebiete der Druckerei, I. G. 333, B. 132.

Kartaschoff V. . . . . Die Färberei der Azetatzellulose, Dissertation, Basel 1926.

Kind . . . . Das Bleichen der Pflanzenfasern, 3. Auflage, Verlag J. Springer, Berlin, 1932.

Kling . . . . Erzeugung synthetischer Hilfsprodukte. W. u. L. Ind. 1937, Nr. 21, S. 332; Wengr. Ber. 1937, Dezemberheft, S. 23.

Knecht and J. B. Fothergill . The Principles and Practice of Textile Printing, II. Auflage, Griffin, 1924.

Knecht, Rawson and Löwenthal A Manual of dyeing, Griffin, London, 1910, 1920 und 1945. (IX. Auflage).

Knecht, Rawson and Löwenthal Handbuch der Färberei, Berlin 1900.

Kunz Max A., Ludwigshafen, I. G. Farbenindustrie . . . Neuere Arbeiten auf dem Gebiete der Anthrachinonküpenfarbstoffe. Anlässlich einer Konferenzwoche an der Mülhauser höheren Chemieschule am 24. April 1933 abgehaltener Vortrag (Annuaire 1933). Dieser meisterhaft dokumentierte Vortrag wurde am 27. Mai 1933 auf dem Kongress der I.V.C.C. in Marienbad und am 1. Oktober 1933 vor der schweizerischen Sektion des gleichen Vereins in Zürich wiederholt. Bull. Föd. S. 227.

Landolt . . . . Neuere Hilfsprodukte für die Textilveredlung, Vortrag gehalten vor der schweizerischen Abteilung der I.V.C.C. in Zürich. Mellands Textilberichte 1930, S. 610.

Lange Otto . . . . Die Schwefelfarbstoffe. Verlag Otto Spamer, Leipzig 1920.

Lange H. . . . . Färberei, Druckerei und Appretur, Heidelberg 1912.

Lauber E. . . . . Handbuch des Zeugdrucks, 4 Bände, Leipzig 1902 bis 1908.

Mark, H. . . . . Physik und Chemie der Zellulose, Dr. R. Herzog, Technologie der Textilfasern, Bd. I, 1.

Marsh J. T. . . . . Mercerising, Chapman and Hall, Ltd., London, 1941.

Marsh J. T. . . . . Textile Science, Chapman and Hall, Ltd., London, 1948.

Marsh J. T. M. Sc. . . . . . An Introduction to textile finishing. Verlag Chapman and Hall Ltd. London, 1947.

Matiello J. J. . . . . Protective and Decorative Coatings, Verlag John Wiley and Sons, Inc., New York 1941.

Mauersberger H. R. . . . . . Matthew's Textile Fibres, V. Auflage, Verlag John Wiley and Sons Inc., New York 1947.

Mayer F. . . . . Chemie der organischen Farbstoffe. Verlag J. Springer, Berlin 1934.

Möhlau-Bucherer . . . . . . Farbenchemisches Praktikum, Leipzig.

Mecheels Otto . . . . Praktikum der Textilveredlung. Verlag J. Springer, Berlin 1940.

Nölting E. und A. Lehne . . . Anilinschwarz und seine Anwendung in Färberei und Zeugdruck. Berlin 1904.

Olney, Louis A. . . . . . . Textile Chemistry and Dyeing, I. Teil: Chemical Technology of the Fibers; VIII. Auflage, Verlag Lowell, Mass.

Nonenmacher . . . . Die Jute, V. Band, 3. Teil der Techn. der Textilfasern von Prof. Dr. R. v. Herzog, Verlag J. Springer, Berlin.

Prudhomme M. . . . . . . Rapport sur l'Exposition Internationale de 1900. Matériel et procédés du blanchiment, de la teinture, de l'impression et de l'apprêt. Imprimerie Nationale, 1901.

Ranshaw . . . . Kolloidale Grundlagen der Textilchemie. The Dyer, 1937 (78), S. 427 und 531; Wengr. Ber. 1937, November- und Dezemberhefte.

Reinking und B.A.S.F. . . . Indigo rein, Rongalitätze, 1912.

Reinking und B.A.S.F. . . . Indigo rein. Leucotropverfahren, 1. Auflage, 1913.

Riegel, E. R. . . . . Industrial Chemistry, IV. Auflage, Verlag Reinhold Publishing, Corp., New York 1942.

Ristenpart E. . . . . Die Praxis der Färberei. Berlin 1926.

Ristenpart E. . . . . Chemische Technologie der Gespinstfasern, Verlag Krayn, Berlin 1926/1934.

Rivat G. . . . . Progrès tech. dans le domaine de la Teinture, de l'Apprêt et de l'Impression, Teintex, 1943, Novemberheft.

Sack Ernest und Niederhauser Jean, Etablissements Kuhlmann . . . . Les Naphtazols, 1933. Vortrag gehalten am 23. April 1933 vor der Industriellen Gesellschaft in Mülhausen. Annuaire de l'Association des Anciens Elèves de l'Ecole Supérieure de Chimie de Mulhouse, 1933.

414   Literaturangaben.

Sandoz, Basel	Hilfsmittel für die Textilindustrie, 1935 und Textilhilfsprodukte, 1945.
Schmidt, Robert E.	Sur l'état de la chimie de l'anthrachinone. Vortrag gehalten am 25. April 1914 vor der Société Industrielle de Mulhouse. Bull. Mulh., Bd. 84, S. 423 und 435.
Schönfeld	Chemie und Technologie der Fette, Wien 1937.
Schultz G.	Farbstofftabellen, 1914 und 1926 und Ergänzungsbände.
Schwartz-Perry	Surface-Active Agents, Interscience Publishers, New York, 1948.
Sherman J. V.	The New Fibers, D. van Nostzand C⁰, Inc., New York, 1946.
Sisley J.-P.	Matage de la soie artificielle, R.G.M.C., 1934, S. 442.
Sisley J.-P.	Les solvants dans l'industrie textile, R.G.M.C., 1934, S. 368, 408 und 479.
Sisley J.-P.	Huiles sulfonées et Détergents modernes, Teintex 1944, Juniheft und Teintex 1945, Juni-, Juli- und Augusthefte.
Sisley J.-P.	Index des Huiles Sulfonées et Détergents Modernes, Editions Teintex, Paris 1949.
Sisley J.-P.	Composés à anions actifs, Teintex, 1946, April- und Maiheft.
Smith, Leroy H.	Editor, Synthetic Fiber Developments in Germany, Textile Research Inst. New York.
Société Ind. de Mulhouse	Histoire documentaire de l'industrie de Mulhouse, 2 Bände, 1900 und 2 Zusatzbände, 1925.
Spetebroot H.	Traité de la teinture moderne, Paris 1927.
Süvern	Die künstliche Seide, V. Auflage, Berlin 1926.
Textile Book Publishers Inc., New York	Textile Chemical Speciality Guide, 1942, und 1946/47, New York.
Trotman S. R.	Bleaching and Dyeing of Textile Fibres, Griffin, London.
Ullmann	Enzyklopädie der technischen Chemie, Urban-Schwarzenberg, Wien 1929—1933.
Voltz Th. von der Firma Durand & Huguenin. A.G.	Les Indigosols. Vortrag gehalten vor der Société Industrielle de Mulhouse (Annuaire 1933).
Vaucher Ch. und M. Bader	L'Indigosol D. H., Chimie et Industrie, 1923.
Weiss F.	Die Verwendung der Kunststoffe in der Textilveredlung, Springer-Verlag, Wien 1949.
Weyrich Paul	Das Färben und Bleichen der Textilfasern in Apparaten, 1937, Verlag Julius Springer, Berlin.
Witt-Lehmann	Technologie der Gespinstfasern, Braunschweig 1911.
Whittaker and Wilcock	Dyeing with Coal Tar Dyestuffs, IV. Auflage, Verlag Ballière Tindall and Cox, London, 1947.
Young and Coons	Surface-Active Agents, Verlag Chem. Publishing Co., Brooklyn 1945.

Abkürzungen.
Farbstoff- und Textilhilfsmittel-Fabriken.

Aachen. Chem. W.	Aachener Chemische Werke, Aachen.
A.A.P.	Amer. Aniline Prod., New York (USA.).
A.C. oder Arkansas	Arkansas Co., Newark (New Jersey, USA.).
A.C. and C.	Amer. Cyanamid and Chem. Corp., New York (USA).
A.C.N.A.	Aziende Colori Nazionali Affini, Mailand (Italien).
A.E.S.	A. E. Staley Mfg. Co, Decatur, Illinois (USA.).
A.G.F.A.[1])	Aktiengesellschaft für Anilin-Fabrikation, Berlin.
L'Air Liquide	Société Anonyme l'Air Liquide, 75, Quai d'Orsay, Paris.
Allied	Allied Colloids, Ltd., Bradford (England).
Amer. Disinf. Co.	American Disinfecting Comp., Baltimore (USA.).
Amoa	Amoa Chemical Co. Ltd. Hinckley, Leicestershire (England).
Appula	Societate per l'Industria Chimica Italiana, Mailand.
Aussig	Vereinigte Chemikalien und metallurgische Fabriken mit Sitz in Karlsbad, Fabrik in Aussig (Tschechoslowakei).
B.A.S.F. oder Badische[1]).	Badische Anilin- und Soda-Fabrik, Ludwigshafen a. Rh.
Baumheier	Chemische Fabrik R. Baumheier K. G., Oschatz-Zschöllau (Deutschland).
Baur	Baur, Gäbel & Cie., Chemische Fabrik, Köln-Radertal.
Bayer oder By[1])	Farbenfabriken vormals Friedrich Bayer & Cie., Leverkusen.
B.E.C.C.	Becco Electro-Chemical Comp. Buffalo 7, New York.
Benckiser	Chemische Fabrik Joh. A. Benckiser G.m.b.H., Ludwigshafen a. Rh.
Beycopal.	Beycopal, 64, rue de la Boëtie, Paris (8e).
Billault	Fabrique de Prod. Chim. Billault, 11, rue de la Baume, Paris (8e).
Blandola.	The Blandola Company Ltd., Whalley Bridge near Stockport (England).
L. Blumer	L. Blumer, Zwickau, Sachsen.
Böhme-Fettchemie	Böhme Fettchemie, AG., Chemnitz.
Böhme, Dresden	A. Th. Böhme, Chemische Fabrik, Dresden N 6.
Böhringer	Chem. Werke C. H. Böhringer Sohn AG., Nieder-Ingelheim a. Rh.
Brit. Cel.	British Celanese Ltd. Spondon near Derby (England).
Brit. Dyes	British Dyestuffs Corporation Ltd., jetzt Imp. Chem. Industries.

---

[1]) Bis 1945 zur I. G. Farbenindustrie gehörig.

Brotherton	Brotherton and Co. Ltd., Leeds (England).
Buch-Landauer	Buch-Landauer AG., Berlin SO 16.
C.C.C. oder Calco	Calco Chemical Division, American Cyanamid Co., Bound Brook, N. J. (USA.).
Carbic	Carbic Color and Chemical Co., New York.
C.C.C.C. oder Carb. Carb. Chem. Corp.	Carbide and Carbon Chemicals Corporation, Carbide and Carbon Building, New York. In Frankreich: M.A.P.C.I.
Caspari-Defais	Caspari-Defais S.a.r.l., 59, rue St-Lazare, Paris.
Cassella[1])	Leopold Cassella & Cie., Frankfurt a. M.
Celliose	La Celliose, Soc. An. Emaux et Vernis cellulosiques, 18, rue Mouillard, Lyon-Vaise.
Chimiotechnic	Société Chimiotechnic, Venissieux (Rhône), Frankreich.
Ciba	Gesellschaft für chemische Industrie in Basel (Schweiz). In Frankreich: St-Fons. In England: siehe Clayton. In USA.: Ciba Company Inc., New York.
Clayton	The Clayton Aniline Comp. Ltd., Clayton, Manchester (England). Concessionaires for Ciba Ltd., Basel.
C.O.	Commonwealth Color and Chemical Co., Brooklyn (USA.).
Cotelle et Foucher	Etablissements Cotelle et Foucher (Javel-La Croix), in Issy-les-Moulineaux (Seine).
C.P.P.	Colgate Palmolive-Peet Co, Jersey City, N. J. (USA.).
Cyclo	Cyclo Chemicals Ltd., London (England).
Dow.	The Dow Chemical Co, Midland (USA.).
Degussa	Deutsche Gold- und Silber-Scheideanstalt, vormals Rössler, Frankfurt a. M.
De Haën	J. D. Riedel-E. de Haën AG., Berlin.
Dehydag	Deutsche Hydrierwerke AG., Berlin-Charlottenburg.
Diamalt	Diamalt AG., München. Schweizerische Ferment AG., Basel.
Doittau (siehe Sopura) . . .	Etablissements L. M. Doittau, in Corbeil (Frankreich).
D.H.	Durand & Huguenin AG. in Basel.
Drew	E. F. Drew and Co., Inc., New York (USA.).
Du Pont de Nemours	E. I. Du Pont de Nemours & Co., Wilmington, Delaware (USA.).
Extr. Tinct. Havre	Compagnie Française des Extraits Tinctoriaux et Tannants, 83, Boulevard de Strasbourg, Le Havre.
F.P.C. Thann	Fabriques de Produits chimiques de Thann et de Mulhouse, Thann, Alsace (France).
Favier-Pignard	Favier & Pignard, Produits Chimiques, Lyon.
Felli	S. A. Industrie Chimiche e Tintorie reunite Felli-Ferrario, Seriate (Bergamo).
Fesago	Chemische Fabrik Dr. Gossler G.m.b.H., Heidelberg (siehe Sager).

---

[1]) Bis 1945 zur I. G. Farbenindustrie gehörig.

Flesch (Patec)	Fleschwerke AG., vormals Flesch Aktiengesellschaft, Frankfurt a. M. In Frankreich: Produits auxiliaires pour Textiles et le cuir (Patec).
Fournier	Savonneries Fournier, Usines Fournier-Cimag, 9, rue Cavaignac, Marseille-St-Just.
Fournier-Ferrier	Fournier-Ferrier, 143, Rue Felix Pyat, Marseille.
Francolor	Francolor, Soc. An. de Matières Colorantes et Produits Chimiques, Avenue Georges V, Paris. Fabriken in Oissel (Seine-Inf.), Villers-St-Paul (Oise), St-Denis (Seine) und St-Clair-du-Rhône (Isère).
G.C.C.	The Gardinol Chemical Co., Ltd., Milnsbridge, Huddersfield (England).
G.D.C.	General Dyestuff Corp., New York (USA.).
Geigy	Joh. Rud. Geigy A.G., Chemische Fabrik, in Basel. In Frankreich: Produits Geigy SA., 45, Rue Spontini, Paris (16e). In England: The Geigy Company Ltd. National Buildings, Parsonage, Manchester 3. In USA.: Geigy Company, 89, Barclay St., New York.
Gignoux	Gignoux Frères & Barbezat, à Décines (Isère), Frankreich.
Glovers	Glovers Chemicals Ltd. Leeds 12, England.
Glyco	Glyco Products Co., Brooklyn, N. J. (USA.).
Grasseli	Grasseli Chemical Co., New York (USA.).
Griesheim[1])	Chemische Fabrik Griesheim-Elektron, Frankfurt a. M.
Grünau	Chemische Fabrik Grünau. Landshoff & Meyer AG., Berlin-Grünau.
Hansa	Hansawerke AG., Hemelingen bei Bremen.
Henkel	Henkel & Cie., GmbH., Chemische Fabrik, Düsseldorf.
Holliday[2])	Read Holliday and Sons Ltd., in Huddersfield (England). Später British Dyestuffs Corp.
Holtmann	A. Holtmann & Cie., GmbH., Berlin.
Houghton	Société des Produits Houghton, Puteaux (Seine), concessionnaire de E. F. Houghton & Cie., 240 W. Somerset S. I. Philadelphia (USA.). Deutsche Houghton, Magdeburg-Buckau.
I.C.I. oder Imp. Chem. Ind. .	Imperial Chemical Industries Ltd., London S. W. 1. In Frankreich: Etablissements S. H. Morden & Cie., 14, rue de la Pépinière, Paris (8e).
I. G. Farbenindustrie oder I. G.	I. G. Farbenindustrie Aktiengesellschaft, Frankfurt a.M. In Frankreich: SOPI, Société pour l'importation de Matières Colorantes et de Produits Chimiques, 32, rue de Galilée, Paris (8e) (2).
I.P.C.A.	Industria Piemontesa dei Colori d'Anilina, Cirie, Torino (Italia).
Jäger[2])	Karl Jäger, Anilinfabrik in Barmen (Deutschland).

---

[1]) Bis 1945 zur I. G. Farbenindustrie gehörig.
[2]) Existiert nicht mehr.

J. C.	John Campbell Co., 75 Hudson St. New York (USA.).
Jouy en Josas	Manufacture de Produits Chimiques de Jouy en Josas (Seine-et-Oise).
J.W.C.	Jacques Wolf & Co., Passaic, New Jersey (USA.).
J.W.L.	John W. Leitch & Co., Chem. Works, Ltd. Milnsbridge, Huddersfield (England).
Kalle[1])	Kalle & Cie. AG., Wiesbaden-Biebrich a. Rh.
Kuhlmann	Compagnie Nationale de Matières Colorantes et Manufactures de Produits Chimiques du Nord réunies. Etablissements Kuhlmann, Sitz: 11, rue de la Baume, Paris, Produits organiques: 145, Boulevard Haussmann, Paris (8e). Siehe Francolor.
L.B.H.	L. B. Holliday and Co., Ltd., Deighton, Huddersfield (England).
L.Z.J.	Laboratoires Zundel, Joliet & Cie., Gennevilliers (Seine).
Lambiotte	Etablissements Lambiotte Frères, 20, rue Dumont d'Urville, Paris.
Laroche	Laroche & Juillard, 80, Cours d'Herbouville, Lyon.
Leonhardt[1])	Farbwerke Mühlheim vormals A. Leonhardt & Cie., Mühlheim.
Lobo	Soc. de Produits Chimiques Louis Bouvard & Cie., 11 bis, rue Dugas-Montbel, Lyon.
Lombarda	Fabrica Lombarda Colori Anilina, Mailand (Italien).
Man. Dauphin	Manufacture de Produits Chimiques du Dauphin à Bourgoin (Isère).
M.A.P.C.I.	Siehe: Car. Carb. Chem. Corp. (C.C.C.C.).
M.C.C.	Merrimac Division, Monsanto Chem. Co., Boston (USA.).
Marchon	Marchon Products, Ltd., Whitehaven (England).
Menuel	Menuel d'Alfort, Savonnerie, Alfort (Seine).
Milch	Oranienburger Chemische Fabrik AG., Charlottenburg. In Frankreich: Paix & Cie., in Douai.
M.L.B.[1])	Farbwerke vorm. Meister, Lucius & Brüning, Höchst a. M.
Nat. Anil. Corp. oder N.A.C.	National Aniline Division, Allied chemical and Dye Corp., New York (USA.).
Newport oder N.P.T.	Newport Industries, New York (USA.).
Novacel	Nouvelles Applications chimiques et cellulosiques, Paris.
N.Y.	New York Color and Chem. Co., Belleville, New Jersey (USA.).
Onyx	Onyx Oil and Chem. Co., Jersey City, USA.
Paix	Paix & Cie., in Douai (Frankreich).
P.C.M.N.	Produits Chimiques de la Montagne Noire, Castres s. Agout (Tarn), Frankreich.
P.C.M.R.	Produits Chimiques de la Mer Rouge in Mülhausen-Dornach (Elsass) und 52, avenue des Champs-Elysées Paris (8e).

---

[1]) Bis 1945 zur I. G. Farbenindustrie gehörig.

Péchiney . . . . Compagnie de Produits Chimiques et Electrometallur-
giques d'Alais, Froges et Camargue, 23, rue de Balzac,
Paris (8e).

Pfeiffer . . . . Manufacture de Produits Chimiques Jules Pfeiffer & Cie.,
in Mülhausen-Dornach (Elsass).

Pfersee . . . . Chemische Fabrik Pfersee, GmbH., vorm. Bern-
heim & Co., Augsburg.
In der Schweiz: Erba AG., Zürich. In Frankreich:
Protex, Paris.

Pharma . . . . Pharma Chem. Co., New York (USA.).

Piesvaux . . . . Etablissements Georges Piesvaux in Sedan (Frankreich).

Pott . . . . Chemische Fabrik Pott & Cie., Dresden.

Progil . . . . Progil SA., 10, Quai de Serin, Lyon.

Protex . . . . Société de Produits Chimiques pour l'Industrie Textile, Siège Social: 4, rue Verdi, Paris, und Lavelanet
(Ariège) (siehe Pfersee).

Pyrgos . . . . Chemische Fabrik Pyrgos, Radebeul bei Dresden.

Robinson . . . . James Robinson and Co., Ltd., Aniline Dye Manu-
facturers, Huddersfield (England).

Rho . . . . Società Chimica Lombarda A. E. Bianchi E. C., Rho,
Mailand (Italien).

Rhône-Poulenc . . . . . . Société des Usines Chimiques Rhône-Poulenc, Siège
social; 21, rue Jean-Goujou, Paris (8e).

Röhm & Haas . . . . Röhm & Haas AG., Darmstadt. In USA.: Röhm &
Haas, Philadelphia.

Rohner . . . . Chemische Fabrik AG., Pratteln (Schweiz).

Rotta . . . . Chemische Fabrik Th. Rotta, Zwickau (Sachsen,
Deutschland).

Royce . . . . Royce Chem. Co., New Jersey (USA.).

Rudolf . . . . Rudolf & Co., Chemische Fabrik, Zittau (Deutschland).

Sager . . . . Felix Sager & Dr. Gossler, GmbH., Heidelberg (siehe
Fesago).

Saint-Clair-du-Rhône . . . . Compagnie Française de Produits Chimiques et Matières Colorantes de St-Clair-du-Rhône, Siège social:
17, rue Helder, Paris. Jetzt Francolor.

Saint-Denis . . . . Société Anonyme des Matières Colorantes et Produits
Chimiques de Saint-Denis. Siège social: 69, rue de
Miromesnil, Paris (8e). Farbstoffabteilung: siehe Fran-
color.

Saint-Gobain . . . . Soc. Manuf. des Glaces et Prod. Chim. de Saint-Gobain,
Chauny et Cirey, Siège Social: 1, Place des Saussaies,
Paris (8e).

Sandoz . . . . Chemische Fabrik Sandoz AG., Basel (Schweiz).
In Frankreich: Produits Sandoz SA., 15, rue Galvani,
Paris (17e). In England: Sandoz Products Ltd. Canal
Road, Bradford. In USA.: Sandoz, Chem. Works,
61, Van Dam St., New York.

Sapie . . . . Société Anonyme pour l'Industrie Chimique à Saint-Denis, 33, Quai de la Seine, Ile-Saint-Denis (Seine). Seit 1939 an die Société de Saint-Denis angegliedert.

Saronio . . . . Industria Chimica Dr. Saronio, Meleguano, Mailand.

Schmitz . . . . Dr. A. Schmitz, Chemische Fabrik, Düsseldorf-Oberkassel.

Scholten . . . . W. A. Scholten's Chemische Fabriken, Groeningen (Holland).

Scot. Dyes . . . . Scottish Dyes Comp. Ltd. Jetzt: Imp. Chem. Ind.

Sema . . . . Produits Chimiques SEMA, Asnières (Seine).

Servo . . . . N. V. Servo, Chemische Fabrik, Delden (Holland).

Shell . . . . Shell Chemicals Ltd., Strand, London (England).

Simon-Dürkheim . . . . . . J. Simon & Dürkheim, Offenbach a. M.

Sinnova . . . . Soc. Anon. d'Innovations Chim., Meaux-Beauval (S.-et-M.) (Frankreich). Siège social: 12, rue de Chezy, Neuilly (Seine).

Soc. Bretonne . . . . Société Bretonne de Produits Chimiques et Pharmaceutiques in Quimper (Frankreich).

Soc. Dériv. Soufre oder S.I.D.S. Société Industrielle des Dérivés du Soufre in Lomme-les-Lille (Nord) (Frankreich).

Soc. Normande . . . . Société Normande de Produits Chimiques, 21, rue Jean-Goujon, Paris.

Sodag . . . . P. Barnier & Co., Valence (Drôme), Frankreich.

Sopura . . . . Groupes Usines chimiques Doittau, Corbeil (Seine-et-Oise).

S.P.C.M.C. . . . . Société de Produits Chimiques et Matières Colorantes de Mulhouse, 119, rue de la Mertzau, Mülhausen i. Els.

S.P.C.S. . . . . Société de Produits Chimiques et de Synthèse, 29, rue Emile Zola, Bezons (S.-et-O.).

Steverlinck . . . . Savonneries Sterverlinck Fils & Cie., Lille (Frankreich).

Stockhausen . . . . Chemische Fabrik Stockhausen & Cie., Krefeld.

S.U.C. . . . . Stockport United Chemical Co., Ltd., Stockport (England).

Syn. . . . . Synthetic Chemicals, Jersey City (USA.).

T.C.P. . . . . Titan Chem. Prod., Jersey City (USA.).

Ter Meer . . . . Chemische Fabriken vorm. Weiler-ter-Meer, Urdingen a. Rh.

Tornesch . . . . Chem. Werke Tornesch GmbH.

Ugine . . . . Société d'Electro-Chimie, d'Electro-Metallurgie et des Aciéries Electriques d'Ugine, 10, rue du Général Foy, Paris.

Von Heyden . . . . Chemische Fabrik von Heyden AG., Radebeul bei Dresden.

W. . . . . Wallerstein Co., New York (USA.).

Wacker . . . . Dr. Alexander Wacker, München.

Wegelin-Tétaz	Manufacture de Matières Colorantes et produits Chimiques Wegelin, Tétaz & Cie., Mülhausen i. Els.
Williams	Williams Ltd., Hounslow, Middlesex (England).
W.R.W.K.	Warwick Chem. Co., West-Warwick (USA.).
Yorkshire oder Y.D.C.	Yorkshire Dyeware and Chem. Co., Ltd., Leeds (England).
Zimmerli	G. Zimmerli, Chemische Fabrik, Aarburg (Schweiz).
Zschimmer	Zschimmer & Schwarz, Chemische Fabrik, Chemnitz.

Wissenschaftliche und technische Zeitschriften.

Amer. Dyest. Rep.	American Dyestuff Reporter (einschl. Textile Colorist), New York.
Ann.	Annales de Chimie, Paris.
Annalen	Annalen der Chemie, Berlin.
Amer. P.	Amerikanisches Patent.
Ber.	Berichte der Deutschen Chemischen Gesellschaft.
Biochem. Ztschr.	Biochemische Zeitschrift.
B.I.O.S.	British Intelligence Objectives Sub-Comittee, London.
B.I.T.F. ou Textiles	Bulletin de l'Institut Textile de France, Verlag Les Editions de l'Industrie Textile, 36, rue Ballu, Paris (9e). Bis 1948: Textiles.
Brit. P.	Britisches Patent.
Brit. Rayon	British Rayon und Silk Journal, Manchester (früher (Silk Journal und Rayon World).
Bull. Föd.	Bulletin der internationalen Föderation textilchemischer und koloristischer Vereine. Selbstverlag, Basel.
Bull. Mulh.	Bulletin de la Société Industrielle de Mulhouse.
Bull. Rouen	Bulletin de la Société Industrielle de Rouen.
Can. Text. J.	Canadian Textile Journal.
Chemical Abstr.	Chemical Abstracts, New-York
Chem. Umschau	Chemische Umschau auf dem Gebiete der Fette, Öle, Wachse und Harze.
Chem. Ztg.	Chemiker-Zeitung, Cöthen.
Chem. Zent.	Chemisches Zentralblatt, Berlin
Chim. Ind.	Chimie et Industrie, Paris.
C. R.	Comptes rendus de l'Académie des Sciences, Paris.
D.F.Z.	Deutsche Färber-Zeitung, Verlag H. Krumhaar, Ligwitz.
D.W.G.	Deutsche Wollen-Gewerbe, Grünberg, Schlesien.
D.R.P.	Deutsches Reichspatent.
Frb. Ztg.	Dr. Lehne's Färber-Zeitung.
Franz. P.	Französisches Patent.
Fischer's Ber.	Jahresberichte über Leistungen der Chem. Tech., Verlag Otto Wigand, Leipzig.
Frld.	P. Friedländer, Fortschritte der Teerfarbenfabrikation. Verlag J. Springer, Berlin.

Helv. Chim. Acta	Helvetica Chimica Acta, Verlag Birkhäuser, Basel.
Ind. and Eng. Chem.	Industrial and Engineering Chemistry, New York.
J. Amer. Chem. Soc.	Journal of the American Chem. Society.
J. Chem. Soc.	Journal of the Chemical Society, London.
J. Soc. Chem. Ind.	Journal of the Society of Chemical Industry, Chemistry and Industry, London.
J. Soc. D. and Col.	Journal of the Society of Dyers and Colourists, Bradford.
J. Text. Inst.	Journal of the Textile Institute, Manchester.
Klepzig's Text. Zeit.	Klepzig's Textil-Zeitschrift, siehe Z. f. ges. Text. Ind.
Koll. Zschr.	Kolloidzeitschrift, Leipzig.
Kunstseide	Die Kunstseide, Berlin-Lichterfelde.
K. u. Z. Jentgens	Jentgens Kunstseide und Zellwolle, Berlin.
Leipz. Mon. Text.-Ind. . . .	Leipziger Monatsschrift für Textilindustrie, Theodor Martins Textilverlag, Leipzig.
Mell.	Melliand Textilberichte, Heidelberg.
Mon. f. S. K. Z.	Monatshefte für Seide, Kunstseide und Zellwolle, Krefeld.
Öst. P.	Österreichisches Patent.
Rayon Text. Monthly	Rayon and Synthetic Textiles (früher: Rayon Textile Monthly, New York.
Rev. Chim. Ind.	Revue de Chimie Industrielle, Paris.
R.G.M.C.	Revue Générale des Matières Colorantes, Paris.
Seifensieder Ztg.	Seifensieder-Zeitung, Augsburg.
Silk	Silk and Rayon, Manchester.
Silk Journal and R. W. . . .	Silk Journal and Rayon World, Manchester (siehe Brit. Rayon).
Teintex	Revue universelle de Teinture, Impression, Blanchiment, Apprêt, Paris.
Text. Col.	Textile Colorist, New York (siehe Amer. Dyest. Rep.).
Text. Man.	Textile Manufacturer, Manchester.
Text. Rec.	Textile Recorder, Manchester.
Text.-Rundschau	Textil-Rundschau, Schweiz.
Text. Res.	Textile Research Journal, New York.
Text. World	Textile World, New York (USA.)
The Dyer	The Dyer, Textile, Printer, Bleacher and Finisher, London.
Tiba	Revue de Teinture, Impression, Blanchiment, Apprêt, Paris.
Wengr. Ber.	Monatliche Berichte von Dr. P. Wengraf, Wien und Bern, 1934—1939. Mikrofilm bei N.Y.C. Public Library.
Wool Record	The Wool Recorder, Bradford (England).
W. u. L. Ind.	Öst. Wollen- und Leinen-Industrie, Reichenberg.
Z. f. angew. Chemie	Zeitschrift für angewandte Chemie.
Z. f. ges. Text. Ind.	Zeitschrift für die gesamte Textilindustrie, Verlag L. A. Klepzig, Leipzig C 1.
Z. f. F. I. oder Z. f. Frb. Ind. .	Zeitschrift für Farben- und Textil-Chemie (Buntrock).
Z. f. Elek. und Phys. Chem.. .	Zeitschrift für Elektrische und Physikalische Chemie.
Z. K. S.	Zellwolle-Kunstseide-Seide, Industrie-Verlag von Hernhanner, Berlin W. 15.

Verzeichnis der Textildruckereien.

Schätzungsweise wurden im Jahre 1890 im gesamten 3600 Druckmaschinen festgestellt. (Depierre, Exposition 1900.) Diese Zahl wurde für diese Epoche als übertrieben betrachtet, sie dürfte kaum 2700—2800 Maschinen übersteigen.

Im Jahre 1900 schätzte Maurice Prud'homme die Zahl der Druckmaschinen auf der ganzen Welt auf 2686, von diesen entfielen

888 Maschinen auf Grossbritannien

412 Maschinen auf Russland (nach andern Angaben 550)

389 Maschinen auf die Vereinigten Staaten

225 Maschinen auf Österreich

197 Maschinen auf Frankreich (7%)

Im Jahre 1925 zählte man ohne weiteres 3500—3600 Maschinen, von denen sich ca. 2800 in Europa befanden.

Es erscheint schwierig, nähere Angaben über den Bestand im Jahre 1939 geben zu können, da die Auskünfte aus Russland fehlten. Dasselbe gilt auch heute (1949). Auch bezüglich der Industrien in der Tschechoslowakei, in Polen und in Ungarn standen keine andern Daten zur Verfügung als jene aus dem Jahre 1939.

Die Zusammenstellung, die ich vergleichsweise machen konnte, beleuchtet annähernd die Situation der Rouleau-Druckereien in den verschiedenen Ländern und zu verschiedenen Epochen.

Obschon man diese Zusammenstellung nicht als unbedingt exakt bezeichnen kann, scheint sie doch hinreichend zu sein, um einen Überblick über die Wichtigkeit dieser Industrie und ihrer Entwicklung im Laufe der letzten 50 Jahre geben zu können.

Anzahl der Maschinen.

Europa

	1896	1900	1922	1949
Frankreich	197	207	350 inkl. Elsass	308 inkl. Elsass
Grossbritannien	908—935	975	888	250—300 (1939–500 Masch.)
Deutschland	282	335	200—220 exkl. Elsass	?
Tschechoslowakei	—	—	170—180	130—140
Österreich	225	231	55 exkl. Tschecho- slowakei	40
Holland	27	27	25	66
Belgien	18	18	18	28
Spanien	94	85	46—50	68
Portugal	—	25	20	24
Italien	87	90	130—150	115—120
Schweiz	19	19	20	35
Ungarn	30	—	35—40	40 (?)
Schweden	—	—	—	29
Norwegen	—	—	—	2

	1896	1900	1922	1949
Finnland	—	—	—	1 im Bau
Dänemark	—	—	—	1
Rumänien	—	—	—	12
Polen	—	—	50—55	67
Russland	450	550	640 exkl. Polen	? 670–700 i. J. 1914 inkl. Polen
Griechenland	—	—	—	2

Total ca. 2000—2100 Maschinen

Amerika

	1896	1900	1922	1949
Vereinigte Staaten	389	450	600	?
Mexiko	—	20	50	75—80
Brasilien	—	—	—	105
Argentinien	—	—	—	12
Columbien	—	—	—	9
Chile	—	—	—	1
Peru	—	—	—	2
Uruguay	—	—	—	1

Total ca. 750—800 Maschinen

Afrika

	1896	1900	1922	1949
Ägypten	—	—	—	33

Australien

	1896	1900	1922	1949
Australien	—	—	—	4

Asien

	1896	1900	1922	1949
Syrien-Libanon	—	—	—	1
Türkei	—	—	—	8—10
Hindustan und Pakistan	—	—	—	25
Iran	—	—	—	8
Japan	—	—	—	60—70

Total ca. 100—120 Maschinen

Gesamtzahl der Rouleaudruckmaschinen.

	1949
Europa	2000—2100
Amerika	750— 800
Afrika	33— 33
Asien und Australien	100— 120

Total ca. 2800—3000 Maschinen

Aufstellung der Rouleaudruckmaschinen nach Ländern.

EUROPA

Frankreich

1889	140 Maschinen (exkl. Elsass)
1900	207 Maschinen (exkl. Elsass)
1914	210 Maschinen
1922	350 Maschinen (inkl. Elsass)
1949	308 Maschinen (inkl. Elsass)

Aufstellung nach Kreisen:

Ost-Vogesen . . . . 45 Maschinen im Jahre 1949
Elsass . . . . 101 Maschinen im Jahre 1949
West-(Rouen) . . . . . . 57 Maschinen im Jahre 1949
Süd-Ost (Lyon) . . . . . 77 Maschinen im Jahre 1949
Nord . . . .   8 Maschinen im Jahre 1949
Kreis Paris . . . . 20 Maschinen im Jahre 1949

Total 308 Maschinen im Jahre 1949

I. Kreis Ost-Vogesen:

1. *Gillet-Thaon* in Epinal (Vogesen) . . . . 23 Maschinen
   J. Zürcher & Cie., gegr. 1770 in Cernay
   1881 verlegt nach Epinal
   1882 Gebrüder Zürcher
   1892 Böhringer & Guth mit
       22 Maschinen im Jahre 1896
       24 Maschinen im Jahre 1900
   1925 Société d'Impression des Vosges et de Normandie (S.I.V.N.)
       mit 20 Maschinen
   1932 Gillet-Thaon

2. *Gillet-Thaon* in Thaon (Vogesen) . . . . 15 Maschinen
   Ehemals Blanchiment et Teinture de Thaon (Bleicherei und
   Färberei von Thaon) (B.T.T.) mit 12 Maschinen im Jahre 1895
                           und   8 Maschinen im Jahre 1900

3. *Teinturerie et Impression Charles Steiner* in Belfort . . . . . . 5 Maschinen
   gegründet im Jahre 1885, 4 Maschinen im Jahre 1900

4. *Manufacture de Senones* in Senones (Vogesen) . . . . 2 Maschinen

                                              Total 45 Maschinen

Nicht mehr bestehende Firmen:

Soc. An. de Teinture et d'Impression de St. Julien (Aube)
Anc. Etabl. Fack et St. Julien fusioniert, liquidiert im Jahre
1935. Zahl der Maschinen im Jahre 1900: 7

II. Kreis Elsass.

Anzahl der Maschinen: 132 im Jahre 1896
                      156 im Jahre 1922
                      101 im Jahre 1949

1. *Schaeffer & Cie.*, in Pfastatt-le Château (bei Mülhausen) . . 47 Maschinen
   Usine Centrale in Pfastatt-le Château

   Anzahl der Maschinen: 24 im Jahre 1896
                         40 im Jahre 1922
                         46 im Jahre 1925
                         47 im Jahre 1949

Weitere Betriebe:

Blanchiment d'Alsace in Vieux-Thann . . . . 2 Maschinen
Blanchiment et Teinture du Breuil in St-Amarin   (1946)

                                              Total 49 Maschinen

Zugewandte Betriebe:

a) *Schlumberger und Sohn & Cie.* (Usine de la Mer Rouge), gegr.
   1830 in Dornach, im Besitze von 20—22 Maschinen, stillgelegt
   vor 1914, 1918 umgebaut in Bleicherei, 1925 geschlossen

    b) *Heilmann & Cie.* in Mülhausen mit 19 Maschinen
       Betrieb geschlossen seit 1928

    c) *Thierry-Mieg & Cie.* in Dornach mit
       6 Maschinen im Jahre 1896
       12 Maschinen im Jahre 1925
       9 Maschinen heute, aber stillgelegt seit 1931

    d) *Koechlin Frères* in Mülhausen mit 28 Maschinen
       1746 gegründet
       1925 zurückgekauft von Schaeffer & Cie.; stillgelegt seit 1935

2. *Manufacture d'Impression Scheurer, Lauth & Cie.* in Thann .   26 Maschinen
    gegründet 1842   Scheurer-Roth & Cie.
             1875   Scheurer, Lauth & Cie., S.A.
             1946   Manufacture d'Impression Scheurer, Lauth & Cie.

    Anzahl der Maschinen: 22 im Jahre 1896
                      28 im Jahre 1925
                      26 im Jahre 1949

3. *Manufacture d'Impression de Wesserling* in Wesserling . . . .   24 Maschinen
    Vormals Gros, Roman & Cie.
    Betrieb geschlossen im Jahre 1933,
    wiedereröffnet im Jahre 1934

    Anzahl der Maschinen: 22 im Jahre 1896
                      28 im Jahre 1925
                      24 im Jahre 1949

4. *Charles Steiner* in Ribeauvillé . . . .   2 Maschinen

                                  Total 101 Maschinen

III. Kreis West (Normandie).
    Anzahl der Maschinen: 86 im Jahre 1900
                      65 im Jahre 1924
                      47 im Jahre 1925
                      57 im Jahre 1949

1. *Etablissements Boissière Fils & Cie.*
    à la Houlme/Notre Dame de Bondeville . . . .   12 Maschinen
    gegründet 1896 von J. Boissière

2. *Gillet-Thaon* in Bolbec . . . .   9 Maschinen
    gegr. 1825 Lemaître-Lavotte & Cie.
    1895—1913 Indienneries françaises
    1914   Soc. d'Impression des Vosges et de Normandie
              (S.I.V.N.)

3. *Gillet-Thaon* in Lescure-les-Rouen . . . .   12 Maschinen
    gegründet im Jahre 1791 in Bolbec von J. B. Keittinger,
    verlegt nach Lescure-les-Rouen im Jahre 1835 durch seinen Sohn
    François-Florimond Keittinger.
    Im Jahre 1910: Soc. An. des Anc. Etabl. F. Keittinger & fils
    1925 angegliedert an die Soc. d'Impression des Vosges et de
    Normandie (S.I.V.N.)
    Heute Gillet-Thaon

4. *Gillet-Thaon* in Deville-les-Rouen . . . .   9 Maschinen
    gegründet 1818 von Girard & Cie.,
    später Soc. An. des Anc. Etabl. Girard,
    später Soc. d'Impression des Vosges et de Normandie (S.I.V.N.)
    Heute Gillet-Thaon

5. *Soc. Anonyme des Anciens Etablissements R. Mills* in Darnétal   11 Maschinen
gegründet 1888

6. *Etablissement Chaignand*, La Rochefoucauld . . . .   1 Maschine

7. *Etablissements Gallant* in Bernay . . . .   2 Maschinen

8. *Leboucher Frères* in Notre-Dame-de-Bondeville . . . .   1 Maschine

Total 57 Maschinen

IV. Kreis Süd-Ost (Lyon).

Anzahl der Maschinen: 77 im Jahre 1949

1. *Etablissements A. Binder* in Villeurbanne . . . .   2 Maschinen

2. *Etablissements A. Breynat* in Beaumont-les-Valence . . . . .   4 Maschinen

3. *Brunet-Lecomte & Cie.* in Jallieu bei Bourgoin . . . .   7 Maschinen

4. *Charlet J. Père et Fils* in l'Abresle . . . .   1 Maschine

5. *Dolbeau F.* in Jallieu . . . .   7 Maschinen

6. *Etablissements Gillet* in Villeurbanne . . . .   8 Maschinen

7. *Etablissements Meyer Père et Fils* in la Mouche . . . .   3 Maschinen

8. *Soc. Anon. de Blanchiment, Teinturerie, Impression* (S.A.B.T.I.)
   a) Betrieb in Lyon, Etabl. Lyonnais de Teinture, Impression et
   Apprêts (ELTIA) . . . .   11 Maschinen
   b) Betrieb in Villefranche . . . .   9 Maschinen

9. *Etabl. Perbet, Rione, Bourdet* (P.R.B.) in Villeurbanne . . . .   1 Maschine

10. *Soc. d'Impression Nouveautés sur Etoffes* (S.I.N.E.) in Villeur-
    banne . . . .   6 Maschinen

11. *Impression Dauphinoise* in Grenoble . . . .   3 Maschinen

12. *Impression de Tournon* in Tournon (Bianchini-Ferrier) . . .   3 Maschinen

13. *Société Industrielle de la Cité* in Villeurbanne (Condurier-Fructus)   2 Maschinen

14. *Martin Louis* in Bourg de Thizy . . . .   2 Maschinen

15. *Pascal Valluit & Cie.* in Vienne . . . .   4 Maschinen

16. *Etablissement Pervilhac* . . . .   4 Maschinen
    (Maschinen für Spezialartikel)

Total 77 Maschinen

V. Kreis Nord.

Anzahl der Maschinen: 18 im Jahre 1949

1. *Motte et Marquette* in Roubaix . . . .   5 Maschinen

2. *F. Vanhoutryve & Cie.* in Roubaix . . . .   6 Maschinen

3. *A. Duhem & Cie.* in Lomme . . . .   1 Maschine

4. *C. Bera* in Noyelles-sur-Selle . . . .   1 Maschine

5. *Etabl. Motte, Bossut Fils* in Roubaix . . . .   2 Maschinen

6. *Etabl. Screpel* in Roubaix . . . .   2 Maschinen

7. *Teinturerie et Impression de Marly* . . . .   1 Maschine

Total 18 Maschinen

VI. Kreis Paris.

Anzahl der Maschinen: 20 im Jahre 1949

1. *Paul Dumas* in Montreuil-sous-Bois . . . .   8 Maschinen
   (Papierdruck)

2. *Desfosses & Karth* in Gouvieux . . . .   3 Maschinen

3. *Société Parisienne de Transformation de Tissus* in La Courneuve   4 Maschinen

4. *Les Enfants de Vve. Bonvallet* in Amiens . . . .   1 Maschine

5. *Dubly Léon* in Bohain . . . .   1 Maschine
6. *Ferret P.* in St-Denis . . . .   1 Maschine
7. *Mornet & Deguffroy*, St-Denis . . . .   1 Maschine
8. *R. Sommer* in Mouzon . . . .   1 Maschine

                                                 Total   20 Maschinen

England

1. Kreis Lancashire.

     1. *J. & H. Bleackley Ltd.* (B.D.A.) . . . .   Maschinen
        Myrtle Grove Printworks,
        Prestwich, Manchester

     2. *Blue Printers Limited* . . . .   Maschinen
        Brock Mill, Wigan, Lancashire

     3. *Bollington Printing Co. Ltd.* (gegründet 1910) . . . .   Maschinen
        Bollington
        bei Macclesfield, Cheshire

     4. *The Calico Printers' Association Ltd.* . . . .   22 Maschinen
        Birch Vale Printworks,
        Birch Vale bei Stockport

     5. *The Calico Printers' Association Ltd.* . . . .   Maschinen
        Ringswood Printworks,
        Whaley Bridge bei Stockport

     6. *The Calico Priners' Association Ltd.* . . . .   Maschinen
        Broadock Printworks,
        Accrington, Lancashire

     7. *The Calico Printers' Association Ltd.* . . . .   Maschinen
        Buckton Vale Works,
        Stalybridge bei Manchester

     8. *The Calico Printers' Association Ltd.* . . . .   Maschinen
        Dinting Vale Works,
        Dinting bei Glossop, Derbyshire

     9. *The Calico Printers' Association Ltd.* . . . .   Maschinen
        Loveclough Printworks,
        Crawshawbooth, Rossendale

   10. *The Calico Printers' Association Ltd.* . . . .   Maschinen
        Newton Bank Printworks
        Hyde, Cheshire

   11. *The Calico Printers' Association Ltd.* . . . .   Maschinen
        Strines Printworks,
        Strines bei Stockport

   12. *Chadwick & Smith Ltd.* . . . .   Maschinen
        Boarshaw Works,
        Middleton, Lancashire

   13. *B. F. Crompton Ltd.* (Wax-print) . . . .   Maschinen
        Openshaw Bridge,
        Ashton Old Road, Manchester, 11

   14. *Alexander Drew & Sons Ltd.* . . . .   Maschinen
        Lowerhouse Printworks,
        Burnley, Lancashire

15. *Ferguson Brothers Ltd.* . . . .   Maschinen
Holme Hoad Works, Carlisle, Cumberland

16. *Mark Fletcher & Sons Ltd.* . . . .   13 Maschinen
Moss Lane Dyesworks,
Whitefield bei Manchester

17. *V. E. Haighton Ltd.* . . . .   3 Maschinen
Park Mill. Barrowford, Nelson

18. *James Hardcastle & Co. Ltd.* . . . .   Maschinen
Bradshaw Works bei Bolton, Lancashire

19. *Hardcastle's (Radcliffe) Ltd.* . . . .   Maschinen
New Road Works,
Radcliffe, Lancashire

20. *Heaton Mills Bleaching Co. Ltd.* . . . .   1 Maschine
Heaton Mills, Middleton, Lancashire

21. *Horridge & Cornall Ltd.* . . . .   Maschinen
Bolholt Printworks, Bury, Lancashire

22. *Irk Dale Printing Co. Ltd.* . . . .   1 Maschine
Smedley Road, Collyhurst, Manchester, 9

23. *Irwell Springs Printing Co. Ltd.* . . . .   1 Maschine
Irwell Springs, Bacup, Lancashire

24. *Know Mill Printing Co. Ltd.* . . . .   Maschinen
Bevis Green Works,
Walmersley bei Bury, Lancashire

25. *The Marple Printing Co. Ltd.* . . . .   Maschinen
Aqueduct Mills, Marple bei Stockport

26. *William Mycock & Co. Ltd.* . . . .   Maschinen
Spring Mill Printworks,
Whitworth bei Rochdale

27. *Sackville & Swallow Ltd.* . . . .   Maschinen
Royal Oak Printworks,
Pendlebury bei Manchester

28. *Joshua Schofield & Sons Ltd.* . . . .   1 Maschine
Spring Water Dyeworks,
Romiley, Cheshire

29. *Standfast Dyers & Printers Ltd.* . . . .   Maschinen
Caton Road, Lancaster

30. *Stead Mc Alpin & Co. Ltd.* . . . .   Maschinen
Cummersdale Works, Carlisle, Cumberland

31. *F. Steiner & Co. Ltd.* (gegründet 1832) . . . .   Maschinen
Church Works, Church bei Accrington

32. *Turnbull & Stockdale Ltd.* . . . .   Maschinen
Rosebank Printworks,
Ramsbottom, Lancashire

33. *J. & J. M. Worrall Ltd.* . . . .   Maschinen
Ordsall Dyeworks,
Ordsall Lane, Salford, 5

II. Kreis Yorkshire.

34. *R. Dewhurst & Co. Ltd.* . . . .   Maschinen
Batley bei Leeds

III. Kreis London.

35. *Swaislands Fabric Printing Company* (gegründet 1793) . . .   Maschinen
Crayford. Kent

IV. Kreis Schottland.

36. *British Silk Dyeing Co. Ltd.* . . . .   Maschinen
Ashfield, Dunblane

37. *United Turkey Red Co. Ltd.* (gegründet 1750) . . . .   Maschinen
Levenfield, Alexandria (Glasgow)

38. *Seedhill Yarn Dyeing & Printing Co. Ltd.* (gegründet 1921). .   Maschinen
Arkleston Works, Paisley

V. Kreis Irland.

39. *Ulster Printworks Ltd.* . . . .   Maschinen
Newtownards, Belfast

Deutschland

Im Jahre 1896: 302 Maschinen (inkl. Elsass)
Im Jahre 1900: 230 Maschinen (inkl. Elsass)
Im Jahre 1949: ? Maschinen (exkl. Elsass)

	1896	1922	1949
1. *Schlieper & Baum*, Elberfeld	27	—	—
2. *Koechlin-Baumgartner*, Lörrach (Gillet-Thaon) . . .	23	32	—
3. *Württemberg'sche Kattundruckerei*, Heidenheim . . :	16	30	—
4. *Neue Augsburger Kattunfabrik*, Augsburg	12	—	—
5. *Eilenberger Kattunmanufaktur*, Eilenberg	10	—	—
6. *Elbers*, Hagen	10	—	—
7. *Färberei, Appretur* Schusterinsel	—	—	5
(dazu 5 Maschinen für Orbisdruck und 1 Maschine für Spektraldruck)			
8. *H. Habig*, Herdingen	—	—	14
9. *Firma Herosee*, Konstanz	—	—	6

Tschechoslowakei

Im Jahre 1896: 134 Maschinen
Im Jahre 1922: 170—180 Maschinen
Im Jahre 1949: 130—140 Maschinen (ungefähr)

1. *Cosmanos, Josefstahl* in Böhmen . . . . 40—45 Maschinen
(früher Franz Lichtenberger)
2. *M. B. Neumanns Söhne*, Königinhof . . . . 13 Maschinen
3. *Friedrich Kubinsky*, Prag . . . . 12 Maschinen
4. *Rollfs & Co.*, Friedland in Böhmen . . . . 10 Maschinen
5. *Gustav Deutsch*, Königinhof . . . . 7 Maschinen
6. *Josef Sochor & Söhne*, Königinhof . . . . 6 Maschinen
(früher H. Mayer & Söhne)
7. *Otto und Emil Schlein.* Königinhof (geschleift ?) . . . . 7 Maschinen
8. *Franz Leibisch & Sohn*, Warnsdorf in Böhmen . . . . 5 Maschinen
9. *G. Fröhlich & Söhne A.-G.*, Warnsdorf in Böhmen . . . . . .   Maschinen
10. *Eisenschimmel*, Friedland in Böhmen . . . .   Maschinen
11. *Vereinigte Färbereien A.-G.*, Betrieb Braunau . . . .   Maschinen
(früher Koblitz)

Total 130—140 Maschinen

Österreich

Im Jahre 1895: 225 Maschinen (inkl. jene der Tschechoslowakei)
Im Jahre 1922: 55 Maschinen
Im Jahre 1949: 40 Maschinen

1. *Guntramsdorfer Druckfabrik A.-G.* in Guntramsdorf . . . . . 8 Maschinen
2. *M. Felmayer, Altkettenhofer Druckfabrik* in Alt-Kettenhof . . . 7 Maschinen
   (dazu 7 Perrotinen)
3. *Frantz M. Rhomberg*, Dornbirn (Vorarlberg) . . . . 6 Maschinen
   und 3 Perrotinen
4. *Vereinigte Färbereien A.-G.*, Wien . . . . 9 Maschinen
   (Betrieb Möllersdorf)
5. *J. M. Fussenegger*, Dornbirn (Vorarlberg) . . . . 2 Maschinen
6. *Hohenemser Druckfabrik* . . . . 6 Maschinen
   früher Gebr. Rosenthal A.-G. Hohenems (Vorarlberg)
   später M. B. Neumann's Söhne, Königinhof
7. *Raymund Waller* in Steyr . . . . 2 Maschinen

Total 40 Maschinen

Nicht mehr bestehende Firmen:
1. *Neunkirchener Druckfabrik A.-G.*, Neunkirchen
   12 Maschinen im Jahre 1896
   15 Maschinen im Jahre 1922, geschlossen im Jahre 1928
2. *Gebrüder Enderlin*, Traun bei Linz
   6 Maschinen im Jahre 1922, geschlossen im Jahre 1932
3. *Aktiengesellschaft zu Trumau und Marienthal*,
   Druckerei Marienthal, früher Erban & Specht A.-G.
   5 Maschinen im Jahre 1922

Ungarn

Anzahl der Maschinen: 30 im Jahre 1900
                      35—40 im Jahre 1922
                         40 im Jahre 1949

1. *S. S. Goldberger & Söhne*, Budapest . . . . 14 Maschinen
2. *Stephan Felmayer & Söhne*, Stuhlweissenburg . . . . 6 Maschinen
3. *Filtex*, Vereinigte Ungarische Filatorigat Pestzenteörige Textil-
   werke und Tessuto A.-G. Budapest . . . . 7 Maschinen
   gegründet von Alfred Jossua im Jahre 1928
4. *Magyar Pamutipar R. T. Betrieb, Kartonyommno* . . . . Maschinen
   früher Jakob Fürst Söhne, Budapest
5. *A.-G. Kispest, Kispesti Textil gyar RT* . . . . 4—5 Maschinen
   (hat die Maschinen von Marienthal, siehe Österreich)
6. *Vereinigte Färbereien A.-G.*, Betrieb Druckfabrik Altofen, Buda- Maschinen
   pest, Magyar Textifestoegyar RT III. Szent Endrey ut.
7. *Druckfabrik Gran* (Esztergom), ... Maschinen
   war eine Filiale von St. Felmayer

Ungefähr 40 Maschinen

Rumänien

Indûstria Textilǎ Acadanĕ, Acad . . . .   6 Maschinen
Indûstria de Bunibac, Bukarest . . . .   4 Maschinen
Irti, Medias . . . .   2 Maschinen

Total 12 Maschinen

Holland

Anzahl der Maschinen: 27 im Jahre 1896
66 im Jahre 1949

1. *N. V. Erven Ankersmit Katoenfabr.*, Deventer . . . .   4 Maschinen
(4 gewöhnliche Maschinen und Spezialmaschinen mit geheizten
Rouleaux für Batikdruck)
2. *Gebrüder van Heek N. V.*, Enschede . . . .   7 Maschinen
3. *Gerh. Jannink & Zonen N. V.*, Enschede . . . .   9 Maschinen
4. *N. J. Menko N. V.*, Enschede . . . .   5 Maschinen
5. *N. V. Stoomweverij Nijverheid*, Enschede . . . .   5 Maschinen
6. *N. V. Textielfabrieken E ter Kuile & Zonen*, Enschede . . . .   2 Maschinen
7. *N. V. Textielfabriek H. van Puyenbroek*, Goirle . . . . : . . .   2 Maschinen
8. *N. V. Twentsche Katoendrukkerij*, Goor . . . .   7 Maschinen
9. *N. V. P. Fentener van Vlissingen & Co.*, Katoenfabrieken,
Helmond . . . .   19 Maschinen
10. *N. V. Nederlandsche Stoombleekerij*, Nijverdal . . . .   6 Maschinen

Total 66 Maschinen

Unter den alten Druckereien in Holland, welche heute nicht mehr bestehen, ist noch folgende zu erwähnen:

De Leidsche Katoenmaatschappy, voorheen *De Heyder & Co.*,
1756 gegründet in Lierre (Belgien)
1835 versetzt nach Leiden
1846 gekauft von *J. H. J. Driessen*
1889 umgewandelt in Société Anonyme und
1936 geschleift

Diese Firma von Weltruf besass eine Weberei (800 Webstühle), eine Bleicherei, eine Färberei und eine bedeutende Druckerei mit

100 Handdrucktischen
5 Perrotinen zu 1—4 Farben
1 Maschine mit 5 Rouleaux für intermittent printing
2 Maschinen zum Drucken von Batikartikeln
5 Maschinen mit Rouleaux zu 1—4 Farben

Die fertigen Artikel waren hauptsächlich für den Export nach den Kolonien, Niederländisch- (Batiks) und Englisch-Indien bestimmt.

In diesem Hause machten sich die Herren Felix Driessen, Dr. P. Aug. Driessen und Louis A. Driessen verdient.

Belgien

Anzahl der Maschinen: 18 im Jahre 1896
28 im Jahre 1949

1. *Teintures et Apprêts de l'Escaut S.A.* in Destelbergen (Gand) .   12 Maschinen
2. *Indienneries Belges*, 16 a Wiedauwkaai, Gand . . . .   11 Maschinen
(wovon 2 Duplex und 2 Reliefmaschinen)

3. *L'Alliance Renaisienne du Textile S.A.*, Renaix . . . . 2–3 Maschinen

4. *Impression Textile La Campinoise S.A.* . . . .   2 Maschinen
Baelen-Wezzel, gehört zu der N. V. P. Fentener van Vlissingen
& Co. siehe Katoenfabrieken, Helmond (Holland). Besitzt
12 Drucktische zu je 100 m Länge

Total 28 Maschinen

Alte Firmen:
Société de Stalle in Uccle-les-Bruxelles:

     Anzahl der Maschinen: 12 im Jahre 1896
                           15 im Jahre 1924
      Geschlossen im Jahre 1928

Spanien

Anzahl der Maschinen: 94 im Jahre 1896
                          85 im Jahre 1900
              46—50 im Jahre 1922
                          68 im Jahre 1949

1. *La España Industrial S.A.*, Barcelona . . . . 10 Maschinen
gegründet 1773

2. *Textiles Bertrand y Serra S.A.*, Barcelona . . . .   8 Maschinen
gegründet 1730

3. *Casas y Jover S.A.*, Barcelona . . . .   8 Maschinen
gegründet 1884

4. *Acabados, Tintes y Estampados S.A.* (Atesa) Barcelona . . . .   3 Maschinen

5. *Jacinto Gandier y Casas S.A.*, Barcelona . . . .   1 Maschine

6. *Commercial Anónima Vilá*, Barcelona . . . .   8 Maschinen

7. *Hijos de Juan Giménez Sánchez*, Barcelona . . . .   6 Maschinen

8. *Sobrinos de Juan Batlló*, Barcelona . . . .   4 Maschinen

9. *S. F. Vilá*, Barcelona. . . . .   4 Maschinen
gegründet 1863

10. *Industrias Benguerel*, Barcelona . . . .   5 Maschinen
gegründet 1870

11. *José Pamias C. A.*, Barcelona. . . . .   2 Maschinen
gegründet 1941

12. *Ponsa Hermanos*, Barcelona . . . .   1 Maschine
gegründet 1879

13. *Hijos de Martín Rius*, Barcelona . . . .   5 Maschinen
gegründet 1878

14. *Hilados y Tejidos Comas*, Barcelona . . . .   1 Maschine

15. *Cia. Fabril Subijana S.A.*, Andoaín (Guipúzcoa) . . . . . .   2 Maschinen

Total 68 Maschinen

Portugal

Anzahl der Maschinen: 25 im Jahre 1900
                              24 im Jahre 1949

1. *Fábrica de Fiacão & Tecidos do Jacinto Lda.*, Porto . . . . .   2 Maschinen

2. *Fábrica d' Acabamentos do Carvalhido (Fonseca, Faria & Ca. Lda.)*,
Porto . . . .   1 Maschine

3. *Fábrica de Estamparia de Lavadores Lda.*, Porto . . . .   4 Maschinen

28

  4. *Acacio Fonseca Laranjo Lda.*, Porto . . . . 1 Maschine
  5. *D. Ferreira Lda.*, Arcozelo . . . . 1 Maschine
  6. *Sociedade de Tecidos, Altex SARL*, Porto . . . . 1 Maschine
  7. *Fábrica de Estamparia Império Lda.*, Porto . . . . 1 Maschine
  8. *Fábrica de Tecidos de Seda, A. Leonesa*, Porto . . . . 1 Maschine
  9. *Guilherme Graham Inr & Ca.* . . . . 5 Maschinen
10. *Sociedade Textil* do Sul Lda. . . . . 2 Maschinen
11. *Fábrica Viuva*, Coelho . . . . 2 Maschinen
12. *União de Estamparia Lda.* . . . . 2 Maschinen
13. *Telhado Alves Lda.* . . . . 1 Maschine

Total 24 Maschinen

Italien

Anzahl der Maschinen: 87 im Jahre 1896
102 im Jahre 1922
115—120 im Jahre 1949

  1. *De Angeli Frua*, Saronno . . . . 8 Maschinen
  2. *Finimenti Tessili*, Mailand . . . . 8 Maschinen
     vormals Ernesto de Angeli (26 Maschinen im Jahre 1922)
  3. *Tintorio Comense*, Como . . . . 8 Maschinen
  4. *Cotonif. Bustese*, Busto Arsizio . . . . 9 Maschinen
     früher Coq. Ottolini
  5. *Manif. Cot. Merid.*, Fratte di Salerno . . . . 12 Maschinen
     vorm. Società Napoliano Cotonofici Riuniti
     früher Schlaepfer und Wenner & Co.
  6. *Tintoria Stamperia Lombardo*, Treviglio . . . . 3 Maschinen
  7. *F. I. S. A. C.*, Portichetto . . . . 7 Maschinen
  8. *Stamperia Mazzonis*, Torre-Pellice . . . . 13 Maschinen
  9. *Cotonif. Bernocchi*, Legnano . . . . 8 Maschinen
10. *Stamperia Reggiani*, Bergamo . . . . 2 Maschinen
11. *Cotonif. Candiani*, Fagnano . . . . 5 Maschinen
12. *Ditta A. Tavazzani*, Vedano . . . . 4 Maschinen
13. *Unione Minifatture*, Nerviano . . . . 2 Maschinen
14. *Cotonif. Bellora*, Gallarate . . . . 5 Maschinen
15. *Magnani & Tedeschi*, Nole . . . . 3 Maschinen
16. *Cotonofici Pazzi*, Busto-Arsizio . . . . 3 Maschinen
17. *Cotonof. C. Macchi*, Gallarate . . . . 3 Maschinen
18. *Cotonif. Valle Ticini*, Fagnano . . . . 5 Maschinen
19. *E. Agosti & F.*, Legnano . . . . 2 Maschinen
20. *Francesco Longoni*, Giussano . . . . 2 Maschinen
21. *Gaspare Tronconi*, Fagnano . . . . 2 Maschinen
22. *Fratelli Tronconi*, Fagnano . . . . 2 Maschinen

Ungefähr 115—120 Maschinen

Schweiz

Anzahl der Maschinen: 35 im Jahre 1949

  1. *Clavel u. Lindenmeyer A.G.*, Basel . . . . 10 Maschinen
  2. *Heberlein & Co. A.G.*, Wattwil . . . . 11 Maschinen
  3. *Cilander A.G.*, Herisau . . . . 6 Maschinen

4. *F. Blumer & Co.*, Schwanden (Glarus) . . . .   1 Maschine
5. *Hohlenstein Textildruckerei A.G.*, Glarus . . . .   4 Maschinen
6. *Textilwerk Blumenegg A.G.*, Goldach . . . .   3 Maschinen

                                                        Total   35 Maschinen

Schweden

Anzahl der Maschinen: 39 im Jahre 1949

1. *Boras Wäfveri Aktiebolag*, Boras . . . .   9 Maschinen
   Gründungsjahr 1895 (J. F. Wennerstens Fabriksaktiebolag)
2. *Mölnlycke Väfveriaktienbolag*, Göteborg . . . .   6 Maschinen
   Gründungsjahr 1849
3. *Rydboholms Aktiebolag*, Rydboholm . . . .   5 Maschinen
   Gründungsjahr 1834
4. *Norrköpings Bomullaväveri A. B.*, Norrköping . . . .   5 Maschinen
   Gründungsjahr 1852
5. *Aktiebolag Nordens Textilfabrik*, Boras . . . .   4 Maschinen
   Gründungsjahr 1894
6. *O. Y. Finlayson-Forssa A. B.*, Forssa Fabriker . . . .   10 Maschinen
   Gründungsjahr 1847

                                                        Total 39 Maschinen

Norwegen

Anzahl der Druckmaschinen: 2

1. *Tekstilforedling A. S.*, Tefas, Oslo . . . .   2 Rouleau-Druckmaschinen
                                                               (in Montage)

Dänemark

Anzahl der Druckmaschinen: 1 (in Montage)

1. *Dänsk Färveri & Merceriseringanstalt*, Lingby . . . . .   1 Druckmaschine
   Kopenhagen   (in Montage)

Griechenland

Anzahl der Druckmaschinen: 2

1. *Chryssalis St. J. Papadopoulos S.A.*, Athen . . . . . .   1 Druckmaschine
2. *D. Nathanail & Co.*, S.A., Athen . . . .   1 Druckmaschine

Polen

Anzahl der Druckmaschinen: 50—55 im Jahre 1922
67 im Jahre 1939

1. *Manufaktur Posnanski*, Lodz . . . .   12 Maschinen
2. *Manufaktur Scheibler*, Lodz . . . .   13 Maschinen
3. *Manufaktur Girardoff* . . . .   6 Maschinen
4. *Manufaktur Krüsche & Ender*, Pabianice . . . .   8 Maschinen
   Gründungsjahr 1830
5. *Julius Kindermann* . . . .   2 Maschinen
6. *Eitingon*, Lodz . . . .   8 Maschinen
7. *Zavierche*, bei Krakau . . . .   10 Maschinen
8. *Louis Geier* . . . .   8 Maschinen

                                                        Total 67 Maschinen

Russland

Auskünfte aus dem Jahre 1917

Hauptkreise: Moskau, Ivanovo–Wosnessensk, Petrograd.

    1900: 89 Druckereien mit . . . .   500 Maschinen
    1914: . . . . 670—700 Maschinen

Leider besitzen wir nur sehr wenige Auskünfte in bezug auf die Textildruckereien seit 1917. Die Hauptfabriken von Moskau waren vor dem Kriege 1939/45 im Betrieb.

Kreis Moskau.

1. *Manufaktur E. Zündel & Co. (Société d'Impression d'Indiennes E. Zundel & Cie)*, in Moskau
   1825 Gründung an den Ufern der Moskwa durch J. Steinbach
   1850 Übertragung an E. Zundel
   1874 Aktiengesellschaft im Besitze von 3 Spinnereien und Webereien

   Anzahl der Maschinen: 18 im Jahre 1900
   35 im Jahre 1917

   Leistung im Jahre 1913: 3000000 Stücke von 42 m, d. h. ungefähr 120 Millionen Meter

2. *Manufacture des Trois Montagnes Prochoroff (Trechgornaia Manufaktura)*, Presnia-Moscou
   1799 Gründung durch Wassily Ivanovisch Prochoroff

   Anzahl der Maschinen: 21 im Jahre 1900
   32 im Jahre 1917

   Jahresleistung: ungefähr 120 Millionen Meter

3. *Manufaktur Albert Hubner* in Moskau
   1846 Gründung durch Albert Hubner

   Anzahl der Maschinen: 21 im Jahre 1900
   18 im Jahre 1917

4. *Manufaktur Danilowka* in Moskau

   Anzahl der Maschinen: 18 im Jahre 1917

5. *Manufaktur Riabow* in Moskau

   Anzahl der Maschinen: 8 im Jahre 1917

6. *Manufaktur Konschine in Serpoukoff* bei Moskau
   1822 Gründung

   Anzahl der Maschinen: 28 im Jahre 1917

7. *Manufaktur N. Morosoff* in Twer (Kalinin)
   1859 Gründung

   Anzahl der Maschinen: 25 im Jahre 1917

   Leistung: 80—100 Millionen Meter

8. *Manufaktur Medviedev* in Lopasnaia (Kreis Moskau)

   Anzahl der Maschinen: 8

9. *Manufaktur Maraiew* in Moskau

   Anzahl der Maschinen: 5

10. *Manufaktur Rabeneck* in Moskau
    1834 Gründung

    Anzahl der Maschinen: 7

Kreis Vladimir (Ivanovo-Wosnessensk)

11. *Manufaktur Kouwaieff* in Ivanovo-Wosnessensk.
    1817 Gründung

    Anzahl der Maschinen: 18 im Jahre 1917

12. *Manufaktur Anton Gandourin*

    Anzahl der Maschinen: 9

13. *Manufaktur Ivan Garelin & Sohn*
1855 Gründung
                    Anzahl der Maschinen: 12

14. *Manufaktur Derbenev*
                    Anzahl der Maschinen: 8

15. *Manufaktur N. N. Poluschin*
                    Anzahl der Maschinen: 8

16. *Manufaktur Vitoff* in Schuja
                    Anzahl der Maschinen: 4

17. *Manufaktur Baranoff* in Karabanova
1846 Gründung (Türkischrot)   Anzahl der Maschinen: 12

18. *Manufaktur Pavloff* in Perectv
                    Anzahl der Maschinen: 5

19. *Manufaktur Jokouschinski in Kochma*
1822 Gründung
                    Anzahl der Maschinen: 18

20. *Manufaktur Roubatscheff*
                    Anzahl der Maschinen: 6

Kreis Petrograd.

21. *Manufaktur von Schlüsselbourg*
Gründung 1763   Anzahl der Maschinen: 20

22. *Voronin, Luetschy* und *Cheshire* in Petrograd
                    Anzahl der Maschinen: 6

23. *Manufaktur Pale*   Anzahl der Maschinen: 12

AFRIKA

Ägypten

Anzahl der Druckmaschinen: 33 (26 und 7 im Bau)

Société M.I.S.R in Mehalla-el-Kobra . . . . 10 Druckmaschinen
Société Egyptienne pour l'Industrie Textile . . . . 4 Druckmaschinen
Filiale der Filature Nationale, Alexandrien
Beida Dyers Beida Works, Alexandrien . . . . 2 Druckmaschinen
Filiale der Société M.I.S.R.   7 Maschinen vorgesehen
                                   oder im Bau
Société Sebahi des Filés et Textiles, Alexandrien . . . . 5 Druckmaschinen
Société Tagher, El-Negma, Kairo . . . . 2 Druckmaschinen
Ibrahim Fathy & Fils, Kairo . . . . 2 Druckmaschinen
Georges Assouad, Kairo . . . . 1 Druckmaschine

Total 33 Druckmaschinen

AMERIKA

Vereinigte Staaten

Anzahl der Maschinen?

1. *United Piece Dye Works*, Lodi (N.Y.) . . . . 12 Maschinen
2. *Colonial Print Works*, Paterson . . . . 4 Maschinen
3. *Bellmann Brook Co.* . . . . 8 Maschinen

Total 24 Maschinen

Mexico
Anzahl der Maschinen 1949:

1. *Compañía Industrial de Orizaba, S. A.* . . . . 9 Maschin
Uruguay 55 Mexico, D. F.

2. *Compañía Industrial de San Antonio Abad S. A.* . . . . 8 Maschin
Callejón de Bilbao No. 4, Mexico, D. F.

3. *Fábrica de Acabados, La Carolina S. A.* . . . . 4 Maschin
11a. Calle de Zaragoza, No. 228, Mexico, D. F.

4. *La Magdalena, S. A.* . . . . 4 Maschin
Izabel la Católica No. 50, Mexico, D. F.

5. *Compañía Industrial, Veracruzana, S. A.* . . . . 5 Maschin
Alva Ixtlixóchitl No. 27, Mexico, D. F.

6. *Acabados Mexico, S. A.* . . . . 2 Maschin
Uruguay 55, Mexico, D. F.

7. *Estampados y Acabados Textiles, La Aurora, S. A.* . . . . 2 Maschin
Carretera Mexico Puebla 885, Mexico, D. F.

8. *Tintes y Estampes, S. A.* . . . . 2 Maschin
Calz. de Tlálpan 572, Mexico, D. F.

9. *Fábrica Sta. María de Guadalupe, S. A.* . . . . 2 Maschin
Galz. Ingenieros Militares 39, Tacuba, D. F.

10. *Manufacturas Solana, S. A.* . . . . 1 Maschin
Venustiano Carranza, 73, Mexico, D. F.

11. *Acabados Textiles Marvel, S. A.* . . . . 2 Maschin
Fernández Leal No. 90, Coyoacán, D. F.

12. *Tesche y Levy,* S. en N. C. . . . . 1 Maschin
Ave. Juárez No. 35, Col. San Alvaro, Mexico, D. F.

13. *El Globo, S. A.* . . . . 1 Maschin
Atzcapotzalco, D. F.

14. *Telas Oxford, S. A.* . . . . 2 Maschin
San Pedro Xalostoc, Edo. de Mexico

15. *La Omega, S. A.* . . . . 2 Maschin
Ave. del Recreo 117, Mixcoac, D. F.

16. *Teñidos y Acabados, La Victoria, S. A.* . . . . 2 Maschin
Atzcapotzalco, D. F.

17. *Hilados y Tejidos, Mexico, S. A.* . . . . 1 Maschin
Tlálpan, D. F.

18. *Compañía Industrial, La Pastora, S. A.* . . . . 2 Maschin
Puebla, Pue.

19. *Compañía Manufacturera de Covadonga, S. A.* . . . . 4 Maschin
Puebla, Pue.

20. *Acabados Textiles, S. A.* . . . . 2 Maschin

21. *San José Estampes, S. de R. L.* . . . . 1 Maschin
Puebla, Pue.

22. *La Alsaciana, S. A.* . . . . 1 Maschin
Puebla, Pue.

23. *Compañía Industrial de Atlixco, S. A.* . . . . 5 Maschin
Fábrica Metepec, Atlixco, Puebla

24. *Compañía Commercial y Textil de Mexico, S. A.* . . . . 4 Maschinen
El Valor, Panza Colo, Tlaxcala
25. *Compañía Industrial Manufacturera de Atlixco, S. A.* . . . . . . 1 Maschine
Fábrica la Concepción, Atlixco, Puebla
26. *Industrias de Puebla, S. A.* . . . . 1 Maschine
Fábrica San Juan Saltepec, Altepezi, Pue.
27. *Compañía Industrial de Tepeji del Río, S. A.* . . . . 2 Maschinen
Tepeji del Río, Hgo
28. *Cpmpañía Industrial de Parras, S. A.* . . . . 1 Maschine
Parras, Coah.

Total 74 Maschinen

Autorenverzeichnis.

A

B

C

D

E

H

I

J

K

L

M

N

Z

Patentverzeichnis.

Amerikanische Patente.

Nummer	Band	Seite
2.403.900	II	287
2.409.980	II	329
2.411.249	II	382

Nummer	Band	Seite
2.413.320	III	106, 107
2.416.620	III	86
2.416.884	II	74

Nummer	Band	Seite
2.417.312	II	482
2.421.131	II	383
2.446.992	III	146

Australisches Patent.

Nummer	Band	Seite
121 131	II	445

Belgische Patente.

Nummer	Band	Seite
406 925	III	360
423 718	II	342, 347
431.339	I	490
438.310	II	456

Nummer	Band	Seite
443.885	II	423, 426
445.080	II	365
445.968	I	269, 291
446.257	II	423, 431

Nummer	Band	Seite
446.726	II	402
452.885	II	405

Britische Patente.

Nummer	Band	Seite
713 (A.D. 1893)		
	II	178, 183
	III	156
714 (1913)	III	119, 307
764 (1907)	I	135
765 (1907)	I	135
1.301 (1879)	II	154
1.351 (1893)	II	178, 183
	III	156, 211
2.327 (1865)	II	226
2.620 (1897)	I	135
2.757 (1880)	I	304, 358
3.038 (1857)	I	54, 71;
	III	152
3.377 (1871)	I	55, 67
3.492 (1903)	I	249
4.123 (1879)	II	177
7.284 (1915)	III	27, 119
		307
8.033 (1897)	I	135
8.726 (1908)	I	141
8.738 (1912)	I	158
9.847 (1901)	I	407
12.540 (1901)	I	256
12.854 (1912)	III	313
13.088 (1897)	I	407;
	III	153
13.896 (1908)	I	140;
	III	125
16.170 (1901)	I	251
16.389 (1910)	I	168
17.713 (1908)	I	164

Nummer	Band	Seite
19.446 (1903)	I	410;
	III	132
19.528 (1908)	I	143
20.208 (1908)	I	145
20.373 (1910)	II	313
		Anmeldung
20.374 (1943)	II	281
		Anmeldung
21.052 (1916)	I	142
	III	153
21.126 (1898)	III	130
21.272 (1901)	I	252
21.587 (1895)	I	135
22.201 (1912)	I	76
25.296 (1904)	I	14;
	II	520
25.312 (1908)	I	165;
	III	160
25.957 (1910)	I	148;
	III	140
25.971 (1916)	I	249
27.038 (1910)	I	148;
	III	140
27.742 (1908)	I	96, 229
69.741	II	292
134.723	II	145, 439;
	III	205
138.116	I	42;
	III	315, 329
143.242	II	463
147.102	I	88, 227, 301;
	II	133, 143;

Nummer	Band	Seite
147.102	III	191, 207
172.730	II	282
173.313	II	129
175.486	II	292
176.034	II	292
176.343	II	177
176.535	II	280
178.946	II	292
179.384	II	282
181.750	II	270
182.830	II	230
183.806	II	292
183.813	II	122, 134
186.057	I	257
187.964	II	280
191.553	II	280
192.994	II	292
194.840	II	230, 280
195.920	II	292
196.952	II	292
196.953	II	292
196.954	II	292
197.281	II	292
199.554	II	280
200.873	II	268
201.610	II	272
202.157	II	272, 281
202.630	I	257
202.632	I	257
203.681	I	257
204.008	II	470
204.179	II	280

Nummer	Band	Seite
204.280	II	268, 272
205.166	II	440
207.711	II	272
211.720	II	255
212.029	II	268
212.030	II	268
212.546	I	257
213.088	I	532
214.212	I	204
214.320	I	204
215.012	II	149
215.373	II	260
218.649	II	257
219.304	II	61, 62, 99;
	III	367
219.349	II	255
220.694	I	272
220.964	I	257
224.077	II	256
226.948	II	281
227.183	II	255, 260
227.923	II	272
228.634	II	272
229.681	II	255
231.189	I	257
231.897	II	260, 272
232.599	II	268, 272
234.829	I	257
237.295	I	257
237.943	II	255
240.293	II	283
241.579	I	124, 135
241.580	I	124, 235
243.341	II	301
245.758	II	268, 272
245.790	II	281
248.814	II	491
251.115	II	268
251.155	II	270
252.208	I	204
252.922	II	272
255.406	III	10, 205
258.611	II	281
258.699	II	303
260.303	I	257
262.254	II	327;
	III	148
263.473	I	204
266.746	III	201
267.952	I	257
270.254	II	260
273.011	II	319
274.550	I	205

Nummer	Band	Seite
274.611	I	298
276.337	II	56
276.338	II	56
276.339	II	56
281.134	III	138, 177
289.001	I	539
289.002	I	539
291.070	II	440, 493;
	III	196, 213
291.096	II	440, 493;
	III	196, 213
294.286	II	141
294.582	II	61, 62, 99;
	III	367, 368
294.890	II	61, 99;
	III	367
295.025	I	91, 191
296.648	I	297
298.088	II	263, 301;
	III	189, 203, 205
298.280	II	129
298.362	II	129
298.501	II	129
298.559	III	337
301.824	II	145, 439, 495;
	III	189, 203, 205
302.252	I	91;
	III	198
304.712	II	473
305.280	III	217
306.563	III	197
306.800	I	272, 301;
	III	188, 203
307.777	I	332
308.824	III	352
309.610	I	480
310.758	I	332
311.467	II	150
313.160	II	103;
	III	337
313.407	I	272;
	III	203
313.453	III	401
315.832	III	337
317.039	III	352
318.469	I	572, 611
318.610	III	352
320.324	I	470
322.893	II	303
324.041	I	473
324.315	I	91;
	III	198, 215
325.563	I	332

Nummer	Band	Seite
327.168	II	459
330.625	III	198
332.624	II	231
334.878	I	44
339.690	II	143
340.267	I	201;
	II	109
340.272	III	340, 395
340.572	II	63, 300
341.053	II	109;
	III	340, 342, 395
342.102	I	38, 95
342.407	I	298
343.098	III	401
343.102	I	38
343.524	II	109;
	III	340, 342, 395
343.527	I	38, 95
343.899	I	373;
	II	109;
	III	340, 395
346.550	I	195, 212, 221;
	II	38, 109;
	III	151, 183
347.113	I	306, 315
347.609	I	505
348.530	II	472
349.955	I	92
349.995	I	45
350.426	III	337
350.432	III	352
350.963	I	45, 92
351.359	III	351
351.403	III	352
351.911	III	337
352.989	II	55
353.873	I	80, 191
354.326	II	258
354.777	I	201
354.851	III	352
355.059	I	167;
	III	161, 308
355.363	I	44, 187, 203
355.726	II	301
356.577	I	276
357.452	III	352
357.649	III	352
357.650	III	352
358.539	III	352
359.893	III	346, 397
360.015	I	84
360.378	II	130, 472
360.932	II	342

Nummer	Band	Seite
414.426	I	51
414.681	I	498
414.770	II	256
415.213	III	238
415.742	II	257, 308
415.753	I	515
415.832	III	53
416.779	I	515
416.878	I	44
417.220	II	293
417.322	I	64
417.978	I	78
418.262	II	441
419.010	II	79
419.817	I	242
420.095	I	34, 37, 93
420.729	II	485
421.066	I	264, 303
421.122	I	339
421.237	I	121
421.466	I	287, 395
421.606	I	97
421.971	I	495
422.117	I	121
422.195	I	477
422.488	I	494
422.541	III	198
422.549	I	264
422.923	III	240
423.507	I	478
423.864	II	64
464.588	I	45
424.685	I	42
424.717	II	63
424.959	III	388, 407
425.131	II	257
425.188	II	63
425.370	I	198, 237
425.689	II	174
425.804	I	129, 226;
	III	401
426.073	I	268
426.508	II	63
426.744	II	394
426.777	II	395
426.805	III	100
427.058	I	227, 263, 301;
	III	190, 191, 205, 207, 292
427.089	II	68
427.134	I	289
427.803	I	481
427.900	I	64

Nummer	Band	Seite
428.390	I	45
428.701	I	264
428.935	II	256
428.987	II	63
428.988	II	63
429.025	I	364, 382
429.209	II	82
429.350	I	242
429.469	II	467;
	III	147, 181
429.618	I	471;
	II	277
429.933	II	70
430.136	II	483
430.167	I	500
430.222	I	500
430.236	I	500
430.872	III	281
430.993	II	56
431.124	II	484
431.168	III	36, 42, 117
431.278	I	51
431.524	II	82
431.703	II	82, 484
431.704	II	82, 484
433.022	II	88
433.106	II	311
433.143	II	82, 127, 477
433.210	II	82, 127, 477
433.222	I	475
433.230	II	449, 450, 499
433.865	I	282
433.878	I	481
434.452	III	352
434.458	III	343
434.810	I	216
434.911	II	68
435.111	I	285
435.388	II	66, 67, 97
435.431	I	197, 235;
	II	139
435.443	I	193
435.444	I	193
435.481	I	198, 237;
	III	374
435.523	I	486
435.701	I	486, 576, 609
435.868	II	82, 83
436.076	I	212, 213, 223
	III	183
436.371	I	487
436.410	II	221
436.592	II	80, 480

Nummer	Band	Seite
436.790	II	449, 450, 499
436.863	II	449, 450, 499
436.875	II	459
436.942	I	199
437.049	I	337
437.273	II	80
437.528	I	191, 198
437.642	II	82;
	III	110
437.773	II	395
437.824	I	500
437.884	I	212, 213, 223;
	III	183
437.977	I	39
438.508	II	80
438.523	I	41, 98
439.114	I	43
439.124	II	342, 347
439.135	II	68
439.675	II	443, 447
439.890	II	449, 450, 499
440.034	II	293
440.144	I	964
440.400	I	534
440.488	II	66
440.573	I	282
440.983	I	194
441.178	I	500
441.296	I	196, 214, 233;
	II	450;
	III	183, 363, 397, 401
441.330	I	283
441.601	III	352
441.660	II	459
441.767	II	66
442.198	III	352
442.292	II	40, 139, 145
442.901	II	448
443.022	II	40, 139, 145
443.365	III	321
443.436	I	104, 111
443.559	I	195, 212, 221;
	II	38, 109;
	III	183
443.588	I	278, 292
443.638	I	327, 335
444.071	I	326
444.169	I	213, 393
444.838	I	83;
	II	439;
	III	298, 323
444.953	I	205;

Nummer	Band	Seite
483.810	II	520, 521
484.448	III	240
484.796	I	604
484.836	I	577
485.920	II	511
486.010	II	42
486.029	I	122
486.070	I	122
486.334	III	57
486.445	III	50, 105
486.527	II	516
486.577	III	117
486.850	III	348
487.115	II	521
487.724	I	503
487.734	I	16;
	II	348
487.804	III	241
487.842	III	389
488.045	I	539
488.490	III	340
488.783	II	453, 463
488.946	II	294
489.019	II	264
489.235	I	284
489.345	III	392
489.738	II	274
489.836	I	611
489.929	I	105
489.972	I	374
490.774	III	364
491.434	III	241
491.501	III	234
491.539	II	111;
	III	157, 185
491.565	II	508
491.896	I	107
491.931	I	283
492.157	I	284
492.166	I	155, 513
492.350	III	390
492.599	II	535
492.652	II	535
492.658	II	535
492.677	II	535
492.895	II	536
493.509	I	15;
	II	505
493.782	II	293
494.625	II	77, 101
495.403	II	338
495.782	II	132, 138
495.790	I	16;

Nummer	Band	Seite
495.790	II	348
496.277	II	527
496.611	II	69, 71, 77, 101
496.944	II	462, 516
497.151	III	25
497.397	II	331
497.482	I	215
498.090	II	78
498.149	III	299, 323
498.755	II	237
499.377	I	580
499.876	III	310
500.013	II	520, 521
500.110	II	512, 514
501.442	III	111
501.805	II	57
502.144	I	383
502.320	III	241
502.454	II	209, 230
502.479	I	108
503.168	II	87
503.670	III	38, 307
503.699	I	290
503.750	III	38, 307
503.768	II	274
504.666	III	42, 117
506.009	II	290
506.262	II	266
506.526	II	274
506.588	II	278, 279, 347
506.740	II	258
506.753	II	535
506.793	II	89
507.114	II	523
507.748	II	305
508.135	III	396, 323
508.547	III	317
508.554	I	46, 102, 219;
	III	221
509.343	III	390
510.516	II	482
512.664	I	510
512.721	III	39
513.323	I	369
513.917	III	318
514.023	III	304
514.059	I	385
514.078	I	108
514.821	II	482
514.867	II	482
515.381	I	317
515.847	II	89
515.980	I	478, 479

Nummer	Band	Seite
515.981	I	478, 479
516.076	II	45
516.826	II	431
518.510	III	284
518.555	II	395
518.710	II	395
518.743	III	38
522.941	III	95
523.090	III	80
524.803	III	88, 96, 100
526.390	II	456
526.760	II	456
526.845	III	317
526.853	III	85
534.085	II	378
537.980	III	317
538.909	III	317
543.901	II	288
544.157	III	100
545.117	II	401
547.034	II	366
547.844	II	370
548.876	II	275
548.902	II	274, 306
549.005	II	366
549.369	II	361
550.657	II	274, 305
550.659	II	274
550.663	II	89
550.724	II	316, 370
550.805	II	259
550.839	II	305, 339
550.840	II	259
551.341	II	259
551.436	II	259
551.437	II	259
551.438	II	366
551.693	II	89
552.142	II	259
553.236	II	250, 361
553.872	II	370
553.960	II	259
555.809	II	355
556.925	II	361
557.939	II	360
558.586	II	360, 370
559.229	II	422
561.136	II	416
561.226	II	416
561.641	III	90
563.181	II	263
563.995	II	417
566.258	II	125

Nummer	Band	Seite	Nummer	Band	Seite	Nummer	Band	Seite
567.493	III	106	575.611	II	410, 411	583.939	II	414
568.037	II	406	576.101	II	411	584.066	II	414
568.977	II	356	576.102	II	354, 373	584.548	II	414
569.557	II	275	576.927	II	264	584.758	II	374
570.572	II	522	578.016	II	410, 411	585.368	II	414
570.602	II	354, 373	578.079	II	413	587.214	II	254, 459
570.742	III	93	578.212	II	285	588.100	II	291
571.566	II	355	579.462	II	413	588.497	II	413
572.140	II	251	579.718	II	312, 313	589.193	II	468
572.231	II	417	580.205	II	20;	594.475	III	374
572.778	II	413		III	159	594.476	III	374
572.798	II	411	581.090	II	20;	594.477	III	374
573.015	II	523		III	159	594.478	III	374
573.058	II	411	581.526	II	414	594.479	III	374
573.250	III	111	582.517	II	356, 357	596.688	II	413
573.558	III	84	582.518	II	356, 357	603.428	III	240
573.888	II	523	582.520	II	357	606.266	III	240
574.785	II	389	582.522	II	357			

Kanadische Patente.

Nummer	Band	Seite	Nummer	Band	Seite
370.638	III	360	394.253	II	279, 403
388.639	I	479	430.612	III	93

Deutsche Patente.

Nummer	Band	Seite	Nummer	Band	Seite	Nummer	Band	Seite
14.997	I	57	64.073	I	538	81.206	I	462
15.516	I	57	67.824	II	365 Anmeld.	81.791	I	135, 462, 463
17.264	I	538	68.887	II	227	83.010	I	135, 462, 463
20.368	I	54	69.387	II	365 Anmeld.	83.060	II	133, 143;
32.079	II	216	69.685	II	364 Anmeld.		III	195, 213
32.128	K. (1908)		69.799	II	385 Anmeld.	83.802	I	455
	III	160, 161	70.231	II	402 Anmeld.	83.892	I	327
37.064	II	133, 143;	70.344	II	402 Anmeld.	83.963	I	360
	III	194, 211	70.793	II	181	83.964	I	399
37.661	II	177, 233	71.729	II	227	84.389	I	462
38.722	I	59	73.667	II	172	84.609	I	462
40.890	I	467	74.452	III	6	84.791	I	135
42.682	I	550	74.976	II	503 Anmeld.	85.329	II	246
45.222	II	117	75.311	III	268	85.387	I	377, 387, 425,
45.224	II	117	78.874	I	462			435, 455
50.281	II	117, 147	79.453	III	6	86.367	I	372
51.122	II	133	79.802	I	324	87.874	I	462
54.047	II	598	80.263	I	462	88.949	I	372, 375, 435
55.779	I	139	80.409	I	327, 455	89.437	I	377
57.467	II	171	80.652	I	376	92.169	I	375, 435
59.587	II	123, 142	81.039	I	308, 359, 372,	92.237	I	372, 375, 435
59.921	I	137;			447	92.753	I	329; 457
	III	160	81.134	I	462	93.306	I	375, 435
60.579	I	538	81.202	I	462	93.312	I	308
63.808	II	405 Anmeld.	81.203	I	462	93.550	II	508 Anmeld.

Französische Patente.

Nummer	Band	Seite
255.997	III	127
262.097	I	135
267.205	I	71, 407;
	III	153
271.908	I	441, 463
278.376	I	53, 72;
	III	152
284.324	I	53, 72;
	III	152
293.192	III	129
295.190	I	245
297.370	I	67, 408, 413
	III	130, 169
301.421	II	97
304.735	III	129
311.644	I	252, 256;
	III	160
311.938	I	67, 409;
	III	131, 177
313.926	I	162
314.660	II	172
317.145	I	252, 256;
	III	160
320.227	I	67;
	III	130, 173
327.554	I	394;
	III	154
329.432	I	243
334.797	I	243, 245
336.062	I	127
336.942	III	129
336.943	I	67;
	III	131, 177
337.530	I	410;
	III	132, 171
341.718	III	129, 130
344.681	I	418;
	II	21, 134;
	III	196, 213
347.067	II	277
349.235	III	129
350.096	I	245
354.273	III	129
355.117	I	413;
	III	142, 173
356.404	I	14;
	II	520
357.472	II	240 und
		Zusatzpatent
13.832	II	240
359.466	II	237
363.533	I	73
368.534	I	539

Nummer	Band	Seite
374.673	I	67;
	III	131, 177
378.373	III	124
383.583	I	98
383.636	II	278
386.361	II	172
387.516	I	252, 256;
	III	160
391.829	I	140;
	III	125
392.891	II	239
405.151	I	164
413.007	III	111
413.554	I	148, 225;
	III	140, 181
		u. Zusatzpat.
12.784	III	140
13.430	I	148, 225;
	III	140, 181
13.487	III	140
414.937	I	147, 225;
	III	140, 173, 179
416.752	II	292
421.360	III	56
422.241	III	129
424.431	II	241
436.504	II	196
439.339	II	176
452.677	II	127, 476;
	III	35, 119, 307
453.799	I	130
455.804	II	50
456.158	II	18
462.274	III	313
464.344	III	307
469.371	III	48
471.123	I	461
506.175	III	137
511.296	I	461
512.649	II	292
518.833	II	440, 491;
	III	213
521.256	II	440
525.493	II	149
528.230	I	337;
	II	282, 284
540.362	III	194
542.892	II	281, 303
542.940	I	204, 205;
	II	284
543.121	II	292
548.899	II	292
551.666	I	257

Nummer	Band	Seite
557.639	II	292
558.900	II	292
564.346	II	177
565.552	II	272
567.919	II	281
568.839	I	368, 431
569.080	II	272, 286
570.246	II	282
571.195	I	607
571.246	I	257
573.416	II	260, 303
575.652	II	130
577.653	II	130, 149
577.807	II	282
578.916	II	491;
	III	213
579.896	II	278
583.661	I	461
587.269	I	90, 227;
	II	130, 143;
	III	189, 203
588.933	II	472, 503
590.738	II	295
595.672	II	61;
	III	367
601.861	II	310
603.121	II	129, 192
603.123	II	256
609.494	II	205
610.985	I	235
611.500	I	501
615.786	II	472
622.394	II	327;
	III	148
623.648	I	576
624.425	II	105
625.481	II	331;
	III	149
631.981	II	226
632.738	II	105
633.505	I	208
636.586	II	105
637.884	II	178
639.469	II	141
640.617	II	105
641.629	II	440, 493;
	III	196, 213
642.194	III	56
643.042	III	138, 177
643.678	II	173
645.819	II	105
647.856	II	254, 333
648.954	I	91;

Nummer	Band	Seite
830.313	I	508
831.461	II	364
832.347	II	391
832.779	I	508
833.100	I	106
833.101	I	508
833.148	I	107
833.197	I	106
833.295	III	104
833.403	I	577
833.755	I	16;
	II	348, 366
833.756	I	16;
	II	348
833.920	II	230
834.113	I	290, 298
834.420	II	302
834.443	I	15;
	II	520, 521
834.924	II	517
834.966	II	517
834.967	III	33
834.968	II	505
835.079	I	284, 285
835.148	I	107
835.280	I	15;
	II	520, 521
835.313	II	522
835.854	I	266
835.993	II	293
836.146	I	285
836.944	II	265
837.182	I	385
837.215	II	394
837.331	II	343, 347
837.419	II	520, 522
837.556	I	154
838.151	II	513
838.184	III	299, 323
838.318	II	474
838.904	I	83;
	II	439;
	III	296, 323
838.925	I	499
838.947	I	506 und
50.139		Zusatzpatent
839.086	I	50
839.451	II	44
839.513	II	454
839.908	II	78, 87
839.990	II	289
840.009	II	480
840.322	I	478, 479

Nummer	Band	Seite
840.445	I	478, 479
840.459	I	508, 512
840.666	I	481
840.697	I	504
840.709	II	513
840.755	II	423, 431
841.192	II	286
841.521	I	506
841.525	II	274
841.664	II	57
842.215	I	384
842.309	II	274
842.532	II	391
842.560	I	513;
	II	201
842.584	II	535
842.809	I	513
842.967	II	278, 279, 347
843.174	I	514
843.266	I	506
845.625	III	80
845.628	III	78
845.629	III	78
845.691	I	16;
	II	348
846.493	III	78, 80
846.681	II	84
846.748	I	490;
	III	199, 215
848.727	II	180, 202, 209
849.848	I	494
849.849	I	504
850.422	I	508, 510
850.502	I	339
851.142	I	339
851.747	I	395;
	III	156
851.904	III	157, 185
852.030	II	464, 526
852.031	II	66, 68, 97
852.255	II	53
852.400	I	508
852.410	I	508
852.619	III	79, 80
856.423	I	508
856.587	II	274
856.693	I	508, 510
856.732	III	79, 80
857.092	II	274
857.179	II	405
857.429	II	83, 101
857.904	I	202
858.333	I	508, 511

Nummer	Band	Seite
858.596	III	375
858.617	II	454
858.857	III	375
859.260	II	514
859.710	I	489
860.132	I	472
860.151	III	93 und
50.916		Zusatzpatent
860.698	II	479;
	III	94
861.365	II	341, 347
861.900	I	466
862.040	I	508, 512
862.209	II	84, 101
863.256	I	46, 103, 219;
	III	219, 221
863.793	III	345, 397
864.099	III	71
864.100	III	71
864.595	III	345, 397
864.941	II	382
865.067	I	574
865.752	III	100
856.918	II	279, 347, 403
866.085	III	105
866.654	I	489
866.935	I	273
867.110	I	508, 510
870.050	II	423, 426, 427
870.051	II	423, 426
870.239	I	45, 381
870.294	III	366
870.470	II	111;
	III	157, 185
871.658	I	506
871.865	I	492
874.768	III	375
874.939	II	111;
	III	157, 185
876.720	III	345, 397
877.306	I	491
877.586	II	20, 111;
	III	157, 158, 185
877.623	II	111;
	III	157, 185
877.672	III	366
878.029	III	39, 144
878.761	III	32, 115
880.207	II	371
880.335	II	423, 431
880.401	II	365
880.580	II	365
880.760	II	423, 432

Holländische Patente.

Indisches Patent.

Italienische Patente.

Japanisches Patent.

Österreichische Patente.

Nummer	Band	Seite	Nummer	Band	Seite	Nummer	Band	Seite
36.728	I	169	134.281	II	131, 473	146.173	III	388
36.758	I	163	135.000	I	82;	146.475	III	110
40.142	I	169		III	280	146.476	III	110
40.412	I	165;	135.053	I	373	147.774	I	502, 503, 523
	III	160	135.330	II	441	148.132	II	82, 83
45.189	I	163, 165;	135.654	II	173, 176	148.338	III	110
	III	160	135.670	I	322, 327, 519	148.458	II	450, 499
59.164	I	169, 170;	135.671	II	441, 443, 465	148.620	III	352
	III	160	135.674	II	448	149.168	II	509, 510
59.165	I	169, 170;	135.771	II	497	149.672	II	107;
	III	160	136.004	II	473		III	362, 403
98.545	III	35	136.009	I	82;	150.296	III	352, 357
104.377	II	439		III	280	150.937	III	38
107.722	I	125	136.986	II	129	150.980	III	385
122.467	I	272;	136.997	III	297; 323	150.992	I	83;
	III	203	137.321	I	198		II	439;
124.716	I	296	138.252	III	346, 397		III	298, 323
125.182	II	109;	138.746	I	121	151.282	II	450, 451, 499
	III	340, 395	139.095	II	256	151.298	III	392
125.753	I	278	139.111	I	227, 301;	152.159	II	517
126.574	I	167;		II	143;	152.172	II	80
	III	161, 308		III	187, 203, 205	152.808	II	480
126.753	I	166, 168, 396	139.845	I	227, 301;	153.488	II	532
126.754	I	278, 487		II	143;	153.489	I	600
128.347	II	294		III	187, 203, 205	153.802	I	577, 611
129.768	III	351	141.864	II	109;	153.972	II	463
130.649	I	82		III	340, 395	153.974	II	463
130.655	III	351	142.572	III	281	154.886	I	197,235
130.649	III	280	143.634	III	352	155.312	I	290, 298
131.103	II	62, 99	144.366	III	352	159.297	II	511
131.863	I	191	144.377	III	282	165.151	III	188, 205
132.003	II	446	145.504	I	34, 37, 93	172.043	III	352
132.712	II	473	145.505	I	34, 37, 93			

Russische Patente.

Nummer	Band	Seite	Nummer	Band	Seite	Nummer	Band	Seite
27.373	II	178	51.249	I	470	59.401	II	86
50.823	I	470	52.351	I	470			

Schweizerische Patente.

Nummer	Band	Seite	Nummer	Band	Seite	Nummer	Band	Seite
106.775	I	532	150.891	I	99	156.743	I	47
108.072	I	—	153.194	II	473	157.312	I	47, 96, 219
111.922	I	311	153.824	II	473	157.912	I	44, 98, 227,
133.372	II	62, 99;	154.172	I	505			301;
	III	368	154.478	I	45, 92		II	143;
146.178	III	352	156.413	I	47		III	190, 205
148.451	I	40, 100, 219	156.654	I	505	157.913	I	44, 89, 227,
149.067	I	38, 95, 198	156.655	I	505			301;
150.588	I	50	156.726	I	101		II	143;

Alphabetisches Sachverzeichnis.

A

C

D

E

		Band	Seite
Emulphor STS, MW, STX, STH	I.G.	III	226, 228, 370
Emulphor SL		III	333
Emulsamin	Ciba	II	100
Emulsion LJ 450	I.G.	III	99
Emulsion MVI	I.G.	III	18, 20, 51
			76, 116
Emulsionnant 741, 940	Gignoux	III	224
Emulsodine	Sodag	III	230
Encorin	Biesinger, Stuttgart	III	193, 208
Enerpon	Chimiotechnic	III	345, 396
Enkasa	(Holland)	II	520
Enodrin	I.G.	III	46, 112
Entschäumungsmittel	Ciba	III	220
Entwickler A	I.G.	II	90, 276
Entwickler AD	Bayer -Cassella	II	94
Entwickler B für Bordeaux	By., A.G.F.A.	II	92
Entwickler BS	I.G.	II	92, 276
Entwickler C	Cassella	II	92
Entwickler CS	I.G.	II	92
Entwickler D	I.G.	I	487, 520
		II	94
Entwickler E in Lösung		II	92
Entwickler ES	Bayer	II	94
Entwickler F	I.G.	II	90, 276
Entwickler F konz.	I.G.	II	90, 276
Entwickler für Blau AN	Cassella	II	94
Entwickler für Echtblau AD	Cassella	II	94
Entwickler für Gelb C	Sandoz und Ciba	II	94
Entwickler G	Bayer	II	94
Entwickler G	I.G.	II	276
Entwickler H	Bayer	II	92
Entwickler H und H konz.	I.G.	II	92
Entwickler J	I.G.	II	90
Entwickler N	I.G.	II	94
Entwickler NF	Kuhlmann	I	342
Entwickler OFSN	Geigy	II	96, 346
Entwickler ON	I.G.	II	96, 276, 364
Entwickler ORB	I.G.	II	276
Entwickler Z	I.G. und Geigy	II	94
Epichlorhydrin		I	98
Eradit B	B.A.S.F.	III	130, 168
Eradit C	B.A.S.F.	I	68, 408, 415
		III	137, 170
Erce Glyzerinersatz	Lixuran Werke Reimann & Co., Oldendorf	III	193, 208
Erce 60prozentig	Lixuran Werke Reimann & Co., Oldendorf	III	208
Eriochromalbeize	Geigy	I	546, 605
Eriochromalfarbstoffe	Geigy	I	605
Eriochromfarbstoffe	Geigy	I	524, 603
Erional L und CL	Geigy	II	360, 472, 502
Eriopon RS, AC, GA	Geigy	I	522
		II	106
		III	398, 404

F

G

H

I

M

N

O

S

T

Berichtigungen und Ergänzungen

zu Band I des Werkes

Die neuesten Fortschritte in der Anwendung der Farbstoffe

2. Auflage 1946

KAPITEL I

S. 1	Z. 3 v. u.	lies Descamps	statt Décamps
S. 1	Fussnote	lies Dr. Karl Holzach	statt Holzbach
S. 7	Z. 12 v. o.	lies und asym. substituierten Diäthyläthylendiamine	statt asym. Diäthylendiamine
S. 8	Abs. 5, Z. 4	lies Colloresin	statt Colloreresin
S. 8	Fussnote	lies J.-P. Sisley	statt J. B. Sisley
S. 10	Z. 11, v. u.	lies Lancashire	statt Lancester
S. 11	Abs. 3, Z. 1	lies zu diesen wasserunlöslichen	statt wasserlöslichen
S. 11	Fussnote	lies Albène	statt Albère
S. 16	Z. 1, v. o.	lies Rayolanda	statt Rayonlanda
S. 16	Fußnote Z. 12, v. o.	lies Carothers	statt Carrothers
S. 19	Z. 8, v. o.	Alginsäure[2]) zu Fussnote 2.	
S. 21	Z. 16, v. u.	lies Manchester	Streiche Bradford Tootal
S. 27	Z. 9, Ergänzung:	Der Text: Die **Kondensationsprodukte des Azetonaphtens mit dem Thioindoxyl** ist folgenderweise zu ersetzen: Die **Kondensationsprodukte des Acenaphtenchinons mit dem Thioindoxyl.** (3-Oxy-1-Thionaphten oder Oxythionaphtenkarbonsäure). Dieses Kondensationsprodukt entspricht dem Cibascharlach G.	
S. 29	Abs. 2, Ergänzung:	Zu den Anthrachinonimiden oder Anthrimiden gehört wohl das Algolorange R, dem folgende Konstitutionsformel zuzuschreiben ist: = 1,2'-Anthrimidderivat	

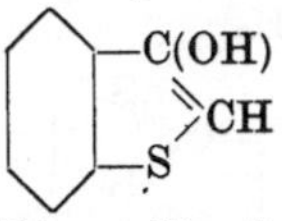

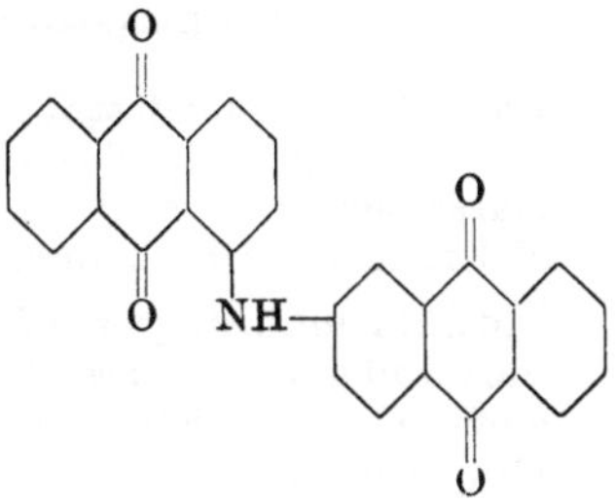

Andere wichtige Küpenfarbstoffe, die sich von 1,1'-Anthrimid ableiten, sind die wohlbekannten

    Indanthrenoliv G
    Indanthrengoldorange 3 G
    Indanthrenbraun R, BR
    Indanthrenrotbraun 5 RF

S. 30 Fussnote   lies Ullmann, Ber. 43, S. 536 statt 436

Ergänzung: Diese Literatur bezieht sich nicht auf die Cyanurfarbstoffe der Ciba, sondern auf Thioxanthone; dort sind aber solche Thioxanthone genannt, die die CO-Gruppe in 1-Stellung und das S-Atom in 2-Stellung enthalten; diese Produkte sind praktisch wertlos.

Die wertvolle Thioxanthone sind umgekehrt substituiert (S in 1 und CO in 2).

S. 31 nach Abs. 1   wäre folgende Ergänzung einzuführen, die die Anwesenheit der Gruppe CF_3 betrifft:

Ergänzung: Man hat festgestellt, dass die Gruppe CF_3 von vorteilhaftem Einfluss ist. Durch ihre Einführung in den Benzoylrest des Indanthrenblau CLG, erhält man einen Farbstoff (Indanthrenblau CLB) von hervorragender Chlorechtheit. Dies ist um so bemerkenswerter, als die bisherigen Indanthrenblaufarbstoffe gegenüber Chlor nur von verhältnismässig geringer Echtheit sind.

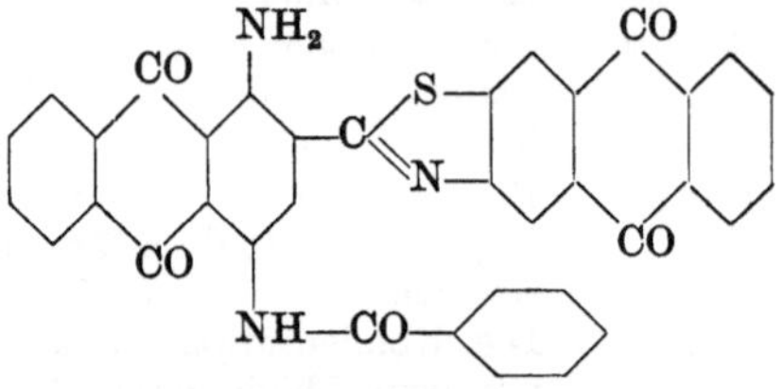

Indanthrenblau CLG

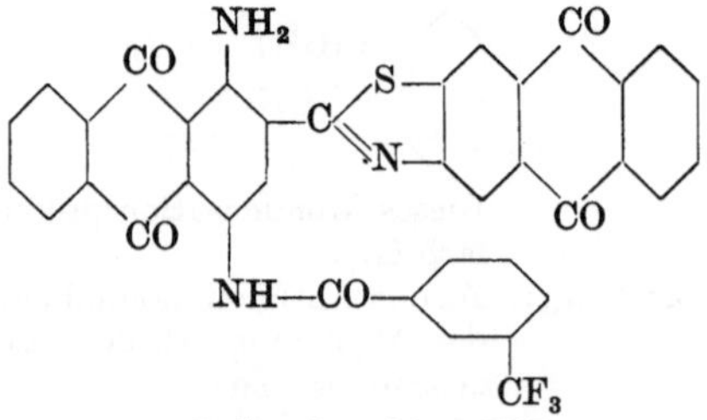

Indanthrenblau CLB

Die I.G. Farbenindustrie hat noch andere Farbstoffe, welche im Molekül eine CF_3-Gruppe enthalten, auf den Markt gebracht, so z. B. das Indanthrenbrillantviolett F3RK und das Indanthrendruckblau FG.

S. 31 Abs. 3   Indanthrenbrillantgrün 4 G wäre nicht als ein indigoider Farbstoff anzusehen; es ist angenommen, dass dieser Farbstoff ein subst. Dialkoxydibenzanthronderivat ist, also der Gruppe des Caledon-Jade-green angehört.

S. 32   Diese Tabelle erfährt einige Berichtigungen und Ergänzungen:

Firmen	Gruppe I	Gruppe II
Geigy	Tinonchlor	Tinon
Francolor	Solanthrène	Solane, Heliane
Imp. Chem. Ind.	Caledon, Alizanthrene	Durindone
B. D. C. jetzt I. C. I. . .	Chloranthrene (alte Bezeichnung)	Duranthrene (alte Bezeichnung)
L. B. Holliday	Hydranthrene (alte Bezeichnung) jetzt: Paradone	
Gen. Dyest. Corp.	Indanthrene	Algol, Hydron, Helindon
Nat. Anil and Chem. Co.	Carbanthrene	Vat Dyes
zuzufügen:		
Calco Chem.	Calcosole, Calcoloid	—
Aussig	Ostan	—
Du Pont	Ponsol	Sulfanthrene
James Robinson & Co., Huddersfield	Endurol	—
Brotherton & Co. Ltd. .	Anthrone	—
Y. D. C.	Benzadone	—

		lies	statt
S. 33	Z. 23, v. o.	lies Kuhlmann	statt Kulhmann
S. 34	Z. 13	brit. P. 446.448 wäre falsch, ist durch brit. P. 446.488 zu ersetzen. Im Patentregister S. 629 ist korrigiert.	
S. 35	Z. 4, v. u.	brit. P. 385.606 und amer. P. 2.003.960 sind beide von der I.C.I. — Dagegen gehört das D.R.P. 651.733 der I. G. Farbenindustrie.	
S. 37	Abs. 2 v. u.	Tumba, Bioch. Zeitschr., Bd. 415 (1924): 1924 ist zweifelhaft, könnte auch 1929 sein.	
S. 38	Z. 3, v. u.	Schweiz. P. 177.231: vergleiche mit schweiz P. 177.321 auf S. 95.	
S. 40	Abs. 2 v. u.	lies OH-Reste	statt OH-Rest
S. 43	Z. 19 v. o.	lies National Aniline and Chem. Co.	statt National Aniline Co.
S. 43	Z. 14 v. u.	lies National Aniline and Chem. Co.	statt und
S. 45	Z. 4 v. o.	lies National Aniline and Chem. Co.	statt Nat. Aniline Co.
S. 47	Z. 19, v. u.	lies Nacco	statt Naco
S. 54	Fussnote	lies vom 18. VII. 1858	statt 18. VI. 1858
S. 59	Fussnote	lies 109.809 im Patentregister zu korrigieren.	statt 109.800
S. 62	Rezept	lies 70 g Essigsäure	statt 20 g

S. 67		*D.R.P. 134.478, 135.735* sind falsch. Vergleiche S. 143 und 408, wo die richtigen Zahlen *133.478* und *135.725* angegeben sind.	
		Im Patentregister wurde deshalb *134.478* nicht angegeben, die Zahl *135.735* ist zu streichen und durch *135.725* zu ersetzen.	
S. 67	Abs. 2, Z. 11 v. u.	R.G.M.C. 1900, S. 137	statt S. 117
S. 77	Z. 6 v. u.	lies Bull. Mulh. 1913, S. 285	statt 1912
S. 77	Z. 9 v. u.	lies Färb. Ztg. 1912, S. 460	statt S. 449
S. 82	Abs. 3, Z. 2	lies *franz. P. 732.306*	statt *723.306*
S. 87	Abs. 3	lies *franz. P. 812.944*	statt *812.144*
S. 87	Formel	lies $Al_2O_3 \cdot SiO_2 \cdot n\ H_2O$	statt $Al_2O_3 \cdot SiO_2 \cdot H_2O \cdot n\ H_2O$
S. 97	Z. 17 v. u.	lies Gennevilliers	statt Genevilliers
S. 98	Z. 5 v. o.	lies *franz. P. 383.533*	statt *383.583*
S. 98	Z. 16 v. u.	lies Bull. Mulh. 1924, S. 94	statt Bull. Mulh. 1925
S. 105	Abs. 1, Z. 5	lies Cymolbenzoesäure	statt Cymolbenzosäure
S. 106	Z. 3	lies die weiter unten zitiert werden	statt die früher zitiert wurden
S. 117	Z. 5 v. o.	lies Leukoderivat	statt Lenkoderivat
S. 124, 126, 235 und 632		*D.R.P. 563.387* zweifelhaft; könnte auch *563.887* sein; siehe diesbezüglich Schultz, 2. Aufl., Erg. Bd. II, S. 302.	
S. 125	letzter Abs.	lies mit 3 aq. kristallisierendes	statt kristallisiertes
S. 127	Z. 13 v. o.	lies $Na_2B_4O_8 \cdot 10\ H_2O$	statt $10\ H_{20}$
S. 127	Fussnote 1	lies Enzyklopädie	statt Enzyklopedie
S. 129	Z. 4 v. u.	lies 1—3 g Ondal	statt 13 g Ondal
S. 130	Abs. 4 v. o.	lies Bull. Mulh. 1923, S. 382	statt S. 282
S. 133	Z. 13 v. o.	lies Färb. Ztg. 91/92, S. 291	statt S. 29
S. 133	Z. 17 v. o.	lies Färb. Ztg. 92/93, S. 255, 355, 365	statt S. 236, 251, 355, 365 streiche S. 236
S. 133	Z. 25 v. o.	lies Prudhomme, R.G.M.C. 1903, S. 65; Rossel, R.G.M.C. 1903, S. 100, 163; 1904, S. 97.	statt Prudhomme, R.G.M. C. S. 67, 100, 163; Frb. Ztg. 1906, S. 12; Rossel, R.G.M.C. 1904, S. 97.
S. 133	Z. 17 v. o.	lies Frb. Ztg. 91/92 S. 63	statt S. 62
S. 134	Fussnote	lies Z. f. chem. Ind. 1887, S. 204	statt Z. f. chem. Ind., S. 204
S. 136	Abs. 2 v. u.	lies Siehe Bourcart	statt S. J. Bourcart
S. 140	Fussnote, Z. 2	lies Frb. Ztg. 1910, S. 339 und 410. *D.R.P. 228.694*	statt S. 334 statt *226.694*
S. 142	Abs. 2, Z. 8 v. o.	lies *brit. P. 21.052*, 1910	statt 1916
S. 142	Abs. 2, Z. 8 v. o.	lies Chem. Ztg. 1911, S. 216	statt S. 26
S. 142	Z. 5 v. u.	lies *D.R.P. 267.408*	statt *268.408*
S. 143	Abs. 4	lies Ashworth	statt Aschworth
S. 145	Z. 2	lies Kap. IV, S. 415	statt S. 304
S. 145	Z. 1	lies *Pat. Anm. 24.643*	statt *24.673*
S. 148	Z. 2	lies *D.R.P. 235.879* Im Patentregister richtig.	statt *235.897*
S. 151	Z. 12 v. u.	lies Frb. Ztg. 1910, S. 287	statt S. 297

S. 151	Z. 13 v. u.	lies 2 Minuten bei 40⁰ C	statt 10⁰ C

S. 151 | Z. 13 v. u. | lies 2 Minuten bei 40⁰ C | statt 10⁰ C

S. 152 | Fussnote | lies *D.R.P. 231.543* | statt *231.534*

S. 154 | Abs. 2 v. u. | *D.R.P. 245.308* ist richtig, siehe Färb. Ztg. 1912, S. 519. Im Werk Indigo rein B.A.S.F., 2. Aufl. ist die Nr. *245.300* angegeben, welche falsch ist.

S. 155 | letzte Zeile | lies Kap. IV, S. 509 | statt S. 304

S. 157 | Z. 16, 17 u. 18 v. o. | lies *D.R.P. 215.128, 210.682, 292.171* | statt *D.R.P. 216.128, 210.082, 212.171*

S. 158 | Abs. 5 v. o. | lies Davenport | statt Dawenport

S. 164 | Abs. 4 v. u. | lies Schwartz | statt Schwarz

S. 158 | Abs. 3, Z. 1 | lies im Jahre.1808 | statt 1908

S. 165 | Z. 9 v. o. | lies Caberti R.G.M.C. 1906, S. 353 | statt S. 153

S. 167 | Z. 21 v. o. | lies *amer. P. 1.922.993* | statt *1.922.933*

S. 169 | Mitte | lies *öst. P. 59.165* im Patentregister richtig | statt *59.115*

S. 169 | Z. 12 v. o. | lies Temperatur 80⁰ C | statt C 80⁰

S. 172 | Z. 19 v. u. | lies R.G.M.C. 1917, S. 141 | statt S. 14

S. 177 | Sandmeyer | lies Reduktion mit $(NH_4)_2S$ | statt $(NH)_2S$

S. 181 | Stammküpe | lies 7,5 kg Indigo | statt 7,5 g Indigo

S. 182 | Nach Z. 18 v. o. Ergänzung:

Als im Jahre 1945 dieses Werk in Druck gegeben wurde, war es nicht möglich, die auf dem Gebiete der Färberei zuletzt erzielten Fortschritte, sowohl in Amerika als auch in England, in Betracht zu ziehen. Es wäre angebracht, folgende Ergänzungen nach A, B, C einzufügen:

D. **Pad-steam-methode:** Klotzen mit unreduziertem Farbstoff mit oder ohne Zwischentrocknung, Pflatschen in einem Bad von NaOH + Natriumhydrosulfit und Dämpfen.

E. **William's-Unit-Verfahren,** *Amer. P. 2.364.838.*

F. **Multi-Lap-Methode:** *Amer. P. 2.318.133,* 1940 von Du Pont.

G. **Abbot-Cox-Verfahren** Diese Verfahren werden im Band I der dritten Auflage näher beschrieben.

S. 182 | Abs. 2 und 3 v. u. | B und C sind zu streichen.

S, 183 | Z. 7 v. o. | lies Nacco | statt Naco

S. 188 | Rezept | lies Natronlauge 40⁰ Bé | statt 40%

S. 192 | Z. 5 v. o. | lies nach A und B | statt B und C

S. 193 | Titel der Seite | lies Küpenfarbstoffe | statt Kupenfarbstoffe

S. 195 | Z. 16 v. o. | Streiche *franz. P. 717.427*

S. 195 | Z. 21 v. o. | lies Stearylalkohol | statt Stearinalkohol

S. 202 | Formel | lies HN=C⟨ | statt HH=C⟨

S. 202 | Abs. 3 | lies Courtaulds Ltd. | statt Lim.

S. 205 | Titel der Seite | lies Küpenfarbstoffe | statt Küppenfarbstoffe

S. 205 | Z. 21 v. o. und Z. 13 v. u. | lies *amer. P. 1.978.786* | statt *1.987.786* (*1.987.786* ist ein Druckfehler, nur *1.978.786* ist korrekt. Im Patentverzeichnis S. 626 ist *1.987.786* zu streichen.)

S. 206	Z. 2 v. o.	lies NaOH 36° Bé	statt NaOH zu 36° Bé streiche „zu".
Titel der Seite		lies Küpenfarbstoffe	statt Küppenfarbstoffe
S. 212	Abs. 3	lies *franz. P. 791.27*	statt *795.217*
S. 212	Z. 11 v. o.	*franz. P. 717.427* ist falsch, nur *713.427* ist korrekt.	
S. 195	Z. 16 v. o.	*717.427* ist in den drei Seiten sowie im Patentverzeichnis	
S. 221	Kol. 1, Abt. 3	zu streichen.	
S. 216	Z. 6 v. u.	lies Brécolane NCI	statt Brécolane NCJ
S. 217	Z. 17 v. o.	lies Baumheier	statt Brunheier
S. 218	Kol. 3, Abt. 4	lies Ligninschwefligsaures	statt sulfosaures
S. 219	Kol. 1, Abt. 5	lies Gaumnitz	statt Gaummitz

S. 220   Kol. 1 u. 2, Abt. 3   Dem Peregal O ähnliche Produkte anderer Firmen:

           Ergänzung:

Unigal TU	Sinnova
Ekaline F	Sandoz
Cepegal D	Soc. Prod. Chim. et de Synthèse à Bezons
Eganolo P	A.C.N.A.
Peraltex O	Adjubel S.A., Brüssel
Leonil O u. OS	I.G. (M.L.B.)
Latogal	Union Chim. Belge, Brüssel
Cepegal R	S.P.C.S.

Peregal KB der I.G. ist ein Polyaminoderivat, erhalten durch Einwirkung von Äthylenoxyd auf Polyäthylenamin (Vulkacit).

S. 222   Ergänzung: Reservol BC ist eine Mischung von Natriumanthrachinonsulfonat + Glycinal (siehe Teil I, Bd. III, Kap. XIV).

S. 223	Kol. I, Abt. 7	lies Mell. 1928, S. 41; Mell. 1929, S. 630, 617	statt Mell. 1929, S. 41, 630, 617
S. 223	Kol. 1, Abt. 1	lies *791.217*	streiche *795.217*
S. 224	Kol. 3, Abt. 3	lies Gardinol WA	statt Cardinol

S. 224   Kol. 1, Abt. 1   Igepal (versch. Marken): Konstitution siehe Teil II.

           Ergänzung: Neue Verfahren in der Technik der chemischen Veredlung der Textilfasern, Bd. I, Kap. II, S. 190/191 sowie dieses Werk Bd. III, Kap. XV.

S. 226	Kol. 1, Abt. 1	lies Glyecin	statt Glyezin

S. 226   Kol. 1, Abt. 1   Andere Handelsmarken für Thiodiäthylenglykol:

           Ergänzung:

Lyoprint G	Ciba
Kromfax Solvent . . .	C.C.C.C.
Leucosolve LD, SR . .	Sopura
Solutène CI	Francolor

S. 226   Kol. 3, Abt. 3   Formel des Tetrahydrofurfuralkohols

lies CH_2—CH—CH_2OH statt

$$CH_2\text{—CH—}CH_2OH \underset{CH_2\text{—}CH_2}{\diagup O} \qquad CH_2\text{—}CH_2 \underset{CH_2\text{—}CH_2}{\diagdown CHOH}$$

S. 227   Kol. 1, Abt. 5   *brit. P. 366.910* (Newport) nicht sicher. S. 89 ist *brit. P. 368.910* angegeben, welches als korrekt anzunehmen ist. *366.910* wäre in Seite 227 und im Patentverzeichnis S. 628 zu streichen.

S. 232   Kol. 3, Abt. 3   lies Tamol soll dem Natriumsalz des Disulfodinaphtylmethans entsprechen.

S. 232	Kol. I, Abt. 1, Ergänzung	Lyokol O von Sandoz, entsprechend dem Setamol WS der I. G.
S. 232	Kol. 3, Abt. 2	Formel:

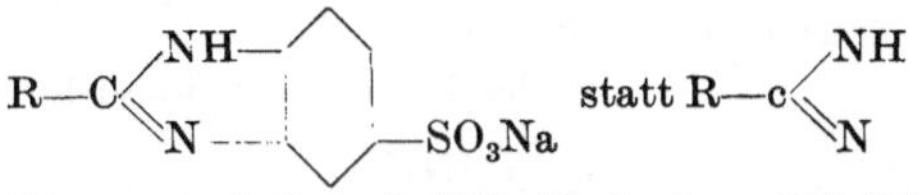

$$R-C{\scriptsize\begin{matrix}NH-\\N---\end{matrix}}\!\bigcirc\!\!-SO_3Na \qquad \text{statt} \qquad R-c{\scriptsize\begin{matrix}NH\\N\end{matrix}}$$

S. 232	Ergänzung	Humectol C und CX. Nach dem B.I.O.S. E. Mather, Report 667, H. M. Stationery Office; J. Soc. D. and Col.
	Kol. 3, Abt. 3	1947, S. 27, entspricht dieses Produkt dem Ölsäureäthylanilid:

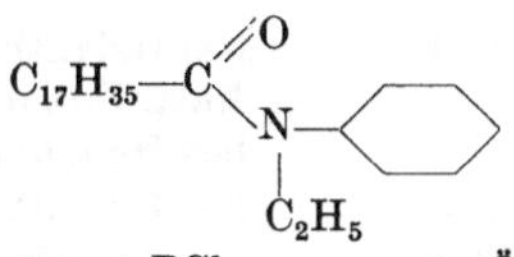

$$C_{17}H_{35}-C{\scriptsize\begin{matrix}O\\\\N\\|\\C_2H_5\end{matrix}}\!\!\bigcirc$$

Darstellung: Ölsäure + PCl$_3$ $\longrightarrow$ Ölsäurechlorid

Äthylanilin $\longrightarrow$ Ölsäureäthylanilid $\xrightarrow[\text{mit NaHSO}_3]{\text{Behandlung}}$

um die SO$_3$Na-Gruppe an die Doppelbindung der Ölsäurekette einzuführen und das Produkt wasserlöslich zu machen.

Zu streichen: Ölsäureamidosulfosaures Natrium und die Formel.

S. 233	Kol. 1, Abt. 3	lies *franz. P. 693.520* statt *693.620*
S. 233	Kol. 1, Abt. 2	lies Ranshaw statt Ranschaw
S. 235	Kol. 1, Abt. 6	*D.R.P. 563.387* ist durch *563.887* zu ersetzen. In den Farbstofftabellen von Schultz, 2. Aufl., Erg. Bd. II, S. 302 ist *D.R.P. 563.887* angegeben.
S. 235	Kol. 1, Abt. 6	lies Haller und Hohmann, statt Hobmann, S. 739 Mell. 1926, S. 239.
S. 236	Kol. 1, Abt. 5	Ergänzung zu Lamepon A: Protepon A von Protex.
S. 236	Kol. 1, Abt. 9	Ergänzung zu Perkarbonat: Percar-Electro von Ugine.

KAPITEL II.

S. 240	letzte Zeile	Universalfarbstoffe . . . I. G. zu streichen.
S. 241	Ergänzung:	Andere Handelsbezeichnungen für Schwefelfarbstoffe:

Thionone . .   L. B. Holliday & Co. Ltd., Huddersfield
Thionol. . . .   Imp. Chem. Ind.
Sulphol. . . .   J. Robinson & Co. Ltd., Huddersfield
Sulphast . . .   Williams (Hounshow) Ltd.
Col. au soufre .   Francolor
Suldura . . .   Y.D.C.
zu streichen:
Claytonfarbstoffe

S. 244	Fussnote	lies Dr. E. Köster statt Käster
S. 249	Abs. 3, Z. 7 v. o.	lies Cassella statt Casella
S. 251	Titel der Seite	lies Reservedruck statt Rerservedruck

KAPITEL III.

S. 257	Fussnote	Ergänzung der Handelsnamen:

Solasol . . . .   von Francolor
Fenanthro . . . . . .   G. D. C.

S. 257   Abs. 3, v. o.   lies *D.R.P. 424.981*   statt *424.891*
                                 und *franz. P. 571.246*   statt *571.264*
S. 257   Fussnote 2   streiche *brit. P. 213.546* und *220.649*, die falsch sind.
S. 259   Abs. 2, Z. 21 v. o.   lies Scot.   statt Scott.
S. 259   in der Formel des Indanthrenblau BC fehlt Cl

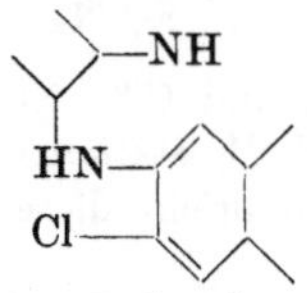

S. 261   Kol. 4, Abt. 1   lies Indanthrenrotviolett RH   statt HR
                                Indanthrenbrillantrosa 3 B   statt 3 R
                                lies Helindonrot 3 B . . .   statt Helidon
S. 261   Kol 4, Abt. 3   lies Indanthrengoldgelb GK   statt goldorange
S. 261   Kol. 5, Abt. 2   lies 6-Méthoxy-4   statt Mono-Äthoxy
S. 263   Z. 9, v. u.   lies Glyecin A   statt Glyezin A
S. 264   Z. 5 v. o.   lies Solution Salt SV   statt Solutionssalt
S. 268   Z. 5 v. u.   lies Indigosolrot IFBB   statt IFBD
S. 280   Z. 10 v. o.   lies Indanthrenbuntreserven   statt Indigosolbuntreserven
S. 300   Kol. 2, Abt. 2 v. u.   lies Gennevilliers   statt Genevilliers
S. 300   Ergänzung der Handelsnamen:
         1. Kol., 1. Abt.   Verstärker Ciba. . . .   Ciba } Harnstoff
                                Cibantinverstärker . .   Ciba
         1. Kol., 3. Abt.   Lyoprint G . . . . . .   Ciba
                                Solutène CI . . . . . .   Francolor } Glyecin A
                                Leucosolve LD, ER, EMK   Sopura
         1. Kol., 5. Abt.   Solutène DG . . . . .   Francolor } Diäthylenglykol
                                Tinogenallöser B . . .   Geigy
         1. Kol., 6. Abt.   Cibantinentwickler I .   Ciba
                                Cibantinlöser III . . .   Ciba } Diäthyltartrat
                                Lyogen I D . . . . . .   Sandoz
         1. Kol., 7. Abt.   Développeur Solasol GA .   Francolor
S. 301   1. Kol., 3. Abt.   lies *franz. P. 713.460*   statt *712.460*
         1. Kol., 1. Abt.   lies *D.R.P. 479.678*   statt *479.679*
S. 302   1. Kol., 3. Abt.   Tinosol OS . . . .   Geigy } Anthrasolsalz NO
         Ergänzung: Sopural WU . . . . . .   Sopura

KAPITEL IV.

S. 310   Fussnote   lies Levin   statt Lewin
S. 322   Z. 31 v. o.   lies *franz. P. 739.066*   statt *739.006*
                                (siehe S. 327 [richtig] und S. 519 [falsch]). Im Patentregister
                                falsch, zu korrigieren *739.066* statt *739.006*.
S. 323   Z. 3   lies Leitch   statt Leitsch
S. 330   Abs. 2, Z. 2 v. o.   lies The Dyer 1939, LXXXI   statt J. Soc. D. and Col.
                                S. 111   LXXVI
S. 331   Z. 2 v. o.   J. Soc. D and Col. III ist zu streichen
S. 336   Abs. 1, v. u.   lies Berthold   statt Bertold
S. 337   Abs. 3 v. u.   lies Burgess   statt Burger
S. 337   Abs. 2 v. u.   lies Mell. franz. Ausg. 1939   statt Mell. 1939, S. 63
                                S. 63

S. 339 Fussnote   lies J. Soc. D. and Col.   statt J. of D. and C.
S. 343 2. Kol., Abt. 2   lies Zusatz zur   statt Zusatz von
S. 364 Fussnote   lies Rowe   statt Bowe
S. 378 Z. 13 v. u.   Brentamine Fast Salts der Imp. Chem. Ind.
        Ergänzung:
S. 392 Titel   lies unlöslicher   statt uulöslicher
S. 394 Z. 15 v. o.   lies naphtolierten   statt naphtoierten
S. 396 Fussnote   lies R.G.M.C. 1900 S. 136   statt S. 36
S. 397 Fussnote   lies R.G.M.C. 1901, S. 176   statt 75
S. 398 Fussnote   lies $D.R.P.$ 113.238 statt 113.328
S. 407 Z. 10 v. o.   lies Frb. Ztg. 1897, S. 150   statt 1898
                              und 373
S. 410 Fussnote   Streiche J. Garçon, R.G.M.C. 1903, Heft 74
                              lies H. Schmid   statt Schmidt
S. 410 Fussnote Z. 3   lies Rédos   statt Rodos
S. 415 Z. 5 v. o.   lies Ätzfarbe   statt Ätzgarbe
S. 415 Z. 13 v. u.   lies K. H. Meyer, Ann. 1911, statt K. Meyer, Ann. 1911,
                              379, S. 43 und 58   S. 43 und Ann. 1902,
                              Ann. 1920, 420, S. 113   S. 113 und 420
S. 418 Abs. 3, Z. 17 v. o.   lies R.G.M.C. 1905, S. 244   statt S. 224
S. 418 Z. 18 v. o.   lies $D.R.P.$ 99.756, 1897 statt 99.750
S. 419 Z. 18 v. o.   lies Gennevilliers   statt Genevilliers
S. 422 Kol. 1   Die Handelsmarken der I.C.I.   statt Fast Bases und Fast
        Ergänzung: Salts
                              heissen: **Brentamine Fast Bases** und **Brentamine
                              Fast Salts.**
S. 426 Kol. 3, Abt. 2   Echtorangesalz GGD 20% = stabilisierte Diazoverbindung
        Ergänzung: von

$$F_3C\text{—}\underset{\text{(Ring)}}{\bigcirc}\text{—}CF_3\qquad (NH_2)$$

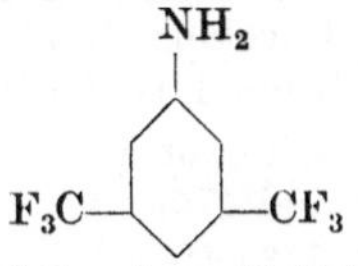

                              Literatur: $D.R.P.$ 590.255.
S. 426 Kol. 3, Abt. 3   Echtgoldorangesalz GR = stabilisierte Diazoverbindung
        Ergänzung: von

$$CF_3,\ NH_2,\ SO_2\text{—}C_2H_5$$

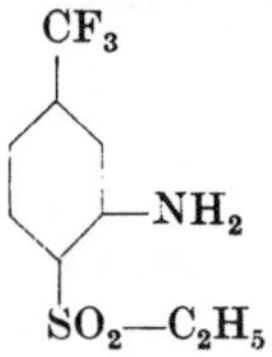

                              Literatur: $D.R.P.$ 588.781, Teintex 1947, Nr. 1, S. 3.
S. 430 Kol. 3, Abt. 4   Echtscharlachsalz VD = stabilisierte Diazoverbindung
        Ergänzung: von

$$CF_3,\ NH_2,\ Cl$$

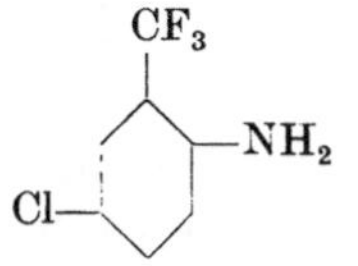

                              Literatur: $D.R.P.$ 551.882, Teintex 1947, Nr. 1, S. 3.

S. 436   Kol. 3, Abt. 3   lies Chlorhydrat des   statt Toluidins
                             p-Chlor-o-Tolidins

S. 448   Kol. 3, Abt. 5   Konstitution der Echtbraun V-Base.
         Ergänzung:

$$O_2N-\!\!\langle\ \rangle\!\!-N=N-\!\!\langle\ \rangle\!\!-CH_3,\quad Cl,\quad H_2N-,\quad OCH_3$$

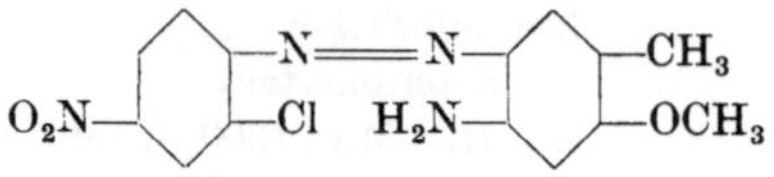

S. 461   Fussnote   Andere Handelsnamen der Rapidechtfarbstoffe:
         Ergänzung: Naphthosols . . . . .   von Calco
                             Brentamine Rapids . .   von I.C.I.

S. 463   Z. 10 v. o.   lies Felmayer   statt Felmeyer
S. 466   Fussnote   lies Pharmasole   statt Pharmacosol

S. 466   Fussnote   Handelsnamen für Rapidogene:
         Ergänzung: Fenogens . . . .   der G.D.C.
                             Brentogens . . . . .   der I.C.I.
                             Ronagene . . . .   von Rohner

S. 467   Z. 11 v. u.   lies R—N=N—Azyl   statt Aryl
S. 467   Z. 9 v. u.   lies Frieswell   statt Frieswel
S. 473   Abs. 1   streiche: *franz. P. 324.041*
S. 475   Z. 16 v. o.   lies Pharmasole   statt Pharmacosole

S. 484   Z. 6 v. o.   Siehe die Zusammenstellung der verschiedenen Rapidogen-
                             marken in L. Diserens, Chemical Technology of Dyeing
                             and Printing, p. 317/320, New York 1948.

S. 493   Z. 2 v. u.   lies Pharmasole   statt Pharmacosole

S. 493   Ergänzung: Rapidogen Developer Base RPN von
                             GDC entspricht dem. $2-NH_2-2-CH_3-$Propanol.
                             Rapidogen Developer RNA der GDC ist Rapidogen-
                             entwickler N der I. G. Farbenindustrie.

S. 494   Z. 6 v. o.   lies: siehe weiter oben   statt weiter unten
                             (S. 384 und 475)

S. 496   Abs. 5 v. o.   lies *D.R.P. 578.648*   statt *578.658*

S. 519   1. Kol., Abt. 1   lies *franz. P. 739.066*   statt *739.006* (siehe auch
                             (siehe auch S. 327)   S. 322)

S. 520   Kol. 1/2, Abt. 3 Diazopon A u. AN   I.G.   Wässerige Lösung von
         Ergänzungen: Emulphor O = Konden-
                                                              sationsprodukt von
                                                              Oleylalkohol mit 20 Mol.
                                                              C_2H_4O

                          Diazolo   ACNA   Ähnlich dem Diazopon A
                          Diazolite N   Union Chim.   Diazopon A
                                                  Belge

                          Diazotex O conc.   Francolor   Polyäthoxyester des
                                                             Laurylalkohols, erhalten
                                                             durch Kondensation von
                                                             Laurylalkohol mit Äthy-
                                                             lenoxyd.

                          Solifix TN   Sinnova
                          Solusol AO   S.P.C.S. Bezons

S. 520   Kol. 3, Abt. 3   Streiche: Abkömmlinge der Ölsäure und des Taurins.

S. 520   Kol. I   L y o k o l O von Sandoz
  Abt. 4, Ergänzung   L o m a r PW von J. Wolf
S. 520   Kol. 1, Abt. 6   Lyoprint DA   Ciba
     Ergänzung: Rapidogen Developer RNA von der GDC
                              Rapidogen Developer Base von der GDC
                                        R P N   = 2–NH_2–2–CH_3–Propanol
S. 522   Kol. 3, Abt. 4   lies Glyecin A   statt Glyezin
S. 531   Z. 1 v. o.   lies Liechti   statt Loechti
S. 532   Z. 2 v. u.   lies Liechti   statt Loechti
S. 534   Z. 1 u. v.   lies Liechti   statt Loechti
S. 537   Z. 7 v. u.   lies Liechti   statt Loechti
S. 539   Z. 3 und 6 v. o.   lies Liechti   statt Loechti
S. 540   Z. 22 v. o.   lies Tigerstedt   statt Tigerstädt
S. 564   Rezept Stammpaste   lies 100 g Aluminiumsulfo-   statt Aluminiumsulfat
                                    cyanid 10⁰ Bé
S. 566   Abs. 3, v. o.   lies *D.R.P. 227.125*   statt *128.125*
                                    im Patentregister zu korrigieren.
S. 574   Fussnote   lies Gennevilliers   statt Genevilliers
S. 582   Z. 2 v. u.   lies Zinnlaktat   statt Zinklaktat
          Z. 3 v. u.   lies Bull. Mulh. 1911, S. 228   statt 1919
S. 598   Z. 1   lies besteht aus folgenden statt besteht in folgenden
                                    Operationen   Operationen
S. 610   Kol. 1, Abt. 6
          Ergänzung: Irgachrombeize B   Geigy (1946)
S. 612   Colour Index: Publiziert 1924 von Soc. D. and Col., statt London 1922
                               Bradford
S. 613   Goldthwait   lies Amer. Dyest Rep. 1937, S. 539
S. 614   Knecht, Rawson and Löwenthal: A Manual of dyeing statt ... of dying...
S. 614   Z. 6 v. u.   lies Ranshaw   statt Ranschaw
S. 615   lies Spetebroot H.   statt Spotebroot
S. 616   Amoa   lies Amoa Chemical Co., Hinckley (Leics.), England
S. 617   Z. 1 v. u.   Der Vermerk U.S.A. ist zu streichen.
S. 618   12. Abkürzung: Lab. Zundel, Joliet & Cie., statt Genevilliers
                               in Gennevilliers (Paris)
S. 619   16. Abkürzung: Chemische Fabrik Rohner   statt Chemische Fabrik
                               A.G., in Pratteln (Schweiz)   A.G.
S. 620   7. Abkürzung: Sodag = P. Barnier & Cie.,   statt Société Chimiotech-
                               Valence (Drôme)   nie, Vénissieux (Rhône)
S. 620   Z. 1 v. u.   lies Liegnitz   statt Liegwitz
S. 621   9. Abkürzung: The Journal of the Society   statt Journal of the Society
                               of Dyers and Colourists,   of Dyers and Colo-
                               Bradford   rists

                               Die einzige Abkürzung, die zu behalten ist, soll sein: J. Soc.
                               D. and Col.

                               Zu korrigieren ist:
S. 331   Fussnote   J. Soc. D. a. C.
S. 339   Fussnote   J. of D. and C.
S. 364   Fussnote   J. of Soc. D. and Col.

S. 621   27. Abkürzung: The Dyer oder Dy. C. P.: zu streichen... oder Dy. C. P.
lies The Dyer, Calico, Printer, Bleacher and...
statt ... Calicot ...
jetzt The Dyer, Textile Printer, Bleacher and Finisher, London

S. 621   Z. 3 v. u.   Z. f. F. I. ist die Abkürzung für die Zeitschrift für Farben- und Textil-Chemie (Dr. Buntrock)

S. 624   1. Kol.   lies Lab. Zundel, Joliet & Co. statt ... à Genevilliers in Gennevilliers

Patentregister:

S. 626	2. Kol., Z. 16	*1.978.786* – 205 ist richtig
	Z. 21	*1.987.786* – 205 zu streichen
S. 627	2. Kol., Z. 15 v. o.	lies *214.212* statt *314.212*
S. 627	1. Kol., Z. 16 v. o.	lies *2.086.831* statt *2.986.831*
S. 627	2. Kol.	lies *belg.* P. *445.960* statt *445.968*
S. 627	3. Kol.	*brit.* P. *324.041* – 473 ist hinzuzufügen
S. 628	1. Kol., Z. 22	*366.910* – 227 zu streichen
	Z. 28	*368.910* – 89 – 227, diese letzte Seitennummer ist hinzuzufügen
S. 628	1. Kol., Z. 26	*368.294* – 46
	1. Kol., Z. 27	*368.746* – 46 Die Seitennummer 46 ist jeweils beizufügen.
	1. Kol., Z. 29	*371.286* – 46
S. 629	1. Kol., Z. 2	*446.488* – 37 – 93 – 34 diese letztere Nummer ist hinzuzufügen
	1. Kol., Z. 3	*446.998* – 34 ist zu streichen
S. 629	2. Kol., Z. 3 v. u.	streiche S. 327
S. 630	1. Kol.	lies *99.756* statt *99.750*
S. 630	1. Kol.	lies *112.483* statt *112.423*
S. 630	1. Kol., Z. 19	lies *109.809* statt *109.800*
S. 630	2. Kol., Z. 4	lies *135.725* – 67 – 143 – 408 – 413
		135.735 – 67 ist zu streichen
	2. Kol., Z. 27	lies *157.149* statt *157.449*
	3. Kol., Z. 20 v. u.	streiche *210.082*
	Z. 19 v. u.	lies *210.682* – 157 – 166 – 223 – 256
	3. Kol., Z. 15 v. u.	streiche *212.171*
S. 630	3. Kol., Z. 4 v. u.	streiche *216.128*
	Z. 5 v. u.	lies *215.128* – 157 – 165
S. 631	2. Kol., Z. 15 v. o.	lies *292.171* – 157 – 167
S. 631	1. Kol.	lies *228.694* statt *226.694*
S. 631	1. Kol., Z. 31	lies *245.300* statt *245.308*
S. 631	2. Kol., Z. 4	streiche *268.408*
S. 631	2. Kol.	lies *386.032* statt *385.032*
S. 631	2. Kol.	lies *391.995* statt *301.995*
S. 631		lies *524.181* statt *542.181*
S. 631	3. Kol., Z. 15	streiche *479.679*
	Z. 14	lies *479.678* – 272 – 301
S. 632	1. Kol., Z. 9 v. u.	lies *563.887* statt *563.387*
S. 632	2. Kol., Z. 15 v. o.	lies *578.648* statt *578.658*

S. 633	2. Kol., Z. 15 v. o.	*655.443* – 192 ist hinzuzufügen	
	Z. 16 v. o.	*655.445* – 576 – 611 (ohne Seitennummer 192)	
	2. Kol., Z. 3 v. u.	*324.091* ist zu streichen	
S. 634	1. Kol., Z. 23	*603.720* – 503 ist nicht sicher	
S. 634		lies *693.520*	statt *693.620*
S. 634	2. Kol., Z. 1	lies *713.460*	statt *712.460*
S. 634	2. Kol., Z. 10	*717.427* – 195 – 212 – 221 zu streichen	
S. 634	2. Kol., Z. 16 v. u.	lies *739.066*	statt *739.006*
S. 635	1. Kol.	*784.510* ist zu streichen	
S. 635	1. Kol.	streiche *795.217*, lies *791.217*, S. 212, 223, 393	
S. 635	2. Kol., Z. 3	lies *812.944*	statt *812.144*
S. 635	3. Kol., Z. 11 v. u.	*862.256* – 219 zu streichen	
	Z. 10 v. u.	lies *863.256* – 46 – 103 – 219	
S. 636	1. Kol., Z. 10 v. u.	*156.413* – 47 ist hinzuzufügen	
S. 638		lies Azophorrot PN	statt Azophorrosa
		lies Chromsulfocyanid	statt sulfoxyanid
S. 641		lies Decrolin I. G.	statt D.H.
S. 641	Z. 32 und 33	lies Colloresine	statt Collorésine
S. 644		Eulysin A und Eulysin AS stellen sich vor Eunaphtol	
S. 644		lies Eriopon GA	statt Eriopan GA
S. 647		Ludigol . . . I. G. . . .	166, 171, 222 statt 161
S. 649		Pharmasolcolours Pharma Chem. Corp. . . .	466, 475, 493

Berichtigungen und Ergänzungen

zu Band II des Werkes

Die neuesten Fortschritte in der Anwendung der Farbstoffe

2. Auflage, 1949

S. 20	Fussnote	*franz. P. 877.586* ist richtig. Die Berichtigung S. 559 ist zu streichen
S. 20	Ergänzung:	Z. 7 v. o. *franz. P. 933.885* von Geigy entspricht dem Cuprosolverfahren. *Amer. P. 2.446.992* (17. August 1948), *brit. P. 616.950*, Geigy
S. 29	Fussnote	Die originelle Arbeit von Lemin, Vickers, Vickerstaff, ist in J. Soc. D. and Col. 1946, Maiheft, zu finden.
S. 40	Abs. 4	Der Aufstellung ist folgendes hinzuzufügen: Durazoldyestuffs der I.C.I.
S. 40	Fussnote	lies Usher statt Uscher
S. 105	1. Kol., Abs. 2	lies *113.433* statt *113.435*
S. 108	Ergänzung: Kol. 1, Abt. 2	Handelsnamen der Produkte, die dem Peregal O entsprechen: Cepegal D . . . Soc. de Prod. Chim. et de Synthèse in Bezons Unigal TU . . . Sinnova Latogal . . . . Union Chim. Belge Peraltex O . . . Adjubel S.A.
S. 109	1. Kol., Abt. 1	lies *franz. P. 692.520* statt *692.620* lies *brit. P. 340.272* statt *340.271* lies *brit. P. 343.524* statt *342.524*
S. 110	Kol. 1, Abt. 6 Ergänzung:	Celumyl L . . . Soc. de Prod. Chim. et de Synthèse in Bezons
	Abt. 4 Ergänzung:	Leukophor R . Sandoz = Blankophor R der I. G.
S. 110	1. Kol., Abt. 1	lies Kromfax statt Kromfix
S. 111	1. Kol. Abt. 4	Streiche *brit. P 471.866* lies *franz. P. 877.586* statt *877.596*
S. 111	1. Kol., Abt. 5	lies Tinopal BVA statt Tinopol
S. 133	Z. 3 v. u.	lies R.G.M.C. 1919, S. 117 statt 242 und 142
S. 134	Abs. 5 v. o.	lies *D.R.P. 99.756* statt *99.750*
S. 142	Kol. 1, Abt. 1	lies Tinosollöser A statt B = Thiodiäthylenglykol selbst
S. 142	Kol. 3, Abt. 1	lies Tinosollöser B statt A = Thiodiäthylenglykol und Harnstoff
S. 148	Kol. 1, Abt. 6	lies Taninol BM statt Tanninol
S. 179	Z. 4 v. o.	lies Schwartz statt Schwarz
S. 183	Z. 4 v. u.	lies Dondain und Corhumel 5) statt 4)
S. 188	Z. 8 v. o.	lies Schwartz statt Schwarz
S. 198	Z. 5 v. o.	lies Schwartz statt Schwarz
S. 202		*Amer. P. 1.952.247* (Ciba): streiche anorganisches, lies aliphatisches Aminoderivat

S. 202		*D.R.P. 408.414* lies 120 g Cibanonblau BS dopp. Tg.
S. 208	Fussnote 2, Formel	lies $\ce{>N-C2H4N<}$ mit $\ce{CH2-COONa}$, $\ce{CH2-COONa}$ statt $\ce{-N<}$ mit $\ce{COONa}$, $\ce{COONa}$
S. 213	Z. 12, v. u.	lies A. Brandt statt Brand
S. 217	Formel v. u.	Der Ansatz für Diamantschwarz: 1 Liter
S. 232	Abs. 3, v. u.	lies Schwartz statt Schwarz
S. 255	5. Abs. v. o.	1,4-Aminooxyanthrachinon gibt eine karminrote Farbe und nicht orange scharlach.
S. 255	Z. 7, v. u.	lies 1,5-Diaminoanthrachinon statt anthrarufin
S. 259	2. Abs.	Der Aufstellung ist folgendes hinzuzufügen: Serisolfarbstoffe . . . . Y. D. C.
S. 265	Z. 2 v. u.	lies Astrazon statt Astrozon
S. 265	Formel	Solacetechtrubin 3 BS: In der Formel fehlt eine Methylgruppe, siehe S. 271, Formel 2 von unten.
S. 271	Z. 6 v. u.	lies Solacet statt Solazet
S. 272	Formel v. o.	lies Artisildirektscharlach GP von Sandoz statt Artisilscharlach CP von Sandoz
S. 274	1. Formel	lies 1,5-Dichloranthrachinon statt ... antra ...
S. 276	2. Absatz	Der Aufstellung ist folgendes hinzuzufügen: Serisoldiazo Colours . . . Y. D. C.
S. 311	Z. 12	*amer. P. 2.291.052* (9. Juli 1904), lies 1940.
S. 329	Z. 7, v. u.	lies Bull. Föd. I, S. 526 statt 256
S. 330	Fussnote	lies Bull. Mulh. 1929, S. 349/354 statt 354 und 945
S. 336	letzter Absatz, Z. 2 v. u.	Artisildirektätzblau 2 R supra von Sandoz statt von Geigy
S. 340	Fussnote	lies Tiba 1929, S. 417 statt Teintex
S. 348	Fussnote 1, Z. 2	lies W. von Bergen statt Berjen
S. 344	Fussnote	lies Chedds statt Chaddes
S. 366	Aufstellung in der Mitte der Seite, Zeile 3:	lies Cellitonätzgelb G statt Cellitongelb ätzbar G
S. 429	Z. 2 v. u.	lies wasserechtere statt wasserechte
S. 456	Fussnote	lies Text. J. Australia... statt Tect. J. Australia
S. 487	Fussnote	lies ... printing of acid statt ... printing of acide
S. 494	Kol. 1, Abt. 2	lies Kromfax Solvent statt Kromfix
S. 498	Kol. 1, Abt. 2 Ergänzung:	Sel Inochrome N von Francolor = Polyäthyläther des Laurylalkohols, erhalten durch Kondensation von Laurylalkohol und Äthylenoxyd.
S. 501	Kol. 1, Abt. 1 v. u.	*franz. P. 658.364* könnte auch *658.384* sein
S. 503	Kol. 1, Abt. 1 v. o.	*D.R.P. 409.785* nicht sicher, könnte auch *409.783* sein.
S. 533	Z. 12 v. o.	lies Vicking statt Wicking
S. 533	Z. 15 v. o.	lies Hiltzner statt Hiltner
S. 540	Kol. 1, Z. 3	*brit. P. 471.866* zu streichen
S. 541	Kol. 1	lies *99.756* statt *99.750*
S. 552	Kol. 1	lies Kromfax Solvent statt Kromfix
S. 544	Kol. 1	lies *882.563* statt *822.563*
S. 544	Kol. 2	lies *franz. P. 877.586* statt *877.596*
S. 544	Kol. 3	*franz. P. 933.885* – 20 zuschreiben
S. 544	Kol. 3	*amer. P. 2.444.992* (Geigy)-20 zuzuschreiben

Berichtigungen

zu Band III des Werkes

Die neuesten Fortschritte in der Anwendung der Farbstoffe

2. Auflage 1949

S. 13	Abs. 2	lies *D.R.P. 633.047*	statt *635.047*;
		Im Patentregister korrigiert.	
S. 16	Abs. 1, v. u., Z. 3	lies Alloprene	statt Allaprene
S. 16	Abs. 1, v. u.	lies Duroprene	statt Duraprene
S. 70	Z. 5, v. o.	Cohesan LT vergleiche mit Kohäsan LT, S. 73, Z. 5, v. o.	
S. 119	Kol. 1, Abt. 3	lies *Brit. P. 7.284*	statt *72.84*
S. 160	Fussnote 9	*D.R.P. 152.146* zu vergleichen mit *D.R.P. 153.146*	
		Bd. I, S. 252 und 256	
S. 189	Z. 2, v. o.	lies Triäthylenglykol, Nonäthylglykol	
		statt Triäthylenglykolnonäthylenglykol	
S. 198	Abs. 3, v. o.	lies *amer. P. 1.952.247*	statt *1.953.244*
		Im Patentregister korrigiert.	
S. 201	Kol. 1, Abt. 1	lies *D.R.P. 99.756*	statt *franz. P.*
S. 204	Kol. 1, Abt. 1, v. u.	streiche Cibantinlöser 0	
S. 212	Kol. 2, Abt. 6	lies L.Z.J.	statt Lab. Bornand, Neuilly
S. 230	Kol. 3, Abt. 5, v. o.	lies Fettsäureamiden	statt amidon
S. 342	Abs. 2, Z. 2, v. o.	lies Dhingra	statt Dinghra
S. 345	Abs. 3, v. o.	lies Enerpon	statt Emerpon
S. 349	Fussnote	lies *amer. P. 2.080.419*	statt *2.080.449*
		Im Patentregister korrigiert.	
S. 349	Abs. 3, v. o.	*D.R.P. 633.344* ist mit *D.R.P. 633.334*, S. 342 zu vergleichen	
S. 354	Z. 5, v. o.	lies Ocenolsulfat	statt Ocenolsulfonate
S. 360	Fussnote	lies *ital. P. 332.636*	statt *322.136*
		Im Patentregister korrigiert.	
S. 395	Kol. 1, Abt. 3	lies *693.520*	statt *693.620*
		Im Patentregister korrigiert.	
S. 396	Kol. 2, Abt. 2	lies C.P.P.	statt C.R.P.
S. 457	Kol. 2	lies *belg. P. 445.960*	statt *445.968*
S. 463	Kol. 3	*brit. P. 616.950* II 30 zuzufügen	
S. 476	Kol. 2	*845.625* ist zu streichen, lies *845.628* III. 78,80.